一流本科专业一流本科课程建设系列教材

数字电子技术与微控制器应用

主编　宁改娣
参编　张　虹　孙　敏　刘宁艳

机 械 工 业 出 版 社

本书将“数字电子技术”与“微型计算机原理”“单片机原理”和“DSP 技术及应用”等多门课程内容有机融合，增强了基于 FPGA 的现代数字电子技术设计方法，涵盖了微控制器结构框架、硬件最小系统、存储器配置、中断和程序引导、集成开发环境、编程语言等微处理器的普遍和共性概念。本书介绍了 8051、TMS320F28335、MSP430 和 MSP432 等微控制器，以共性概念引导读者去使用这些微控制器，边学边做，培养软、硬件设计能力和调试能力。

本书结合了数字化出版技术，通过大量二维码提供了辅助教学和实验的资源。

本书可以作为电气类、仪器类、自动化类、电子信息类、计算机类等电类专业中“数字电路”“单片机原理”“DSP 技术及应用”的课程教材，也可作为非电类专业和其他工程技术人员自学数字电路和微处理器系统的教材和参考书。

图书在版编目（CIP）数据

数字电子技术与微控制器应用/宁改娣主编. —北京：机械工业出版社，2022.8（2023.12 重印）

一流本科专业一流本科课程建设系列教材

ISBN 978-7-111-71274-9

Ⅰ.①数… Ⅱ.①宁… Ⅲ.①数字电路-电子技术-高等学校-教材②微控制器-高等学校-教材 Ⅳ.①TN79②TP332.3

中国版本图书馆 CIP 数据核字（2022）第 133859 号

机械工业出版社（北京市百万庄大街 22 号 邮政编码 100037）

策划编辑：张振霞　　责任编辑：张振霞

责任校对：陈 越 王明欣　　封面设计：王 旭

责任印制：邓 博

北京盛通数码印刷有限公司印刷

2023 年 12 月第 1 版第 2 次印刷

184mm×260mm · 23.75 印张 · 587 千字

标准书号：ISBN 978-7-111-71274-9

定价：69.00 元

电话服务	网络服务
客服电话：010-88361066	机 工 官 网：www.cmpbook.com
010-88379833	机 工 官 博：weibo.com/cmp1952
010-68326294	金 书 网：www.golden-book.com
封底无防伪标均为盗版	机工教育服务网：www.cmpedu.com

前 言

教育部在一流本科课程建设的实施意见中指出，课程是人才培养的核心要素，课程质量直接决定人才培养质量。为贯彻落实习近平总书记关于教育的重要论述和全国教育大会精神，落实新时代全国高等学校本科教育工作会议要求，把立德树人成效作为检验高校一切工作的根本标准，深入挖掘各类课程和教学方式中蕴含的思想政治教育元素，建设适应新时代要求的一流本科课程，让课程优起来、教师强起来、学生忙起来、管理严起来、效果实起来，形成中国特色、世界水平的一流本科课程体系，构建更高水平人才培养体系。

数字电子技术的发展日新月异，在通信、广播、雷达、医疗设备、新型武器、新能源、交通、航空航天、计算机与信息技术、大数据、人工智能、物联网等领域都得到了越来越广泛的应用。

原来作为电气类、仪器类、自动化类、电子信息类、计算机类等电类专业技术基础课程的数字电路、单片机等一系列微处理器技术应用已成为我国绝大多数工科专业的必修课程。如何将数字电路基础和微处理器课程内容相融合并在教学中融入现代信息技术发展的成果，不仅是我国高等院校大电类专业教师面临的紧迫问题，也是其他工科专业（如机械类的测控技术与仪器等专业）教学人员与之努力的目标。

“数字电子技术”课程（简称“数电”）是高等院校电类相关专业的必修课程，其教学目的是使学生掌握在信息化社会里工作、学习和生活所必须具备的数字电子电路知识，具备分析和设计电路的能力，并培养学生分析和解决问题的能力。在“新工科”背景下，各高等院校也都在努力地尝试着各种教学改革方式，打造以成果为导向，持续改进并具有高阶性、创新性和挑战度的国家级一流课程。

“数电”是按章节分别介绍数字电子技术基本概念和基本功能模块以及模块的简单应用。但经常有学生会问，学习这些零散的内容有何用？如地址译码器一节，除了介绍如何实现逻辑函数，教学的重点是介绍为什么要译码，为什么叫作地址译码器等概念。如果在介绍地址译码器应用时，可以给出某微处理器系统用地址译码器区分不同外部设备接口和存储器的电路，这样，对“地址”的概念会有更深刻的理解。

在“微型计算机原理”之后，“单片机原理”“DSP 技术及应用”“嵌入式系统设计”

等类似课程纷纷出现在高等教育的教学计划中。为适应数字电子技术的发展和市场需求，各高等院校相继开设的微处理器课程仅局限于介绍某一个或某一类微处理器原理和应用，教师在开设处理器课程时，其课前准备包括：选择处理器型号、设计或采购实验平台、熟悉处理器的数据手册、确定教学内容和准备教材、开发实验内容和编写实验指导书等环节，教学方式则是按照传统课程的教学模式和评价体系进行。20 世纪，处理器更新换代的速度还相对比较慢，课程从无到有的开发过程虽然艰辛，但也能够达到课程开设的教学目的，学生可以很快地将最新的处理器芯片应用到科研当中，课程教学内容也具有相对的稳定性。

近年来，随着微处理器的快速更新换代，不同性能的微处理器层出不穷，而教学计划的变更跟不上微处理器芯片的换代速度，迫使教师不得不思考微处理器课程的教学改革问题。目前在教学计划中已开设的一系列微处理器课程，其占学时和学分多，重复多，应用训练少，浪费师资及实验资源，每门课程的教学普遍针对具体某一型号芯片（只见树木不见森林），规律性的基本概念几乎没有，从而导致了学生在学习一系列微处理器课程后的效果并不理想，多数学生并没有掌握微处理器软、硬件设计的基本技能。由于学时有限，微处理器课程被安排为部分必修或选修课，导致个别电类专业的学生可能一门微处理器课程都没有学习过。

带着上述问题，开始在“DSP 技术及应用”课程中试探教改，希望通过一门微处理器课程的学习，学生学会举一反三、触类旁通，快速掌握其他类型的微处理器使用方法。

在改革后的课程教学中，教师不再针对某型号的具体芯片来介绍其软、硬件各方面的具体细节内容。在课堂上，教师只传授微处理器软、硬件共性概念，实验课则要求学生利用上述知识并通过口袋实验平台来掌握微控制器的开发应用方法。

2001 年，西安交通大学提出了将“数字电子技术”与“微型计算机原理”进行整合的教改研究（见参考文献［4-8］），电气学院 2015 年的培养方案将相应课程整合为一门“数字电子技术与微处理器基础”的“大数电”课程。国外在 2003 年就已出版了将“数电”和“微控制器”或者将“数电”和“微处理器设计”整合的教材，其中一本教材（见参考文献［10］）的第 8 版在美国已经有 140 所高校在使用，其第 4 版已由我国张太镒教授翻译出版（见参考文献［11］）。总之，与现代数字技术相关联的课程，对其进行大类课程整合以及教学内容的不断更新是保证教学质量和打造国家级一流课程的第一要素，也是一种发展趋势。西安交通大学经过多年的教学改革，效果非常好，并形成了相对稳定且又能与时俱进的教学方法。

课程的考核方式是学习的指挥棒，传统教学的考核方式必然导致学生追求高分数。微处理器课程最初开课的目的就是“用”，希望学生能够将所教微处理器开发方法尽快应用于科学研究当中。因此，在课程开始前就要公告所有学生，其考核方式是“用”好微处理器，取消笔试环节，成绩由查资料、设计实验、预习报告、课堂演示及现场改动实验、综合设计、实验总结报告等方面决定。除了课程要求的实验内容外，学有余力的学生还可以选择课外开放实验项目，多数学生的作品非常好。当然，“数电”部分的考核还是按照传统的闭卷笔试形式。目前，“数字电子技术与微处理器基础”理论课（72 学时）和实验课（24 学时）的成绩评定方式分别如下：

理论课总成绩包括四大部分 = 平时成绩（作业、作品、翻转课堂及讨论）20%

+期中闭卷笔试 40%

+微控制器自主设计实验（预习、基础和综合实验成果、报告）40%

实验课总成绩=线上（预习、章节测试、学习时长）(20%)

+数字电路实验成果和报告（55%），实验室安排16学时

+微控制器实验成果和报告（25%），实验室安排8学时

在课堂教学和实验教学过程中，要不断根据学生的掌握情况进行教学内容和进度的调整。教师在引导学生设计第一个实验的过程中，要根据学生课堂的反馈、翻转课堂的准备情况，适当调整教师引导的深入程度。通过第一次实验的验收情况，了解学生存在的问题并在课堂上讨论，要随时根据学生的状态调整教学的节奏、翻转课堂的内容和次数以及教学进度等，以便使所有学生都能尽快入门，以学生为中心、以成果为导向。

为了掌握学生的学习效果和持续改进完善课程，一方面，要求学生在最后一次综合实验报告中写出对课程的意见和建议，遇到的问题和解决方法等。有些学生会给出很详细的教学建议。从报告中不仅可以看到学生的学习成果，也有利于不断改进课程，提高教学质量。另一方面，在每次课程结束提交完学生成绩之后，教师应该查看学生们对课程及教师的网评，其中有个别建设性的建议和意见，有助于教师在下一届教学中进行改进和完善。

学生对课程试点有一个共同的评价就是：累和花费时间多。但是，少壮不努力，老大徒伤悲，虽然有时努力了不一定有回报，但是不努力一定没收获。经过对本课程的学习，请任课教师写推荐信的学生多了，学生的能力也得到了国外著名大学老师的认可。此外，课程教学为学生的暑期学习和找工作也提供了很大的帮助。总之，学生通过刻苦学习后提高了能力，成就感明显增强。学生对课程的评价有：“庞杂的“数电”知识被微处理器一个个实验注入了生命”“这是我上的第一门以应用为导向的课，最重要的是让我更好地掌握了与人沟通、合作解决问题的能力”“这是最有价值的电类专业课，最具有趣味性、实用性、时代性，也是与信息技术结合最紧密的课程”“这是我进大学以来做过的最有意义的一件事”“实验部分很有创意，不只是学会一个单片机，而是学会运用器件手册等资料快速上手各类处理器，学会融合贯通”“老师强调的“行知”很有内涵，完全印张了单片机的学习方法”“本学期的实验不同于以往的实验方式，而是变成了结合相关教学内容，通过给出要求，让我们自主完成，且设计实验的同时也拓展了创新的机会，使得理论与实际结合达到新的高度”“提升了自学能力、解决问题的能力和动手能力是这门课程带给我最大的惊喜”……学生对课程教改的高度评价给予了我们极大地鼓舞，觉得一切的付出都是值得的，这些评价会成为教师们继续努力建设好课程的动力，也是我们教改希望达到的教学效果。2019年，西安交通大学电气工程专业认证时，该课程内容和以学生能力培养为目标的教学模式，得到两位专家的高度赞赏，并建议在全国宣传推广。

本书通过在一门课程中讲授多门课程内容，为电气类、仪器类等专业教学改革做出了有益和成功的尝试。书中加强了数字电路各功能模块基于Verilog HDL的实现例程和仿真，不使用Verilog HDL和FPGA开发的读者可以跳过这部分内容，不影响基础知识体系的连续性。本书总结了微控制器软、硬件的共性概念和开发方法，给出了8051、TMS320F28335、MSP430和基于ARM核的MSP432微控制器应用实例。本书有机融入了创新驱动发展战略、新发展理念等二十大精神，知识体系优化、内容新颖、重点突出、资源丰富。

本书可以作为电气类、仪器类、电子信息类、自动化类、计算机类等电类专业中“数字电路”“单片机原理”“DSP技术及应用”的课程教材，也可作为非电类专业和其他工程

技术人员自学数字电路和微处理器系统的教材和参考书。我们乐意接受本书的编撰工作，将本书推荐给广大读者，相信本书一定会起到积极作用。本书中针对实际技能培养的有关内容，[illegible]电子工程技术人员的欢迎。

教材中介绍的实验平台都是国内甚至全球共享的硬件平台。例如，Xilinx 口袋实验平台 EGO1，TI 公司提供的 F28335 PGF controlCARD、MSP-EXP430G2 LaunchPad、LaunchPad G2 口袋实验平台、MSP-EXP432P401R、TI-RSLK 等。这些平台的使用可以利用开源教程、开源代码和项目范例等，有利于学习、讨论和交流经验。

为了便于学生学习和了解国内外的逻辑门电路和逻辑符号，本书在介绍引用的具体逻辑器件电路、框图等时，保留了图中的国外流行符号，并在附录中给出了本书用到的逻辑器件名称、国标符号、国外流行符号和曾用符号，便于学习和查询。同时，书中以二维码形式给出了大量的辅助学习资料，用手机微信“扫一扫”功能，扫描书中相应的二维码，即可在线观看。

本书编者都是长期从事“数字电子技术”和微处理器课程教学和实验指导的教师，教材内容也是编者一直从事的“数字电子技术”和微处理器课程教学经验的总结。宁改娣负责教材内容的策划、统稿和审稿工作，编写第 1~3、7、8、10、12~18 章和附录。张虹编写第 4、9 和 11 章，宁改娣参与了第 9 章门电路构成的施密特触发器和门电路构成的单稳态触发器的主编工作，孙敏完成了相关实验。刘宁艳编写第 5 章。孙敏编写第 6 章和教材中所有基于 Verilog HDL 的实验例程和仿真。

本书的编撰出版是集体智慧的结晶，在此，对所有为本书的出版提供帮助的人们表示衷心的感谢！自 2001 年与德州仪器公司（TI）合作以来，得到了 TI 各类型微控制器实验平台、软件、应用资料以及产学合作协同育人项目的支持，促进了我校相关课程的教学改革工作，感谢 TI 公司和 TI 大学计划部！

由于编者水平有限，加之时间仓促，文中难免有不妥之处，敬请读者不吝指正。

编 者

2021 年 4 月于西安交通大学

目　录

第1章 数字电子技术基本概念

本章首先介绍了电子器件的开关特性决定了数字世界采用 0 和 1 二进制数，并给出了其相比十进制数的优点；然后介绍了什么是模拟信号、数字信号及其各自特点；给出数字系统中非常重要的时钟脉冲信号及其技术指标；简单介绍了数字信号通信广泛应用的并行通信和串行通信概念；概述了数字电路分类及基本单元；最后介绍了本课程的重要性。

1.1 数字世界是 0 和 1 的世界

数字电子技术广泛应用于医疗电子、通信、计算机、自动控制、航空航天、物联网、音乐、汽车电子、现代农业、新能源、人工智能、大数据等各科学技术领域。数字电路是所有这些应用的基础。

数字世界底层的数字电路是从晶体管电路的原理发展而来的，利用晶体管的开关特性，晶体管电路可以很容易地被制造和设计成可根据输入电平输出两个电压电平（比如+5V 和 0V）中的一个。一般将+5V 称为高电平，0V 称为低电平，高电平和低电平可以分别用 1 和 0 表示，形成二进制系统（即只有 1 和 0 两个数），并广泛应用于数字世界。

难道世间万物都可以用简单二进制的 0 和 1 表示吗？如果能表示出来，又通过何种方式进行运算或处理得到想要的结果呢？乔治·布尔回答了这些问题。他是 19 世纪英国的逻辑学家，将人类的逻辑思维简化为一些数学运算，还发明了一种用于描写与处理各种逻辑命题和确定其真假的语言，这种语言被称为逻辑代数，也称为布尔代数。完成将布尔代数引入计算机科学领域的是克劳德·香农，他创立了信息论，并在其中定义了称之为“二进制位”的信息度量，一个二进制位常用 bit 表示。采用二进制主要基于以下原因：

1）技术实现简单。数字系统由数字逻辑电路组成，电路的最底层是电子开关，开关的接通与断开状态正好可以用“1”和“0”表示。虽然大家熟知十进制数，但到目前为止，还没有一个可用于区分十进制数的电子器件。

2）简化运算规则。两个二进制数的和、积运算组合各有三种（求和法则 3 个：0+0=0，0+1=1+0=1，1+1=10B，逢二进一；求积法则 3 个：0×0=0，0×1=1×0=0，1×1=1），运算规则简单，有利于简化计算机的内部结构，提高运算速度。

3）适合逻辑运算。逻辑代数是逻辑运算的理论依据，二进制只有两个数码，正好与布尔代数中的“真”和“假”相吻合。

4）具有抗干扰能力强、可靠性高等优点（见 1.2 节）。

如何将世间万物或者我们想要表达的问题转化为 0、1 代码，不同人的处理会有不同的逻辑表示，这就需要约定一个编码原则，相关内容将在 2.2 节介绍。

1.2 模拟信号和数字信号

模拟信号是一个连续变化的电量或物理量，分布于自然界的各个角落。例如，温度计中的水银会随着温度的升高而膨胀，降低而收缩，水银的运动路径就是一个连续的模拟量。又如打乒乓球时球的运动轨迹，钢琴家敲击琴键的速度和力度以及钢琴琴弦的振动，这些都是模拟信号。电学上的模拟信号主要是指幅度和相位都连续的电信号，如模拟电子技术的运算放大电路、乘法电路等，这些电路的输入和输出信号都是模拟信号。图 1.2.1a 所示为模拟信号，其时间和数值都是连续的。

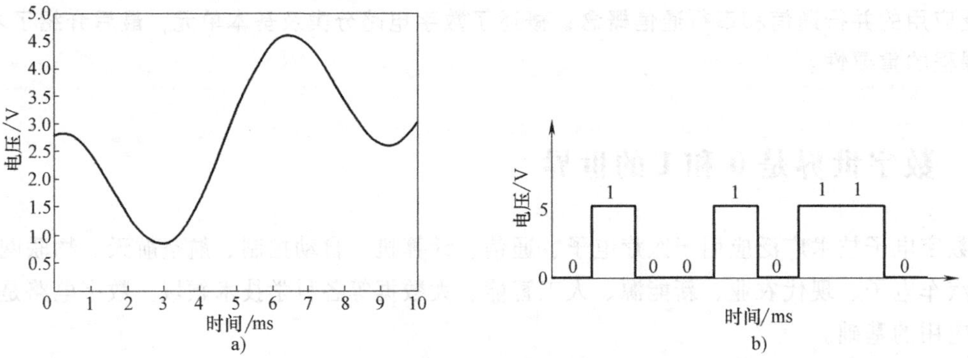

图 1.2.1 模拟信号和数字信号举例

a）模拟信号 b）数字信号

所谓数字信号，是指时间及数值上都是离散的（不连续的）信号。一方面，信号的变化在时间上是不连续的，总是发生在一系列的瞬时（采样或开关的通、断）；另一方面，其数值大小和增减变化都是不连续的数值。图 1.2.1b 所示为典型的**数字信号**时序图（数字信号电压与时间的关系图），信号在不同时间点上变为高电平或者低电平。

高、低两个电平可以分别由 0、1 表示，这样就有两种表示方式：若规定高电平用 1 表示（1 也称为逻辑 1），低电平用 0 表示（0 也称为逻辑 0），则为**正逻辑**；反之，若规定高电平用逻辑 0 表示，低电平用逻辑 1 表示，则为**负逻辑**。图 1.2.1b 所示数字信号显然采用了正逻辑。在数字逻辑电路中，理想的逻辑 1 定义为器件的电源电压，称为“强 1”；逻辑 0 定义为 0V，称为“强 0”。在实际应用中，由于温度变化、电源电压波动、干扰及元件特性变化等因素的影响，不能如此精确地定义逻辑 0 和逻辑 1，而是定义两个电压范围来分别表示逻辑 0 和逻辑 1，如图 1.2.2 所示。高、低中间存在一个不确定区域，这个区域非高也非低，这也说明了数字信号在数值上不连续的其中一个含义。不同逻辑器件的逻辑0和1的电压范围各不相同。

对于同一电路，可用正逻辑表示，也可用负逻辑表示。不过，选用的逻辑体制不同，电路的逻辑功能也将不同。因此，在同一系统中，只能采用一种逻辑体制。若无特别说明，一般采用正逻辑体制。

如果信号在处理或传输过程中引入了干扰，如图1.2.3所示，则干扰会直接叠加在信号上。例如，如果模拟的语言信号中叠加了噪声，人就可能听到刺耳的声音；而对于数字信号，如果干扰没有超过0或1的电压范围，那么信号仍然是0或1，信号保持不变。由此可见，数字信号的抗干扰能力强。

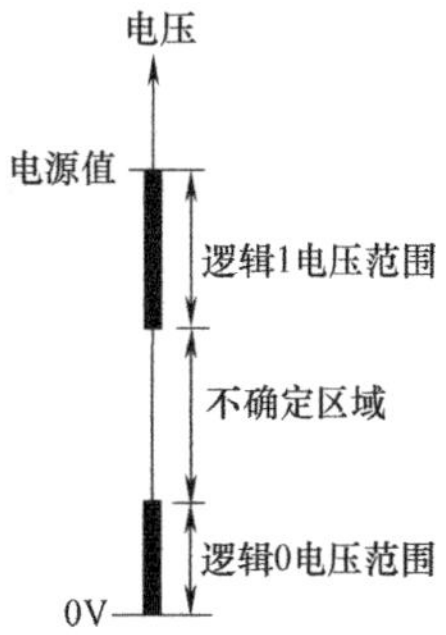

图1.2.2 正逻辑的逻辑0和1

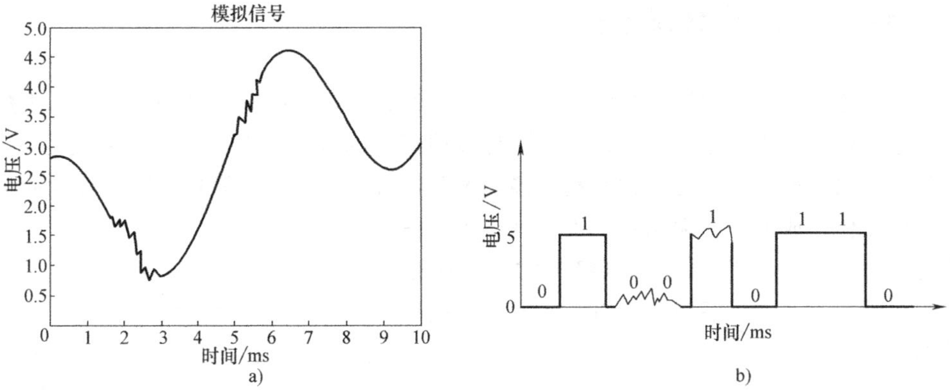

图1.2.3 引入干扰的信号

a）模拟信号 b）数字信号

为什么需要在一个自然模拟的世界里使用数字信号呢？除了数字信号具有较强的抗干扰能力外，还有一个原因是数字信号具有更容易存储、处理、传输等优势。

例如，如果要将人的说话内容进行保存，现如今都存储在数字介质中，如先前的CD、DVD或者目前最流行的U盘、SD卡、MMC卡、SM卡、记忆棒等存储设备。首先，需要使用模/数转换器（Analog Digital Converter，ADC）将模拟的语音信号转换为数字信号，然后才能存储。如果ADC是8位的，则意味着模拟信号被转换为8位二进制（即一个字节，英文为Byte）的数字量，图1.2.4给出了3个采样点采样的模拟信号转换为8位二进制数的对应关系，模拟量与数字量成正比关系。其中，第3个采样点的模拟值接近5V，因此转换为二进制的数值11111101B也比较大。8位ADC的全部数字量输出只能是0~255，共256（2^8）个整数。因此，这也说明了数字信号在数值上是不连续的。显然，ADC器件输出的二进制位数越多，越可以精确地表示原始的模拟信号，转换误差越小。如果需要播放语音信息，还需要使用DAC才能播放，DAC和ADC的详细内容将在第11章讨论。

很多现代的媒体处理工具，尤其是需要和计算机相连的仪器都从原来的模拟信号表示方式改为数字信号表示方式。人们日常使用的手机、视频或音频播放器和数码相机等均为数字产品。电视机也从原来单一的接收模拟电视信号转向接收模拟、地面数字、有线数字、卫星数字信号并存的时代。

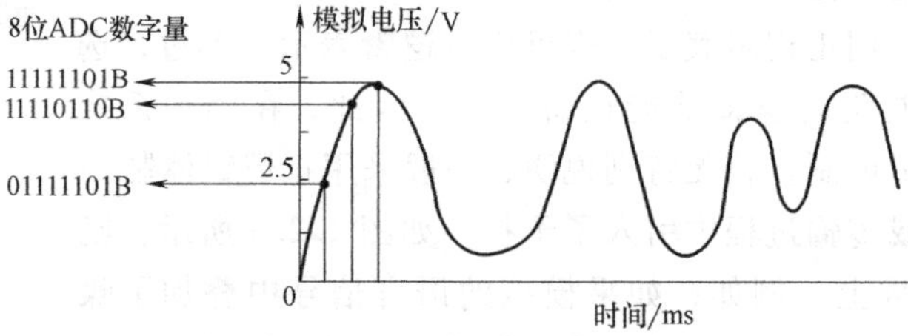

图 1.2.4 模拟信号的二进制数字表示

1.3 时钟脉冲信号及技术指标

在数字电路中，为了控制和协调整个系统的工作，常常需要时钟脉冲信号。用于数字电路的时钟脉冲信号应该是数字信号，获得这种脉冲信号的方法有两种（第 9 章讨论）：一种是通过整形电路变换而成；另一种是利用多谐振荡器直接产生。计算机中的时钟脉冲信号一般是由石英晶体构成的多谐振荡器产生，其产生的信号频率稳定性高，可以作为定时电路的时间基准信号，也可以用于“同步”系统如 CPU、内存、接口等器件的工作。

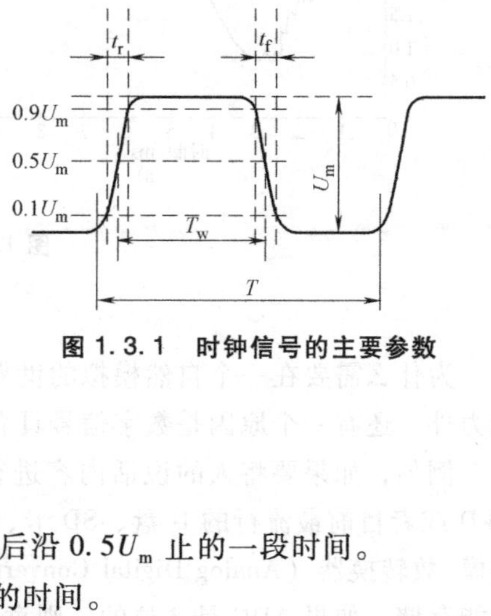

图 1.3.1 时钟信号的主要参数

数字电路中的时钟脉冲信号也可以称为矩形脉冲或时钟信号，为了定量地描述其实际特性，经常使用图 1.3.1 所示的几个主要参数，即：

脉冲周期 T——周期性重复的脉冲序列中，两个相邻脉冲间的时间间隔。有时也用频率 f 表示，f 代表单位时间内脉冲重复的次数（单位为 Hz），$f=1/T$。

脉冲幅度 U_m——脉冲电压最大变化的幅值。

脉冲宽度 T_w——从脉冲前沿 $0.5U_m$ 开始，到脉冲后沿 $0.5U_m$ 止的一段时间。

下降时间 t_f——脉冲从 $0.9U_m$ 下降到 $0.1U_m$ 所需的时间。

上升时间 t_r——脉冲从 $0.1U_m$ 上升到 $0.9U_m$ 所需的时间。

占空比 q——脉冲宽度与脉冲周期之比的百分数，即 $q=\frac{T_w}{T}\times100\%$。方波的占空比为 50%。

上述几个参数反映了一个时钟信号的基本特性，即时钟信号是一个周期信号。由于时钟信号的上升时间和下降时间一般很小，因此时钟信号一般画成类似于图 1.3.2 所示的波形。当用示波器观察时钟信号时，会显示出电压随时间变化的周期性波形。

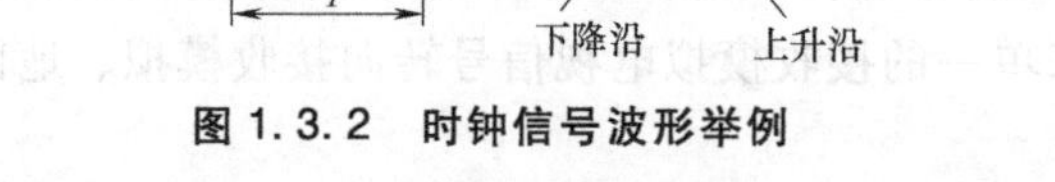

图 1.3.2 时钟信号波形举例

1.4　并行通信和串行通信

一台计算机与另一台计算机或者设备之间是通过数据传输进行通信的。通信方式分为并行通信和串行通信。简单讲，并行通信好比一条有多车道的都市大道，而串行通信是仅能允许一辆汽车通过的乡间小路。

并行通信一般以计算机的字长（通常是 8 位、16 位、32 等）为单位，一次同时传送一个字长的数据，因此并行通信的效率高，但要用的通信线多，成本高，故不宜远距离通信。图 1.4.1 是 8 位计算机与存储器并行通信的示意图，每次同时传送 8 位数据。目前，微机系统内部、集成电路芯片的内部、同一插件板上各部件之间、同一机箱内各插件板之间的数据传输都是并行通信。

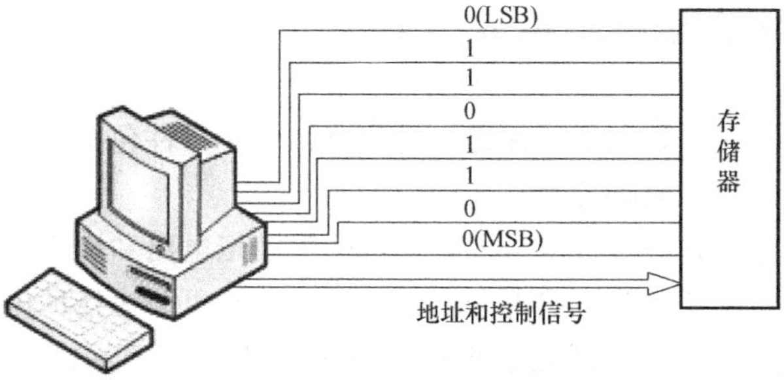

图 1.4.1　8 位计算机与存储器并行通信示意图

串行通信在传输数据时，其数据是一位一位在通信线上传输的。发送设备需要将并行数据通过并-串转换电路转换成串行方式，然后逐位经传输线送达接收设备中，接收设备将串行数据再重新转换成并行数据，以供接收方使用。显然，在通信设备的工作时钟信号频率相同的情况下，串行通信的速度比并行通信慢得多。但串行通信需要的传输线少，适用于距离较远的通信场合。图 1.4.2 给出了两台计算机串行通信的示意图，通过一根数据线就可以通信。

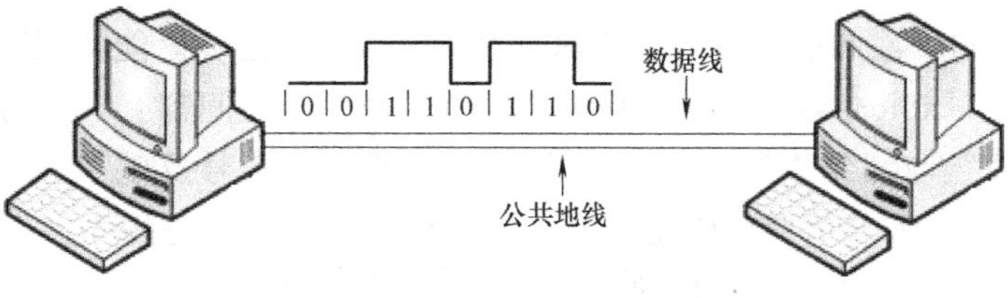

图 1.4.2　两台计算机之间的简单串行通信

在串行通信中，传输速率常用比特率（Bits per Second，即每秒传送的二进制位数）来表示，其单位是比特/秒（bit/s）。常用的标准传输速率有 300bit/s、600bit/s、1200bit/s、2400bit/s、4800bit/s、9600bit/s 和 19200bit/s 等。不同串行通信的传输速率差别极大，USB2.0 的传输速率可达 480Mbit/s，USB 3.0 的标准传输速率在理论上能达到 5.0Gbit/s。

当计算机的 CPU 或者通信设备的工作时钟频率比较低时，并行通信是提升传输速度的一个重要手段。但是当时钟频率达到一定速度时，并行传输一根线的数据跳变可能会给旁边的通信线带来噪声，频率越高，这种噪声干扰越大，很容易导致别的线值被篡改或者无法辨认。因此，用并行通信来继续提升数据传输速率是比较困难的。LPT 被 USB 接口取代，PCI 被 PCI-Express 所取代，都说明了传统并行接口的速度已经达到一个瓶颈，取而代之的是速度更快的串行接口。

高速串行通信接口（简称高速串口）一般都采用差分总线传输，通过将外界噪声同时加载到并行传输的两条差分线上可以消除噪声干扰。由于高速串口一般不需要时钟来同步数据流，因此没有时钟信号周期性的跳变，频谱不会集中，且串行通信数据线少，噪声干扰就少很多。总之，与传统的单端传输方式相比，高速串口具有低功耗、低误码率、低串扰和低辐射等特点。因此，近年来，具有串行通信接口的设备越来越多。

1.5 数字电路分类及基本单元

电子电路是由电子元件和电子器件组成的电路，电子器件包括电子管、晶体管、场效应晶体管以及各种类型的集成电路芯片。

电子电路有多种分类方法。按信号的特点可分为模拟电路和数字电路；按频率高低可分为低频电子电路和高频电子电路；按电子器件的工作状态可分为线性电子电路和非线性电子电路；按功能不同可分为整流、滤波、振荡、放大、调制、运算、计数、存储、译码等电路。微控制器（Micro Controller Unit，MCU）是由复杂的数字电路（甚至包含模拟电路）集成封装而成的一个大规模集成芯片。掌握好数字电路是 MCU 应用的基础。

数字电路的输入和输出信号都是数字信号，可分为组合逻辑电路和时序逻辑电路，简称为组合电路和时序电路。在比较复杂的数字系统中，通常既包含组合电路，又包含时序电路。

组合逻辑电路是指任何时刻输出信号的逻辑状态仅取决于该时刻输入信号的逻辑状态，而与输入信号和输出信号的过去状态无关的逻辑电路。电路中不包含记忆性电路或器件。常用的组合逻辑电路都已制成标准化、系列化的中、大规模集成电路可供选用，如译码器、多路选择器、比较器等。

逻辑代数中有**与**、**或**和**非**三种基本逻辑运算和复合逻辑运算。能实现这些逻辑运算的电路称为**门电路**（Gate Circuits）。每一种门电路的输入与输出之间都有一定的逻辑关系，这里的逻辑是指“条件”与“结果”的关系：利用电路的输入信号反映“条件”，而用电路的输出反映“结果”，从而使电路的输出与输入之间代表了一定的逻辑关系。最基本的逻辑关系可以归结为与、或、非三种，其他的复杂逻辑关系都可由这三种基本逻辑关系组合而成，因此可以利用基本门电路组成具有各种逻辑功能的数字电路。除基本门电路之外，常用的门电路还有与非、或非、与或非等复合门电路，所有的门电路都有系列化集成电路产品可供选用。门电路是组合逻辑电路的基本单元，将在第 3 章介绍。

时序逻辑电路的输出状态不仅与该时刻的输入有关，而且还与电路的历史状态有关。时序逻辑电路具有记忆输入信息的功能，常用的有计数器和寄存器。触发器是时序逻辑电路的基本单元，将在第 4 章介绍。

触发器是具有记忆或存储 1 位二值信息的一种逻辑电路。它有两个稳定状态，可以存储 1 位二值代码或数码，触发器具有以下两个特点：

1）有两种能自行保持的稳定状态，分别表示二进制数 0 和 1 或者二值信息逻辑 0 和逻辑 1。

2）在适当的触发信号作用下，电路可从一种稳定状态转变到另一种稳定状态；当触发信号消失后，电路能够保持现有的状态不变。

1.6 数字电子技术和微控制器的重要性

目前，数字电子技术和微控制器已渗透到科研、生产和人们日常生活的各个领域。从计算机到家用电器，从手机到数字电话，以及绝大部分新研制的医用设备、军用设备等，无不尽可能地采用了高精尖的数字技术。要掌握这些技术，需要从熟练掌握数字电路的基本逻辑器件门电路和触发器开始。

通常把门电路、触发器等称为逻辑器件；将由逻辑器件构成、能执行某单一功能的电路，如计数器、译码器、加法器等，称为逻辑功能部件；把由逻辑功能部件组成的、能实现复杂功能的数字电子电路称数字系统。复杂的数字系统可以分割成若干个子系统，如计算机就是一个内部结构相当复杂的数字系统。

不论数字系统的复杂程度如何，规模大小怎样，其实质皆为逻辑问题，是由许多能够进行各种逻辑操作的功能部件组成的，这类功能部件，可以是小规模逻辑部件，也可以是各种中、大规模的逻辑部件，甚至是超大、更大规模的芯片。由于各功能部件之间的有机配合、协调工作，数字电路已成为统一的数字信息存储、传输、处理的电子电路。可编程逻辑器件（Programmable Logical Device，PLD）的迅速发展，使其几乎取代了传统数字系统中的中、小规模器件，成为数字系统的核心器件。

数字系统是仅仅用二进制位处理信息以实现计算和操作的电子系统。个人计算机是一个典型的数字系统实例，大家可以从多个不同的层次观察计算机。首先，许多学生都了解计算机是运行多种程序的一个工具；然后有些学生进一步打开了主机了解其硬件；还有一部分读者想进一步深入研究主板上计算机的“心脏”—— CPU 是如何工作的，存储器是如何存储信息的，键盘的每个按键是如何编码的等；也许还有学生想了解这些部件是如何设计和制造出来的，这部分内容已经属于微电子专业的专业课程。当进入 CPU 的内部版图世界时将会发现，CPU 是微小硅片上一个极其复杂的电子开关的集合，而数字电子技术便是探索这些奥秘的基础。

“数字电子技术”和“数字电子与微控制器”等类似叫法的课程是一门电类专业必修的专业基础课，这门课程的掌握情况直接关系到后续相关专业课程的学习和科研训练，是走进数字时代的第一门课程，是一个大转折性课程，也是实践性很强的一门课程，需要读者花费大量时间、主动学习才能提升各方面能力和收获成就感。

第 2 章将从数字系统基础的数制和码制的介绍入手，引领读者逐步向数字系统的深层次迈进，掌握以“PLD+MCU”为核心的数字控制系统。随着技术的发展，目前有很多芯片已经将 PLD 和 MCU 合二为一，不断朝着片上系统（System On a Chip，SOC）方向发展。

实践是检验真理的唯一标准

教育家陶行知提出“行是知之始，知是行之成”的理论，他在《三代诗》中写道：“行动是老子，知识是儿子，创造是孙子。”只有通过实践才能将书中的理论转变为自己的知识，要想获得知识必须行动，所以行动是知识的老子。创造创新更不是凭空进行的，只有充分掌握了一个事物的规律，知道它的本质，才能在此基础上进行创造。

“知行合一”是本课程的重要学习方法。行、知、行不断循环往复，才能提高学生正确认识问题、分析问题和解决问题的能力，培养学生探索未知、追求真理、勇攀科学高峰的责任感和使命感，激发学生科技报国的家国情怀和使命担当。

思 考 题

1.1 正确理解数字世界的0和1，它们是数字还是信号？

1.2 什么是数字信号和模拟信号？如何理解数字信号在时间上和幅值上是离散的。数字信号或者数字电路的优点是什么？

1.3 时钟脉冲信号有哪些指标？说明你使用的计算机的时钟脉冲频率是多少？

1.4 并行通信的优、缺点是什么？举例说明生活中哪些设备采用并行通信。

1.5 串行通信的优、缺点是什么？举例说明生活中哪些设备采用串行通信。

1.6 数字电路的分类有哪些？数字电路的基本单元是什么？

1.7 数字电子技术为什么重要？PLD、CPU、MCU和SOC的含义是什么？

第2章　数字逻辑基础

数字逻辑是数字电子技术的数学基础，是分析和设计复杂数字系统的理论依据。本章首先介绍了数字世界中表示数值的二进制数、十六进制数、大家熟知的十进制数和各种数制之间的相互转换方法；然后介绍了用于对外部符号或者事件进行编码的码制和几种常用编码规则；介绍了算术运算、逻辑运算及逻辑符号、逻辑代数基本定理和逻辑函数表示方法及转换等；最后简述了逻辑函数的代数化简法和卡诺图化简法，对现代数字系统设计中的化简问题也给予了简单介绍。

2.1　数制

数字系统的底层硬件器件是电子开关，电子开关的开和关使得电路分别有两种电压状态，这两种状态值可以分别用 0 和 1 来表示，因此出现了二进制数。由于还没有一种器件具有 10 个状态，因此无法用电子器件的不同状态来表示大家熟悉的十进制数的 0~9 这 10 个符号，即物质基础决定了数字电子技术要用二进制表示世界万物和数字。因此，下面要重提数制和熟悉码则。

数制是计数制度的简称，即计数方法。通常用进位计数的方法组成多位数码来表示一个数字，多位数码每一位的构成以及低位到高位的进位遵循的规则称为数制。比如，人们习惯的十进制有 0~9 共 10 个字符，可以用若干个这些字符组成一个数，每一位的权重不同，低位到高位的进位规则是逢 10 进 1。

2.1.1　几种常用的数制

在数字系统底层，数、符号、逻辑、事件等都只能用 0、1 来表示。但是，一个很大的二进制数必然是一长串的 0 和 1 的组合，为了方便二进制数的书写、拼读或记忆，出现了八进制和十六进制数。以下介绍这几种常用数制及相互之间的转换方法。

以上提到的十进制、二进制、八进制和十六进制数都是进位计数制，采用了位置表示法，即处于不同位置上的同一个数字符号所表示的数值大小不同。将每一种数制所用到的全部符号数称为这种数制的“**基数**”或简称为“**基**”（Radix），一般用 R 表示。比如，二进制只有 0 和 1 共两个符号，其基数 R 则为 2，八进制有 0~7 共 8 个符号，其基数 R 则为 8，依此类推。数制中每一个固定位置对应的单位数值称为“**权**”，这样，R 进制数每位的“权”值则为 R 的幂次。下面具体介绍这几种数制。

1. 十进制（Decimal）

十进制数有 0、1、2、3、4、5、6、7、8 和 9 这 10 个符号，其基数 R 为 10，计数规则为“逢十进一”。一个十进制数可以用若干个十进制符号构成，如 333、2765 和 58 等。相同的数码处于不同的位置可代表不同的值，每位的权值为 10 的幂次。例如，333 可以表示成下列多项式：

$$333=3\times10^2+3\times10^1+3\times10^0 \tag{2.1.1}$$

一个具有 n 位整数和 m 位小数的十进制数可以记为 $(D)_D$，下标 D 表示括号中的 D 为十进制数。可用以下一般表达式表示：

$$(D)_D=d_{n-1}10^{n-1}+d_{n-2}10^{n-2}+\cdots+d_1 10^1+d_0 10^0+d_{-1}10^{-1}+d_{-2}10^{-2}+\cdots+d_{-m}10^{-m}$$
$$=\sum_{i=-m}^{n-1}d_i 10^i \tag{2.1.2}$$

式中，d_i 为第 i 位的系数，可为 0~9 中的任何一个符号；10 为基数，10^{n-1}、10^{n-2}、…、10^1、10^0、10^{-1}、10^{-2}、…、10^{-m} 分别为各位的权值。大家熟知的十进制数表示中的下标 D 可以忽略，即 $(D)_D$ 可以省略记为 D，其他进制数必须明确标注。

2. 二进制（Binary）

二进制数只有 0 和 1 两个符号，其基数 R 为 2，计数规则为“逢二进一”，各位的权值为 2 的幂。与式（2.1.2）类似，任一个具有 n 位整数和 m 位小数的二进制无符号数可按权展开为

$$(D)_B=(d_{n-1}d_{n-2}\cdots d_0 d_{-1}\cdots d_{-m})_B=\sum_{i=-m}^{n-1}d_i 2^i \tag{2.1.3}$$

式中，下标 B 是取 Binary 的第一个字母，表示扩号中的 D 为二进制数；系数 d_i 的取值只有 0 和 1 两种可能。如 $(1101.101)_B=1\times2^3+1\times2^2+0\times2^1+1\times2^0+1\times2^{-1}+0\times2^{-2}+1\times2^{-3}$。

3. 十六进制（Hexadecimal）

当用二进制表示一个比较大的数时，位数较长且不易读写，因而在数字系统和计算机中，将 i 位二进制用一个符号来表示，表示 i 位不同二进制数共需要 2^i 个符号，则称为 2^i 进制。随着数字系统字长的不断增大，八进制（Octal）已经很少使用，最常用的是十六进制（即 2^4，将 4 位二进制用一个符号表示），十六进制用 0~9 和 A~F 共 16 个符号依次表示 0000B~1001B 和 1010B~1111B 四位二进制数。十六进制的计数规则是“逢十六进一”，它的基数 R 为 16，各位的权为 16 的幂。

任一个具有 n 位整数和 m 位小数的十六进制无符号数可按权展开为

$$(D)_H=(d_{n-1}d_{n-2}\cdots d_0.d_{-1}\cdots d_{-m})_H=\sum_{i=-m}^{n-1}d_i 16^i \tag{2.1.4}$$

式中，d_i 可为十六进制符号 0~9 和 A~F 中的任一个；下标 H 表示 D 为十六进制数。

在很多编程软件中，数的表示一般允许用各种进制数，常常在数值后加上对应进制数英

文名称的首字母来进行区分，十进制数的 D 可以省略。例如，1001B、2FH、234、150O 分别表示二进制、十六进制、十进制和八进制数。编程中十六进制数也常用加“0x”前缀表示，如 2FH 也可以表示为 0x2F。教材后续部分混用 $(1001)_B$ 和 1001B 两种表示。

各种常用数制对照如表 2.1.1 所示。

表 2.1.1 常用数制对照表

十进制(D)	二进制(B)	十六进制(H)	十进制(D)	二进制(B)	十六进制(H)
0	0000	0	8	1000	8
1	0001	1	9	1001	9
2	0010	2	10	1010	A
3	0011	3	11	1011	B
4	0100	4	12	1100	C
5	0101	5	13	1101	D
6	0110	6	14	1110	E
7	0111	7	15	1111	F

对于任意位置表示法的 n 位整数和 m 位小数的 R 进制无符号数，则可有：

$$(D)_R = \sum_{i=-m}^{n-1} d_i R^i \tag{2.1.5}$$

式中，R 为 R 进制数的基数；d_i 为 R 进制的符号。

2.1.2 数制之间的转换

虽然大家非常熟悉十进制数，但数字系统只能识别二进制数。在实际应用中，计算机软、硬件的迅速发展使得软件可以自动处理数制之间的转换，但有时还需要了解数制之间的转换。数制间转换的原则是转换前、后的整数部分和小数部分必须分别相等。

1. 多项式法

多项式法适用于将 2^i 进制的数转换为十进制数，只需根据式（2.1.5）按权展开，并按十进制数计算，所得结果就是其所对应的十进制数。

例如，将十六进制数 $(1DE)_H$ 转换为十进制数。

$$(1DE)_H = (1\times16^2+13\times16^1+14\times16^0)_D = (256+208+14)_D = 478$$

例如，将二进制数 110101.101B 转换为十进制数。

$$110101.101B = (1\times2^5+1\times2^4+1\times2^2+1\times2^0+1\times2^{-1}+1\times2^{-3})_D = 53.625$$

2. 基数乘除法

基数乘除法适合把一个十进制数 D 转换为其他进制的数，即把一个具有 n 位整数和 m 位小数的十进制数 D 用 k 位整数和 i 位小数的其他进制的数来表示。转换方法是把整数部分和小数部分分别进行转换，然后合并起来。

下面主要以十进制数转换为二进制数为例进行基数乘除法的讨论。

（1）整数部分的转换（除基取余法）

依据转换原则及二进制数的按权展开式（2.1.3），整数部分的转换可以表示为

$$\begin{aligned} D_n &= d_{k-1}\times2^{k-1}+d_{k-2}\times2^{k-2}+\cdots+d_1\times2^1+d_0\times2^0 \\ &= 2(d_{k-1}\times2^{k-2}+d_{k-2}\times2^{k-3}+\cdots+d_1)+d_0 \end{aligned} \tag{2.1.6}$$

式（2.1.6）表明，将 D_n 除以 2，则得到余数为 d_0，商为

$$d_{k-1}\times 2^{k-2}+d_{k-2}\times 2^{k-3}+\cdots+d_1=2(d_{k-1}\times 2^{k-3}+d_{k-2}\times 2^{k-4}+\cdots+d_2)+d_1 \tag{2.1.7}$$

由式（2.1.7）不难看出，D_n 除以 2 所得的商再除以 2，所得余数则为 d_1。依此类推，反复将每次得到的商除以 2，直到商为 0，就可根据余数得到二进制数的每一位数。

［**例 2.1.1**］ 将十进制数 89 转换成二进制数。

解 根据转换方法，将十进制数 89 逐次除以 2，取其余数，即得二进制数。

除数	被除数		余数			
2	89		余数			
2	44	…	1	…	d_0	**LSB**（Least Significant Bit）
2	22	…	0	…	d_1	
2	11	…	0	…	d_2	
2	5	…	1	…	d_3	
2	2	…	1	…	d_4	
2	1	…	0	…	d_5	
	0	…	1	…	d_6	**MSB**（Most Significant Bit）

即 $89=(1011001)_B=1011001B$。写转换结果时要**注意**：高位（MSB）在下，低位（LSB）在上，即由下至上读余数就得到转换的二进制数。

（2）小数部分的转换（乘基取整法）

与整数转换类似，将十进制小数乘以 2，取其整数部分即为 d_{-1}。将乘积的小数部分再乘以 2，就可根据其乘积的整数部分得到二进制小数的 d_{-2} 位。依此类推，只要逐步将小数乘以 2，且逐次取出乘积中的整数部分，直到小数部分为 0 或者达到所需的精度为止，即可求得相应的二进制小数。

［**例 2.1.2**］ 将十进制数 0.64 转换为二进制数，要求误差 $\varepsilon<2^{-10}$。

解 根据上述转换方法，将十进制小数 0.64 逐次乘以 2，取其整数，即得二进制小数，小数部分取 10 位即可以保证误差 $\varepsilon<2^{-10}$。

	0.64	0.28	0.56	0.12	0.24	0.48	0.96	0.92	0.84	0.68
（乘基）	×2	×2	×2	×2	×2	×2	×2	×2	×2	×2
	1.28	0.56	1.12	0.24	0.48	0.96	1.92	1.84	1.68	1.36
	⋮	⋮	⋮	⋮	⋮	⋮	⋮	⋮	⋮	⋮
（取整）	1	0	1	0	0	0	1	1	1	1
	d_{-1}	d_{-2}	d_{-3}	d_{-4}	d_{-5}	d_{-6}	d_{-7}	d_{-8}	d_{-9}	d_{-10}

则 $(0.64)_D=(0.1010001111)_B$，且其误差 $\varepsilon<2^{-10}$。

显然，十进制数 89.64 转换为二进制数为 1011001.1010001111B。

十进制数转换为十六进制数有两种方法。一种是采取上面介绍的基数乘除法，对整数部分除基取余，对小数部分乘基取整，即可求得转换；另一种方法是以二进制为桥梁进行转换，即首先把待转换的十进制数按基数乘除法转换为二进制数，再根据下面将要介绍的十六进制与二进制的对应关系，即可求得转换结果。

3. 基数为 2^i 进制间的转换

所谓 2^i 进制，是指基数是 2 幂次的进制数，如二进制、八进制和十六进制。由表 2.1.1

可以看出，4 位二进制数可以用 1 位十六进制数表示，而且这种对应关系是一一对应的。它们之间的相互转换可以直接写出来。

[例 2.1.3]　将数字（110110111000110.1011000101)$_B$ 转换成十六进制数。

解　以小数点为界，整数部分由右向左按 4 位一组划分；小数部分由左向右按 4 位一组划分，数位不够四位者用 0 补齐，由表 2.1.1 所示的对应关系可得十六进制数为

6	D	C	6	B	1	4
0110	1101	1100	0110.	1011	0001	0100

即（110110111000110.1011000101)$_B$ = （6DC6.B14)$_H$，熟练后即可直接写出二进制与十六进制的相互转换结果。

[例 2.1.4]　将十六进制数 34DFH 转换成二进制数。

解　按照表 2.1.1 中的对应关系，将一位十六进制数对应的四位二进制数直接写出来即可：34DFH = 0011 0100 1101 1111B。

2.2　码制

无论是数字电视还是计算机系统、数字通信系统、工业生产线的数字控制、宇宙飞船导航系统等任何一个简单或复杂的数字系统，其基本框架都是相同的，一般都是图 2.2.1 所示的一个处理过程，包含了如下的任务：

1）将现实世界的信息通过编码器转换为数字信息处理网络可以理解的二进制信息。编码是用于将某一有效输入生成编码输出（如 BCD 或二进制）。例如，有 16 个输入按键排成 4 行 4 列，用二进制输出编码，显然需要 4 位二进制就可以编码 16 个按键，编码规则可以由设计者制定，如按下左上角的按键输出编码为 0000，按下右上角按键编码为 0011 等。完成编码的器件称为编码器。模/数转换器（ADC）内部也包含有编码器，也可以认为是广义的编码器。

2）数字信息处理网络仅认识信息 0 和 1，即数字信息处理网络的输入和输出必须都是数字信号。这是数字系统的核心，可以完成算术运算、逻辑运算、数字处理、信息存储等操作。

3）将处理结果通过译码器（也叫解码器）转换为现实世界可接收的信号输出。译码是与编码相反的过程。译码是将某些代码（如二进制、BCD 或十六进制）转换为表示其数值的单个有效输出的过程，实现译码的器件称为译码器。例如，4 线到 10 线的 8421BCD 译码器 7442，当 4 线输入是有效的 8421BCD 时，输出只有 1 个与其对应的输出线有效。数/模转换器（DAC）也是将数字量翻译为模拟量的广义译码器件。

编码器和译码器是数字系统中非常重要的器件，在第 7 章会详细介绍。在此仅介绍码制。

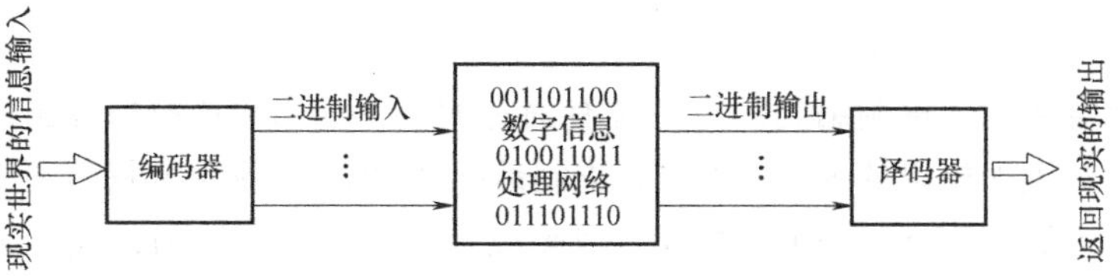

图 2.2.1　数字系统的编码和译码过程

二进制不仅可以表示数字量的大小，还可以表示客观世界，小到生活的方方面面，大到宇宙星辰的信息等无穷无尽的事物，即用多个晶体管的开关特性状态的组合来表示世界上的万物。例如，可以用两个晶体管的四种开关组合 00、01、10、11 分别表示前、后、左、右 4 个方向。此时这些数码就没有了数量的概念，成为了代表不同事物的一个代码。为了便于记忆、处理和通用，编制代码时要遵循一定的规则，这些规则称为**码制**，即编码方法。将一定位数的数码按一定的规则排列起来表示特定对象，称其为**代码**或**编码**。编码可以表示任何人为赋予的含义，可以是逻辑的，也可以是非逻辑的。编码没有大小之分，没有位权，或者说每位是平等的，每个位上数字大小的比较是没有意义的。下面介绍几种常用的码制。

2.2.1 二-十进制码

这是一种用 4 位二进制数码表示 1 位十进制数的方法，称为二进制编码的十进制数（Binary Coded Decimal），简称二-十进制码或 **BCD 码**。

4 位二进制数码有十六种组合，而十进制数 0~9 只需用其中十种组合来表示。因此，用 4 位二进制数表示十进制数时，有很多种编码方式，可以分为有权码和无权码两种。表 2.2.1 所示为几种常用的 BCD 码。

1. 有权码

顾名思义，有权码的每位都有固定的权，各组代码按权相加对应于各自代表的十进制数。

8421BCD 码是 BCD 码中最常用的一种代码。这种编码每位的权和自然二进制码相应位的权一致，从高到低依次为 8、4、2、1，故称为 8421BCD 码。例如，十进制数 8964 可用 8421BCD 码表示为 1000 1001 0110 0100。

表 2.2.1 中 5421 与 8421 码一样，都属于恒权代码，其最高位的权恒为 5，且规定 5 的 5421BCD 码是 1000 而不是 0101。

表 2.2.1 常用 BCD 码

十进制数	有权码		无权码	
	8421	5421	余 3 码	余 3 循环码
0	0000	0000	0011	0010
1	0001	0001	0100	0110
2	0010	0010	0101	0111
3	0011	0011	0110	0101
4	0100	0100	0111	0100
5	0101	1000	1000	1100
6	0110	1001	1001	1101
7	0111	1010	1010	1111
8	1000	1011	1011	1110
9	1001	1100	1100	1010

2. 无权码

有权码是规定 4 位二进制编码的每一位有固定的权，且用按该权值算出的数去表示对应的十进制符号。对于无权码的编码，4 位二进制编码不能用一种固定权值得到 0~9 这 10 个数去分别表示十进制的 0~9 这 10 个符号。因此说无权码不是恒权码，或称为变权码。各组代码与十进制符号之间的对应关系都是人为规定的。表 2.2.1 中的余 3 码是一种较为常用的无权码，若把余 3 码的每组代码视为 4 位二进制数，那么每组代码的数值总是比它们所代表的十进制数多余 3，故得名余 3 码。余 3 码的 0 和 9、1 和 8、…、4 和 5 互为反码。

表 2.2.1 中的余 3 循环码和后面将要介绍的格雷码有一个相同特点：任何相邻的两个码组中，仅有一位代码不同。

2.2.2 格雷码

格雷码（Gray Code）又叫作循环二进制码或反射二进制码，用 G 表示。格雷码的编码方案有多种，典型的格雷码如表 2.2.2 所示。其最基本的特性是任何相邻的两组代码中，仅有一位数码不同，因而又叫作单位距离码，且首尾两组代码 0000 和 1000 也具有单位码特性，体现了格雷码的循环特性。而表中 4 位的自然二进制代码，其相邻两个代码之间可能有 2 位、3 位、甚至 4 位不同。如 0111 和 1000 代码中的 4 位都不同，即当代码由 0111 变到 1000 时，4 位代码都将发生变化，这种情况会使数字电路产生很大的尖峰脉冲电流，且 4 个代码在电路中的变化路径一般不同，到达输出端的延时就可能不同，这种现象叫作竞争。由于竞争而在电路输出端产生了不该有的尖峰脉冲，这种现象叫作险象或冒险。而这两组代码对应的格雷码是 0100 和 1100，两者仅有 1 位发生变化，将不会有上述冒险情况的发生。因此，格雷码属于一种可靠性编码，是一种错误最小化的编码方式，有利于降低功耗。格雷码在通信、测量技术等领域得到了广泛应用。

表 2.2.2 自然二进制码和格雷码

自然二进制码				格雷码			
B_3	B_2	B_1	B_0	G_3	G_2	G_1	G_0
0	0	0	0	0	0	0	0
0	0	0	1	0	0	0	1
0	0	1	0	0	0	1	1
0	0	1	1	0	0	1	0
0	1	0	0	0	1	1	0
0	1	0	1	0	1	1	1
0	1	1	0	0	1	0	1
0	1	1	1	0	1	0	0
1	0	0	0	1	1	0	0
1	0	0	1	1	1	0	1
1	0	1	0	1	1	1	1
1	0	1	1	1	1	1	0
1	1	0	0	1	0	1	0
1	1	0	1	1	0	1	1
1	1	1	0	1	0	0	1
1	1	1	1	1	0	0	0

格雷码还具有反射特性，即按表 2.2.2 中虚线所示的对称轴为界，除最高位互补反射外，其余低位数沿对称轴镜像对称。利用这一反射特性可以方便地构成位数不同的格雷码。

自然二进制码到格雷码的编码规则为：从自然二进制码最低位开始，相邻的两位相加或者异或（即两位数相异为 1，相同为 0），其结果作为格雷码的最低位，依此类推，一直加到最高位得到格雷码的次高位，格雷码的最高位与二进制码的最高位相同。例如，$(1001)_B=(1101)_G$。

格雷码到自然二进制码的解码方法是：用 0 与格雷码的最高位 G_3 异或，结果为 B_3，再将异或的值和下一位 G_2 相异或，结果为 B_2，直到最低位，依次异或转换后的值就是格雷码转换后自然码的值。例如，计算格雷码 1010 对应的自然二进制码，用 0 与最高位 1 异或得到 1，1 再与 G_2 位的 0 异或得到 1，1 再与 G_1 位的 1 异或为 0，0 与最低位 0 异或为 0，最终异或结果为 1100，当然由表 2.2.2 也可以直接查出。

2.2.3 奇偶校验码

信息的正确性对数字系统和计算机有极其重要的意义，但在信息的存储与传送过程中，经常由于某种随机的干扰而发生错误。所以希望在传送代码时加上某种校验信息以判断传送过程中是否发生了错误。

奇偶校验码是一种具有检错能力的代码。例如，要传送 4 位的 8421BCD 码，奇偶校验码如表 2.2.3 所示。这种代码由两部分构成：一部分是信息位，可以是任一种二进制代码；另一部分是校验位，它仅有一位。校验位数码的编码方式是：作为“奇校验”时，使校验位和信息位所组成的每组代码中含有奇数个 1；作为“偶校验”时，则使每组代码中含有偶数个 1。奇偶校验码能发现奇数个代码位同时出错的情况，而传送中多数数据同时出错的机会很少。

表 2.2.3 奇偶校验码

十进制数	奇校验 8421BCD		偶校验 8421BCD	
	信息位	校验位	信息位	校验位
0	0000	1	0000	0
1	0001	0	0001	1
2	0010	0	0010	1
3	0011	1	0011	0
4	0100	0	0100	1
5	0101	1	0101	0
6	0110	1	0110	0
7	0111	0	0111	1
8	1000	0	1000	1
9	1001	1	1001	0

奇偶校验码常用于串行通信纠错，发送数据之前，收、发双方约定好奇偶校验方式，接收端检查接收代码的奇偶性，若与发送端的奇偶性一致，则可认为接收到的代码正确，否则，接收到的一定是错误代码。

PC 的 RAM 存储器子系统也包括奇偶校验逻辑电路，电路为所有写入 RAM 的数据加了奇偶校验位。从 RAM 读出数据时要进行奇偶校验，一旦发现存储错误，奇偶校验逻辑电路会向系统报告错误。

2.2.4 字符码

字符必须编码后才能被计算机处理。字符码的种类很多，其中最常用的是 ASCII 码（American Standard Code for Information Intechange，美国标准信息交换码）。它是用 7 位二进制数码来表示字符的，其对应关系如表 2.2.4 所示。7 位二进制代码最多可以表示 $2^7=128$ 个

表 2.2.4 美国标准信息交换码（ASCII 码）

高四位 $0b_6b_5b_4$ / 低四位 $b_3b_2b_1b_0$		ASCII 非打印控制字符										ASCII 打印字符											
		0000					0001					0010		0011		0100		0101		0110		011111	
		0					1					2		3		4		5		6		7	
		十进制	字符	ctrl	代码	字符解释	十进制	字符	ctrl	代码	字符解释	十进制	字符	十进制	字符	十进制	字符	十进制	字符	十进制	字符	十进制	字符
0000	0	0	BLANK NULL	^@	NUL	空	16	►	^P	DLE	数据链路转意	32		48	0	64	@	80	P	96	`	112	p
0001	1	1	☺	^A	SOH	头标开始	17	◄	^Q	DC1	设备控制 1	33	!	49	1	65	A	81	Q	97	a	113	q
0010	2	2	☻	^B	STX	正文开始	18	↕	^R	DC2	设备控制 2	34	"	50	2	66	B	82	R	98	b	114	r
0011	3	3	♥	^C	ETX	正文结束	19	‼	^S	DC3	设备控制 3	35	#	51	3	67	C	83	S	99	c	115	s
0100	4	4	♦	^D	EOT	传输结束	20	¶	^T	DC4	设备控制 4	36	$	52	4	68	D	84	T	100	d	116	t
0101	5	5	♣	^E	ENQ	查询	21	∮	^U	NAK	反确认	37	%	53	5	69	E	85	U	101	e	117	u
0110	6	6	♠	^F	ACK	确认	22	■	^V	SYN	同步空闲	38	&	54	6	70	F	86	V	102	f	118	v
0111	7	7	●	^G	BEL	震铃	23	↨	^W	ETB	传输块结束	39	'	55	7	71	G	87	W	103	g	119	w
1000	8	8	◘	^H	BS	退格	24	↑	^X	CAN	取消	40	(	56	8	72	H	88	X	104	h	120	x
1001	9	9	○	^I	TAB	水平制表符	25	↓	^Y	EM	媒体结束	41	)	57	9	73	I	89	Y	105	i	121	y
1010	A	10	◙	^J	LF	换行/新行	26	→	^Z	SUB	替换	42	*	58	:	74	J	90	Z	106	j	122	z
1011	B	11	♂	^K	VT	竖直制表符	27	←	^[	ESC	转意	43	+	59	;	75	K	91	[	107	k	123	{
1100	C	12	♀	^L	FF	换页/新页	28	∟	^\	FS	文件分隔符	44	,	60	<	76	L	92	\	108	l	124	|
1101	D	13	♪	^M	CR	回车	29	↔	^]	GS	组分隔符	45	-	61	=	77	M	93	]	109	m	125	}
1110	E	14	♫	^N	SO	移出	30	▲	^6	RS	记录分隔符	46	.	62	>	78	N	94	^	110	n	126	~
1111	F	15	☼	^O	SI	移入	31	▼	^–	US	单元分隔符	47	/	63	?	79	O	95	–	111	o	127	△

字符。每个字符都是由代码的高三位 $b_6b_5b_4$ 和低四位 $b_3b_2b_1b_0$ 一起确定的，用字节表示时，高位 b_7 始终是 0。例如，3 的 ASCII 码为 33H，A 的 ASCII 码为 41H 等。标准键盘的按键识别是通过内部扫描电路和编码器最后形成的按键对应的 ASCII 码。ASCII 码为目前各计算机系统中使用最普遍也最广泛的英文标准码。

Unicode 也是由国际组织设计的一种字符编码方法，可以容纳全世界所有语言文字的编码方案。Unicode 的全称是 Universal Multiple-Octet Coded Character Set，简称为 Unicode Character Set，缩写为 UCS。Unicode 使用 2B 或 4B（Bytes）来表示每一个符号，共可表示 65536 或 1677 万个字符符号，除英文外，还可以包含数量最多的中文、日文及全世界各国的文字符号，以满足跨语言、跨平台进行文本转换、处理的要求，让信息之间的交流更无国界，因此称为万能码。从 Windows98 开始支持 Unicode 码。

2.2.5 汉字编码

常用汉字有 3000~5000 个，显然无法用一个字节编码。在我国 1980 年发布的《信息交换用汉字编码字符集 · 基本集》GB 2312—1980 中，用两个字节编码一个汉字，共收录了 7445 个字符，包括 6763 个（一级汉字为常用汉字，共 3755 个；二级汉字为非常用汉字，共 3008 个）简体中文汉字和 682 个其他符号。GB2312 将代码表分为 94 个区，每个区有 94 个位，01~09 区为符号和数字区，16~87 区为汉字区，10~15 区、88~94 区是有待进一步标准化的空白区。以区、位表示汉字或符号的方式也称为**区位码**。以汉字“啊”字为例，它的区号 16，位号 01，则它的区位码是 1601（十六进制区位 0x1001）。在计算机内部用这两位十进制数的 8421BCD 码表示。如“大”在 20 区、83 位，其区位码为 2083，在计算机中表示为 00100000 10000011。GB2312 字符集**国标码**=区位码的十六进制表示+2020H，则“大”的国标码=1453H+2020H=3473H。**汉字内码**是计算机系统内部处理、存储汉字及符号所使用的统一代码。内码可由国标码变换而来，即将国标码的每个字节的最高位置 1（即等于国标码+8080H)，其他位均不变，即可得到内码。例如，“大”的国标码为 3473H，则其内码为 B4F3H。内码也可以由区位码得到，第一字节一般是高字节，范围为 0xA1~0xFE，等于 1~94 区加 A0H；第二字节是低字节，为 0xA1~0xFE，等于 1~94 位加 A0H。因此，计算机中“啊”的汉字处理编码（即内码）为 0xB0A1。

1995 年的《汉字内码扩展规范 GBK》1.0 版收录了 21886 个符号，它分为汉字区和图形符号区。汉字区包括 21003 个字符。GBK 字符集是 GB2312 的扩展。GBK 字符集主要扩展了对繁体中文字的支持。

2000 年我国实行了一个新的汉字编码国家标准《信息交换用汉字编码字符集基本集的扩充》GB 18030—2000，共收录汉字 27484 个，还收录了藏文、蒙文、维吾尔文等主要的少数民族文字。

从 ASCII、GB2312、GBK 到 GB18030，这些编码方法是向下兼容的，即同一个字符在这些方案中总是有相同的编码，后面的标准支持更多的字符。在这些编码中，英文和中文可以统一处理。区分中文编码的方法是高字节的最高位不为 0。GB2312、GBK 到 GB18030 都属于双字节字符集（DBCS），在 DBCS 中，GB 内码的存储格式始终是高位在前。

汉字编码涉及类型较多，从输入、交换处理到显示输出三个不同层次可分为：①**汉字输入码**：是指将汉字输入到计算机中所用的编码，有几十种之多，如汉语拼音、五笔字型、自然码、区位码等，且还在不断研究如何减少重码率、提高汉字输入速度的输入编码方法。②**汉字交换码**：是指不同的具有汉字处理功能的计算机系统之间在交换汉字信息时所使用的代码标准，如 GB 2312—1980 国标码、GB 18030—2000 等。③**字形存储码**：是指供计算机输出汉字（显示或打印）用的二进制信息，也称字模。汉字字型码通常有两种表示方式：字型点阵码和矢量字形。**字型点阵码**中每一个位置对应一个二进制位，该位为 1 时对应的位置有点，为 0 则对应的位置为空白。一般的点阵规模有 16×16、24×24、32×32、64×64 等。例如，采用 16×16 点阵，显示一个“汉”字的字型点阵码如图 2.2.2 所示，每 8 个二进制位组成一个点阵码字节，则一个汉字点阵码为 32B。点阵规模越大，字型越清晰美观，所占存储空间也越大，手机中都有专用的字库芯片。到了智能机时代，这个存储芯片的功能已经远远超越了存储字库这么简单，更准确的表述应该为 eMMC 芯片（embedded MultiMediaCard）。例如，三星 GALAXY Note II 的 KMVTU000LM-B503（16GB）芯片，这个“字库”eMMC 芯片就相当于计算机中的 BIOS+硬盘，一方面，固化有手机的启动程序、基本输入输出程序、系统设置信息等；另一方面，还起到存储照片、音乐等文件的作用。**矢量字形**存储的是描述汉字字型的轮廓特征，将汉字看成由笔画组成的图形，提取每个笔画的坐标值，将每一个汉字的所有坐标值信息组合起来就是该汉字字形的矢量信息。**矢量字形**可以产生高质量的汉字输出。Windows 中使用的 TrueType 技术就是汉字的矢量表示方式。

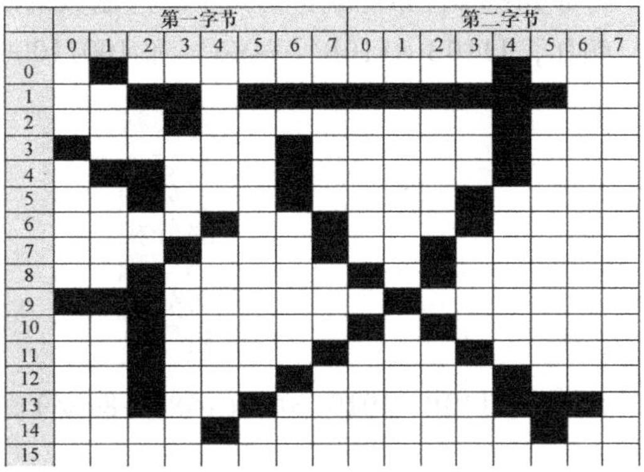

图 2.2.2 “汉”字点阵

2.3 算术运算与逻辑运算

在数字系统中，二进制数码的 1 和 0 不仅可以表示数量的大小，也可以表示事物两种不同的逻辑状态。例如，可以用 1 和 0 分别表示某电路的通和断，或者表示一件事情的真和假、是和非等。表示数量和表示逻辑的运算分别称为算术运算和逻辑运算。

2.3.1 算术运算

1. 算术运算的基本概念

当由 0 和 1 组成的两个二进制数码表示两个数量时，它们之间可以进行数值运算，把这种运算称为**算术运算**。二进制之间的运算规则和十进制数的运算规则基本相同，所不同的是二进制中相邻数位之间的进位和借位关系为“逢二进一”和“借一作二”。

十六进制只是一种简化表示二进制的数制，完成十六进制算术运算时，可以先将十六进制数转换为二进制数，再进行二进制数运算。例如，完成 6AH（106）+1BH（27）和 55H（85）-2FH（47）的运算如下：

```
被加数 6AH    01101010          被减数 55H    01010101
加数 1BH     +00011011          减数 2FH     -00101111
进位          01111010          借位          00101110
和           010000101 (=133√)  差            00100110 (=38√)
```

二进制的乘法运算与十进制类似，可用乘数的每一位去乘被乘数，若该位乘数为 0，则相应部分的积全为 0；若该位乘数为 1，则相应部分的积为被乘数；部分积的个数等于乘数的位数。将部分积移位累加就得到两个二进制数的乘积。二进制的除法运算与十进制也类似。

例如，1110B ×110B（14×6）和 10011000B÷110B（152÷6）的运算过程如下：

```
被乘数          1110
乘数        ×   0110
部分积          0000
部分积         1110
部分积        1110
部分积      +0000
积           1010100
```

1110B ×110B = 1010100B（14×6 = 84√）。

```
      00011001    商25
110 ) 10011000
     - 110
       111
     - 110
          1000
        -  110
            10    余2
```

10011000B÷110B 的商为 11001B，余 10B（152÷6 商 25 余 2 √）。

上述的算术运算举例只是说明了二进制数的算术运算规则与十进制类似，甚至比十进制运算规则更简单。数字系统最重要和最原始的作用是进行大量的数字运算，即数字系统的算术运算都是由运算电路完成的，如第 7 章将介绍的加法器、CPU 中的算术逻辑单元（ALU）等。后续引入补码概念后可以用加法器统一实现加、减法运算，利用加法器和判断移位可以实现二进制数的乘法和除法运算。早期的处理器中只有加法器，目前的很多微处理器为了提高数字信号运算速度，增加了硬件乘法器。

2. 数值在计算机中的表示

（1）二进制位、字节、字长等概念

在数字系统中，一位二进制是运算和信息处理的最小单位，各种信息都是用多位二进制编码进行识别和存储、以二进制数的形式进行运算处理的。前面已经提到，**一位**用 **bit** 表示，8 位为一个**字节**（Byte），一个字节可以表示的数值个数为 $2^8 = 256$。16 位为一个字（Word，即两个字节），32 位为双字（DWord），64 位为四倍字（QWord）等。讨论二进制数时，经常也引进一些 2 的幂次方的缩写。例如，1K 表示 2^{10}（1024），1M = 1024K，表示 2^{20}，那么 2^{16} 就等于 64K。显然，二进制的缩写与传统十进制幂次的缩写值是不同的，如数字系统中的 1K（1024）与物理学中 1k（1000）是不同的。

计算机在同一时间内处理的一组二进制数称为一个计算机的“字”，而这组二进制数的位数就是“**字长**”。通常说的 8 位机表示计算机的字长为 8 位，其 CPU 可以同时进行运算、存储、传送等数据处理的位数是 8 位。所以这里的“字”并不是上述字（Word）的概念，它决定着寄存器、加法器、传送数据的总线等设备的位数，因而直接影响着硬件的成本。一般来说，计算机的数据线的位数和字长是相同的，从内存获取数据后，只需要一次就能把数据全部传送给 CPU。字长标志着计算机的计算精度和表示数据的范围。早期计算机有 4 位机，一般计算机的字长是字节位数的整数倍，如 8 位、16 位、32 位、64 位等。

一个字节的信息格式如图 2.3.1 所示。最右侧为最低位（LSB），描述时一般记为 D_0，最左侧为最高位（MSB），记为 D_7，每位的取值为 0 或 1。

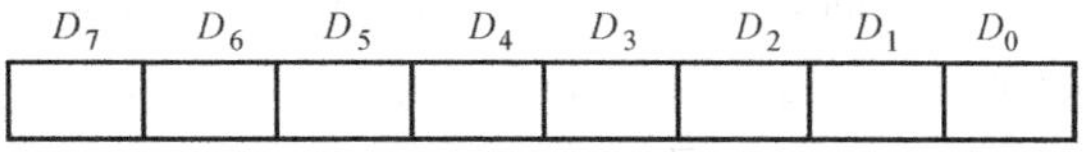

图 2.3.1 一个字节的信息格式

若用字节表示一个无符号数，其数值范围为 0~255，一个字的数值范围为 0~65535。

在计算机系统中，最常用的表示二进制数和进行算术运算的方法是补码。通过这种方法，正、负数可以用相同的格式表示，统一了加、减法运算。为了同时表示正数和负数，二进制补码格式使用了 8 位或 16 位数字中最高有效位（MSB）来表示该数字是正数还是负数，定义符号位为 0 表示正数，为 1 表示负数。为了得到补码，下面先介绍原码和反码的概念。原码、反码和补码显然都是有符号数。

（2）原码

用 MSB 为符号位，其他各位表示数值，这样的数叫原码。下面都用 8 位（即一个字节）表示一个原码、反码和补码数，则 $[-3]_{原}$= 1000 0011B，$[3]_{原}$= 0000 0011B。

8 位原码表示的数值范围为：-127~+127。

（3）反码

规定正数的反码等于原码；负数的反码是符号位与原码相同，并将原码数值部分“按位取反”。例如 $[+3]_{反}$= $[+3]_{原}$=0000 0011B，$[-3]_{反}$= 1111 1100B。

8 位反码表示的数值范围也为：-127~+127。

（4）补码

为了说明补码的概念，先举一个校对手表的例子。假设现在是下午 3 点，钟表却停在 12 点，可以通过倒拨（逆时针方向）9 点、也可以正拨（顺时针方向）3 点达到目的，即 -9 的操作可用+3 来实现。可见，在模为 12（逢十二进一）的钟表系统中，-9 和 3 互为补码。简单的说，互补的两个数，其绝对值相加刚好有进位。因此，负数 X 的补码有两种求解方法（规定正数的补码等于原码）：

1）$[X]_{补}=[X]_{反}+1$（符号位不变，数值位等于反码+1）。

2）$[X]_{补}=2^n-|X|$（$X<0$，n 为字长，一般为 8、16、32 等）。

例如，$[+3]_{补}=[+3]_{原}$=0000 0011B。

对于负数 X，假设 $[X]_{原}$=1010 1110B，使用第一种方法计算：

$[X]_{反}$=1101 0001B，$[X]_{补}=[X]_{反}+1$=1101 0001B+0000 0001B=1101 0010B

又如，使用第二种方法求解-3 的补码：

$$[-3]_{补}=2^8-3=1\ 0000\ 0000B-0000\ 0011B=1111\ 1101B$$

最常用的求补码的方法是第一种，即符号位不变，原码的各数据位变反加 1。如果补码的最高位为 1，其原码的求取方法也是符号位不变，其余位变反加 1。例如，-3 的补码为

1111 1101B，按照上述方法即可得-3 的原码为 1000 0011B。

利用补码可以将减法转换为加法运算：

$$[X-Y]_{补}=[X]_{补}+[-Y]_{补} \tag{2.3.1}$$

[例 2.3.1] 已知 X=0011 0100B（52），Y=0010 0110B（38），求 $X-Y$。

解 由式（2.3.1）可得，$[X-Y]_{补}$=0011 0100B+1101 1010B，不考虑溢出位，结果为 0000 1110B（14），显然是正确的。当然，运算结果也是补码数，最高位是 0，说明结果是正数，正数的原码、反码和补码都相同。如果运算结果的最高位为 1，则说明结果是负数的补码形式。例如，计算 1-2，按照式（2.3.1）可得，$[1-2]_{补}$=0000 0001B+1111 1110B=1111 1111B，结果显然是-1 的补码。

由此可见，利用补码概念可以使加、减法都由加法器实现。基本上，在所有的现代 CPU 体系结构中，二进制数都以补码的形式表示。

要强调一点，若按照上述方法求补，-0 用字节表示的补码应该是 1000 0000B，那么 1+(-0) 按上述运算方法可得：0000 0001B +1000 0000B=1000 0001B，该补码对应的数是-127，显然计算结果是错误。因此，为了统一+0 和-0，规定其补码都是 0000 0000B，且规定 1000 0000B 是-128 的补码。这样，8 位补码表示的数值范围就是-128～+127 了，不但增加了一个数的表示范围，而且还保证了+0 和-0 补码的唯一性和运算结果的正确性。

2.3.2 基本逻辑运算及逻辑符号

逻辑代数（Logic algebra）早在 1854 年由英国数学家乔治·布尔（G. Boole）首先提出，所以常称为布尔代数（Boolean algebra）。后来，这种数学方法广泛地应用于开关电路和数字逻辑电路中，因此，人们也把布尔代数称为开关代数或逻辑代数。

1. 逻辑变量

在数字逻辑电路中，存在着两种相互对立的逻辑状态，例如，电位的“高”与“低”，脉冲的“有”与“无”，开关的“合”与“开”，事物的“真”与“假”等。通常用 0 和 1 表示两种对立的逻辑状态，称为逻辑 0 和逻辑 1，这时的 1 和 0 没有了数量的概念。逻辑代数中用字母来表示逻辑变量，把表示事件条件的变量称为输入逻辑变量，把表示事件结果的变量称为输出逻辑变量，由于取值只有 0 和 1，所以也常称其为二值变量。逻辑变量一般用一个字母或具有一定含义的词的斜体表示，如 A、X 等。

2. 二进制逻辑单元图形符号

在学习数字逻辑电路的分析和设计之前，必须熟悉二进制逻辑单元图形符号标准。二进制逻辑单元图形符号简称为逻辑符号，是逻辑运算的抽象概括，它不同于常规的电工符号。在常规的电工符号中，如电容器符号像是两块平行板；扬声器符号像个喇叭等，而逻辑符号已完全没有这种“象形”的特点，纯属抽象的符号。

近几十年来数字集成电路取得了飞速发展。随着技术的发展和交流的需要，迫切要求解决图形符号的标准化问题，为此国际电工委员会（International Electrical Commission，IEC）于 1972 年发布了 IEC 117-15《推荐的图形符号，二进制逻辑单元》。IEEE/ANSI（American National Standards Institute，美国国家标准学会，IEC 的成员之一）于 1984 年制定了关于二进制逻辑图形符号的标准，推出了 IEC 国标逻辑符号 IEC 617-12（第一版）《绘图用图形符号第 12 部分：二进制逻辑单元》。我国制定了相应的国家标准 GB/T 4728.12—1996《电气

简图用图形符号 第 12 部分：二进制逻辑元件》。这些标准构成的所有二进制逻辑单元的图形符号皆由方框（或方框的组合）和标注其上的各种限定符号组成，如图 2.3.2a 所示。多数国外的教材、期刊、EDA 软件的器件库以及著名 IC 制造公司的 Data Book，使用图 2.3.2b 所示符号，该符号形象、简单直观、易学、易记。为了便于学生的学习，本书给出了两种符号。常用逻辑门电路逻辑符号见附录。

在后续的学习和科学研究过程中，可能还会看到其他形式的逻辑符号，应尽量多地去熟悉它们。

需要强调一点：符号图中不标注输入和输出变量，见附录，本教材为了与其他逻辑描述对应，符号图中都标有输入和输出变量，如图 2.3.2 中的 A、B 和 L。

3. 基本逻辑运算

逻辑代数中有**与**、**或**和**非**三种基本逻辑运算和复合逻辑运算。能实现这些逻辑运算的器件称为集成门，集成门电路都有系列化产品可供选用，相关的工作原理和外部特性将在第 3 章介绍，在此只介绍基本逻辑运算的概念和符号。

（1）与运算（逻辑乘法）

当决定某事件的全部条件都具备时，事件才会发生，这种因果关系称为**逻辑与**。假设某事件有两个输入条件，分别用逻辑变量 A 和 B 表示，逻辑与输出用 L 表示，如果 A 和 B 同时为 1，那么 L 为 1。将与逻辑关系列于表 2.3.1 中，这种表格称为**真值表**。

两变量的逻辑与运算的逻辑函数式或逻辑表达式为

$$L = A \cdot B \tag{2.3.2}$$

式（2.3.2）中，“·”表示 A 和 B 之间的与运算，也叫逻辑乘。为了书写方便，常将“·”省略。与运算也可用图 2.3.2 中的与门逻辑符号表示，与门是实现与运算的逻辑器件。

表 2.3.1　逻辑与真值表

A	B	L
0	0	0
0	1	0
1	0	0
1	1	1

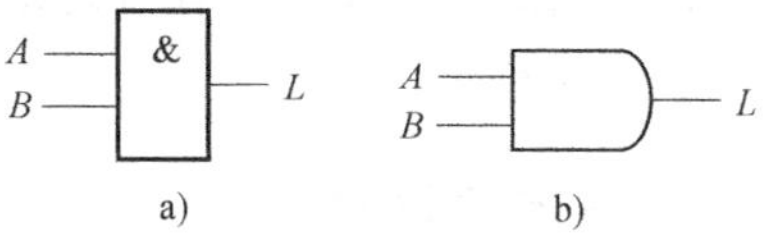

图 2.3.2　与门逻辑符号

a）国标符号　b）国外流行符号

（2）或运算（逻辑加法）

当决定某事件的全部条件中，任一条件具备，事件就会发生，这种因果关系称为**逻辑或**。表 2.3.2 是逻辑或真值表，图 2.3.3 为或门逻辑符号。

两变量的逻辑或运算可以用下式表示：

$$L = A + B \tag{2.3.3}$$

式中，“+”表示 A 和 B 之间的或运算，也叫逻辑加。

表 2.3.2　逻辑或真值表

A	B	L
0	0	0
0	1	1
1	0	1
1	1	1

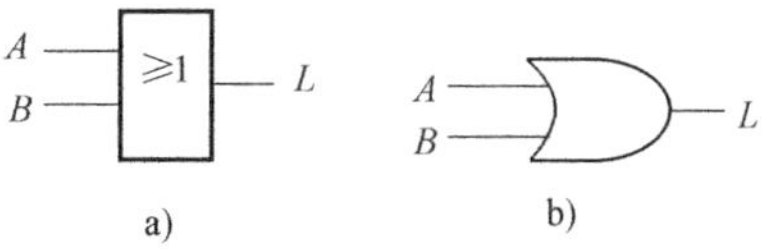

图 2.3.3　或门逻辑符号

a）国标符号　b）国外流行符号

(3) 非运算（逻辑否定）

当条件具备时事件不发生，而当条件不具备时事件会发生，这种因果关系称为**逻辑非**。非运算的真值表如表 2.3.3 所示。

逻辑非运算用逻辑函数式表示为

$$L=\overline{A} \tag{2.3.4}$$

在逻辑代数中，在变量上加一横线，即表示该变量的非。这里将 $\overline{A}$ 读作“A 非”，$\overline{A}$ 是 A 的反变量，而 A 则为原变量，非运算有时也称为求反运算或反相器。非门逻辑符号如图 2.3.4 所示。

表 2.3.3 逻辑非真值表

A	L
0	1
1	0

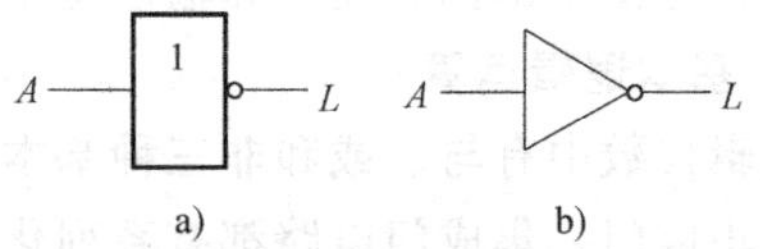

a)　　b)

图 2.3.4 非门逻辑符号

a) 国标符号 b) 国外流行符号

(4) 常量间的逻辑运算

在逻辑代数中，只有 0 和 1 两个逻辑常量，把它们代入基本逻辑运算式中可得常量间的逻辑运算。为了便于对照，将它们列于表 2.3.4 中。

表 2.3.4 常量间的逻辑运算

与	或	非
0·0=0	0+0=0	$\overline{0}=1$
0·1=0	0+1=1	
1·0=0	1+0=1	$\overline{1}=0$
1·1=1	1+1=1	

表中第一列为常量间的与运算；中间一列为或运算；最后一列为非运算，二值常量 0 和 1 互为非。

在逻辑函数式中，如果既有与运算，又有或运算，还有非运算，则这些运算之间的优先顺序为：非、与和或。

2.3.3 复合逻辑运算

以上介绍了逻辑代数中最基本的与、或和非逻辑运算。用与、或和非逻辑运算的组合可以实现任何复杂的逻辑运算，这就是所谓的复合逻辑运算。

最常用的复合逻辑运算有**与非**、**或非**、**与或非**、**同或**、**异或**等。它们的逻辑函数式和逻辑符号分别示于 表 2.3.5 中。复合逻辑运算也都有相应的门电路与其对应。

与非运算为与和非两种运算的复合，或非运算是或和非两种运算的复合，与或非运算为与、或和非三种运算的复合。这三种复合逻辑运算的函数式上的横线，以及对应的符号图中的小圆圈都表示了非运算。同或运算和异或运算的复合情况虽不易直接从图中看出，但只要将它们的逻辑函数式稍加变化，即得

$$A\odot B=\overline{A}\,\overline{B}+AB \tag{2.3.5}$$

$$A\oplus B=\overline{A}B+A\overline{B} \tag{2.3.6}$$

式 (2.3.5) 和式 (2.3.6) 分别为**同或**运算和**异或**运算的展开式。由式可见，二者都可看成与、或和非三种基本运算的复合。

表 2.3.5　复合逻辑运算逻辑函数式和逻辑符号

逻辑运算		与非	或非	与或非	同或	异或
逻辑函数		$L=\overline{AB}$	$L=\overline{A+B}$	$L=\overline{AB+CD}$	$L=A\odot B$	$L=A\oplus B$
逻辑符号	国标符号	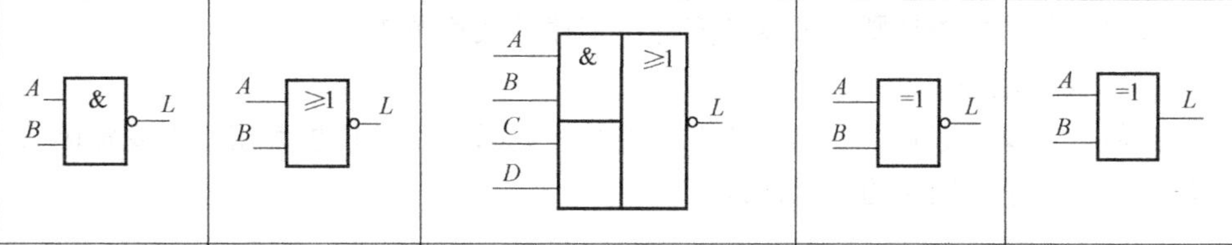				
	国外流行符号	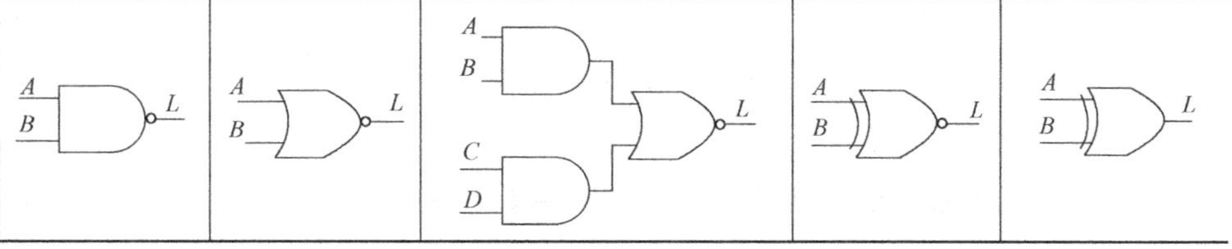				

现代电子设计方法主要采用了硬件描述语言，这些语言中预定义了逻辑门的关键字，如 AND（与）、OR（或）、NOT（非）、NAND（与非）、NOR（或非）、XOR（异或）、NXOR（同或）等，这些关键字在后续教材和实验中会经常用到。

2.3.4　逻辑代数的基本定理和规则

逻辑代数构成了数字系统的设计基础，是分析数字系统的重要数学工具，借助于逻辑代数能分析给定逻辑电路的工作，并用逻辑函数来描述它。利用逻辑代数可将复杂的逻辑函数式化简，从而得到较简单的逻辑电路。

1. 逻辑代数基本定理

前面介绍了与、或和非三种基本的逻辑关系，根据这三种基本运算法则，可推导出逻辑代数的基本定律，如表 2.3.6 所示。这些恒等式是逻辑函数化简的重要依据。

表 2.3.6　逻辑代数基本定律

定律名称	与	或	非
0-1 律	$A\cdot 0=0$ $A\cdot 1=A$	$A+0=A$ $A+1=1$	
重叠律	$A\cdot A=A$	$A+A=A$	
互补律	$A\cdot\overline{A}=0$	$A+\overline{A}=1$	
结合律	$(A\cdot B)\cdot C=A\cdot(B\cdot C)$	$(A+B)+C=A+(B+C)$	
交换律	$A\cdot B=B\cdot A$	$A+B=B+A$	
分配律	$A\cdot(B+C)=A\cdot B+A\cdot C$	$A+(B\cdot C)=(A+B)(A+C)$	
德·摩根(De·Morgan)定律(反演律)	$\overline{A\cdot B\cdot C\cdots}=\overline{A}+\overline{B}+\overline{C}+\cdots$	$\overline{A+B+C\cdots}=\overline{A}\cdot\overline{B}\cdot\overline{C}\cdots$	
还原律			$\overline{\overline{A}}=A$

证明这些定律或定理的有效方法是：检验等式左边和右边逻辑函数的真值表是否一致。本节所列出的基本定理反映的是逻辑关系，在运算中不能简单套用初等代数的运算规

则。例如，初等代数中的移项规则不能用于逻辑代数，这是因为逻辑代数中没有减法和除法的缘故。这一点在使用时必须注意。

2. 逻辑代数的两条重要规则

根据下面的两条规则，可以扩充基本定律的使用范围。

(1) 代入规则

任何一个逻辑等式，如果将所有出现某一逻辑变量的位置都用一个逻辑函数代替，则等式仍成立，这个规则称为**代入规则**。

例如，$\overline{A\cdot B}=\overline{A}+\overline{B}$，将所有出现 B 的地方都以函数 $B\cdot C$ 替代，则等式仍成立，即

$$\overline{A\cdot(B\cdot C)}=\overline{A}+\overline{(B\cdot C)}=\overline{A}+\overline{B}+\overline{C}$$

(2) 反演规则

求一个逻辑函数 L 的非函数 $\overline{L}$ 时，可以将 L 中的与（·）换成或（+），或（+）换成与（·）；再将原变量换为非变量（如 A 换为 $\overline{A}$），非变量换为原变量；那么所得到的逻辑函数式就是 $\overline{L}$。这个规则称为**反演规则**。

利用反演规则，可以比较容易地求出一个函数的非函数。但要注意以下两点：

1）要遵守“先括号、然后先与后或”的顺序。

2）不属于单个变量的非号应保留不变。

例如，要求 $L=\overline{A}\,\overline{B}+CD$ 的非函数 $\overline{L}$ 时，可得 $\overline{L}=(A+B)\cdot(\overline{C}+\overline{D})$，而不能写成 $\overline{L}=A+B\overline{C}+\overline{D}$。

2.4 逻辑函数及其表示方法

2.4.1 逻辑函数的概念

1. 逻辑函数的定义

当输入逻辑变量 A、B、C、…的取值确定之后，输出逻辑变量 L 的取值随之而定，把输入和输出逻辑变量间的这种对应关系称为**逻辑函数**（Logic Function），并写作：

$$L=F(A,B,C,\cdots) \tag{2.4.1}$$

所有输入逻辑变量和输出逻辑变量只有 0 和 1 两种取值，因此也称逻辑函数为二值逻辑函数。

前面介绍的基本逻辑式 $L=A\cdot B$、$L=A+B$、$L=\overline{A}$ 以及复合逻辑式 $L=\overline{A\cdot B}$、$L=\overline{A+B}$ 等都是逻辑函数式。任何复杂逻辑函数都是这些简单逻辑函数的组合。

2. 逻辑函数的建立

在实际的数字系统中，任何逻辑问题都可以用逻辑函数来描述。现在举一个简单例子来说明。在两层楼房中装一盏楼梯灯 L，并在一楼和二楼各装一个单刀双掷开关 A 和 B，如图 2.4.1 所示。若用 $A=1$ 和 $B=1$ 代表开关在上面位置，$A=0$ 和 $B=0$ 代表开关在下面位置；以 $L=1$ 代表灯亮，$L=0$ 代表灯灭。这样，根据这一逻辑问题，A、B 同时

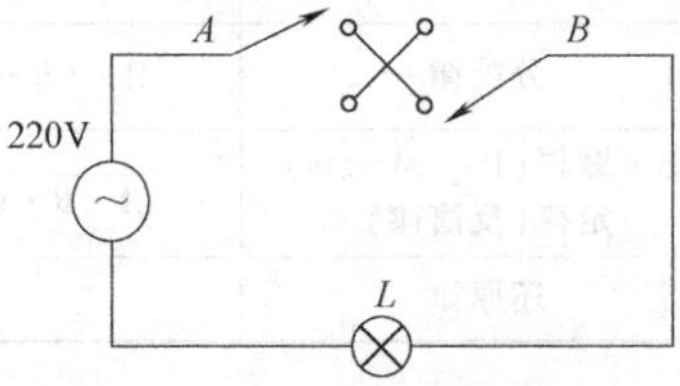

图 2.4.1 楼梯灯控制电路

为 1 或 0 时，电路断开，$L=0$。A、B 相异（01 或 10）时 $L=1$，可见这一逻辑问题是异或关系，逻辑函数式为 $L=A\oplus B$。

2.4.2　逻辑函数的表示方法

在分析和处理实际的逻辑问题时，根据逻辑函数的不同特点，可以采用不同的方法表示逻辑函数。无论采用何种表示方法，都应将其逻辑功能完全准确地表达出来。其实前面已经遇到了三种传统的逻辑函数表示方法：真值表、逻辑函数式（也称为逻辑式或函数式）和逻辑图，还有一种表示方法就是卡诺图。下面分别介绍这四种方法。

1. 真值表

描述逻辑函数输入变量取值的所有组合与输出取值对应关系的表格称为**真值表**。以图 2.4.1 楼梯灯控制电路为例，按照上述变量定义，可将开关 A 和 B 的四种组合与灯 L 的关系列成表 2.4.1，真值表清楚地给出了输入变量的全部取值对应的输出变量取值。

表 2.4.1　楼梯灯控制电路真值表

A	B	L
0	0	0
0	1	1
1	0	1
1	1	0

写逻辑函数真值表时，无论有多少个输入变量和输出变量，都分为两列，如表 2.4.1 所示，左侧是输入，右侧是输出。然后将输入变量的所有取值依次从全 0 到全 1 填入左侧输入变量的下方，特别是当输入变量数比较多时，这样填写会方便快捷，还不容易漏掉变量的取值组合。最后，根据具体的逻辑关系，填写每一组变量取值对应的输出逻辑变量值。

2. 逻辑函数式

用与、或和非等逻辑运算的组合表示逻辑函数输入与输出间逻辑关系的表达式称为**逻辑函数式**。

将表 2.4.1 第二行的逻辑值 01 代入 $\overline{A}B$ 或者第三行的 10 代入 $A\overline{B}$，都使 $L=1$，则描述图 2.4.1 电路中逻辑关系的函数式也可以写作：

$$L=\overline{A}B+A\overline{B} \tag{2.4.2}$$

3. 逻辑图

既然逻辑函数可以通过逻辑变量的与、或、非等运算的组合来表示，那么，就可以将逻辑函数式中各变量间的与、或、非等运算关系用相应的逻辑符号表示出来，将相关的输入和输出连接起来，即得到表示输入与输出间函数关系的**逻辑图**。

根据式（2.4.2）画出的逻辑图如图 2.4.2a 所示。

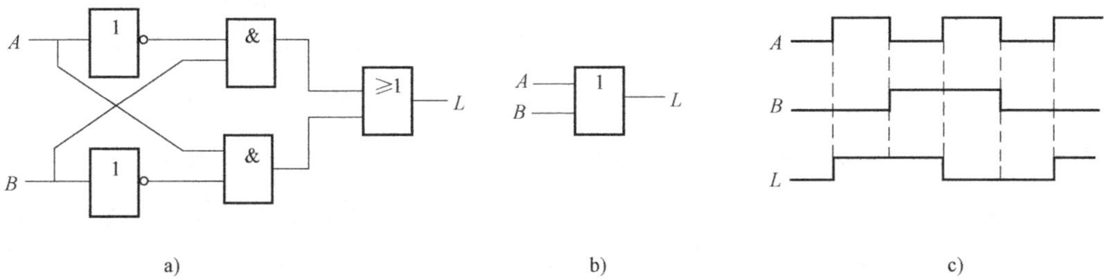

图 2.4.2　楼梯灯控制电路的逻辑图

a）式（2.4.2）对应的逻辑图　b）式（2.4.3）对应的逻辑图　c）异或波形图

根据 2.3.3 节的异或逻辑式，式（2.4.2）可以写为

$$L=A\oplus B \tag{2.4.3}$$

根据式（2.4.3）画出的逻辑图如图 2.4.2b 所示。这说明，同一逻辑函数的逻辑电路图不是唯一的。由图 2.4.2 可见，逻辑式不同，对应的逻辑图的复杂程度也不同。

经常也用图 2.4.2c 的波形图来描述逻辑，这种图形是体现了所有输入变量和输出变量相对于时间变化的波形。在实验或科学研究时，经常会用多通道示波器观察电路中的各信号波形图，排查电路故障。在后续的时序逻辑电路中，用波形图可以直观地表示所有信号之间的逻辑和时序关系。

4. 卡诺图

卡诺图是由美国工程师卡诺（Karnaugh）在 1953 年提出的一种描述逻辑函数的图形方式，是真值表的变形。它可以将 n 变量逻辑函数的 2^n 个取值组织在一个包含 2^n 个小方格的图形中，这些小方格对应的变量取值排列要满足**几何相邻**和**逻辑相邻**一致。利用卡诺图几何相邻的直观性可以进行逻辑函数的化简。但是，如果逻辑函数的变量数 n 较大，那么卡诺图的行、列数将迅速增加，图形更加复杂，这种情况利用卡诺图化简就不直观了。在介绍卡诺图之前先介绍一些相关的基本概念。

（1）最小项的定义

在 n 变量逻辑函数中，若每个乘积项都以这 n 个变量为因子，而且这 n 个变量都是以原变量或反变量形式在各乘积项中仅出现一次，则称这些乘积项为 n 变量逻辑函数的**最小项**。

一个两变量逻辑函数 $L(A, B)$ 有 4（2^2）个最小项，分别为 $\bar{A}\bar{B}$、$\bar{A}B$、$A\bar{B}$、AB，三变量逻辑函数 $L(A, B, C)$ 有 8（2^3）个最小项，为 $\bar{A}\bar{B}\bar{C}$、$\bar{A}\bar{B}C$、$\bar{A}B\bar{C}$、$\bar{A}BC$、$A\bar{B}\bar{C}$、$A\bar{B}C$、$AB\bar{C}$、ABC。依次类推，n 变量逻辑函数有 2^n 个最小项。

将真值表中每一组变量取值中的 1 写成原变量，0 写成反变量，就可以得到逻辑函数的全部最小项。表 2.4.1 中的两变量取值 00、01、10、11 就对应了 $\bar{A}\bar{B}$、$\bar{A}B$、$A\bar{B}$、AB 共 4 个最小项。对于每一组变量取值，只有它对应的最小项为 1，其他最小项都为 0。例如，AB 变量取值若为 01，则只有 $\bar{A}B$ 最小项的逻辑值为 1，将 01 值代入其他三个最小项，值都为 0。也就是说，对于输入变量的各种逻辑取值，最小项的值为 **1** 的几率最小，最小项由此得名。

（2）最小项的编号

为了方便书写各个最小项逻辑式，通常用 m_i 表示。为了确定下标 i 的编号，就需要规定最小项中变量的高低位（各变量本身不是数，没有高低之分，仅仅是为了用 m_i 简化表示各个最小项而人为规定的高低位，用于计算下标 i），当确定好变量高低顺序后，将最小项中的原变量表示为 1，反变量表示为 0，变量取值形成的二进制数即为该最小项的下标 i。例如，三变量函数 $L(A, B, C)$ 中，规定 ABC 为由高到低的顺序，最小项 $A\bar{B}C$ 相应的二进制编码为 $(101)_B$，所以其编号 m_i 的下标 $i=(101)_B=5$，故 $A\bar{B}C$ 用 m_5 表示。同理，可将 $\bar{A}\bar{B}\bar{C}$、$\bar{A}\bar{B}C$、…、ABC 分别用 m_0、m_1、…、m_7 表示。当然，也可以规定变量的高低顺序是 CBA。但不管怎么规定，只要将 m_i 表示的最小项写成变量形式的最小项时，均要按照规定的高低顺序写。例如，还原三变量 m_4 表示的最小项，如果当初规定高低顺序是 ABC，则 m_4 表示的最小项为 $A\bar{B}\bar{C}$，如果高低顺序是 CBA，则 m_4 表示的最小项为 $\bar{A}\bar{B}C$。

根据同样的道理，四变量的 16 个最小项记作 $m_0 \sim m_{15}$。

(3) 逻辑函数的最小项之和形式

利用逻辑代数基本定理，可以把任何一个逻辑函数转化成最小项之和形式，这种表达式是逻辑函数的一种标准形式。而且任何一个逻辑函数都只有唯一的最小项之和表达式。

[例 2.4.1] 试将逻辑函数 $L=A\overline{B}+B\overline{C}$ 转化为最小项之和表达式。

解 这是一个三变量逻辑函数，最小项表达式中每个乘积项应由三变量作为因子构成。因此，可用基本定理 $A+\overline{A}=1$，将逻辑函数中的每项都转化为包含有三变量 A、B、C 或 $\overline{A}$、$\overline{B}$、$\overline{C}$ 的乘积项。即

$$L=A\overline{B}(C+\overline{C})+B\overline{C}(A+\overline{A})=A\overline{B}C+A\overline{B}\,\overline{C}+AB\overline{C}+\overline{A}B\overline{C}$$

如果规定 A 是高位，C 是最低位，则上式最后等式中各最小项依次可以表示为 m_5、m_4、m_6、m_2。因此，最小项之和可以表示为

$$L(A,B,C)=m_2+m_4+m_5+m_6=\sum_i m_i \quad (i=2,4,5,6)$$

有时也简写成 $\sum m(2,4,5,6)$ 或 $\sum(2,4,5,6)$ 的形式。

(4) 最小项的性质

从最小项的定义出发可以证明有如下的重要性质：

1) 在输入变量的任意一组取值下，有且只有一个最小项的值为 **1**。

2) 任何两个不同最小项之积恒为 **0**。

3) 对于变量的任意一组取值，全体最小项之和为 **1**。

4) 具有逻辑相邻的两个最小项之和可以合并成一项，并消去一个因子。所谓“逻辑相邻”是指两个最小项除一个因子互为非外，其余因子相同。例如，两个最小项 $\overline{A}BC$ 和 ABC 只有第一个因子互为非，其余因子都相同，所以它们具有逻辑相邻性。这两个最小项之和可以合并，并消去一个因子，即 $\overline{A}BC+ABC=(\overline{A}+A)BC=BC$。

(5) 画卡诺图

根据卡诺图的特点，画卡诺图的第一步：对于 n 变量逻辑函数，画 2^n 个小方格。图 2.4.3 给出了二到四变量卡诺图的常用画法。

第二步：在卡诺图的左侧和上侧标注输入变量，如图 2.4.3 中的 A、B、C、D。输出变量一般也要标注在图中的斜线左上方，如图中 L_1、L_2 和 L_3。

第三步：标注变量取值，而且变量取值必须按格雷码排列，使具有逻辑相邻性的最小项在几何位置上也相邻，如图 2.4.3c 中的 AB 取值为 00 01 11 10（对应 $\overline{A}\,\overline{B}$、$\overline{A}B$、$AB$、$A\overline{B}$）。如果变量取值按照自然二进制码排列，这样画出的图形根本不能称其为卡诺图。

第四步：在每个小方格中填写该最小项对应的函数值（1 或 0）。图 2.4.3 所示的小方格中填写的内容代表了该方格位置对应的是哪一个最小项，图中给出了三种写法，但在实际画卡诺图时，这些都不允许出现在方格中。其实，变量取值确定后，每个方格对应的最小项很容易由变量取值确定，如图 2.4.3c 左下角的小方格，$ABCD$ 变量取值为 1000，这一方格对应的最小项即为 m_8。

卡诺图就是真值表的变形，即将逻辑函数真值表中每个最小项对应的输出取值填写到对

应的 2^n 个小方格中。

随着变量数的增多，卡诺图会迅速复杂化，如五变量卡诺图就要有 32（2^5）个方格，这时几何相邻就不是很直观，因而五变量及以上的逻辑函数不宜采用卡诺图表示。

（6）几何（位置）相邻性

1）小方格紧挨（有公共边）则相邻。例如，在图 2.4.3b 中，m_0 与 m_1 和 m_4 有公共边，因此，m_0 分别与 m_1、m_4 相邻。同理在图 2.4.3c 中，m_5 与 m_1、m_4、m_7、m_{13} 相邻。

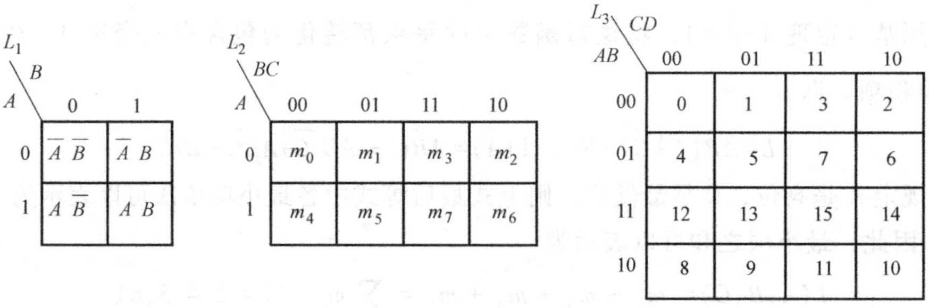

a) b) c)

图 2.4.3　二到四变量卡诺图

a）二变量　b）三变量　c）四变量

2）对折重合的小方格相邻，即任一行或一列两头的小方格相邻。

设想在卡诺图中加装一对正交坐标轴，如图 2.4.4 所示。在图 2.4.4a 中，以 YY' 为轴对折，m_0 与 m_2 重合。在图 2.4.4b 中，以 YY' 为轴对折，m_0 与 m_2 重合，m_8 和 m_{10} 重合；以 XX' 为轴对折，m_0 与 m_8 重合，m_2 和 m_{10} 重合等。

3）循环相邻。

在图 2.4.4a 中，已知 m_0 与 m_1、m_1 与 m_3、m_3 与 m_2、m_2 与 m_0 分别相邻，那么，这四个最小项为循环相邻。同理，m_0、m_1、m_5、m_4 以及 m_0、m_2、m_6、m_4 都为循环相邻。在图 2.4.4b 中，读者不难证明：m_0、m_4、m_{12}、m_8、m_{10}、m_{14}、m_6、m_2 为循环相邻的最小项。图 2.4.4b 中四个角上的最小项 m_0、m_2、m_{10}、m_8 也是循环相邻的，可以想象将卡诺图上下对折然后卷为圆筒，那么四个角的方格显然是几何相邻的。读者可以继续分析图中还有哪些最小项是循环相邻的。

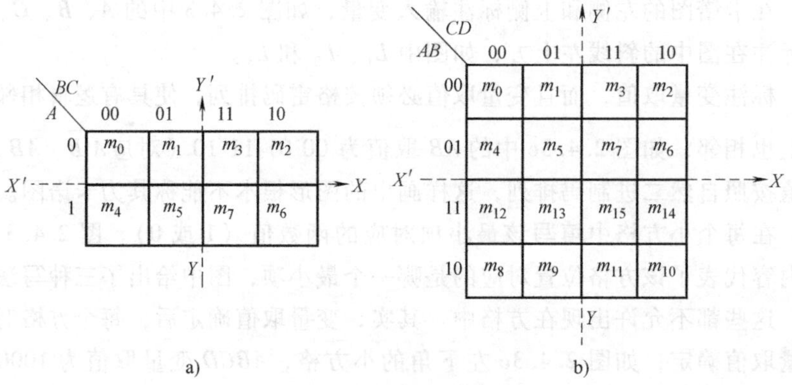

a) b)

图 2.4.4　加装坐标轴的卡诺图

a）三变量　b）四变量

（7）逻辑函数的卡诺图表示

[例 2.4.2]　试用卡诺图表示逻辑函数 L_1，$L_1 = \sum m(0,1,2,5,7,8,10,11,13,15)$。

解　该逻辑函数是以最小项编号的形式给出，由最大编号 m_{15} 可以看出，它是一个四变量的逻辑函数，设其变量分别为 A、B、C、D。根据上述画卡诺图的步骤可知，所画卡诺图应有 $2^4 = 16$ 个小方格，对应于函数式中的最小项，在图中相应位置填 1，其余位置填 0，如图 2.4.5 所示。

[例 2.4.3]　试用卡诺图表示逻辑函数 L_2，$L_2 = \bar{A}\bar{B}C + BC + AB\bar{C}$。

解　可以先将函数式转化为最小项之和的形式：

$$L_2 = \bar{A}\bar{B}C + (A+\bar{A})BC + AB\bar{C} = \bar{A}\bar{B}C + ABC + \bar{A}BC + AB\bar{C}$$

$$(001)(111)(011)(110)$$

$$= m_1 + m_7 + m_3 + m_6$$

这是一个三变量逻辑函数，所画卡诺图的小方格数应为 $2^3 = 8$ 个。将该函数各最小项填入相应位置，其余位置填 0，如图 2.4.6 所示。

[例 2.4.4]　试用卡诺图表示逻辑函数 $L_3 = \bar{C}\bar{D} + AB + \bar{A}C\bar{D} + ABD + AC$。

解　如果要将该逻辑式转化为最小项之和形式，显然比较麻烦。实际对于以与-或形式给出的逻辑函数，可以直接根据与项填卡诺图，以式中第一项 $\bar{C}\bar{D}$ 为例，如果 $CD = 00$，就有 $\bar{C}\bar{D} = 1$，无论 AB 为何值，都有 $L_3 = 1$。因此，可以在图 2.4.7 中 CD 取值为 00 的一列 4 个方格中填 1。同样道理，可填入其他项，如果小方格已存在 1，则不予处理（因为 1 或 1 还是 1），最终结果如图 2.4.7 所示。

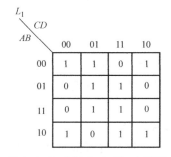

L_1 (AB \ CD)	00	01	11	10
00	1	1	0	1
01	0	1	1	0
11	0	1	1	0
10	1	0	1	1

图 2.4.5　[例 2.4.2] 卡诺图

L_2 (A \ BC)	00	01	11	10
0	0	1	1	0
1	0	0	1	1

图 2.4.6　[例 2.4.3] 卡诺图

L_3 (AB \ CD)	00	01	11	10
00	1	0	0	1
01	1	0	0	1
11	1	1	1	1
10	1	0	1	1

图 2.4.7　[例 2.4.4] 卡诺图

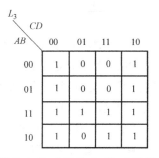

值得一提的是，在卡诺图中可以直接进行逻辑运算。例如，在卡诺图中进行非运算，只需将原来填入的 0 和 1 全部取反即可。

利用卡诺图还可以方便地写出逻辑函数最小项之和标准形式。如例 2.4.4 的逻辑式，如果用例 2.4.3 通过配项的方法写出其最小项之和标准式会非常麻烦，但由图 2.4.7 可以直接得到最小项之和标准式为 $L_3(A,B,C,D) = \sum m(0,2,4,6,8,10,11,12,13,14,15)$。

逻辑函数的几种表示方法中，只有真值表和最小项之和标准式是唯一的。

2.4.3　逻辑函数各种表示方法之间的转换

同一个逻辑函数可用不同的方法来描述，不同应用场所需要不同的描述方式。因此，应该了解各种表示方法之间的转换方法。经常用到的转换方式有以下几种。

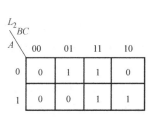

1. 由真值表求出逻辑函数式和逻辑图

设计一个逻辑电路时，一般先由逻辑要求列出真值表，再由真值表写出逻辑函数式，然后化简再画出逻辑图。从真值表写出逻辑函数式的一般方法是：将真值表中使逻辑函数为 1 的所有最小项相或就得到了逻辑函数式，且为最小项之和标准形式。

[例 2.4.5]　试求表 2.4.2 所示的逻辑函数式，并画出逻辑图。

解　先找出使函数 L 取值为 1 的变量组合 001 和 100。将 001 和 100 写成对应的最小项 $\overline{A}\,\overline{B}C$ 和 $A\overline{B}\,\overline{C}$（0 写反变量，1 写原变量，然后相与），由此可得 L 的逻辑函数式：

$$L=\overline{A}\,\overline{B}C+A\overline{B}\,\overline{C} \tag{2.4.4}$$

如果不能理解上述过程，可以把真值表中输入变量各组取值依次代入函数式（2.4.4）中进行运算，若所得结果与表中相应的函数值全部一致，则说明得到的逻辑函数式一定是正确的。由函数式画逻辑图的方法如前所述。按照式（2.4.4）画出的逻辑图如图 2.4.8 所示。但实际设计基于门的电路时，一定要进行 2.5 节的化简变换，然后才能画逻辑图。

表 2.4.2　例 2.4.5 的真值表

输入			输出
A	B	C	L
0	0	0	0
0	0	1	1
0	1	0	0
0	1	1	0
1	0	0	1
1	0	1	0
1	1	0	0
1	1	1	0

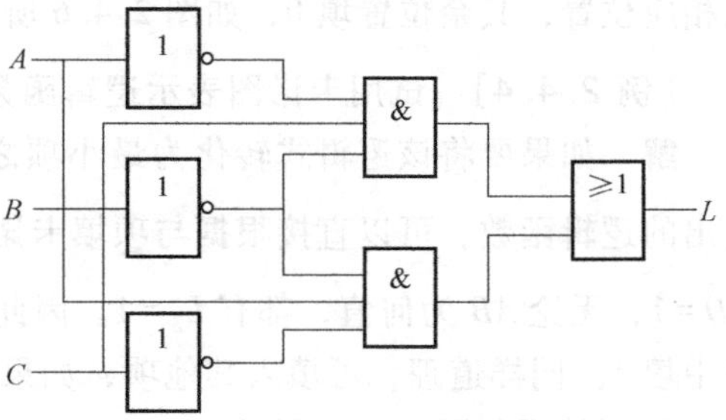

图 2.4.8　例 2.4.5 的逻辑图

2. 由逻辑函数式求真值表

由逻辑函数式求真值表时，首先把输入变量取值的所有可能组合分别代入逻辑函数式中进行计算，求出相应的函数值，然后把输入变量取值与函数值按对应关系列成表格，就得到所求的真值表。

[例 2.4.6]　求逻辑函数式 $L=(A\oplus B)C+AB$ 对应的真值表和逻辑图。

解　将输入变量取值的所有可能组合分别代入逻辑函数式进行计算，将所得的结果按对应关系填入表中，即得到所求真值表，如表 2.4.3 所示。

用逻辑符号代替所给函数式中的逻辑运算，所得逻辑图如图 2.4.9 所示。

表 2.4.3　例 2.4.6 的真值表

输入			输出
A	B	C	L
0	0	0	0
0	0	1	0
0	1	0	0
0	1	1	1
1	0	0	0
1	0	1	1
1	1	0	1
1	1	1	1

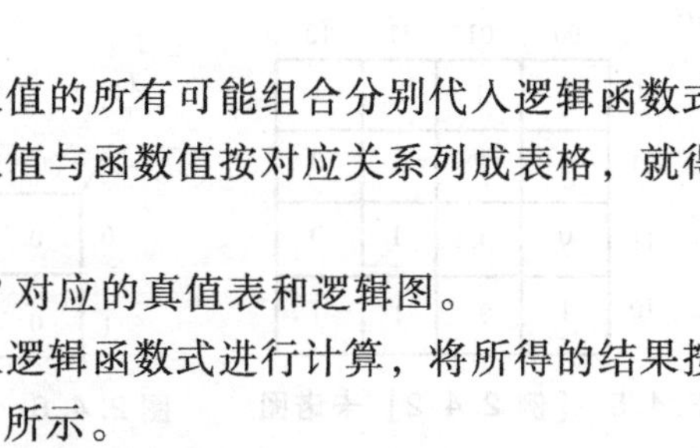

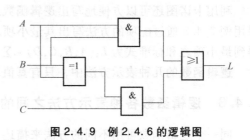

图 2.4.9　例 2.4.6 的逻辑图

3. 由逻辑图求逻辑函数式和真值表

在分析逻辑电路时，一般是已知逻辑图，由图写出对应的逻辑函数式和真值表，然后根据真值表中输出变量为1时对应的输入变量的取值特点来分析电路功能。

将逻辑图中的每个逻辑符号用相应的运算式代替，即可求得逻辑函数式。有了逻辑函数式就很容易求出真值表。

[**例2.4.7**]　试写出图2.4.10所示逻辑图的逻辑函数式。

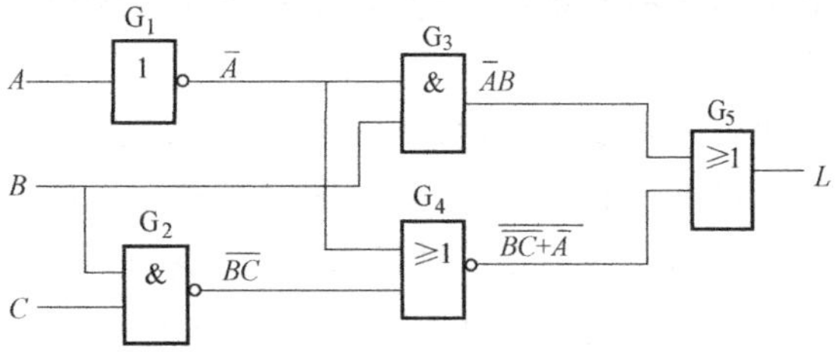

图2.4.10　例2.4.7的逻辑图

解　从输入到输出将电路分为三级。先写出第一级电路 G_1、G_2 的输出，再以此作为第二级电路 G_3、G_4 的输入，写出 G_3、G_4 的输出，最终写出第三级电路 G_5 的输出，即为所求的函数式，因此得 $L=\overline{A}B+\overline{\overline{BC}+\overline{A}}$。

4. 卡诺图与逻辑函数式之间的转换

前边已经介绍了逻辑函数的卡诺图表示法。卡诺图主要用于化简逻辑函数，而且可以从卡诺图得到最简逻辑函数式，具体方法将在2.5.3节进行介绍。

2.5　逻辑函数的化简与变换

传统数字逻辑电路的设计流程一般是：首先根据设计目标任务，人工给出真值表，然后由真值表写出逻辑函数式，人工化简得到最简逻辑函数式，再由最简逻辑函数式（或变换式）画电路图，制板并使用集成器件实现电路，最后进行系统调试和验证等。逻辑函数化简与变换在传统数字逻辑电路设计中占有特别重要的地位。

2.5.1　化简与变换的意义

由前面的介绍可知，对于任何逻辑问题，只要写出逻辑函数式，就可用相应的门电路来实现。但同样的逻辑功能，逻辑函数式不同则需要的硬件不同。在设计实际电路时，除考虑逻辑要求外，往往还需考虑成本低、门电路种类少、工作速度高、连线简单、工作可靠及便于故障检测等要求。当然，同时达到这些要求比较困难，一般主要考虑电路成本和可靠性。

直接按逻辑要求归纳出的逻辑函数式及对应的电路通常不是最简形式，因此，需要对逻辑函数式进行化简，以求用最少的逻辑器件来实现所需的逻辑要求。

同一个逻辑函数可以有多种不同的逻辑表达方式，如与-或表达式、或-与表达式、与非-与非表达式及与或非表达式等。例如：

$$L=AB+\overline{A}C \qquad \text{与-或表达式}$$

$$=\overline{\overline{AB}\ \overline{\overline{A}C}} \qquad \text{与非-与非表达式}$$

$$=\overline{(\overline{A}+\overline{B})(A+\overline{C})} \qquad \text{或-与-非表达式}$$

这就意味着可以采用不同的逻辑器件去实现同一函数，究竟采用哪一种器件更好，要视具体条件而定。

通常根据逻辑要求列出真值表，进而得到的逻辑函数式往往是与-或表达式。逻辑代数基本定理和常用公式也多以与-或表达式给出，化简与-或表达式也比较方便，且任何形式的表达式都不难展开为与-或表达式。因此，一般把逻辑函数式化简为最简的与-或表达式。

如果一个**与-或**表达式中的与项个数最少，每个与项中的变量个数最少，即函数式中相加的乘积项不能再减少，且每项中相乘的因子不能再减少，则称函数式为**最简与-或表达式**。最简与-或表达式的定义对其他形式的逻辑函数式同样适用。

“与项个数最少”和“变量个数最少”意味着使用门的输入端数最少。在采用集成逻辑门构成逻辑电路的情况下，电路成本主要由使用器件的数目来决定。

有了最简与-或表达式，通过公式变换很容易得到其他形式的函数式，而且有可能使电路更简，器件更少。需要注意的是，将最简与-或表达式直接变换为其他形式的逻辑函数式时，结果不一定是最简的。

[例 2.5.1]　将逻辑函数式 $L=AB+BC$ 化为与非-与非表达式。

解　根据基本定理，$L=\overline{\overline{L}}$，然后由德·摩根定律$\overline{A+B}=\overline{A}\,\overline{B}$可得

$$L=\overline{\overline{AB+BC}}=\overline{\overline{AB}\cdot\overline{BC}}$$

由 3.1.1 节集成逻辑门的封装可知，一般会将多个门集成在一个集成门芯片中。实现本例的与-或表达式需要 2 个两输入与门和 1 个两输入或门，共需 2 个集成逻辑门器件。实现与非-与非表达式虽然也需要 3 个门，但都是 2 个两输入与非门，用 1 个集成门器件即可。说明变换逻辑函数式也可以使电路更简。

下面介绍代数化简法和卡诺图化简法。

2.5.2　代数化简法

代数化简法是利用逻辑代数的基本定理和常用公式，将给定的逻辑函数式进行适当的恒等变换，消去多余的与项以及各与项中多余的因子，使其成为最简的逻辑函数式。这种方法也称为公式法化简。下面介绍几种常用的化简方法。

1. 并项法

利用式 $AB+A\overline{B}=A(B+\overline{B})=A$，可以把两个与项合并成一项，并消去 B 和 $\overline{B}$ 这两个因子。根据代入规则，式中的 A 和 B 可以是任意复杂的逻辑式。

2. 吸收法

利用定理 $A+AB=A(1+B)=A$，消去多余的与项 AB。

3. 添项法

利用定理 $A+A=A$，在函数式中重写某一项，以便把函数式化简。

4. 配项法

利用 $A+\overline{A}=1$，将某个与项乘以（$A+\overline{A}$），然后将其拆成两项，以便与其他项配合化简。

[例 2.5.2]　试化简逻辑函数 $Y=[(A+\overline{B})(B+C)]B$ 和 $L=\overline{A}\,\overline{B}+BC+AB+\overline{B}\,\overline{C}$。

解　$Y=[(A+\overline{B})(B+C)]B=(AB+AC+\overline{B}B+\overline{B}C)B$

$$=AB B+AC B+\overline{B}CB=AB+ABC$$

$$=AB(1+C)=AB$$

$$L=\overline{A}\,\overline{B}+BC+AB(C+\overline{C})+(A+\overline{A})\overline{B}\,\overline{C}$$

$$=\overline{A}\,\overline{B}+BC+ABC+AB\overline{C}+A\overline{B}\,\overline{C}+\overline{A}\,\overline{B}\,\overline{C}$$

$$=(ABC+BC)+(AB\overline{C}+A\overline{B}\,\overline{C})+(\overline{A}\,\overline{B}+\overline{A}\,\overline{B}\,\overline{C})$$

$$=BC+A\overline{C}+\overline{A}\,\overline{B}$$

代数化简法的优点是不受任何条件的限制，但代数化简法没有固定的步骤可循，在化简较为复杂的逻辑函数时，不仅需要熟练运用各种公式和定理，而且需要有一定的运算技巧和经验。对于代数化简法得到的结果，也没有判断依据来确定是否为最简。为了更方便地进行逻辑函数的化简，人们创造了许多比较系统的、又有简单的规则可循的简化方法，卡诺图化简法就是其中最常用的一种。利用这种方法，不需特殊技巧，只需按简单的规则进行化简，就一定能得到最简结果。

2.5.3　卡诺图化简法

卡诺图具有几何位置相邻与逻辑相邻一致的特点，因而可在卡诺图上直观地找到具有几何相邻的最小项，并反复应用 $A+\overline{A}=1$ 合并最小项，消去变量 A，使逻辑函数得到简化。卡诺图化简函数的过程可按如下步骤进行（步骤介绍的是圈 1 法，个别时候也可以圈 0）：

1）画出表示该逻辑函数的卡诺图。

2）将逻辑取值为 1 且几何相邻的方格用圈包围，画包围圈的原则是：

① 包围圈所含小方格数为 2^i 个（$i=0, 1, 2, \cdots$）。

② 包围圈尽可能大，个数尽可能少。

③ 允许重复包围，但每个包围圈至少应有一个未被其他圈包围过的 1。

3）每个包围圈写一个与项，与项的写法是将该包围圈对应的变量取值没变化的变量相与，若取值为 1 写成原变量，为 0 写成反变量。例如，图 2.5.1b 中包围四个角的包围圈，对应的是 BD 的取值没变化且都是 0，因此该包围圈的与项为$\overline{B}\,\overline{D}$。

4）将每个包围圈写出来的与项相或，得到最简与-或表达式。

[例 2.5.3]　试用卡诺图法化简逻辑函数 $L=\overline{A}\,\overline{B}\,\overline{C}+B\overline{C}D+BC+C\overline{D}+\overline{B}\,\overline{C}\,\overline{D}$。

解　首先画出逻辑函数 L 的卡诺图，如图 2.5.1a 所示。

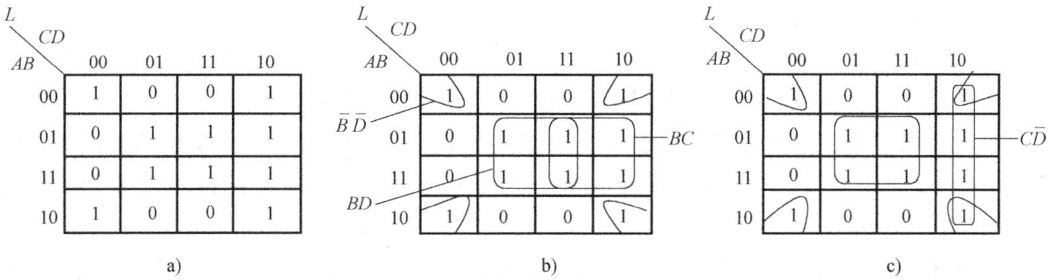

图 2.5.1　例 2.5.3 的卡诺图

再根据圈1法画包围圈的原则画出包围圈，该例有图2.5.1b和图2.5.1c两种包围方法。对每个包围圈写出对应的与项，按图2.5.1b各包围圈写出的最简与-或表达式为

$$L=\overline{B}\,\overline{D}+BD+BC$$

按图2.5.1c各包围圈写出的最简与-或表达式为

$$L=\overline{B}\,\overline{D}+BD+C\overline{D}$$

两个化简结果都为最简与或表达式。本例说明，卡诺图化简逻辑函数的最简表达式不是唯一的，一般只需要写出一种即可。

2.5.4 具有无关项逻辑函数的化简

前面所讨论的逻辑函数，对于输入变量的每一组取值，都有确定的函数值（0或1）与其对应。而且变量之间相互独立，各自可以任意取值，输入变量取值范围为它的全集。

在某些实际的数字系统中，输入变量的取值不是任意的或者某些取值根本就不会出现。例如，用4个逻辑变量表示一个十进制数时，有6个最小项是不允许出现的，即对输入变量的取值是有约束的，这些不允许出现的最小项称为**约束项**。如果输入变量在某些取值下，逻辑函数的值可以是任意的，即函数值为1或0均可，则这些输入变量取值对应的最小项称为**任意项**。约束项和任意项可以统称为**无关项**（**don't care**）。

在化简具有无关项的逻辑函数时，根据无关项对应逻辑函数取值的随意性（取**0**或取**1**，并不影响逻辑函数原有的实际逻辑功能），若能合理地利用无关项，一般能得到更简单的化简结果。因此，在画具有无关项的卡诺图时，无关项对应的小方格既不能填1，也不能填0，而是用×表示，使包围圈尽量大，逻辑式更简单。

由于每一组输入变量的取值都使一个且仅有一个最小项的值为1，所以无关项可以用它们对应的最小项之和恒等于0来表示。例如，用四位$ABCD$表示8421BCD码时，约束条件可以表示为

$$d(A,B,C,D)=\sum d(10,11,12,13,14,15)=0 \tag{2.5.1}$$

$\sum d(10,11,12,13,14,15)$化简后为$AC+AB$，因此该约束条件经常也可表示为

$$AC+AB=0 \tag{2.5.2}$$

只要$ABCD$是正确的8421BCD，式（2.5.1）和式（2.5.2）的逻辑等式一定成立。换言之，上面两种方式都可以表示无关项，第一种比较具体地指出了无关项编号，第二种表示的逻辑式对应在卡诺图中的小方格就是无关项。

注意，卡诺图中无关项对应的方格必须填×，表示逻辑函数可以任意取值，如果将无关项填写为1或0都是错误的。

［**例2.5.4**］ 某逻辑电路的输入信号$ABCD$是8421BCD码。当输入$ABCD$取值为0和偶数时，输出逻辑函数$L=1$，否则$L=0$。求L的最简逻辑函数式。

解 根据题意，可列出逻辑函数L的真值表如表2.5.1所示。根据逻辑问题可知，输入变量的1010、1011、…、1111六种输入组合不会出现。因此，对应的最小项为无关项，相应函数值用×表示。

若将此函数表示在卡诺图中，首先将逻辑函数取值为1的最小项方格填1，然后，将6个无关项方格的函数取值填×，无关项也可以根据$AC+AB=0$的约束式填写，将AC同时为1

的右下角 4 个方格填×，将 AB 同时为 1 的第三行 4 个方格填×，其余小方格填 0，得到如图 2.5.2 所示的卡诺图。将无关项 m_{10}、m_{12}、m_{14} 与填 1 的小方格一起包围，如图中实线包围圈所示。合并最小项后，则得 $L=\overline{D}$。如果要圈 0 法，合并标 0 的最小项，则将无关项 m_{11}、m_{13}、m_{15} 与填 0 的小方格一起包围，如图中虚线包围圈所示，此时由卡诺图化简得到的是输出逻辑函数 L 的非，即 $\overline{L}=D$。

可见，要实现逻辑命题，只需要将最低位 D 取反即可，说明设计结果是正确的。如果不利用无关项特性，显然得不到如此简单的结果。

表 2.5.1 例 2.5.4 的真值表

	A	B	C	D	L
	0	0	0	0	1
	0	0	0	1	0
	0	0	1	0	1
	0	0	1	1	0
	0	1	0	0	1
	0	1	0	1	0
	0	1	1	0	1
	0	1	1	1	0
	1	0	0	0	1
	1	0	0	1	0
无关项	1	0	1	0	×
无关项	1	0	1	1	×
无关项	1	1	0	0	×
无关项	1	1	0	1	×
无关项	1	1	1	0	×
无关项	1	1	1	1	×

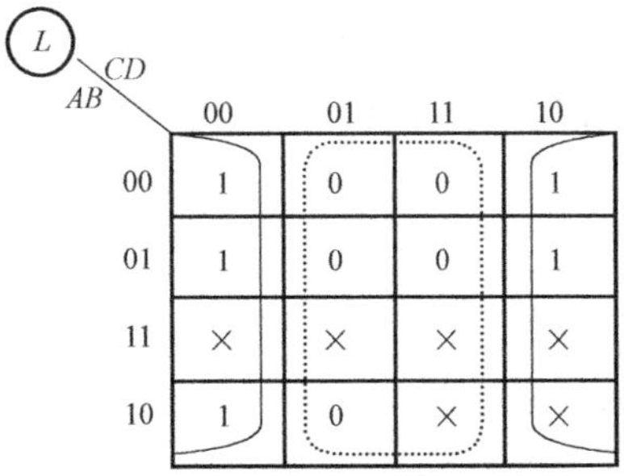

图 2.5.2 例 2.5.4 的卡诺图

卡诺图的作用不仅仅在于化简，如前面提到的，利用卡诺图可以方便地写出逻辑函数最小项之和标准式，可以方便地得到逻辑函数反函数；在后续用译码器和多路选择器实现逻辑函数时，用卡诺图可以方便地得到逻辑函数包含的最小项。有些计算机辅助设计软件也存在卡诺图。早前，卡诺图在消除竞争冒险中也有应用。

2.5.5 现代数字系统设计中的化简

利用中、小规模集成器件实现数字电路是传统的设计方法。采用硬件描述语言（即 HDL，见第 6 章）对数字系统进行描述，然后在可编程逻辑器件（即 PLD，见第 5 章）中实现电路，是现代数字系统设计的发展方向。两种方法的设计流程和关注点完全不同。

PLD 是内部集成了许多逻辑门、触发器、可编程连线和可编程输入/输出（I/O）电路等资源的集成芯片。每个具体型号的 PLD 内部资源数是确定的。因此，使用 PLD 实现设计逻辑问题是追求使用最少的资源数而不是器件数。例如，在例 2.5.1 中，将最简与-或函数式 $L=AB+BC$ 变换为 $L=\overline{\overline{AB+BC}}=\overline{\overline{AB}\cdot\overline{BC}}$，只使用一片两输入与非集成门就实现了该逻辑，比用与-或式实现逻辑时少用了一个集成门芯片；但如果用 PLD 实现，见第 5 章低密度 PLD 的结构，则是由与门阵列和或门阵列组成的，上述变换显然是复杂化了。

使用现场可编程逻辑阵列（即 FPGA，见第 5 章）实现逻辑函数，采用的是查找表结构，即将真值表中逻辑函数的取值存储在静态存储器（即 SRAM，见第 10 章）中，利用查找表方法，当输入变量取值确定，就可以从 SRAM 中直接查到输入变量对应的唯一输出变量值。因此，将逻辑函数化为最简也没必要。

现代数字系统的设计追求资源利用率。例如，用同样型号的 PLD 设计实现同一数字系统，谁的设计利用了最少的片上资源，说明该设计就是最优化的。这种优化基本由软件开发工具、设计者的开发经验以及对 PLD 内部结构的了解程度等因素决定。在现代数字系统设计中，逻辑函数的化简优化问题由编译和综合工具软件自动完成。

例如，用硬件描述语言描述，由 FPGA 实现例 2.5.2 中 $Y=[(A+\overline{B})(B+C)]B$ 逻辑式。按照硬件描述语言的语法将逻辑式写为 $Y=((A|\sim B)\&(B|C))\&B$（见第 6 章），通过软件编译（Compile）和综合（Synthesis）工具将代码转化成 FPGA 底层基本单元电路，如图 2.5.3 所示。由图可见，综合工具对设计已经做了化简，其中的 C 是多余的输入，A 和 B 输入都经过了一个缓冲器（见第 3 章 3.4.2 节）送给查找表单元 LUT2（LUT2 表示 2 输入查找表），其实现的真值表如图 2.5.3 所示。显然，LUT2 实现的是两输入的与逻辑，其输出通过缓冲器送给输出 Y，最终实现了 $Y=AB$ 逻辑。

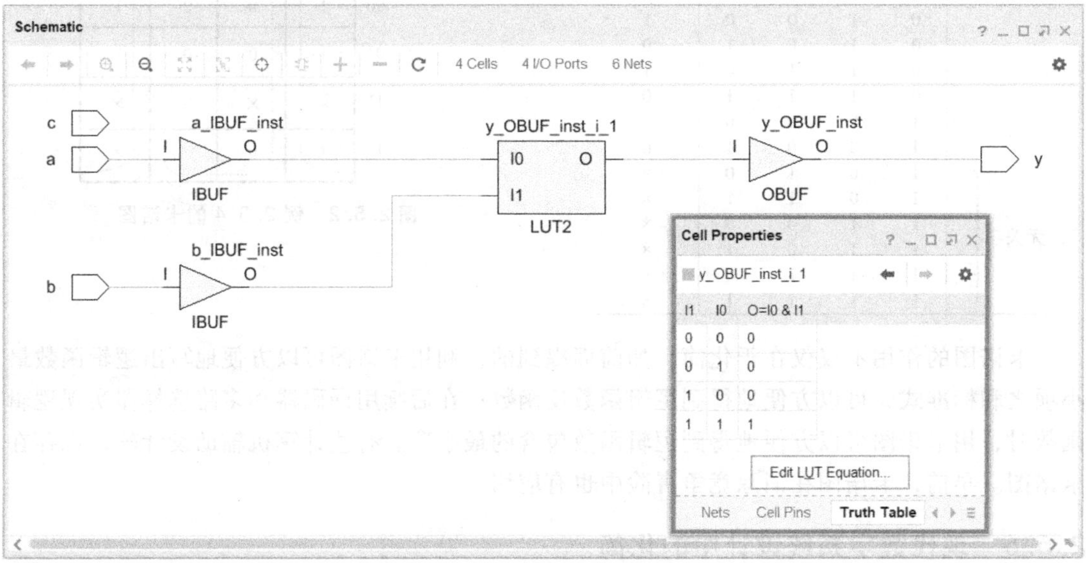

图 2.5.3 综合后的电路图

现代数字电子技术的化简可由工具链自动完成的。化简问题类似于 C 语言编程相对于汇编语言编程的代码效率问题，由于计算机的性能、存储空间、时钟频率都有很大提高，因此，无论 C 语言代码效率提高了多少，都会广泛使用 C 语言。同样地，PLD 器件的内部资源越来越丰富，时钟频率越来越高，而且综合编译工具的功能也越来越强大，因此传统意义上的化简问题对设计者来说已经不重要了。

本章小结

本章首先介绍了数制和码制的概念，数制和码制对于以后学习数字计算机系统是非常重要和基础的内容。

数字系统不仅有数字运算，还有逻辑运算，本章介绍了二进制数的算术运算、逻辑运算的基本定理、二进制逻辑单元符号等，熟练掌握集成门的逻辑符号是分析和设计数字逻辑电路的根本。

本章描述了逻辑函数的真值表、逻辑函数式、逻辑图和卡诺图四种表达方式，这些方式之间可以相互转换。任一逻辑函数的真值表是唯一的。画出输出和输入对应随时间变化的电压波形也可以描述逻辑函数，即波形图。现代数字系统设计基本上是用硬件描述语言来描述。

逻辑函数的化简有两种方法——代数化简法和卡诺图化简法。代数化简法需要熟练运用各种公式和定理，化简得到的结果是否为最简也不得而知，需要有一定的技巧和经验。卡诺图化简法简单、直观又有一定的化简步骤可循，容易掌握。

具有无关项逻辑函数的化简，若能合理地利用无关项，一般能得到更简单的逻辑表达式，从而得到更简单的逻辑电路。

最后，简单介绍了现代数字系统设计的化简问题都是由工具链完成的。本章介绍的人工代数法和卡诺图化简方法只是希望读者了解数字技术的发展历史，这些方法在现阶段已基本用不到了。

思考题和习题

思考题

2.1 数字电路中为什么采用二进制计数体制？为什么也常采用十六进制？

2.2 二进制数和十六进制数之间如何转换？

2.3 何为 8421BCD 码？它与自然二进制数有何异同点？

2.4 汉字是如何编码的？有哪些常用汉字输入码？

2.5 常见 LED 广告牌采用的是哪一种汉字字形存储码？

2.6 什么是算术运算？什么是逻辑运算？

2.7 逻辑变量和普通代数中的变量相比有哪些不同特点？

2.8 什么是逻辑函数？有哪几种表示方法？

2.9 逻辑函数化简的目的和意义是什么？

2.10 用代数法化简逻辑函数有何缺点？

2.11 什么叫卡诺图？卡诺图上变量取值的顺序是如何排列的？

2.12 什么是卡诺图的循环相邻特性？为什么逻辑相邻的最小项才可以合并？

2.13 卡诺图上画包围圈的原则是什么？卡诺图化简函数的依据是什么？

2.14 什么叫无关项？在卡诺图化简中如何处理无关项？

2.15 了解现代数字系统设计中的化简方法。

习题

2.1 把下列二进制数转换成十进制数：

①10010110；②11010100；③00101001；④10110.111；⑤0.01101。

2.2 把下列十进制数转换为二进制数：

①19；②64；③105；④1989；⑤89.125；⑥0.625。

2.3 把下列十进制数转换为十六进制：

①125；②625；③145.6875；④0.5625。

2.4 把下列十六进制数转换为二进制数：

①4F；②AB；③8D0；④9CE。

2.5 写出下列十进制数的 8421BCD 码：

①9；②24；③89；④365。

2.6 在下列逻辑运算中，哪个或哪些是正确的？并全部给出证明。

①若 $A+B=A+C$，则 $B=C$；　　②若 $1+A=B$，则 $A+AB=B$；

③若 A 取任意值，则 $A+\overline{A}B=A+B$；　④若 $XY=YZ$，则 $X=Z$。

2.7 证明下列恒等式成立：

① $A+BC=(A+B)(A+C)$；

② $\overline{A}B+A\overline{B}=(\overline{A}+\overline{B})(A+B)$；

③ $(AB+C)B=AB\overline{C}+\overline{A}BC+ABC$。

2.8 求下列逻辑函数的反函数：

①$L_1=\overline{A}\,\overline{B}+AB$；　②$L_2=BD+\overline{A}C+\overline{B}\,\overline{D}$。

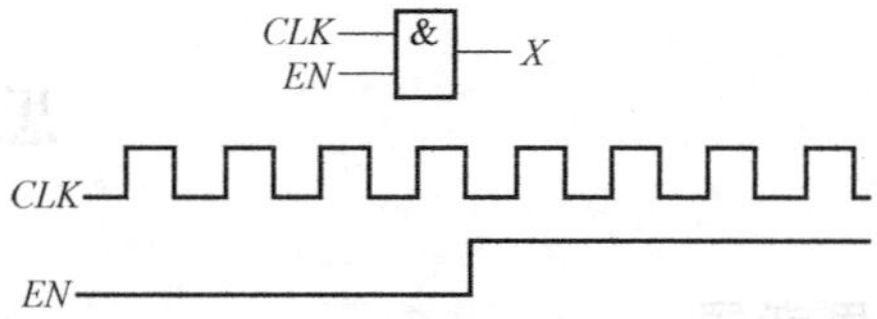

图题 2.9

2.9 一个两输入与门的输入信号 CLK 和 EN 的波形如图题 2.9 所示，请画出输出 X 的波形。说明 EN 信号的作用？

2.10 写出表题 2.10 真值表描述的逻辑函数的表达式，并画出实现该逻辑函数的逻辑图。

2.11 写出图题 2.11 所示逻辑电路的表达式，并列出该电路的真值表，说明电路功能。

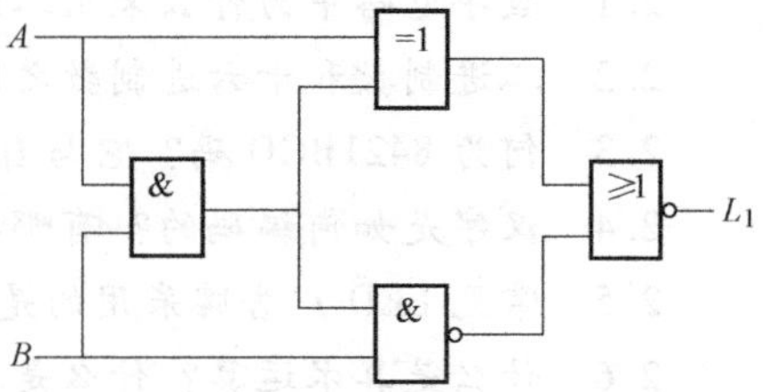

图题 2.11

表题 2.10a

A	B	C	L_1
0	0	0	0
0	0	1	0
0	1	0	0
0	1	1	0
1	0	0	0
1	0	1	1
1	1	0	0
1	1	1	1

表题 2.10b

A	B	C	L_2
0	0	0	0
0	0	1	0
0	1	0	0
0	1	1	0
1	0	0	0
1	0	1	1
1	1	0	1
1	1	1	1

2.12 写出图题 2.12 所示逻辑电路的表达式，说明表达式是不是最简？如果不是，化简表达式，重新画出电路。

2.13 输入逻辑变量为 A、B 和 C，请设计一个奇校验位 X 的产生电路。要求 A、B、C 变量中取值为 1 的个数是偶数时，电路输出 X 为 1；是奇数时，X 为 0。列出真值

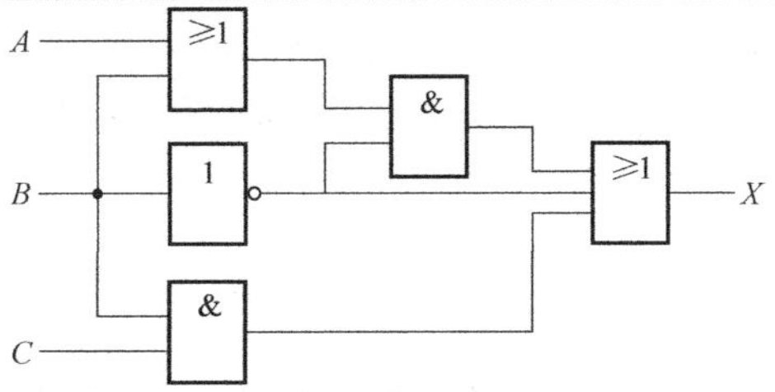

图题 2.12

表，写出 X 的逻辑函数表达式，画出电路图。

2.14　用代数化简法将下列逻辑函数式转化为最简**与-或**逻辑函数式：

①$L=\overline{A}\,\overline{B}+\overline{A}B+AB$；　　②$L=ABC+\overline{AB}+C$；

③$L=A\ (B\oplus C)\ +A\ (B+C)\ +A\overline{B}\,\overline{C}+\overline{A}\,\overline{B}C$；

④$L=\overline{A}\,\overline{B}\,\overline{C}+\overline{A}\,\overline{C}D+\overline{A}BD+A\overline{B}\,\overline{C}+\overline{B}\,\overline{C}\,\overline{D}+\overline{B}\,\overline{C}D$。

2.15　下列与项中哪些是四变量逻辑函数 $f(A,\ B,\ C,\ D)$ 的最小项？

①ABC；②$AB\overline{D}$；③$AB\overline{C}D$；④$AD\overline{C}\,\overline{D}$。

2.16　用卡诺图法将下列逻辑函数化简为最简**与-或**逻辑函数式：

①$L=AB+BC+\overline{A}\,\overline{C}$；　　②$L=\overline{AB+BC}+A\overline{C}$；

③$L=(A+B+C+D)(A+B+C+\overline{D})(\overline{A}+B+C+D)$；

④$L=\overline{A}[\overline{B}C+B(C\overline{D}+D)]+AB\overline{C}D$；

⑤$L=\sum(0,2,3,4,6)$；

⑥$L=\sum m(2,3,4,5,9)+\sum d(10,11,12,13)$；

⑦$L=\sum(0,1,2,3,4,6,8,9,10,11,12,14)$。

第3章 集成逻辑门电路

第 2 章介绍了**与**、**或**、**非**三种基本逻辑运算、复合逻辑运算、逻辑代数基本定理以及逻辑符号等数字逻辑系统的理论基础。本章研究数字逻辑运算的物理实现，即集成逻辑门。集成逻辑门是构成数字电路的基本单元，这些逻辑门内部是由半导体器件构成的相关逻辑电路。本章首先介绍了集成电路的基本概念，然后简要介绍了半导体器件的开关特性，通过讲解 TTL 和 CMOS 集成逻辑门的内部结构和工作原理来重点理解和掌握其外部特性，掌握集成门的逻辑电平、扇出、功耗、传输延迟和噪声容限等技术参数。通过对本章内容的学习，将会正确使用集成门电路，了解 TTL 和 CMOS 系列集成电路的差别和正确用法；掌握 TTL 和 CMOS 的接口技术；了解计算机总线的概念。

3.1 集成电路的基本概念

集成电路（Integrated Circuit，IC）通常是指把电路中的半导体器件、电阻、电容及连线制作在一块半导体硅片上，硅片用陶瓷或塑料封装在一个壳体内，接线接到外部的引脚，这样就形成了集成电路。引脚数可从小规模 IC 的几个到大规模 IC 的数百个。每个集成电路厂家都会提供 IC 的数据手册，包含了 IC 的详细技术信息，这些数据手册在相关网站上可以得到。

集成逻辑门电路是将组成门电路的全部元器件及连线集成于同一半导体基片上并进行封装的 IC 器件，是数字逻辑电路最基本的单元。

与分立元件电路相比，集成电路具有重量轻、体积小、功耗低、成本低、可靠性高和工作速度高等优点。

3.1.1 集成电路的分类和封装

1. 集成电路的分类

集成电路有多种分类方式，主要的分类方式如图 3.1.1 所示。

1）集成电路按其处理的信号不同可分为数字集成电路、模拟集成电路、模数混合集成电路等。数字集成电路是用来处理数字信号的集成电路，如组合逻辑电路和时序逻辑电路等。模拟集成电路处理的是模拟信号，如线性电路和用于信号发生器、变频器中的非线性电路。模数混合集成电路既包括数字集成电路，又包括模拟集成电路，典型的有模/数转换器（ADC）和数/模转换器（DAC）；还有一种微波集成电路，是指工作频率高于1000MHz的集成电路，应用于导航、雷达和卫星通信等方面。

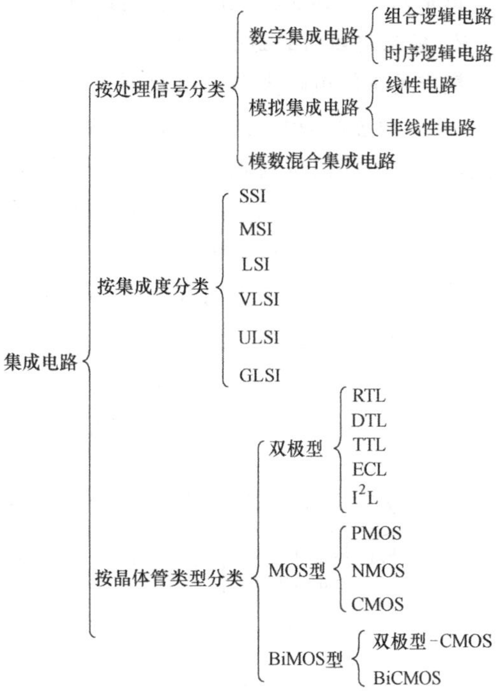

图3.1.1　集成电路主要的分类方式

2）集成电路按其集成度的高、低可分为：小规模集成电路（SSI），如各种逻辑门电路、集成触发器；中规模集成电路（MSI），如译码器、编码器、寄存器、计数器；大规模集成电路（LSI），如中央处理器，存储器；超大和甚大规模集成电路（VLSI和ULSI），如CPU；巨大规模集成电路（GLSI），如集成有双核处理器的数字信号处理器（DSP）或FPGA等。

3）集成电路按晶体管类型（或导电类型）的不同可分为双极型、单极型（MOS型）和混合型（BiMOS型）。

双极型逻辑门主要以二极管、双极型晶体管作为开关元件，电流通过PN结流动。双极型逻辑门又分为电阻晶体管逻辑（Resistance Transistor Logic，RTL）、二极管晶体管逻辑（Diode Transistor Logic，DTL）、晶体管-晶体管逻辑（Transistor-Ttransistor Logic，TTL）、发射极耦合逻辑（Emitter-Coupled Logic，ECL）和集成注入逻辑（Integrated Inject Logic，I^2L）等数字逻辑系列。其中，TTL的应用最为广泛，与单极型逻辑门相比，其速度快，带负载能力强；但功耗较大，集成度较低，不适合做成大规模集成电路。

单极型以MOS管作为开关元件。单极型IC又分为PMOS、NMOS和CMOS逻辑器件。CMOS采用了NMOS和PMOS互补电路，速度比NMOS更快，功耗更小。与TTL相比，CMOS电路具有制造工艺简单、功耗低、集成度高和抗干扰能力强等优点，在数字系统中逐渐占据了主导地位。

混合型包含双极型-CMOS和BiCMOS，它利用了双极型器件的速度快、驱动能力强和MOSFET的功耗低这两方面的优势，因而得到了广泛的应用。

4）集成电路按其制作工艺的不同可分为半导体集成电路和膜集成电路（又分为厚膜和薄膜）。

集成电路也有按其用途、应用领域、外形等分类的。

使用最多的半导体数字集成电路主要分为TTL、CMOS、ECL三大类工艺。ECL属于非饱和型数字逻辑，从而消除了晶体管饱和时间，以其高的工作速度为人们所熟知，但在这三种逻辑系列中，其功耗最高，应用最少。

2. 集成逻辑门的封装

集成逻辑门电路大多采用双列直插式封装（Dual-In-line Package，DIP），如图 3.1.2 所示为 14 引脚芯片 DIP 外形。DIP 集成芯片都有一个缺口，如果将芯片插在实验板上且缺口朝左边，则引脚的排列规律为：左下引脚为引脚 1，其余以逆时针方向由小到大顺序排列。绝大多数情况下，电源从芯片左上角的引脚接入，地接右下引脚。一块芯片中可集成若干个（1、2、4、6 等）同样功能但又各自独立的门电路，每个门电路则具有若干个（1、2、3 等）输入端。输入端数有时又称为扇入（Fan-in）数。下面以反相器 7404 和四 2 输入与非门 7400 为例来说明。

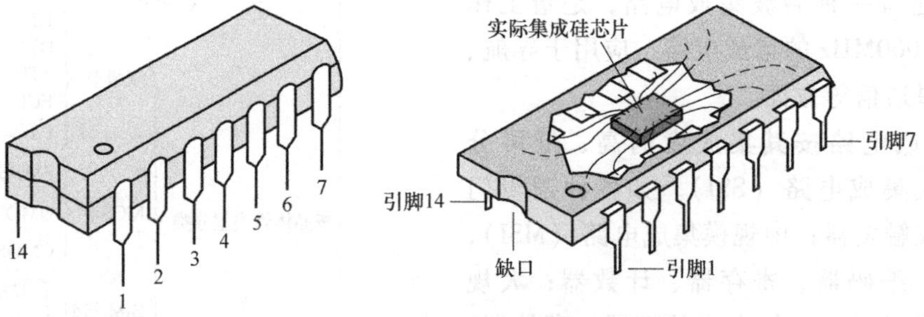

图 3.1.2　14 引脚双列直插式封装集成组件

集成逻辑芯片就像确定了输入、输出和逻辑功能的“黑盒子”，其核心可能是非常复杂的电路。对使用者而言，只要掌握查阅器件资料的方法，了解其逻辑功能并正确使用即可。例如，当使用 7404 时，一般可以从集成电路手册中 IC 的文字说明部分（如“六反相器”）对芯片功能有个大概了解，当然，若要正确使用该芯片，特别是中、大规模集成芯片，必须进一步阅读手册中提供的资料。从图 3.1.3a 可知，7404 是 14 引脚集成芯片，其内部集成了六个各自独立的反相器电路，每个反相器的输入输出关系十分清楚。同样，由图 3.1.3b 可知，7400 也是 14 引脚双列直插式集成芯片，其内部集成了四个独立的 2 输入与非门。需要强调的是，这两个图是 7404 和 7400 的引脚接线图，是帮助电路板设计者或者使用面包板的实验人员，使其能根据逻辑原理图要求将门的输入和输出信号连接成电路的图形。如果某电

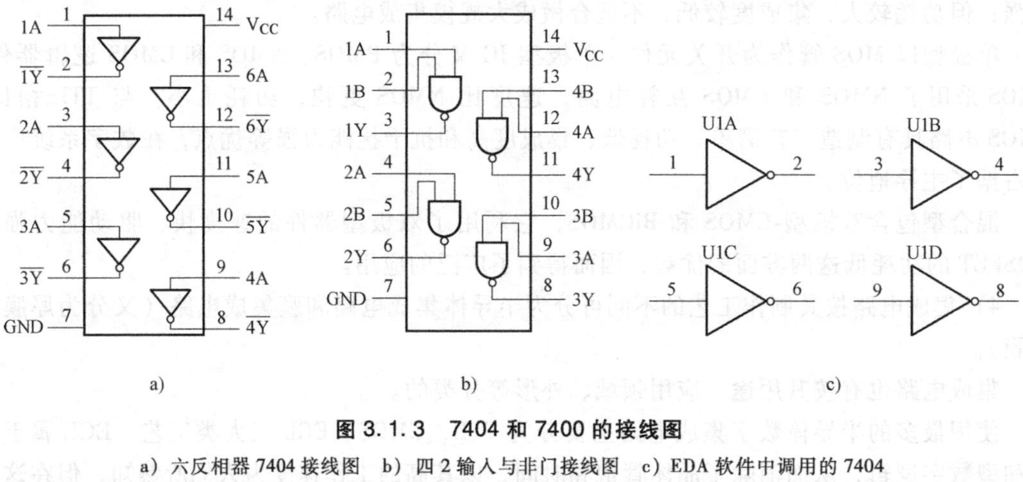

图 3.1.3　7404 和 7400 的接线图

a）六反相器 7404 接线图　b）四 2 输入与非门接线图　c）EDA 软件中调用的 7404

路要用到反相器或者与非门，画电路逻辑原理图时要使用 2. 3. 2 节介绍的相应的门逻辑符号，而不是这种图形。

如果用电子设计自动化（Electronic Design Automation，EDA）软件进行电路设计，则出现在原理图中的集成门芯片仍然是门逻辑符号，只是门的输入端与输出端引脚会与相应 IC 对应，并依据 IC 集成门的个数自动排列。例如，在某设计中需要用到 4 个反相器，如果选用 7404，并将芯片命名为 U1，则原理图中出现的 4 个反相器如图 3. 1. 3c 所示，软件自动将 6 个门按 A、B、C、D、E、F 排列，并给出每个门的输入、输出对应 IC 的引脚，如图中反相器 U1D 的输入为 7404 芯片的第 9 引脚，而输出从第 8 引脚引出。当使用的反相器超过 6 个时，则需要用另一片 7404，软件自动命名该芯片为 U2，各反相器依次为 U2A、U2B、…、U2F。

需要说明的一点是：在原理图中，几乎所有 IC 的电源与地端都没有出现，但在实验连线时，电源与地是必不可少的。

3. 1. 2　集成逻辑门的主要技术指标

集成逻辑门特性的主要指标有：逻辑电平、噪声容限、传输延迟（动态响应特性或开关速度）、“扇出”数、电源及功耗。

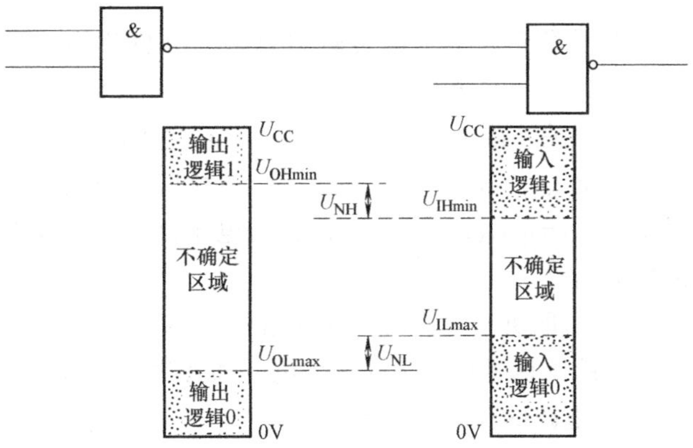

图 3. 1. 4　门电路输出和输入逻辑 0 和 1 的电压范围

U_{OHmin}—输出高电平最小值　U_{OLmax}—输出低电平最大值

U_{IHmin}（U_{on}）—输入高电平最小值　U_{ILmax}（U_{off}）—输入低电平最大值

高电平噪声容限 $U_{NH}=U_{OHmin}-U_{IHmin}$　低电平噪声容限 $U_{NL}=U_{ILmax}-U_{OLmax}$

1）逻辑电平：表示逻辑 0 和逻辑 1 范围的几个关键电压参数为图 3. 1. 4 所示的 U_{OHmin}、U_{OLmax}、U_{IHmin} 和 U_{ILmax}，它们是反映输出和输入逻辑 1 和 0 的电压范围的几个极限参数。集成门构成的电路一般是多级门的输入、输出依次相连，一般前一级门叫作驱动门，后一级门叫作负载门。在图中左侧驱动门的输出端，任何在 U_{OHmin} ~ U_{CC} 之间的电压被认为是高电平，标准 TTL 的高电平输出典型值为 3.4V，U_{OHmin} 为 2.4V；任何在 0V ~ U_{OLmax} 之间的电压被认为是低电平，标准 TTL 的低电平典型值是 0.3V，U_{OLmax} 为 0.4V；在 U_{OLmax} ~ U_{OHmin} 之间的电压是不确定逻辑电平，电路正常工作且输出稳定时不会出现这一区间的电压。相应地，图中给出了右侧负载门的两个输入电压范围。考虑到信号传输过程中噪声的影响，集成电路必须设计成 $U_{ILmax}>U_{OLmax}$，$U_{IHmin}<U_{OHmin}$，使得输出逻辑电平与输入逻辑电平数值之间留出一些误差容限，这个误差容限被称为噪声容限。

同一系列器件输入的逻辑 0 和 1 与输出的逻辑 0 和 1 的电压范围不同，输入的逻辑 0 和 1 的电压范围永远比输出的逻辑 0 和 1 的电压范围大。不同逻辑系列数字器件的逻辑 0 和 1 的电压范围各不相同。

2）噪声容限：一个集成门往往是前一级门的负载，后一级门的驱动，噪声容限是指门的输出信号传输到下一级门的输入端时，允许叠加的最大外部噪声电压，它反映了电路在多大的干扰电压下仍能正常工作。噪声电压一旦超出此容限，逻辑门将不能正常工作。噪声容限 U_N 一般取高电平噪声容限 U_{NH}（$U_{NH}=U_{OHmin}-U_{IHmin}$，如图 3.1.4 所示）和低电平噪声容限 U_{NL}（$U_{NL}=U_{ILmax}-U_{OLmax}$）中较小的一个。噪声容限 U_N 越大，表明该门构成的电路抗干扰能力越强。

3）传输延迟：指加在门输入端的二值信号发生变化时，信号从门的输入端传输到输出端的平均传输延迟时间，常用 t_{pd} 表示。它反映了电路的动态特性。

由于晶体管的开关动作是由载流子的聚集和散去完成，同时由于晶体管的结电容、输入和输出端的寄生电容等原因，使实际的数字信号从 0 到 1、从 1 到 0 都是需要时间的，信号的变化波形并不是瞬时突变的。图 3.1.5a 表示一个非门的典型输入波形，通过非门后，相应的输出波形如图 3.1.5b 所示。比较图 3.1.5a 和 b 的波形可以看出，除反相关系之外，输出波形比输入波形延后了一定的时间。从输入波形下降沿的 50% 到输出波形上升沿的 50% 之间的延迟时间，称为门输出由低电平升到高电平的传输时延 t_{PLH}，也称为截止延迟时间（输出达到高电平时，门输出级与地相连的开关管截止）；反之，输出由高电平降到低电平的传输时延为 t_{PHL}，称为导通延迟时间，通常 $t_{PLH}>t_{PHL}$。平均传输延迟时间 t_{pd} 为上述两者的平均值，即 $t_{pd}=(t_{PLH}+t_{PHL})/2$。有时也用 $t_{pd}=\max(t_{PLH},\ t_{PHL})$ 作为电子网络的逻辑延迟时间的合理估计值，即 t_{pd} 取两者中的较大值。

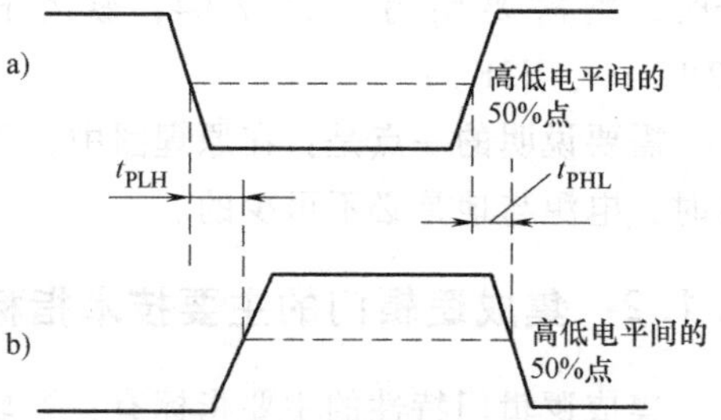

图 3.1.5 逻辑非门的时延

a）输入波形 u_I　b）输出波形 u_O

t_{pd} 除了取决于逻辑门本身的结构和制造工艺以及电源电压的大小等因素以外，还与输出端所接的其他逻辑电路的输入电容和寄生的接线电容有关。门输出端所接等效电容越大，t_{pd} 越大，电路的开关速度越低。

4）"扇出"数：指在保证电路正常工作的条件下，输出最多能驱动的同类门的数量，是衡量逻辑门输出端带负载能力的重要参数。一个门的输出通常是连接在其他同类门的输入上，每个输入都消耗前一级门的一定电流量，由于一个逻辑门只能提供一定的拉电流（流出门）或灌电流（流入门），一旦所带负载使输出端电流超过这个极限电流值，逻辑门就不能正常工作。一个逻辑系列可根据其输入和输出电流参数确定扇出数，详细的分析计算见 3.3.3 节。

增加驱动门的带负载门数会增大电路的延迟时间，即加入到电路的任一负载门都将增加一个驱动负载所需的附加延迟时间 t_{pL}，传输延迟时间随负载门数的增加而线性增加。

逻辑门的"扇入"数是指集成门电路输入端的数目，在制造时已确定，最大一般不超过 8。例如，反相器的扇入数为 1，两输入与非门的扇入数是 2。扇入数为设计者提供了门输入的数目，传输延迟时间也会随扇入数的增多而增加。例如，两输入或非门的速度比四输入或非门快，这是因为输入数目越大，所需要的电子电路就越复杂，逻辑门电路中所用的每个器件都可能潜在地降低其逻辑切换的速度。

5）电源：获取器件工作电源等参数的一个最重要途径就是查阅该器件的数据手册，因此要培养阅读器件数据手册的能力。如即将学到的译码器 74LS138，网上下载其数据手册，会发现电源 V_{CC} 最小值是 4.75V，典型值是 5V，最大值是 5.25V。大多数 TTL 器件电源都为 5（1±5%）V，即工作电压范围是 4.75~5.25V。CMOS 芯片的电源电压范围一般都比较宽。任何 IC 都必须提供它需要的电源电压才能正常工作。如 STC89C52RC 单片机，通过查数据手册可得它的工作电压为 3.4~5.5V，说明该单片机在这个电压范围内可以正常工作，但电压超过 5.5V 是绝对不允许的，因为可能会烧坏单片机，电压如果低于 3.4V，虽然单片机不会损坏，但是也不能正常工作。因此，设计电源电路时，最好能提供芯片需要的典型电压值。

6）功耗：指逻辑门工作时消耗的功率。集成门电路需要直流电源（双极型 TTL 电源常用 V_{CC} 表示，单极型 CMOS 常用 V_{DD} 表示）供电，电源提供的平均电流用 I_E 表示。功耗等于电源电压与 I_E 的乘积。输入为全 0 时的 I_{EL} 和输入为全 1 时的 I_{EH} 是不一样的，通常取其平均值为 I_E，I_E 越小，则集成门功耗就越小。目前我国各系列 TTL 的 I_E 值相差很多，低功耗的可小于 0.3mA，高者可达 4mA 左右，但高功耗 TTL 门的开关速度较快。

需要指出的是，低功耗的要求往往与提高门电路的开关速度相矛盾。因此，常用功耗 P 和传输时延 t_{pd} 的乘积，即功耗-时延积 M 作为衡量一个门的品质指标。

$$M = Pt_{pd}$$

M 习惯上又称为速度-功耗积或者功耗-时延积。M 值越大，表示器件的性能越差。

每个 IC 数字逻辑系列最基本的电路是集成门，其价格低廉，应用它们来学习数字逻辑硬件的概念是十分理想的途径。掌握了集成门电路就可以理解同一数字逻辑系列更复杂 IC 的特征参数。在 3.3 和 3.5 节将介绍常用数字逻辑系列 TTL 和 CMOS 集成门电路，通过这两种集成逻辑门的学习，掌握 TTL 和 CMOS 系列的逻辑电平、噪声容限、传输延迟、“扇出”数、电源和功耗等重要参数。

3.1.3 常用集成逻辑门型号

常用的集成逻辑门主要有 TTL 和 CMOS。TTL 系列的驱动能力强，CMOS 的特点是低功耗和集成度高。因此，CMOS 已成为主流的逻辑系列。

本书中经常会出现 74LS××等型号，这是 TTL 的一个子系列，是低功耗肖特基 TTL 系列器件，74S××是肖特基逻辑子系列。74LS××的速度-功耗积大约是 74S××的 1/3，是 74××的 1/6。本书后续内容还会出现其他的一些 TTL 子系列，这里不再一一介绍。

与 TTL 一样，CMOS 也有许多子系列，国际上通用的 CMOS 数字电路主要有：美国 RCA 公司最先开发的 CD4000 系列、美国摩托罗拉公司（Motorola）开发的 MC14500 系列（即 4500）以及我国开发的 CC4000B 标准型 CMOS 系列等。CC4000B 系列与国际上的同序号产品可互换使用。之后发展了民用 74 高速 CMOS 系列电路，其逻辑功能及引脚排列与相应的 TTL74 系列相同，工作速度相当，而功耗却大大降低且提供较强的抗干扰能力和较宽的工作电压及工作温度范围，该系列常用的有两类：74HC 系列和 74HCT 系列，前者为 CMOS 电平，后者为 TTL 电平，可以与同序号 TTL74 系列互换使用。74AHC 和 74AHCT 是改进型的高速 CMOS，该系列有单门逻辑，即在芯片内部只有一个门，引脚数目少，在印制电路板上占据较小的面积。例如，74AHC1G00 是单门封装，片内仅有一个二输入与非门，5 个引脚。对 HC/HCT 的进一步改进出现了高速 CMOS 逻辑电路 ACL 和仙童高级 CMOS FACT 系列，其具有更好的工作特性。74BiCMOS 系列是将高速双极型晶体管和低功耗 CMOS 相结合构成的低功耗和高速的数字逻辑系列。74BCT 是德州仪器公司制造的 BiCMOS 系列，74ABT 是飞利浦制造的 BiCMOS 系列。不同制造商用不同符号表示其系列器件。

逻辑 IC 的功耗与电源电压的二次方成正比。因此，开发了 LV、LVC、LVT、ALVC 等低电压系列器件，常用于笔记本计算机、移动电话、手持式视频游戏机和高性能工作站。

数字逻辑 IC 的不同制造商都将编号方案标准化，其基本部分的数字相同，与制造商无关。数字的前缀依制造商而异。例如，一个器件名称为 S74F08N 的 IC，其中的 7408 属于基本部分，对所有的制造商而言，7408 都代表四 2 输入与门，F 表示快速系列，前缀 S 表示制造商 Signetics 的代号，后缀 N 表示封装类型为双列直插塑料封装。国家半导体公司使用前缀 DM，德州仪器公司（TI）使用前缀 SN。有些制造商的数据手册将 7408 写成 5408/7408，其中 54××系列是 TTL 军用等级，其工作环境温度扩展到-55～+125℃；74××系列是 TTL 普通商用等级，其工作环境温度范围一般是 0～70℃，两者对电源的要求也不同。本书中一般都省略了代表制造厂商的前缀和表示封装类型的后缀，××表示器件的代码。例如，CMOS 的 4011 是四 2 输入与非门；74HC10 是三 3 输入与非门；4012 和 74HCT20 是双 4 输入与非门；4068 和 74HCT30 是单 8 输入与非门。TTL 的 7400 是四 2 输入与非门；7420 是双 4 输入与非门；7430 是单 8 输入与非门。

要熟悉集成门电路，下面先回顾一下集成门底层的半导体器件的开关特性。

3.2 半导体器件的开关特性

通过开关切换可实现灯的亮、灭控制是大家在生活中所熟知的。数字电路基础与照明开关类似，在数字电路中常用双极型晶体管和 MOS 管做开关，当输入信号加载到晶体管开关器件的输入端时，将使另外两端变成开路或短路，电路中就会产生两个电压级别，分别表示二进制的 0 和 1。晶体管开关构成了二进制系统的硬件基础。下面分别介绍双极型晶体管和 MOS 管的开关特性及其构成的反相器电路。

3.2.1 双极型晶体管的开关特性

PN 结具有单向导电特性，每个晶体管有两个 PN 结，两个 PN 结有四种通断组合方式，使得晶体管分别具有放大、饱和、截止和倒置四种工作状态。在数字电路中，晶体管的集电极 C 和发射极 E 就像开关的两端，当晶体管截止时，C 和 E 不能流过电流，开关断开；当处于饱和状态时，C、E 间可以流过电流，相当于开关接通，且导通电压降很低。

双极型晶体管工作于不同开关状态的条件和特点如表 3.2.1 所示，数字电路中，双极型晶体管发射结正偏时，工作在饱和状态，反偏时一般工作在截止状态。在图 3.2.1a 所示的电路中，当输入信号 u_I 变化时，晶体管集电极电流 i_C 和输出电压 u_O 的波形变化如图 3.2.1b 所示。

表 3.2.1 晶体管开关条件及特点（以 NPN 硅管为例）

工作状态	电压、电流条件	特点	开关时间
饱和	$U_{BE}=0.7V$，$I_B \geqslant I_{BS}=I_{CS}/\beta$	Je 和 Jc 均正偏，$U_{CES}\leqslant 0.3V$，$I_C=I_{CS}$，相当于开关接通	开通时间 $t_{on}=t_d+t_r$
截止	$U_{BE}\leqslant 0.5V$，$I_B\approx 0$	Je 和 Jc 均反偏，$U_{CE}\approx U_{CC}$，$I_C\approx 0$，相当于开关断开	关断时间 $t_{off}=t_s+t_f$

在动态情况下，晶体管在截止（C、E 之间断开）与饱和（C、E 之间短路）两种状态间转换时，由于晶体管内部电荷的建立和消散都需要一定的时间，所以 i_C 的变化滞后于 u_I 的变化，i_C 和 u_O 的变化不能瞬间完成，即电子开关也有开关时间。

从图 3.2.1b 中可见，当 $0<t<t_1$ 时，$u_I=0V$，晶体管处于截止状态，$i_C=0$，$u_O=U_{CC}$。当 $t_1\leqslant t<t_2$ 时，u_I 从低电平跳到高电平 U_2，i_C 却不能立刻上升到饱和电流 I_{CS}，而是需要经过 t_d 和 t_r 两段时间。前者称为延迟（Delay）时间，是从 t_1 时刻到 i_C 上升到 $0.1I_{CS}$ 所需要的时间；后者称为上升（Rise）时间，是 i_C 从 $0.1I_{CS}$ 上升到 $0.9I_{CS}$ 的时间。t_d 与 t_r 之和称为接通（Turn-on）时间 t_{on}。

当 $t\geqslant t_2$ 时，u_I 由 U_2 下跳到 0V，i_C 也不能立刻下跳到零，而是需要经过 t_s 和 t_f 两段时间，前者称为存储（Storage）时间，与晶体管的饱和深度有关，它是 i_C 从 I_{CS} 降到 $0.9I_{CS}$ 所需要的时间；后者称为下降（Fall）时间，是 i_C 从 $0.9I_{CS}$ 降到 $0.1I_{CS}$ 所需的时间。t_s 与 t_f 之和称为关断（Turn-off）时间 t_{off}。

晶体管的接通时间 $t_{on}=t_d+t_r$，关断时间 $t_{off}=t_s+t_f$，二者统称为晶体管的开关时间。开关时间越短，开关速度就越高。开关时间不仅与管子的结构工艺有关，而且与外加输入电压的极性及大小有关。因此，提高开关速度的途径有两个，一是制造开关时间较小的管子（开关管），二是设计合理的外电路以减小开关时间。

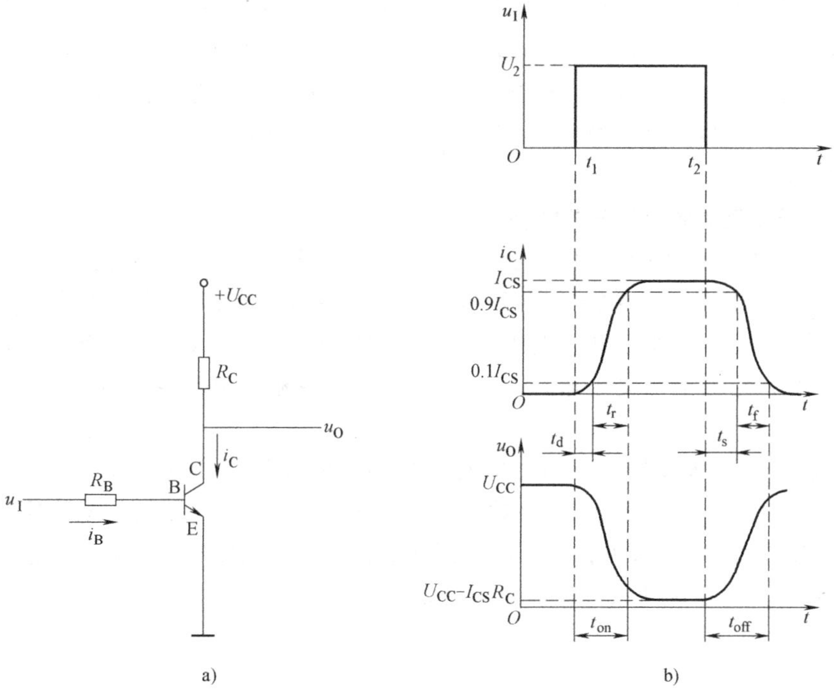

图 3.2.1 晶体管开关电路及波形图

a）开关电路 b）u_I、i_C 和 u_O 波形

由上述分析可见，图 3.2.1a 电路是一个反相器，也称为非门。即 u_I 为低电平时，u_O 为高电平；u_I 为高电平时，u_O 为低电平。

通常 $t_{off}>t_{on}$、$t_s>t_f$，因此控制晶体管的饱和深度、减小 t_s 是缩短开关时间、提高开关速度的一个主要途径。

如图 3.2.2a 所示为晶体管的集电结并联一个肖特基二极管（高速、低电压降），当晶体管处于饱和状态时，肖特基二极管可限制晶体管的饱和深度，将晶体管和肖特基二极管制作在一起，便构成如图 3.2.2b 所示的肖特基晶体管。标准 TTL 系列限制速度的重要因素是晶体管基区的电容性电荷，当晶体管饱和时电荷聚集在基区，由于饱和到截止时必须花费时间消耗掉存储的电荷，因此会产生较大的传输时延。肖特基逻辑系列通过晶体管基极-集电极间的肖特基二极管，使晶体管基区多余的电荷通过肖特基二极管到达集电极，晶体管处于浅饱和状态，将传输时延减小约 1/4，而功耗仅增加一倍。

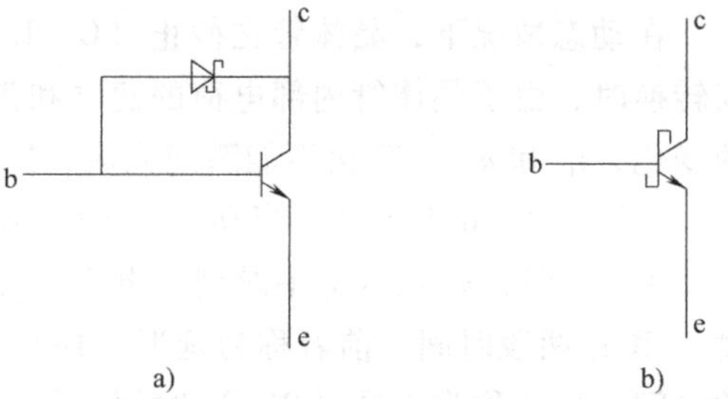

图 3.2.2 肖特基晶体管

a）结构 b）符号

3.2.2 场效应晶体管的开关特性

场效应晶体管（Field Effect Transistor，FET）也叫单极型晶体管，按结构分为两大类型，结型场效应晶体管（Junction Field Effect Transistor，JFET）和绝缘栅场效应晶体管（Isolated Gate Field Effect Transistor，IGFET），IGFET 也叫 MOS 场效应晶体管（Metal Oxide Semiconductor Field Effect Transistor，MOSFET）或者简称为 MOS 管。JFET 常用于线性电路，MOS 管用于数字电路。由于 MOS 管的输入电阻很大，因此其功耗很小，且 MOS 管的面积比双极型晶体管小，可以使复杂的数字系统占用很小的硅片面积，进而大大提高集成度，降低集成电路成本。

1. MOS 场效应晶体管的开关特性

图 3.2.3 是 N 沟道 MOS 管的符号和开关模型。符号中 s 是主要载流子进入 MOS 管的端子，因此称为源极。d 是 MOS 管的漏极，是主要载流子离开管子的端子。g 为 MOS 管的栅极。当栅源电压 u_{gs} 小于开启电压 U_{TN} 时，MOS 处于截止状态，相当于开关断开；当 u_{gs} 大于 U_{TN} 时，相当于开关接通。可见，MOS 管是由栅源电压控制开关两端 s、d 的通和断。

MOS 管栅极金属板和导电沟道之间有一层绝缘的二氧化硅（SiO_2）介质，其决定了图 3.2.3 中栅极的输入电容 C_{gs} 不可忽略。由于绝缘介质非常薄，绝缘层易击穿，必须采取保护措施。在改进的 MOS 管内，常有过电压保护稳压管，如图 3.2.4 所示，它限制了加在 g、s 极间的电压，从而起到保护管子的作用。管子输入信号在正常的电压范围内时保护电路是不起作用的。

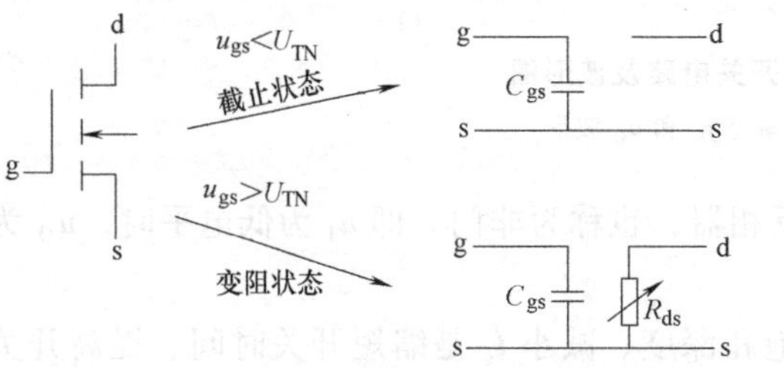

图 3.2.3 N 沟道 MOS 管的符号和开关模型

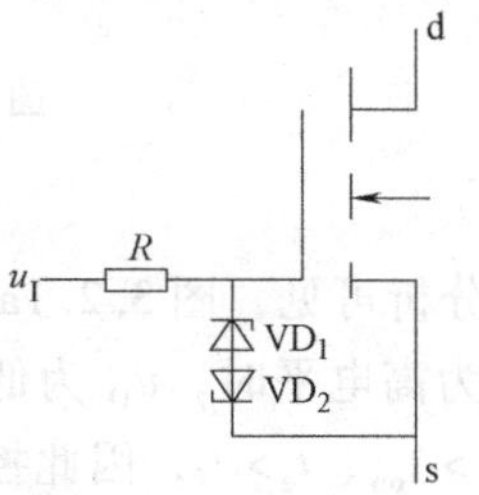

图 3.2.4 过电压保护

图 3.2.5 所示为 NMOS 增强型管的电压传输特性，在图 3.2.5a 中给栅极加上一个等于电源值 U_{DD} 的电路最高电压，如果输入电压 u_I 在 0V 到 U_{DD} 之间变化，NMOS 只能将 0V 到（$U_{DD}-U_{TN}$）之间的信号传给输出 u_O，如图 3.2.5b 所示；当输入在（$U_{DD}-U_{TN}$）~ U_{DD} 范围时，NMOS 是关断的，无法传递信号到输出端，输出处于悬空状态（高阻态）。由此可见，NMOS 可以传输强逻辑 0，传输弱逻辑 1。

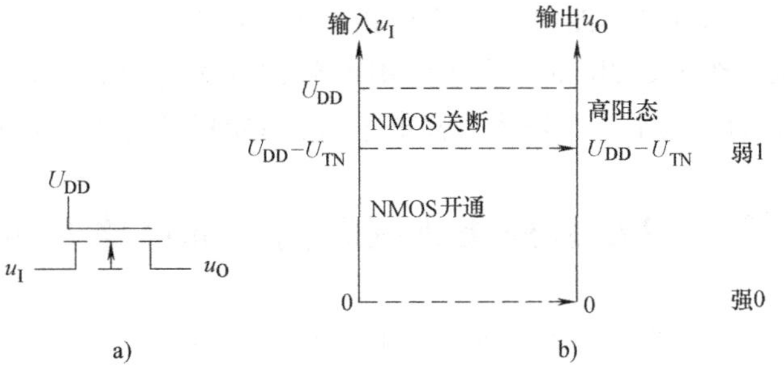

图 3.2.5 NMOS 增强型电压传输特性

a）电路 b）电压传输开关特性

同样分析可得到：PMOS 可以传输强逻辑 1，传输弱逻辑 0。因此，在后续的 CMOS 电路中，PMOS 接在电源与输出之间，传输强 1。NMOS 接在输出与地之间，传输强 0。

2. CMOS 反相器

由以上讨论可知，PMOS 和 NMOS 管在电气和逻辑特性上互补，即它们的开关特性和电压传输特性相反。因此，可以方便地由两者构成逻辑电路，该电路称为 CMOS（Complementary Metal Oxide Semiconductor）电路，即由一个 NMOS 和一个 PMOS 组成一个互补对。

在数字电路中，逻辑 **0** 理想的逻辑电平为 0V，逻辑 **1** 理想的逻辑电平为电源 U_{DD}。根据 MOS 管的传输特性，如果设计一个反相器的话，自然会考虑用两个互补管，其中它们的栅极接在一起使之具有互补开关特性。由于 NMOS 传输强逻辑 0，PMOS 传输强逻辑 1，因此输出与地之间接 NMOS，输出与电源 U_{DD} 之间接 PMOS。这样可得到图 3.2.6 所示的反相器电路，当输入电压 u_I 为低电平，即逻辑 **0** 时，NMOS 管 VT_1 截止，PMOS 管 VT_2 导通，因此，输出通过 VT_2 与电源接通，$u_O \approx U_{DD}$，输出为逻辑 **1**。同理可知，当输入电压 u_I 为高电平时，PMOS 管 VT_2 截止，NMOS 管 VT_1 导通，$u_O \approx 0V$。由此可见，该电路实现了反相作用。

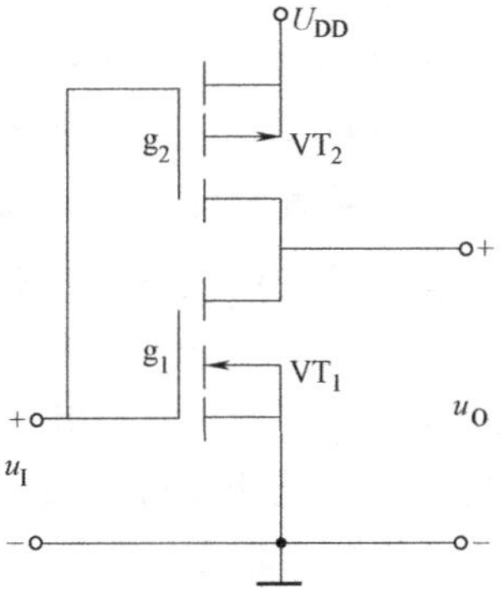

图 3.2.6 CMOS 反相器电路

与逻辑符号一样，不同标准也有多种器件符号。在很多教材中，MOS 管使用图 3.2.7

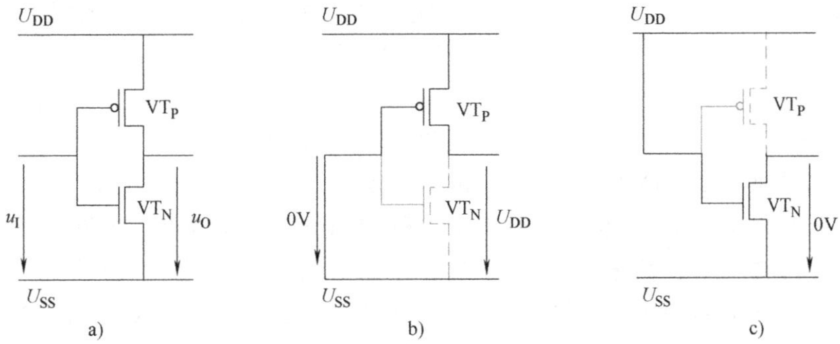

图 3.2.7 CMOS 反相器的开关模型

a）反相器电路 b）PMOS 导通输出高电平 c）NMOS 导通输出低电平

所示的符号，图中 VT_P 为增强型 PMOS 管，VT_N 为增强型 NMOS 管，这种符号大家也要认识。图 3.2.7b 和 c 说明了 MOS 管的开关特性，当输入 u_I 为低电平时，PMOS 管导通输出 u_O 为高电平，当输入为高电平时，NMOS 管导通输出低电平，实现了 CMOS 反相器功能。

3.3 TTL 系列集成逻辑门内部电路及电气特性

在微型计算机的早期，TTL 芯片是非常重要的一类芯片，用于实现“黏合逻辑”，使计算机中各种各样的芯片可以相互通信。TTL 底层采用的是双极型晶体管，可用于设计速度极快的开关网络。但双极型晶体管占硅片体积比 MOS 管要大，且 TTL 电路功耗较大，存在散热问题。因此，TTL 一般不用于高集成度芯片的设计。由于 TTL 价格低廉且易于使用，在许多应用中仍然十分重要。

TTL 系列集成逻辑门有三种不同类型的输出配置：推挽式（图腾柱）输出、集电极开路输出和三态输出。下面通过解剖推挽式输出的 TTL 与非门的内部结构，分析其工作原理，帮助大家理解其外部电气特性，这对于掌握 TTL 系列集成逻辑门的重要参数和后续学习 CMOS 都是非常必要的。最后简要介绍集电极开路输出和三态输出门。

3.3.1 TTL 与非门的内部结构及工作原理

为了使用好各种集成门电路，必须先了解其内部电路特点、外部特性及技术参数。下面以 TTL 两输入与非门 7400 为例介绍。

1. TTL 与非门的内部结构

TTL 两输入与非门 7400 的内部电路如 3.3.1a 所示。电路由三部分组成：VT_1 和 R_1 构成的输入级；VT_2、R_2 和 R_3 构成的中间级作为输出级的倒相驱动电路；VT_3、VT_4、VD 和 R_4 构成电路的输出级。其中，VT_1 管具有一个基极、一个集电极和两个发射极，称为多发射极晶体管，制造商采用二、三、四和八个发射极晶体管制成二、三、四和八输入与非门；VD、VT_4 作为由 VT_3 组成的反相器的有源负载。下面通过分析集成门内部电路的工作原理，帮助大家理解集成门的外部电气特性和正确使用 IC。

2. TTL 与非门的功能分析

两输入与非门的输出要么是逻辑 0，要么是逻辑 1，下面分别根据与非门输出 0 和 1 两种情况，来分析验证输入和输出逻辑的正确性。

首先，讨论输入 A 和 B 至少有一个输入为逻辑 0 时的情况，理论上，输出应该是逻辑 1。假设 A 为逻辑 0（如为 0.3V），B 可以是任意逻辑 X，如图 3.3.1b 所示。这时，U_{CC} 通过 R_1 向 VT_1 注入基极电流，连接 A 的发射结导通，电流经 A 流出门，VT_1 的基极电位被钳位在 $u_{B1}=u_A+U_{BE}=0.3V+0.7V=1V$。显然，该电压不足以使 VT_1 的集电结、VT_2 和 VT_3 的发射结正偏导通（3 个 PN 结导通需要 2.1V 电压），VT_2 和 VT_3 截止。另一方面，由于 VT_2 截止，电源 U_{CC} 通过 R_2 向 VT_4 提供基极驱动电流，从而使 VT_4 和 VD 导通，使得输出与电源之间的通路打开，与地之间的通路关断（VT_3 截止），输出高电平逻辑 1，输出级的电流流向如图 3.3.1b 所示，表示电流流出门。输出高电平的典型值为 3.4V，很多书认为是 3.6V，都是合理的。门电路的输入信号多数来自前一级门的输出，输出信号送给下一级门的输入。

上述分析说明，当任一输入为逻辑 0 时，输出 F 为高电平，即逻辑 1，电流流出门。

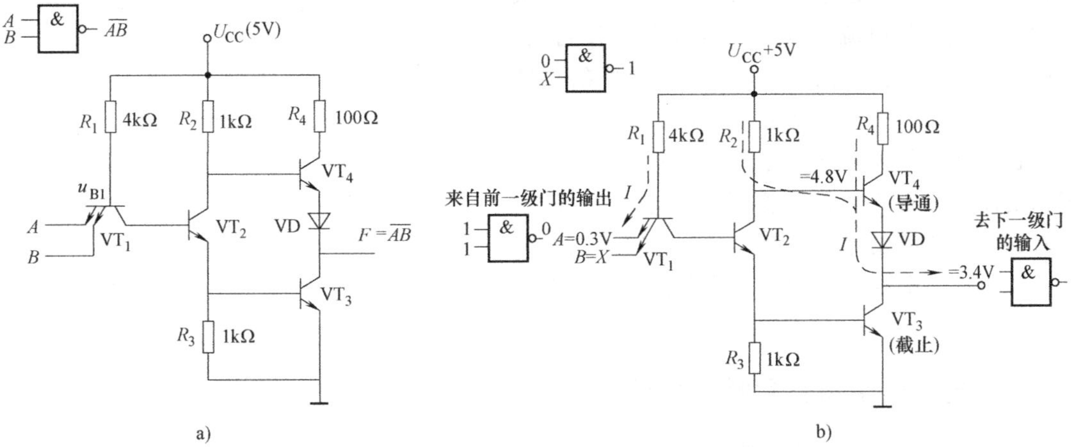

图 3.3.1　TTL 两输入与非门 7400 的内部电路及工作原理分析

a）两输入与非门内部电路　b）任何一个输入为 0 时的输出为高电平

其次，讨论输入 A、B 均为 1 时的情况，输出 F 为逻辑 0。假设 A、B 均为 3.6V 的高电平，电源电压通过 R_1 向 VT_1 提供基极电流，VT_1 的发射结正偏，$u_{B1}=3.6V+0.7V=4.3V$。该电压足够使 VT_1 集电结正偏导通，并由 VT_1 集电极流出的电流驱动 VT_2 导通，同时，VT_2 的发射极电流又进一步驱动 VT_3 导通，这 3 个 PN 结导通（数字电路中的开关导通一般都设计为饱和导通）后，$u_{B1}=U_{BC1}+U_{BE2}+U_{BE3}=3\times0.7V=2.1V$，即 VT_1 的基极电压被钳位在 2.1V，上述动态动作过后，VT_1 的各个发射结承受反偏而截止，VT_1 工作在倒置状态。VT_2 的集电极电压 $u_{C2}=U_{BE3}+U_{CES2}=0.7V+0.3V=1V$，这一电压不能使 VT_4 和 VD 导通，故 VT_4 和 VD 截止。VT_3 饱和导通使输出 F 为逻辑 0，负载电流可以流入门内部。数字电路中的“开门”参数都是指 VT_4 截止、VT_3 饱和导通情况下对应的参数，如后续将要介绍的开门电压、开门电阻等。也就是说，集成逻辑门的这扇“门”，就是指输出与地之间的开关管 VT_3。当 VT_3 管导通时意味着开门，欢迎负载电流流入门；当 VT_3 截止时意味着关门，负载电流被拒之门外，不能流入门。

以上分析说明了图 3.3.1a 的与非逻辑功能 $F=\overline{AB}$ 是正确的。TTL 与非门输出级电路中的 VT_3 和 VT_4 轮流导通，使输出 F 要么为 0，要么为 1，这种特性的输出称为推挽式或图腾柱输出。推挽电路的输出既可以向负载灌电流，也可以接收负载流入的电流。当输出 F 为逻辑 0 时，VT_4 截止，VT_3 饱和导通，可以接收较大的灌电流负载；而当输出为逻辑 1 时，VT_4 导通，VT_3 截止，能够向负载提供较大的驱动电流，这种负载为拉电流负载。另外，推挽电路能够降低输出级的静态功耗，由于图腾柱输出级的电阻较小，驱动能力也较强。

图 3.3.1 中，输出级 VT_3 导通和截止两种状态的分界点在 $u_{B1}=2.1V$，即输入使得 VT_1 的基极电压为 2.1V 是改变输出级 VT_3 导通状态的一个临界电压，对应输入电压 1.4V 为临界电压，这个输入电压被称为阈值电压或门槛电压，记为 U_{TH} 或 U_{th}。

在 TTL 集成电路中，一般都是采用多发射极晶体管来完成与的逻辑功能，这种结构不仅便于制造，还有利于提高电路的开关速度。当输出为逻辑 0 时，VT_2、VT_3 饱和导通，其基区积聚着存储电荷，晶体管 VT_1 的集电极电位为 1.4V。若任一输入端由高电平降至低电平 0.3V，则 VT_1 的相应发射结导通，VT_1 基极电压 u_{B1} 为 1V。由于基极电位低于集电极电位，使 VT_1 工作在线性放大区，因此会有一个很大的 VT_1 集电极电流流过 VT_2 和 VT_3 的发射结，如图 3.3.2 所示，它促使 VT_2、VT_3 基区的存储电荷加速消失，提高了电路的开关速度。

在设计实际数字电路时，除了了解门电路的逻辑功能外，更重要的是要了解其电气外特性，只有这样，才能设计出更加合理的电路。电气特性主要包括：电压传输特性、输入特性、输出特性等。

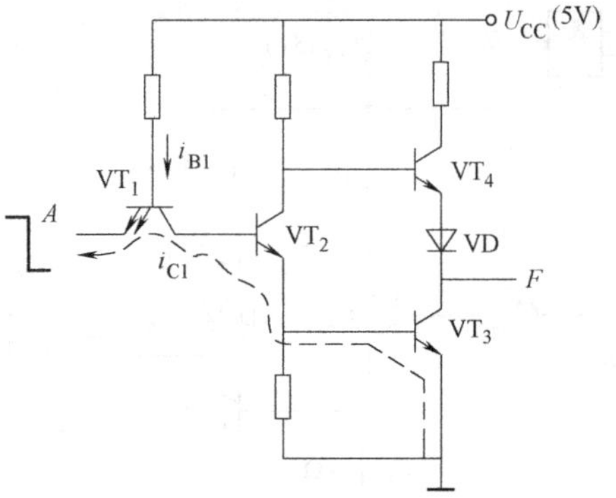

图 3.3.2　输入负跳变时的反向驱动电流

3.3.2　电压传输特性和噪声容限

与非门的电压传输特性是指与非门的输出电压与输入电压之间的对应关系曲线，即 $u_O = f(u_I)$，它反映了电路输出随输入变化时的特性。测试电路和传输特性如图 3.3.3 所示，电压传输特性曲线确定了 3.1.1 节主要技术指标中介绍的几个电压指标。由图 3.3.3 可见，门输出的 0、1 始终比输入的 0、1 范围小，保证了同类门相连时逻辑上不矛盾且具有一定的噪声容限。使用集成门时，查找器件手册可以得到这些电压参数，不同系列的器件各电压参数值不同。由后面的表 3.5.1 可得 74TTL 门有关的电压极限参数为：

1）输出高电平 U_{OH}：U_{OH} 的典型值为 3.4V，$U_{OH} \geqslant 2.4V$，即 $U_{OHmin} = 2.4V$。

2）输出低电平 U_{OL}：U_{OL} 的典型值为 0.3V，$U_{OL} \leqslant 0.4V$，即 $U_{OLmax} = 0.4V$。

3）输入低电平 U_{IL}：输入低电平的上限值 U_{ILmax} 也称为关门电压 U_{off}，$U_{ILmax} = 0.8V$。

4）输入高电平 U_{IH}：输入高电平的下限值 U_{IHmin} 也称为开门电压 U_{on}，$U_{IHmin} = 2V$。

上述的关门电压 U_{off} 和开门电压 U_{on} 以及后续将要介绍的关门电阻和开门电阻都是指 VT_3 管截止和导通时对应的电压和电阻。例如，对于关门电平 U_{off}，关门意味着 VT_3 管截止，输出为高电平，当然要知道这个参数是输入电压的极限参数，能够让与非输出为高电平的输入显然应该是低电平，因此，U_{off} 是指输入低电平的最大值。同样，前面提到的截止延迟时间（t_{PLH}）是指 VT_3 管进入截止状态时的延时时间，导通延迟时间 t_{PHL} 意味着 VT_3 进入饱和导通状态时的延迟时间。了解这一概念可以帮助大家理解和记忆这些参数。

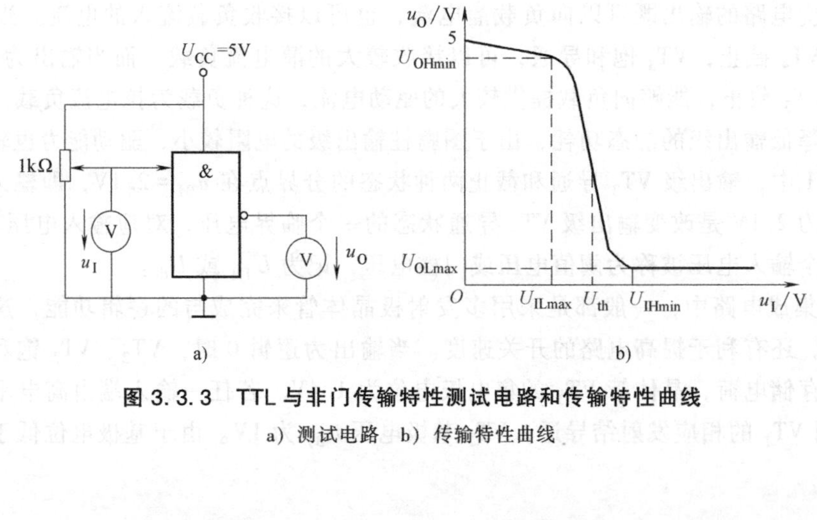

图 3.3.3　TTL 与非门传输特性测试电路和传输特性曲线

a）测试电路　b）传输特性曲线

由以上电压参数可得标准 TTL 集成电路系列器件的高、低电平噪声容限为

$$U_{NH}=U_{OHmin}-U_{IHmin}=2.4V-2V=0.4V$$

$$U_{NL}=U_{ILmax}-U_{OLmax}=0.8V-0.4V=0.4V$$

因此标准 TTL 集成电路的噪声容限为：$U_N=0.4V$。

在电压传输特性的过渡区，输出变化最快的点所对应的输入电压称为阈值电压 U_{th}，是决定电路输出级 VT_3 截止和导通的分界点，也是决定输出级关门（拒绝流入电流）和开门（允许电流流入）的分水岭。因此，U_{th} 又常被形象地称为**门槛电压**。TTL 门的 U_{th} 值约为 1.4V。当 $u_I<U_{th}$ 时，与非门关门，图 3.3.1 中 VT_3 截止，输出高电平；当 $u_I>U_{th}$ 时，与非门开门，图 3.3.1 中 VT_3 导通，电流可以流入门，输出低电平。

3.3.3　输入和输出特性及扇出数

为了正确地处理门电路与门电路、门电路与其他电路之间的连接问题，必须了解门电路输入端和输出端的伏安特性，也就是通常所说的输入特性和输出特性。

1. 输入特性

输入特性是指输入端电流 i_I 和输入端电压 u_I 之间的关系。测试电路和特性曲线如图 3.3.4 所示，当 $u_I<U_{th}$ 时，VT_2 和 VT_3 管截止，i_I 为负值（即流出门），输入电流 i_I 的绝对值随输入电压 u_I 的增大而减小。当 u_I 升至大于阈值电压 U_{th} 且使 VT_1 工作在倒置状态时，放大倍数远小于 1，电流流入门，且 i_I 随 u_I 的增大变化很小。输入特性反映了集成门负载电流的大小。

图 3.3.4 所示输入特性曲线的输入短路电流 I_{IS}（输入端短路，即 $u_I=0$ 时的电流）可以近似为输入 u_I 为低电平时的电流 I_{IL}，I_{IL} 反映了门对前级驱动门灌电流负载的大小。无论门的几个输入端接到前一级门，灌入前级驱动门的电流大小不变，始终等于流过 R_1 的电流大小，近似为 $(U_{CC}-0.7V-U_{IL})/R_1$。也就是说，当输入 u_I 为低电平时，无论负载门有几个输入端接到前一级驱动门，负载电流都一样。典型 TTL 门的 I_{IS} 为 1.6mA。

当输入 u_I 为高电平时，VT_1 管工作在倒置状态，集电极和发射极作用颠倒，因此，电流流入门，由于结面积和掺杂浓度的不同，通常 I_{IH} 为几十微安。I_{IH} 反映了高电平负载对前级驱动门拉电流的多少。每接一个输入端到前级门，就相当于接了一个 I_{IH} 的负载。换句话说，输入 u_I 为高电平时，负载与接入前级门的输入端数有关系，负载数为接入到前级驱

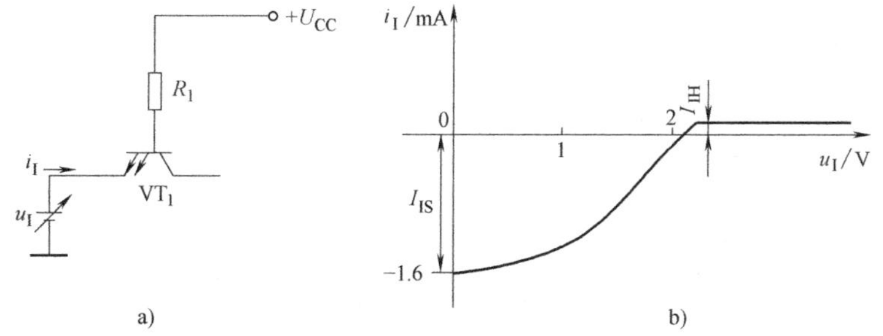

图 3.3.4　TTL 与非门输入特性测试电路和特性曲线

a）测试电路　b）输入特性曲线

动门的输入端数。标准74TTL门的 I_{IH} 为40μA。需要说明，不同系列、不同工艺的集成门电压、电流等参数是不同的。

2. **输出特性**

输出特性是指输出电压 u_o 和负载电流 i_L 之间的关系，反映了集成门的驱动能力。TTL与非门输出级电路输出高、低电平时，电路原理和特性不同。因此，下面分两种情况介绍。

（1）低电平输出特性（灌电流）

TTL与非门输出为低电平时，门电路输出端的 VT_3 饱和导通而 VT_4 管截止，等效电路和输出特性如图3.3.5所示。由于 VT_3 管饱和导通时的导通电阻很小，因此负载电流 i_L 增加时 u_O 仅稍有升高，在一定范围内基本为线性关系。随着负载电流 i_L 继续增大，VT_3 会退出饱和到放大状态，输出电压迅速提高。因此，低电平时灌入门的最大电流不应使输出电压超过 U_{OLmax}，对应的电流极限参数为 I_{OLmax}。标准TTL门的 I_{OLmax} 为16mA。

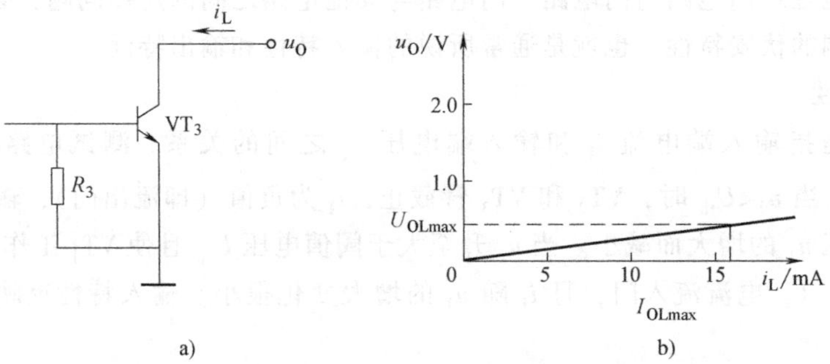

图3.3.5 TTL与非门低电平输出等效电路和特性曲线

a）等效电路 b）低电平输出特性曲线

（2）高电平输出特性（拉电流）

TTL与非门输出为高电平时，输出等效电路和输出特性曲线如图3.3.6所示。输出端的 VT_3 截止而 VT_4 导通，工作在射极跟随状态，电路的输出阻抗很低。当负载电流 i_L 较小时，输出电压 u_O 随 i_L 的变化减少得很小。当 i_L 进一步增加，R_4 上的电压降也随之加大，使 VT_4 的集电结变为正向偏置，VT_4 进入饱和状态，失去了射极跟随功能，此时 u_O 随 i_L 的增加而迅速下降。因此，高电平时拉出门的最大电流不应使输出电压低于 U_{OHmin}，对应的电流极限参数为 I_{OHmax}。标准TTL门的 I_{OHmax} 为400μA。

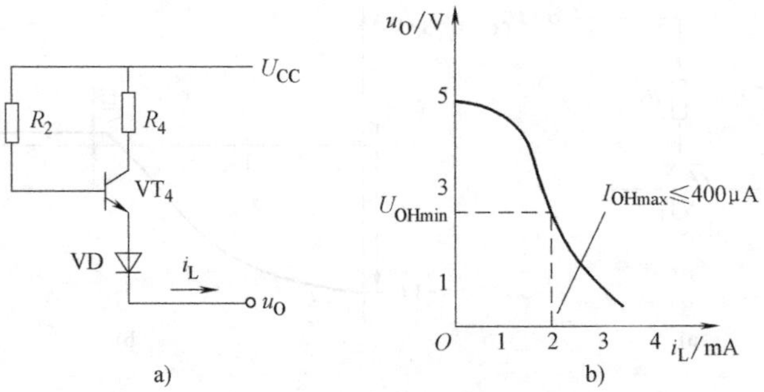

图3.3.6 TTL与非门高电平输出等效电路和特性曲线

a）等效电路 b）高电平输出特性曲线

3. 扇出数

根据输入特性和输出特性可以确定扇出数。以与非门为例计算其负载能力，即扇出数。与非门输出为低电平时驱动的是灌电流负载 I_{OL}，如图 3.3.7 中实线箭头所示。输出高电平时驱动的是拉电流负载 I_{OH}，如图 3.3.7 中虚线箭头所示。下面分两种情况分别介绍。

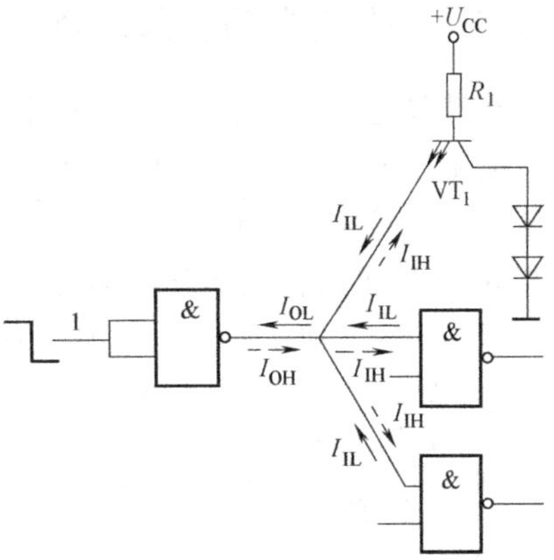

图 3.3.7　与非门的负载能力

(1) 灌电流负载能力 N_L

根据扇出数的概念，当门输出低电平时，驱动电流为 I_{OLmax}，低电平输入端负载电流为 I_{IL}（近似为 I_{IS}）。用 I_{OLmax} 除以 I_{IL} 的绝对值舍尾取整，得到低电平扇出数 N_L：

$$N_L = \left[\frac{I_{OLmax}}{I_{IS}}\right]$$

式中，I_{OLmax} 和 I_{IS} 是器件的相应电流参数；[　] 表示舍尾取整。由表 3.5.1 可知，标准 74TTL 系列低电平扇出数 N_L 为 10。

(2) 拉电流负载能力 N_H

当逻辑门输出高电平时，最大的拉电流输出为 I_{OHmax}，高电平输入端负载电流为 I_{IH}。如果每个负载门接到驱动门的输入端数为 n，则 I_{OH} 除以 nI_{IH} 的绝对值舍尾取整，得到高电平扇出数 N_H：

$$N_H = \left[\frac{I_{OHmax}}{nI_{IH}}\right]$$

式中，I_{OHmax} 和 I_{IH} 是器件的相应电流参数。当没有具体的集成门型号以及电路连接时，计算扇出数一般都按反相器计算，即输入端数 n 为 1。由表 3.5.1 可见，74TTL 反相器的 N_H 也是 10。

(3) 扇出系数 N

通常，N_L 和 N_H 一般并不相同，选 N_L 和 N_H 两者中小的数作为门的扇出数 N：

$$N = \min\{N_L, N_H\} = \min\left\{\left[\frac{I_{OLmax}}{I_{IS}}\right], \left[\frac{I_{OHmax}}{nI_{IH}}\right]\right\}$$

图 3.3.8 给出了 74TTL 门 1 输出低电平驱动门 2 和门 3 时电流的流向，负载电流为 $2I_{IL}$（3.2mA），没有超过驱动门能够提供的最大电流 16mA，电路是安全的。图 3.3.8b 给出了各个门内部对应的输入和输出电路，有助于大家进一步理解门的电流流动。

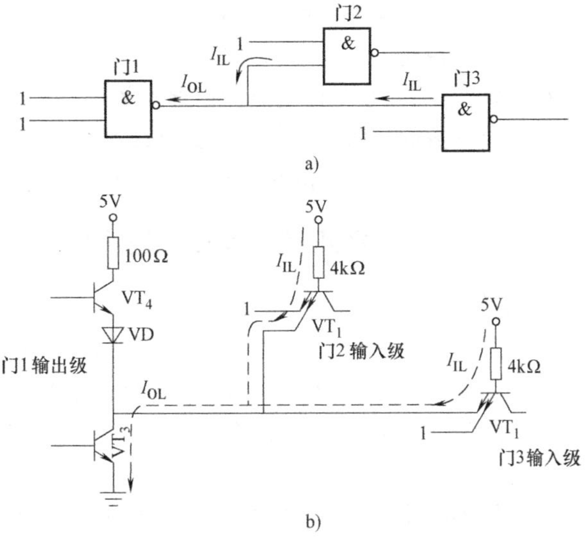

图 3.3.8　驱动门输出低电平时驱动电流与负载电流

a) 驱动门输出低电平逻辑电路　b) 门内部部分电路

3.3.4 TTL与非门输入端负载特性

在某些应用场合，TTL与非门的输入端要经过电阻接地，该电阻的大小会影响门的输入电压和输出状态。TTL与非门输入端负载特性是指TTL与非门输入电压与电阻之间的关系。下面以图3.3.9所示的与非门为例来说明。

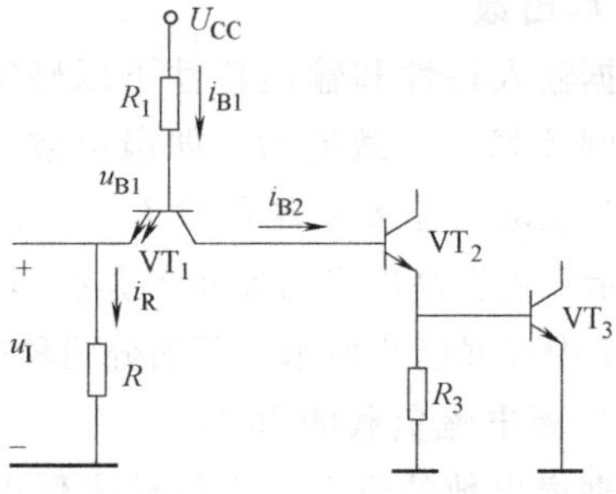

图3.3.9 TTL与非门的输入端接电阻的情况

当R从零开始逐渐增加时，$u_I\left(=i_R R=\dfrac{U_{CC}-0.7}{R+R_1}R\right)$和$u_{B1}$随之增加，在$u_I$达到1.4V以前，VT$_2$和VT$_3$一直处于截止状态，当$u_I\approx 1.4$V时，VT$_2$和VT$_3$导通，输出变为低电平，再进一步增加$R$，由于$u_{B1}$被钳位在2.1V，$u_I$也就维持在1.4V。图3.3.10给出了与非门7420在输出端空载情况下，实测的u_I-R和u_O-R关系曲线，其中u_O为门的输出电压。

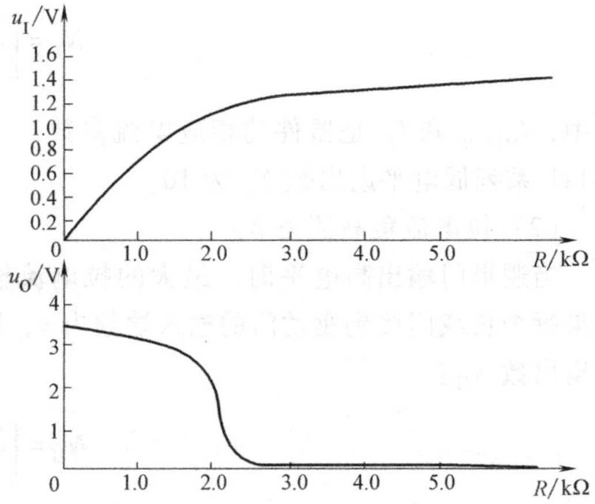

图3.3.10 7420TTL的u_I-R和u_O-R曲线

在图3.3.10所示u_O-R曲线中，使输出为低电平的输入电阻的最小值称为“开门电阻”（开门即VT$_3$导通），记为R_{on}。把保证输出为高电平的输入电阻的最大值称为“关门电阻”，记为R_{off}。因此，当TTL门的输入端串接的电阻$R\geqslant R_{on}$时，该输入端相当于是高电平，使输出级的VT$_3$饱和导通，打开门接收灌电流负载流入；而当$R\leqslant R_{off}$时，该输入端相当于是低电平，使VT$_3$截止。

以上实例说明，当在TTL门的输入端连接电阻R时，电阻值的大小会影响门的工作状态。R_{on}和R_{off}的大小与门电路的内部参数有关，不同门电路的R_{on}和R_{off}可能有较大差别。考虑门内部参数的分散性，R_{off}可按1kΩ考虑，R_{on}可按2kΩ考虑。当然，有些门实验测量R_{on}可能会有大于5kΩ的情况。TTL门输入端悬空相当于该输入端为高电平。

3.3.5 TTL集电极开路门和三态逻辑门

1. 集电极开路门

集电极开路（Open Collector，OC）门是一种省去了TTL输出级有源负载、VD和R_4的门电路。图3.3.11所示为TTL OC与非门电路及其逻辑符号，当VT$_3$导通时，输出是低电平，VT$_3$截止时输出悬空，即输出F在OC门内部与地之间有通路，但与电源之间是断开的。

为了使OC输出获得高电平，必须在OC门的输出与电源之间外接一个电阻，如图3.3.12中的R_C，这个电阻被称为上拉电阻（Pull-up Resistor），意思是拉高门的输出高电平电压。也正是由于OC输出级内部电路没有了输出与电源之间的通路，图3.3.12两个门

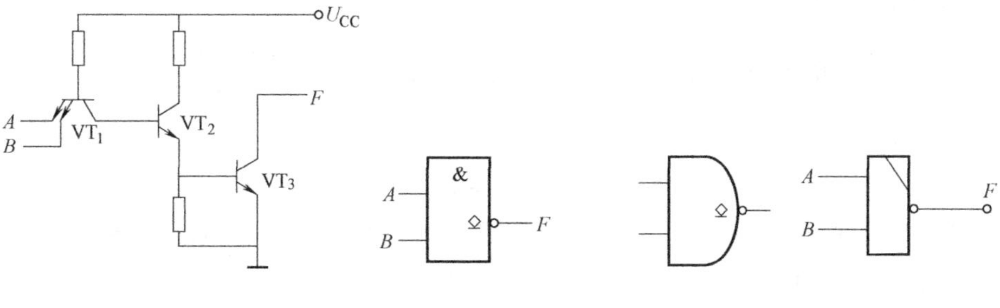

a)　　b)　　c)　　d)

图 3.3.11　集电极开路与非门

a) 电路　b) 国标符号　c) 国际流行符号　d) 曾用符号

的输出线才能接在一起且实现了与逻辑。假设图 3.3.12 中任何一个门的输出 $\overline{AB}$ 或（和）$\overline{CD}$ 为低电平，其内部的 VT_3 将饱和导通，使 $L=\overline{AB}\cdot\overline{CD}=0$。当两个门的输出 $\overline{AB}$ 和 $\overline{CD}$ 都是逻辑 1，即内部 VT_3 都截止，上拉电阻 R_C 使 $L=\overline{AB}\cdot\overline{CD}=1$，即实现了 $L=\overline{AB}\cdot\overline{CD}$。所以说，OC 门的一个典型应用就是实现“线与”逻辑。

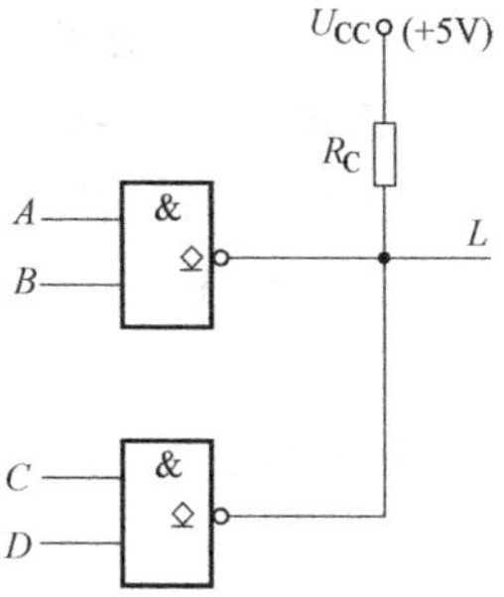

图 3.3.12　OC 门实现“线与”逻辑

一定要注意：标准 TTL 逻辑门或者可以推广到任何可以输出逻辑 0 和 1 两个信号的器件，不允许将它们的输出直接连在一起，也不允许将不使用的输出端接地或电源。假设，将两个与非门的输出接在一起，其中一个输出 X 为高电平，另一个输出 Y 为低电平，请大家分析将 X、Y 接在一起的输出逻辑是 0 还是 1 呢？按照 3.3.1 节门内部输出级电路进行分析，输出 X 高电平的门，其输出 X 与电源相接的电路导通；输出 Y 低电平的门，其输出与地相接的管子 VT_3 饱和导通；由于标准 TTL 逻辑门的输出电阻较小，将 X、Y 接在一起，相当于将电源与地之间通过较小的电阻接在一起，不仅使电路中会有较大的电流流过，而且 X、Y 的逻辑也无法确定。在总线结构中，这叫作“总线竞争”，即一条线上既送 0 又送 1，这是绝对不允许的。

OC 门外接上拉电阻 R_C 的阻值大小会影响门的时延、功耗和扇出，彼此对 R_C 的要求相矛盾，同时 R_C 的取值也会影响 OC 门的输出逻辑电平。下面分析 R_C 的取值范围。假设有 n 个 OC 门输出“线与”并驱动 m 个 TTL 门，与 OC 门输出端相连的 m 个 TTL 门的输入端数为 k。选择 R_C 的基本原则是：R_C 上的电压降要使 OC“线与”输出电压在正常的 TTL 逻辑电平范围内。换言之，R_C 不能太大，否则 R_C 上的电压降太大，使高电平输出太低；R_C 也不能太小，否则 R_C 上的电压降太小，使低电平抬高。下面分别对这两种情况进行分析。

1）OC 门“线与”输出高电平时，要保证输出高电平大于 U_{OHmin}。假设流经 R_C 的电流是 i_R，根据 3.3.3 节的 TTL 门输入特性和电路原理，应满足：

$$i_R R_C=(nI'_{OH}+mkI_{IH})R_C<U_{CC}-U_{OHmin}\text{，即 }R_{Cmax}=\frac{U_{CC}-U_{OHmin}}{nI'_{OH}+mkI_{IH}} \tag{3.3.1}$$

式中，I'_{OH} 为 OC 门输出高电平时每个 OC 门内部 VT_3 管的穿透电流 I_{CEO}。

2）OC 门“线与”输出低电平时，R_C 不能太小，且当负载电流和 R_C 上的电流灌入一个 OC 门时，最容易将低电平抬高。因此，应该以这种最坏情况来满足输出低电平小于

U_{OLmax}，计算 R_{Cmin}。即

$$i_R R_C=(I_{OL}-mI_{IS})R_C>U_{CC}-U_{OLmax}，即\ R_{Cmin}=\frac{U_{CC}-U_{OLmax}}{I_{OL}-mI_{IS}} \tag{3.3.2}$$

最后可得 R_C 的选择范围为

$$R_{Cmin}\leqslant R_C\leqslant R_{Cmax} \tag{3.3.3}$$

如果希望电路时延小一些，可以选择接近 R_{Cmin} 的较小电阻；若希望功耗低一些，可以选择接近 R_{Cmax} 的一个较大电阻。通常 OC 门的上拉电阻值选几千欧即可。

集电极开路门电路输出管的击穿电压一般在 10V 以上，有的可高达 20V。因此，只要在输出管允许的驱动能力和击穿电压范围内，就可以将一个 OC 门的上拉电阻 R_C 接到另一个电源（如 U_{CC1}）上，进而很方便地实现 TTL 逻辑电平从高电平到接近 U_{CC1} 电平的转换。实现电平转换是 OC 门的另一个用途。

2. TTL 三态逻辑门

三态逻辑（Tri-State Logic，TSL）门是为了适应微型计算机总线结构的需要而开发出来的一种器件。顾名思义，它的输出有三种状态：除通常的逻辑 0 和逻辑 1 外，还有第三种状态——高阻状态。三态逻辑门（简称三态门）是在普通门电路的基础上，增加了控制电路，如图 3.3.13a 所示，在图 3.3.1 的 TTL 与非门基础上增加了二极管 VD_1，由使能控制信号 EN 控制电路是否工作。当 $EN=1$ 时，VT_1 多发射极各个输入是与的关系，不影响 A 的正常输入状态，即 EN 对输入级电路没有影响。同时，$EN=1$ 使得 VD_1 也不影响 VT_4 的开关特性，即 VT_4 可以由输入 A 控制其导通或截止。显然，电路输出为 $F=\overline{A\cdot 1}=\overline{A}$。

图 3.3.13a 所示的控制电路也可以使 TTL 三态门的推拉式输出级的上、下两部分电路中的开关管都截止，使输出 F 既不能输出 1，也不能输出 0，输出处于悬空或高阻状态。这种情况对应的 $EN=0$，使 VT_2 和 VT_3 都截止，VD_1 导通，VT_4 也截止。这时从输出 F 看进去呈现为高电阻状态，称为高阻态或禁止态。三态逻辑非门（或三态反相器）的逻辑表达式为

$EN=1$，$F=\overline{A}$（本电路的使能信号为高有效，即使能有效时，门工作）

$EN=0$，$F=Z$（使能无效时，输出是高阻态，一般用 Z 表示）

图 3.3.13b 和 c 为一个三态反相器的两种符号。如果三态门符号中使能信号端有一个小

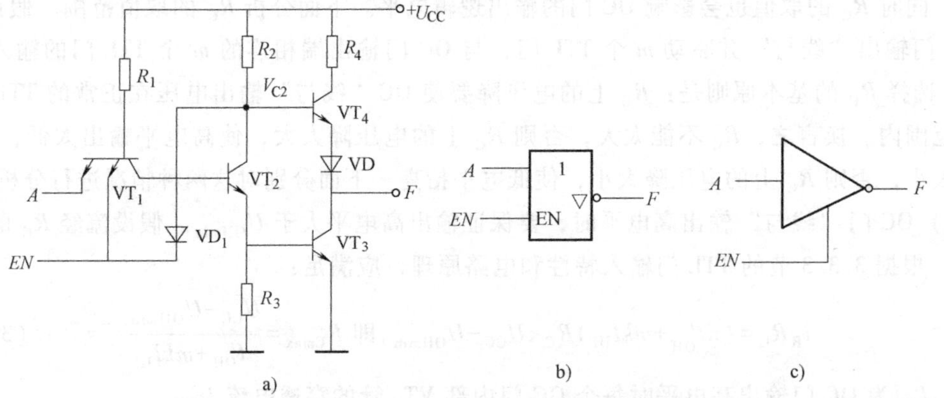

图 3.3.13　三态门控制电路和逻辑符号

a）电路　b）国标符号　c）国外流行符号

圈，如图 3.3.14 中下面所示的三态反相器使能端，则说明该三态门的使能信号是低有效，常在变量上加一横杠（上画线）来表示低有效，如图 3.3.14 中的 $\overline{RD}$ 等。

3. 三态门的应用

在计算机或微处理器系统中都是采用总线结构互通信息，即外围设备和存储器通过总线与 CPU 通信。每个输入设备都必须经由三态门连接到数据总线上，而实际应用中的三态门一般都集成在器件内部，如后续将要介绍的 ADC、存储器等芯片，其数据线引脚内部都有三态门。任何时刻，只能有一个设备或存储单元与 CPU 交换信息，也就是说，具有三态特性的器件在任何时刻最多只能有一个使能端有效，才不会使总线竞争，设备和存储器分时复用总线。

图 3.3.14 是三态门构成的与 1 位双向数据总线接口的电路举例，当 $\overline{RD}$ 为低电平时，CPU 读入总线上来自输入设备或存储器的数据到 *A*（由 CPU 指令确定 *A* 是什么，如果指令是读取数据到 CPU 某个寄存器，则 *A* 就是该寄存器的一位）。当 *WR* 为高电平时，表示 CPU 写数据 *A* 到总线上送给输出设备或者存储器。当然，任何时刻 CPU 都不可能同时读、写，输入设备、输出设备和存储器都只能分时复用总线。当所有三态使能端无效时，CPU 不通信，总线空闲，数据总线处于高阻状态。当 CPU 要通过总线送出数据到输出设备时，一般需要一个记忆电路来记忆和保存经由数据总线送出来的数据，才能保证总线让出后，要输出的信息继续保持，这种记忆电路的基础就是触发器，将在第 4 章介绍。

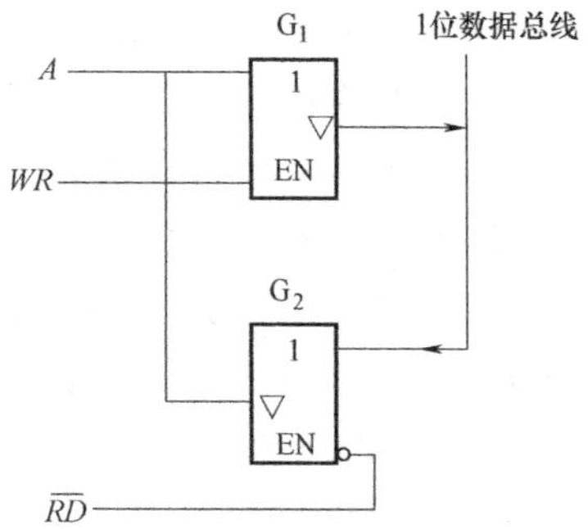

图 3.3.14 三态门构成的与 1 位双向数据总线接口的电路举例

总之，在总线结构中，任何时刻的总线上最多只有一组数据流通，没有被 CPU 选中的设备或存储器，它们不会影响总线上的信息（例如，图 3.3.14 中的 *WR* 无效，该接口就不影响总线），总线上流动的数据也不会影响它们的内容（例如，图 3.3.14 中 $\overline{RD}$ 无效，总线数据也不会影响到 *A*）。输出设备一般都有输出缓冲器，只有选中它才能触发锁存数据，没选中时总线也不影响输出缓冲器。

3.4 CMOS 集成逻辑门电路

TTL 系列采用的是双极型 NPN 和 PNP 晶体管，而 CMOS（Complementary MOS）集成逻辑门（简称集成门）电路则是采用 MOS 管作为其基本单元，MOS 管的栅极输入到衬底是电绝缘的，具有高输入阻抗。因此，CMOS 集成门电路除了能够提供所有与 TTL 集成门电路几乎相同的功能外，其功耗和扇出数也远优于 TTL 集成门电路，抗干扰能力也比 TTL 集成门电路强。由于 CMOS 制造工艺的改进，其工作速度也可与 TTL 集成门电路相媲美。目前，CMOS 集成门电路已经超越了 TTL 集成门电路而成为占主导地位的一种逻辑器件，几乎所有的大规模集成门电路都采用了 CMOS 工艺制造，且费用较低。

CMOS 集成门电路的电源电压通常用 U_{DD} 表示，可在 3~18V 一个很宽的电压范围内工作。目前，很多微控制器的 CPU 供电电压低于 1V，降低电源电压对于减小功耗和由功耗引起的散热问题都是十分有利的。

3.4.1 CMOS 逻辑电路的基本原理及其特点

图 3.2.6 所示的 CMOS 反相器是由特性互补的一个 PMOS 和一个 NMOS 互补对构成的。其实在基本的 CMOS 逻辑电路中，逻辑门的每个输入都连接到一个 MOS 互补对上。一个单输入的逻辑门需要两个（一对）MOS 管，而一个两输入的逻辑门需要 4 个（两对）MOS 管，当为多输入逻辑变量时，多个互补对分别构成了 PMOS 阵列和 NMOS 阵列。两输入 CMOS 的通用结构如图 3.4.1 所示，PMOS 阵列是输出与电源之间的开关网络，输出与地之间通过 NMOS 开关阵列连接。一般将一对 NMOS 和 PMOS 的栅极与一个输入变量连接在一起，NMOS 和 PMOS 开关阵列的连接是并联和串联的对偶结构，即若 NMOS 管串联，则对应的 PMOS 管就是并联连接。这样，由图 3.4.1 所示电路实现的逻辑门就具有以下特点：

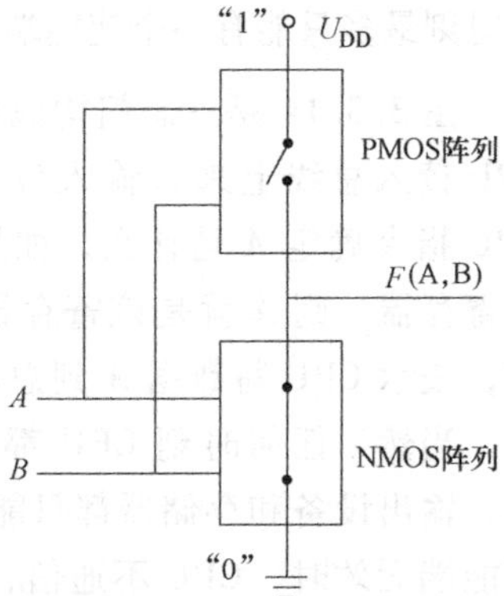

图 3.4.1 CMOS 结构

1）当 PMOS 阵列开关闭合使输出 F 与电源接通时，NMOS 阵列断开 F 与地之间的连接。输出 F 为逻辑 1。

2）当 NMOS 阵列开关闭合使输出 F 与地接通时，PMOS 阵列断开 F 与电源之间的连接。输出 F 为逻辑 0。

显然，CMOS 电路输出也具有 TTL 输出级电路的特点，是推挽式或图腾柱输出。

在图 3.4.2a 所示电路中，如果 $A=1$ 且 $B=1$，则两个串联的 NMOS 管同时导通，两个并联的 PMOS 管都断开，使 F 与地接通，与电源断开，$F=0$。只要 A 和 B 有一个为逻辑 0，则对应的 PMOS 管导通，NMOS 断开，使 F 与地断开，与电源接通，$F=1$。因此，它可以用于实现两输入与非逻辑。在图 3.4.2c 所示电路中，只要 A 或 B 的其中一个或两个为 1，并联的两个 NMOS 管至少有一个导通，串联的 PMOS 管至少有一个截止，使得输出与地接通，$F=0$。当 A 和 B 均为逻辑 0 时，使得输出与电源接通，$F=1$。因此该电路实现了或非逻辑。

由上述分析可见，要开通 NMOS 开关阵列，输入变量必须为逻辑 1，开通后的输出为逻辑 0。相反，要开通 PMOS 开关阵列，输入变量必须为逻辑 0，而 PMOS 开通却传输逻辑 1 到输出。因此，CMOS 电路结构确定了 CMOS 可实现非逻辑。例如，图 3.4.2a 和 c 实现了与非和或非，与 CMOS 反相器级连形成图 3.4.2b 的与门和图 3.4.2d 的或门。在 CMOS 中，NOR、NAND 以及 NOT 门为基本逻辑门。图 3.4.2a 与非门的功能如表 3.4.1 所示。

表 3.4.1 与非逻辑真值表及开关开通状态

A	B	VT_1	VT_2	VT_3	VT_4	F
0	0	off	off	on	on	1
0	1	off	on	on	off	1
1	0	on	off	off	on	1
1	1	on	on	off	off	0

总结上述的分析，会发现电路连接与输入输出逻辑之间的关系为：

1）NMOS 管串联，对应的互补 PMOS 管并联，电路实现了与非逻辑。

2）NMOS 管并联，对应的互补 PMOS 管串联，电路实现了或非逻辑。

也就是说，在分析基本 CMOS 电路逻辑关系时，不必像表 3.4.1 那样去分析电路中所有开关管的开通状态，只要根据电路中 NMOS 管的串、并联连接方式就可以直接写出电路的逻辑式：NMOS 管串联，输出变量与 NMOS 管连接的输入变量就是与非关系；NMOS 管并联，输出变量与 NMOS 管连接的输入变量就是或非关系。这比分析 TTL 简单很多。但一定注意：观察 NMOS 管的串、并联时，是指输出变量和地之间的 NMOS 管的连接。例如，图 3.4.2b 中 VT_1 和 VT_2 管显然是串联，但该串联支路与 VT_5 就不是并联结构，图 3.4.2b 是两级电路，可得：$X=\overline{AB}$，$F=\overline{X}=\overline{\overline{AB}}=AB$。同理，根据 NMOS 的连接，可得图 3.4.2d 中 $Y=\overline{A+B}$，$F=\overline{Y}=\overline{\overline{A+B}}=A+B$。

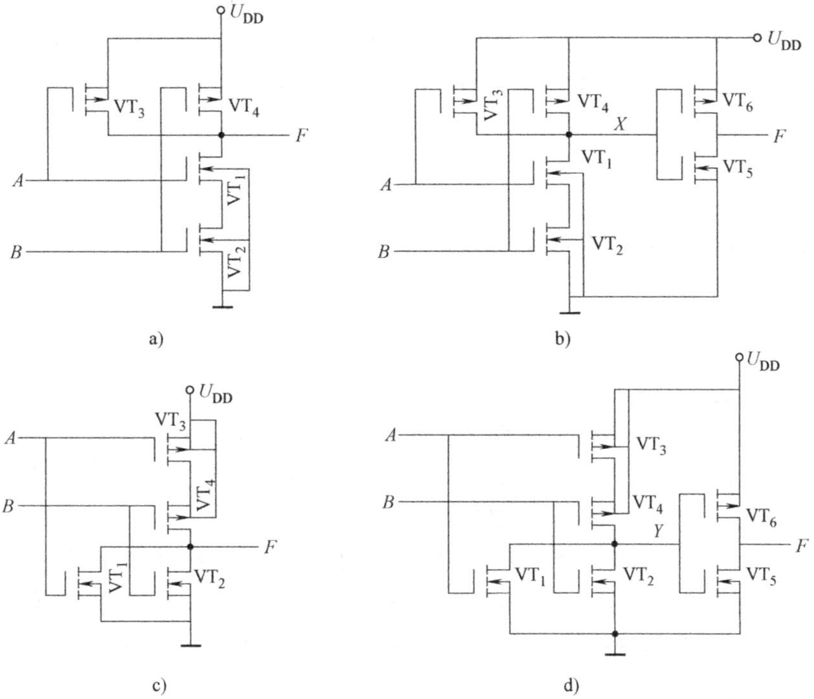

图 3.4.2 CMOS 逻辑门

a）与非门 $F=\overline{AB}$ b）与门 $F=AB$ c）或非门 $F=\overline{A+B}$ d）或门 $F=A+B$

根据以上分析，总结 CMOS 电路有以下特点：

1. 功耗小

CMOS 电路输出也是推挽（图腾柱）结构。在静态时，NMOS 和 PMOS 管总有一个是截止的，因此静态电流很小，约为纳安（10^{-9}A）数量级。但在动态过程（即输入逻辑变量从 0 到 1 或从 1 到 0 的变化）中，两组 MOS 管从截止到导通或从导通到截止的交替过程中都经过了放大区，出现尖峰电流，使电路的动态功耗比静态时显著增大，如图 3.4.3（图中采用了 PMOS 和 NMOS 另一种符号。输出与地之间的一定是 NMOS 管，输出与电源之间的一定是 PMOS 管）所示（U_{DD} 为 5V），这种尖峰电流的出现还可能导致电路间的相互影响而引起逻辑上的错误。常用的解决办法是在靠近门电路的电源与地之间接一个滤波电容。

CMOS 门电路对负载电容 C_L 充、放电所产生的功耗与负载电容的电容量、输入信号频率 f 以及电源电压 U_{DD} 的二次方成正比，即：

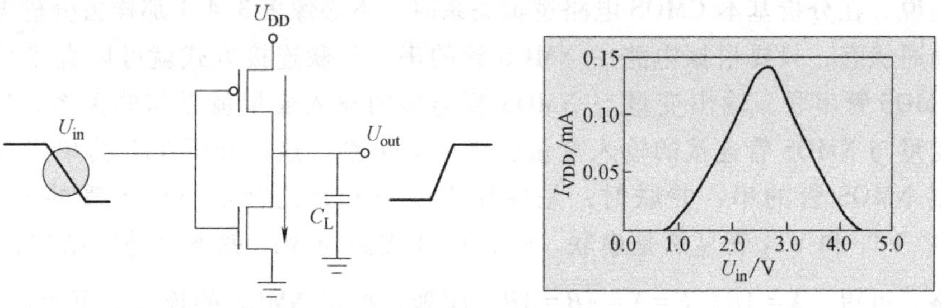

图 3.4.3 CMOS 反相器动态电流

$$P_C = C_L U_{DD}{}^2 f$$

由动态尖峰电流产生的功耗称为瞬时动态功耗 P_T。即使在 CMOS 门电路空载的情况下，当门电路输出状态切换时，NMOS 管和 PMOS 管会瞬间同时导通并产生动态尖峰电流。这一功耗由输入信号频率 f、电源电压 U_{DD} 以及电路内部参数决定。

$$P_T = C_{PD} U_{DD}{}^2 f$$

式中，C_{PD} 称为功耗电容，具体数值由芯片厂家提供。

CMOS 门的总动态功耗为

$$P_D = P_C + P_T = (C_L + C_{PD}) U_{DD}{}^2 f$$

由此可见，随着 CMOS 集成电路信号变化频率的增加，其功耗也增加。因此，很多的微处理器低功耗模式是通过切断微处理器芯片内部各部分数字电路的时钟源、禁止数字电路工作来降低整个芯片的动态功耗。很多大功率 MOS 电路通过降低开关动作频率来降低功耗。即使这样，CMOS 逻辑门的功耗仍比双极型逻辑门的功耗小。

同时，动态功耗与电源电压的二次方成正比，因此，只要降低电源电压，就可显著地降低功耗，这也说明了为什么现在的大规模集成电路所采用的电源电压越来越低。

对于 TTL 而言，工作频率在 5MHz 以下的每个门消耗的功率几乎是不变的。然而，CMOS 逻辑门系列的功耗随着频率的增大而线性增长。

2. 扇出能力强

CMOS 逻辑门在驱动同类逻辑门的情况下，由于负载门的输入电阻值极高，约为 $10^{15}\Omega$，几乎不能从前级门取电流，显然也不会向前门级灌电流，因此，若不考虑速度，CMOS 门的带负载能力几乎是无限的。但实际上，由于 MOS 管存在栅极电容，当所带负载门增多时，前级门驱动门的总负载电容也必将随之按比例增大，使逻辑门的负载几乎表现为电容性负载，如图 3.4.4 所示的 C_L。输出由低到高的变化实际上是对负载电容 C_L 充电的过程，相反，输出由高到低的变化实际上是对负载电容 C_L 放电的过程。负载电容过大，显然增加了门的传输时延，降低了开关速度。因此，逻辑门的扇出能力实际上受到了负载电容的限制。CMOS 门的扇出系数一般取 50，即可以带 50 个同类门。CMOS 门的扇出数显然比 TTL 逻辑门要大得多。

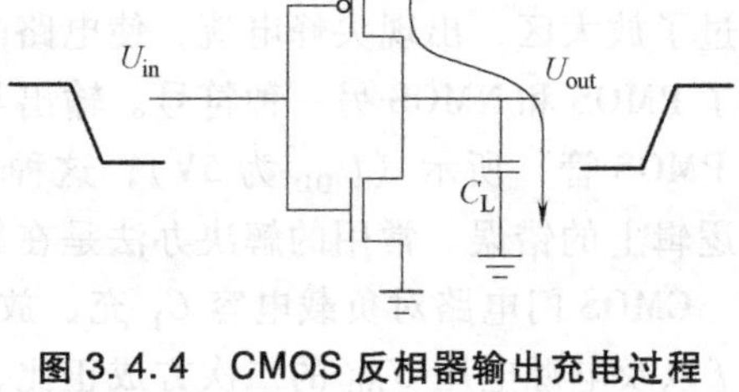

图 3.4.4 CMOS 反相器输出充电过程

3. 电源电压范围宽

多数 CMOS 芯片可在一个很宽的电源电压范围内正常工作（典型值为 3~15V），而更为先进的设计则采用更低的电源供电。低的电源电压对于降低功耗和由功耗引起的散热都是十分有利的，它使得使用电池工作的系统的工作时间更长。

4. 噪声容限大

CMOS 电路的阈值电压或门槛电压一般是电源电压的一半，即 U_{th} 约为 $U_{DD}/2$。其高电平和低电平噪声容限范围大，抗干扰能力强。

由于 CMOS 的以上特点和半导体制造工艺的改进，使 CMOS 在工作速度上也与 TTL 电路不相上下，成本和价格却不断降低。因此，CMOS 是目前用于设计高密度集成电路的主要技术，它构成了现代集成电路设计的基础。

3.4.2 CMOS 缓冲器、漏极开路门和三态门

1. 缓冲器

图 3.4.2a 和图 3.4.2c 所示的**与非**门和**或非**门电路虽然简单，但门电路的输出电阻受输入电平状态的影响。以图 3.4.2a 所示的**与非**门为例，假设 MOS 管的导通电阻为 R_{on}，截止电阻为∞，其输出阻抗分析如下：

1）当 $A=B=\mathbf{1}$ 时，输出电阻为 VT1 管和 VT2 管的导通电阻串联，其值为 $2R_{on}$。

2）当 $A=B=\mathbf{0}$ 时，输出电阻为 VT3 管和 VT4 管的导通电阻并联，其值为 $R_{on}/2$。

3）当 $A=\mathbf{1}$、$B=\mathbf{0}$ 时，输出电阻为 VT4 管的导通电阻，其值为 R_{on}。

4）当 $A=\mathbf{0}$、$B=\mathbf{1}$ 时，输出电阻为 VT3 管的导通电阻，其值为 R_{on}。

可见，输入电平状态不同，输出电阻相差 4 倍之多。另外，门电路输出的高、低电平也受输入变量数的影响，例如，输入变量越多，则串联的 NMOS 管越多，输出的低电平电压也越高（每个开关管都有导通电压降）。为了避免经过多次串、并后带来的电平平移和对输出特性的影响，实际的 CMOS 门电路常常**引入反相器作为每个输入端和输出端的缓冲器**。例如，实际的 CMOS 两输入或门电路，为图 3.4.5a 所示的电路以及图 3.4.5b 和 c 所示的等效电路，电路在输入和输出端都增加了缓冲器，可以改善 CMOS 门电路的电气性能。大家可以下载一个 CMOS 系列两输入或门的器件手册，如 74HC32 器件手册中，一个或门的逻辑图如

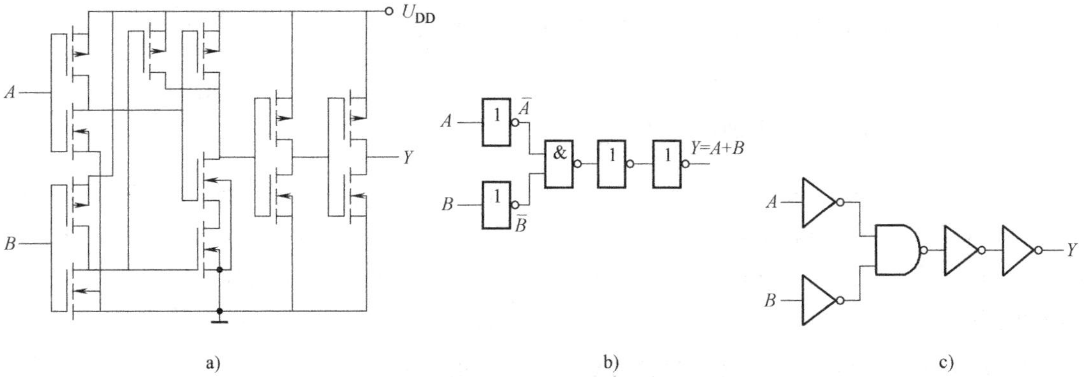

图 3.4.5　CMOS 或门电路

a）或门电路　b）等效的电路逻辑图　c）74HC32 器件手册中或门逻辑图

图 3.4.5c 所示。本书有意识地引入了图 3.4.5b 所示国标符号和图 3.4.5c 所示国外流行符号，读者都应该熟悉这些符号。输入和输出逻辑功能相同的缓冲器符号为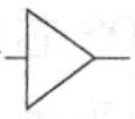。

缓冲器一词的应用很广泛。如前面提到的接到总线上的输入设备和输出设备与总线之间都要有缓冲器，又如图 2.5.3 中输入引脚和输出引脚的缓冲器。顾名思义，缓冲器起到了协调和缓冲作用。当然，不同用处的缓冲器，其结构和功能也完全不同。

2. 漏极开路门

CMOS 漏极开路（Open Drain，OD）门和 CMOS 三态门的逻辑符号及应用与 TTL 集电极开路门和三态门相同。

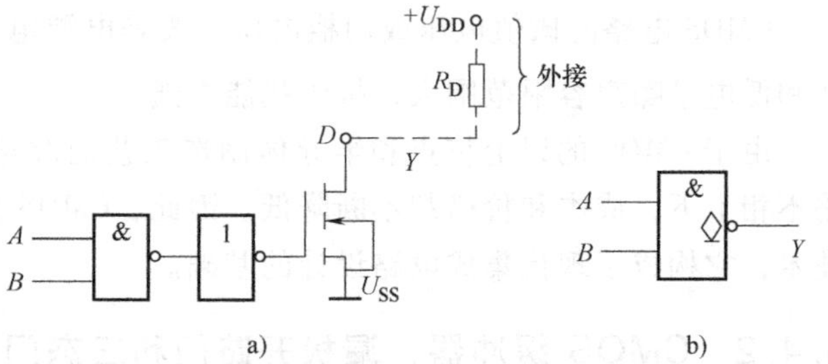

图 3.4.6 CMOS 漏极开路门

a）等效电路 b）国标符号

CMOS 漏极开路门的电路结构和电路符号如图 3.4.6 所示，结构与 OC 门类似。电路的输出级是一个漏极开路的 NMOS 管。在工作时，其漏极必须外接上拉电阻 R_D 到电源 U_{DD} 电路才能正常工作，如图 3.4.6a 中的虚线部分，这样，电路才实现了 $Y=\overline{AB}$。

OD 门与 OC 门一样可以方便地实现电平转换和“线与”功能。

3. CMOS 三态逻辑门

CMOS 三态逻辑（Tri-State Logic，TSL）反相器电路如图 3.4.7 所示，符号及功能都与 TTL 三态门一样。图中，VT_{P1} 和 VT_{P2} 采用的是 PMOS 管的另一种常用符号，VT_{N1} 和 VT_{N2} 采用的是 NMOS 管的另一种常用符号。

当 $\overline{EN}=1$ 时，VT_{P2}、VT_{N2} 均截止，Y 与地及电源都断开，输出端呈现为高阻态。

当 $\overline{EN}=0$ 时，VT_{P2}、VT_{N2} 均导通，VT_{P1}、VT_{N1} 构成反相器，$L=\overline{A}$。

可见电路的输出有高阻态、高电平和低电平 3 种状态，即构成了 CMOS 三态逻辑门。

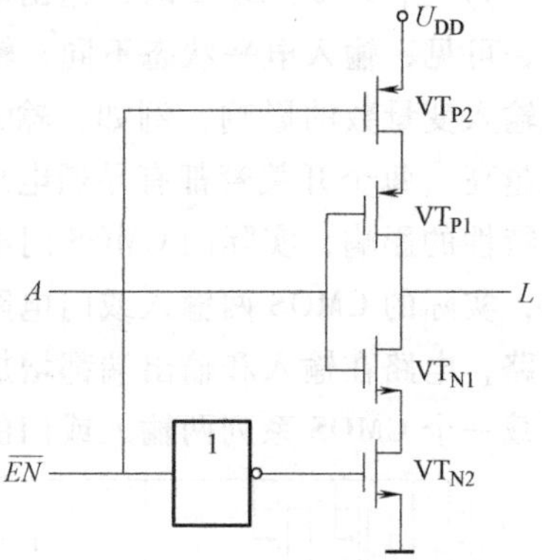

图 3.4.7 CMOS 三态反相器

3.4.3 CMOS 传输门及数据选择器

传输门（Transmission Gate，TG）是一个可控的双向开关，既可传输模拟信号，也可传输数字信号。CMOS 传输门由一个 P 沟道和一个 N 沟道增强型 MOSFET 并联而成，如图 3.4.8a 所示，图 3.4.8b 和 c 是传输门的两种符号。VT_P 和 VT_N 是结构对称的器件，它们的漏极和源极是可互换的。假设 VT_P 和 VT_N 的开启电压 $|U_{THP}|=|U_{THN}|=2V$，$U_{DD}=10V$，输入信号 u_I 在 0~10V 之间变化。两管的栅极由互补的信号 C 和 $\overline{C}$ 来控制。

当 C 接低电平 0V 时，u_I 取 0~10V 范围内的任何值，VT_N 均不导通。同时 $\overline{C}$ 端为 10V，VT_P 也不导通。可见，当 C 接低电平时，传输门是断开的。

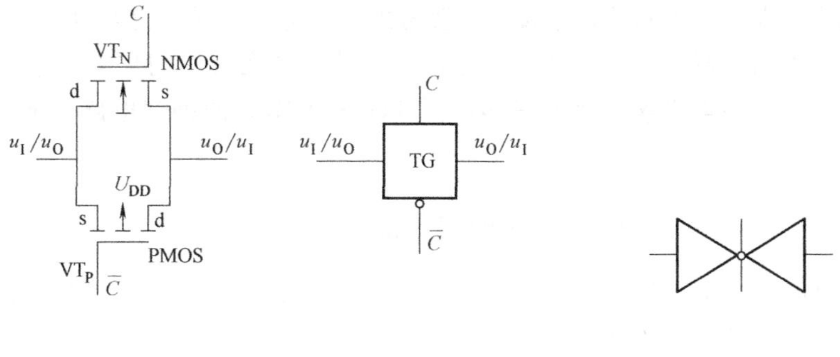

图 3.4.8　CMOS 传输门

a）电路　b）国标符号　c）国外流行符号

当 C 接高电平 10V 时，u_I 在 0~8V 范围内变化，VT_N 导通，当 u_I 在 2~10V 范围内变化时 VT_P 将导通。

由以上分析可知，当 C 接高电平时，u_I 在 0~U_{DD} 之间变化，VT_P 与 VT_N 始终有一个导通，即传输门始终是导通的，导通电阻约为数百欧。另外，由于两个管子的漏极和源极是可互换的，因此，传输门是双向的，输入和输出可以互换，双向传输。与集成门一样，一个芯片中一般会集成多个传输门，如 CD4066 中包含 4 个传输门构成集成模拟开关。

由传输门原理可见，传输门可以构成模拟开关，双向传输模拟信号，当然也可以双向传送数字信号。利用 CMOS 传输门和 CMOS 反相器可以构成各种复杂的逻辑电路。如图 3.4.9a 所示电路，当信号 $S=\mathbf{0}$ 时，TG_1 导通，TG_2 截止，$Z=X$；当 $S=\mathbf{1}$ 时，TG_1 截止，TG_2 导通，$Z=Y$，实现了 2 选 1 的数据选择器（即选择两路输入中的一路送给输出）功能。图 3.4.9b 和 c 是 2 选 1 数据选择器的两种常用号。在后续学习可编程逻辑器件以及微控制器内部电路结构原理时会看到大量的多路选择器。图 3.4.9d 给出了 4 选 1 数据选择器的符号。显然，图 3.4.9c 和 d 的符号更清楚地表明了选择信号每一取值对应选择的输入通道。

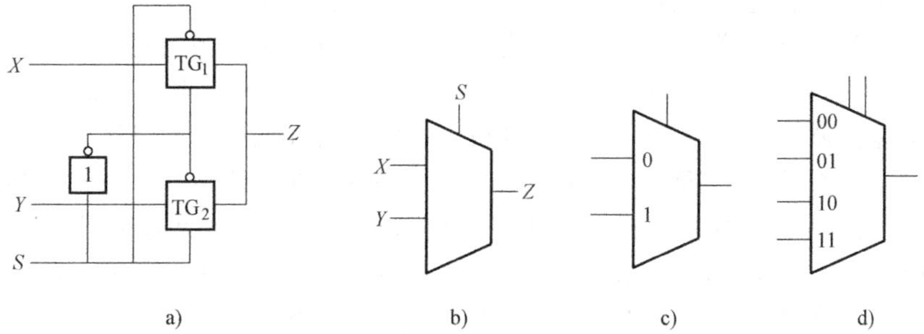

图 3.4.9　由 CMOS 反相器和传输门构成的数据选择器

a）电路　b）和 c）是 2 选 1 数据选择器的两种常用符号　d）4 选 1 数据选择器符号

数据选择器也有专门的集成器件，详细内容见 7.3 节。

3.5　集成逻辑器件接口的三要素

在数字电路系统或计算机的设计中，往往由于复杂程度、功能要求、工作速度或者功耗指标等要求，需要采用多种逻辑器件混合使用。这些器件之间连接时要**注意三个要素——电**

压、电流、速度，即两个不同芯片连接时，要考虑逻辑电平、驱动能力和时序是否匹配。如果要连接在一起的两个器件在这三个方面不匹配，就需要在其中间加入“接口”电路以同时满足两个芯片的三要素要求。目前只学习了 TTL 和 CMOS 两种门电路，下面以这两种集成门来介绍接口问题。

3.5.1 TTL 与 CMOS 系列之间的接口问题

TTL 和 CMOS 系列集成门之间的接口（连接）问题比较简单，由于门电路的结构和功能都简单，不需要多个信号协同工作，因此，只要门输入信号的变化间隔不小于每个门的延迟时间，就不用考虑时间的匹配问题。两者之间的连接只需要注意电压和电流问题，即必须清楚作为驱动门的输出电平是否在负载门认可的输入电平范围之内，还应该清楚驱动门的输出电流是否足以满足负载门的需求。如果电平不匹配，将不能满足正常逻辑功能，严重时会烧坏芯片。如果电流驱动能力不够，则系统会存在很大隐患，在电源波动或受干扰时就会崩溃。因此，理论上，驱动门和负载门的电压和电流要满足下列条件：

1）驱动门的 $U_{OH(min)}$ >负载门的 $U_{IH(min)}$。

2）驱动门的 $U_{OL(max)}$ <负载门的 $U_{IL(max)}$。

3）驱动门的 $I_{OH(max)}$ ≥总负载门的 $I_{IH(总)}$。

4）驱动门的 $I_{OL(max)}$ ≥总负载门的 $I_{IL(总)}$。

1. TTL 驱动 CMOS

如果 CMOS 门电路的电源电压 U_{DD} 为 5V，根据表 3.5.1 中 TTL 和 CMOS 的极限参数可知，要用 74TTL 系列电路驱动 74HC 系列 CMOS 门电路，TTL 带 CMOS 负载能力是非常强大的，且 TTL 低电平输出也在 CMOS 输入认可的低电平范围之内。但 74TTL 的输出高电平的最小值是 2.4V，而 74HC 系列 CMOS 认可的输入高电平最小值是 3.5V，即上述条件的第 1）条无法满足。因此，必须设法将 TTL 电路输出的高电平提升到 3.5V 以上。最简单的解决办法是在 TTL 电路的输出端与 CMOS 门的电源 U_{DD} 之间接一上拉电阻 R，然后将 TTL 输出接到 CMOS 门的输入端，这样就保证输出高电平被上拉至接近 U_{DD}。R 的选择与 OC 门的外接电阻选择方法类似，具体接口参数与芯片有关。一般接 10kΩ 电阻就可以将 2.4V 拉升到接近 5V，而且对 TTL 输出低电平时的灌电流（5V/10kΩ = 0.5mA）也不会太大。上述高电平的匹配问题只是按照极限参数进行的理论分析，在实际应用时，如果 TTL 去驱动 CMOS 门，两种门的电源电压都是 5V，负载 CMOS 门电流几乎是 0，根据图 3.3.6 可知，TTL 输出的高电平接近 5V，完全满足 CMOS 门输入高电平的要求。因此，在电源电压都是 5V 的情况下，TTL 驱动 CMOS 门，不需要接口电路，电流和电压都是可以匹配的。当然，如果两者的电源电压 U_{DD} 和 U_{CC} 不同时，可以用上述接上拉电阻的方法来解决电压的匹配问题。

表 3.5.1 TTL 和 CMOS 的极限参数

参数	74TTL	74LSTTL	74ALSTTL	4000B	74HC	74HCT
$U_{IH(min)}$/V	2.0	2.0	2.0	3.33	3.5	2.0
$U_{IL(max)}$/V	0.8	0.8	0.8	1.67	1.0	0.8
$U_{OH(min)}$/V	2.4	2.7	2.7	4.95	4.9	4.9
$U_{OL(max)}$/V	0.4	0.4	0.4	0.05	0.1	0.1
$I_{IH(max)}$/μA	40	20	20	1	1	1
$I_{IL(max)}$/μA	-1600	-400	-100	-1	-1	-1
$I_{OH(max)}$/mA	-0.4	-0.4	-0.4	-0.51	-4	-4
$I_{OL(max)}$/mA	16	8	4	0.51	4	4

注：表中所有数据均在电源 5V 条件下得到。电流参数中的“-”表示电流流出门。

2. CMOS 驱动 TTL

由表 3.5.1 可见，如果用 74HC 系列 CMOS 电路驱动 74TTL 电路，CMOS 的输出高、低电平极限值完全在 TTL 输入电平范围之内。但由于 74HC 输出低电平的 $I_{OL(max)}$ = 4mA，74TTL 输入低电平的 $I_{IL(max)}$ = -1.6mA，所以 74HC 最多可以带动两个 TTL 标准系列门，即上述条件的第 4）条容易出问题。

由表 3.5.1 可见，4000B 系列门的低电平灌电流为 0.51mA，还不足以驱动一个 74TTL 逻辑门，其实许多的 4000B 系列器件都存在驱动电流不足的问题，可以将同一封装内的两个 CMOS 门电路并联使用，提高驱动负载的能力。有两个特殊的门可以缓解这一问题，缓冲器 4050B 和反相缓冲器 4049 是专门设计成能够提供高输出电流的 CMOS 器件，其 $I_{OL(max)}$ = 4mA，$I_{OH(max)}$ = -0.9mA，用其中之一接在 4000B 和 TTL 门之间，则足以驱动两个 74TTL 负载，如图 3.5.1a 所示。图 3.5.1 是来自参考文献［10］的图形，大家可以进一步熟悉缓冲器及其符号。参考文献［10］是一本非常好的数字电子技术参考书。

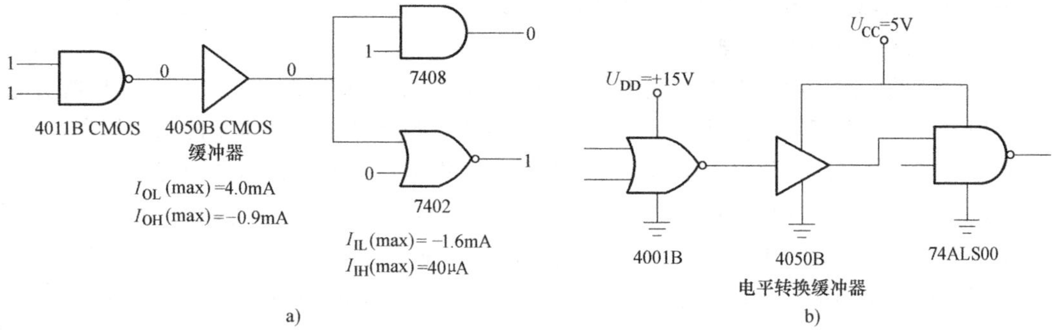

图 3.5.1 使用 4050B CMOS 缓冲器的接口作用

a）驱动两个标准 TTL 门 b）实现 CMOS 到 TTL 电平转换

使用缓冲器还可以进行电平转换，如图 3.5.1b 所示。4050B 电平转换缓冲器由 5V 电源供电，输入端可以接收来自 15V 供电的 4001B 输出的 0V/15V 逻辑电平，输出端输出 TTL 相应的 0V/5V 逻辑电平。相反，如果是 TTL 门驱动 15V 供电的 CMOS 门，可以使用 4504B 进行电平转换，读者可以下载 4504B 的数据手册，设计接口电路。

总之，TTL 和 CMOS 接口时，都必须参考器件数据手册，检查是否存在上述问题。表 3.5.2 比较了各逻辑系列的负载特性，表中数字是驱动门带负载门的个数。

表 3.5.2 比较各逻辑系列的负载特性

驱动门	负载门					
	TTL	S-TTL	LS-TTL	AS-TTL	ALS-TTL	CMOS(5V)
TTL	10	8	40	8	40	* >100
S-TTL	12	10	50	10	50	* >100
LS-TTL	5	4	20	4	20	* >100
AS-TTL	12	10	50	10	50	* >100
ALS-TTL	5	10	20	4	20	* >100
CMOS	5	0	1	0	1	>100

注：* 设采用了上拉电阻 R。

复杂的数字系统往往选用通用的逻辑电平转换芯片，简化接口电路设计。例如，串行通信常用的 MAX232 是实现串行口 RS232 信号电平与 TTL 逻辑电平相互转换的芯片。处理高速信号的器件相接时，接口电路带来的延时在设计时也要充分考虑。如 ADC 进行模/数转换时，要根据设计需求选型，保证 ADC 转换时间满足要求。同时，读取 ADC 的数字量时，不仅电路连接的电压、电流要匹配，CPU 提供的各信号时序也必须满足 ADC 器件的要求，详细内容见第 11 章。

3.5.2 逻辑门电路使用中的几个实际问题

1. 集成门的输入端负载特性

在 3.3.4 节介绍了 TTL 与非门的输入端负载特性，说明了在 TTL 门任一输入端接一负载电阻 R 时，R 的不同大小会影响门的工作状态。当 TTL 门的输入端串接的电阻 $R \geqslant R_{on}$ 时，该输入端相当于高电平，输入端悬空，也就相当于高电平；而 $R \leqslant R_{off}$ 时，该输入端相当于低电平。

对于 CMOS 逻辑门，由于其输入电阻值非常高，输入电流几乎为 0A。因此，CMOS 输入端接电阻 R 到地时，输入端电压几乎不随 R 而变化，输入端电压近似为逻辑 0。

2. 不使用的输入端的处理

如果设计的电路中有多余的两输入与非门，现在需要在该电路中增加一个反相器功能，若能使用多余的与非门就不必增加一个反相器，那么，应当如何处理多余的输入端呢？对于 TTL 两输入与非逻辑门，似乎完全可以让多余的输入端呈现为悬空，相当于高电平，另一输入端接输入变量，输出则实现了反相器功能。但是要注意，此时悬空端引脚的电平接近 1.4V，很容易受外界的干扰信号，造成电路误动作。通常更好的做法有两种：①对于与门或与非门，将不使用的输入端固定在一高电平上，如接至电源，如图 3.5.2a 所示。②将它们与信号输入端并联在一起，如图 3.5.2b 所示。考虑到实际中存在着接线的虚焊、脱焊等可能因素而造成某输入端开路，为了保证逻辑的可靠性，通常宜采用后一种接法，但是用这种接法将影响前级的扇出。使用 TTL 或门和或非门时，对于不使用的输入端应采用如图 3.5.3 所示的接法。

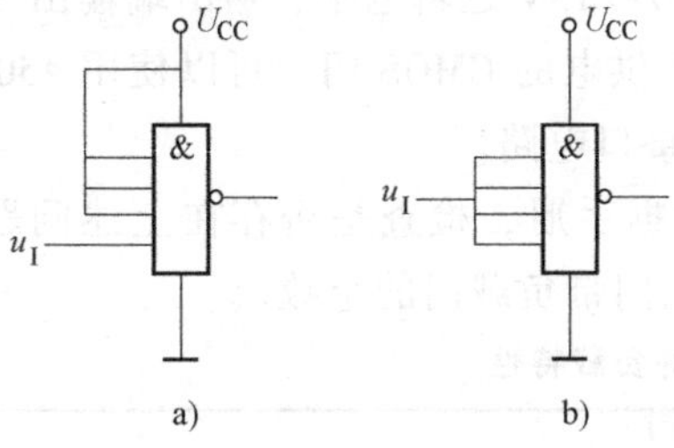

图 3.5.2 与非门不使用输入端的接法

a) 接至电源 b) 与信号输入端接一起

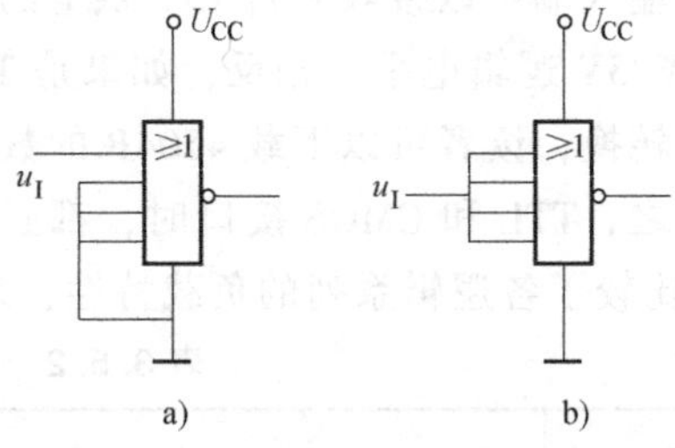

图 3.5.3 或非门不使用输入端的接法

a) 接至地端 b) 或信号输入端接一起

MOS 管栅极金属板和导电沟道之间以绝缘的二氧化硅（SiO_2）为介质，绝缘介质非常薄，绝缘层易击穿。由于 CMOS IC 输入阻抗很高，是压敏器件，因此，在使用 CMOS IC 时，为了防止静电电压对输入端造成影响，CMOS 门的多余输入端不允许悬空，可以采用图 3.5.2 和图 3.5.3 的处理方法。

3. 对输入信号边沿的要求

数字信号必须具有较快的转换时间，当输入信号的上升或下降时间较大时，如大于

1μs，信号变化慢，若阈值电压附近稍有干扰，就可能在输出端出现信号振荡。这种振荡信号送入触发器或单稳态触发器中就可能引起逻辑错误。一般组合电路的输入信号上升或下降沿的变化速率应小于 100ns/V，时序电路的输入信号上升或下降沿的变化速度应小于 50ns/V。对于边沿缓变的输入信号，必须加整形器，在第 9 章介绍的施密特触发器可以把缓慢变化的信号边沿变成陡变的边沿。

4. 不使用的输出端的处理

在 3.3.5 节的集电极开路门中，已经说明了标准 TTL 逻辑门或者任何可以输出逻辑 0 和 1 信号的器件的输出端的处理方法和原因。在此，再强调一下任何可以输出逻辑 0 和 1 信号的数字器件，无论是 CMOS 还是 TTL 器件，不使用的输出端可以不处理。要特别注意，在设计电路时常出现如下两种错误情况：①不使用的输出端直接接到电源或者直接接地，这样会产生较大的电流，可能使器件或电源损坏。②将多个不使用的输出端直接连接在一起。这两种情况都是不允许的。当然，对于逻辑功能相同的门电路，如果它们的输入端并联，则输出端是可以并接在一起的，可以提高驱动能力。

5. 尖峰电流的影响

由于 TTL 门输出为 1 和 0 时，内部管子的工作状态不同，因此从电源 U_{CC} 供给 TTL 门电路的电流 I_{EL} 和 I_{EH} 是不同的，I_{EL} 和 I_{EH} 分别为输出等于 0 和 1 时的电源电流，由 3.3.3 节的输出特性可知，存在 $I_{EL}>I_{EH}$。设输出电平如图 3.5.4a 所示，则理论上电源电流的波形将如图 3.5.4b 所示，而实际的电流波形如图 3.5.4c 所示，它具有很短暂的、但幅值大的尖峰电流，特别是在输出电平由 U_{OL} 转变到 U_{OH} 的时刻更为突出。这种尖峰电流可能干扰整个数字系统的正常工作。具体的电源电流波形随所用组件的类型和输出端所接的电容负载而异。实验表明，对于一般的与非门，电源电流的尖峰有时可达 40mA 左右。CMOS 电路同样存在尖峰电流。

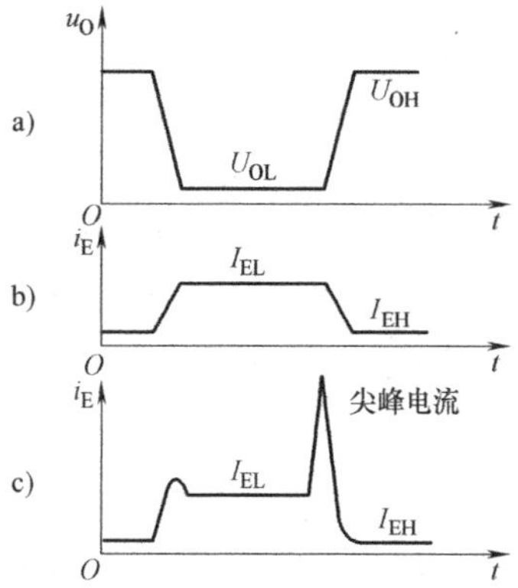

图 3.5.4 电源中的尖峰电流

尖峰电流会导致连接到同一供电电源上的其他设备的错误动作，还会导致辐射电磁干扰（EMI）。通常在系统中每个 IC 靠近电源与地引脚之间接 0.01~0.1μF 的电容，可以解耦同一电源供电的各 IC 尖峰电流的相互影响。电容器可以使电源尽量趋于稳定，减少了从系统中发出的电磁干扰辐射量以及开关误动作。电容器放置在靠近集成电路的地方，可以确保尖峰电流仅在每个芯片电路附近，而不会通过整个系统辐射回电源。

本章小结

本章讲解了集成电路的分类、封装和集成逻辑门的主要技术指标（即参数）以及型号。简单回顾了半导体晶体管和 MOS 管的开关特性。在此基础上，介绍了 TTL 系列与非门内部电路结构及工作原理。只有理解了集成门的内部工作原理，才能掌握其外部电压传输特性、输入特性、输出特性，计算噪声容限、扇出数并正确使用集成门。介绍了 TTL 与非门输入电压与电阻之间的关系，即输入端负载特性。数据手册是 IC 厂家提供的关于器件最详细的资料，课外要了解如何下载和查看数据手册。

在 TTL 系列中，除了有实现各种基本逻辑功能的门电路以外，还有广泛应用的集电极开路门和三态门。总线是构成计算机系统的互联机构，是多个系统功能部件之间进行数据传送的公共通道，简单介绍了三态门在总线结构中的作用。

本章还介绍了 CMOS 系列门的结构特点、OD 门、TSL 门、传输门等。由于可编程逻辑器件内部结构中有大量的数据选择器，为学习 PLD 打基础，因此本章还介绍了由传输门构成的数据选择器概念及符号。与 TTL 门电路相比，CMOS 门电路的优点是功耗低，扇出数大，噪声容限大，电源有较宽的范围，已成为数字集成电路的发展方向。

最后总结了不同逻辑器件之间“接口”要注意的电压、电流、速度三要素，即两者互连时，逻辑电平、驱动能力和时序是否匹配。如果这三方面不匹配，就需要在其中间加入“接口”电路使三个要素相互匹配。以 TTL 和 CMOS 系列门为例介绍了两者接口时电压和电流的特点。在实际应用中，如果 TTL 和 CMOS 都是接 5V 电源，相互连接一般是没有问题的，也不存在时间或速度的问题。本章最后还给出了集成门使用时多余输入端、不使用的输出端、尖峰电流等问题的处理方法。

思考题和习题

思考题

3.1　总结对比 TTL 与 CMOS 技术参数，说明 CMOS 系列具有哪些优点？

3.2　CMOS 门电路的电源电压是否固定为+5V？

3.3　为什么 CMOS 门电路具有低功耗的特点？

3.4　CMOS 门电路是否具有与 TTL 一样的输入负载特性？为什么？

3.5　OC 门和 OD 门为什么可以实现“线与”？如果一个大规模集成器件某一引脚是 OD 引脚，那么使用这个引脚时应该注意什么？

3.6　为什么 CMOS 门电路需要在输入和输出端加缓冲器？

3.7　CMOS 传输门的输入可以是模拟信号或数字信号吗？

3.8　任何可以输出逻辑 0 和 1 两个信号的器件（即不包括类似 OC 和 TSL 门），为什么不允许将器件的输出直接连在一起，也不允许将不使用的输出端接地或电源？

3.9　在 CMOS 电路中，既然 NMOS 和 PMOS 都是用作开关，为什么要用 PMOS 作为输出与电源接通的开关网络，而 NMOS 作为输出与地之间的开关网络？

3.10　IC 接口的三要素是指什么？TTL 和 CMOS 相互驱动时理论上存在什么问题？

3.11　任何电子器件或设备接口时都要注意三要素问题，对吗？

3.12　逻辑门输出的高、低电平不是直接来自输入信号，而是由逻辑门输出级图腾柱电路的通断使输出与电源相通或与地相通，输出高电平或低电平信号。这个概念正确吗？

习题

3.1 图题3.1电路中的二极管均为理想二极管，如果二极管阳极分别接数字信号A、B和C，分析写出输出U_0和ABC的逻辑式。如果各二极管阳极取图中电压，各二极管的状态（填导通或截止）和输出电压U_0的大小分别为：

VD_1________；

VD_2________；

VD_3________；

U_0________。

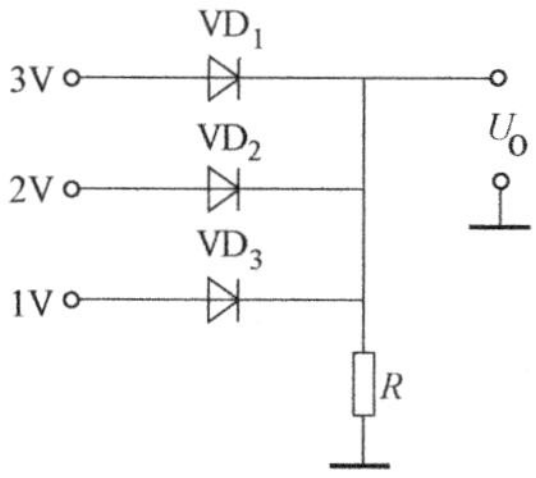

图题3.1

3.2 有一个3输入端与非门，已知输入A、B和输出F的波形如图题3.2所示，问输入C可以有下面(1)、(2)、(3)、(4)、(5)中的哪些波形？

3.3 有一逻辑系统如图题3.3所示，它的输入波形如图中所示。假设门传输时间可以忽视，问输出波形为(1)、(2)、(3)、(4)中的哪一种？

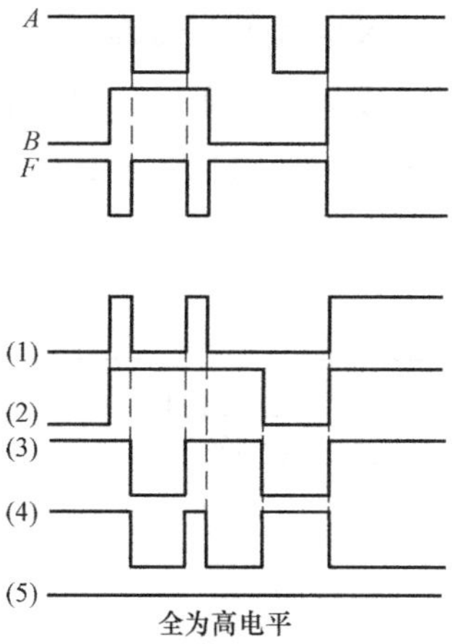

图题3.2

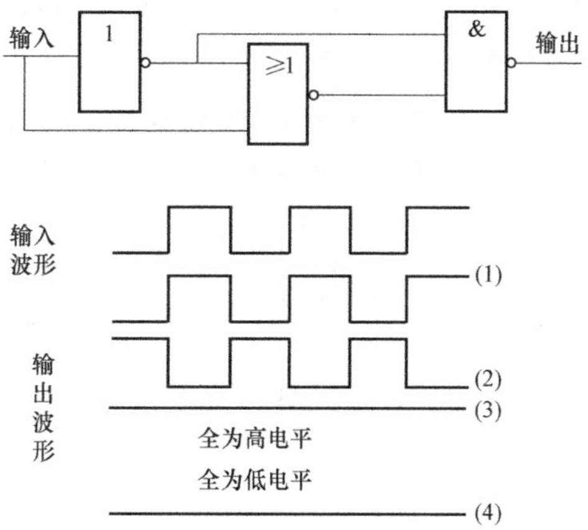

图题3.3

3.4 若TTL与非门的输入电压为2.2V，确定该输入属于：①逻辑0；②逻辑1；③输入位于过渡区，输出不确定，为禁止状态。

3.5 若TTL与非门的输出电压为2.2V，确定该输出属于：①逻辑0；②逻辑1；③不确定的禁止状态。

3.6 利用网络资源查找74LS32和74LS21的数据手册，说明分别是什么逻辑器件？在下载的74LS21手册中，该器件有几种封装形式？双列直插封装（dual in-line package，DIP）的内部有几个独立器件？是否有未使用的引脚？

3.7 标准TTL门的电路电源电压一般为：①12V；②6V；③5V；④-5V。

3.8 某一标准TTL与非门的低电平输出电压为0.1V，则该与非门低电平噪声容限为：①0.4V；②0.3V；③0.7V；④0.2V。

3.9 分析图题3.9中标注的标准TTL门的各电压、电流值，可在仿真或实验环境下测量。

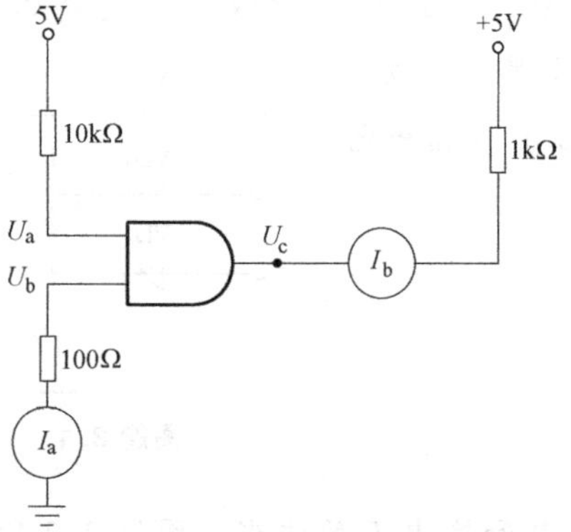

图题 3.9

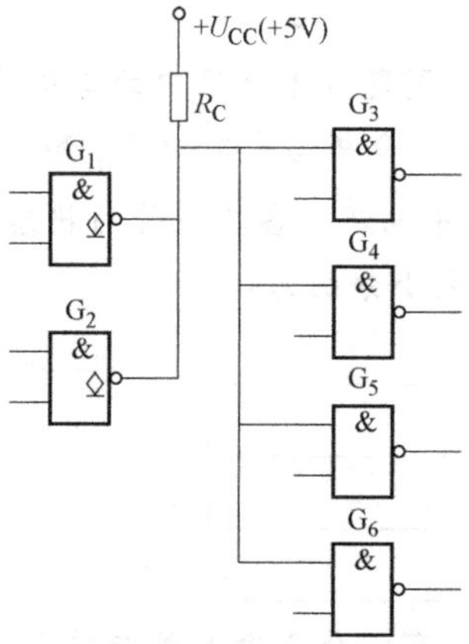

图题 3.10

3.10　图题 3.10 中，G_1 和 G_2 是两个集电极开路与非门，接成线与形式，每个门在输出低电平时允许灌入的最大电流为 $I_{OLmax}=13mA$，输出高电平时的输出电流 $I_{OH}<25\mu A$。G_3、G_4、G_5 和 G_6 是四个 TTL 与非门，它们的输入低电平电流 $I_{IL}=1.6mA$，输入高电平电流 $I_{IH}<50\mu A$，$U_{CC}=5V$。试计算外接负载 R_C 的取值范围 R_{Cmax} 及 R_{Cmin}。

3.11　写出图题 3.11a 的逻辑函数式 F，若输入 A 的波形如图题 3.11b 所示，对应地画出 F 的波形；若考虑与非门的平均传输时延 $t_{pd}=50ns$，试重新画出 F 的波形。

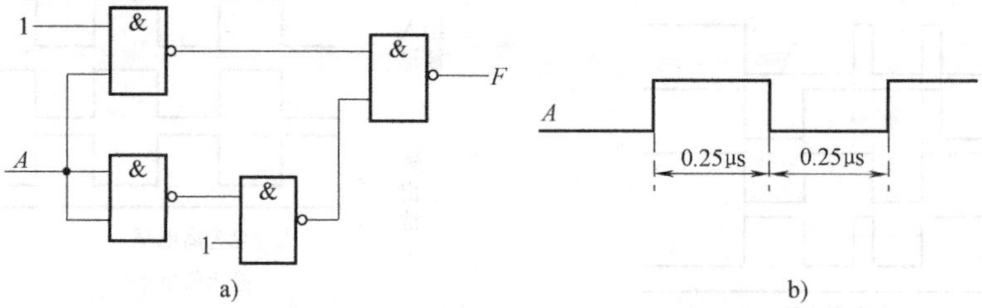

图题 3.11

3.12　某一 74 系列与非门输出低电平时，最大允许的灌电流 $I_{OLamx}=16mA$，输出为高电平时的最大允许输出电流 $I_{OHmax}=400\mu A$。在实验室环境下，测得其输入低电平电流 $I_{IL}=0.8mA$，输入高电平电流 $I_{IH}=1.5\mu A$，计算此门的扇出数是多少？

3.13　图题 3.13 中都是 TTL 门，分析能实现逻辑功能 $Y=\overline{A}$ 的电路是哪个？

3.14　图题 3.14 是用 74 系列门电路驱动发光二极管（LED）的两种电路，若要求 u_I 为高电平时发光二极管 VD 导通发光，LED 的导通电压降为 $U_F=2.2V$，导通电流为 $I_D=10mA$，试说明应选用哪一个电路更好一些，请说明理由？说明图中电阻 R 的作用是什么？若 $U_{CC}=5V$，计算 R 的取值。

3.15　分析 TTL 门构成的图题 3.15 中各电路逻辑功能，分别写出各输出变量的逻辑式。

3.16　微控制器芯片都有许多的输入/输出（I/O）引脚（可参考 13.4 节），用户

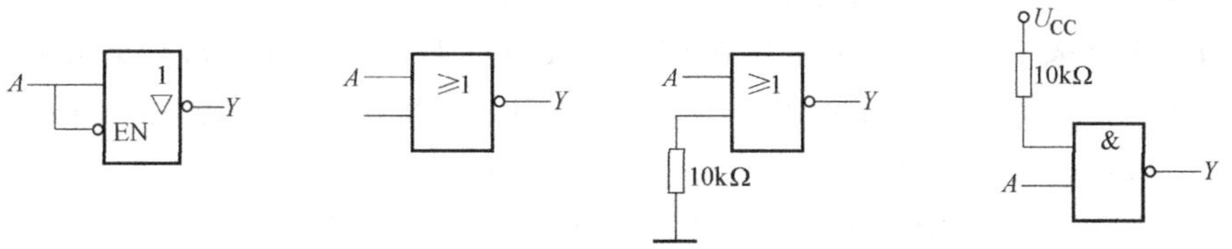

a) b) c) d)

图题 3.13

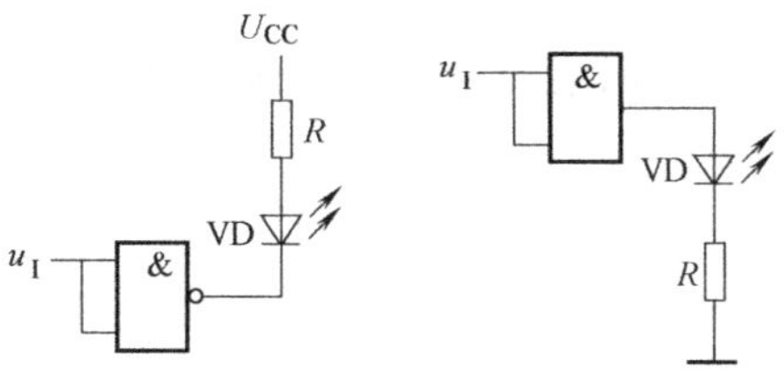

a) b)

图题 3.14

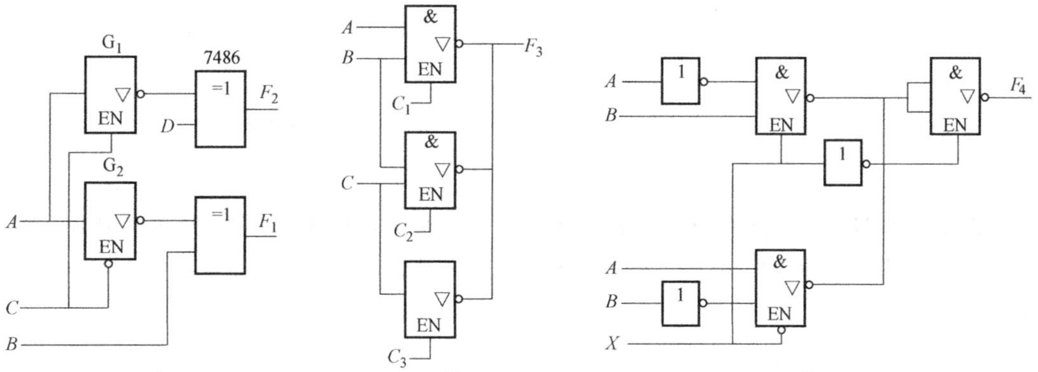

a) b) c)

图题 3.15

通过软件可配置其功能为输入引脚、输出引脚或者其他功能引脚。复杂的 I/O 引脚内部结构大大增强了微控制器引脚的灵活性。请下载德州仪器（TI）公司的 MSP430 器件手册——MSP430G2x53，MSP430G2x13 Mixed Signal Microcontroller datasheet，查看其中的端口原理图（Port Schematics），其中的门电路以及电阻符号都是国外教材、器件手册、电子设计自动化软件中常用的形式。分析 I/O 引脚的输入输出方向是由哪个关键器件确定？该器件的使能信号由哪些因素确定？分析如何将 I/O 引脚配置为输出引脚？如何输出 0、1 信息？靠近引脚处的电阻如何配置为上拉电阻？分析电路时，先不用考虑端口原理图中不熟悉的内容，重点掌握本章学过的各种门的符号以及门在 I/O 结构中的应用。

3.17 参考表 3.5.1 确定：

(1) 单个 74HCTCMOS 门可以驱动几个 74LSTTL 负载？

(2) 单个 74LSTTL 门可以驱动几个 74HCTCMOS 负载?

3.18 参考表 3.5.1,试确定下面哪一种接口(驱动门到负载门)需要接上拉电阻,为什么?上拉电阻取值应该注意什么?哪一种接口驱动会有问题?如何解决?

(1) 74TTL 驱动 74ALSTTL; (2) 74HC CMOS 驱动 74TTL;

(3) 74TTL 驱动 74HC CMOS; (4) 74LSTTL 驱动 74HCT CMOS;

(5) 74TTL 驱动 4000B CMOS; (6) 4000B CMOS 驱动 74LSTTL。

3.19 如图题 3.19 所示电路,当 $M=0$ 时实现何种功能?当 $M=1$ 时又实现何种功能?请说明其工作原理。

3.20 图题 3.20 所示电路为 OC 门构成的电路,写出输出 X 的逻辑表达式。

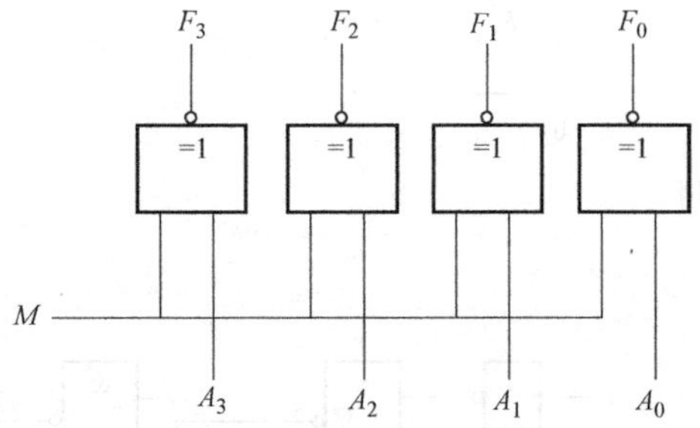

图题 3.19

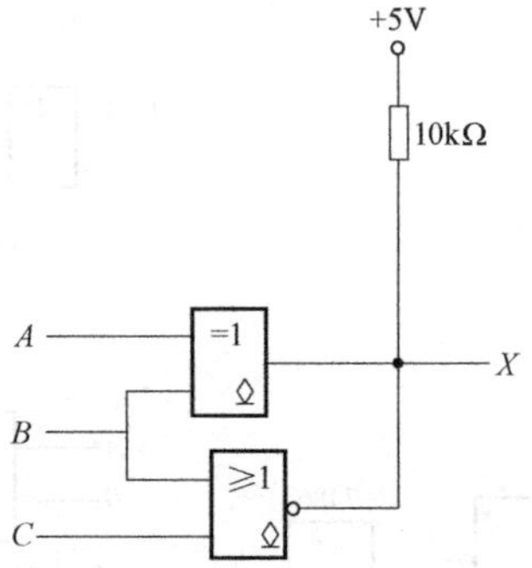

图题 3.20

3.21 根据 3.5.1 节介绍的 CMOS 电路特点,分析图题 3.21 电路的逻辑功能,写出逻辑函数式。图中 VT_1 等符号是 PMOS 管的另一种常用符合,VT_2 等符号是 NMOS 管的另一种常用符合。

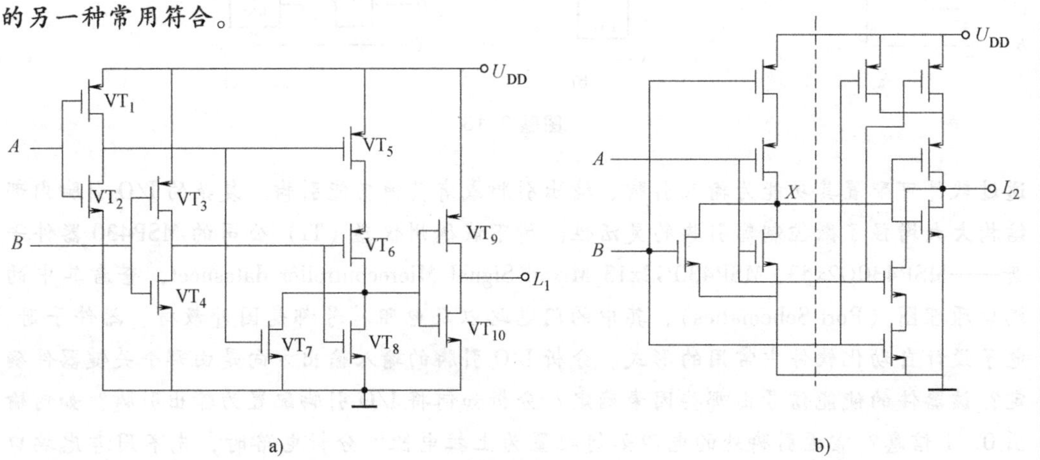

图题 3.21

第4章 锁存器和触发器

锁存器和触发器具有“记忆”功能，是构成时序逻辑电路的基本逻辑单元。本章将介绍锁存器和触发器的结构、工作原理、特性描述方式及其应用。

4.1 基本概念

锁存器（Latch）和触发器（Flip-Flop，FF）是能够存储一位二值信息的电路。由于其具有记忆功能，在数字电路和计算机中常用来记录、保存运算结果或其他类型的数字信息。

锁存器和触发器是在门电路的基础上引入适当的反馈构成，具备以下两个特点：

1）具有两个稳定状态（0或1），分别表示二进制数0和1或二值逻辑0和逻辑1。它们可以长期地稳定在某一个状态，因此是双稳态电路。

2）在适当的输入和触发信号作用下，电路可从一种稳定状态转变为另一种稳定状态。当触发信号消失后，电路能够保持在现有状态不变。

由于具有记忆功能，由它们构成电路时，电路的输出状态与时间顺序有关，因此锁存器和触发器是最基本、最重要的时序单元电路，也是构成时序逻辑电路的基础。

锁存器与触发器的区别在于，锁存器利用电平控制数据的输入，它包括不带控制信号的锁存器（其输入电平直接影响输出，如基本RS锁存器）和带控制信号的锁存器（仅当控制信号输入有效时其输入电平才影响输出，如时钟控制RS锁存器）；触发器则是利用脉冲边沿控制数据的输入。由于基本功能和作用一样，很多资料对两者未加区分。

迄今为止，人们已研制出了多种类型的锁存器和触发器。它们具有不同的逻辑功能，在电路结构和触发方式上也不尽相同。通过外接简单的组合电路，不同逻辑功能的触发器间还可实现功能的相互转换。

4.2 锁存器

锁存器是一种对输入信号电平敏感的存储单元电路。当输入的数据消失后，在锁存器的输出端，数据仍然能够保持。

4.2.1 基本 RS 锁存器

基本 RS 锁存器是一种电路结构最简单的锁存器，其他类型的锁存器和触发器都是在此基础上发展而来的。

1. 电路结构和时序分析

基本 RS 锁存器可由不同的逻辑门加反馈线构成。图 4.2.1a 是用两个**与非**门交叉反馈构成的基本 RS 锁存器，其中一个**与非**门的输入与另一个**与非**门的输出连接。锁存器有两个互补的输出 Q 和$\overline{Q}$。常用 Q 的逻辑电平表示触发器的状态，称锁存器 $Q=1$、$\overline{Q}=0$ 的状态为 1 状态；锁存器 $Q=0$、$\overline{Q}=1$ 的状态为 0 状态。图 4.2.1b 和 c 是锁存器的符号，符号中 R 和 S 外侧的小圆圈表示输入信号为低电平有效，即仅当低电平信号作用于适当的输入端时，锁存器的状态才会变化，对应的两个输入信号一般表示为 $\overline{R}$ 和 $\overline{S}$。

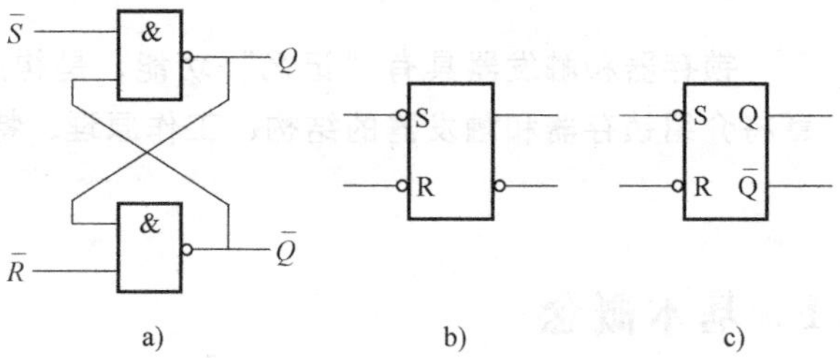

图 4.2.1 与非门构成的基本 RS 锁存器

a) 逻辑电路图 b) 和 c) 常用符号

由图 4.2.1a 及**与非**门的逻辑关系可知：

当 $\overline{S}=0$，$\overline{R}=1$ 时，无论锁存器原来处在什么状态，锁存器输出 $Q=1$，并使 $\overline{Q}=0$，此刻，由于反馈作用，即便是设置信号 $\overline{S}=0$ 消失，锁存器 Q 也会始终保持为 1。

当$\overline{S}=1$，$\overline{R}=0$ 时，类似道理，即使 $\overline{R}=0$ 消失，Q 一定保持在 0 状态。

当$\overline{S}=1$，$\overline{R}=1$ 时，锁存器的状态保持不变，即锁存器处于存储状态。

当$\overline{R}=0$，$\overline{S}=0$ 时，锁存器的两个输出都为 1，不再是互补关系，且在低电平输入信号同时消失后，由于两个与非门的延迟不同，触发器的状态无法确定。因此在正常工作时，不允许输入信号$\overline{R}$ 和 $\overline{S}$ 同时为 0。

根据以上分析可知，当$\overline{S}=0$ 时，$Q=1$，所以称 $\overline{S}$(Set) 为置 1 或置位信号；当$\overline{R}=0$ 时，$Q=0$，所以称 $\overline{R}$（Reset）为清 0 或复位信号。

由于基本 RS 锁存器的输入信号直接控制其输出状态，其触发方式为直接电平触发方式，故又称为直接置位复位锁存器。

表 4.2.1 描述了基本 RS 锁存器各输入、输出状态的组合，与真值表类似。由于该表体现了锁存器的功能，所以一般称之为功能表。表中第一行 Q 和 $\overline{Q}$ 同时为 1 是不允许的工作状态。

图 4.2.2 是基本 RS 锁存器在图示输入信号作用下的工作波形，图中假设输出 Q 的初始

状态为 0。该工作波形图也称为时序图，它反映了锁存器的输入信号$\overline{R}$和$\overline{S}$与输出Q之间的对应关系。

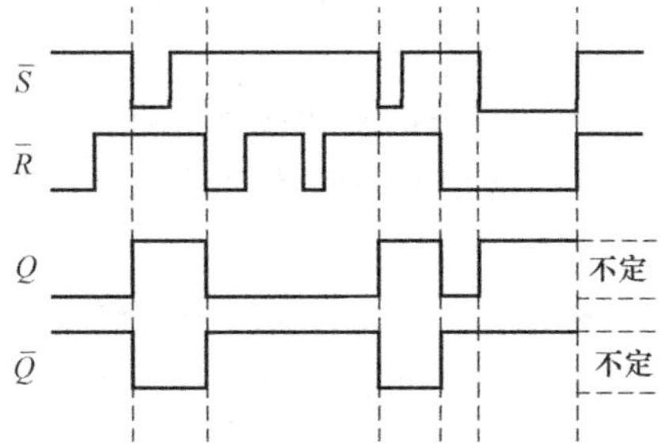

图 4.2.2 基本 RS 锁存器的工作波形

表 4.2.1 基本 RS 锁存器的功能表

$\overline{S}$	$\overline{R}$	Q	$\overline{Q}$	说明
0	0	1*	1*	不允许
0	1	1	0	置 1
1	0	0	1	清 0
1	1	Q	$\overline{Q}$	保持

注：* 不允许状态，不使用

2. 脉冲工作特性

电路存在传输延迟时间，为了使锁存器或触发器能正确地触发到预定的状态，输入信号或者输入与时钟脉冲之间应满足一定的时间关系，这就是锁存器或触发器的脉冲工作特性，也称为动态特性。

设图 4.2.1a 所示锁存器的输出Q端的初始状态为 0，欲使锁存器置 1，应使$\overline{R}$信号保持 1 状态，$\overline{S}$信号加负脉冲。图 4.2.3 所示为锁存器在$\overline{S}$负脉冲的作用下触发器输出变化的波形图，图中t_{pd}为门的传输延迟时间。由图可知，由触发信号$\overline{S}$有效到反馈$\overline{Q}$对与非门起作用，最少需要两个门的延迟时间。因此，只要$\overline{S}$负脉冲的宽度t_w大于$2t_{pd}$，锁存器就能建立起稳定的新状态。故要求$\overline{R}$和$\overline{S}$有效信号宽度$t_w>2t_{pd}$。

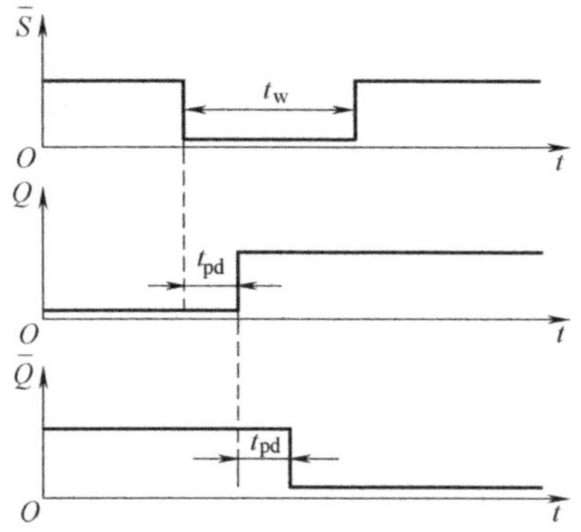

图 4.2.3 基本 RS 锁存器置 1 的波形

3. 典型应用

(1) 开关消抖

按键开关是各种电子设备不可或缺的人机接口，是最常用的一种输入设备。一般的按键开关为机械弹性开关，由于机械开关触点的弹性作用，开关的闭合和断开都不会瞬间完成，会出现抖动现象。图 4.2.4a 所示为一个简单的开关电路，当开关由左打到右时，由于机械

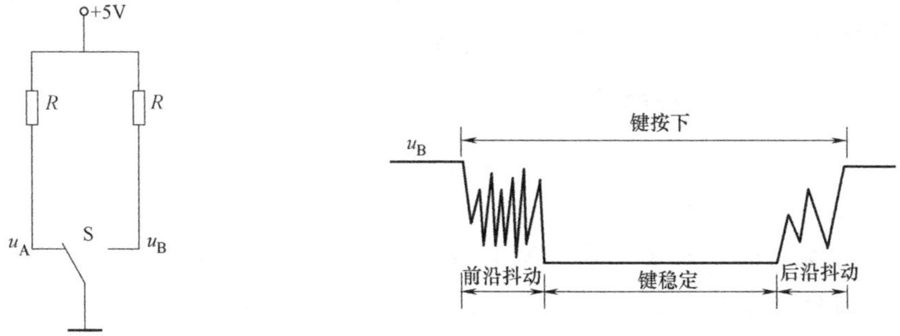

a) b)

图 4.2.4 开关电路及抖动

a) 开关电路 b) 抖动波形

式开关动作会产生抖动，得到的电信号 u_B 的波形如图 4.2.4b 所示。由图可见，在开关闭合、产生下跳沿时存在前沿抖动；当开关断开、产生上跳沿时存在后沿抖动，一般闭合时的抖动严重。抖动时间的长短和机械开关特性有关，一般为 5~10ms，某些开关的抖动时间长达 20ms，甚至更长。

按键开关的抖动会给出多个有效电信号，使电路误认为该按键多次按下，造成误动作。因此，消除抖动是机械按键电路设计时必须考虑的问题。最常用的硬件消除抖动的方式就是使用基本 RS 锁存器。

基本 RS 锁存器消除开关抖动的工作电路如图 4.2.5a 所示。开关 S 在闭合的瞬间会产生多次抖动，使 A、B 两点的电位 u_A、u_B 发生跳变。为消除抖动，可以接入一个基本 RS 锁存器，将触发器的 Q、$\overline{Q}$ 作为开关状态输出。由触发器特性可知，此时输出可避免反跳现象，其波形如图 4.2.5b 所示，当 Q 状态为 0 表示开关在左边，为 1 表示开关在右边。

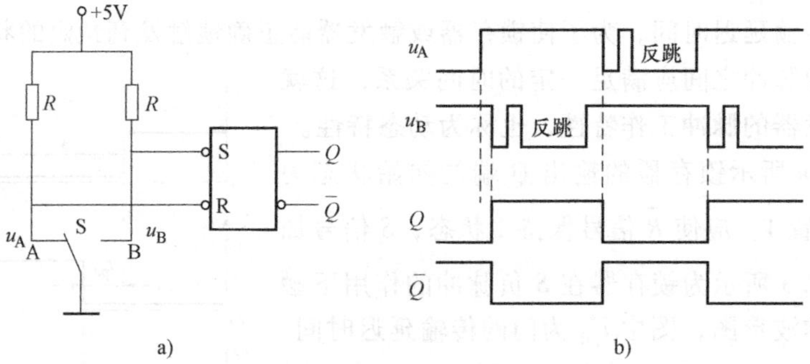

图 4.2.5　防开关抖动

a）电路图　b）开关反跳现象及改善后的波形图

（2）数据寄存

锁存器和触发器都是能够保存一位二值信息的电路，显然，如果使用多个这样的器件便可实现一个多位数据的存储，这就是通常所说的数据寄存器（Register）。图 4.2.6 是一个由 RS 锁存器构成的可以寄存 4 位二进制数据的电路。存储数据前，先将开关 S1 和 S2 置于低电平，使 4 个锁存器复位，输出均为 0。然后置 S1 和 S2 为高电平，门 G_1 ~ G_4 打开，待寄存的数被传送到各锁存器的置位输入端 S。如果送来的是 1，相应的输出 Q 被置成 1；如果送来的是 0，则 Q 端维持 0 不变，于是 4 位数据被同时保存在了输出端。此后，若 S1 被置于低电平，即便输入数据发生变化，输出也一直保持不变。

4.2.2　时钟控制 RS 锁存器

基本 RS 锁存器的清 0、置 1 信号一出现，锁存器的输出状态就按其功能表发生变化。在实际应用中，往往要求锁存器在一个控制信号作用下按节拍反映某一时刻的输入信号状态。这种控制信号像时钟一样控制锁存器的翻转时刻，故称为时钟（Clock，CLK）信号或时钟脉冲（Clock Pulse，CP）。具有 CP 输入的锁存器称为时钟控制锁存器或时钟锁存器。

时钟控制锁存器的特点是，只有在时钟信号 CP 电平有效期间，锁存器才能根据输入信号翻转；时钟信号电平无效时，输入信号不起作用，锁存器状态保持不变。

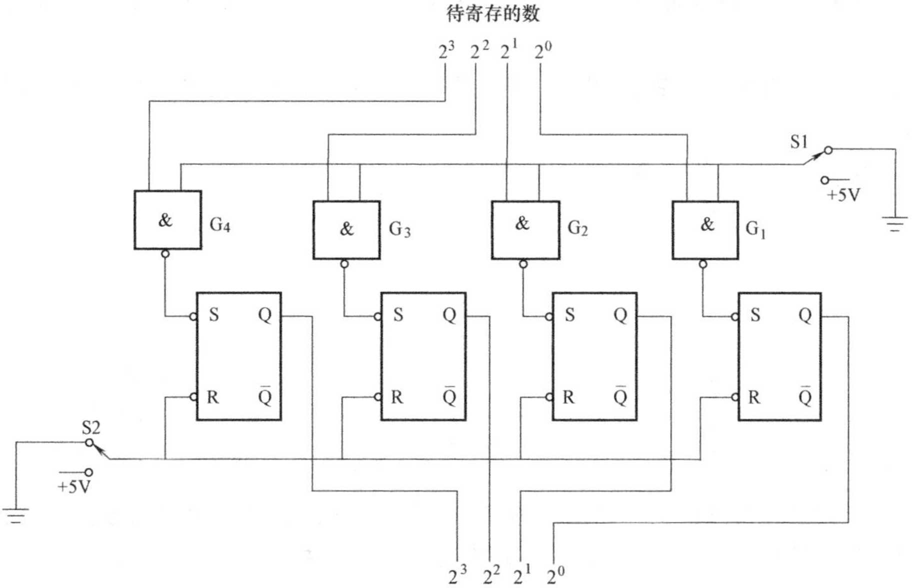

图 4.2.6 一个 4 位二进制数据的寄存电路

1. 电路结构及工作原理

图 4.2.7a 所示为 RS 锁存器逻辑图，该电路由基本 RS 锁存器和两个时钟控制门 G_1 和 G_2 组成。当 $CP=0$ 时，与非门 G_1、G_2 被封锁，此时不论输入信号 R、S 如何变化，Q、$\overline{Q}$ 都不变；只有当 $CP=1$ 时，G_1、G_2 门开启，R、S 信号才有可能使锁存器翻转，改变其状态。图 4.2.7b 和 c 是时钟控制 RS 锁存器的两种常用符号，表明该锁存器置位 S、复位 R 以及时钟 CP 信号是高电平有效，如果符号外侧加小圆圈，则说明是低电平有效。图 4.2.7b 框内的 C1 表示时钟是编号为 1 的一个控制信号，前缀为 1 的 1S 和 1R 说明是受同样编号的 C1 控制的两个输入信号，只有在 C1 为有效电平时，1S 和 1R 信号才能起作用。

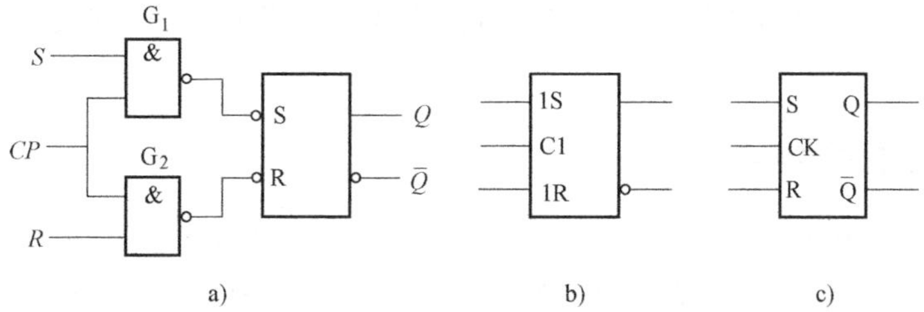

图 4.2.7 时钟控制 RS 锁存器

a) 逻辑图 b) 和 c) 常用符号

2. 功能描述

锁存器和触发器是具有记忆功能的器件，通常将触发之前（CP 有效之前）锁存器或触发器的状态称为现态，记作 Q^n，即 n 时刻的状态；把触发之后的状态称为次态，记作 Q^{n+1}，即 $n+1$ 时刻的状态。次态 Q^{n+1} 不仅与输入信号 R 和 S 有关，还与现态 Q^n 有关。如果将 Q^n 也作为一个输入变量，就可以列出 Q^{n+1} 与 R、S 和 Q^n 之间的逻辑真值表，这种表格称为状态转换表，是描述时序逻辑电路常用的方法之一。表 4.2.2 是时钟控制 RS 锁存器的状态转换表，其中×表示任意值（可取0或1），1^*表示不允许的1状态，在卡诺图中作为无关项处理。

由表4.2.2可以画出时钟控制RS锁存器Q^{n+1}的卡诺图，也称为次态卡诺图，如图4.2.8所示。

表4.2.2 时钟控制RS锁存器的状态转换表

CP	S	R	Q^n	Q^{n+1}	说明
0	×	×	Q^n	Q^n	保持状态不变
1	0	0	0	0	$Q^{n+1}=Q^n$
1	0	0	1	1	
1	0	1	0	0	$Q^{n+1}=0$
1	0	1	1	0	
1	1	0	0	1	$Q^{n+1}=1$
1	1	0	1	1	
1	1	1	0	1^*	不允许状态
1	1	1	1	1^*	

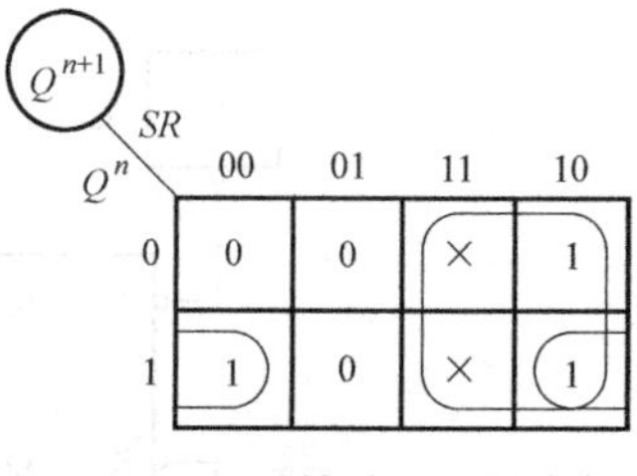

图4.2.8 时钟控制RS锁存器次态卡诺图

由次态卡诺图化简可得锁存器次态Q^{n+1}的逻辑表达式，也称为次态方程或特征方程，此方程可以反映锁存器次态与输入信号和现态之间的逻辑关系：

$$
\begin{aligned}
Q^{n+1} &= S+\overline{R}Q^n \\
RS &= 0(\text{约束条件})
\end{aligned}
\qquad (4.2.1)
$$

状态转换图也可形象地说明时钟控制锁存器状态转换的方向及条件。根据表4.2.2画出RS锁存器的状态转换图如图4.2.9所示。图中两个圆圈中的0和1分别表示锁存器的两个稳定状态，箭头表示状态转换的方向，箭头旁标注的是由一个稳态转换到另一个稳定状态需要的条件。例如，要由0态转换到1态，需要$R=0$且$S=1$，即置位信号有效而复位信号无效。

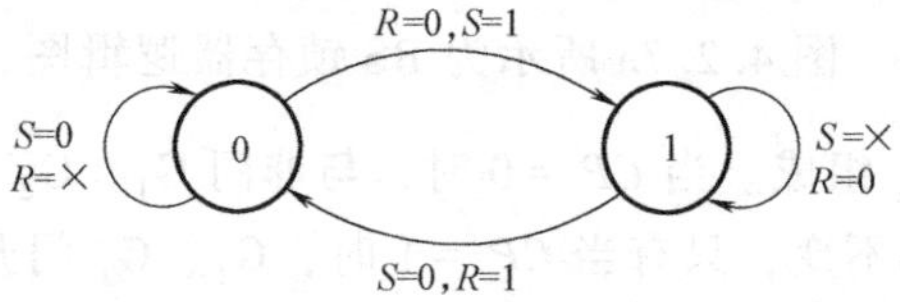

图4.2.9 时钟控制RS锁存器的状态转换图

由此可见，时钟控制RS锁存器的工作状态可用状态转换表、次态卡诺图、特征方程、状态转换图、工作波形图等方法描述，各种描述方式可互相转换。这些描述方式适合任何时序电路。

4.2.3 时钟控制D锁存器

由于RS锁存器要求输入信号满足式（4.2.1）中的约束条件，使应用受到了一定的限制。如图4.2.10a所示，若在RS锁存器的输入中增加一个非门，约束条件$RS=0$就可以自动满足。这种锁存器称为时钟控制D锁存器，符号如图4.2.10b和c所示。

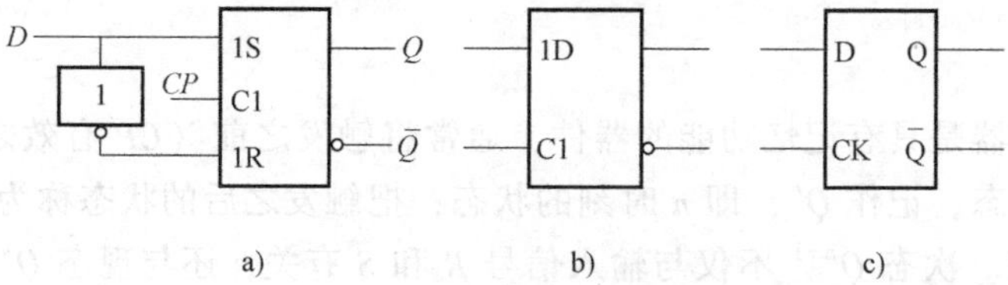

图4.2.10 时钟控制的D锁存器

a）逻辑图 b）和c）常用符号

时钟控制 D 锁存器的状态转换表如表 4.2.3 所示。

D 锁存器的特性方程为

$$Q^{n+1}=D \tag{4.2.2}$$

当 $CP=0$ 时，D 锁存器的状态不变；当 $CP=1$ 时，D 锁存器的次态 Q^{n+1} 随输入 D 的状态而定。D 锁存器适用于锁存一位数据的场合。图 4.2.11 是在图示输入条件下的工作波形，图中，Q 波形在①时刻之前的画法，表示触发器的初始状态不确定，标注① ~ ⑥的说明如下：

① 锁存器初态不确定，一直到 CP 为高电平时，输出 Q 随输入 D 变化。

② CP 触发电平无效，输出 Q 不随输入 D 变化。

③ CP 触发电平有效，输出 Q 随输入 D 变化。

④ CP 触发电平无效，输出 Q 记忆 D 的值。

⑤ 与②相同。

⑥ CP 触发电平有效，输出 Q 随输入 D 变化。

表 4.2.3　D 锁存器的状态转换表

CP	D	Q^n	Q^{n+1}	说明
0	×	Q^n	Q^n	状态不变
1	0	0	0	清 0
1	0	1	0	
1	1	0	1	置 1
1	1	1	1	

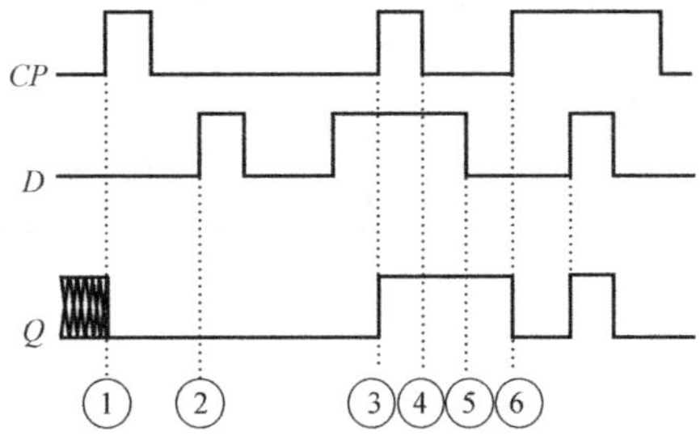

图 4.2.11　D 锁存器的工作波形

在图 4.2.11 标注⑥时刻之后的 $CP=1$ 期间，由于 D 发生了多次变化，使输出 Q 发生了多次翻转，这种现象称为“空翻现象”。

4.2.4　锁存器在 MCS-51 系列单片机硬件最小系统中的应用

一个锁存器可以存储一位信息，是一种对电平敏感的存储单元电路。当锁存信号有效时，输出端的信号随输入信号变化。一旦锁存信号无效，则输入数据被锁存，输入信号不再起作用。因此，锁存器也被称为透明锁存器，即时钟有效时的输出对于输入是透明的。

多个锁存器集成于一个 IC 中可用于存储多位数据。74HC373 和 74HC573 是 8 位高速 CMOS 型 D 锁存器，其具有三态输出，应用广泛，在微处理器中常用这些芯片构成外部总线或系统总线。图 4.2.12 和图 4.2.13 分别是 74HC373 和 74HC573 的引脚排列及 74HC373 内部逻辑电路。表 4.2.4 给出了器件内部一个 D 锁存器的功能表。可见，锁存使能信号 LE 作为八个 D 锁存器的 CP 信号，在 LE 高电平期间，8 个 D 锁存器的输出（即三态门的输入，图中未标变量）与输入数据 D_0 ~ D_7 一致，即处于“透明”状态。当 LE 变为低电平后，锁存器状态保持不变，从而达到锁存数据的目的。输出使能信号 $\overline{OE}$ 是三态门的使能控制端，低电平时，锁存器的输出通过三态门输出；$\overline{OE}$ 为高电平时，锁存器的输出为高阻。74HC373 和 74HC573 的功能基本相同，只是引脚分配不同，但 74HC573 的引脚分布更便于绘制印制电路板。

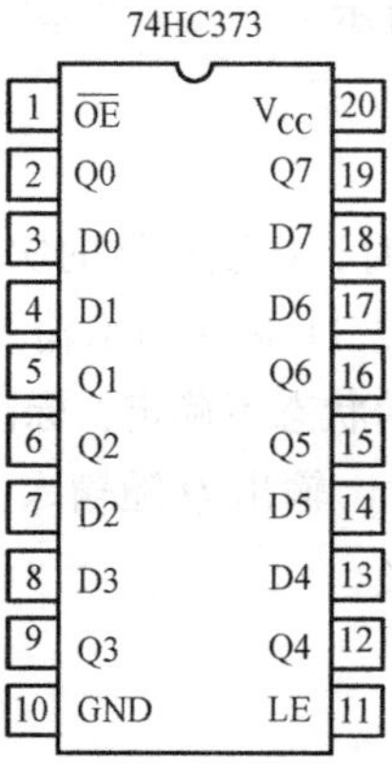

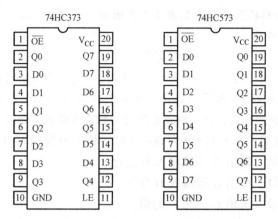

图 4.2.12　74HC373 和 74HC573 引脚图

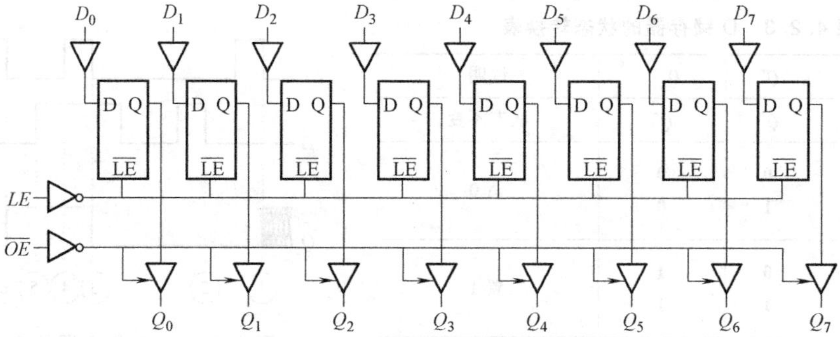

图 4.2.13　74HC373 内部逻辑电路

表 4.2.4　74HC373 锁存器功能表

$\overline{OE}$	LE	D	Q
0	1	1	1
0	1	0	0
0	0	×	不变
1	×	×	高阻

MCS-51 系列单片机在访问其片外存储器时，地址信号和数据信号是分时复用 8 位的 P0 端口。所谓存储器就好比生活中的酒店，地址信号就是酒店房间的门牌号码，数据信号是入住酒店的人。该系列单片机在访问片外存储器时，先从 P0 端口送出 8 位地址即门牌号码，一段时间后该地址会消失，并将 P0 端口作为数据通道。这就好比人办好了入住手续后，房间号码的 8 位信息却丢失了，显然是没法进入房间了。大家一定能想到，如果用上述的 74HC373 或 74HC573 器件，在 P0 端口出现 8 位地址时将其锁存，这样，人办好入住手续，又有全部的门牌号码信息，就可以顺利入住了。具体的内容详见 13.3.5 节。

4.3　触发器

锁存器是一种对电平敏感的存储电路，因此对毛刺敏感，抗干扰能力和可靠性差。此外，锁存器存在空翻现象，对数字电路的稳定性也会造成影响。触发器是一种对脉冲边沿敏感的存储器件，其状态只在时钟脉冲的上升沿或下降沿改变，克服了锁存器的上述缺陷。边沿触发器主要有维持-阻塞 D 触发器、利用传输延迟的 TTL 边沿 JK 触发器、利用 CMOS 传输门即 TG 门组成的边沿触发器等。此处重点介绍维持-阻塞 D 触发器的电路结构和工作原理。

4.3.1　维持-阻塞 D 触发器

1. 电路结构

图 4.3.1 为维持-阻塞型 D 触发器或 DFF 的逻辑电路及逻辑符号，符号图中时钟 C1 前面的“>”表示触发器是时钟上沿触发。这种触发器由六个与非门组成，其中 G_1 ~ G_4 构成时钟控制的 RS 锁存器，G_5 ~ G_6 为控制引导门。为了实现时钟边沿触发，电路中加了三条反馈线：置 1 维持线、清 0 阻塞线、置 1 阻塞线和置 0 维持线。符号框内的 S 和 R 分别为触发器的直接置 1 和直接清 0 端，同样，框外加小圆圈表示低电平有效，对应信号标注为 $\overline{S}$ 和 $\overline{R}$。所谓直接，就是指置 1 和清 0 不受时钟触发边沿和输入的影响，只要相应信号有效，就直接置 1 或清 0，故也称为异步置 1 或异步清 0 端。

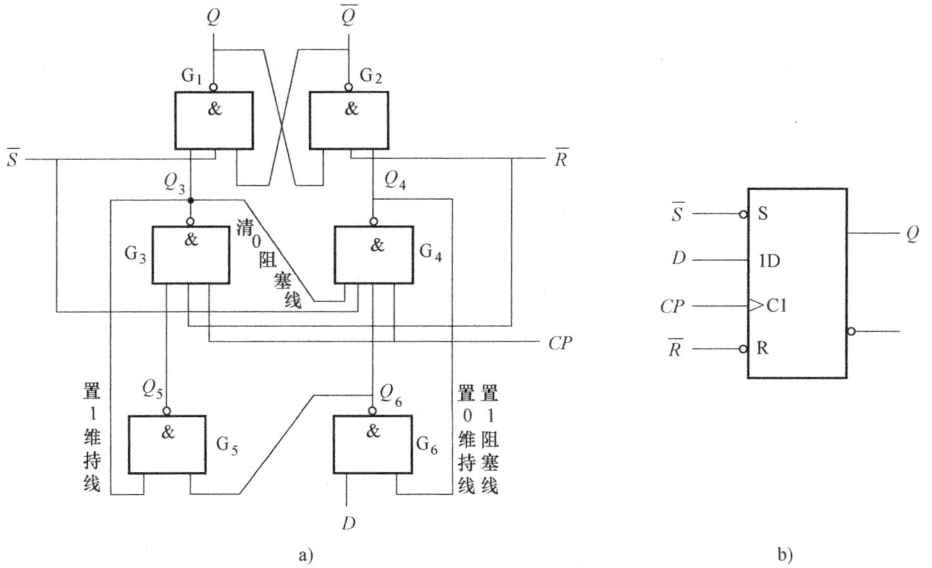

图 4.3.1　上升沿有效的维持-阻塞型 D 触发器

a）逻辑电路　b）逻辑符号

2. 逻辑功能分析

当触发器正常工作时，一般清零和置数无效，即 $\overline{S}=\overline{R}=1$。下面分析在此情况下的电路工作原理。

当 $CP=0$ 时，因 $Q_3=Q_4=1$，触发器保持状态不变。输入信号 D 经 G_6、G_5 传输到 Q_6、Q_5，触发器处于等待翻转状态，一旦 CP 上升沿到来，触发器就会按 Q_5、Q_6 的状态翻转。下面按 CP 上升沿之前（$CP=0$）、D 为 0 和 1 两种情况来分析。

设 $D=0$，则 $Q_6=1$，当 $CP=0$ 时，$Q_3=1$，故 $Q_5=0$。当 CP 上升沿到来后，由于 $Q_5=0$，因此 Q_3 仍为 1，而 G_4 的三个输入信号都为 1，故 $Q_4=0$。Q_4 的状态一方面使 $\overline{Q}=1$，$Q=$

0；另一方面，Q_4 反馈到 G_6 门输入端，将输入 D 的变化封锁在电路之外。这样，在 CP 上升沿过后，触发器 $Q=0$ 保持不变。因此，G_4 输出 0 状态反馈到 G_6 输入端，起到维持触发器为 0 状态、同时阻止触发器翻转到 1 状态的作用，故称此线为“置 0 维持线和置 1 阻塞线”。

当 $D=1$、$CP=0$ 时，$Q_3=Q_4=1$，故 $Q_6=0$，$Q_5=1$。当 CP 上升沿到来时，由于 $Q_6=0$，因此 Q_4 仍为 1，而 G_3 的两个输入全部为 1，故 $Q_3=0$。它一方面使触发器 $Q=1$，另一方面，Q_3 的 0 状态反馈到 G_4 和 G_5 门的输入端，封锁了输入 D 影响输出 Q 的两条途径。到 G_5 门的反馈线，可以保证在 CP 上升沿之后（$CP=1$ 期间）保持 $Q_3=0$，维持触发器处在 1 状态，因此称为“置 1 维持线”。到 G_4 门的反馈线，在 CP 上升沿之后阻止 $Q_4=0$，即阻止 $Q=0$，因此，把此线称为“清 0 阻塞线”。

由上述分析可见，D 触发器的状态由 CP 从 0 变为 1 时 D 的状态决定，即 $Q^{n+1}=D$。但由于维持线和阻塞线的作用，在 CP 上升沿过后，即使 D 有变化，触发器的状态也不会改变。

由此可见，图 4.3.1 是 CP 上升沿有效的 D 触发器。可以想象，如果在该电路的 CP 端再接一个反相器，电路就变成了下降沿有效的 D 触发器。如图 4.3.2a 所示，“>”框外的小圆圈表示时钟下降沿触发。另外，在有些集成触发器中，直接置位端和直接复位端为高电平有效，如图 4.3.2b 所示。对于此类触发器，初始状态预置完毕后，S 端和 R 端应处于低电平，触发器方可进入正常的工作状态。

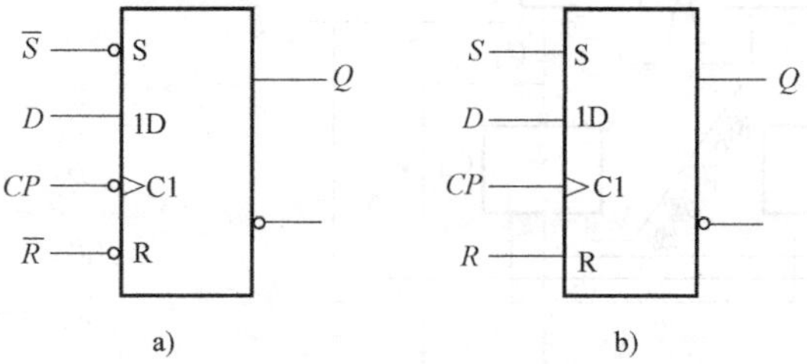

图 4.3.2　不同触发和置位方式的维持-阻塞 D 触发器的逻辑符号

a）置位和清 0 端低电平有效，CP 下降沿有效　b）置位和清 0 端高电平有效，CP 上升沿有效

3. 描述方式

触发器的逻辑功能和锁存器一样，也可以用状态转换表、次态卡诺图、特性方程、状态转换图和波形图等方式来描述，且各种描述方式之间也可互相转换，不同之处仅在于触发器的状态只在 CP 有效边沿时才有可能改变。

表 4.3.1 为上升沿触发的维持-阻塞 D 触发器的状态转换表，可以看出，无论是在 CP 高电平还是低电平期间，输出 Q 的状态都不变。如箭头所示，只有在 CP 上升沿时，输出 Q 才由输入信号 D 决定。

表 4.3.1　D 触发器的状态转换表

CP	D	Q^n	Q^{n+1}	说明
×	×	Q^n	Q^n	状态不变
↑	0	0	0	清 0
↑	0	1	0	
↑	1	0	1	置 1
↑	1	1	1	

图 4.3.3 分别是 D 触发器的次态卡诺图和状态转换图。由次态卡诺图可得到其特征方程为 $Q^{n+1}=D$。

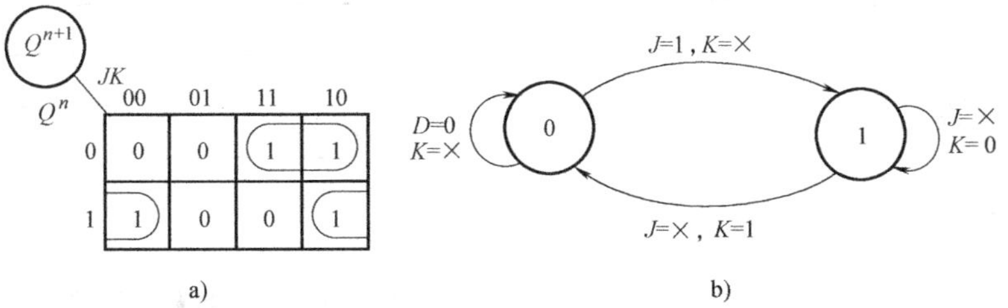

图 4.3.3　D 触发器的次态卡诺图和状态转换图

a）次态卡诺图　b）状态转换图

图 4.3.4 是一个上升沿 D 触发器在时钟脉冲 *CP*、高电平有效的直接复位 *R* 和输入信号 *D* 作用下的输出波形图。假设 *Q* 的初态为 0，在时钟脉冲上升沿作用下，触发器的次态由 *CP* 上升沿到达时的 *D* 状态决定。但是要注意清零端 *R* 直接复位的作用，即只要清零 *R* 有效，触发器立刻复位为 0，与 *CP* 和输入 *D* 的状态无关。

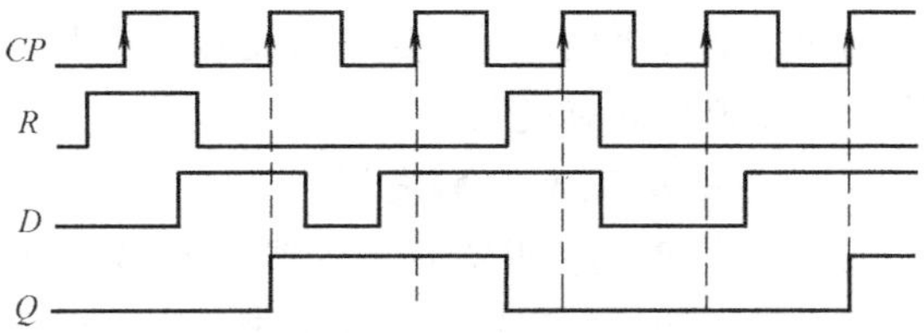

图 4.3.4　D 触发器的波形图

4. 脉冲工作特性

触发器的脉冲工作特性也称为动态特性，是指触发器在工作时对输入信号、时钟脉冲以及它们之间互相配合的要求。由图 4.3.5 可见，如果输入 *D* 的变化与 *CP* 上升沿同时发生，则可能导致输出不稳定的情况发生。因此，了解触发器的脉冲工作特性，对正确使用触发器十分重要。

由上升沿有效的 D 触发器的工作特性可知，当 *CP* 为 0 时，电路处于保持状态，一旦 *CP* 上升沿到来，触发器即按 *D* 的状态翻转。但由图 4.3.1 的电路结构可知，输入 *D* 信号的变化要经过两个门才能到达接入 *CP* 的两个门，因此要求 *D* 信号在 *CP* 上升沿之前至少提前两个门的延迟时间送入电路，这个时间称为输入建立时间 t_{set}（setup time），如图 4.3.6 所示，此处 $t_{set}=2t_{pd}$。

CP 到达后须经一定的时间才能将 *D* 的变化传送到触发器输出端。在传输过程中，*D* 信号应保持不变，否则 *D* 的变化会干扰触发器的动作。这段时间称为保持时间 t_h（hold time），t_h 约等于 t_{pd}。因此，对 *D* 端信号的要求是：在 *CP* 上升沿之前 t_{set} 和之后 t_h 的时间内保持不变。

此外，由图 4.3.6 可知，在 *CP* 上升沿到达后，触发器翻转达到稳定的最长时间为 t_{PHL}，约为 $3t_{pd}$，故 *CP* 高电平的时间 t_{WH} 必须保持 $t_{WH}\geqslant t_{PHL}=3t_{pd}$。*CP* 低电平的要求是 $t_{WL}\geqslant t_{set}=2t_{pd}$，因此要使触发器能够正常工作，时钟脉冲的周期 $T=t_{WL}+t_{WH}\geqslant t_{set}+t_{PHL}=5t_{pd}$，故 *CP* 的最高工作频率 $f_{max}=1/5t_{pd}$。若 $t_{pd}=20\text{ns}$，则 $f_{max}=10\text{MHz}$。最高时钟频率是反映触发器工作速度的一个重要指标。

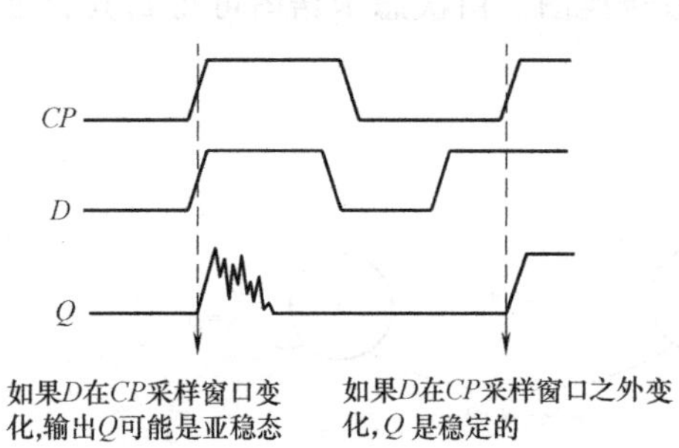

图 4.3.5 D 触发器的动态特性

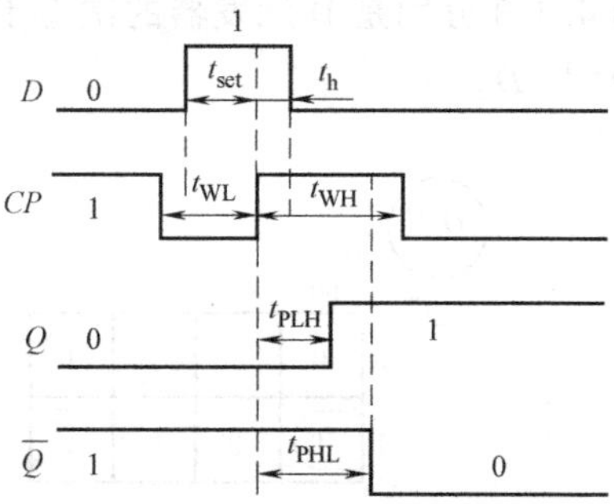

图 4.3.6 维持-阻塞 D 触发器的脉冲特性图

需要注意的是，实际的集成触发器中每个门的传输时间是不同的。由于内部采用了各种形式的简化电路，因此实际时延要小于标准结构的门电路。上面的讨论假定了所有门电路的传输时延是相等的，所得结果只用于说明相关的物理概念。每个集成触发器产品的动态参数要通过最后测试来确定，测试时触发器的输出端应带上额定的电流负载和电容负载，这在厂家的产品手册中均有说明。

5. 集成维持-阻塞 D 触发器

常用的集成维持-阻塞 D 触发器有 7474、74H74、74S74 和 74LS74 等，它们均为双 D 触发器，且具有相同的逻辑功能和引脚排列。图 4.3.7 是 74LS74 的逻辑符号和连接图，与本书给出的其他形状的逻辑符号一样，该符号也是 ANSI/IEEE Std. 91-1984 和 IEC 发布的 617-12 标准符号之一。图中用三角符号"◺"代替了圆圈"○"，代表低电平有效。其中，小尖指向框内代表输入，反之是输出。另外，图中的$\overline{CLR}$是直接置 0 信号，$\overline{PRE}$是直接置 1 信号，*CLK* 为时钟脉冲信号。

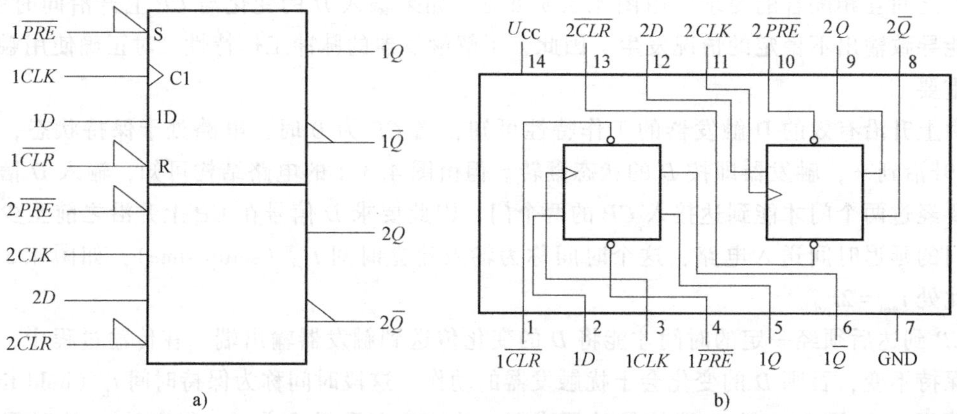

图 4.3.7 74LS74 触发器的逻辑符号和连接图

a）逻辑符号 b）连接图

图 4.3.8 是 SN54/74LS74A 产品手册上提供的时序图，包含了器件的动态特性参数，如建立时间、保持时间和最大时钟频率等。

6. 典型应用

（1）D 触发器的一个典型应用如图 4.3.9 所示。由图 4.3.9a 可见，若将$\overline{Q}$端与 *D* 相连，

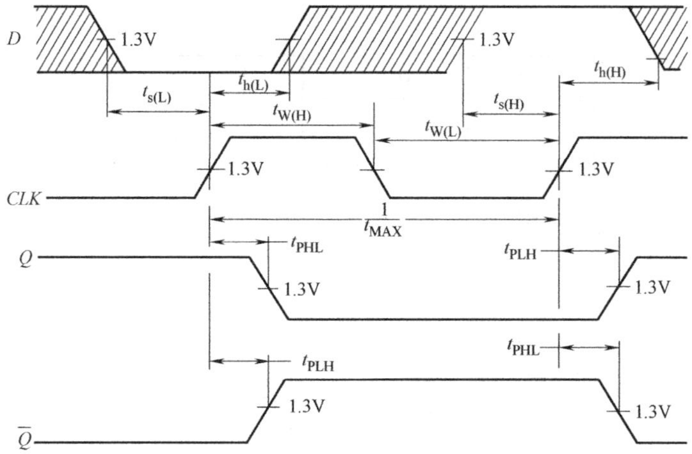

图 4.3.8　SN54/74LS74A 时序图

假设初态为 0，由图 4.3.9b 可以看出，输出 Q 的信号频率是 CP 频率的一半，实现了二分频。早期的计算机主板上就使用 D 触发器来实现二分频。

二分频电路也是一个一位的二进制计数器，假设初态为 $Q=0$，来一个 CP 上升沿时 $Q=1$，再来一个 CP 上升沿时应该为 2，二进制是逢二进一，因此，Q 回到 0 态。

此外，利用多个 D 触发器也可以构成可同时保存多位二进制数的寄存器。

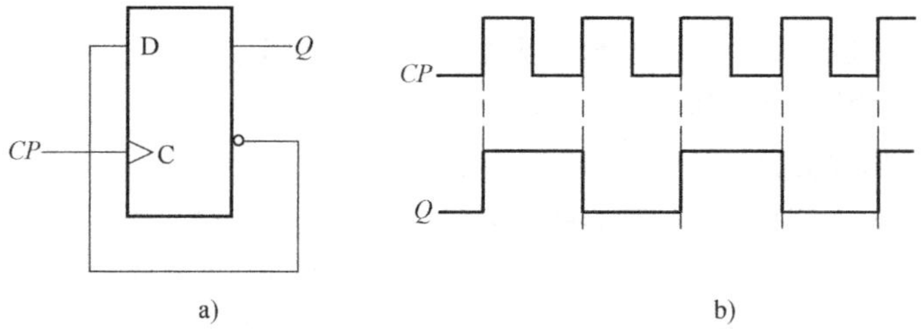

图 4.3.9　D 触发器构成的二分频电路

a）电路图　b）波形图

（2）利用 D 触发器还可以实现两个信号的相位检测。图 4.3.10 所示是在大功率无线充电系统中利用双 D 触发器测量逆变器两个信号相位差的电路图。S_1 为逆变器开关的驱动脉冲信号，S_2 为 DC/AC 逆变产生的交流电流通过过零比较器形成的脉冲信号。当 S_1 超前 S_2 时，S_1 的上升沿使 Q_1 翻转为高电平。随后的 S_2 上升沿使 Q_2 翻转为高电平，同时，由于$\overline{Q}_2$ 翻转为低电平，使 Q_1 置 0，于是，Q_1 的高电平脉宽对应 S_1 超前于 S_2 的相位差 φ_1。同理，当 S_1 滞后 S_2 时，Q_1 的低电平脉宽对应 S_1 滞后于 S_2 的相位差 φ_2。这种传统的双 D 触发器在相位接近零处存在振荡、测量精度低、系统稳定性差等缺点，可通过引入适当的算法予以改进，具体原理见参考文献［13］。

4.3.2　边沿 JK 触发器

D 触发器只有一个数据输入端，当需要两个数据输入端，同时又希望对它们的组合没有限制要求时，可以采用 JK 触发器。JK 触发器是将互补的输出端 Q 和 $\overline{Q}$ 分别反馈到输入端，

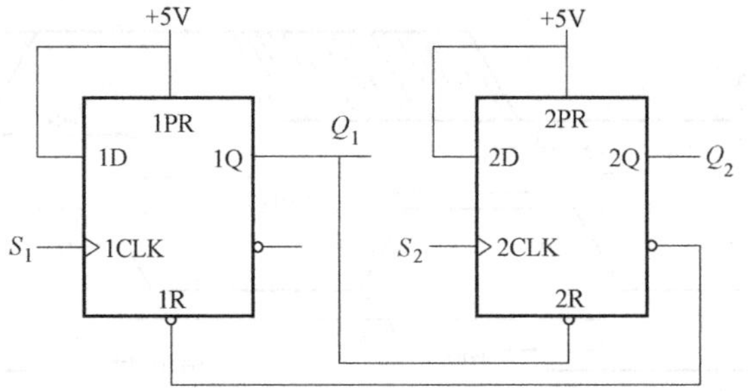

a)

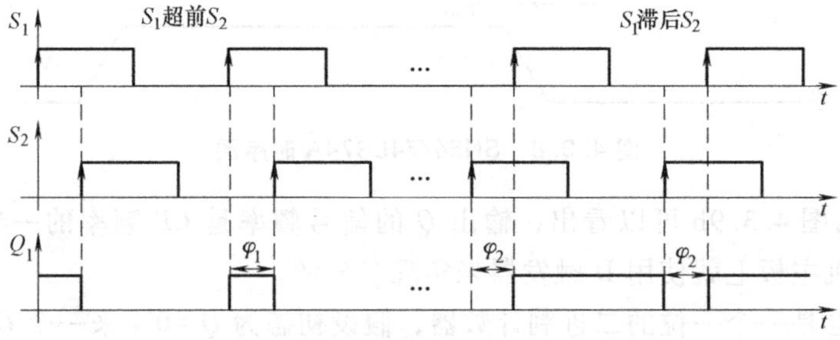

b)

图 4.3.10 双 D 触发器检测两信号相位的电路

a）电路 b）波形

并通过引入适当的门电路使约束条件得以满足。在此不再对其内部电路结构和工作原理进行赘述，主要关注它的逻辑功能和应用。

1. 逻辑符号及描述方式

图 4.3.11 所示为下降沿 JK 触发器的符号，与维持阻塞 D 触发器一样，利用时钟边沿触发锁存数据。常用的集成 JK 触发器有 7479、74109 和 7476。

表 4.3.2 是 JK 触发器的状态转换表，由表可总结出一个利于其功能分析的顺口溜：JK 为 00 不变（$Q^{n+1}=Q^n$）；11 翻转（$Q^{n+1}=\overline{Q^n}$）；其他随 J 变。

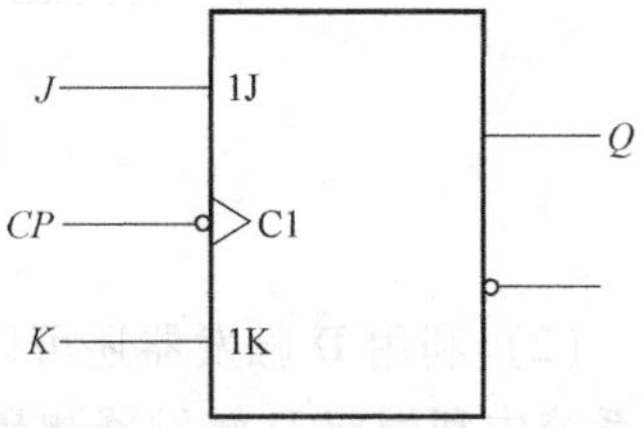

图 4.3.11 下降沿 JK 触发器的逻辑符号

图 4.3.12 是带有高电平直接复位的下降沿触发 JK 触发器的波形图，图中 Q 的初始部分表示初态不确定，当复位信号 R 为高电平时，Q 复位为 0。由图可见，当复位 R 低电平无效时，在每一个 CP 下降沿时刻触发器的次态按照表 4.3.2 的规律变化。

由状态转换表可以得到 JK 触发器的次态卡诺图和状态转换图如图 4.3.13 所示。由次态卡诺图得到其特性方程为

$$Q^{n+1}=J\overline{Q^n}+\overline{K}Q^n \tag{4.3.1}$$

2. 衍生的其他类型触发器

JK 触发器的两个输入端 J 和 K 连接到一起作为一个输入端，标为 T，就构成了 T 触发器。将 $J=K=T$ 代入 JK 触发器的特征方程可得 T 触发器的特性方程为

$$Q^{n+1}=T\overline{Q^n}+\overline{T}Q^n=T\oplus Q^n \tag{4.3.2}$$

表 4.3.2 JK 触发器的状态转换表

CP	*J*	*K*	Q^n	Q^{n+1}	说明
×	×	×	Q^n	Q^n	状态不变
↓	0	0	0	0	$Q^{n+1}=Q^n$
	0	0	1	1	
↓	0	1	0	0	$Q^{n+1}=0$
	0	1	1	0	
↓	1	0	0	1	$Q^{n+1}=1$
	1	0	1	1	
↓	1	1	0	1	$Q^{n+1}=\overline{Q^n}$
	1	1	1	0	

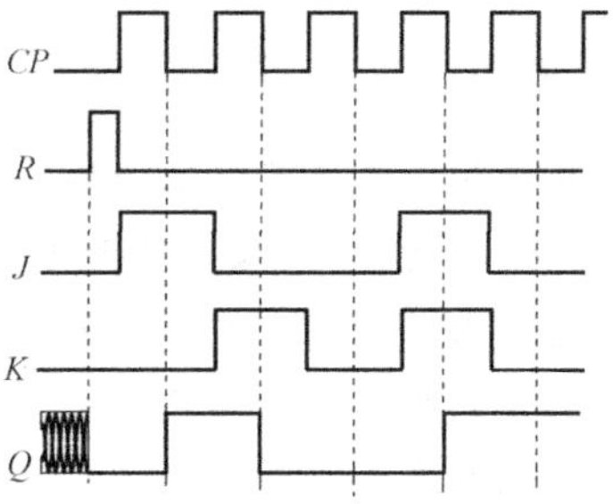

图 4.3.12 JK 触发器的波形图

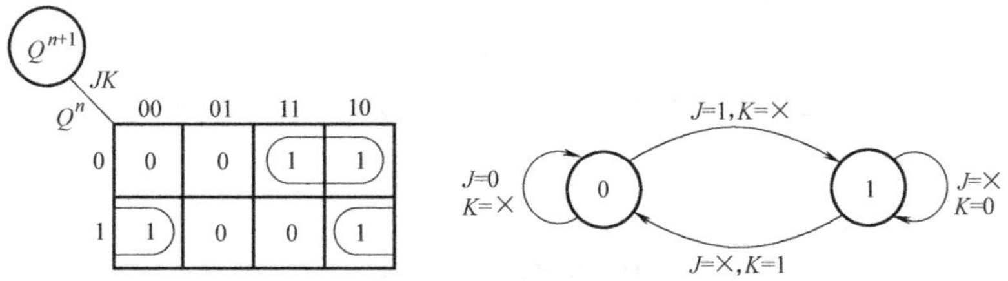

a) b)

图 4.3.13 JK 触发器次态卡诺图和状态转换图

a）次态卡诺图 b）状态转换图

当 $T\equiv1$ 时，称为 T′触发器，特性方程为 $Q^{n+1}=\overline{Q^n}$，即每来一个 *CP* 触发脉冲，该触发器的状态变换一次。可见，T′触发器输出信号的频率是 *CP* 脉冲频率的一半，故它是一种二分频电路，也是一个一位二进制计数器。

3. 典型应用

与 D 触发器类似，JK 触发器也可以构成分频和计数电路。图 4.3.14 为两个 JK 触发器构成的分频电路及其波形图。图中，两个触发器的输入 $J=K=1$，因此均构成了 T′触发器。

如果将 Q_1Q_0 视为一个 2 位的二进制数，由图 4.3.14b 的波形可见，从初态 $Q_1Q_0=00$ 开始，每来 1 个 *CLK* 的下降沿，Q_1Q_0 的状态依次为 00、01、10、11，直到第 4 个 *CLK* 下降沿时计数溢出，Q_1Q_0 又回到初态的 00。可见该电路也实现了两位二进制的加 1 计数器（也称为四进制计数器）的功能。

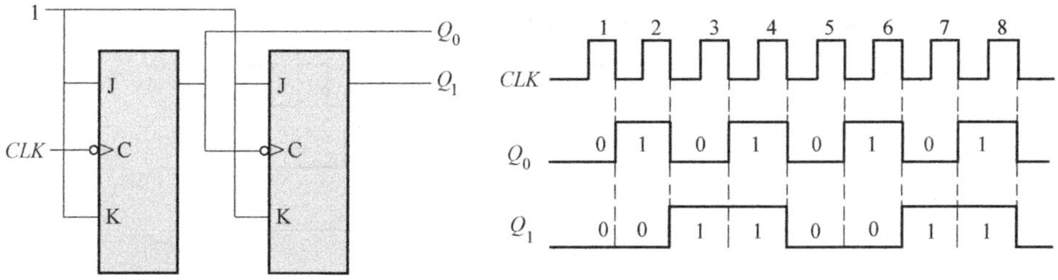

a) b)

图 4.3.14 JK 触发器构成的分频电路

a）电路图 b）波形图

本章小结

锁存器和触发器具有记忆功能，是构成时序逻辑电路的基本单元。本章介绍了基本 RS 锁存器、时钟控制的 RS 锁存器和 D 锁存器，以及边沿敏感的 D 触发器、JK 触发器和 T 触发器的功能特点以及描述方法。另外，还介绍了锁存器在微处理器硬件最小系统中的应用，触发器构成分频和计数电路的方法。

无论是锁存器还是触发器，分析其逻辑功能时通常采用列功能表、特性方程、画波形图、状态转换图和次态卡诺图的描述方法。

为了保证触发器在动态时能可靠翻转，输入信号、时钟信号以及它们在时间上的相互配合应满足一定的要求。这些要求表现在对建立时间、保持时间、时钟信号的宽度和最高工作频率的限制上。对于每个具体型号的集成触发器，可以从手册上查到这些动态参数，在工作时应符合所规定的条件。

思考题和习题

思考题

4.1 锁存器与触发器有何区别？

4.2 触发器有哪些类型？

4.3 为避免由于干扰引起的误触发，应选用哪种类型的触发器？

4.4 什么是建立时间？

4.5 什么是保持时间？

4.6 触发时钟脉冲的最高频率与哪些要素有关？

4.7 什么是锁存器的不定状态？如何避免不定状态的出现？

4.8 什么是锁存器的多次翻转现象？如何避免多次翻转现象？

习题

4.1 基本 RS 锁存器的典型应用是什么？

4.2 根据图题 4.2 所给的时钟脉冲、输入 R 和 S 信号的波形，画出图 4.2.6 时钟控制 RS 锁存器输出 Q 的波形，假设触发器初始状态为 0。

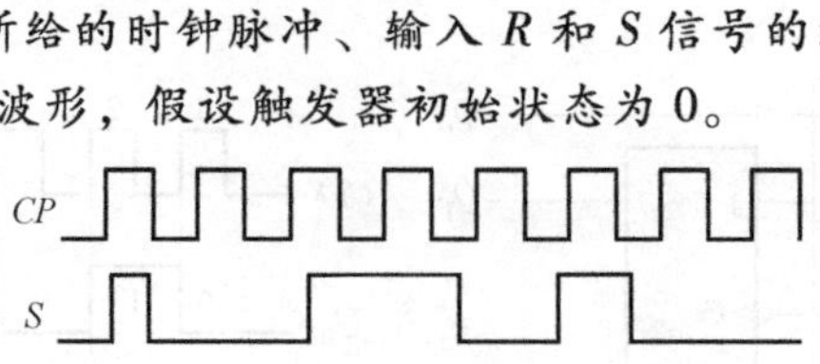

图题 4.2

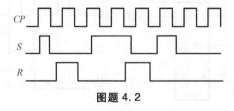

4.3 图题 4.3 中各触发器的初始状态 $Q=0$，试画出在触发脉冲 CP 作用下各触发器 Q 的波形。

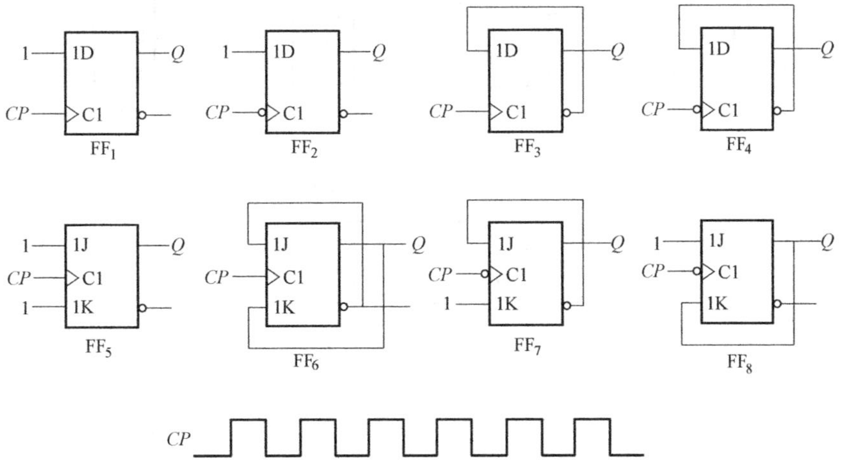

图题 4.3

4.4　D 触发器的逻辑电路和输入信号波形如图题 4.4a 和 b 所示，设 Q 的初态为 0，画出 Q 的波形图。

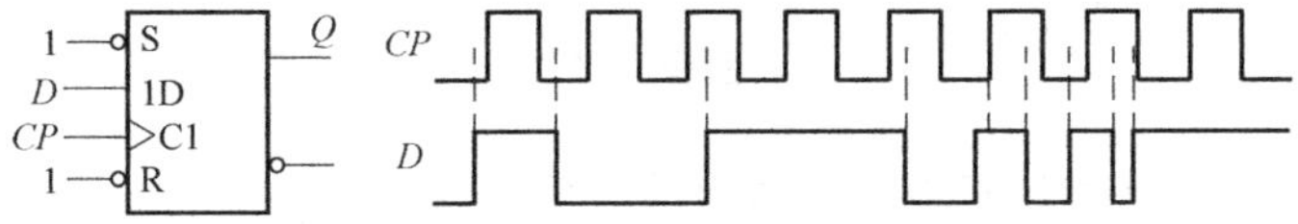

a)　　　b)

图题 4.4

4.5　分别画出图题 4.5a、b 中 Q 的波形（设触发器的初始状态为 0）。

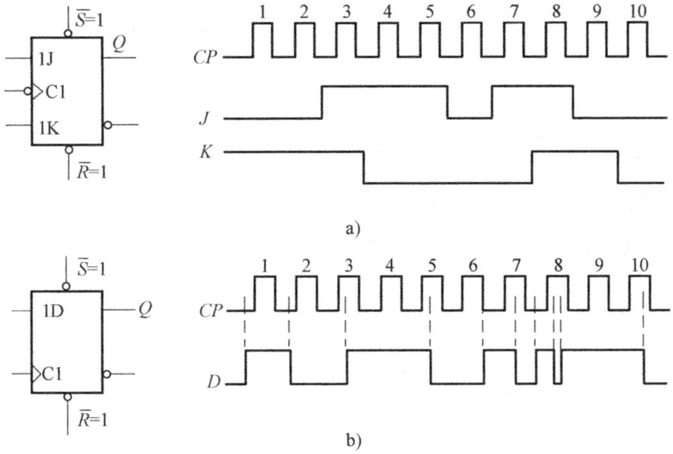

a)

b)

图题 4.5

4.6　图题 4.6 所示为各种触发器，已知 CP、A 和 B 的波形，试画出对应的 Q 的波形（假定触发器的初始状态为 0）。

4.7　图题 4.7a 所示为由 D 触发器构成的逻辑电路。图题 4.7b 所示为其输入信号波形，试画出图题输出 P 的波形（设触发器初态 Q 为 0）。

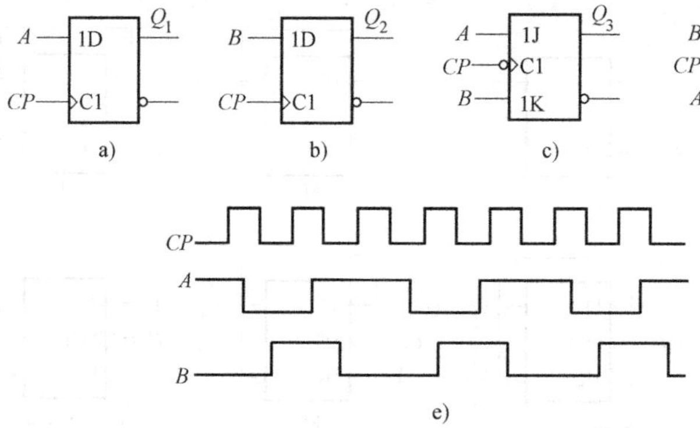

图题 4.6

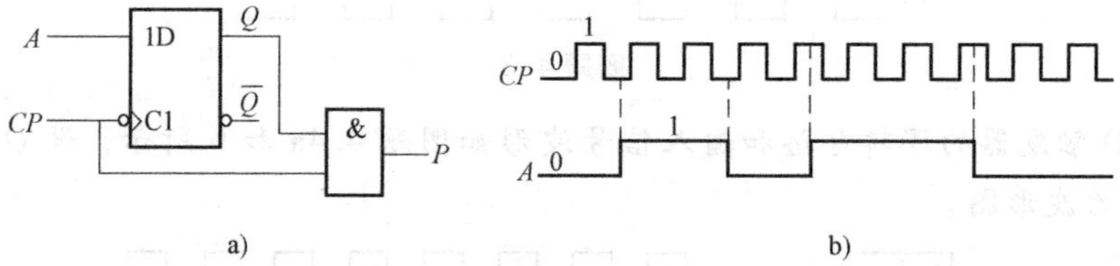

图题 4.7

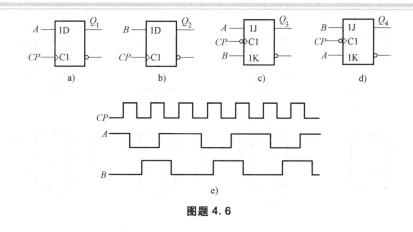

4.8　试分析图题 4.8 所示电路，说明电路的逻辑功能。

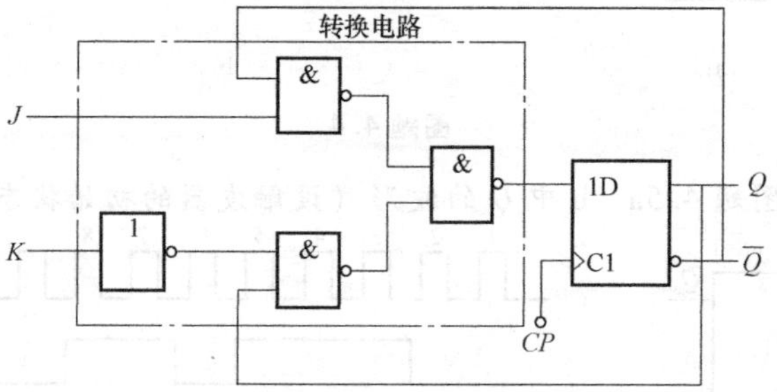

图题 4.8

4.9　图题 4.9a 所示为由 D 触发器构成的逻辑电路。图题 4.9b 所示为其输入信号波形，试画出输出 Q 的波形。设触发器初态 Q 为 0。

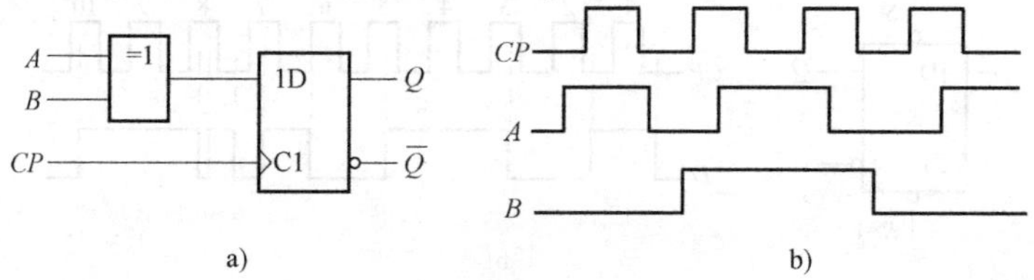

图题 4.9

4.10　试用 D 触发器设计一个对时钟信号的四分频电路。

4.11　下降沿 JK 触发器时钟 CP、输入 J、K 和直接清 0 信号 $\overline{R}$ 如图题 4.11 所示，设触发器初态为 0，试画出 Q 的波形。

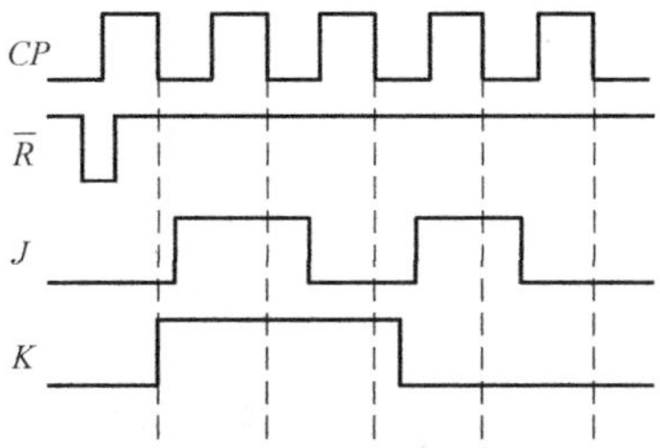

图题 4.11

4.12　试画出图题 4.12a 电路中 Q_1 和 Q_2 的波形（已知 CP_1 和 CP_2 如图题 4.12b 所示，触发器的初态为 0）。

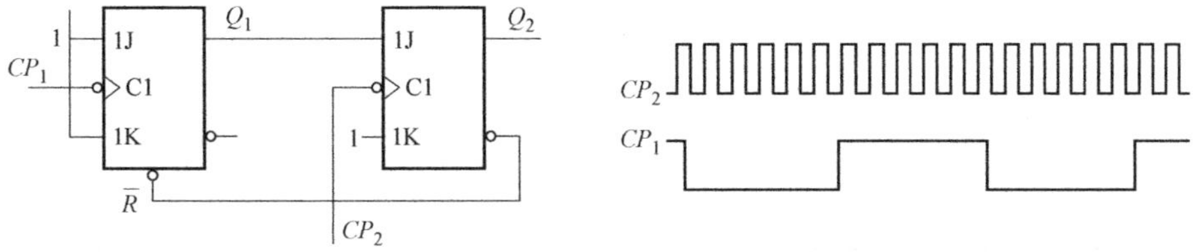

图题 4.12

4.13　某触发器的两个输入 X_1、X_2 和输出 Q 的波形如图题 4.13 所示，试判断它是哪一种触发器，输入如何对应。

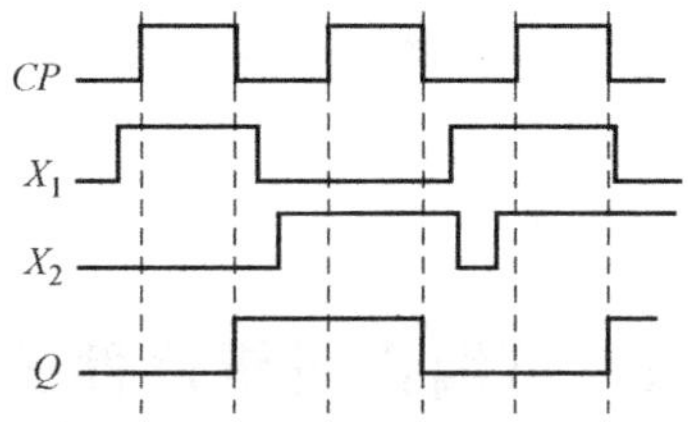

图题 4.13

4.14　分析图题 4.14 电路的功能，S_R 是总控制开关。说明 RS 锁存器的作用和电路功能。

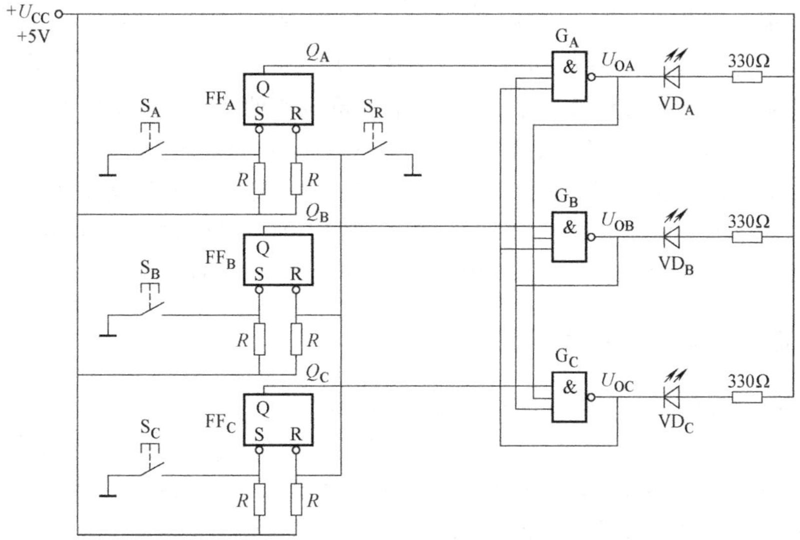

图题 4.14

第5章 可编程逻辑器件

本章简要介绍可编程逻辑器件的发展历程和分类，重点介绍低密度可编程逻辑器件的工作原理、复杂可编程逻辑器件（CPLD）和现场可编程门阵列（FPGA）的内部结构和开发流程以及两者的区别。

5.1 可编程逻辑器件的发展历程及趋势

前面介绍的集成门、触发器以及后续将要介绍的译码器、加法器、计数器等数字集成器件的逻辑功能都是固定不变的，习惯上把这种器件称为固定功能的逻辑器件。使用固定功能的逻辑器件设计复杂的数字系统费时费力，其体积大、功耗大、可靠性差、保密性差，更为重要的是，如果需要修改或升级设计系统，工作量和成本的增加是非常巨大的。

20 世纪 70 年代出现了可编程逻辑器件（Programmable Logical Device，PLD），PLD 是一种半定制逻辑器件，可以由编程来确定其逻辑功能，它给数字系统的设计带来了革命性的变化，在设计和制作电子系统中使用 PLD，可以获得较大的灵活性和较短的研制周期。它大致经历了从 PROM、PLA、PAL、GAL、EPLD、CPLD 和 FPGA 的发展过程。

5.1.1 可编程逻辑器件的发展历史

可编程逻辑器件的发展大致可以划分为四个阶段。

从 20 世纪 70 年代初到 70 年代中为第一个阶段，该阶段的可编程逻辑器件只有简单的可编程只读存储器（Programmable ROM，PROM），由于结构的限制，它更适合用于存储程序代码。因此，一般将其归属于存储器，PROM 的相关内容将在第 10.3.2 节介绍。

20 世纪 70 年代中到 80 年代中为第二个阶段，该阶段诞生了可编程逻辑阵列（Programmable Logic Array，PLA）、可编程阵列逻辑（Programmable Array Logic，PAL）和通用阵列逻辑（Genetic Array Logic，GAL）器件，这些PLD器件内部集成了一定数量的与门阵列和或门阵列，能够完成各种逻辑运算功能（因为任何一个逻辑函数都可以化成与或形式）。PLA是PLD中结构比较简单、应用最早的一种，它的与阵列和或阵列都是可编程的，因此，可以用可编程的与逻辑阵列产生函数式中的乘积项，再用可编程的或逻辑阵列将这些乘积项相加，就可以得到所要的任何逻辑函数。在20世纪70年代末期，出现了另一种结构较灵活的可编程阵列逻辑（PAL）芯片。PAL由可编程的与逻辑阵列、固定的或阵列和输入/输出缓冲电路组成。PROM、PLA和PAL都是采用熔丝（熔断）或反熔丝（原来断开的点在烧录之后，连接起来）的PLD，只能编程一次。在PAL的基础上发展了一种通用阵列逻辑（GAL）芯片，GAL的电路结构形式与可配置输出结构的PAL类似，但GAL采用了E^2CMOS工艺，实现了电可改写，其输出结构是可编程的逻辑宏单元，给逻辑设计带来了很强的灵活性。这些低密度PLD通常只有几百门的集成规模，因为结构简单，所以它们仅能实现较小规模的逻辑电路。

20世纪80年代中到90年代末为PLD的第三个阶段，该阶段出现了新一代的高密度PLD。这类器件的集成密度一般可达数千门甚至数十万门，具有在系统可编程或现场可编程特性，可用于实现较大规模的逻辑电路。一般把基于乘积项技术的高密度PLD称为可擦除可编程逻辑器件（Erasable PLD，EPLD）或复杂可编程逻辑器件（Complex PLD，CPLD），而把基于查找表技术、SRAM结构、多数要外挂非易失性存储器（见10.1.1节）的高密度PLD，称为现场可编程门阵列（Field Programmable Gate Array，FPGA）。EPLD的基本结构与GAL并无本质区别，其集成密度比GAL高得多，可以实现较为复杂的逻辑电路。EPLD的主要缺点是内部互连性较差，复杂可编程逻辑器件（CPLD）是EPLD的改进器件，增加了内部连线，并改进了逻辑宏单元和IO单元。FPGA和CPLD在结构、工艺、集成度、功能速度、灵活性等方面都有很大的改进和提高，统称为高密度可编程逻辑器件。这两种器件可实现较大规模的电路，编程也很灵活。它们具有设计开发周期短、设计制造成本低、开发工具先进、标准产品无须测试、质量稳定以及可实时在线检验等优点，因此被广泛应用于电子产品的设计和生产中。进入20世纪90年代后，由于半导体工艺技术的发展，以FPGA和CPLD为代表的可编程逻辑器件逐渐成为微电子技术发展的主要代表产品方向之一。

20世纪90年代末到目前为PLD发展的第四个阶段。该阶段出现了可编程片上系统（System On a Programmable Chip，SOPC）和片上系统（System On a Chip，SOC），这是PLD和专用集成电路（Application Specific Integrated Circuit，ASIC）技术融合的结果，涵盖了实时化数字信号处理技术、高速数据收发器、复杂计算以及嵌入式系统设计技术的全部内容。SOPC是将嵌入式处理器、存储器、传统PLD等功能模块集成到一块硅片上，构成一个可编程的片上系统，可裁剪、可升级，设计灵活，具备软、硬件在系统可编程的功能。因此，SOPC被称为“半导体产业的未来”。

这一阶段的逻辑器件内嵌了硬核高速乘法器、Gbits差分串行接口、时钟频率高达500MHz的PowerPC微处理器、软核MicroBlaze、Picoblaze、Nios、NiosII以及ARM硬核等，不仅实现了软件需求和硬件设计的完美结合，还实现了高速与灵活性的完美结合，使其已超越了ASIC器件的性能和规模，也超越了传统意义上的FPGA，使PLD的应用范围从单片扩展到系统级。FPGA正向超级系统芯片的方向发展！

FPGA最主要的优点是容量大和设计灵活，但是每一次上电时要进行数据加载。目前，几万门至几十万门的 FPGA 的使用越来越普遍，单片价格也大幅度下降。集成度和性能的持续提高、低廉的开发费用和快速的上市时间正在使设计人员转向 FPGA。

影响最大的四家 PLD 企业是 Xilinx、Altera、Lattice 和 Actel。

Xilinx 公司是 FPGA 的发明者，产品种类较全，主要有 XC9500/4000、CoolRunner（1.8V 低功耗 PLD 产品）、Spartan、Virtex 等系列。其最新产品 Artix-7、Kintex-7、Virtex-7 和 Zynq 采用了 28nm 工艺，在功耗和性能上都得到了极大地进步，并在部分芯片中加入了 A8 处理器硬核，可以构建更为强大的 SOC。开发软件为 ISE、Vivado 及 Vitis 等。

Altera（2015 年被 Intel 公司收购）是“可编程片上系统”（SOPC）解决方案的倡导者，也是最大可编程逻辑器件的供应商之一，主要产品有 MAX3000/7000、FLEX10K、APEX20K、ACEX1K、Cyclone、Arria、Stratix 等系列。开发工具有 QuartusII 和 NiosII。

Lattice 是在系统可编程（In-System Programming，ISP）技术的发明者。LatticeXP 器件将非易失的 Flash 单元和 SRAM 技术组合在一起，其 FPGA 不需要配置芯片，提供了支持“瞬间”启动和无限可重复配置的单芯片解决方案。另外，Lattice 还开发了可编程数模混合电路的 FPGA。

Actel（被 Microsemi 收购）可提供基于反熔丝及 Flash 工艺的 FPGA。反熔丝工艺的 FPGA 只能一次性编程，抗干扰、抗辐射，保密性及可靠性高，被广泛用于航空或军事领域。Actel 推出的 ProASIC3 系列 FPGA 采用了 Flash 架构，可重复编程，无须配置芯片，功耗低，运行速度快，具有很高的保密性及稳定性。

5.1.2 可编程逻辑器件的发展趋势

先进的 ASIC 生产工艺已经被用于 FPGA 的生产，越来越丰富的处理器内核被嵌入到高端的 FPGA 芯片中，基于 FPGA 的开发成为一项系统级设计工程。随着半导体制造工艺的不断提高，FPGA 的集成度将不断提高，制造成本将不断降低，其作为替代 ASIC 来实现电子系统的前景也将日趋光明。

1. 大容量、低电压、低功耗 FPGA

大容量 FPGA 是市场发展的焦点。在采用了深亚微米（DSM）的半导体工艺后，器件在性能提高的同时，价格也在逐步降低。由于便携式应用产品的发展，对 FPGA 的低电压、低功耗的要求日益迫切。

2. 系统级高密度 FPGA

随着生产规模的提高、产品应用成本的下降，FPGA 的应用已经不是过去的仅仅适用于系统接口部件的现场集成，而是将它灵活地应用于系统级（包括其核心功能芯片）设计之中。在这样的背景下，国际上主要的 FPGA 厂家在系统级高密度 FPGA 的技术发展上主要强调两个方面：FPGA 的知识产权（Intellectual Property，IP）硬核和 IP 软核。当前具有 IP 内核的系统级 FPGA 的开发主要体现在两个方面：一方面是 FPGA 厂商将 IP 硬核嵌入到 FPGA 器件中，另一方面是大力扩充优化的 IP 软核（指利用 HDL 设计并经过综合验证的功能单元模块），用户可以直接利用这些预定义的、经过测试和验证的 IP 核资源，有效地完成复杂的片上系统设计。

3. FPGA 和 ASIC 出现了相互融合

虽然标准逻辑 ASIC 芯片的尺寸小、功能强、功耗低，但其设计复杂，并且有批量要求。FPGA 价格较低廉，能在现场进行编程，但其体积大、能力有限，而且功耗比 ASIC 大。正因如此，FPGA 和 ASIC 正在互相融合，取长补短。随着一些 ASIC 制造商提供了具有可编程逻辑的标准单元，FPGA 制造商重新对标准逻辑单元产生了兴趣。

4. 动态可重构 FPGA

动态可重构 FPGA 是指在一定条件下，芯片不仅具有在系统重新配置电路功能的特性，而且还具有在系统动态重构电路逻辑的能力。对于数字时序逻辑系统，动态可重构 FPGA 的意义在于其时序逻辑的发生不是通过调用芯片内部不同区域、不同逻辑资源组合而成，而是通过对 FPGA 进行局部的或全局的芯片逻辑的动态重构而实现的。动态可重构 FPGA 在器件编程结构上具有专门的特征，其内部逻辑块和内部连线的改变可以通过读取不同的 SRAM 中的数据来直接实现这样的逻辑重构，时间往往在纳秒级，有助于实现 FPGA 系统逻辑功能的动态重构。

FPGA 具有超大规模、可编程、并行处理等特点，利用 FPGA 开发的产品上市时间短，省掉了 ASIC 流片周期，节省了研发成本，使得 FPGA 在人工智能、无人驾驶等领域展现了无与伦比的市场潜力。FPGA 的高速、并行、软件定义硬件、多级流水线等特点可以将人工智能算法控制在微秒级，在机器学习、大数据、金融、基因检测、区块链、图像处理、网络安全等诸多领域发挥着高吞吐和快速响应的优势。

5.1.3 我国 FPGA 发展现状

FPGA 在国际市场中已经历了多年的发展整合，以 Xilinx 和 Intel 两大巨头领先的产品技术高度垄断了全球的 FPGA 市场。近几年，我国陆续诞生了一些 FPGA 设计公司，如高云半导体、京微齐力、安路科技、紫光同创、上海复旦微电子、国微电子等。这些企业迎难而上，克服了技术、人才和专利壁垒，呈现出快速发展的趋势。

高云半导体主要从事国产现场可编程逻辑器件的研发与产业化，推出了具有核心自主知识产权的民族品牌 FPGA 芯片。其聚焦了中低密度的 FPGA 市场，2015 年量产了国内第一块产业化的 55nm 工艺 400 万门中密度 FPGA 芯片，2016 年又推出了国内首颗 55nm 嵌入式 Flash+SRAM 的非易失性 FPGA 芯片。公司已面向通信、LED 显示、工业控制、医疗和数据中心等领域推出了晨熙和小蜜蜂两个家族多个系列的 FPGA 产品，使我国在中高密度 FPGA 应用中逐步摆脱对高端芯片进口的依赖，在部分 4G/5G 通信网络建设、数据中心安全、工业控制等应用中有了自己的中国芯。

京微齐力是除美国外最早进入自主研发、规模生产、批量销售通用 FPGA 芯片及新一代异构可编程计算芯片的企业之一。公司的技术与产品涵盖了可编程 FPGA 内核、异构计算与存储架构、芯片设计、软件开发、系统 IP 应用等相关技术领域。京微齐力加强了人工智能 AiPGA 芯片（AI in FPGA）、异构计算 HPA 芯片（Heterogeneous Programmable Accelerator）、嵌入式可编程 eFPGA IP 核（embedded FPGA）三大系列产品的研发，产品市场涵盖了云端服务器、消费类智能终端以及国家通信、工业、医疗等核心基础设施。

安路科技专注于为客户提供高性价比的可编程逻辑器件（FPGA）、可编程系统级芯片及相关 EDA 软件工具和创新系统解决方案。目前公司推出了 SALPHOENIX 高性能系列、SALEAGLE 高性价比系列和 SALELF 低功耗系列多款 FPGA 芯片，并在核心架构、软件算法和系统集成等方面拥有多项技术专利，产品涉及工业控制、消费电子、通信设备、数据中心、人工智能等应用领域。

紫光同创专业从事可编程逻辑器件（FPGA、CPLD 等）的研发与生产销售，是我国 FPGA 领导厂商，致力于为客户提供完善的、具有自主知识产权的可编程逻辑器件平台和系统解决方案，拥有高、中、低端全系列产品，市场覆盖通信网络、信息安全、人工智能、数据中心、工业物联网等领域。在 2016 年开发的中国唯一一款自主产权千万门级高性能 FPGA PGT180H，拥有 18 万可编程逻辑单元、超过 600 个 GPIO、高速 DDR3 接口、高速 Serdes 接口、支持 PCIe GEN1/GEN2、10M/100M/1000M TSMAC 和 XAUI 接口等丰富资源。

上海复旦微电子主要从事超大规模集成电路的设计、开发，形成了安全与识别、非挥发性存储器、智能电表、专用模拟电路四大产品和技术发展系列，并提供了系统解决方案。2018 年，上海复旦微电子研制出采用全新的亿门级 FPGA 创新架构，并集成了专用超高速串并转换模块、高灵活可配置模块、专用数字信号处理模块、高速内部存储模块、可配置时钟模块等适用亿门 FPGA 应用的模块电路，其各类指标均已达到国际同类产品先进水平，填补了国内超大规模亿门级 FPGA 的空白，可满足我国对国防、航空、航天、通信、医疗等领域 FPGA 器件的迫切需求。

国微电子的主要产品包括高性能微处理器、高性能可编程器件、存储类器件、总线器件、接口驱动器件、电源芯片六大系列，同时可以为用户提供 ASIC/SOC 设计开发服务及国产化系统芯片级解决方案。国微电子拥有 28nm 以上芯片设计能力，具备先进的 EDA 工具和高性能硬件平台，开发了 200 余款产品，产品覆盖了航空、航天、船舶等多个特种行业。

我国 FPGA 目前还处于起步阶段，规模较小，与国际领先厂商之间存在一定的差距。我国 FPGA 在硬件性能指标上落后于 Xilinx 及 Altera，但我国 FPGA 的追赶进度较快，未来随着更多企业的技术突破，我国 FPGA 芯片终将会成为主流芯片。

不忘初心　自主创新

由于欧美等西方国家对我国高科技产业及技术进行了严苛封锁和制约，让我们深刻认识到中国半导体想要发展起来，必须长久坚持“发展自主创新、掌握核心技术”的道路。要矢志不移自主创新，坚定创新信心，着力增强自主创新能力。自主创新是我们攀登世界科技高峰的必由之路。关键核心技术是要不来、买不来、讨不来的。因此，我国的半导体行业应齐心协力，研发出具有自主知识产权的中高端 FPGA 技术，打破国外公司在技术上的垄断格局，实现芯片国产化。

5.2 可编程逻辑器件的分类

可编程逻辑器件有多种分类方法，下面分别按集成度、结构和编程工艺进行分类。

5.2.1 按集成度分类

集成度是可编程逻辑器件的一项很重要的指标，如果按器件的集成度划分，可分为低密度可编程逻辑器件（Low Dentity Programmable Logic Device，LDPLD）和高密度可编程逻辑器件（High Dentity Programmable Logic Device，HDPLD）。常见的低密度可编程逻辑器件有可编程只读存储器（Programmable Read Only Memory，PROM）、可编程逻辑阵列（Programmable Logic Array，PLA）、可编程阵列逻辑（Programmable Array Logic，PAL）和通用阵列逻辑（Genetic Array Logic，GAL）等，这些通常又称为简单 PLD 器件。常见的高密度可编程逻辑器件有可擦除可编辑逻辑器件（Erasable Programmable Logic Device，EPLD）、复杂可编程逻辑器件（Complex Programmable Logic Device，CPLD）以及现场可编程门阵列（Field Programmable Gate Array，FPGA）等，这些又称为复杂 PLD 器件。图 5.2.1 为其分类示意图。

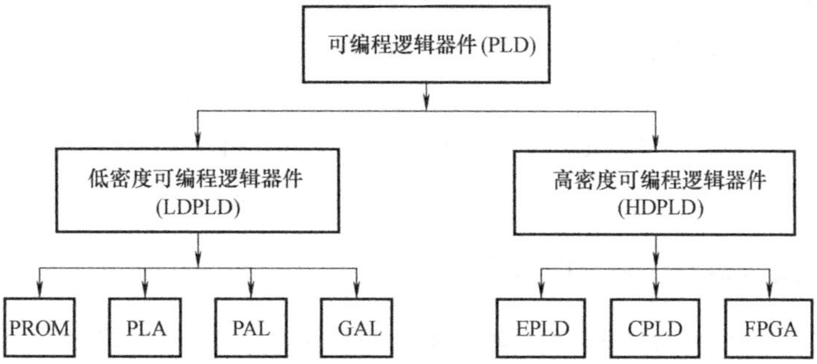

图 5.2.1　可编程逻辑器件按集成度分类示意图

5.2.2　按结构分类

目前常用的可编程逻辑器件都是从与-或阵列和查找表两类基本结构发展起来的，所以又可从结构上将其分为 PLD 和 FPGA 两大类。

1. PLD 器件

PLD 器件是指基本结构为与或阵列的器件。PLD 是最早的可编程逻辑器件，它的基本逻辑结构由“与”阵列和“或”阵列组成，能够有效地实现“积之和”形式的布尔逻辑函数。CPLD 是基于乘积项（Product-Term）技术、采用 FLASH（或 E^2PROM）工艺制作的 PLD 器件，其配置数据掉电后不会丢失，一般多用于 5000 门以下的中小规模设计，适合做复杂的组合逻辑，如译码器等。

2. FPGA 器件

多数 FPGA 器件采用查找表（Look-Up Table）结构及 SRAM 工艺，由于配置数据掉电丢失，需要外挂非易失性存储器。FPGA 将许多可编程逻辑块排列成阵列状，逻辑块之间由水平连线和垂直连线通过编程连通，集成度高，其密度远高于 CPLD，触发器多，适合实现复杂的时序逻辑。

5.2.3　按编程工艺分类

所有的 CPLD 器件和 FPGA 器件均采用 CMOS 技术，但它们在编程工艺上有很大的区别。如果按照编程工艺划分，可编程逻辑器件又可分为：

1）熔丝或反熔丝编程器件。此类器件为一次性编程使用的非易失性元件，编程后系统断电，存储的编程信息不丢失。例如，PROM、PAL、PLA、Xilinx 公司的 XC5000 系列等器件，都是一次性编程。

2）电擦写的浮栅型编程元件。如 GAL、MAX7000 和 MAX9000 系列、ispLSI 系列 CPLD

都属于这类器件，可反复编程。

3）SRAM 编程器件，可以反复编程，实现系统功能的动态重构。Xilinx 的 FPGA 是这一类器件的代表。

5.3 低密度 PLD 简介

PLD 如同一张白纸或是一堆积木，工程师可以通过传统的原理图输入法或硬件描述语言自由地设计所需要的数字系统。任何的组合逻辑表达式都可以转化为“与或”表达式，简单的 PLD 器件采用“与或”逻辑电路的结构，再加上可以灵活配置的互连线及存储单元，从而可以实现任意的逻辑功能。低密度 PLD 包括 PROM、PLA、PAL、GAL 等，它们的组成和工作原理基本相似。

5.3.1 PLD 的逻辑符号及连线表示方法

由于 PLD 具有较大的与或阵列，含有大量的门电路，输入也较多，电路复杂。因此，其逻辑图采用国际通用的简化画法，与传统电路图的表示方法有所不同。**一定注意**：这仅仅是用于 PLD 原理介绍的简化表示方法，这种画法不能用于传统电路中。

1. PLD 的连线表示方法

PLD 横、竖线连接的简化画法如图 5.3.1 所示，“·”加到交叉点上，表示固定连接，不可编程。“×”符号加到交叉点上，表示用户可编程连接或编程后连接。无符号交叉点表示横、竖两线不连接或者编程后断开。

图 5.3.1 PLD 连接表示法

2. 输入缓冲器表示方法

PLD 中的缓冲器采用互补输出结构，它的两个输出分别是输入的原码和反码，如图 5.3.2 所示。

3. 与门和或门的表示方法

图 5.3.3 是 PLD 中与门和或门的表示方法，图 5.3.3a 描述了三输入与门，乘积项 $F_1=BC$。图 5.3.3b 描述了三输入或门，$F_2=A+B$。

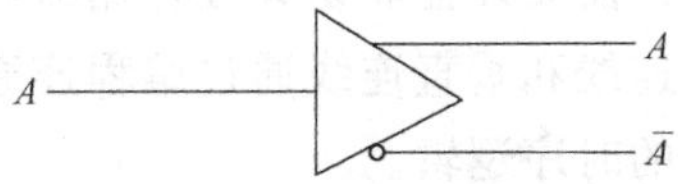

图 5.3.2 PLD 缓冲器表示方法

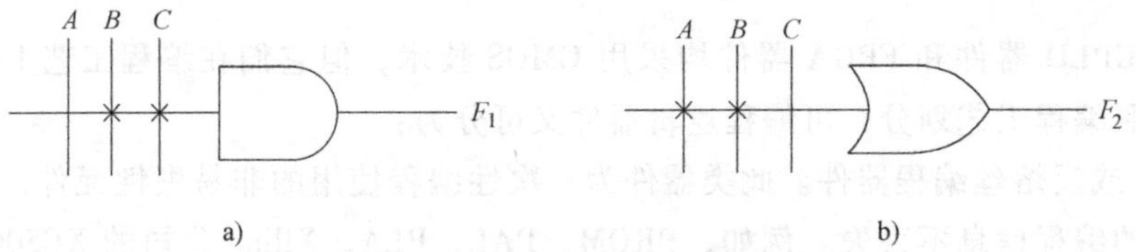

图 5.3.3 PLD 中与门、或门的表示方法

a）三输入与门 b）三输入或门

5.3.2 PLD 的基本结构框架

PLD 的基本结构如图 5.3.4 所示，它是由输入电路、与门阵列、或门阵列、输出电路以及反馈输入信号构成。输入电路也叫输入缓冲电路，用于增强输入信号的驱动能力，产生输入信号的原变量和反变量，并作为与阵列的输入。有些 PLD 的输入电路中含有锁存器、甚至是可组态（可编程或可配置）的宏单元。

输出电路的作用是对将要输出的信号进行处理，既能输出纯组合逻辑信号，还可输出时序逻辑信号，输出电路一般包含多路选择器、触发器、三态门等。输出信号还可以通过内部通路反馈到阵列的输入端。PLD 不同器件的输出回路有所差别，但总体可分为固定输出和可组态输出两大类。

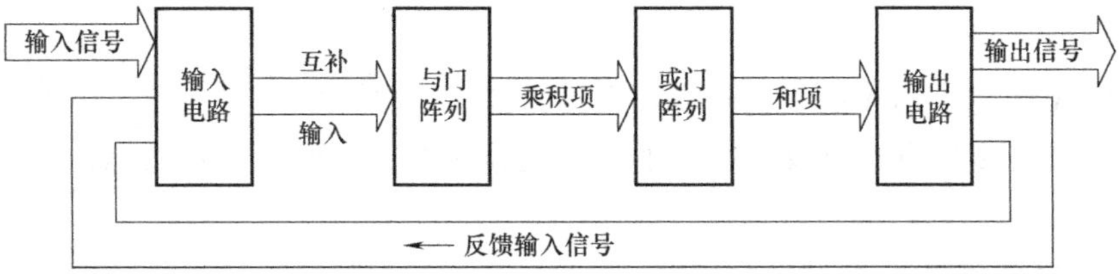

图 5.3.4 PLD 的基本结构框图

与门阵列和或门阵列是 PLD 结构的主体，可用来实现各种逻辑函数和逻辑功能。与门阵列由多个多输入与门组成，用以产生输入变量的各乘积项。或门阵列由多个多输入或门组成，用以产生或项，即将输入的某些乘积项相加。例如，某 PLD 编程后的与或阵如图 5.3.5 所示，由图可知，该 PLD 器件的与阵列是可编程的，或阵列是固定的。由图中连接可得输出 $Y_3Y_2Y_1$ 的逻辑式为

$$Y_1=\overline{A}\,\overline{B}\,\overline{C}+\overline{A}\,\overline{B}C+\overline{A}B\,\overline{C}$$

$$Y_2=\overline{A}\,\overline{B}C+\overline{A}B\,\overline{C}$$

$$Y_3=\overline{A}\,\overline{B}\,\overline{C}+\overline{A}\,\overline{B}C$$

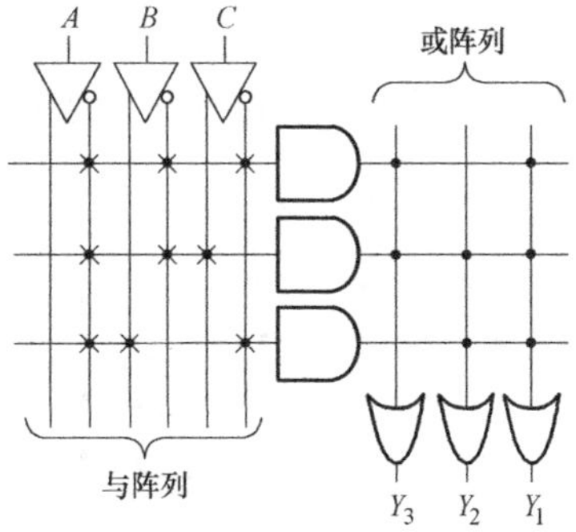

图 5.3.5 PLD 与或阵列举例

5.3.3 低密度 PLD 结构

下面分别介绍 PROM、PLA、PAL 和 GAL 的结构，由于这些器件已逐步退出应用舞台，在此只作简要介绍。

1. 可编程只读存储器

可编程只读存储器（PROM）是与阵列固定、或阵列可编程的 PLD，图 5.3.6 是一个 8×3 的 PROM 阵列图。“与”阵列实现全地址译码功能，即 n 个地址输入变量对应输出 2^n 根字线。可编程的“或”阵列是一个“存储矩阵”，假设或阵列输出线（称为位线）为 m 根，则有 $2^n\times m$ 个交叉点是可编程单元，也意味着该 PROM 可以存储 $2^n\times m$ 位的二进制信息。PROM 编程单元详见第 10.3.2 节介绍。

PROM 可用于存储代码、固定表格或实现逻辑函数。用 PROM 实现逻辑函数时，由于

其与阵列是一个固定的全译码阵列，当输入变量较多时，必然会导致译码阵列复杂，器件的工作速度降低。PROM的体积较大，成本也较高。

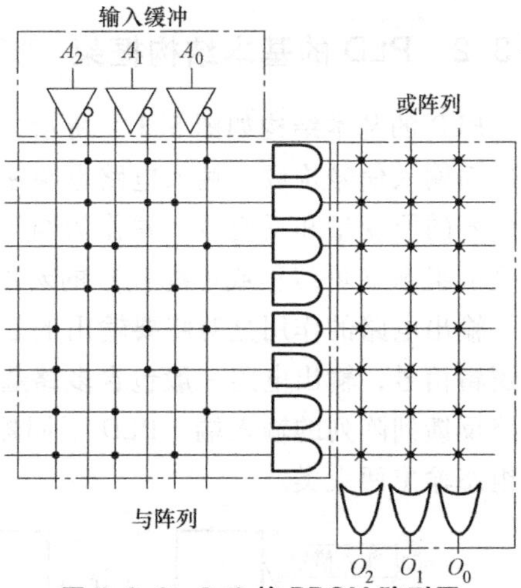

图 5.3.6 8×3 的 PROM 阵列图

2. 可编程逻辑阵列

可编程逻辑阵列（PLA）的与、或阵列都是可编程的，PLA可根据逻辑函数的需要产生乘积项，从而减小了阵列的规模。例如，用PLA实现下列逻辑函数，编程后的电路如图 5.3.7 所示。

$$L_2=\overline{A}\,\overline{B}C+\overline{A}B\overline{C}+A\overline{B}\,\overline{C}+ABC$$

$$L_1=\overline{B}\,\overline{C}+BC$$

$$L_0=\overline{B}C+B\overline{C}$$

相比PROM电路，PLA的结构和特点在设计组合逻辑电路时有许多优点，但没有很好的软件支持平台，导致器件价格偏高，没有被广泛应用。

3. 可编程阵列逻辑

可编程阵列逻辑（PAL）器件由可编程的与逻辑阵列、固定的或逻辑阵列和输出电路三部分组成，通过对与逻辑阵列编程可以获得不同形式的组合逻辑函数。采用双极型熔丝工艺制作的PAL的工作速度较快，这种结构为大多数逻辑函数提供了较高级的编程性能，是PLD发展的基础。图 5.3.8 是PAL的结构图。

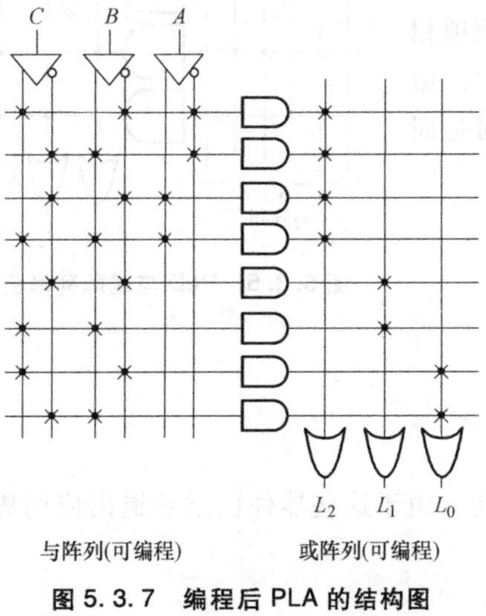

图 5.3.7 编程后 PLA 的结构图

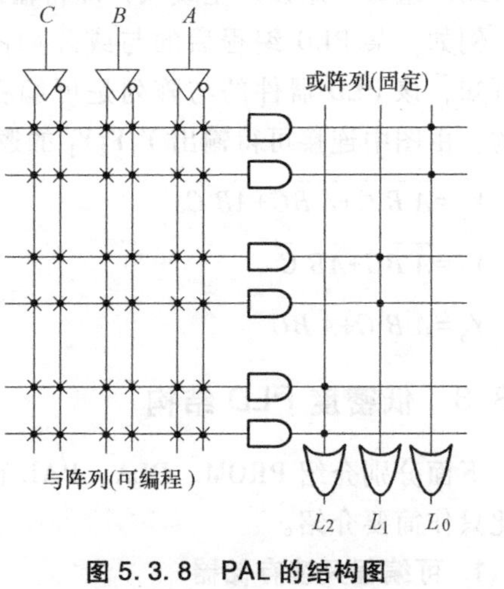

图 5.3.8 PAL 的结构图

与PLA相比，PAL具有更加灵活的输出结构。其大约有几十种结构，对应着不同的型号，按其输出结构可分为三种基本类型：①异步I/O（组合）输出结构，即输出端引脚既可作为输出用，又可作为输入用，如图 5.3.9 所示。输出三态缓冲器由乘积项控制，当缓冲器为高阻时，该I/O端可作为输入端使用。②专用（组合）输出结构，即输出端引脚只能作为输出用。③寄存器输出结构（时序输出结构），即内部含有触发器，可以用来实现同步时序逻辑电路。图 5.3.10 中的输出包含 D 触发器，可以实现时序电路。

PAL 不同的结构对应不同的芯片型号，使用和替换都不方便。

PROM、PLA 和 PAL 都是一次性熔丝编程结构。

4. 通用阵列逻辑

通用阵列逻辑（GAL）是在 PAL 基础上发展而来的可编程逻辑器件，是低密度可编程器件的代表，采用了能长期保持数据的 CMOS E^2PROM（电可擦除可编程只读存储器）工艺，使 GAL 实现了电可擦除、可重复编程等性能，大大增强了电路设计的灵活性。

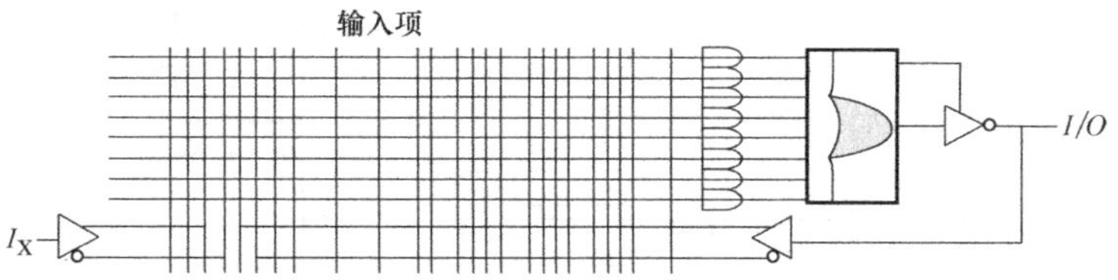

图 5.3.9 I/O 结构

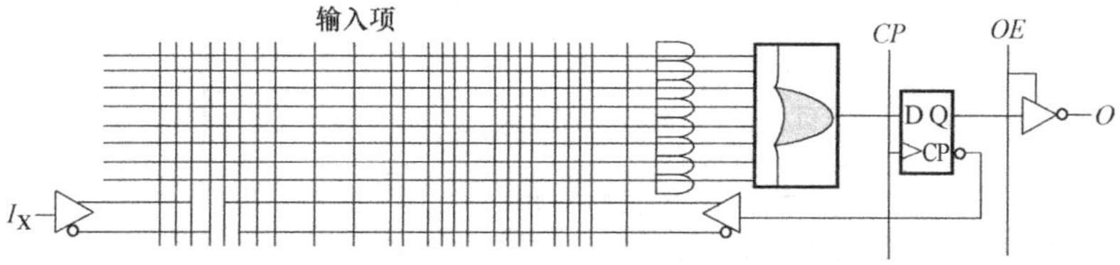

图 5.3.10 时序（寄存器）输出结构

GAL 的阵列结构与 PAL 类似，是由一个可编程的“与”阵列驱动一个固定的“或”阵列。但输出部分的结构不同，它的每一个输出电路都集成了一个输出逻辑宏单元（Output Logic Macro-Cell，OLMC）。

GAL16V8 阵列结构如图 5.3.11 所示。图中包括了 8 个输入缓冲器（对应 2~9 的输入 I 引脚,)、8 个三态输出缓冲器（对应 12~19 的输入/输出，即 I/O 引脚)、8 个反馈输入缓冲器和 8 个 OLMC，1 个控制三态门使能端的输入缓冲器（输入$\overline{OE}$，对应 11 引脚)，1 个时钟 CLK 输入缓冲器（对应 1 引脚)。与阵列是由 16 个输入缓冲器形成了 32 条互补输入垂直线，每个 OLMC 有 8 个乘积项输入，共有 64 条水平乘积项，则构成 32×64 的可编程与阵列，共有 2048 个可编程单元（图中横、竖线 2048 个交叉点都应该加“×”，表示可编程，为了清晰未标注)。引脚 1 既可作为输入，又可作为全局时钟输入端，引脚 11 既可作为输入，又可作为使能。

每个输出逻辑宏单元（OLMC）的内部结构如图 5.3.12 所示，其中 n 代表 OLMC 的编号。OLMC 由一个或门、一个异或门、一个 D 触发器和四个多路选择器、时钟控制、使能控制和编程元件等组成。或门有 8 个输入端，可以产生不超过 8 项与-或逻辑函数。利用异或门的一个输入端，可以控制或门输出逻辑函数的极性。OLMC 的电路结构由 4 个多路选择器

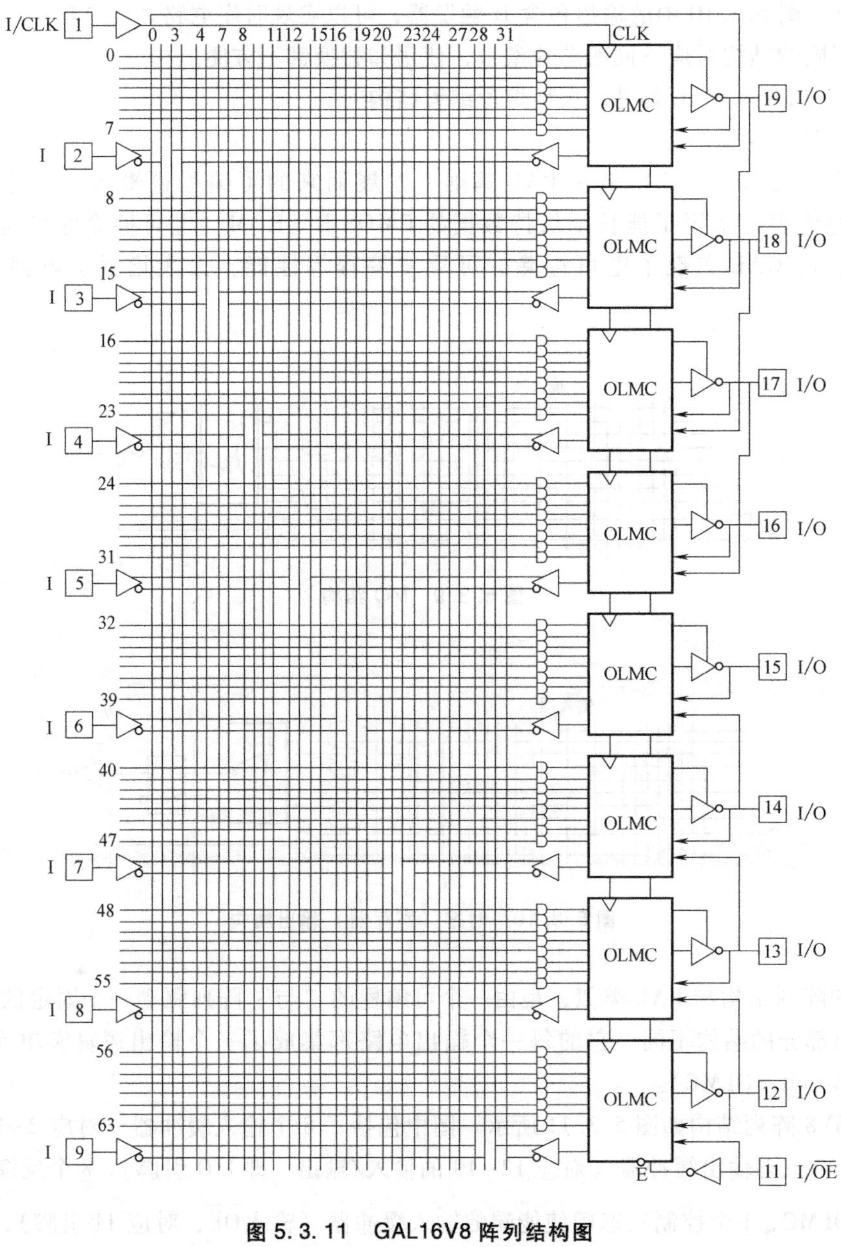

图 5.3.11　GAL16V8 阵列结构图

控制，这些多路选择器通过对 GAL16V8 结构控制字编程，可以使输出逻辑宏单元（OLMC）具有多种不同的工作方式。4 个多路选择器的作用如下：

PTMUX——乘积项选择器，在 AC1（n）和 AC0 控制下选择第一乘积项或地送至或门输入端。

OMUX——输出多路选择器，在 AC1（n）和 AC0 控制下选择组合型（异或门输出）或寄存型（经 D 触发器后输出）逻辑运算结果送到输出缓冲器。

TSMUX——三态缓冲器的使能信号选择器，在 AC1（n）和 AC0 控制下从 V_{CC}、地、OE 或第一乘积项中选择 1 个作为输出缓冲器的使能信号。

FMUX——反馈源选择器。在 AC1（n）、AC1（m）和 AC0 控制下选择 D 触发器的 $\overline{Q}$ 端、本级 OLMC 的输出 I/O（n）、邻级 OLMC 的输出 I/O（m）或地作为反馈源送回与阵列作为输入信号。

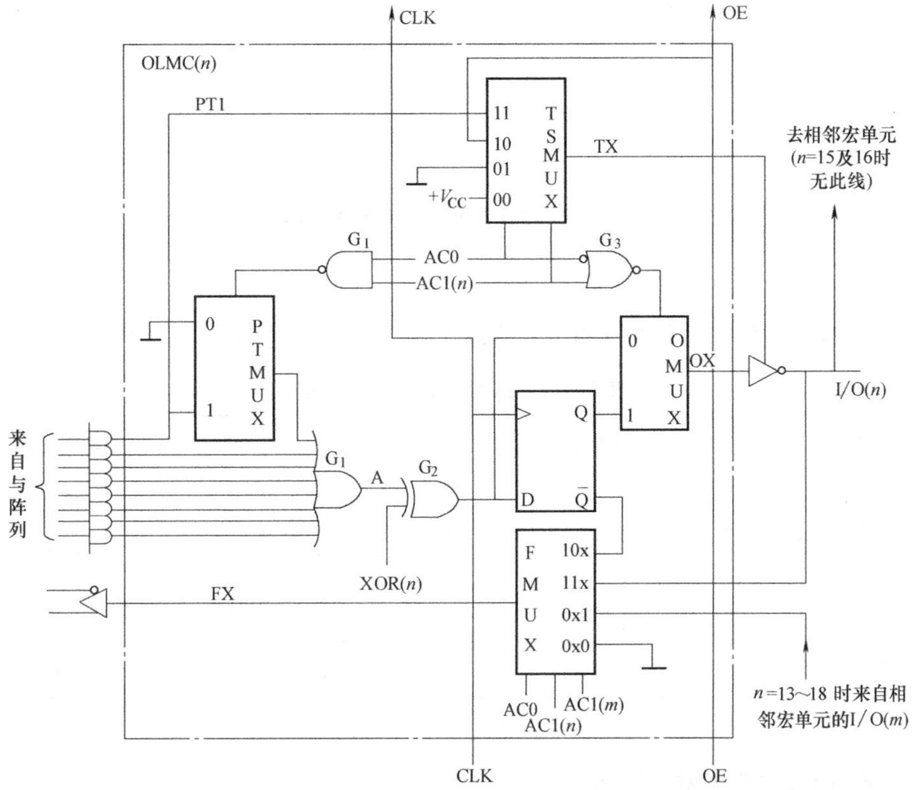

图 5.3.12 输出逻辑宏单元（OLMC）的内部结构

由图 5.3.11 和图 5.3.12 可见，引脚 $n=15$ 和 16，对应的 OLMC（15）和 OLMC（16）的 I/O 引脚不送给其他单元做反馈源。OLMC（12）和 OLMC（19）的相邻输入分别由输入 $\overline{OE}$（11 引脚）和时钟 CLK 输入缓冲器（对应 1 引脚）代替。

对输出逻辑宏单元 AC1（n）、AC0 等编程位进行编程，就可以得到不同类型的输出电路结构。例如，OLMC 编程为反馈组合输出和寄存器输出的结构分别如图 5.3.13a 和 b 所示。

低密度 PLD 共同的缺点是规模小，每片相当于几十个等效门电路，只能代替 2~4 片中规模器件，远达不到 LSI 和 VLSI 专用集成电路的要求。GAL 在使用中还有许多局限性，如一般 GAL 只能实现同步时序电路，各 OLMC 中的触发器只能同时置位或清 0，每个 OLMC 中的触发器和或门还不能充分发挥其作用，且应用灵活性差等。尽管 GAL 器件有加密的功能，但随着解密技术的发展，对于这种阵列规模小的可编程逻辑器件，解密已不是难题。这些不足都在高密度复杂 PLD 中得到了较好的解决。

5. 低密度可编程逻辑器件编程形式总结

PROM、PLA、PAL 和 GAL 这四种简单的 PLD 都是基于“与”“或”阵列结构的逻辑器

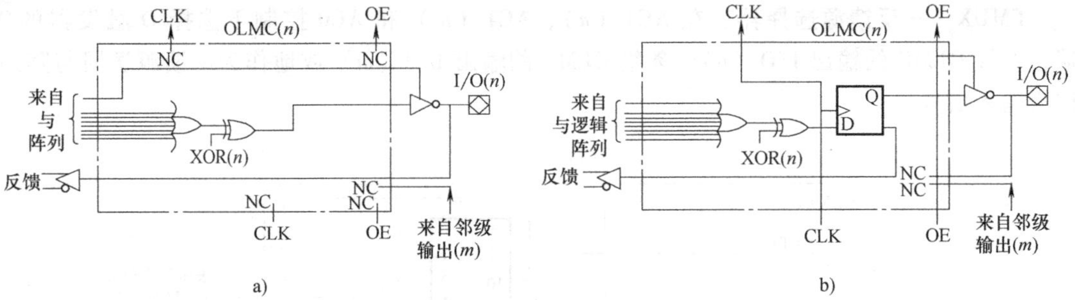

图 5.3.13　时序电路中的组合输出组态

a) 反馈组合输出　b) 寄存器输出

件，但其与、或阵列的可编程性和输出电路的形式有所不同，如表 5.3.1 所示。

表 5.3.1　四种简单 PLD 的区别

器件	与阵列	或阵列	输出电路
PROM	固定	可编程	固定
PLA	可编程	可编程	固定
PAL	可编程	固定	固定或可编程
GAL	可编程	固定	可编程

5.4　复杂可编程逻辑器件

以 GAL 为代表的低密度可编程逻辑器件不能满足日益复杂的数字系统需要。复杂可编程逻辑器件（CPLD）是指集成密度大于 1000 门的复杂 PLD，具有更多的输入输出信号、更多的乘积项和宏单元。用户根据各自需要，借助集成软件开发平台，用原理图、硬件描述语言等方法生成相应的目标文件，将目标文件代码编程到 CPLD 中，可实现需要的数字系统。

5.4.1　CPLD 的结构框架及特点

CPLD 的规模大、结构复杂，不同厂家、不同系列 CPLD 的结构各不相同，但基本包括三部分：逻辑阵列块（Logic Array Blocks，LAB）、可编程互联阵列（Programmable Interconnect Array，PIA）和 I/O 控制块（Input Output Control Block，IOCB），结构示意图如图 5.4.1 所示。

(1) 逻辑阵列块

逻辑阵列块（LAB）是 CPLD 的基本单元，结构与 GAL 类似，主要包括“与或”逻辑阵列和输出逻辑宏单元（OLMC）等电路。其中，“与或”逻辑阵列完成组合逻辑功能，OLMC 中的可编程触发器可以完成时序逻辑。

(2) 可编程互联阵列

可编程互联阵列（PIA）遍布各 LAB 和 I/O 控制模块之间，可实现 LAB 之间、LAB 和 IOCB 之间的连接，为 CPLD 各逻辑单元提供灵活可编程的连接，构成了各种复杂的系统。由于 CPLD 内部采用固定长度的金属线进行各逻辑块的互连，因此设计的逻辑电路具有时间可预测性，避免了分段式互连结构时序不完全预测的缺点。

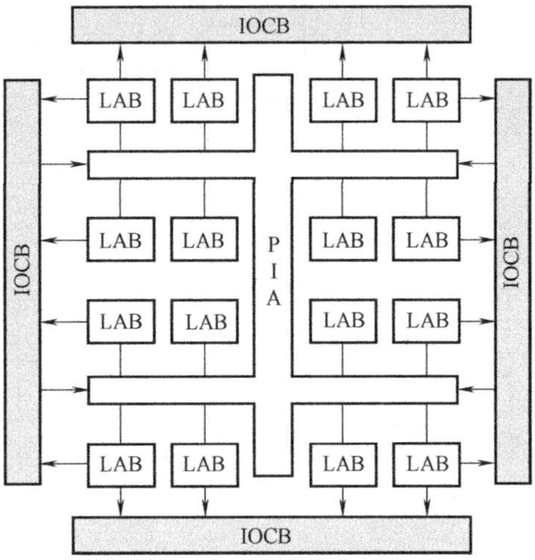

图 5.4.1　CPLD 的结构框架

(3) I/O 控制模块

I/O 控制模块（IOCB）位于器件四周，是器件引脚和内部逻辑间的接口电路。CPLD 通常只有少数几个专用输入引脚，多数是输入/输出（I/O）端，通过 IOCB 电路中的输出多路选择器、三态门等可以控制 I/O 端为输入或者输出状态。

CPLD 的组合逻辑资源比较丰富，适合组合电路较多的控制应用。早期的 PLD 只能实现同步时序电路，而在 CPLD 中，各触发器时钟可以异步工作，有些器件中触发器的时钟还可以通过多路选择器在时钟网络中进行选择。

CPLD 与低密度 PLD 相比，其主要特点是：集成度高、速度高、功耗低，有线或功能，有异步时钟、异步清零功能，具有三态输出使能控制、在系统可编程功能，具有可编程加密、测试功能等。

5.4.2　CPLD 硬件最小系统

下面给出 Altera 公司生产的 MAX7000 系列 CPLD 的 EPM7128S 器件（其内部结构请扫二维码链 5-1 查看）工作时需要的基本电路，也称为硬件最小系统，如图 5.4.2 所示。其主要包括时钟电路、下载接口、电源电路和复位电路。时钟电路采用有源晶振电路（见第 9 章），如图中的 Y1 所示，晶振频率为 25MHz。J3 是 JTAG 的下载端口，用于在线调试和下载程序。图中 J4 是连接变压器的接口，来自变压器的 8~10V 交流电压经过全桥电路整流和滤波后变成直流电压，再经过 LM7805 稳压得到 +5V 电压，+5V 电压分成两路，一路 VCCIO 为 EPM7128S 的 I/O 口提供电源，一路 VCCINT 为 EPM7128S 的内核提供电源，为了降低功耗，目前多数超大规模器件的内核电压都比 I/O 口电压低。图中发光二极管 VD_1 是电源正常指示灯。按键开关 S_1、R_2 及 C_9 构成了上电复位和手动复位电路，说明 EPM7128S 复位是低电平有效，随着电容充电，复位信号变为高电平，CPLD 开始正常工作，CPLD 的复位信号与微处理器复位信号作用类似，可以复位 CPLD 内部触发器及可编程单元。按下 S_1 可以手动复位。

链 5-1　EPM7128S 的内部结构

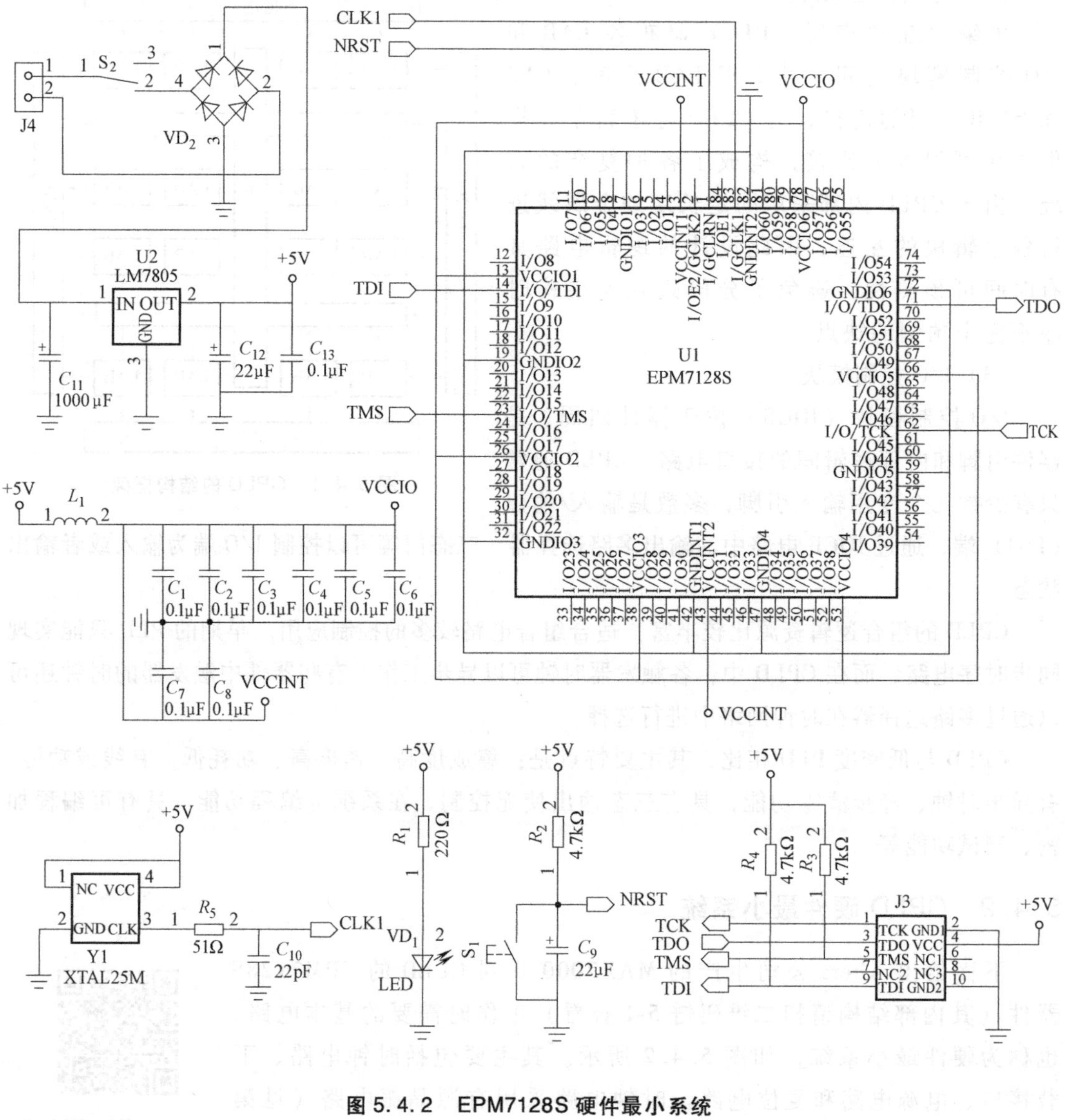

图 5.4.2　EPM7128S 硬件最小系统

5.5　现场可编程门阵列

多数现场可编程门阵列（FPGA）都是基于静态随机存取存储器（即 SRAM，见第 10 章）和查找表（Look-Up-Table，LUT）结构的高密度可编程逻辑器件，其可在系统编程时实现时序逻辑、组合逻辑以及各种复杂逻辑电路。

5.5.1　FPGA 的结构框架

FPGA 主要由可配置逻辑块（Configuration Block，CLB）、输入输出块（Input Output Block，IOB）及布线资源三部分组成，与 CPLD 类似。可配置逻辑块 CLB 在 FPGA 内部排成阵列，利用丰富的布线资源连接，再通过输入输出块（IOB）与芯片的引脚连接。这种 CLB 阵列结构有很强的灵活性，便于实现需要大量数据处理能力的复杂数字系统。FPGA 的内部结构如图 5.5.1 所示。最新的 FPGA 内部逐步加入了更多更高性能的模块，如数字信号处理（DSP）、模/数转换器（ADC）、处理器核等。

CLB 是 FPGA 的基本逻辑单元，每个 CLB 中包含若干个 LUT、触发器、多路数据选择器等逻辑电路。

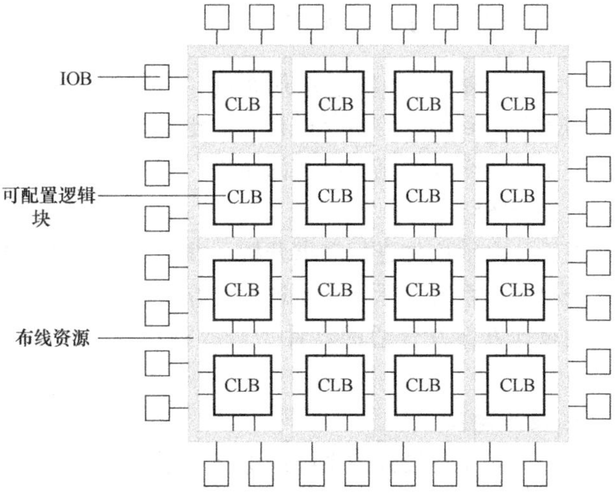

图 5.5.1　FPGA 内部架构

组合逻辑可以用 FPGA 的 LUT 来实现，LUT 本质上是一个 SRAM。当用户设计了一个组合逻辑电路后，FPGA 开发软件会自动把该电路的真值表中输出逻辑函数的取值存入 LUT 的 SRAM 存储器中，组合逻辑电路的输入信号作为 SRAM 的地址，每输入一组输入信号，就从 SRAM 对应地址单元读出存储的值，即查表并输出。LUT 可作为逻辑函数发生器。

以 LUT 实现一个 4 输入逻辑电路为例，如表 5.5.1 所示，只需把组合逻辑电路的真值表写入 4 输入的 LUT，就实现了该组合逻辑电路的逻辑功能。即 LUT 具有和逻辑电路相同的功能，LUT 具有更快的执行速度，可以级联形成更大规模的电路。

表 5.5.1　LUT 实现组合逻辑电路示例

实际逻辑电路		LUT 实现	
组合逻辑电路 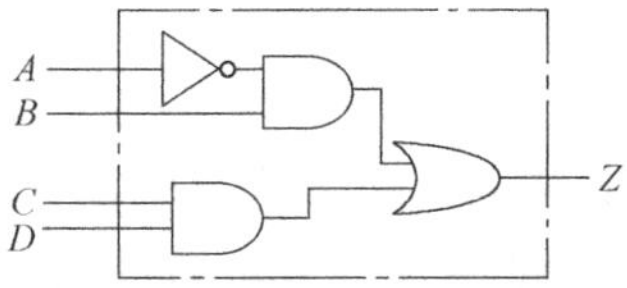		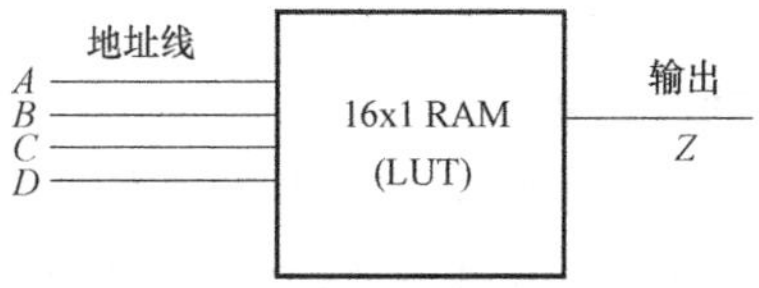	
A、B、C、D 输入	逻辑输出 Z	地址	RAM 中存储单元的内容
0000	0	0000	0
0001	0	0001	0
0010	0	0010	0
0011	1	0011	1
0100	1	0100	1
⋮	⋮	⋮	⋮
1111	1	1111	1

对于一个 LUT 无法完成的组合逻辑电路，编译软件将自动通过进位逻辑将多个 LUT 相连，实现复杂的逻辑运算。

目前的 FPGA 正在不断更新换代，新的器件不断涌现。Xilinx 公司推出了高性能、低功耗的 7 系列 FPGA，芯片的 I/O 带宽为 2.9TB/s，逻辑单元容量为 200 万，DSP 定点运算性能为 5.3TMAC/s（TMAC/s 即每秒 1 万亿次乘加运算），性能大幅提升，功耗比前一代低了

50%，为 ASSP（Application Specific Standard Parts，专用标准产品）和 ASIC 提供了完全可编程的替代方案。Xilinx FPGA 简介及基本结构介绍请扫二维码链 5-2 查看。

链 5-2 Xilinx FPGA 及结构介绍

5.5.2 FPGA 的设计流程

设计一个基于 FPGA 的应用系统，一般根据图 5.5.2 所示的设计流程进行从需求分析到调试的整个过程。在建立好开发环境后可以尝试设计一个门电路，走一遍全部的流程以加深印象。

1. 需求分析

在设计之前应先进行需求分析，确定系统的设计方案，根据任务要求、系统指标、所需逻辑资源等内容进行权衡，选择合理的设计方案及合适的器件型号，将系统分为若干个基本单元。

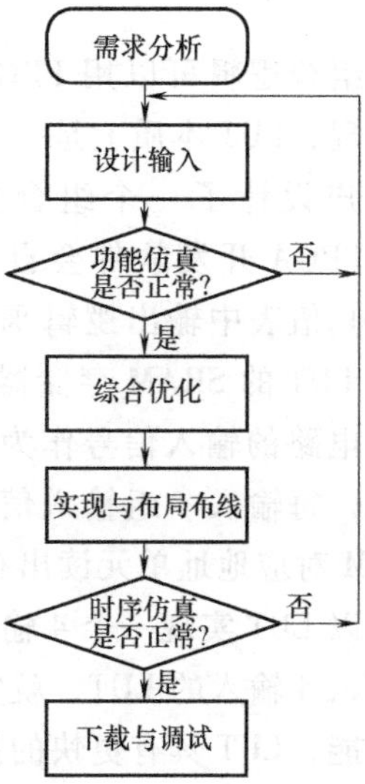

图 5.5.2 FPGA 设计流程

2. 设计输入

设计输入是将设计的系统或电路用原理图或硬件描述语言等方式表示，并输入给 EDA 工具的过程。设计者利用 EDA 开发工具提供的元件库，通过绘制原理图的方式进行电气连接，或者利用硬件描述语言（Hardware Description Language，HDL）来描述各模块的功能及连接关系，常用语言有 VHDL 和 Verilog HDL（见第 6 章）。

Verilog HDL 支持层次化的设计结构，设计时应先规划好设计层次，分配各个层次的模块功能。层次划分是系统性工作，需要综合考虑系统功能、算法结构和硬件结构并进行时域划分、资源估计、接口分配等工作。

3. 功能仿真

功能仿真也叫 RTL 行为级仿真，是对用户所设计的电路进行逻辑功能验证，不包含延时信息，也不涉及具体器件的硬件特性。仿真前需要建立测试平台（TestBench），编写仿真激励文件并加载到被测单元，通过观察输出波形，从而判断设计的正确性，若发现错误，则返回修改逻辑文件。仿真工具可用 Modelsim 软件或 Vivado 自带的 Simulation，只有在功能仿真通过后才能进行后续工作。

4. 综合优化

综合优化是针对给定的电路，为实现功能和该电路的约束条件，如速度、功耗、成本以及电路的类型等，通过计算机进行优化处理，获得一个能满足预期功能及约束条件的最优电路设计方案。

综合优化是将 HDL 源文件或原理图等设计输入转换成由门电路、RAM、触发器等基本逻辑单元组成的逻辑连接网表，并根据约束条件对速度和面积进行逻辑优化，产生一个优化的 FPGA 网表文件，以供 FPGA 布局和布线工具使用。进行综合优化时可使用 Vivado 开发软件中内置的 Synthesis 或者第三方综合工具，如 Synplify 等。

5. 实现与布局布线

实现是利用实现工具将综合生成的逻辑网表翻译成所选器件的底层模块与硬件原语，将设计映射到目标芯片的底层硬件结构上，并根据布局的拓扑结构，利用芯片内部丰富的布线资源合理正确地连接各模块。为了能获得满足设计要求的实现结果，在实现前应指定时序约束、时钟约束、物理约束等设计要求，不同的约束条件可使布局布线存在较大的差异。

完成布局布线后，使用时序分析工具进行静态时序分析，确定当前布局布线结果是否满足时序要求。如果未满足时序要求，应重新调整布局布线，直到时序分析结果满足时序要求。

6. 时序仿真

时序仿真也叫布线后仿真，布局布线后进行的仿真综合考虑了路径延迟和门延迟的情况，验证电路是否存在时序违规、是否满足时序约束条件或器件固有的时序规则。时序仿真接近真实器件的运行情况，对系统和各模块进行时序仿真时，可检查设计时序与 FPGA 的实际运行情况是否一致，评估系统性能并分析时序关系，确保设计的可靠性及稳定性。

7. 下载与调试

在功能仿真和时序仿真正确的前提下，就可以进行下载调试。首先生成用于配置 FPGA 的比特流文件，对于 Xilinx FPGA，通过 Vivado 软件中集成的 Hardware Manager 连接 FPGA 硬件系统，将配置文件下载到目标 FPGA 芯片进行实际电路调试及验证。用户可使用开发软件中的 Chipscope 或 ILA 核等在线调试工具，调用 FPGA 内部逻辑资源对变量进行观测。

5.5.3 CPLD 与 FPGA 的对比总结

在高密度 PLD 器件中，将以乘积项结构方式构成逻辑行为的器件称为 CPLD；将以查表法结构方式构成逻辑行为的器件称为 FPGA，且集成大量触发器。CPLD 和 FPGA 的设计流程基本相似，但在结构和应用方面有所区别：

1）CPLD 更适合完成各种算法和组合逻辑，FPGA 更适合于完成时序逻辑。

2）CPLD 连续式布线结构决定了它的时序延迟是均匀和可预测的，而 FPGA 的分段式布线结构造成了连线延迟的不可预测性。

3）在编程上，FPGA 比 CPLD 具有更大的灵活性。CPLD 通过修改具有固定内连电路的逻辑功能来编程，FPGA 主要通过改变内部连线的布线来编程；FPGA 可在逻辑门下编程，而 CPLD 是在逻辑块下编程。

4）CPLD 的集成度较低，大多为几万门芯片规模。FPGA 的集成度高，可做到几十万到上百万门的芯片规模，具有更复杂的布线结构和逻辑实现。

5）CPLD 的速度比 FPGA 快，并且具有较大的时间可预测性。这是由于 FPGA 是门级编程，且 CLB 之间采用分布式互联，而 CPLD 是逻辑块级编程，且其逻辑块之间的互联是集成式的。

6）在编程方式上，CPLD 主要是基于 E^2PROM 或 FLASH 存储器工艺编程，擦写次数有限，系统断电时编程信息不丢失，无须外接配置芯片。FPGA 是基于 SRAM 编程，编程信息在系统断电时丢失，每次上电时，需从器件外部将编程数据重新写入，需要接外部配置芯片。FPGA 使用时可以进行任意次编程。

7）CPLD 有加密编程位，保密性好。FPGA 掉电信息丢失。

8）一般情况下，CPLD 的功耗要比 FPGA 大，且集成度越高越明显。

本章小结

可编程逻辑器件（PLD）是可以由编程来确定其逻辑功能器件的统称。在设计和制作数字系统中使用它们，可以获得较大的灵活性和较短的研制周期。

PROM 是早期的 PLD，GAL 是低密度 PLD 的代表产品，它给逻辑设计带来很强的灵活性，但是集成密度较低。

新一代高密度可编程逻辑器件的集成度一般可达数千至上万门，现场可编程门阵列（FPGA）的集成度可达百万门。它们都具有现场可编程特性，可用于实现较大规模的逻辑电路和数字系统。

高密度的 CPLD 和 FPGA 与微处理器实现数字系统的方法不同。微处理器是通过串行地执行用户程序来完成预期的功能。PLD 是通过编程连接内部硬件资源构成预期功能的电路。显然，PLD 实现数字系统的工作速度比处理器快很多，高速数字信号处理必须使用 PLD 来实现。

思考题和习题

思考题

5.1　简述 PAL 和 GAL 的区别，为什么说 GAL 是低密度可编程逻辑器件的代表？

5.2　试比较 CPLD 和 FPGA 的特点。分析它们的应用范围。

5.3　FPGA 内部主要功能单元有哪些？

5.4　高密度可编程逻辑器件中具有硬件加密功能的是 CPLD 还是 FPGA？

5.5　简述 FPGA 的未来发展趋势。

5.6　对比查找表与乘积项结构的优缺点。

习题

5.1　用 PLA 实现以下逻辑函数，要求画出编程后的阵列图。

$Y_2=A\overline{B}C+\overline{A}B+AB\overline{C}$

$Y_1=\overline{A}+B\overline{C}$

$Y_0=A\overline{B}+\overline{A}\,\overline{C}$

5.2　用一片 PAL 实现以下逻辑函数，要求画出编程后的阵列图。

$Y_2=A\overline{B}\,\overline{C}+AB\overline{C}$

$Y_1=\overline{ABC}$

$Y_0=\overline{A}\,\overline{B}C+\overline{A}B\overline{C}$

5.3 分析图题5.3所示PAL构成的逻辑电路，试写出输出与输入的逻辑关系式。

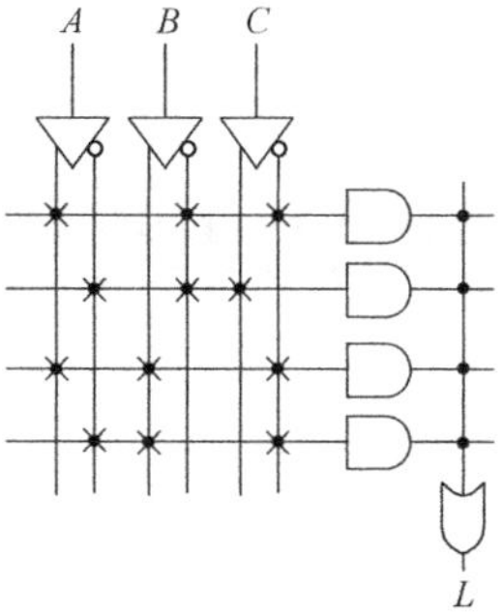

图题 5.3

5.4 试分别写出图题5.4中两个触发器的驱动方程和时钟方程，写出输出方程。分别在 X 为 0、1 两种情况下，画出各触发器在 CP 信号作用下的 Q_1 和 Q_2 波形（假设初态全为0），分析两个触发器状态的变化规律，说明电路的功能。

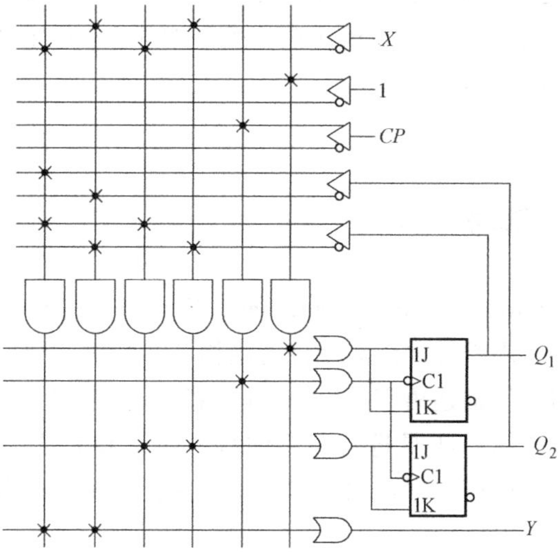

图题 5.4

5.5 用LUT实现逻辑函数 $Y_0=\overline{A}\,\overline{B}C+\overline{A}B\overline{C}$。

5.6 用原理图输入法实现与或非门及边沿D触发器，并在EGO1实验板上完成验证。

第6章　Verilog硬件描述语言

本章首先介绍了硬件描述语言的发展，将 Verilog HDL 与 C 语言进行对比，便于更快地学习 Verilog HDL。然后简明介绍了 Verilog HDL 的基本语法，通过实例学习 Verilog HDL 的基本结构和特点，并用实例描述了 Verilog HDL 有限状态机设计。最后简要介绍了仿真验证的方法。

6.1　硬件描述语言概述

硬件描述语言（Hardware Description Language，HDL）是一种编程语言，用来描述硬件电路及其执行过程。因其是用软件方法对硬件的结构和运行进行建模，所以该程序设计过程也叫电路建模过程。使用硬件描述语言可以在不同抽象层级对逻辑电路和系统进行描述，然后利用电子设计自动化（EDA）工具进行电路的行为仿真和验证，再经过综合工具将语言转换为门级电路网表文件，最后根据选用的 FPGA 器件，通过自动布局布线工具将网表转换为具体的电路布线结构。

硬件描述语言有上百种，目前比较流行的 HDL 是 Verilog HDL 和 VHDL，并且都已成为 IEEE 标准。绝大多数的芯片生产厂家都支持这两种描述语言。由于 Verilog HDL 的一些优点，其在工业界的应用更加广泛。

6.1.1　Verilog HDL 和 VHDL 简介

Verilog HDL 诞生于 1983 年，GDA（Gateway Design Automation）公司在 C 语言的基础上发布了 Verilog 硬件描述语言，即“Verilog HDL”，或简称为“Verilog”。1985 年，该公司的 Verilog HDL 创始人 Phil Moorby 设计了 Verilog-XL 仿真器。1987 年，Synopsys 开始使用 Verilog 行为语言作为综合产品的输入。1989 年，Cadence 公司收购了 GDA 公司。1990 年，Cadence 公司公开发布了 Verilog HDL，并且成立了 Open Verilog International（OVI）组织，专

门负责 Verilog HDL 的发展。由于 Verilog HDL 具有简洁、高效、易用的特点，几乎所有的专有集成电路公司都支持 Verilog HDL，并且将 Verilog-XL 作为黄金仿真器。1993 年，在提交到 ASIC（Application Specific Integrated Circuit）公司的所有设计中，有 85%的设计使用了 Verilog HDL。1995 年，IEEE（Institute of Electrical and Electronics Engineers）制定了 Verilog HDL 的 IEEE 标准，即 IEEE Std 1364—1995。2001 年，IEEE 对 Verilog 进行了较多修正和扩展，制定了 IEEE 标准 IEEE Std 1364—2001；2005 年，Verilog HDL 被再次更新，制定了 IEEE Std 1364—2005 标准。

VHDL 的英文全名为 VHSIC Hardware Description Language，VHSIC 是 Very High Speed Integerated Circuit 的缩写词，意为超高速集成电路，故 VHDL 的准确的中文译名为超高速集成电路硬件描述语言。20 世纪 80 年代初，美国国防部为了满足美国军事工业需求而开发了 VHDL，于 1982 年诞生。1987 年，IEEE 将其制定为标准，即 IEEE 1076—1987。1993 年，对 VHDL 进行了一些改进，添加了新的命令和属性，成为新标准版本，即 IEEE 1076—1993。

Verilog HDL 与 C 语言较接近，相较于 VHDL，其更易上手和使用，只要有 C 语言的编程基础，加上数字电路基础，就可以在较短时间内通过学习和实际操作进行简单的电路设计。而 VHDL 语法严谨，书写规则相对烦琐，不够灵活。对于初学者，建议学习 Verilog HDL，在有了一定基础后才能够看懂 VHDL。本章主要介绍了 Verilog HDL。

6.1.2 Verilog HDL 与 C 语言

由于 Verilog HDL 是在 C 语言的基础上发展而来的，因此 Verilog HDL 继承和借鉴了 C 语言的很多语法结构，粗略地看，Verilog HDL 与 C 语言有许多相似之处。例如，都对大小写敏感，并且很多关键字和运算符都可以对应起来，不能用关键字作为变量名，分号用于结束每个语句，注释符也是相同的（/* ... */和//都是大家熟悉的），运算符“==”也用来测试相等性。Verilog HDL 的 if...else 语法与 C 语言也非常相似，只是使用关键字 begin 和 end 代替了 C 语言中的大括号。

Verilog HDL 作为一种硬件描述语言，与 C 语言还是有着本质的区别，一个重要的区别是它们的“运行”方式。C 语言程序是一行接一行依次执行指令代码的，属于顺序结构。而 Verilog HDL 的结果是在可编程逻辑器件（PLD）中构成不同功能的硬件电路，是可以在同一时间同时运行的，属于并行结构。

由于 Verilog HDL 所设计的硬件电路单元是并行工作的，因此一旦开启 PLD 电源，硬件的每个单元就会一直处于运行状态。虽然根据具体的控制逻辑和数据输入，一些单元电路可能不会改变它们的输出信号，但它们还是一直在“运行”中。

相反，对于 C 语言程序，在同一时刻的整个软件设计中只有一小部分（即使是多任务软件，也只有一个任务）在执行。如果软件只有一个处理器，任一时间点只能有一条指令在执行，其他部分则可以被认为处于休眠状态，这与硬件描述语言程序有很大的不同。

由上述分析可知，C 语言是串行执行的，而 Verilog HDL 是并发执行的。C 语言和 Verilog HDL 在执行方式上的不同直接导致 C 语言和 Verilog HDL 的编程方式和代码风格的不同。不能用串行执行的观念去理解 Verilog HDL 程序，一定要用描述电路且并行执行的思想去理解和编写 Verilog HDL 程序。

Verilog HDL 中没有 C 语言的一些较抽象的语法，如迭代、指针、不确定次数的循环等。不是所有的 C 语言编程思想和方法都可以用于 Verilog HDL，可用于综合（程序的功能可以用硬件电路实现）的 Verilog HDL 语法是相当有限的。

C 语言的函数调用与 Verilog HDL 中模块的调用也有区别。当 C 程序调用函数时，函数是唯一确定的，在编译时会把函数的源代码转换为可执行代码，并分配一段固定的存储空间，对同一个函数的不同调用，其入口地址是一样的。而 Verilog HDL 对模块的不同调用是不同的，即使调用的是同一个模块，也必须使用不同的名字来指定，且每调用一次，都会综合生成对应的一组硬件电路。

Verilog HDL 的本质作用是描述硬件电路，虽然在语言形式上与 C 语言有很多类似，但最终描述的是 PLD 芯片内部的硬件电路。因此，评判一段 HDL 代码的优劣不能以代码的简洁为标准，而是要考虑“综合”与“实现”后的电路性能的好坏，是否满足面积与速度的性能要求，以及资源利用率的多少。

6.1.3 Verilog HDL 的可综合性

Verilog HDL 主要有两大用途：系统仿真和硬件实现。可综合的语法是指可以通过 EDA 工具将 Verilog HDL 描述的功能实现为具体的硬件电路的语法。Verilog HDL 可综合的语法是其语法的一个很小的子集，可综合的语句十分有限。也就是说，并不是所有的语法都可以用硬件电路来实现，而所有的 Verilog HDL 描述都可以用于仿真。因此，当程序是用于硬件实现（如用于 FPGA 设计）时，必须保证程序的可综合性，不可综合的语句将被综合器忽略或报错。

由于可综合的语法子集并未形成国际化的标准，各厂商的综合器所支持的 HDL 子集可能也略有不同（如对 * 和/的支持与综合器有关）。事实上，30%的基本语法就可以完成 95%以上的电路设计，很多生僻的语句并不能被所有的综合工具所支持，在程序移植和更换软件平台时，可能会产生兼容性问题，并且不利于他人阅读和修改。因此，建议初学者重点掌握常用语法，并且尽可能地对比和理解相关语法实现的硬件电路。

6.2 Verilog HDL 基本结构

Verilog HDL 的基本描述单元是模块（Module）。一个模块代表了一个基本的功能单元电路。模块是通过端口与其他功能模块进行通信（连接），以及被高层模块调用的。一个复杂电路的完整 Verilog HDL 模型是由若干个 Verilog HDL 模块构成的，每一个模块又可以由若干个子模块构成。

图 6.2.1 给出了一个简单的与非门逻辑电路的 Verilog HDL 描述实例。

可以看出，模块主要由模块声明、端口声明和逻辑功能描述三部分组成。根据程序需要，如果存在内部信号，还需要进行内部信号声明，详见 6.3.2 节中数据类型声明。下面对模块的主要组成部分进行具体介绍。

1. 模块声明

模块声明以关键字 **module** 开始，以关键字 **endmodule** 结束。模块由模块名唯一标识。模块声明不能嵌套，即模块声明中不能包含另一个以 module 开始的模块声明，但可以通过

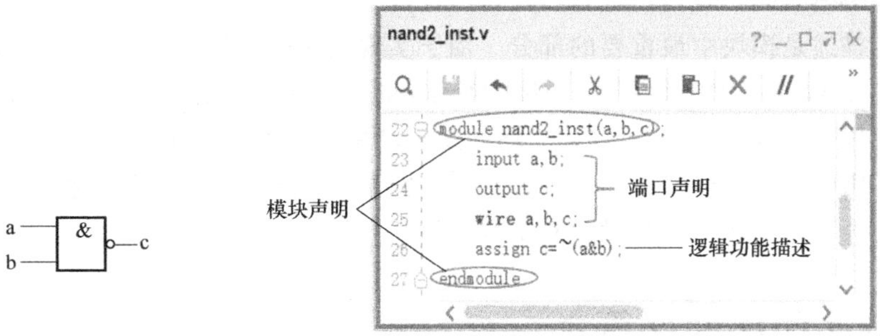

a) b)

图 6.2.1 Verilog HDL 描述与非门

a）与非门符号及变量 b）Verilog HDL 描述

实例化（instantiate）另一个模块来实现模块嵌套，详见 6.4.2 节。

模块名后面的括号中是模块的端口列表，用于描述该模块的输入端口和输出端口。**注意：**每个端口之间用逗号隔开，最后一个端口后面没有标点。本例中模块的名称是 nand2_inst，它包含 3 个端口 a、b 和 c。

2. 端口声明

端口是模块与外界或其他模块沟通的信号线。端口可以被声明为输入端口（input）、输出端口（output）或输入/输出双向端口（input/output）。本例中端口 a 和 b 声明为输入端口，c 声明为输出端口。

端口声明还包括端口数据类型声明。Verilog HDL 有两大数据类型：网络数据类型（net data types）和变量数据类型（variable data types）[⊖]。wire 和 reg 是端口声明中最常用的数据类型，有关数据类型的详细内容将在 6.3.2 节中介绍。端口的默认类型为 wire 型，因此，本例中的语句“wire a，b，c;”可省略。需要注意的是，不能将输入端口和输入/输出双向端口声明为 reg 类型。

端口和数据类型可以合并在一条声明语句中完成。例如，本例中的端口及数据类型声明可以写成“input wire a，b;”。

端口和数据类型声明也可以直接放在端口列表中，而不是放在模块内部，如图 6.2.2 所示。

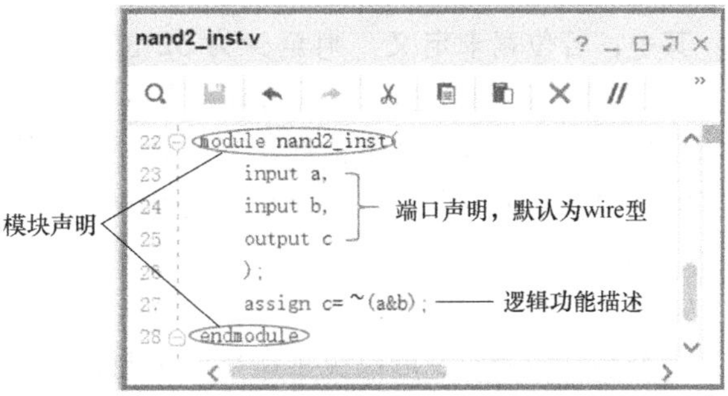

图 6.2.2 与非门 Verilog HDL 描述

下面再列举几个端口声明的例子：

input [3:0] d; //d 为输入端口，默认数据类型是 wire 型，位宽为 4 位

input [7:0] a,b,c; //输入端口 a、b 和 c，均为 8 位 wire 型信号

output reg [7:0] dataout; //dataout 为 8 位的 reg 型输出端口

⊖ 在 Verilog 标准 IEEE Std 1364—2001 发布之前，该类型被称为寄存器（register）类型。

3. 逻辑功能描述

逻辑功能描述是模块中最重要的部分，用于实现模块的具体功能，描述输入信号如何影响输出信号。在 Verilog HDL 设计中，主要使用 assign 连续赋值语句、initial 或 always 过程块语句和实例引用（即模块实例化）对电路的逻辑功能进行描述，且在同一个模块中，它们出现的顺序不影响模块功能的实现，因为它们之间是并列的关系，是同时执行的。具体的建模方式可分为数据流描述、行为描述和结构化描述，将在 6.3.5 节详细介绍。

6.3 Verilog HDL 语法简介

6.3.1 基本词法

1. 标识符

标识符（identifiers）用于为对象指定唯一的名称，以便可以引用该对象，如模块名、端口名、内部信号名等。标识符可以由字母、数字、美元（$）符号和下画线（_）组成，但第一个字符不能是数字或 $ 符号，并且区分大小写。标识符最好能体现模块和信号的功能，以增加可读性。

2. 注释

良好的注释可以增加代码的可读性，便于其他设计人员对程序进行维护和修改。Verilog HDL 有两种注释方式：单行注释和多行注释。

单行注释以“//”开始，后面为注释内容。多行注释以“/*”开始，“*/”结束，之间为注释内容。

3. 数字

Verilog HDL 中的数字即为常数，包括整型常数和实型常数。

(1) 整型常数（整数）

整数可以采用简单的十进制表示法，默认位宽为 32 位，例如，18 表示十进制数 18；也可以采用基数格式表示法，格式如下：

<位宽>'<数制><数字>

其中，若位宽未定义，则至少为 32 位。数制不区分大小写，包括 b 或 B（表示二进制）、d 或 D（表示十进制）、o 或 O（表示八进制）和 h 或 H（表示十六进制）。可以使用下画线分隔数字，以增强可读性。下面是一些具体实例：

```
8'b1001_0110            //8 位二进制数
8'hc3                   //8 位十六进制数
'd134//32 位十进制数
```

每个字符代表的宽度取决于所用的进制，例如：

```
8'b1001xxxx             //等价于 8'h9x
8'b1010zzzz             //等价于 8'haz
```

其中，x 和 z 是 Verilog HDL 中除 0 和 1 以外的基本值，x 表示未知值，z 表示高阻值。需要注意的是，x 值和 z 值一般用在行为仿真中，且不区分大小写，在可综合的设计中一般不使用。

若定义的位宽比数值位宽大，则左边填 0 补齐；但是如果数的最左边一位是 x 或 z，则相应的用 x 或 z 在左边补位。若定义的位宽比数值位宽小，则最左边的多余数位被相应截断。例如：

```
5'b10          //左边填 0 为 00010
6'bx01         //左边填 x 为 xxxx01
3'hA59         //左边多出数位被截断，等同于 3'h1
```

（2）实型常数（实数）

实数可以使用十进制表示法和科学计数法进行定义，例如：

```
3.45           //十进制表示法
28e8           //表示 28 乘以 10 的 8 次方
5.2E-2         //表示 0.052，指数符号为 e 或 E 均可
```

4. 字符串

字符串是双引号内的字符序列，由一串 8 位 ASCII 码组成，其中一个 8 位 ASCII 码表示一个字符。例如，字符串 "Hello World!" 包含 12 个字符，就需要声明一个 8 * 12 位的变量存储，方法如下：

```
reg [8*12:1] stringvar;
...
stringvar=" Hello World!";
```

6.3.2 数据类型

Verilog HDL 中有两大类数据类型：网络类型（net data types）和变量类型（variable data types）。它们的赋值和保持值的方式不同，也代表了不同的硬件结构。本节主要介绍最常用的 wire（网络类型的一种）和 reg（变量类型的一种）类型以及它们的区别。wire 和 reg 数据类型与实际硬件电路有明显的映射关系，因此，可以理解为信号类型。而参数（parameter）为一种抽象描述，不对应硬件电路。

1. 网络类型

网络类型表示结构实体（如门电路）之间的物理连接。网络类型的数据不保存值（trireg 除外），其值由驱动元素决定，如连续赋值（详见 6.3.4 节）或门的输出。

wire 类型是最常用的网络类型，常用来表示被连续赋值语句（assign 语句）赋值的组合逻辑信号。Verilog HDL 模块中的输入/输出信号类型省略时自动定义为 wire 型。wire 型信号可以用作任何方程式的输入，也可以用作 assign 语句或实例元件的输出。

网络类型的数据在行为仿真中默认初始化值为 z，trireg 网络类型例外，默认值为 x。

2. 变量类型

变量（variable）是数据存储元件的抽象，具有状态保持的作用。变量通过过程赋值语句在触发条件下改变其存储的值。即变量被赋值后，将保持该值，直到下一次被赋值。

reg 类型是最常用的一种变量类型，可以用于硬件寄存器建模，可以对边沿敏感（如触发器）和电平敏感（如锁存器）的存储元件建模。但是，reg 类型并不代表硬件存储元件，因为 reg 还可以用来表示组合逻辑。

3. wire 类型和 reg 类型的区别

wire 和 reg 是网络和变量数据类型中最主要、也是最常用的两种信号类型，它们的主要区别有：

1）wire 型信号无法保持状态，需要持续的驱动，其值可以随时改变，不受时钟信号的限制。而 reg 型信号可以保持最后一次的赋值直到下一次赋值发生，其值的改变需要有一定的触发才会发生。

2）wire 型信号在 assign 语句（连续赋值语句）中被赋值，而 reg 型在 initial 和 always 过程块中被赋值，使用的是过程赋值语句。此外，在模块实例化中的输入、输出信号均为 wire 类型（详见 6.4.2 节）。

3）wire 类型主要起信号连接的作用，一般被综合为一条物理连线，用以构成信号的传递或者形成组合逻辑电路。reg 类型可以被综合为触发器、锁存器，也可以被综合为组合逻辑电路。

4. 数据类型声明

在 Verilog HDL 中，对端口信号及模块内部使用的信号和变量都要进行数据类型的声明。此处以常用的 wire 类型和 reg 类型信号为例来介绍数据类型的声明，其他网络和变量数据类型的声明具有相同的格式。

（1）标量

若 wire 和 reg 类型数据在声明时没有指定位宽，则位宽为 1，这时是一个标量。在数据类型声明的同时，可以赋初值。例如：

```
wire a,b;              //声明了两个位宽为 1 的 wire 型信号 a 和 b
reg s;                 //声明了一个位宽为 1 的 reg 型信号 s
wire q = 1'b1;         //声明了一个 1 位 wire 型信号,初值为 1
```

需要注意的是，给一个位宽为 1 的信号赋值时，如果等式右侧数据位宽大于 1 位，则高位数据被截断。例如：

```
wire a;                //声明了一个位宽为 1 的 wire 型信号 a
assign a = 4'b1010;    //给 a 赋值,实际上 a = 1'b0
```

在这种情况下，即使电路功能描述没有问题，也无法得到预期的结果。忽略信号的位宽声明是初学者特别容易出现的错误，往往不容易发现。

（2）向量

当 wire 和 reg 类型数据大于 1 位时，需要声明位宽，此时是一个向量。其位宽格式为 [msb: lsb]，msb（most significant bit）和 lsb（least significant bit）可以是任何常量表达式，可以为正、负或 0。lsb 可以大于、等于或小于 msb。

```
reg [5:0] cnt60;               //声明一个 6 位的 reg 型变量 cnt60
wire [-1:2] w;                 //声明了一个 4 位的 wire 型向量 w,
                               //由 w[-1],w[0],w[1],w[2]组成
reg signed [4:0] x, y, z;      //声明了 3 个 5 位的有符号 reg 型向量
```

若只使用向量中的某几位,则可直接指明,注意宽度要一致。例如：

```
wire [7:0] out;
wire [3:0] in;
```

assign out[5:2]=in; //out 向量的第 2 位到第 5 位与 in 向量相等

(3) 数组

wire 和 reg 类型数据都可以声明为一个数组。reg 型变量建立的数组可以对存储器建模，可以描述 RAM、ROM 存储器和寄存器数组。例如：

```
wire array_a [0:5];              //数组 array_a 由 6 个 1 位的 wire 型数据构成
reg [7:0] mem [0:255];           //声明一个由 256 个 8 位的 reg 型变量组成的数组
reg array_b[7:0][0:255];         //声明一个二维数组,由 1 位 reg 型数据构成
```

上例中标识符前面的范围表示数组中元素的位宽，在标识符后面的范围表示数组的深度。

给数组赋值需要注意，只能对数组中的一个元素进行赋值操作，不能使用一条赋值语句对数组中的多个元素同时赋值。例如：

```
array_a=0;                   //非法赋值,无法将数组所有元素都赋值为 0
array_a[3]=0;                //合法赋值,给数组第 3 个元素赋值 0
mem[1][4:1]=4'b0110;         //合法赋值,给数组第 1 个元素的部分位赋值
array_b[0][1]=1'b1;          //合法赋值,给数组第[0][1]个元素赋 1
```

5. 参数

参数用来声明常量，即用 parameter 来定义一个标识符，代表一个常量。标识符一般用大写字母表示。其定义格式如下：

parameter 参数名 1=表达式 1,参数名 2=表达式 2,…

例如：

```
parameter SEL=8,CODE=8'ha3;          //分别定义参数 SEL 为十进制常数 8,
                                     //参数 CODE 为十六进制常数 a3
```

参数可以在模块内部定义,例如:

```
module counter (…);
parameter N=50_000_000;
…
endmodule
```

参数也可以在模块外部定义，例如：

```
module counter
#(parameter N=50_000_000)
(…);
…
endmodule
```

使用 parameter 定义一些可配置的电路参数，在模块实例引用时可以通过参数传递对其值进行修改。这样，模块可以被更灵活的使用，同时提高了程序的可读性和可维护性。关于实例化中的参数传递，参见 6.4.2 节。

6.3.3 操作符

在 Verilog HDL 中，程序主体由表达式构成，表达式由操作数和操作符构成。这里主要

介绍 Verilog HDL 中的操作符。

1. 算术操作符

算术操作符包括：加（+）、减（-）、乘（*）、除（/）、求模（%）、求幂（**）。

2. 关系操作符

关系操作符包括：小于（<）、小于等于（<=）、大于（>）、大于等于（>=）。

在进行关系运算时，如果声明的关系为假，则返回值是 0；如果声明的关系为真，则返回值是 1；如果某个操作数的值为未知值（x）或高阻（z），则返回值为未知值（x）。

3. 等式操作符

等式操作符包括：等于（==）、不等于（!=）、全等（===）、不全等（!==）。这四种运算符得到的结果都是 1 位的逻辑值。如果得到 1，说明声明的关系为真；如得到 0，说明声明的关系为假。例如：

```
if(cnt==4'b1001)  //当"cnt==4'b1001"为真时，执行 if 中的语句
```

4. 逻辑操作符

逻辑操作符包括：逻辑与（&&）、逻辑或（||）、逻辑非（!）。逻辑操作的结果用 1 表示真，0 表示假。当结果不确定时，用 x 表示。逻辑操作符常用在 if 语句的条件表达式中。例如：

```
if(!rst_n)          //等价于 if(rst_n==0)
```

5. 位操作符

位操作是将两个操作数按对应位进行逻辑运算。位操作符包括：按位取反（~）、按位与（&）、按位或（|）、按位异或（^）、按位同或（^~或~^）。

当两个不同长度的数据进行位运算时，会自动地将两个操作数按右端对齐，位数少的操作数会在高位用 0 补齐。

6. 缩减操作符

缩减操作符，也称作归约操作符，包括：与（&）、与非（~&）、或（|）、或非（~|）、异或（^）、同或（^~ 或~^）。缩减操作符与位操作符的逻辑运算法则一样，但缩减运算是对单个操作数进行与、或、非递推运算的，属于单目操作符（操作数的个数为 1）。例如：

```
reg[3:0] a;
b=&a;             //等效于 b=((a[0]&a[1])&a[2])&a[3]
若 A=5'b11001,则:
&A=0;             //只有 A 的各位都为 1 时,其与缩减运算的值才为 1
|A=1;             //只有 A 的各位都为 0 时,其或缩减运算的值才为 0
```

7. 移位操作符

移位操作符包括：逻辑右移（>>）、逻辑左移（<<）、算术右移（>>>）、算术左移（<<<）。移位操作符将左侧操作数按右侧操作数给定的位进行相应的移位。逻辑移位腾出的空位用 0 填补，左移一位相当于乘以 2，右移一位相当于除以 2。算术左移时腾出的空位用 0 填补。算术右移时，若左侧操作数为无符号数，则空位补 0；若左侧操作数为有符号数，则按符号位补齐空位。例如：

```
若 c=4'b 1011,d=4'sb1011,则:
```

c<<2=4'b1100;

c>>2=4'b0010;

d>>>2=4'b1110;

8. 条件操作符

条件操作符是三目操作符，其格式如下：

信号=条件 ? 表达式1：表达式2;

当条件成立时，信号取表达式1的值，反之取表达式2的值。例如：

assign out=(sel==0)? a:b;　　//持续赋值，如果sel为0，则out=a；否则out=b

这样，用一个带条件的赋值语句就可以实现2选1的多路选择器了。

9. 拼接与复制操作符

拼接是将两个或多个信号的某些位拼接起来，使用符号{}。例如：

a=3'b110;

b=4'b1010;

c={a,b[1:0]};/经过拼接,c=5'b11010

复制是将一个表达式复制多次的操作,例如:

{3{a,b}}　　//表示将{a,b}复制3次,

　　//等同于{{a,b},{a,b},{a,b}},也等同于{a,b,a,b,a,b}

Verilog HDL操作符的优先级见表6.3.1。为了有效地避免优先级排列带来的错误，建议在编写程序时用()来控制运算的优先级，这样也可增加程序的可读性。

表6.3.1 Verilog HDL操作符的优先级

操作符	优先级
+、-、!、~、&、~&、|、~|、^、~^、^~(单目)	高优先级
**	↓
*、/、%	
+、-(双目)	
<<、>>、<<<、>>>	
<、<=、>、>=	
==、!=、===、!==	
&(双目)	
^、~^、^~(双目)	
|(双目)	
&&	
||	
?:(条件操作符)	
{}、{{}}	低优先级

6.3.4 赋值语句

赋值语句用于给网络和变量类型信号设置相应的值。在Verilog HDL中有如下两种赋值语句：

1) 连续赋值语句(continuous assignments)，用于给网络类型信号赋值。

2) 过程赋值语句(procedural assignments)，用于给变量类型信号赋值。

1. 连续赋值语句

使用关键字 assign 给网络类型信号赋值，其格式为：

assign LHS_net = RHS_expression;

表达式中右边的操作数无论何时发生变化，都会引起表达式值的重新计算，并将重新计算后的值赋予表达式左边的网络类型（net 型）信号。例如：

assign c = ~(a|b);

在上面的赋值中，a 和 b 信号的任何变化，都将随时反映到 c 上来，因此称为连续赋值方式。

连续赋值语句的特点：

1）连续赋值语句是实现对网络类型信号连续驱动的一种方法。所谓连续驱动，表示在任意时刻，无论输入（操作数）是否有变化，这个驱动的过程都存在。而当赋值表达式中任一操作数发生变化时，立即对网络类型信号进行更新操作，以保持对网络类型信号的连续驱动。

2）只有网络类型的信号才能在 assign 语句中被赋值。网络类型信号没有数据保持能力，只有被连续驱动后才能取得确定值。

3）连续赋值语句连续驱动的特点体现了组合逻辑电路的特征——任何输入的变化，立即影响输出。所以，assign 连续赋值语句一般用于对组合逻辑电路的描述。

2. 过程赋值语句

过程赋值语句为变量类型信号赋值。过程赋值不具有连续性，一次赋值之后，变量将保持本次赋值的值，直到下一次赋值发生。过程赋值包括两种类型，分别是阻塞（blocking）过程赋值和非阻塞（nonblocking）过程赋值。

（1）阻塞过程赋值

阻塞过程赋值使用赋值操作符“=”进行赋值。例如：b=a;。

阻塞过程赋值在该语句结束时就完成赋值操作，即 b 的值在该赋值语句结束后立刻改变。如果在一个过程块语句中有多条阻塞赋值语句，那么在前面的赋值语句没有完成之前，后面的语句是不能执行的，就像被阻塞（blocking）一样，因此称为阻塞过程赋值。

（2）非阻塞过程赋值

非阻塞过程赋值使用赋值操作符“<=”进行赋值。例如：b<=a;。

非阻塞过程赋值在过程块结束时才完成赋值操作，即 b 的值并不是立刻就改变的。

（3）阻塞过程赋值与非阻塞过程赋值的区别

在 always 过程块中要正确地使用阻塞过程赋值语句（“=”）和非阻塞过程赋值语句（“<=”），这对于 Verilog 的设计和仿真非常重要。

位于 begin/end 块内的多条阻塞过程赋值语句是串行执行的，这一点同标准的程序设计语言相类似。如果前一句阻塞赋值语句没执行完，后面的语句是不会被执行的。而非阻塞过程赋值相当于并行语句，但不是真正的并行语句，执行时，先计算“<=”右边表达式的值，计算完后不赋给左边变量而是执行下一条语句，等到所有语句都执行完（即过程块结束）时，同时对所有非阻塞赋值语句左边的变量赋值，因此最终的效果相当于并行语句的效果。为了帮助读者更好地理解两种过程赋值语句的区别，通过一个简单的实例从时序仿真结果来说明两者的不同，详细内容可参见二维码链 6-1。

下面举一个设计实例，用非阻塞过程赋值实现一个移位寄存器（详见 8.4.2 节），即寄存器中所有触发器寄存的值在接收输入信号的同时全部左移或右移一位。Verilog HDL 描述的非阻塞过程赋值实现移位寄存器如图 6.3.1 所示。

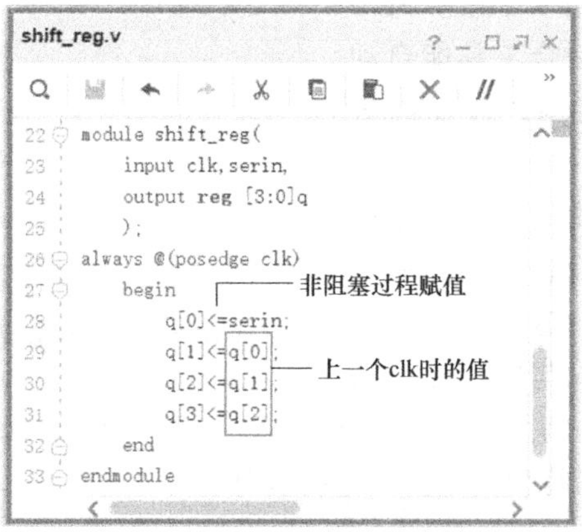

图 6.3.1 非阻塞过程赋值实现移位寄存器

链 6-1 通过实例理解阻塞过程赋值与非阻塞过程赋值的区别

实例中，q[1] 得到的是 q[0] 的原始值，而非 serin 的值（在第一条语句中，serin 的值被赋给了 q[0] ）。每来一个 clk 的上升沿，所有寄存器的值都向高位移动一位，这正是期望得到的实际硬件电路。四条赋值语句还可以合并写成一条更简短的语句：q<={q [2: 0],serin}。每来一个 clk 的上升沿，新拼接好的数据就会送到 q[3: 0] 中，以实现移位寄存的目的。

Clifford E. Cummings 研究了非阻塞过程赋值和阻塞过程赋值，总结出了可综合风格的 Verilog HDL 模块编程的原则。对于初学者，在编写 Verilog HDL 代码时只要注意以下几点，就可以在综合布局布线后的仿真中避免出现冒险竞争问题。

1）时序电路建模时，用非阻塞过程赋值。

2）锁存器电路建模时，用非阻塞过程赋值。

3）用 always 块建立组合逻辑模型时，用阻塞过程赋值。

4）在同一个 always 块中建立时序和组合逻辑电路时，用非阻塞过程赋值。

5）在同一个 always 块中，不要既用非阻塞过程赋值又用阻塞过程赋值。

6）不要在一个以上的 always 块中为同一个变量赋值。

6.3.5 三种描述方式

模块中对电路逻辑功能的描述方式又叫作建模方式，常用的描述方式有数据流描述、行为描述和结构化描述。

1. 数据流描述

数据流描述方式主要使用连续赋值语句，多用于描述组合逻辑电路。连续赋值语句的表达式可根据组合电路的逻辑表达式，用 Verilog 中的位操作符置换逻辑表达式中的布尔逻辑运算符得到。

图 6.3.2 给出了使用数据流描述的 2 选 1 多路选择器。在任意一个时刻，输出信号 out 的值都是由输入 a、b 和 sel 决定的，也就是由它们驱动的。

2. 行为描述

行为描述只关注逻辑电路输入、输出的因果关系（行为特性），即在何种输入条件下产生何种输出（操作），并不关心电路的内部结构。EDA 的综合工具能自动将行为描述转换成电路结构，形成网表文件。

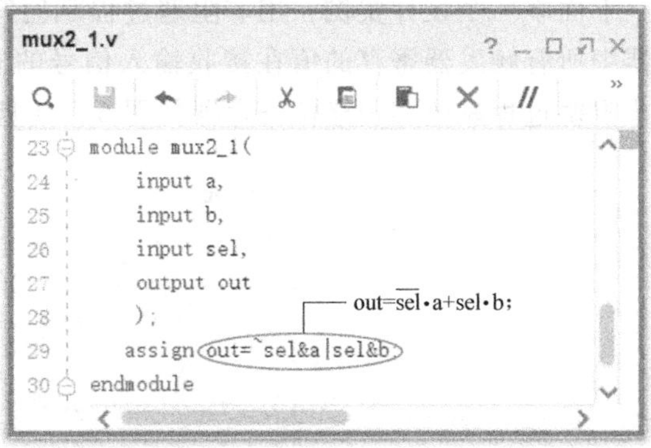

图 6.3.2　数据流描述的 2 选 1 多路选择器

行为描述是对设计实体的数学模型的描述，类似于高级编程语言，当描述一个设计实体的行为时，无须知道具体电路的结构，只需要描述清楚输入与输出信号的行为，而不需要花费更多的精力去关注设计功能的门级实现。因此，当电路的规模较大或时序关系较复杂时，通常采用行为描述方式进行设计。

此外，行为描述还可以用来生成仿真激励信号，用于对已设计的模块进行仿真验证。

下面使用行为描述重新描述 2 选 1 多路选择器，如图 6.3.3 所示。当选择输入信号 sel 为 0 时，输出等于 a；当 sel 为 1 时，输出等于 b。

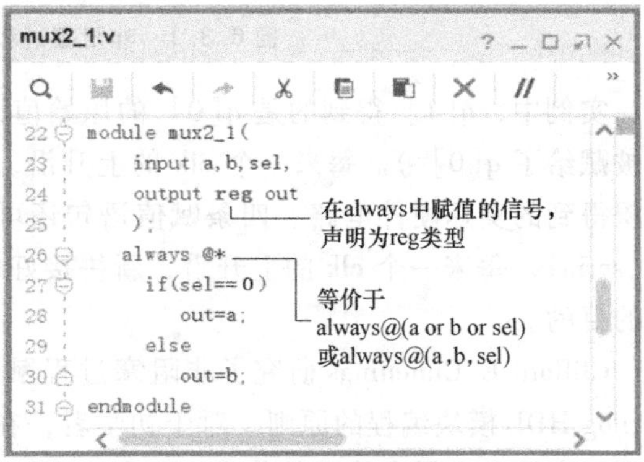

图 6.3.3　行为描述的 2 选 1 多路选择器

行为描述主要使用 initial 和 always 过程块，此外，还包括任务（tast）和函数（function）。一个模块可以有多个 initial 和 always 过程块，它们之间是并行执行的关系。initial 只执行一次，而 always 语句在触发条件满足时不断重复执行。任务和函数可以在程序模块中的一处或多处被调用。当过程包含多条语句时，使用 begin 开始，end 结束，相当于 C 语言中的大括号。

下面详细介绍 initial 语句和 always 语句，以及在这些过程块中经常使用的行为语句。对于初学者来说，任务和函数的使用频率不高，暂不作介绍。

（1）initial 语句

initial 语句一般用于仿真测试文件中，在仿真开始时对激励向量赋初值，即初始化。此过程不占用仿真时间，在 0ns 时间内完成。

initial 语句还可以用来产生激励波形，用来对设计的电路模块进行测试。例如：

```
initial begin
a=0; b=0;                //a 初值为 0，b 初值为 0
#5 a=1; b=0;             //经过 5 个时间单位，a 取值为 1，b 取值为 0
#5 a=0; b=1;             //再经过 5 个时间单位，a 取值为 0，b 取值为 1
end
```

上述示例中的“#5”表示延时，其单位由`timescale 指定。延时控制只用于仿真中，若写在电路功能描述中，将被综合器忽略。

（2）always 语句

always 语句结构具有循环执行的特性，需要在一定的时序控制下执行，其格式如下：

always <时序控制> <语句>

时序控制包括延时控制和事件控制。

1）延时控制。延时控制以#开始，指定从最初遇到语句到实际执行之间持续的时间，例如：

always #5 clk = ~clk; //每过 5 个时间单位，对 clk 取反

上述示例描述了一个周期为 10 个时间单位的不断延续的信号，常用于仿真测试文件中时钟信号的产生，并作为激励信号测试所设计的电路。

2）事件控制。事件控制以@开始，后面跟随敏感信号列表，也叫事件表达式。敏感信号列表包含一个或多个触发事件，多个事件用 or 或逗号间隔。当触发事件发生时，执行其后的 always 语句。例如：

always @ （a **or** b） //当 a 或 b 发生变化时执行 always 语句

always @ （**posedge** clk，**negedge** rst_n）

//当 clk 上升沿或 rst_n 下降沿时执行 always 语句

always @ * //*包含了所有输入信号作为触发事件

注意事项：

① 当 always 语句描述组合逻辑电路时，使用电平触发。在敏感信号列表中应列出影响块内取值的所有信号（一般为所有输入信号），常使用“@ *”，表示只要 always 块内的任何输入变量发生变化，就会执行一次块内的语句。

② 当使用 always 语句描述时序逻辑时，使用沿触发，使用关键字 posedge 和 negedge 分别描述上升沿和下降沿。敏感事件通常为系统时钟信号和复位信号的沿触发，不建议将自己设计的时钟分频信号或时钟信号以外的信号作为触发条件。当系统频率较高时，容易出现时序问题。

③ 在敏感信号列表中，不能同时有电平触发与边沿触发信号的存在，否则无法综合。

（3）行为语句

1）条件语句。条件语句（或称作 if-else 语句）主要有以下两种结构：

① **if**（表达式）语句 1；
    else 语句 2；

② **if**（表达式 1）语句 1；
    else if（表达式 2）语句 2；
    else if（表达式 3）语句 3；
    ……
    else if（表达式 n）语句 n；
    else 语句 n+1；

if 后面的表达式一般为逻辑表达式或关系表达式。如果表达式的值为真（为 1）时，执行紧接其后的语句；如果是假（为 0、x 或 z 值），则执行 else 后的语句。语句可以是单句，也可以是多句，多句时用 begin-end 括起来。

图 6.3.4 使用 if-else 语句描述了一个三态门。

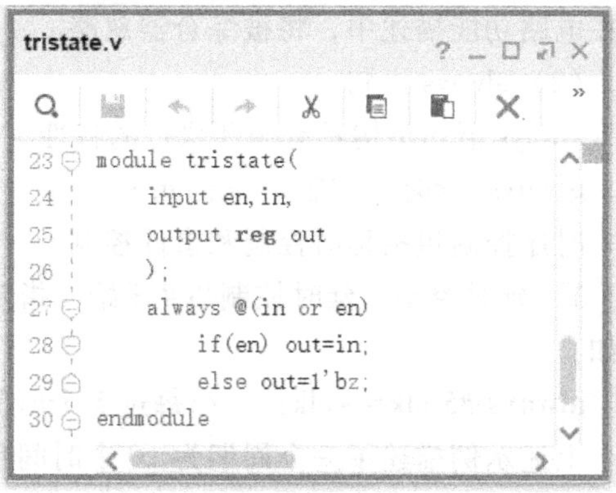

图 6.3.4　if-else 语句描述的三态门

注意事项：

① 对于 if-else 语句，如果描述的是组合逻辑，不正确使用 else 可能会导致综合出不需要的锁存器。例如：

always @　*　　//敏感变量包含所有输入信号

if（a）　c=a；　//if（a）等价于 if（a==1）

以上示例描述的是当 a 为 1 时，将 a 赋值给 c，而当 a 为 0 时没有执行赋值语句，意味着 c 将保持原来的值不变，这时就会综合出锁存器。因此，为避免锁存器的产生，组合逻辑一般不能省略 else 语句，并且要有明确的赋值。如果 else 语句写成 else c=c，则依然会综合出锁存器（没有明确赋值）。此外，还可以通过在 always 过程块的起始部分给每个变量赋初始值，以包含 if 语句条件不满足时变量未赋值的情况，此时，不加 else 也不会综合出锁存器。例如：

always @　*

c=0；

if（a）　c=a；

② 如果描述的是时序逻辑，在 always 敏感列表中使用的是边沿触发的 posedge 或 negedge，综合器综合出来的一定是触发器而不是锁存器。因此，不写 else 也能实现正确的功能。

③ if-else 语句最好不要超过 3 层，如果超过 3 层，则速度会变慢，此时建议使用 case 语句，case 语句的速度快。

2）case 语句、case 语句是一种多分支选择语句，多用于多条件译码电路，如描述译码器、数据选择器、状态机及微处理器的指令译码等。case 语句的格式为：

case（敏感表达式）

　　值 1：语句 1；

　　值 2：语句 2；

　　　　⋮

　　值 n：语句 n；

　　default；语句 n+1；

endcase

下面使用 case 语句描述 2 选 1 多路选择器，如图 6.3.5 所示。

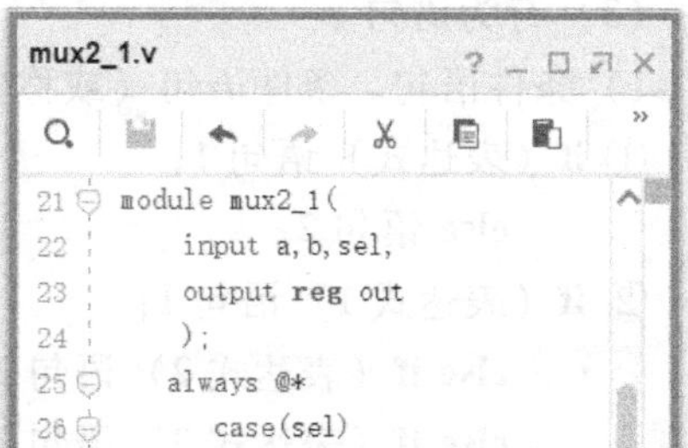

图 6.3.5　case 语句描述的 2 选 1 多路选择器

与条件语句类似，在描述组合逻辑电路时，case 语句中的 default 的不正确使用也会产生不必要的锁存器，从而影响电路性能。对时序逻辑来说，如果默认代表什么都不做的情况下，default 可以不要。对于状态机来说，如果不写 default 语句，一旦巡查时查到 case 中没列出来的状态，状态机就会挂死。因此，在使用 case 语句时，建议始终加上 default 语句。使用 default 语句时，如果不需要进行任何操作，则可以给变量赋值为初始状态。

3）循环语句。Verilog HDL 中存在 4 种类型的循环语句，用来控制语句的执行次数。这 4 种语句分别为：

① forever 语句：不可综合，表示连续地执行语句，多用于仿真中生成周期性激励信号。

② repeat 语句：受限可综合，表示连续执行一条语句 n 次，循环次数必须固定。

③ while 语句：不可综合，表示执行一条语句直到循环条件不满足。

④ for 语句：受限可综合，循环次数、步长和范围必须固定。

由于 Verilog HDL 是硬件描述语言，因此代码需要翻译成硬件电路加以实现，不能以软件编程的思想来使用循环语句，否则极易造成代码的不可综合错误。在 Verilog HDL 电路建模时，尽量不使用循环语句，而使用计数器来替代实现。

3. 结构化描述

结构化描述是指通过实例化（instantiate）Verilog HDL 内建的元件或是已经设计好的模块来完成设计实体功能的描述。实例化与 C 语言的函数调用不同，在 Verilog HDL 中，可以采用以下 3 种方式对电路结构进行描述：

1）实例化内建门级原语（门级结构描述）和开关级原语（晶体管级结构描述）。

2）实例化用户自定义原语（User Defined Privitives，UDPs）。

3）实例化其他已经设计好的模块。

本节将简单介绍实例化内建门级原语，在 6.4.2 节将重点介绍如何实例化已有模块，而实例化 UDPs 的应用不广泛，不做介绍。

下面通过实例化门级原语来实现一个 2 选 1 多路选择器，其逻辑电路图及门级描述如图 6.3.6 所示。

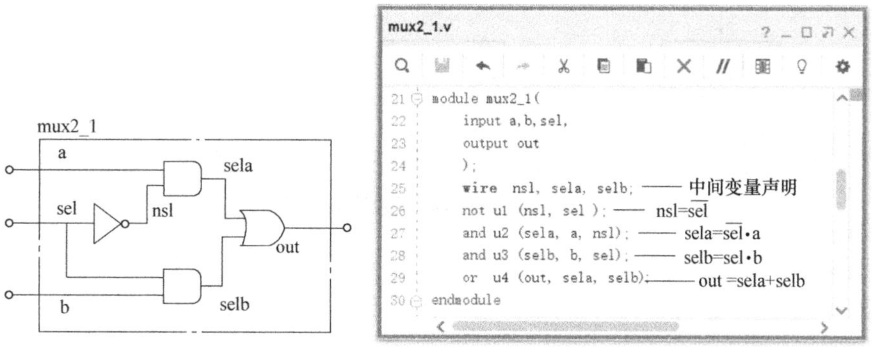

a)　　　　b)

图 6.3.6　2 选 1 多路选择器

a）原理图　b）门级结构描述

在上面的例子中，门级结构描述的模块中实例引用了 Verilog HDL 内建的 **not**、**and** 和 **or** 门原语。u1、u2、u3 和 u4 是实例名称，可省略。每个门后面的信号列表中，第一个是门的输出信号，其余是输入信号。例如，u1 代表一个非门，输入信号是 sel，输出是 nsl。nsl 又被连接到与门 u2 的输入端。

门级建模是在较低级的抽象层次上对电路结构进行描述，看起来比较复杂，其所描述的电路逻辑功能也不是很直观。对设计者而言，采用的描述级别越高，设计越容易；对综合器而言，行为级的描述为综合器的优化提供了更大的空间，与门级结构描述相比，其更能发挥综合器的性能，所以在电路设计中，除非一些关键路径的设计采用门级结构描述外，一般更多地采用行为级建模方式或实例化已有模块的方式。

6.4 层次化设计与模块实例化

6.4.1 自顶向下的设计方法

在现代数字系统设计中，一般采用自顶向下（Top-down）的设计方法。设计者从整个系统的功能要求出发，先进行最上层的系统设计，而后将系统分成若干子系统逐级向下，再将每个子系统分为若干功能模块，模块还可继续向下划分成子模块，直至分成许多最基本的数字功能电路。

自顶向下的设计方法并不是一个一次就可以完成的设计过程，它需要不断地反复改进、反复实践，最终通过多次改进达到设计要求。

自顶向下的设计是从系统全局出发，逐次分层次的设计。因此，首先根据系统的设计要求，进行系统顶层方案的设计，即确定系统的结构框图，包括系统的输入信号和输出信号、系统划分为几个部分、各个部分由哪些模块组成，以及根据系统的功能确定各模块的功能和各模块之间的输入输出关系等。这一步骤需反复推敲，通过仿真或实际调试达到设计要求。自顶向下的设计方法可用图 6.4.1 所示的树状结构表示。

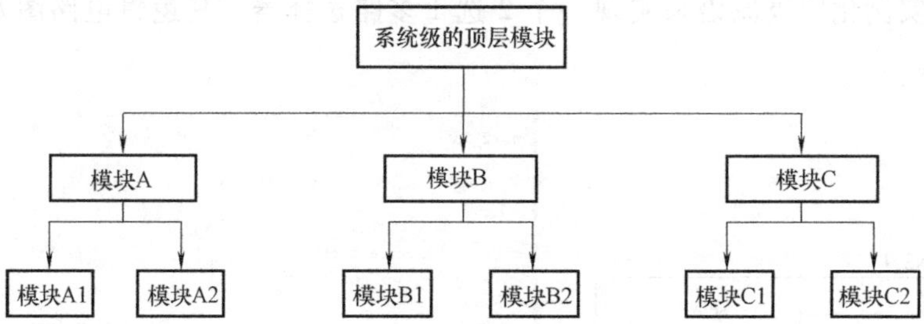

图 6.4.1 自顶向下的设计思想

通过自顶向下的设计方法可以实现设计的结构化，可以使一个复杂的系统设计由多个设计者合作完成，还可以实现层次化的管理。具体的设计方法可通过模块的实例化来实现。

6.4.2 模块的实例化

在层次化的设计当中，常常将复杂的电路系统进行功能模块划分，然后在顶层模块（Top-level module）中实例化这些子功能模块（相当于模块的调用），通过各个子模块的输入、输出端口进行模块间的互联（通信），以实现复杂电路的设计。

1. 端口连接规则

图 6.4.2 是 Verilog HDL 模块的端口属性示意图，图中给出了端口可被定义的数据类型、驱动输入端口的数据类型以及输出端口可驱动的数据类型。端口遵循以下规则：

1）从模块内部来看，输入端口只能是网络类型；从模块外部来看，输入端口可以由网络类型和变量类型信号驱动。

2）从模块内部来看，输出端口可以是网络类型和变量类型；从模块外部来看，输出端口只能驱动网络类型端口。

3）输入/输出双向端口只能声明为网络类型，也只能连接网络类型的信号。

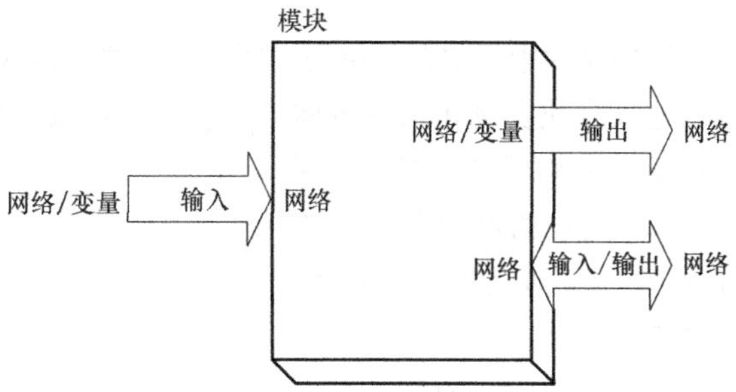

图 6.4.2 Verilog HDL 模块的端口属性示意图

2. 模块实例化方法

模块实例化的基本格式为：

<模块名><例化名>(<端口列表>)

模块实例化中信号与模块端口的连接方式有两种：位置对应方式和名称对应方式。

（1）位置对应方式

在实例化模块时，上层模块的信号必须严格按照低层模块端口声明的顺序一一对应连接。例如，已经定义了一个模块为：

```
module design (a, b, c, d);
…
endmodule
```

现在在上层模块中实例化 design 模块，产生一个功能相同的模块 u1_design，可以写为：

```
design u1_design (a1, b1, c1, d1);
```

其中，u1_design 是例化名，a1、b1、c1 和 d1 是上层模块中的信号，严格按照模块 design 的端口顺序连接。若某个端口没有信号与之连接，则将位置留空，例如：

```
design u1_design (a1, b1,    , d1);
```

（2）名称对应方式

实例化模块时使用端口名称进行连接，并使用“.”符号标明原模块定义的端口，其后所跟括号中为与之相连接的信号名。此方式不需要按顺序排列。例如，实例化 design 模块，例化名为 u2_design，则格式为：

```
design u2_design(.a(a2),.b(b2),.c(c2),.d(d2));
```

其中，a、b、c 和 d 是底层模块端口名称，a2、b2、c2 和 d2 为上层模块端口名称。若某个端口没有信号与之连接，则括号内为空，或省略。例如：

```
design u2_design(.a(a2),.b(b2),.c(),.d(d2));   //或：
design u2_design(.a(a2),.b(b2),.d(d2));
```

值得注意的是，实例化与 C 语言的函数调用不同，每实例化一个模块就会相应的综合出一个相同功能的电路。因此，多次实例化相同模块时，代表了多个电路模块，实例名不能重复。

使用建议：

1）一个工程只有一个顶层文件，建议顶层文件名包含 top。

2）一个 .v 文件只定义一个模块，不建议将多个模块放在一个 .v 文件，这样不利于模块复用。

3）顶层文件中只包含模块的实例化，不建议包含电路功能描述语句（assign、always 块等）。

4）建议模块实例化采用名称对应方式，在改变模块端口连接时不易出错，且可读性强。

5）模块名称要体现模块功能。

3. 模块实例化中的参数传递

在模块中灵活使用参数有利于模块的复用或修改。在实例化模块时可通过参数传递方便地修改参数值。

参数传递的格式与模块实例化的格式类似，也分为位置对应和名称对应两种方式。例如，在模块 design 中定义了两个参数：

```
parameter MSB = 3, LSB = 0;
```

下面实例化 design，实例名为 u3_design，参数 MSB 和 LSB 分别取值为 7 和 0，按位置对应方式与名称对应方式可分别写为：

```
design #(7,0)u3_design(.a(a3),.b(b3),.c(c3),.d(d3));     //位置对应方式
design #(.MSB(7),.LSB(0))u3_design(.a(a3),.b(b3),.c(c3),.d(d3));//名称对应方式
```

其中，LSB 的值在实例化时没有改变，但是在位置对应方式中，0 不能省略，而名称对应方式中的 .LSB（0）可以省略不写。

4. 模块实例化举例

本节以一个 60 进制的计数器（详见 8.3 节）为例，介绍了模块化设计以及模块实例化的方法，具体内容参见二维码链 6-2。

链 6-2　模块实例化举例

学习中华优秀传统文化教育

模块化是一种解决问题的思想和方法，几百年前就已经得到运用。我国的四大发明之一——活字印刷术就是模块化思想的典型应用。活字印刷术的发明者毕昇是一个从事雕版印刷的工匠，其熟悉并精通雕版技术，在长期的雕版工作中，发现雕版最大的缺点是每印一本书，都要重新雕一次版，不但用时较长，而且加大了印刷成本。如果改用活字版，则只需要雕制一副活字就可以排印任何书籍。因为活字可以反复使用。虽然制作活字的工程大一些，但以后排印书籍则十分方便。正是在这种启示下，毕昇发明了活字版。活字印刷将每个汉字作为一个独立的模块，不同的汉字可以组合出不同的内容，解决了雕版印刷产生的复杂性、重复性问题，充分体现了模块化方法的特点和优点。毕昇发明活字印刷术的例子也启发我们，发明创造不是凭空想象，是建立在对所在领域知识和业务的精通以及实践过程中的勤于思考之上的。

6.5　有限状态机设计

6.5.1　有限状态机的概念简介

如果一个对象（系统或机器），其构成为若干个状态，触发这些状态会发生状态相互转

移的事件，那么此对象称为状态机。由于描述对象的状态往往是有限的，因此状态机又称为有限状态机（Finite-state Machine，FSM）。

有限状态机是一个非常有用的模型，可以模拟世界上大部分的事物，尤其是具有一定逻辑顺序（发生有先后顺序）和时序规律的事件。硬件描述语言具有并发性，然而在实际中，很多时候需要描述具有一定顺序特征的事件，这时可以采用有限状态机的思想进行实现。对于流程复杂的系统，使用有限状态机可以大大提高系统的可实现性。用有限状态机描述对象，逻辑清晰，表达力强，有利于系统的结构化和模块封装。一个对象的状态越多、发生的事件越多，就越适合采用有限状态机来描述。

描述有限状态机一般有四个要素：现态、条件、动作及次态。

1）现态：当前所处的状态。

2）条件：触发状态转移的事件，即输入。

3）动作：在某种条件的触发下执行某种操作，即输出。

4）次态：满足条件后要跳转去的下一状态。

根据有限状态机的输出是否与输入有关，其可以分为两种类型：一种为摩尔型（Moore）有限状态机，一种为米利型（Mealy）有限状态机。Moore 型有限状态机的输出仅依赖于内部状态，与输入无关。而 Mealy 型有限状态机的输出不仅决定于内部状态，还与外部输入有关。

6.5.2 有限状态机设计的一般原则和步骤

有限状态机的设计步骤一般可分为：①逻辑抽象，确定有限状态机各个要素，得出状态转换图或状态转换表；②状态化简；③状态编码；④使用 HDL 描述有限状态机。

使用 HDL 描述有限状态机的写法有三种：一段式、两段式和三段式。一段式描述是将状态的转移、输入和输出全部放在一个 always 中进行描述；两段式描述是先使用一个 always 采用同步时序的方式描述状态的转移，再用一个 always 采用组合逻辑的方式描述状态转移的条件和状态输出；在三段式描述中，一个 always 使用同步时序描述状态转移，一个 always 使用组合逻辑判断状态转移的条件，描述状态转移的规律，最后在一个或多个 always 中采用同步时序描述状态的输出。

建议采用两段式或三段式的状态机描述方法，将同步时序和组合逻辑分别放到不同的程序块中实现，不仅便于阅读、理解和维护，更有利于综合器优化代码，利于用户添加合适的时序约束条件，以及利于布局布线器实现设计。

有限状态机是一种处理复杂问题的方法，适用于任何编程语言，一定要灵活运用，切不可生搬硬套。对于简单的能用 if-else 或 case 语句直接表达的逻辑电路，就没有必要采用有限状态机的方法了。对于比较复杂的系统，而且系统运行过程可以划分为多个状态，可以尝试用有限状态机的方法来解决。

链 6-3 状态机设计实例

二维码链 6-3 以跑马灯的设计为例，讲解了状态机设计的具体方法和步骤。

6.6 仿真验证

仿真验证是指搭建一个测试平台（testbench）来测试和验证设计的正确性。仿真验证是

FPGA 设计流程中必不可少的重要部分，对于越来越复杂的数字系统设计，设计师的很大一部分工作量是花费在系统验证上的。关于仿真验证，需要考虑其过程的准确性和完备性，要充分验证一个设计，需要模拟各种输入的可能情况。

仿真验证一般可分为三个步骤：

1）生成仿真激励，即对被测试模块的输入接口信号进行模拟。

2）将激励施加到被测试模块，即被测试模块的实例化。

3）判断被测试模块的输出响应是否符合预期要求。

在仿真设计中，所有的 Verilog HDL 语句，无论是否可综合，都是可以使用的，因此设计起来更加灵活。可以利用系统函数和系统任务读入文本数据生成激励、控制仿真过程，显示调试信息，协助定位、输出结果等，还可以将固定的操作封装成任务（task）和函数(function)，方便调用，简化程序。

6.6.1 测试平台搭建

图 6.6.1 所示为较为常见的测试平台结构。测试平台产生的激励信号要连接到待测试模块的输入端口，端口连接遵循 6.4.2 节中的端口连接规则。在这种结构下，仿真文件（测试平台）本身是没有输入输出端口的。激励信号一般是由 initial 和 always 等行为语句进行描述的，需要声明为变量类型，常使用 reg 类型；当使用 assign 语句时，则要声明为网络类型。

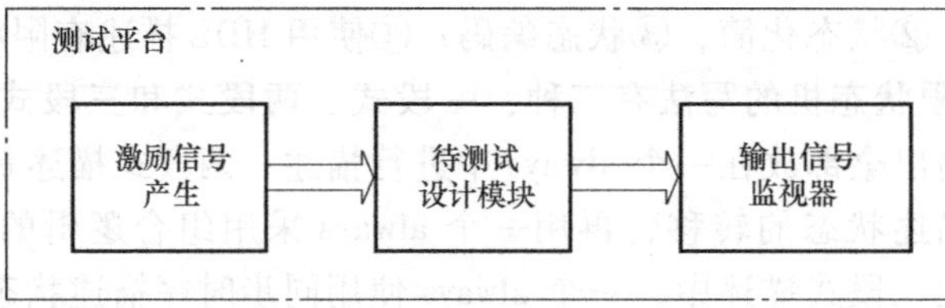

图 6.6.1 测试平台结构

下面对 6.3.5 节设计的 2 选 1 多路选择器进行仿真验证，图 6.6.2 给出了激励信号产生的仿真验证代码，图 6.6.3 是仿真波形图，两种代码生成的波形图是相同的。

6.6.2 时钟和复位信号的产生方法

时钟和复位信号是数字系统最基本的信号，在仿真测试文件中常利用 initial、always、forever、task 等语句产生。这里只介绍初学者常用的几种方法。

1. 时钟信号产生方法

(1) 使用 initial 语句产生一个周期为 10 的时钟信号

```
parameter PERIOD = 10;  //时间单位通过"`timescale 1ns/1ps"定义
initial begin
clk = 0;
forever #(PERIOD/2) clk = ~clk;
end
```

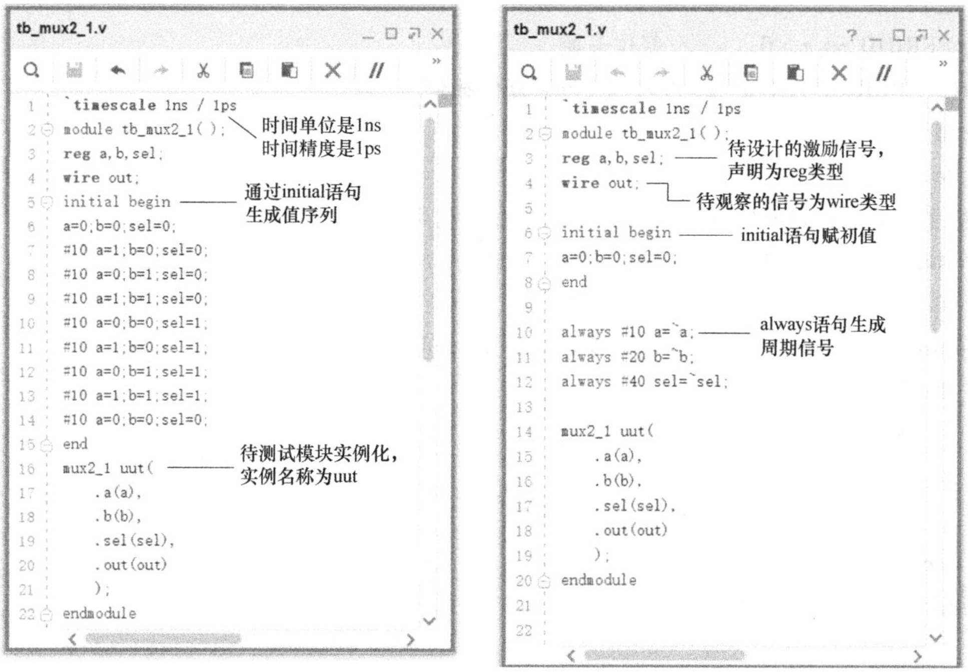

图 6.6.2 两种 2 选 1 多路选择器仿真验证代码

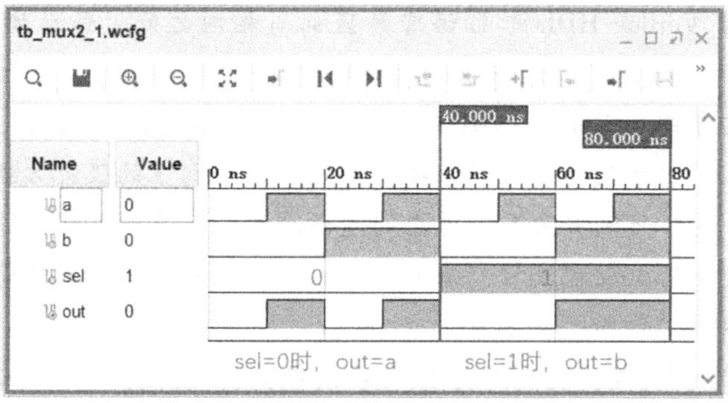

图 6.6.3 2 选 1 多路选择器仿真波形图

（2）使用 always 语句产生一个周期为 10 的时钟信号

parameter PERIOD = 10;　　//通过语句"timescale 1ns/1ps"已定义时间单位为 ns

initial clk = 0;

always #(PERIOD/2) clk = ~clk;

2. 复位信号的产生方法

（1）使用 initial 语句

使用 initial 语句产生一个值序列来描述复位信号 rst_n。该复位信号开始于 10ns，持续时间为 30ns，低有效。

parameter PERIOD = 10;　//通过语句"timescale 1ns/1ps"已定义时间单位为 ns

initial begin

```
rst_n = 1;
# PERIOD rst_n = 0;      //复位开始
#(3 * PERIOD) rst_n = 1; //经过 30ns,复位撤销
end
```

(2) 封装成任务

将复位信号封装成任务，在需要的时候直接调用。

```
initial rst_task(30);    //复位 30ns,已定义`timescale 1ns/1ps
task rst_task;           //定义任务
input [7:0] rst_time;    //输入变量是复位时间
  begin
    rst_n = 0;           //复位有效
    #rst_time;
    rst_n = 1;           //复位撤销
  end
endtask
```

本章小结

本章首先介绍了 Verilog HDL 与 C 语言的区别与相同之处，帮助读者从 C 语言过渡到 Verilog HDL 程序设计，强调了 Verilog HDL 的并行性和硬件关联性。然后介绍了 Verilog HDL 的基本结构，并简要介绍了 Verilog HDL 的语法，包括基本词法、数据类型、操作符、赋值语句和三种描述方式。对于较为复杂的系统，可采用自顶向下的设计方法，为此专门介绍了模块的实例化方法。对于可划分为多个状态的复杂系统，可采用有限状态机的方法进行设计和描述。仿真验证是 FPGA 设计流程中必不可少的重要部分，本章最后简要介绍了测试平台的搭建方法和基本激励信号的产生方法。

可编程逻辑器件（如 CPLD 和 FPGA）可以简单地理解为一块特殊的面包板，上面插了许多数字逻辑器件，而且提供了许多连线资源，用户可以根据自己的需要使用不同方法来搭建自己的电路。原理图和硬件描述语言是两种常用的方法，原理图输入法适合于实现逻辑结构比较清楚、简单的数字逻辑系统，而对于比较复杂的数字逻辑系统，就必须用硬件描述语言来实现。用原理图输入法实现一个数字逻辑系统时，就像在面包板上搭建电路一样；而用硬件描述语言实现一个复杂的数字逻辑系统时，只关心系统的行为表现，而不用关心系统的内部硬件结构和硬件上如何实现，因为编译软件会自动将硬件描述语言翻译成相应的硬件电路。因此，在 Verilog HDL 中要重点掌握如何用 always 过程块描述数字逻辑过程，对于简单的组合逻辑部分，用 assign 赋值语句来实现。

需要注意的是，所有的 Verilog HDL 编译软件都只支持该语言的某一个子集，可以被综合为硬件电路的语法是十分有限的。所以，在使用 Verilog HDL 进行电路设计时，必须使用编译软件支持的语句来描述所设计的系统，而对系统进行仿真验证时，则可以灵活使用所有 Verilog HDL 包含的语句。

思考题和习题

思考题

6.1 什么是硬件描述语言？Verilog HDL 与 C 语言最本质的区别是什么？

6.2 wire 类型变量与 reg 类型变量有什么本质区别？

6.3 连续赋值语句与过程赋值语句有什么区别？

6.4 阻塞过程赋值和非阻塞过程赋值的区别是什么？

习题

6.1 设计一个与或非门的 Verilog HDL 程序，并通过仿真验证其功能。

6.2 使用 Verilog HDL 描述函数表达式 $L=A\overline{B}+B\overline{C}+\overline{A}C$。

6.3 先分别设计与门、或门和非门的模块程序，然后调用这几个模块程序，设计一个异或门的 Verilog HDL 程序，并通过仿真验证其功能。

6.4 判断下面哪种写法会综合出锁存器，并通过观察综合后视图进行验证。

1) always @ * if(! s)c=a;

2) always @ * if(! s)c=a;else c=c;

3) wire s;always @ * case(s)0:c=a;1:c=~a;endcase

4) wire [1:0] s;

```
always @ *
case(s)
     2'b00:c=a;
     2'b01:d=~a;
     default:begin c=a;d=a;end
endcase
```

6.5 用 Verilog HDL 设计一个 4 位带异步复位和置位的 D 触发器。

6.6 用 Verilog HDL 设计一个 8 位带同步复位和置位的 D 触发器。

6.7 用 case 语句和 EGO1 开发板设计一个表决电路，参加表决者为 8 人，同意为 1，不同意为 0。同意者过半则表决通过，LED0 指示灯亮；表决不通过，则 LED1 指示灯亮。

6.8 编写 EGO1 开发板上 8 个 LED 灯的跑马灯程序，要求至少有以下 3 种模式：

1）从左到右（或从右到左）依次点亮，然后依次熄灭。

2）从中间到两侧依次点亮，然后依次熄灭。

3）从左到右（或从右到左）循环跑灯。

第7章 组合逻辑电路与器件

集成逻辑门是组合逻辑电路最基本的器件，在第 2 章和第 3 章中由门构成的无反馈的电路都是组合逻辑电路，且这两章的习题中也有由门构成的组合逻辑电路的分析和设计题目。为了方便电路设计，将具有较复杂功能的电路集成到一个芯片中，如本章将要介绍的译码器和编码器、多路选择器、加法器和比较器、算术/逻辑运算单元等，这些功能器件的内部电路集成度一般是中规模集成电路（Medium Scale Integration，MSI）。虽然中规模集成逻辑器件在现代电子系统设计中几乎不再使用，但是所有这些器件的概念和功能在数字系统中仍处处存在，掌握了这些概念后，使用 Verilog HDL 描述需要的功能，在可编程逻辑器件中完全可以实现所有这些功能。

7.1 组合逻辑电路的基本概念和器件符号

7.1.1 组合逻辑电路的基本概念

所谓组合逻辑电路，是指**在任何时刻，逻辑电路的输出状态只取决于该时刻输入信号的逻辑状态，而与电路原来的状态无关的电路**。组合逻辑电路的基本单元是各种逻辑门。

组合逻辑电路中不包含记忆性电路或器件。早前，常用的组合逻辑电路都已制成标准化、系列化的中规模集成电路可供选用。

组合逻辑电路可以用图 7.1.1 所示的框图表示，可以有多个输入变量和多个输出变量。图中，A_1、A_2、…、A_n 表示 n 个输入逻辑变量；L_1、L_2、…、L_m 表示 m 个输出逻辑变量。输出与输入之间的逻辑关系可以用下列一组逻辑式来表示：

$$\begin{aligned} L_1 &= f_1(A_1, A_2, \cdots, A_n) \\ L_2 &= f_2(A_1, A_2, \cdots, A_n) \\ &\vdots \\ L_m &= f_m(A_1, A_2, \cdots, A_n) \end{aligned} \tag{7.1.1}$$

图 7.1.1 中，每个输出变量可以是全部或部分输入变量的逻辑函数。图中方框内组合逻辑电路的功能除了用逻辑函数式描述外，也可以用真值表、波形图等方式描述，用硬件描述语言描述、在可编程器件上实现是现代电子系统的实现方法。

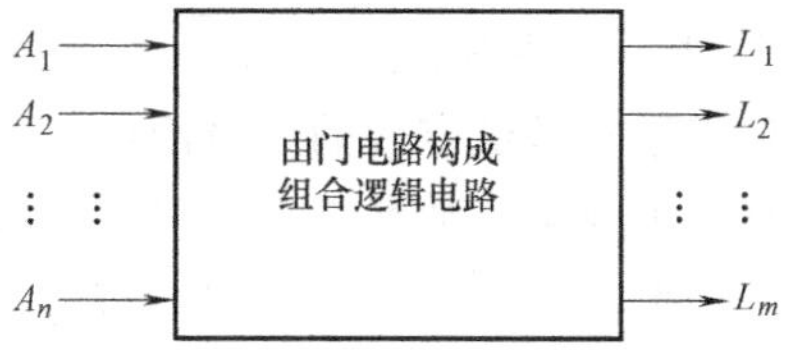

图 7.1.1　组合逻辑电路框图

无论是组合逻辑电路还是时序逻辑电路，通常遇到的问题可分为两类：一类称为逻辑电路的分析，另一类称为逻辑电路的设计。其中分析是根据已知的逻辑电路图来分析电路所实现的逻辑功能，而设计则是根据逻辑问题得出能够实现该功能的逻辑电路。

在满足逻辑功能的前提下，传统的基于门的逻辑电路设计中的重要步骤是化简逻辑函数表达式，以便用最简单的电路来实现逻辑设计。所谓电路最简单，是指所用小规模集成逻辑门电路的种类、个数和输入端数最少。设计一个像计算机这样复杂的数字系统，如果采用门电路来实现是无法想象的。因此，本章不再介绍基于门电路的设计和分析。复杂的数字系统一般采用层次式设计方法，将复杂的数字网络分解为实现一定功能的逻辑部件。具有一定功能的逻辑部件通常称为数字部件、数字单元或模块，其本身是由逻辑部件或简单的逻辑门构成的、可实现相应功能的复杂逻辑结构。这些逻辑结构已被制成了各种规格的标准化集成逻辑器件并得到了广泛的应用。由于可编程逻辑器件的发展，这些中规模集成逻辑器件在现代数字电路设计中已很少使用了，但很有必要了解它的概念和应用。

7.1.2　中规模集成逻辑器件的符号

对于具有一定功能的中规模集成逻辑器件，制造厂家都会提供其 MSI 数据手册。MSI 数据手册提供了详细的文字描述、功能表、逻辑符号图、封装和引脚排列、内部逻辑电路图等内容。其中，功能表是描述中规模集成逻辑器件功能的一种表格，由于 MSI 输入变量之间可能会有约束条件或者优先级不同，又或者变量之间各不相关等情况，因此，功能表中无须列出输入逻辑变量的所有取值的组合，而只需写出能说明器件功能的简化真值表，这种简化表格不再称为真值表。符号图一般只标出输入和输出，而不标注输入和输出端对应的引脚以及电源和接地引脚。为方便使用，本书在一些常用集成电路符号图上标出了信号对应的引脚号。通过符号图和功能表基本可以掌握 MSI 的功能，当用 MSI 数字部件进行数字系统设计和分析时，重点不在于器件内部是如何实现其功能的，而是了解器件的概念以及应用。本书中介绍的多数器件没给出内部电路细节。

数字部件有输入和输出，有些数字部件还包括一些控制或使能输入引脚，它是控制 MSI 是否工作的一类重要信号。对于同一个器件的逻辑符号图或引脚图，不同的厂家器件手册或书中使用的引脚符号和表示形式都不一样。本书对逻辑符号图进行了规范，符号图框内所有的输入、输出信号均用正体字母标注，且为正逻辑（即框内符号上没有非号），如图 7.2.1 所示。符号图框外的变量都用斜体字母表示，框外输入端的小圆圈表示该输入信号是低电平（逻辑 0）有效，而输出端的小圆圈表示反码输出或者输出低有效。对于低有效的输入和输出，如果用变量来表示，一般在自定义的输入和输出变量上加一横线（上画线），整体表示该变量是低有效变量，外部自定义变量一般是在应用 MSI 中标出，如图 7.2.3 所示的 $\overline{Y_0}$、

$\overline{Y_1}$ 等变量。注意，此处的 $\overline{Y_0}$ 与前面的 A、B、C 等变量是一样的，是二值逻辑变量，上画线仅仅表示它是低有效的变量而已，千万不要理解为 Y_0 变量的非。通常单纯的符号图无须写出框外的变量，如图 7.2.1 所示，图中的数字代表信号对应的芯片引脚号。

但要注意，这只是本书的规定，并不是标准，其他的参考书或器件手册中的标法可能会五花八门。因此，当使用器件时，学会使用器件的方法是最重要的，这样在面对不断出现的新器件时才不会束手无策。

7.2 译码器和编码器

在图 2.2.1 中介绍了编码器是将现实世界的信息转换为数字信息处理网络可以理解的二进制信息的一种器件；译码器也叫解码器，是将数字网络处理的结果转换为现实世界可接收的信号输出。编码器和译码器是数字系统中非常重要的器件，它们的功能是相反的或者是相逆的。

7.2.1 地址译码器

数字系统中的信息都是用二进制编码来表示的。译码就是把一些二进制码、8421BCD 码或十六进制码转换为表示其数值的单个有效输出的过程。具有译码功能的 MSI 芯片称为**译码器**（Decoder）。例如，74LS42 十进制译码器或者 BCD 译码器就是将 4 位的 BCD 输入翻译为 10 个输出信号的译码器，即输入任何一个 BCD 码，74LS42 只有一个与之对应的输出有效（本器件输出低有效），其他 9 个信号都无效（高电平）。译码器的输入不限于 BCD 码，还可以输入自然二进制码和十六进制码等，如 74154 为 4-16 线的十六进制译码器。还有一种译码器是多个输出有效，如 BCD-七段显示译码器 74LS47，严格来讲，这种译码器应该叫代码转换器。

将输入为 n 位二进制信息转换（或翻译）为 2^n 个输出的译码器称为 n-2^n 线译码器，如 74LS138 为 3-8 线译码器。这种译码器称为“唯一”地址译码器，也称为基本译码器，常用于计算机中，对地址总线上的地址进行译码，译码输出分别连接到不同输入、输出设备接口电路或存储器片选端。地址译码器的特点是：任何时刻，译码器最多只有一个输出有效，其余输出均无效，而且 n-2^n 全译码。

74LS138 是最常用的集成译码器之一，其符号图如图 7.2.1 所示。74LS138 有 3 个译码输入端 A_2、A_1 和 A_0，角标的数字一般代表了输入代码的高低顺序。例如，A_2 就是 3 位输入代码的最高位输入端，如果符号图中这 3 个输入端标注为 A、B 和 C，这时就需要查看器件手册中的功能表，了解代码的高低顺序。74LS138 有 8 个输出端 $Y_0 \sim Y_7$，从图中可见，输出端都有小圈，表示 74LS138 输出是低有效。74LS138 还有 3 个控制输入端，也称为使能端 ST_A、ST_B 和 ST_C，由图可见，一个是高有效，两个是低有效，使能端增加了芯片的使用灵活性。各信号旁边的数字是其对应的引脚号。

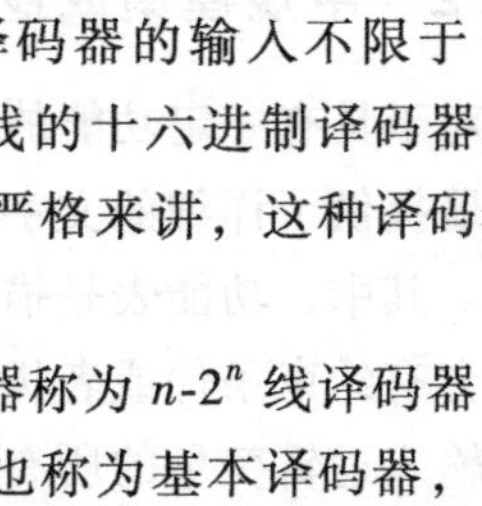

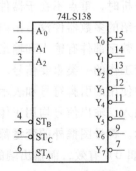

图 7.2.1 74LS138 的符号图

图 7.2.2 是 74LS138 译码器的内部电路，由内部电路很容易理解其功能表 7.2.1 所示的功能。一般情况下，由功能表就可以了解芯片的全部功能，因此，后续的 MSI 器件不再给出其内部逻辑图。对个别有疑问的芯片可以下载数据手册查看。

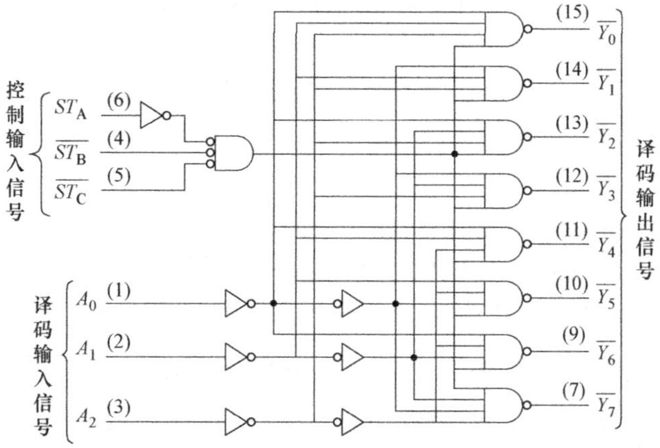

图 7.2.2　74LS138 译码器的内部电路

由表 7.2.1 中数字信息的第 1 行和第 2 行可见，当 3 个使能信号 ST_A、$\overline{ST_B}$ 和 $\overline{ST_C}$ 的任何一个无效时，译码器的输出全部无效；只有当 3 个使能端全部有效时，译码器才进行 3-8 译码。对于任何一组输入，只有一个输出信号是低电平有效，类似真值表的写逻辑函数式，由于 $\overline{Y_0}$~$\overline{Y_7}$ 每个输出变量只有一个最小项时取值为 0，因此写出每个输出变量的反函数逻辑式取非即可。即 $\overline{Y_0}=\overline{\overline{A_2}\ \overline{A_1}\ \overline{A_0}}=\overline{m_0}$，…，$\overline{Y_i}=\overline{m_i}$，…，$\overline{Y_7}=\overline{A_2A_1A_0}=\overline{m_7}$。可见，输出信号 $\overline{Y_0}$~$\overline{Y_7}$ 分别对应着二进制码 $A_2A_1A_0$ 的所有最小项的非。如果其他型号地址译码器的输出是高电平有效，则输出分别对应着二进制码的所有最小项。这种译码器又称为最小项唯一译码器。正是由于这一输出特性，译码器经常用于实现逻辑函数。

表 7.2.1　3-8 线译码器 74LS138 的功能表

控制输入		译码输入			输出							
ST_A	$\overline{ST_B}+\overline{ST_C}$	A_2	A_1	A_0	$\overline{Y_0}$	$\overline{Y_1}$	$\overline{Y_2}$	$\overline{Y_3}$	$\overline{Y_4}$	$\overline{Y_5}$	$\overline{Y_6}$	$\overline{Y_7}$
×	1	×	×	×	1	1	1	1	1	1	1	1
0	×	×	×	×	1	1	1	1	1	1	1	1
1	0	0	0	0	0	1	1	1	1	1	1	1
1	0	0	0	1	1	0	1	1	1	1	1	1
1	0	0	1	0	1	1	0	1	1	1	1	1
1	0	0	1	1	1	1	1	0	1	1	1	1
1	0	1	0	0	1	1	1	1	0	1	1	1
1	0	1	0	1	1	1	1	1	1	0	1	1
1	0	1	1	0	1	1	1	1	1	1	0	1
1	0	1	1	1	1	1	1	1	1	1	1	0

74LS138 也称为八进制译码器，将输入的 3 位二进制即一个八进制数，翻译为对应的一个有效输出。例如，输入是八进制的 6（110B）时，对应的输出 $\overline{Y_6}$ 唯一低有效，其他输出

全部为高电平无效，当然译码器使能信号要全部有效。

7.2.2 地址译码器的应用

地址译码器最广泛的应用是在计算机或微处理器系统中完成地址译码，确定不同设备和存储器的地址。CPU 中还需要一个指令译码器，用于翻译指令并产生对应时序，最后执行指令。本小节首先介绍了地址译码器的扩展和实现逻辑函数，以便熟悉译码器件的使用，然后介绍了译码器在早期计算机主板上的应用。

1. 扩展

74LS138 的 3 个控制端为译码器的扩展及灵活应用提供了方便。例如，将两片 74LS138 按图 7.2.3 连接，可方便地扩展成 4-16 线译码电路。在图 7.2.3 中，将两片 74LS138 的 3 个输入端 A_2、A_1、A_0 分别连接，作为 4-16 线译码电路的输入 A_2、A_1、A_0，将第Ⅰ片低有效的 ST_C 端和第Ⅱ片高有效的 ST_A 端与 A_3 连接，其余控制端的连接如图所示。当输入 $\overline{ST}=1$ 时，两片 74LS138 均被禁止；当 $\overline{ST}=0$ 时，哪片 74LS138 工作取决于 A_3 的值：当 $A_3=0$ 时，第Ⅰ片 74LS138 工作，将 $A_3A_2A_1A_0$ 对应的 0000~0111 这 8 个二进制代码分别译为 $\overline{Y_0}\sim\overline{Y_7}$ 8 个低电平信号；当 $A_3=1$ 时，第Ⅱ片 74LS138 工作，将 $A_3A_2A_1A_0$ 对应的 1000~1111 这 8 个二进制代码分别译为 $\overline{Y_8}\sim\overline{Y_{15}}$ 8 个低电平信号；从而实现 4-16 线译码电路的功能。

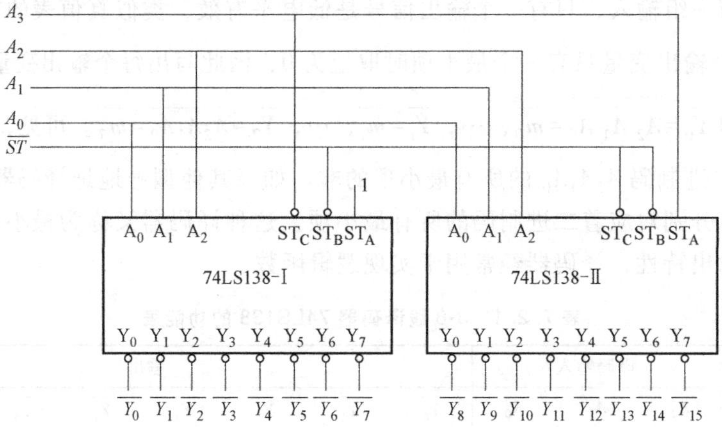

图 7.2.3 3-8 线译码器扩展为 4-16 线译码器

2. 实现逻辑函数

由于 74LS138 译码器的输出包含了 3 个输入变量的 8 个最小项的非，而任何逻辑函数都可以表示为最小项之和的标准形式，因此，由德·摩根定律可知，用 74LS138 译码器和与非门可以很方便地构成多输出的 3 变量逻辑函数发生器。如果输出是高电平有效的译码器，则每个输出对应的是不同的最小项，用这种译码器和或门也可以实现逻辑函数。

例如，试用 74LS138 实现 $F=\overline{A}C+B$。用译码器完成这一功能，其步骤与门电路的实现不同。因为译码器的输出包含了最小项信息，显然首先要将逻辑式化为最小项之和的形式。在此使用卡诺图方法可以方便地得到函数的最小项，如图 7.2.4a 所示，如果将变量 A 连接到译码器译码输入的高位 A_2，则由卡诺图得到 $F=\Sigma m$（1，2，3，6，7），由德·摩根定律得

$F=\overline{\overline{m_1+m_2+m_3+m_6+m_7}}=\overline{\overline{m_1}\cdot\overline{m_2}\cdot\overline{m_3}\cdot\overline{m_6}\cdot\overline{m_7}}$。即，将译码器对应输出的这5个最小项非的输出引脚连接到与非门的输入，则由与非门的输出可得到要实现的逻辑函数 F，电路如图7.2.4b所示。一定注意：所有的使能信号必须全部有效，结果才正确，如果有任何一个使能端无效，则输出 F 将始终是0。

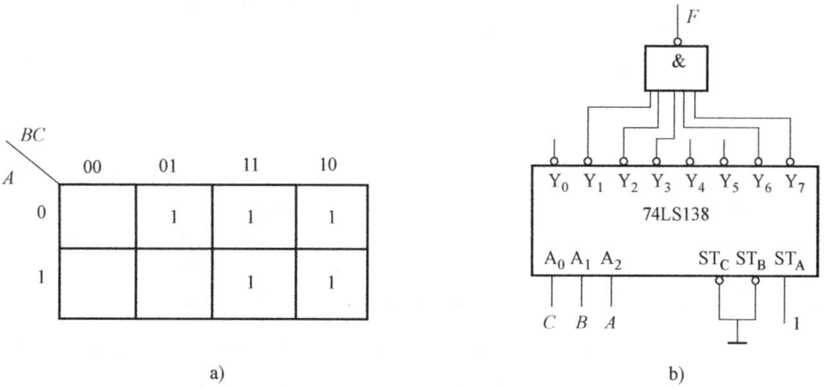

图7.2.4 用卡诺图得到最小项和译码器实现逻辑函数

a）逻辑函数的卡诺图 b）译码器实现逻辑函数的电路图

3. 早期PC中的译码电路

IBM公司推出的IBM PC/XT和IBM PC/AT都是16位的个人计算机。为了增强处理器功能，计算机主板设置了中断控制器8259A、直接存储器存取（DMA）控制器8237、定时器/计数器8253或8254、控制键盘和存储器奇偶校验电路的可编程并行接口8255等接口芯片。为了访问这些芯片，需要译码器产生选择各个不同芯片的片选（Chip Select，CS）信号，片选信号一般都是低有效，即 $\overline{CS}$ 低电平时选中芯片工作。

图7.2.5是早期的IBM—PC XT/AT使用74LS138译码器构成系统主板上的芯片片选译码电路，图7.2.5中的 $A_5\sim A_9$ 是来自地址总线的高5位，地址总线的低5位 $A_0\sim A_4$ 用于区分各接口芯片内部的不同寄存器端口。其中，$\overline{AEN}$ 信号是由DMA控制器发出的系统总线控制信号，$\overline{AEN}=0$ 表示CPU占用地址总线，此时，74LS138使能端G1高有效，A_9 和 A_8 低电平时，3个使能端全有效，译码器工作；当 $\overline{AEN}=1$ 时，表示DMA占用地址总线，译码器

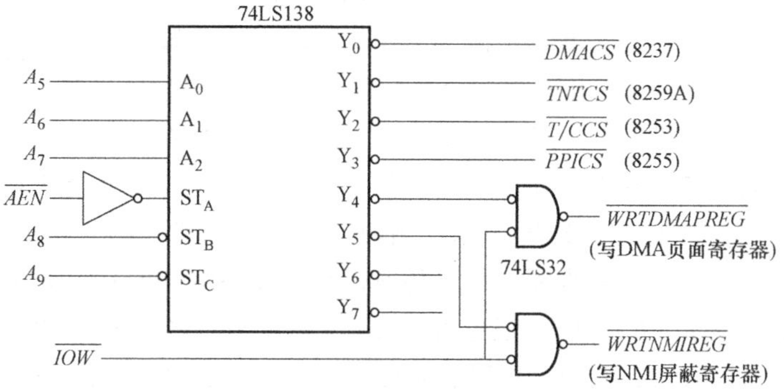

图7.2.5 IBM—PC XT/AT系统主板上的I/O接口芯片译码电路

输出全部无效，防止 DMA 与 CPU 访问冲突。

由于地址总线的低 5 位 $A_0 \sim A_4$ 不参与该电路的译码，因此它们的取值不影响片选信号的有效性。根据图 7.2.5 的连接，在信号 $\overline{AEN}=0$ 时，可得到各芯片的地址范围见表 7.2.2。可见，各芯片的地址由译码器确定，这也是为什么叫地址译码器的原因。

表 7.2.2　IBM—PC XT/AT 系统主板上各接口芯片的地址范围

地址线										对应地址范围	接口芯片
A_9	A_8	A_7	A_6	A_5	A_4	A_3	A_2	A_1	A_0		
0	0	0	0	0	×	×	×	×	×	000H~01FH	DMA8237
0	0	0	0	1	×	×	×	×	×	020H~03FH	中断控制器 8259A
0	0	0	1	0	×	×	×	×	×	040H~05FH	定时器/计数器 8253
0	0	0	1	1	×	×	×	×	×	060H~07FH	可编程并行接口 8255
0	0	1	0	0	×	×	×	×	×	080H~09FH	写 DMA 页面寄存器
0	0	1	0	1	×	×	×	×	×	0A0H~0BFH	写 NMI 屏蔽寄存器
0	0	1	1	0	×	×	×	×	×	0C0H~0DFH	
0	0	1	1	1	×	×	×	×	×	0E0H~0FFH	

片选信号选中某芯片后，接口芯片内部一般有多个可访问的寄存器端口，不同芯片的端口多少不同。这些端口的寻址需要由低 5 位地址 $A_0 \sim A_4$ 区分，低位地址接到接口芯片的对应地址端，经芯片内部的译码电路即可区分端口，将在 I/O 接口部分再详细介绍。

7.2.3　数码管和 BCD-七段显示译码器

数字系统中使用的是二进制数或 BCD 码，但在数字测量仪表和各种显示系统中，为了便于表示测量和运算的结果以及对系统的运行情况进行监测，常需将数字量用人们习惯的十进制字符直观地显示出来，很多仪器设备使用 BCD-七段显示译码器来驱动数码管完成显示。

1. 数码管的结构及工作原理

数码管（也称为七段数码管）广泛地应用于许多数字系统，作为显示输出设备使用。它的结构是由发光二极管构成图 7.2.6 所示的 a、b、c、d、e、f 和 g 七段，并由此得名。实际上，每个数码管还有一个发光段 dp，一般用于表示小数点，所以也有少数的资料将数码管称为八段数码管。

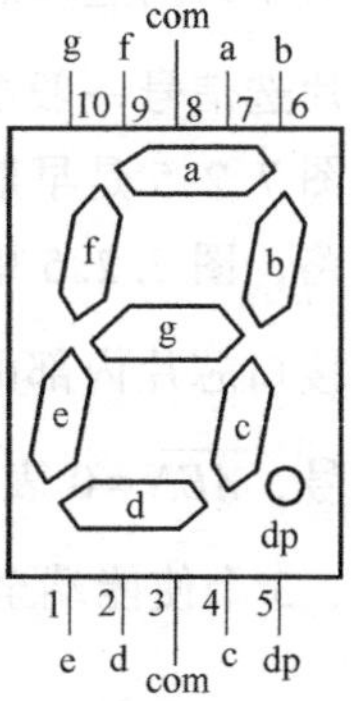

图 7.2.6　七段数码管的物理结构和引脚

数码管内部的所有发光二极管有共阴极接法和共阳极接法两种，即将数码管内部所有二极管阴极或阳极接在一起，并通过 com 公共引脚引出，并将每一个发光二极管的另一极引出到对应的引脚，图 7.2.7a 给出了共阳极接法的七段数码管内部结构。数码管的引脚排列一般如图 7.2.6 所示，图中的 3 和 8 是两个公共端 com 引脚，在数码管内部一般连在一起，如图 7.2.7a 所示，使用时以具体型号的数码管资料为依据。七段数码管多数情况用于显示十进制数字 0~9，这就需要将十进制数字转换为数码管对应七段码的信息，如图 7.2.7b 所示。例如，要显示“0”，就是让 a、b、c、d、e 和 f 段发光，显示“1”，让 b 和 c 段发光。如果是通过软件或是用 FPGA 实现将 8421BCD 码翻译为数码管的七段码，显示“6”时，a 段也可以发光，显示为“б”，显示“9”时，*d* 段也可以发光。也可以显示 A，b，C，d，E，F 等字符或自定义一些发光段来代表简单符号。

使用共阳极接法的数码管，其公共端 com 接正电源。当某段二极管的阴极经过限流电

阻 R 接低电平时，该段亮；若接高电平，则该段灭。共阴极接法的数码管则是将公共端 com 接地，七段引出脚经限流电阻接高电平时，对应段亮。

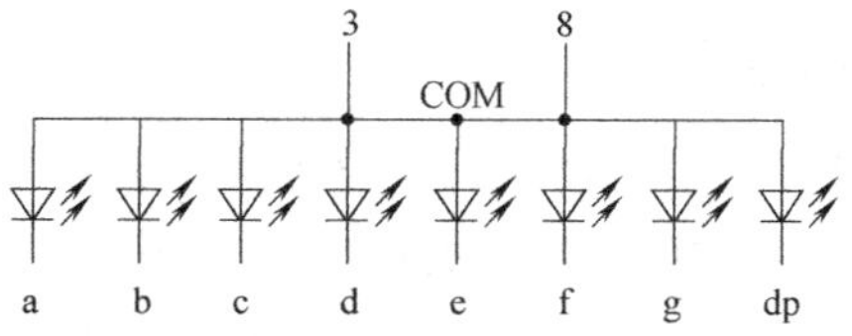

a)

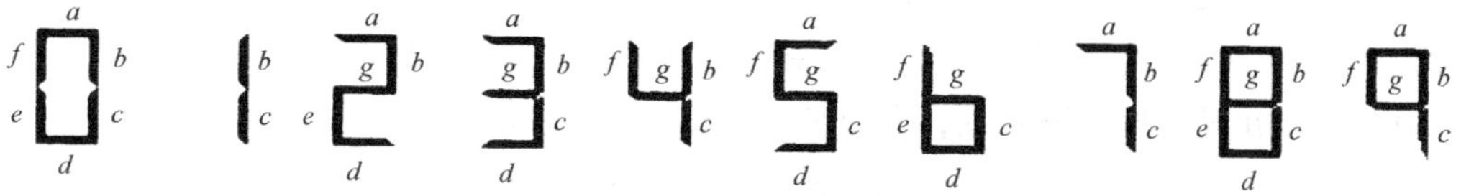

b)

图 7.2.7　数码管内部结构及显示原理

a）共阳极 LED 数码管内部结构　b）BCD 显示的对应段列表

数码管有多种型号，如 BS211、BS212、BS213 为共阳型；BS201、BS202、BS203 为共阴型。每种型号的数码管厂家手册都提供了详细功能及参数介绍，例如，七段共阴磷砷化镓显示器 BS201 的主要参数为：消耗功率 $P_M=150mW$；最大工作电流 $I_{FM}=100mA$；正常工作电流 $I_F=40mA$；正向电压降 $V_F\leqslant 1.8V$；发红色光；BS201 燃亮电压为 5V。

控制七段数码管，就需要硬件七段显示译码器将数字系统产生的待显示的 BCD 码“翻译”为数码管的七段信息。学习了微处理器后，就可以用软件的方法控制，先建立好十进数与七段码的对应表格，显示时由软件查表即可。例如，为了用共阴极数码管显示“0”，使 $D_7D_6D_5D_4D_3D_2D_1D_0$（假设对应 × gfedcba）= 00111111B = 3FH；若用共阳极显示，使 $D_7D_6D_5D_4D_3D_2D_1D_0$ = 11000000B = C0H。从上述可以看出，对于同一个显示字符，共阴极和共阳极的七段码互为反码。表 7.2.3 列出了共阴极和共阳极这两种接法下的字形段码关系表。既然是为了软件控制的列表，显示字型可以自由定义。

表 7.2.3　七段数码管显示 BCD 字符的七段码表

显示字符	共阴极段码	共阳极段码	显示字符	共阴极段码	共阳极段码
0	3FH	C0H	C	39H	C6H
1	06H	F9H	d	5EH	A1H
2	5BH	A4H	E	79H	86H
3	4FH	B0H	F	71H	8EH
4	66H	99H	·	80H	7FH
5	6DH	92H	P	73H	82H
6	7DH	82H	U	3EH	C1H
7	07H	F8H	T	31H	CEH
8	7FH	80H	Y	6EH	91H
9	6FH	90H	8.	FFH	00H
A	77H	88H	“灭”	00H	FFH
b	7CH	83H	⋮ 自定义	⋮	⋮

在没有微处理器的数字系统中，一般依靠硬件专用芯片实现译码，如带驱动的 LED 七

段译码器 74LS47 及 74LS48、74LS49 等。当选用共阳极数码管时，应使用低电平有效的七段译码器驱动（如 7446、7447）；当选用共阴极数码管时，应使用高电平有效的七段译码器驱动（如 7448、7449）。

2. BCD-七段显示译码器

不同于基本译码器只有一个有效译码输出信号，BCD-七段显示译码器 74LS47 的输入是 4 位码，对应的输出是 7 位码，且可能是多位有效。严格地说，称之为代码变换器更为确切，但习惯上仍称之为 BCD-七段显示译码器。74LS47 的符号如图 7.2.8 所示，功能表见表 7.2.4。由表可以看出，该电路的输入 $A_3A_2A_1A_0$ 是 4 位 BCD 码，输出是七段反码 $\overline{a}\sim\overline{g}$，表中某一位输出为 0 表示将七段数码管对应段点亮，为 1 表示对应段熄灭，驱动共阳极七段数码管。74LS47 驱动电流达 24mA。

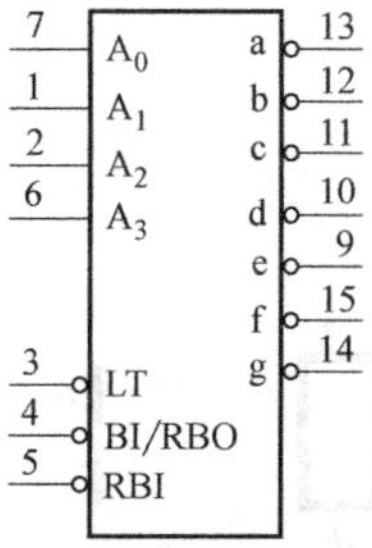

图 7.2.8　74LS47 符号图

表 7.2.4　74LS47 功能表

十进制数字或功能	输入							输出							显示字型
	$\overline{LT}$	$\overline{RBI}$	A_3	A_2	A_1	A_0	$\overline{BI}/\overline{RBO}$	$\overline{a}$	$\overline{b}$	$\overline{c}$	$\overline{d}$	$\overline{e}$	$\overline{f}$	$\overline{g}$	
0	1	1	0	0	0	0	1	0	0	0	0	0	0	1	
1	1	×	0	0	0	1	1	1	0	0	1	1	1	1	
2	1	×	0	0	1	0	1	0	0	1	0	0	1	0	
3	1	×	0	0	1	1	1	0	0	0	0	1	1	0	
4	1	×	0	1	0	0	1	1	0	0	1	1	0	0	
5	1	×	0	1	0	1	1	0	1	0	0	1	0	0	
6	1	×	0	1	1	0	1	1	1	0	0	0	0	0	
7	1	×	0	1	1	1	1	0	0	0	1	1	1	1	
8	1	×	1	0	0	0	1	0	0	0	0	0	0	0	
9	1	×	1	0	0	1	1	0	0	0	1	1	0	0	
10	1	×	1	0	1	0	1	1	1	1	0	0	1	0	
11	1	×	1	0	1	1	1	1	1	0	0	1	1	0	
12	1	×	1	1	0	0	1	1	0	1	1	1	0	0	
13	1	×	1	1	0	1	1	0	1	1	0	1	0	0	
14	1	×	1	1	1	0	1	1	1	1	0	0	0	0	
15	1	×	1	1	1	1	1	1	1	1	1	1	1	1	熄灭
$\overline{BI}$	×	×	×	×	×	×	0	1	1	1	1	1	1	1	熄灭
$\overline{RBI}$	1	0	0	0	0	0	0	1	1	1	1	1	1	1	灭零
$\overline{LT}$	0	×	×	×	×	×	1	0	0	0	0	0	0	0	试灯

74LS47 有 3 个低有效的使能或者控制信号。由表 7.2.4 最后一行可见，当 $\overline{LT}=0$ 时，不论 $\overline{RBI}$ 和 $A_3A_2A_1A_0$ 输入为何值，只要 $\overline{BI}=1$ 无效，七段码输出全 0，数码管的七段全亮，说明 $\overline{LT}$ 是试灯信号，可以通过该信号检测数码管各段是否正常工作。

由表 7.2.4 倒数第 2 行可见，$\overline{LT}=1$、$\overline{RBI}=0$ 且 $A_3A_2A_1A_0=0000$，此时输出信号 $\overline{RBO}=0$，七段码输出全 1，数码管的七段全灭，表示 $\overline{RBI}$ 是灭零信号，$\overline{RBO}$ 是级联灭零输出，用于灭掉多位数码管不需要显示的 0。例如，用 4 位数码管来显示 0080 十进制数码，希望最低两位显示 80，高位的 00 一般不显示出来，要控制 4 个数码管，显然需要 4 个 74LS47，只需要将最高位对应的 74LS47 的 RBI 端接地，并将其 BI/RBO 端与相邻低位的 RBI 端相连，依此类推，最后将最低位 74LS47 的 RBI 端接高电平即可。

由表 7.2.4 倒数第 3 行可见，$\overline{BI}=0$ 时，无论其他信号怎样，七段码输出全 1，数码管的七段全灭，说明 $\overline{BI}$ 是熄灭信号，可控制数码管是否显示。$\overline{RBO}$ 和 $\overline{BI}$ 在芯片内部是连在一起的，共用一根 BI/RBO 引脚，是一个双功能引脚。

如果只用一片 74LS47 控制一个数码管显示，这些使能信号应该均无效，如图 7.2.9 所示。

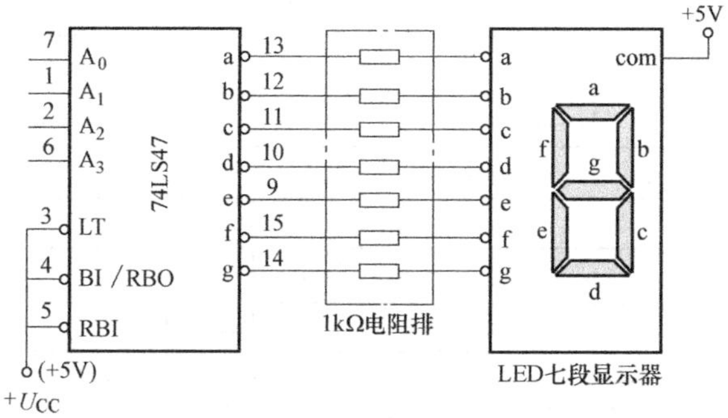

图 7.2.9　74LS47 驱动一个数码管

3. 多个数码管的显示原理

在许多实际的系统中，经常需要多个数码管显示系统的信息。例如，数字钟实验要显示时、分和秒信息，就必须要 6 个数码管，对这些数码管的控制也可以和上面一位数码管显示器一样，采用 6 个七段译码器分别驱动每一个数码管，并使所有数码管的公共端始终接有效信号，即共阴极 com 端接地，共阳极 com 端接电源。这种数码管显示方式称为**静态显示**方式。采用静态方式，数码管亮度高，但这是以复杂硬件驱动电路作为代价的，硬件成本高。

因此，在实际使用时，特别是在有微处理器的系统中，如果用多位的数码管显示，一般采取动态扫描方式分时循环显示，即多个发光管轮流交替点亮。动态扫描显示中所有的数码管段信号端 a~g 分别接在一起，公共端有效的数码管将显示 a~g 的字符。要使各数码管显示不同内容，必须控制它们的公共端分时轮流有效。这种方式的依据是利用人眼的滞留现象，一般只要一个数码管在 1s 内亮 24 次以上，且每次点亮的时间维持 2ms 以上，则人眼感觉不到闪烁，宏观上仍可看到多位数码管同时显示的效果。动态显示可以简化硬件、降低成本、减小功耗，但控制相对复杂。图 7.2.10 是一个 6 位数码管动态显示电路，七段显示译码器输出数码管字符 7 段代码信息 $a \sim g$，位驱动器输出 6 个数码管的位选信号，即分时使 $Q_0 \sim Q_5$ 轮流有效，使得图中数码管 $LED_0 \sim LED_5$ 轮流显示。如果数码管是共阴极的，其位驱动器可以由 74LS138 控制，根据动态显示时间的要求，使 74LS138 分时周期性的输出如图 7.2.11 所示 $Q_0 \sim Q_5$ 信号，同时，图 7.2.10 中的七段显示译码器在 $Q_0 \sim Q_5$ 有效时分别对应送出 $N_1 \sim N_6$ 的对应七段信息 $a \sim g$，如图 7.2.11 的时序关系。这样，会看到 6 个数码管从左到右同时显示 6 个 $N_1 \sim N_6$ 数字。使用 FPGA 控制数码管时，图中的七段显示译码器和位驱动器可以由 FPGA 替代。

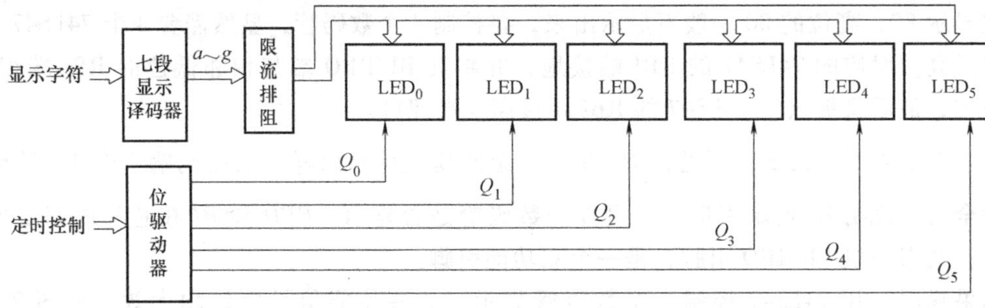

图 7.2.10　6 位数码管动态显示原理

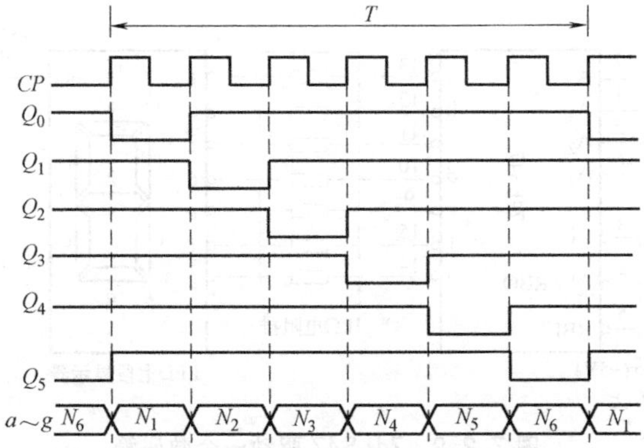

图 7.2.11　6 个共阴极数码管公共端控制时序图

7.2.4　编码器

编码器是功能与译码器相反的数字部件，编码器有 2^n（或少于 2^n）个输入线和 n 个输出线，输出线产生与输入信号对应的二进制码或 BCD 码（或者对应的反码），若编码输出为 8421BCD 码，则称为 8421BCD 编码器。具有编码功能的电路称为编码电路，而相应的器件称为**编码器**（Encoder）。按照被编码对象的不同特点和编码要求，输入线有优先级的编码器称为优先编码器。编码器在工程机械应用中起到定位、角度、速度及长度测量的作用。编码器的种类繁多，不同的行业用户对编码器的参数、规格要求各不相同。下面仅介绍优先编码器。

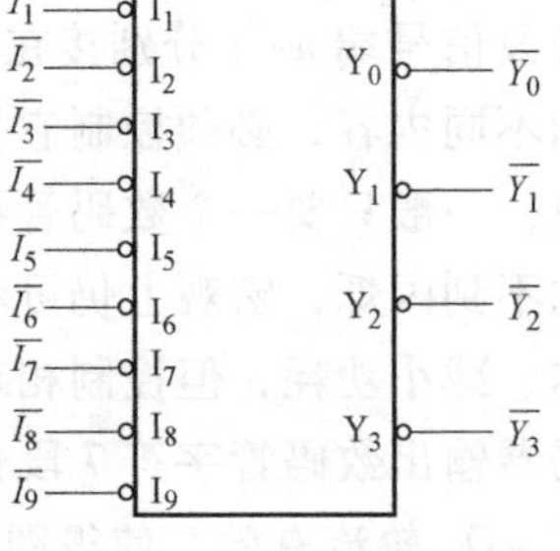

图 7.2.12　74LS147 符号图

优先编码器对输入信号安排了优先编码顺序，允许同时输入多路编码信号，但编码电路只对其中优先权最高的一个输入信号进行编码，所以不会出现编码混乱。这种编码器广泛应用于计算机系统中的中断请求和数字控制的排队逻辑电路中。

图 7.2.12 是 10-4 线优先编码器 74LS147 的符号图。表 7.2.5 的优先编码器的功能表。

表 7.2.5　74LS147 的功能表

输入									输出			
$\overline{I_1}$	$\overline{I_2}$	$\overline{I_3}$	$\overline{I_4}$	$\overline{I_5}$	$\overline{I_6}$	$\overline{I_7}$	$\overline{I_8}$	$\overline{I_9}$	$\overline{Y_3}$	$\overline{Y_2}$	$\overline{Y_1}$	$\overline{Y_0}$
×	×	×	×	×	×	×	×	0	0	1	1	0
×	×	×	×	×	×	×	0	1	0	1	1	1
×	×	×	×	×	×	0	1	1	1	0	0	0

（续）

输入									输出			
$\overline{I_1}$	$\overline{I_2}$	$\overline{I_3}$	$\overline{I_4}$	$\overline{I_5}$	$\overline{I_6}$	$\overline{I_7}$	$\overline{I_8}$	$\overline{I_9}$	$\overline{Y_3}$	$\overline{Y_2}$	$\overline{Y_1}$	$\overline{Y_0}$
×	×	×	×	×	0	1	1	1	1	0	0	1
×	×	×	×	0	1	1	1	1	1	0	0	0
×	×	×	0	1	1	1	1	1	1	0	1	1
×	×	0	1	1	1	1	1	1	1	1	0	0
×	0	1	1	1	1	1	1	1	1	1	0	1
0	1	1	1	1	1	1	1	1	1	1	1	0
1	1	1	1	1	1	1	1	1	1	1	1	1

由表 7.2.5 可以看出，输入是 10 路（$\overline{I_0}$~$\overline{I_9}$，$\overline{I_0}$ 隐含其中）被编对象，允许有几个输入端送入的编码信号同时低有效。其中，$\overline{I_9}$ 优先权最高，$\overline{I_8}$ 依次降低，$\overline{I_0}$ 优先权最低。当$\overline{I_9}=0$ 时，无论其他输入是否有效（表中以×表示），输出只给出 $\bar{I}_9$ 反码形式的编码，即 0110。当$\overline{I_9}=1$、$\overline{I_8}=0$ 时，无论其他输入端有无信号，只对$\overline{I_8}$ 编码，输出其反码形式 $\overline{Y_3}\ \overline{Y_2}\ \overline{Y_1}\ \overline{Y_0}=0111$，…。当所有输入端都为 1 时，对 $\overline{I_0}$ 进行编码，输出 $\overline{I_0}$ 反码即 $\overline{Y_3}\ \overline{Y_2}\ \overline{Y_1}\ \overline{Y_0}=1111$。该器件为 10-4 线反码输出的 BCD 优先编码器。

常用的 10-4 线 BCD 优先编码器还有 CD40147B 等。常用的 8-3 线二进制优先编码器有 74LS148 和 CD4532B 等。

键盘或者按键是数字系统中常用的输入设备，数字系统必须能够扫描和编码按键，图 7.2.13 是用优先编码器来实现按键的扫描编码电路，当 9 号键按下时，对应输入为低电平，输出的编码 *ABCD* 为 1001（即 9），当只有 1 号键按下时，输出的编码 *ABCD* 为 0001（即 1），实现了对按键的扫描和编码。这样的电路就确定了与$\overline{I_9}$ 连接的 9 号按键的优先级最高，可以克服多个按键同时按下出现编码混乱问题，当然，这种电路不适合要求区分按键先后顺序的抢答器的按键编码。

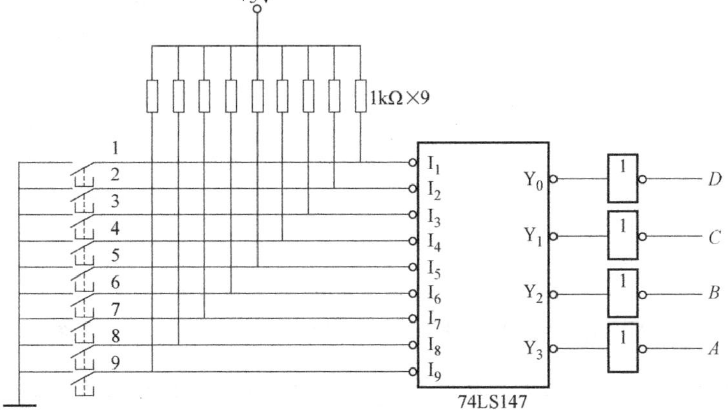

图 7.2.13 74LS147 按键的扫描编码电路

实现对键盘扫描、编码等功能的集成键盘编码器件有很多，如由 Intel 公司推出的一款可编程键盘和显示器专用并行接口芯片 8279，它可以代替单片机完成键盘扫描、编码和显示器控制的许多接口操作，大大减轻了单片机的负担。因此，其在单片机领域中的应用较为广泛。又如键盘编码器 74C922，内部能完成 4×4 矩阵键盘扫描，编码输出为三态输出，可直接与微处理器数据总线相连。不同键盘编码器的结构和原路各不相同，在此不详细介绍。

7.2.5 基于 Verilog HDL 的译码器和编码器设计

中规模集成逻辑器件在现代电子系统设计中已经很少使用，所有这些器件功能都可以由可编程器件完成，而且还可以根据应用需要灵活设计功能。本书基于 Verilog HDL 完成器件功能的设计，所有实例都是在 Vivado 2018.3 环境下进行编程、仿真和在 Artix-7 系列 FPGA 中实现的。本节介绍了使用 Verilog HDL 设计译码器和编码器。

1. 译码器

使用 Verilog HDL 多种方法描述图 7.2.14a 所示的 3-8 线译码器。该译码器具有 3 个输入端 a0、a1 和 a2，1 个高有效的使能端 en，以及 8 个高有效的译码输出端 y0~y7。

1）采用结构化描述。这种描述方式描述的是门级电路结构，如图 7.2.14b 所示，一般用于开发小规模的简单组合电路，生成的模块化符号图（也称为 IP 核封装图）如图 7.2.14c 所示，该符号便于在模块化设计中复用，类似于集成器件的符号图。

链 7-1

decoder_a. v

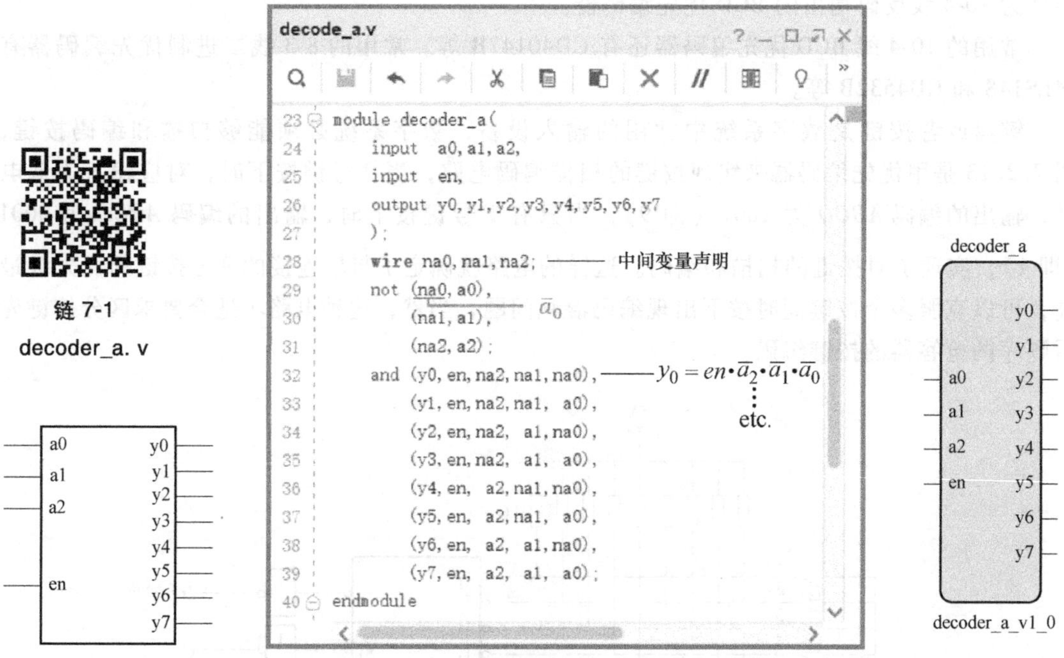

图 7.2.14 结构级描述 3-8 线译码器

a）3-8 线译码器框图 b）结构化（门级原语）Verilog HDL 代码 c）符号图

2）采用数据流描述。这种方式侧重于逻辑表达式以及 HDL 运算符的灵活运用，如图 7.2.15a 所示。

3）采用行为描述。这种描述侧重于电路输入和输出的因果关系，不关心内部结构，一般使用 always 语句。本例将输入、输出信号分别作为一个向量进行声明，如图 7.2.16a 所示，使用了 if-else 语句，以及 case 语句列出所有可能的输入、输出情况。

上述几种方式描述的 3-8 线译码器用综合（Synthesis）工具将代码转化成 FPGA 底层基本单元电路，用实现（Implementation）工具完成布局布线，生成比特流文件，配置 FPGA 实现译码器功能。

通常，在综合实现之前可以对设计的模块进行仿真测试，以确保设计功能的正确性。通过设计激励信号，并加载到待测模块中，观察输出是否符合设计预期。图 7.2.17 是 3-8 线译码器的测试代码。图 7.2.18 是其仿真波形图。由图可见，当 en = 1 时使能信号有效，译码器的输出由 a0、a1、a2 的状态决定；当 en = 0 时，8 个译码输出为“00000000”。

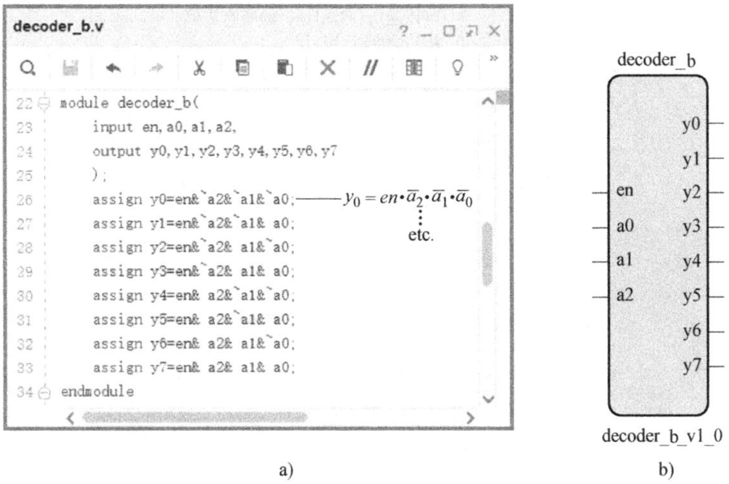

链 7-2

decoder_b. v

图 7.2.15　数据流描述 3-8 线译码器

a）Verilog HDL 数据流描述代码　b）符号图

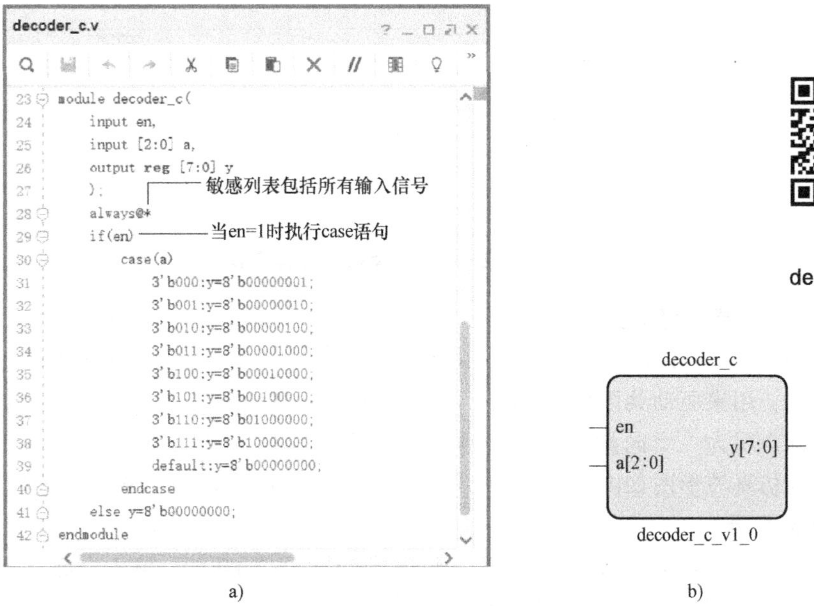

链 7-3

decoder_c. v

图 7.2.16　行为描述 3-8 线译码器

a）Verilog HDL 行为描述代码　b）符号图

tb_decode_a.v
module tb_decode_a( );
reg en, a0, a1, a2; —— 待设计的激励信号
wire y0, y1, y2, y3, y4, y5, y6, y7; —— 待观察的信号
initial begin —— 激励信号初始化
en=0;
a0=1'b0;
a1=1'b0;
a2=1'b0;
#10 en=1;
#30 en=0;
#20 en=1;
end
always #5 a0=~a0;
always #10 a1=~a1;
always #20 a2=~a2;
可以遍历{a2, a1, a0}的所有取值，从3'b000到3'b111
decoder_a uut(—实例化待测试模块，将设计激励与模块输入连接
.a0(a0), .a1(a1), .a2(a2), .en(en),
.y0(y0), .y1(y1), .y2(y2), .y3(y3), .y4(y4), .y5(y5), .y6(y6), .y7(y7)
);

链 7-4
tb_decode_a. v

图 7.2.17　3-8 线译码器的测试代码

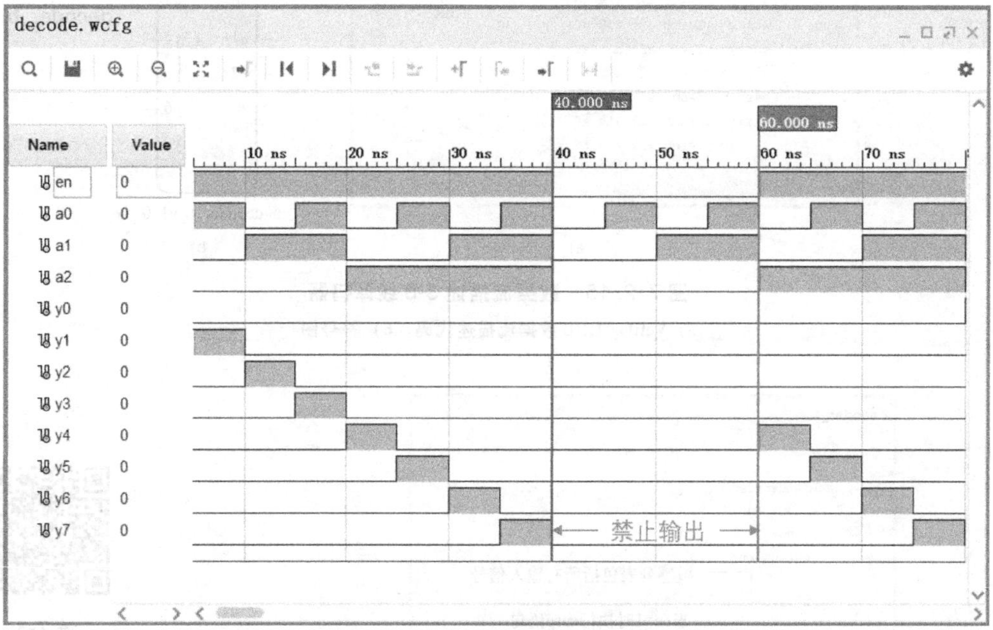

图 7.2.18　3-8 线译码器仿真波形

2. BCD-七段显示译码器

下面使用 Verilog HDL 描述一个将 BCD 码解码为 7 位字段码的 BCD-七段显示译码器，输出为低有效，用来驱动共阳极数码管。代码及其符号图如图 7.2.19 所示。输入、输出信号也可以分别声明为一个向量，例如，输入信号可以声明为“input［3：0］a”。BCD-七段显示译码器的仿真波形图如图 7.2.20 所示，当输入为非 BCD 码时，输出七段码均无效。

3. 优先编码器

图 7.2.21 使用 Verilog HDL 描述了优先编码器 74LS147 的功能，输入为低有效，输出为反码。if-else 语句中的条件是从上到下逐条检查的，当满足一个条件后，执行其后的语句，然后跳过后面所有 else 语句到模块结束。如果所有 if 或 else if 语句都不满足，则执行 else 语句。因此，if-else 语句是有优先级的。仿真局部波形如图 7.2.22 所示，可见 i9 的优先级最高。

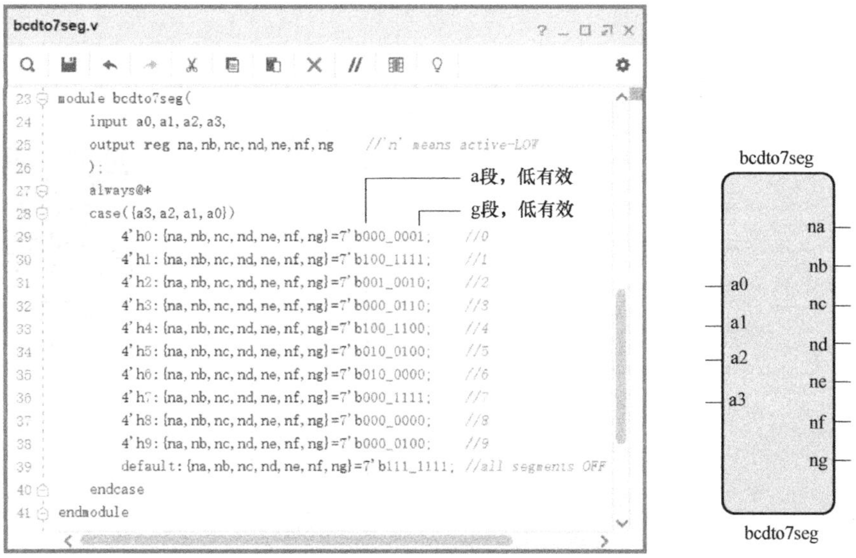

a)　　　　b)

链 7-5

bcdto7deg. v

图 7. 2. 19　BCD-七段显示译码器

a）Verilog HDL 行为描述代码　b）符号图

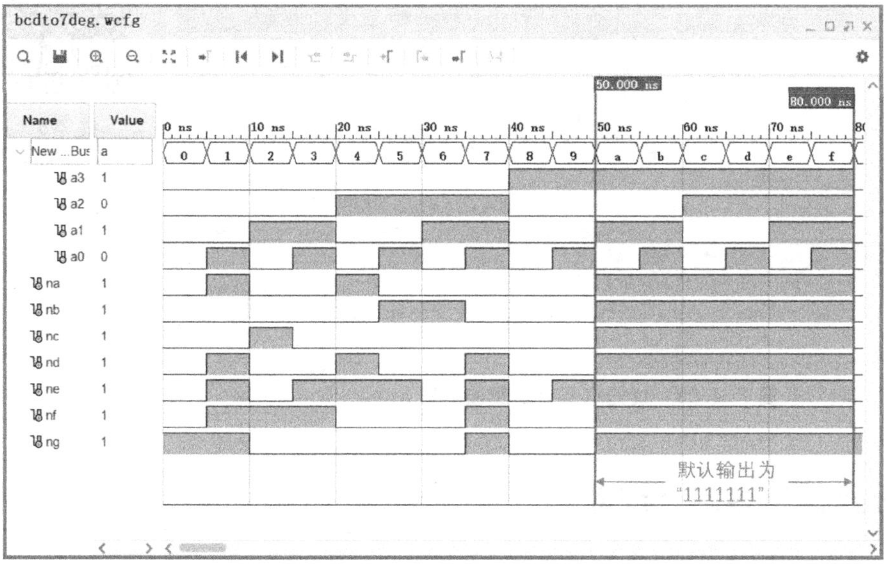

链 7-6

tb_bcdto7deg. v

图 7. 2. 20　BCD-七段显示译码器仿真波形图

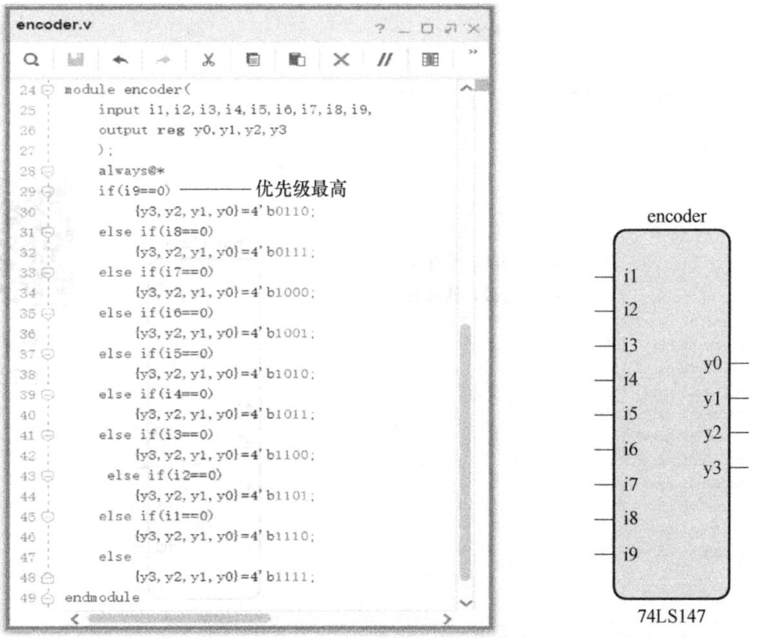

a) b)

链 7-7
encoder. v

图 7.2.21 优先编码器

a）Verilog HDL 行为描述代码 b）符号图

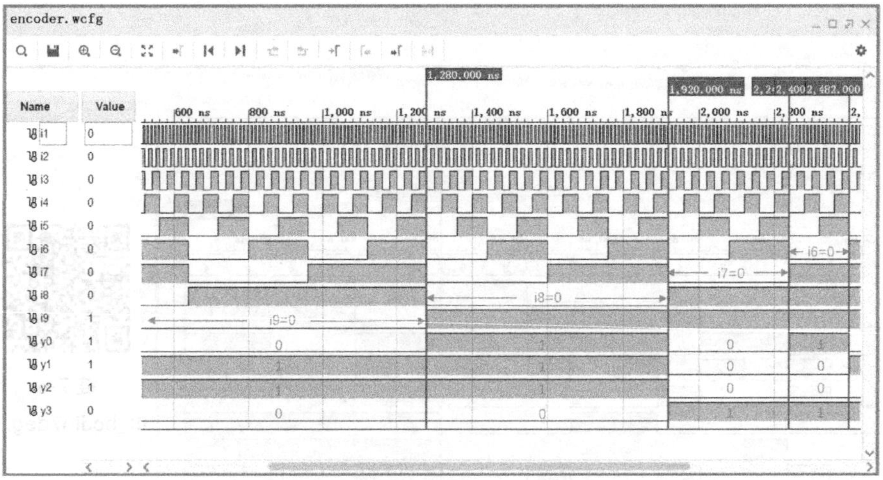

链 7-8
tb_encoder. v

图 7.2.22 优先编码器仿真波形图

7.3 多路选择器和多路分配器

在数字系统中，有时需要将多路数字信号分时地从一条通道传送，完成这一功能的器件称为**多路数据选择器**（Multiplexer，MUX），简称为多路选择器或数据选择器。对多路输入信号通道的选择是由一组地址选择线来控制的。通常，MUX 有 2^n 个输入线、n 个地址选择线和 1 个输出线，因此，称为 2^n 选 1 多路选择器。在前面介绍的 PLD 内部结构中包含了大量的数据选择器，很多的微控制器内部电路中也有大量的 MUX 电路，使用 MUX 可使 PLD 和微控制器结构具有更灵活的编程性和多种功能，应用空间更广泛。多路分配器与多路选择器的功能刚好相反。

7.3.1　多路选择器的功能描述

图 7.3.1 所示为一个 4 选 1 MUX 的示意图，$D_0 \sim D_3$ 为 4 路数据输入，A_1A_0 为通道或地址选择输入，Y 为数据输出，A_1A_0 为 00、01、10、11 时分别选择 D_0、D_1、D_2、D_3 由 Y 输出。

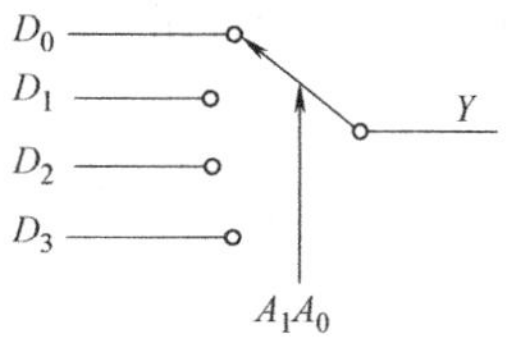

图 7.3.1　4 选 1 多路选择器的示意图

图 7.3.2 为中规模双 4 选 1 数据选择器 74LS253 的符号图。它由两个完全相同的 4 选 1 数据选择器构成，$1D_0 \sim 1D_3$、$2D_0 \sim 2D_3$ 是两组独立的数据输入端；1Y、2Y 分别为两组 MUX 的输出端；1EN 和 2EN 分别是两路选通（或使能）输入端，由符号图可知选通信号是低有效。当 $\overline{EN}=1$ 时，由表 7.3.1 可知，MUX 被禁止，无论输入 A_1A_0 为何取值，输出均为高阻状态（用 Z 表示）；当 $\overline{EN}=0$ 时，MUX 把与 A_1A_0 相应的一路数据选送到输出端。由表 7.3.1 可知，当选通信号 $\overline{EN}$ 有效时，输出可表示为

$$Y=D_0\overline{A}_1\overline{A}_0+D_1\overline{A}_1A_0+D_2A_1\overline{A}_0+D_3A_1A_0 \tag{7.3.1}$$

对于 2^n 选 1 的 MUX，n 个地址输入，2^n 路输入数据，它的输出可表示为

$$Y=\sum_{i=0}^{2^n-1} m_i D_i \tag{7.3.2}$$

其中，n 为地址端个数；m_i 是地址选择变量的最小项；D_i 表示对应的输入数据。

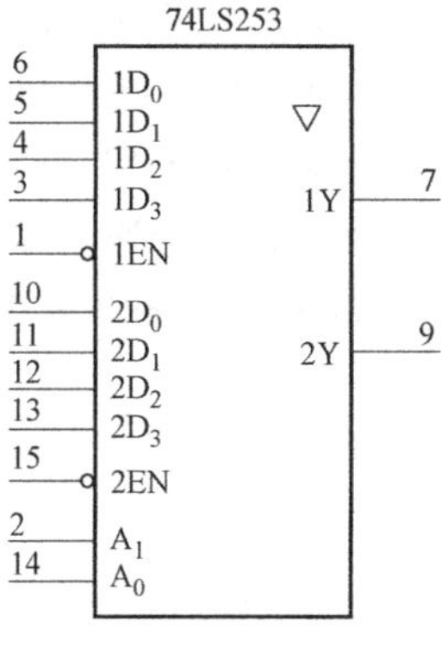

图 7.3.2　74LS253 符号图

表 7.3.1　MUX 74LS253 功能表

输入				输出
选通	地址		数 据	
$\overline{EN}$	A_1	A_0	D_i	Y
1	×	×	×	(Z)
0	0	0	$D_0 \sim D_3$	D_0
0	0	1	$D_0 \sim D_3$	D_1
0	1	0	$D_0 \sim D_3$	D_2
0	1	1	$D_0 \sim D_3$	D_3

常用的双 4 选 1 数据选择器的型号有 74LS253、74LS153 和 MC14539B 等；常用的 8 选 1 数据选择器有 TTL 系列的 74LS151、74LS152 、74LS251 和 CMOS 系列的 CD4512B、74HC151 等；常用的 16 选 1 数据选择器有 74LS150、74LS850 和 74LS851 等。

7.3.2　多路选择器的扩展和应用

如果需要选择的数据通道较多时，可以选用 8 选 1 或 16 选 1 数据选择器，也可以把几个 MUX 连接起来扩展数据输入端数。

例如，用一片74LS253和若干门电路，可将双4选1 MUX扩展为一个8选1的MUX。要实现的8选1 MUX如图7.3.3所示，图7.3.4是由74LS253扩展的电路，由地址选择高位信号A_2的原变量和反变量分别接两个MUX的使能端。由图7.3.4可知，当$A_2A_1A_0$为000~011时，1EN使能端有效，2EN无效，选通$1D_0 \sim 1D_3$端输入的$D_0 \sim D_3$输出。而当$A_2A_1A_0$为100~111时，1EN使能端无效，2EN有效，选通$2D_0 \sim 2D_3$端输入的$D_4 \sim D_7$输出。由于74LS253未选通的MUX输出端为高阻，因此可以将两个MUX的输出端直接连在一起，得到8选1的一个输出Y，Y经过非门可以得到一个互补输出$\overline{Y}$。

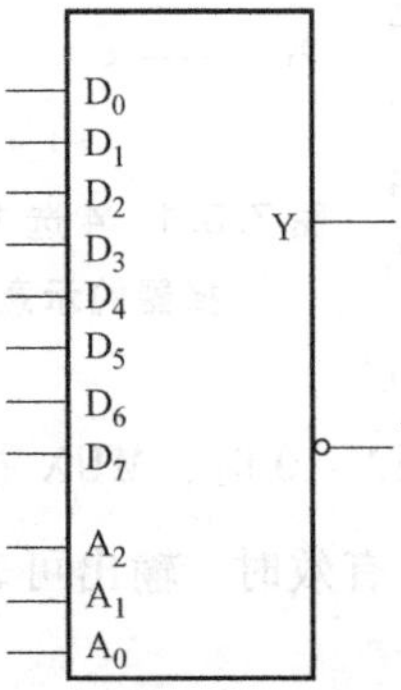

图7.3.3　8选1 MUX符号图

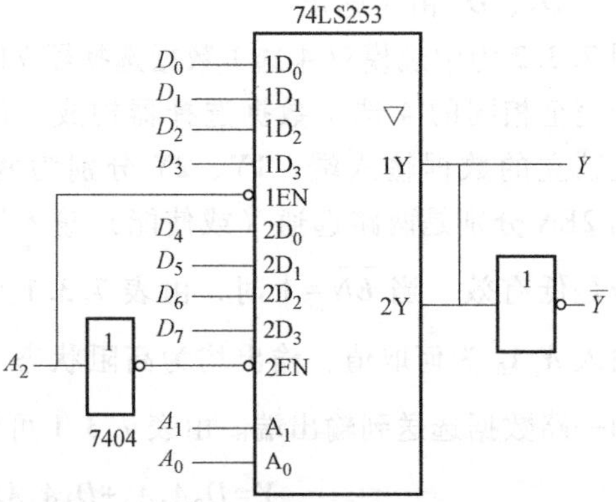

图7.3.4　74LS253扩展为8选1 MUX

当使用多个MUX进行扩展时，一定要注意多个MUX输出端的连接方法。当使用三态MUX扩展时，多个MUX的输出可以像图7.3.4所示直接连接在一起，构成扩展的1个输出信号端；当使用的MUX不是三态输出时，就需要由功能表了解具体MUX器件未选通时的输出是逻辑1还是逻辑0：当未选通MUX输出为逻辑0时，一般要用或门或者或非门构成扩展的1路输出信号端；当未选通MUX输出为逻辑1时，一般要用与门或者与非门构成扩展的1路输出信号端。例如，图7.3.5是用两块8选1数据选择器74LS151构成16选1数据选择器的接线图。下载并查看74LS151数据手册中的功能表可知，其选通信号无效时，输出Y为逻辑0，因此，扩展的输出端用1个或门构成了16选1的输出。图7.3.5中$D_0 \sim D_{15}$

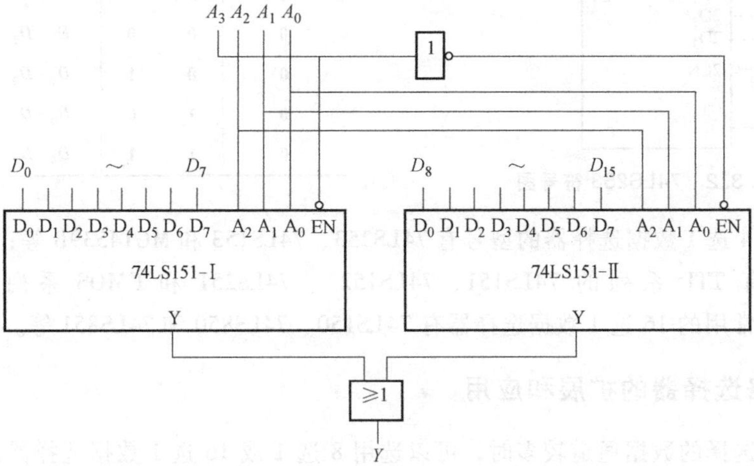

图7.3.5　扩展的16选1数据选择器

为 16 路数据输入，$A_3A_2A_1A_0$ 为 4 位地址输入，高位地址码 A_3 选出有效的 MUX，低位地址码 $A_2A_1A_0$ 选出 $D_0 \sim D_7$ 或 $D_8 \sim D_{15}$ 数据中的一路通过**或**门送到输出端。这样，对应于地址码 $A_3A_2A_1A_0$ 的 16 种组合，可分别将 16 路数据 $D_0 \sim D_{15}$ 选送到数据选择器的输出端 Y。

由式（7.2.2）可知，MUX 的输出是地址变量的最小项之和，由此可以想到，用 MUX 也可以方便地实现逻辑函数，当然是单输出的。如果逻辑函数的变量数与式（7.2.2）的地址选择数相同，只需要将逻辑函数最小项之和与式（7.2.2）对比，使逻辑函数包含的最小项对应的 MUX 数据输入 D_i 为 1，其他的数据输入为 0，且有使能端的使其始终有效，则 MUX 的输出就是逻辑函数，读者可以自行设计。

[**例 7.3.1**]　如图 7.3.6 所示是由双 4 选 1 MUX 74LS153 与若干门组成的电路，试分析输出 Z 与输入 X_3、X_2、X_1 和 X_0 之间的逻辑关系。

解　本题只包含一个中规模集成逻辑器件，通过查 74LS153 的功能表可知，74LS153 是双 4 选 1 的 MUX，当使能端无效时，74LS153 的输出 Y 是逻辑 0。当 $X_3=0$ 时，2MUX 被使能，1MUX 被禁止，2MUX 的 4 个数据端全为逻辑 0，因此，$Z=\overline{1Y+2Y}=1$；当 $X_3=1$ 时，2MUX 被禁止，1MUX 被使能，由 1MUX 的 4 个数据端的输入情况可列出整体电路功能见表 7.3.2。

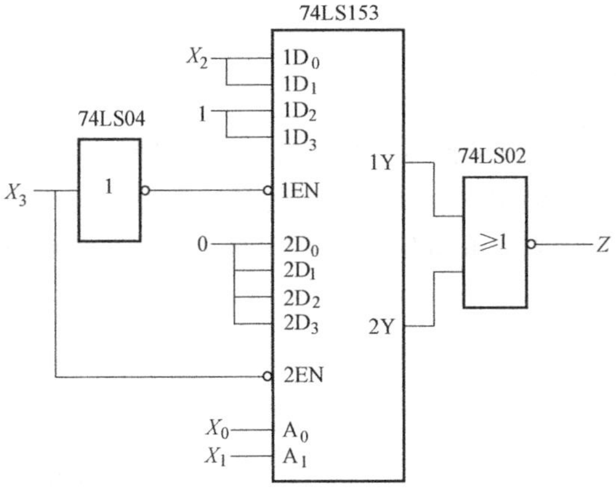

图 7.3.6　例 7.3.1 电路图

表 7.3.2　例 7.3.1 功能表

X_3	X_2	X_1	X_0	Z
0	×	×	×	1
1	0	0	0	1
1	0	0	1	1
1	0	1	0	0
1	0	1	1	0
1	1	0	0	0
1	1	0	1	0
1	1	1	0	0
1	1	1	1	0

通过观察表 7.3.2 中输出 Z 为 1 时的 4 位输入信息的特点可知，当 $X_3X_2X_1X_0$ 为 8421BCD 码时，输出为 1，否则，输出为 0，可见本电路实现了检测 8421BCD 码的功能。

由多路选择器的功能可知，MUX 也可以实现将一组并行输入的数据转换为分时串行输出的数据，实现并/串转换。

在学习可编程逻辑器件结构时，应该看到了很多 MUX。第 3 章图 3.4.9 中 MUX 的符号在后续微控制器内部电路中也会经常看到，如后续的图 17.3.1 所示。MUX 使得可编程逻辑器件和微控制器具有了更加灵活的可编程性。

7.3.3　多路分配器

与多路选择器功能相反的是多路分配器（Demultiplexer，DMUX），DMUX 是将一条输入通道上的数字信号分时送到不同的输出通道上，数据分配也由通道选择线确定，如图 7.3.7 所示的 A_1A_0。用 7.2.1 节介绍的地址译码器可以实现 DMUX 的功能，只是作为 DMUX 使用时，要将地址译码器的地址输入作为 DMUX 的输出通道选择，将使能端作为 DMUX 的一路输入通道 X；而作为译码器使用时，要使译码输出有效，使能端必须始终有效。请读者下载 74LS139 数据手册，有些数据手册页眉中会出现“Dual 2-Line To 4-Line Decoders/Demultiplexer”，说明译码器和多路分配器是可以通用的器件。熟悉了 74LS139 的数据手册后，分析图 7.3.8 所示的电路功能。74LS139 是双 2-4 线译码器，图 7.3.8 中 74LS139 前面的$\frac{1}{2}$表示本电路只用了 74LS139 的一半资源，即用了 1 个 2-4 线的译码器。

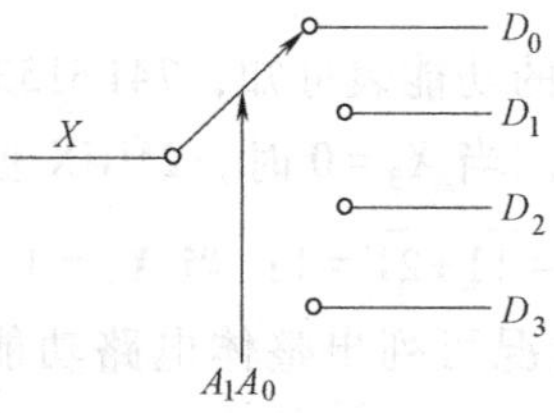

图 7.3.7　1-4 路的 DMUX 示意图

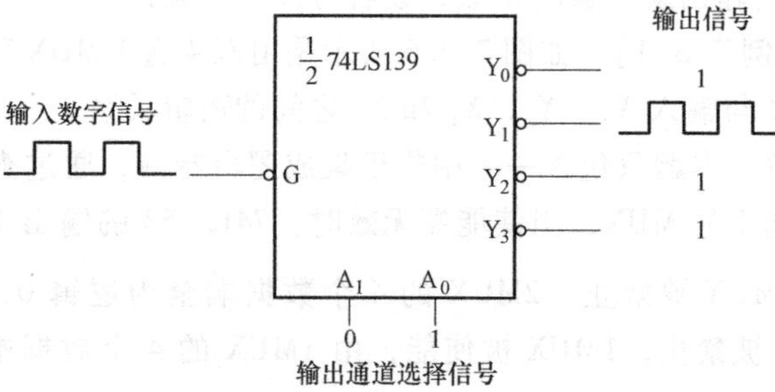

图 7.3.8　用 74LS139 完成 1-4 路 DMUX

7.3.4　基于 Verilog HDL 的多路选择器设计

图 7.3.9 是用 Verilog HDL 设计的一个 4 选 1 多路选择器，其中的 s 是两位选择端，d 是 4 路信号输入端，y 是输出端。代码中使用了 case 语句，当分支语句包含了条件表达式的所有取值情况时，default 语句可以省略，否则必须要加 default 语句，以避免产生不必要的锁存器。

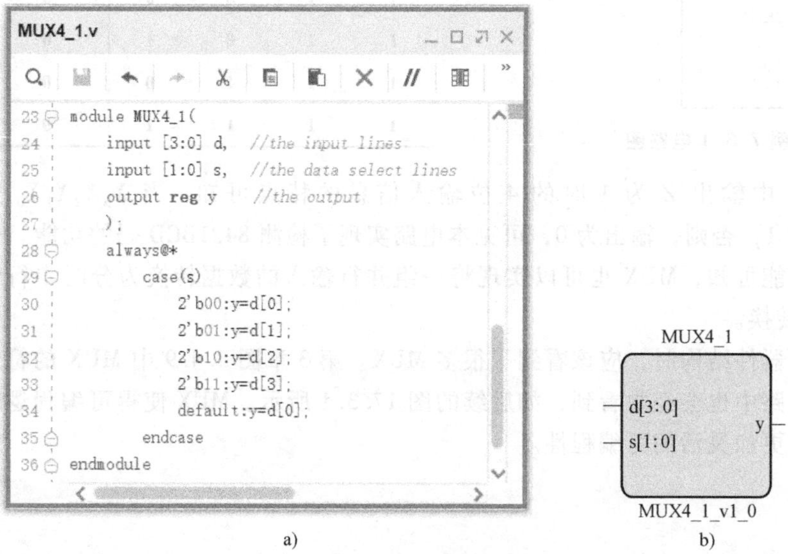

链 7-9　MUX4_1. v

图 7.3.9　4 选 1 多路选择器
a）Verilog HDL 代码　b）符号图

4 选 1 多路选择器的仿真波形图如图 7.3.10 所示。可以清晰的看到，当 s=2’b00 时，输出 y 的波形与 d［0］输入的波形相同，依此类推。

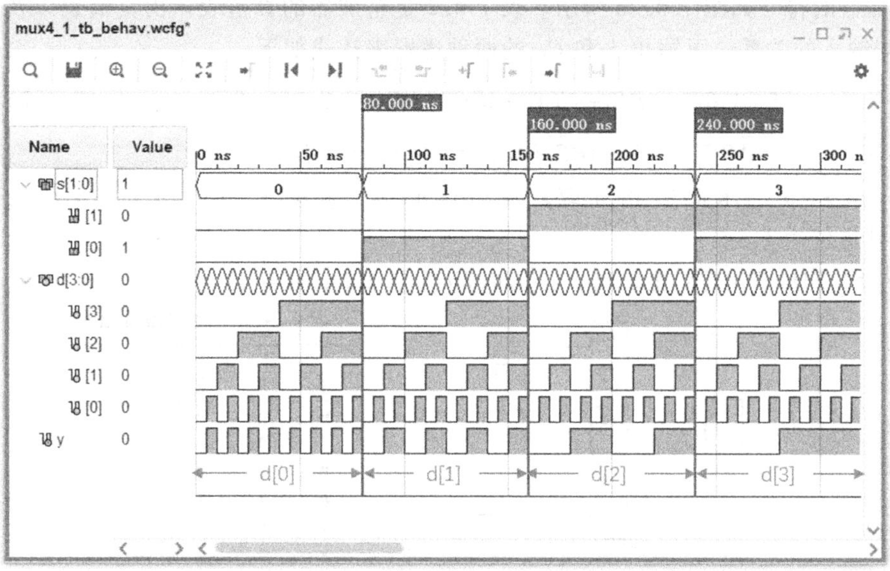

链 7-10
tb_MUX4_1. v

图 7.3.10　4 选 1 多路选择器的仿真波形图

7.4　加法器和比较器

数字运算是数字系统的基本功能之一，**加法器**（Adder）是执行算术运算的重要逻辑部件，在数字系统和计算机中，二进制数的加、减、乘、除等运算都可以转换为加法运算。

7.4.1　两个 1 位二进制加法器

1. 半加器

半加器和全加器是实现两个 1 位二进制数的加法器。不考虑低位进位的加法器称为**半加器**（Half Adder，HA）。HA 的国标符号如图 7.4.1a 所示，假设两个 1 位二进制数为 A 和 B，S 表示输出和（Sum），C_O 表示输出进位（Carry）。半加器逻辑功能见表 7.4.1，由表可以写出 S 和 C_O 的函数式（7.4.1），图 7.4.1b 是半加器的逻辑电路图。

$$S=\overline{A}B+A\overline{B}=A\oplus B;\ C_O=AB \tag{7.4.1}$$

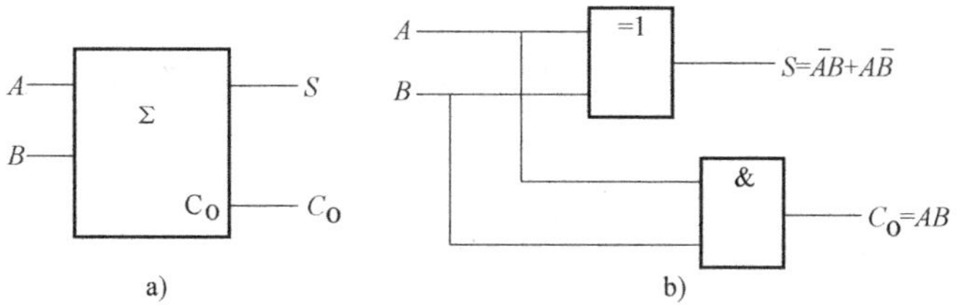

图 7.4.1　1 位二进制半加法器

a）半加器的国标符号　b）半加器的逻辑图

表 7.4.1　半加器真值表

输入		输出	
A	B	S	C_O
0	0	0	0
0	1	1	0
1	0	1	0
1	1	0	1

2. 全加器

两个 1 位二进制数 A、B 相加时，考虑到相邻低位的进位 C_I 的加法器称为**全加器**（Full Adder，FA），全加器的符号如图 7.4.2a 所示。表 7.4.2 是全加器的真值表。由真值表以及加法求和及进位与输入的关系，可写出 S 和 C_O 的两种逻辑表达式如下：

$$S=\overline{A}\,\overline{B}C_I+\overline{A}B\overline{C_I}+A\overline{B}\,\overline{C_I}+ABC_I=A\oplus B\oplus C_I \tag{7.4.2}$$

$$C_O=\overline{A}BC_I+A\overline{B}C_I+AB\overline{C_I}+ABC_I=(A\oplus B)C_I+AB$$

其中，$A\oplus B\oplus C_I$ 表示 3 个求和数相异或，则和为 1；$(A\oplus B)C_I+AB$ 表示 AB 或者 $(A\oplus B)C_I$ 为 1，则进位为 1。

54/74H183 和 54/74LS183 是双全加器，图 7.4.2b 为全加器的逻辑图。

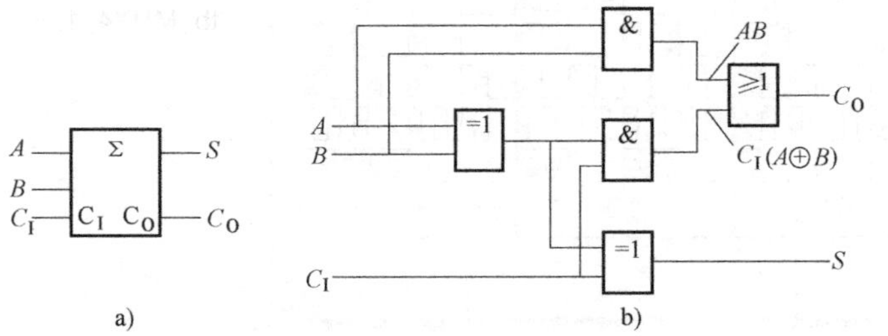

图 7.4.2　1 位二进制全加器

a）全加器的国标符号　b）全加器的逻辑图

表 7.4.2　全加器真值表

输入			输出	
A	B	C_I	S	C_O
0	0	0	0	0
0	0	1	1	0
0	1	0	1	0
0	1	1	0	1
1	0	0	1	0
1	0	1	0	1
1	1	0	0	1
1	1	1	1	1

3. 应用

用 n 个全加器级联，将低位的进位输出端接到相邻高位的进位输入端，可实现两个 n 位二进制数的相加，如图 7.4.3 所示，最低位全加器也可以换成半加器。图中 $S_{n-1}S_{n-2}\cdots S_1S_0$ 为和输出，C_{n-1} 为最高进位输出，也可用于进一步扩展。

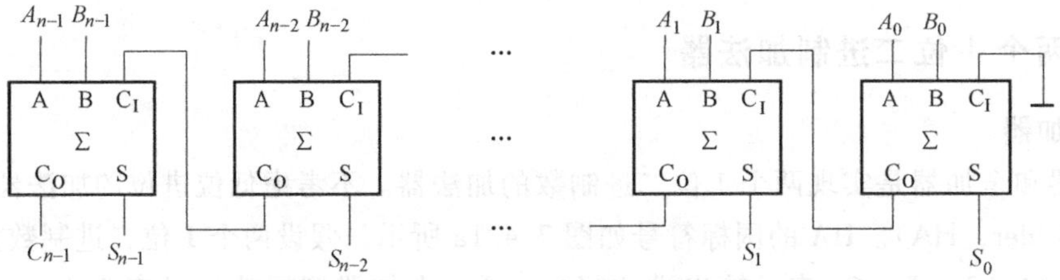

图 7.4.3　*n* 位串行进位加法器逻辑电路

图 7.4.3 中高位 FA 相加，只有等到低位 FA 进位产生后才开始有效运算。因此，把这种结构的电路称为串行进位加法器或行波加法器。

串行进位加法器的缺点是最高进位的运算速度很慢，执行一次 n 位数相加的加法运算，需要经过 n 级全加器的传输延迟才能得到最终的运算结果。但它具有电路结构简单的优点，在运算速度要求不高的场合仍得到了应用。

7.4.2　先行进位的多位二进制加法器

采用图 7.4.3 所示的串行进位加法电路完成两个 n 位二进制数的加法，每位的进位是逐级从低位到高位传递的，电路延迟与位数 n 成正比关系。为了提高运算速度，采用单级或多级先行进位（Carry Look Ahead，CLA）或超前进位方式，电路并行或同时进行进位和求和，这种加法器也叫并行进位加法器。

1. 先行进位原理分析和加法器实现

下面分析如何产生两个 n 位二进制数 A（A_{n-1}，A_{n-2}，…，A_0）和 B（B_{n-1}，B_{n-2}，…，B_0）的先行进位以及完成加法求和运算。

全加器的进位表达式为：$C_{i+1}=A_iB_i+(A_i\oplus B_i)C_i$。其中，$A_i$、$B_i$ 是第 i 位的被加数和加数；C_i 是第 i 位的进位输入；C_{i+1} 是第 i 位的进位输出。为了书写逻辑式和电路的实现更方便，先定义两个辅助函数：

1）进位生成（或产生）函数：$G_i=A_iB_i$，可以理解为 G_i 为 1，进位 C_{i+1} 就为 1。

2）进位传递函数：$P_i=A_i\oplus B_i$，可以理解为若 P_i 为 1，低位进位 C_i 就传递给 C_{i+1}。

进位则可以表示为 $C_{i+1}=G_i+P_iC_i$。可见要得到进位，首先要根据输入变量 A_{n-1}，A_{n-2}，…，A_0 和 B_{n-1}，B_{n-2}，…，B_0 由电路实现 n 位二进制数每一位对应的 G_i 和 P_i，把实现 G_i 和 P_i 逻辑的电路称为进位生成/传递部件（或电路），如图 7.4.4 所示（图中 $n=8$），得到这些函数后再分析进位实现，假设 $n=4$，则各级进位的逻辑表达式为

$$C_1=G_0+P_0C_0$$

$$C_2=G_1+P_1C_1=G_1+P_1G_0+P_1P_0C_0$$

$$C_3=G_2+P_2C_2=G_2+P_2G_1+P_2P_1G_0+P_2P_1P_0C_0$$

$$C_4=G_3+P_3C_3=G_3+P_3G_2+P_3P_2G_1+P_3P_2P_1G_0+P_3P_2P_1P_0C_0$$

由上述逻辑式可知：各级进位相互独立并同时产生，只是最高进位运算电路最复杂。通常把实现上述各进位位的电路称为 4 位 CLA 部件，如图 7.4.4 所示。

由 $S_i=P_i\oplus C_i$ 可并行求出各位和，把实现 $S_i=P_i\oplus C_i$ 的电路称为求和部件，如图 7.4.4 所示。图 7.4.4 是包含了进位生成/传递、CLA、求和部件三部分构成的 8 位二进制加法器。由图可见，进位和各位和数是同时根据 17 个输入变量通过电路直接得到的，即进位和求和并行完成，大大提高了运算速度。

图 7.4.5 为中规模 4 位二进制超前进位加法器 74LS283 的符号图。其中，$A_0\sim A_3$、$B_0\sim B_3$ 分别为 4 位加数和被加数输入端；$S_0\sim S_3$ 为 4 位和输出端；C_I 为低位进位输入端，C_O 为进位输出端。

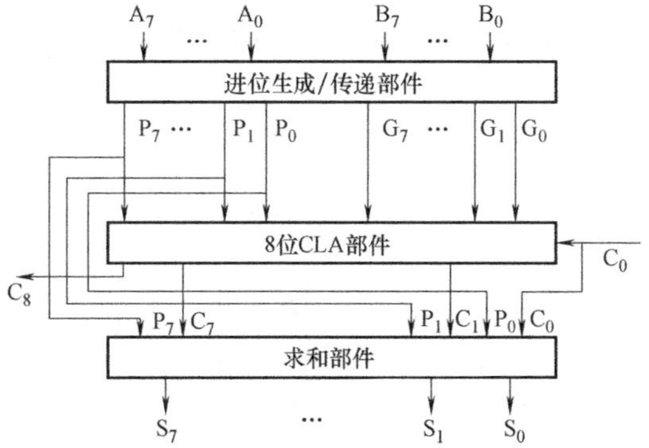

图 7.4.4 8 位全先行进位加法器

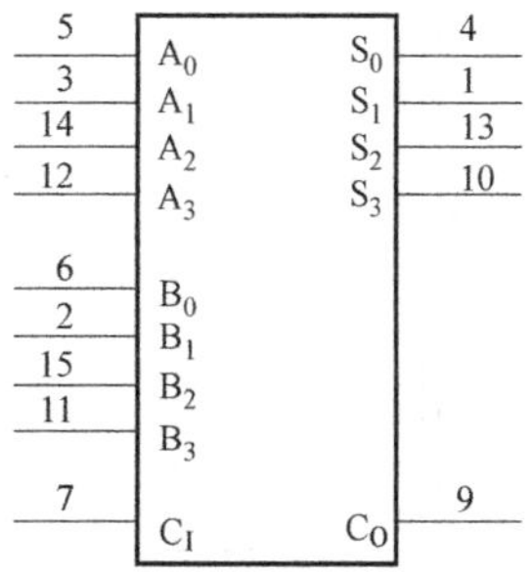

图 7.4.5 74LS283 的符号图

如果一片集成超前进位加法器的位数太多，如 16 位加法，想象 C_{16} 的方程长度可知实现先行进位加法器的硬件复杂程度和成本，因此一般采用串并混合折中的方法。图 7.4.6 是由 4 个 4 位的先行进位加法器 74LS283 串联构成 16 位的局部先行进位加法器。

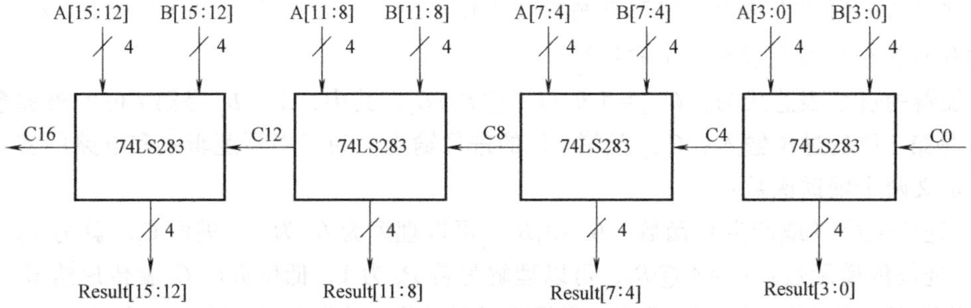

图 7.4.6　16 位局部先行进位加法器

局部先行进位加法器的进位产生是“单片内并行，多片间串行”，虽然比行波加法器的延迟时间短，但高位进位依赖低位芯片，故仍有较长的延迟时间。加法运算速度的提高是以复杂的电路作为代价。

2. 加法器的应用

在 CPU 中，加法器是其最基本的运算电路，加法器可以实现加法、减法（变补相加）、乘法和除法（由编程实现）等多种运算，这里不一一讲述。在逻辑设计中，加法器的作用有限，但要实现输出恰好等于输入代码加上某一常数或某一组代码时，用加法器往往能得到非常简单的设计结果。

[例 7.4.1]　试设计一个将 8421BCD 码转换为余三码的逻辑电路。

解　由第 2 章有关内容可知，余三码 $L_3L_2L_1L_0$ 比 8421BCD 码 $A_3\ A_2\ A_1\ A_0$ 总是多余 0011B。因此，8421BCD 码与余三码之间的算术表达式可写为

$$L_3L_2L_1L_0 = A_3A_2A_1A_0 + 0011B$$

由于输出与输入之间仅差一个常数，用加法器实现该设计最简单。将 8421BCD 码连接到 4 位二进制全加器 74LS283 的一组输入端，另一组输入端接二进制数 0011B，输出即为余三码。逻辑电路如图 7.4.7 所示，低位进位位必须接地。

在 CPU 结构中，经常用图 7.4.8 所示的符号表示加法器。图 7.4.8 是用加法器实现加/减法运算的电路，当控制信号 $Sub=1$ 时做减法，$Sub=0$ 时做加法。做减法（$\boldsymbol{A}-\boldsymbol{B}$）时，实际上是将减 $\boldsymbol{B}$ 变成加负 $\boldsymbol{B}$ 的补码（图中给出的 $\boldsymbol{A}$、$\boldsymbol{B}$ 是向量形式，线旁的 4 表示是 4 位二进

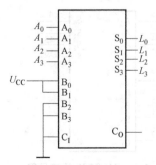

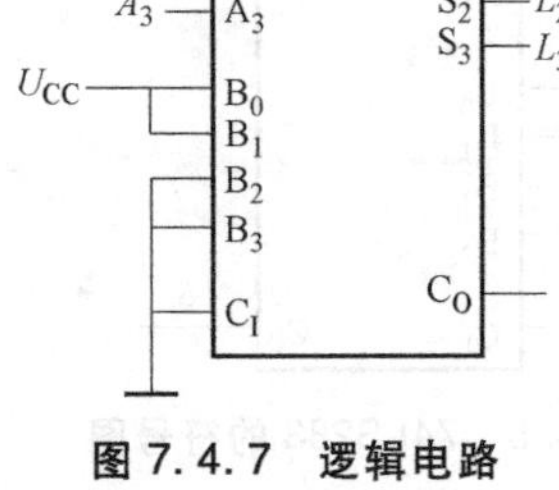

图 7.4.7　逻辑电路

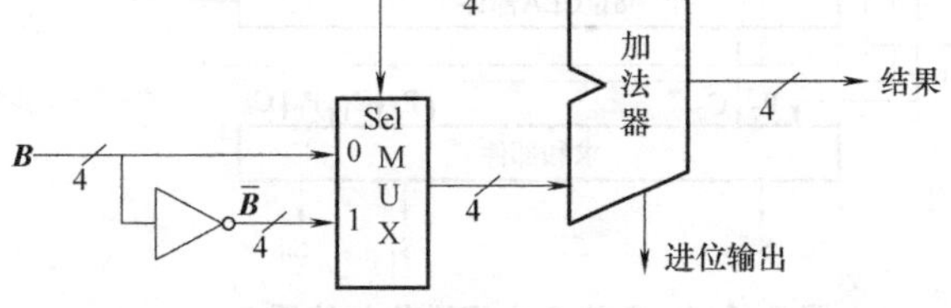

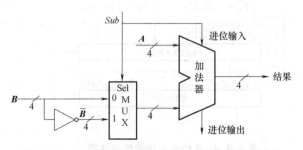

图 7.4.8　用加法器实现加/减法运算电路的示意图

制数)。也就是说，当 $Sub=1$ 时，MUX 完成 $\boldsymbol{B}$ 按位取反，加法器的进位输入为 1，加法器的运算结果就是 $\boldsymbol{A}$ 加负 $\boldsymbol{B}$ 的补码（变反+1)，即完成了 $\boldsymbol{A}$-$\boldsymbol{B}$。

7.4.3 数值比较器

在数字系统和计算机中，经常需要比较两个二进制数的大小，完成这一功能的逻辑电路称为数值比较电路，相应的器件称为**数值比较器**（Digital Comparator)。

1. 4 位数值比较器的功能描述

图 7.4.9 为 4 位数值比较器 7485 的符号图。其中，$A_3 \sim A_0$、$B_3 \sim B_0$ 是相比较的两组 4 位二进制数的输入端；$Y_{A<B}$、$Y_{A=B}$、$Y_{A>B}$ 是比较结果输出端；$I_{A<B}$、$I_{A=B}$、$I_{A>B}$ 是级联输入端，用于扩展多于 4 位的两个二进制数的比较。

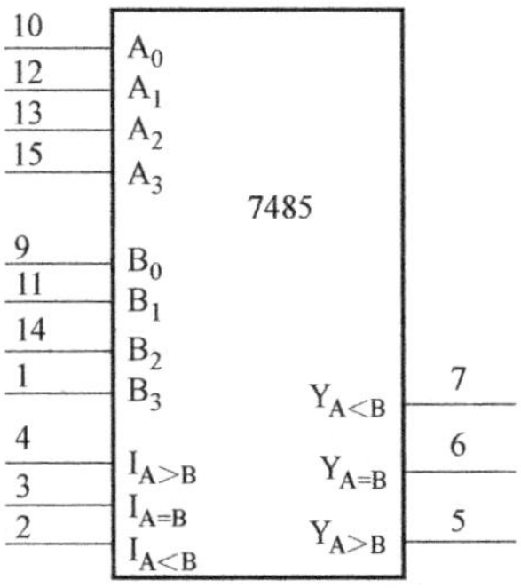

图 7.4.9 7485 的符号图

表 7.4.3 是 7485 的功能表，由表可见，两个多位数相比较时，从高位到低位逐位比较，如最高位不相等，即可立即判断确定两个数值的大小；如果最高位相等，则需比较次高位，依此类推，直到最低位。

表 7.4.3 7485 4 位数字比较器逻辑功能表

比较输入				级联输入			输出		
$A_3\ B_3$	$A_2\ B_2$	A_1B_1	A_0B_0	$I_{A>B}$	$I_{A<B}$	$I_{A=B}$	$Y_{A>B}$	$Y_{A<B}$	$Y_{A=B}$
$A_3>B_3$	×	×	×	×	×	×	1	0	0
$A_3<B_3$	×	×	×	×	×	×	0	1	0
$A_3=B_3$	$A_2>B_2$	×	×	×	×	×	1	0	0
$A_3=B_3$	$A_2<B_2$	×	×	×	×	×	0	1	0
$A_3=B_3$	$A_2=B_2$	$A_1>B_1$	×	×	×	×	1	0	0
$A_3=B_3$	$A_2=B_2$	$A_1<B_1$	×	×	×	×	0	1	0
$A_3=B_3$	$A_2=B_2$	$A_1=B_1$	$A_0>B_0$	×	×	×	1	0	0
$A_3=B_3$	$A_2=B_2$	$A_1=B_1$	$A_0<B_0$	×	×	×	0	1	0
$A_3=B_3$	$A_2=B_2$	$A_1=B_1$	$A_0=B_0$	1	0	0	1	0	0
$A_3=B_3$	$A_2=B_2$	$A_1=B_1$	$A_0=B_0$	0	1	0	0	1	0
$A_3=B_3$	$A_2=B_2$	$A_1=B_1$	$A_0=B_0$	0	0	1	0	0	1

由表 7.4.3 的最后 3 行可见，当比较输入的两个 4 位数分别相等时，级联输入信号对输出的影响。级联输入说明的是低位比较的结果，显然高位数值相等时由级联输入确定比较输出是合理和正确的。如果只用一片比较器或者是多片级联比较的最低位比较芯片，其级联输入端的接法应该按照使比较输出 $Y_{A=B}=1$ 的那一行级联输入的取值处理。例如，单片 7485 的级联输入的接法应该看表 7.4.3 最后一行，$Y_{A=B}=1$ 时，$I_{A<B}=I_{A>B}=0$，$I_{A=B}=1$，即要将 $I_{A=B}$ 接高电平，$I_{A>B}$ 和 $I_{A<B}$ 接地。

由于不同比较器的内部结构不同，功能表中级联输入端的处理会稍有不同，使用时以器件手册为准。即使是同样功能的器件，不同厂家的器件手册中所用的符号或变量也各不相同，但同一器件手册文件中的命名一定是统一的，足以让读者看懂器件功能。图 7.4.10 所示为 Motorola 公司 4 位 CMOS 比较器 MC14585B 器件手册中的功能表，表中符号用正体表示的是器件各引脚端子，虽然级联输入和输出与上述 7485 的表示方法不同，但读者可以容易地看出各自的作用。级联输入端的接法也不同于 7485，显然，如果用单片 MC14585B 完成两个 4 位数的比较时，级联输入端应该按照图 7.4.10 中圈住的一行处理，即级联输入端 A=B 端接 1，A<B 端接地，A>B 端可以任意。

输入							输出		
比较输入				级联输入					
A3,B3	A2,B2	A1,B1	A0,B0	A<B	A=B	A>B	A<B	A=B	A>B
A3>B3	×	×	×	×	×	×	0	0	1
A3=B3	A2>B2	×	×	×	×	×	0	0	1
A3=B3	A2=B2	A1>B1	×	×	×	×	0	0	1
A3=B3	A2=B2	A1=B1	A0>B0	×	×	×	0	0	1
A3=B3	A2=B2	A1=B1	A0=B0	0	0	×	0	0	1
A3=B3	A2=B2	A1=B1	A0=B0	0	1	×	0	1	0
A3=B3	A2=B2	A1=B1	A0=B0	1	0	×	1	0	0
A3=B3	A2=B2	A1=B1	A0=B0	1	1	×	1	1	0
A3=B3	A2=B2	A1=B1	A0<B0	×	×	×	1	0	0
A3=B3	A2=B2	A1<B1	×	×	×	×	1	0	0
A3=B3	A2<B2	×	×	×	×	×	1	0	0
A3<B3	×	×	×	×	×	×	1	0	0

图 7.4.10　MC14585B 的功能表

2. 比较器的扩展和应用

比较器的级联输入端用于扩展多于 4 位的两个二进制数的比较。图 7.4.11 是由 MC14585B 比较器扩展的两个 8 位二进制数比较电路。由图 7.4.10 的功能表可见，两片 MC14585B 的级联输入端（A>B）in 可以任意处理，这是由 MC14585B 的内部电路结构决定的。图 7.4.11 中两个芯片的（A>B）in 都始终接高电平。低位芯片 MC14585B（1）级联端（A<B）in=0，（A=B）in=1，低位芯片的比较输出 A=B 和 A<B 依次接到高位芯片的（A=B）in 和（A<B）in。高位比较器的输出 A<B、A=B、A>B 则是两个 8 位数的比较结果。显然，级联的比较器级数越多，比较速度也越慢。

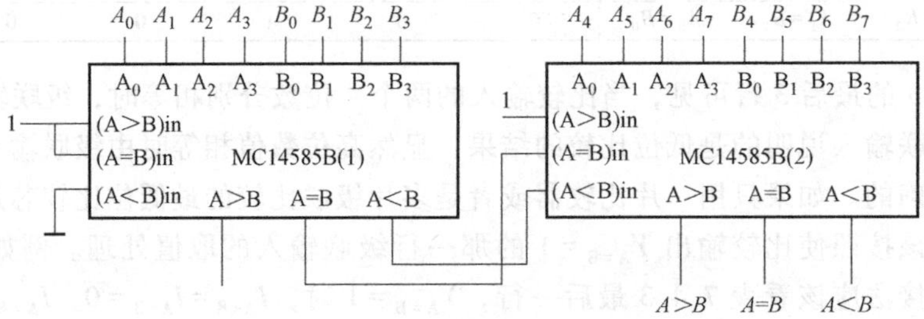

图 7.4.11　8 位二进制数比较电路连线图

若比较两个 6 位数的大小，可将 A_7、A_6、B_7、B_6 全接高电平或低电平；也可将 8 对输入中任意两对 A_i、B_i 和 A_j、B_j 同时接 1 或 0，不影响 6 位数的比较结果。

中规模集成 4 位数值比较器常用的型号还有 CD4063B、54LS85/74LS85 等，8 位数值比较器有 74LS885 等。

比较电路在实现逻辑设计的应用中非常有限，不如译码电路和多路选择电路灵活方便，但在某些将逻辑问题转化为数码比较的情况下，用比较器就比较方便。例如，要求设计一个实现四舍五入的电路，就可以将问题转化为与 4 比较，用比较器的 A 输入 4 位 8421BCD，B 路接 0100B，级联端按前面介绍的单片方式处理，输出 $Y_{A>B}$ 就是四舍五入结果。

7.4.4　基于 Verilog HDL 的加法器和比较器设计

1. 加法器

使用 Verilog HDL 行为描述语句实现的 4 位加法器如图 7.4.12 所示。其中，a 和 b 为 4 位数输入；cin 为进位输入；sum 为和；cout 为进位输出。仿真波形如图 7.4.13 所示。

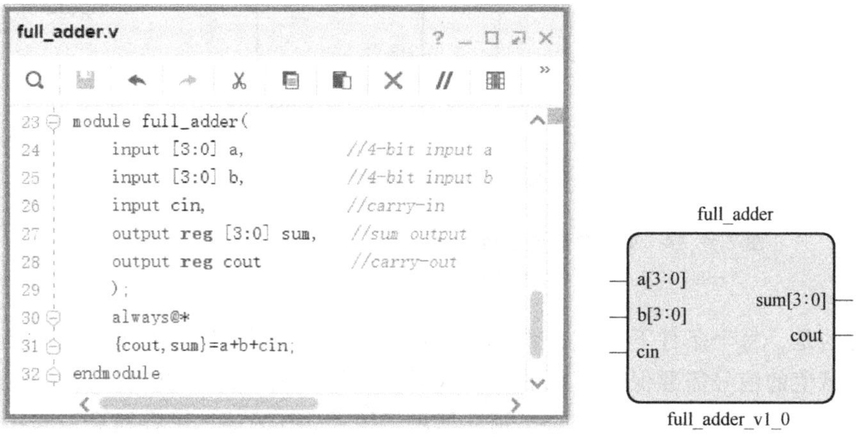

链 7-11　adder. v

a)　　　b)

图 7.4.12　加法器

a）Verilog HDL 代码　b）符号图

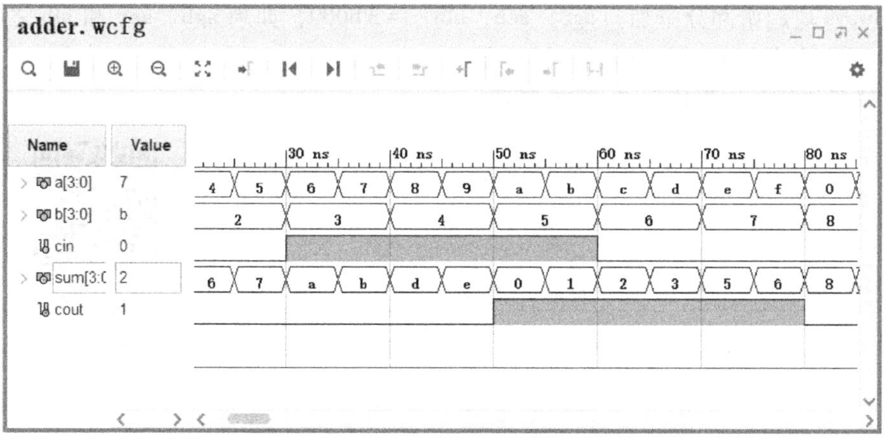

链 7-12

tb_adder. v

图 7.4.13　加法器仿真波形图

2. 比较器

使用 Verilog HDL 描述的 4 位数值比较器如图 7.4.14 所示。其中，a 和 b 是两组 4 位二进制数，当 a>b 时，agb 输出为 1，否则为 0；当 a=b 时，aeb 输出为 1，否则为 0；当 a<b 时，alb 输出为 1，否则为 0。

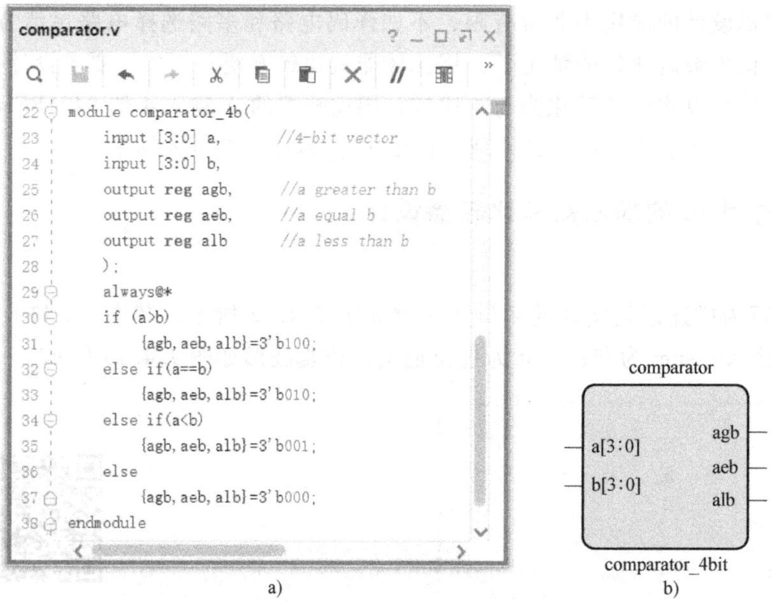

链 7-13

comparator. v

图 7.4.14　4 位数值比较器

a）Verilog HDL 代码　b）符号图

这里需要注意的是，每个条件下，都必须给输出的 3 个信号分别赋值。如果只赋值其中的一个信号，没有赋值的信号需要保持原来的值，这样，综合时就会综合出锁存器。例如，当 a=b 为真时，若 agb 没有赋值，则会综合出锁存器用于锁存 agb 的值。锁存器会引起片上资源占用率的增加、不利于时序分析等多种问题。读者可以通过观察综合实现后的视图（schematic）及资源占用情况（report utilization）来比较两种情况。

另外，还可以通过在 always 块起始部分为每个输出信号赋初值的方法来避免出现锁存器。例如，在 always 块起始部分添加 {agb，aeb，alb} =3'b000，如果 agb、aeb 和 alb 之后未被完整赋值，则默认输出为 0，不会出现锁存器。

4 位数值比较器的仿真波形图如 7.4.15 所示。

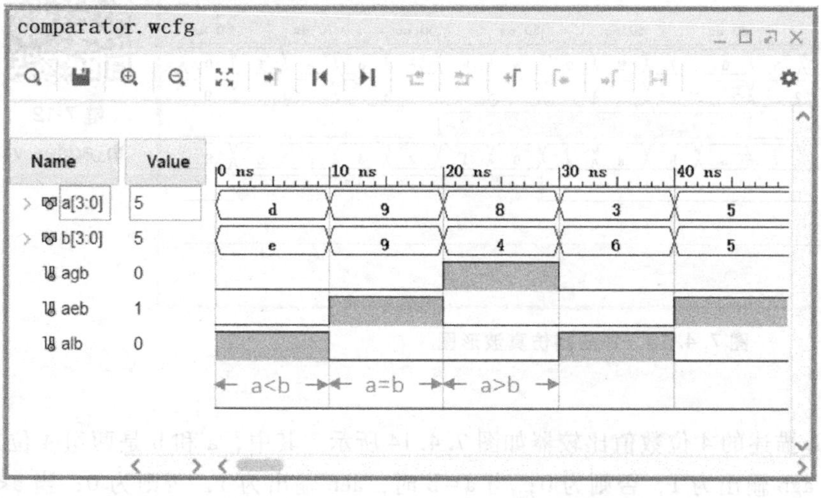

链 7-14

tb_comparator_4b. v

图 7.4.15　4 位数值比较器的仿真波形图

7.5 算术/逻辑运算单元

中央处理单元（Central Processing Unit，CPU）是计算机的核心部件，其重要性好比人的心脏一样。它的主要功能是从存储器中读取指令，并对指令译码和执行。CPU 指令系统中有很多是算术运算和逻辑运算指令，执行这些指令时，CPU 会根据指令的含义，通过**算术/逻辑运算单元**（Arithmetic-Logic Unit，ALU）完成指令的运算操作，并根据指令要求对结果进行处理。

计算机或者先进的微控制器中可能有多个 CPU 核，一个 CPU 核中有多个 ALU，ALU 是 CPU 结构的主要组成部分。为了了解 ALU 原理，在此介绍独立的芯片级 ALU。

7.5.1 芯片级 ALU

TTL 的 74181 或 CMOS 的 74HC181 都是芯片级 ALU，是先行进位 4 位定点算术/逻辑运算单元，提供了 16 种算术运算和 16 种逻辑操作，并且可以输出进位产生/传递函数。其逻辑符号如图 7.5.1 所示。符号与 ANSI/IEEE Std. 91—1984 和 IEC 发布的 617-12 标准一致。图中的三角符号“◺”表示对应输入和输出是低电平有效，小尖指向框内代表是输入引脚，相反则是输出引脚。框中的“M $\frac{0}{31}$”表示模式输入端 M 与工作方式选择端 $S_0 \sim S_3$ 组合起来确定的工作方式，有 0~31 共 32 种。M 是用来控制 ALU 是算术还是逻辑运算的。

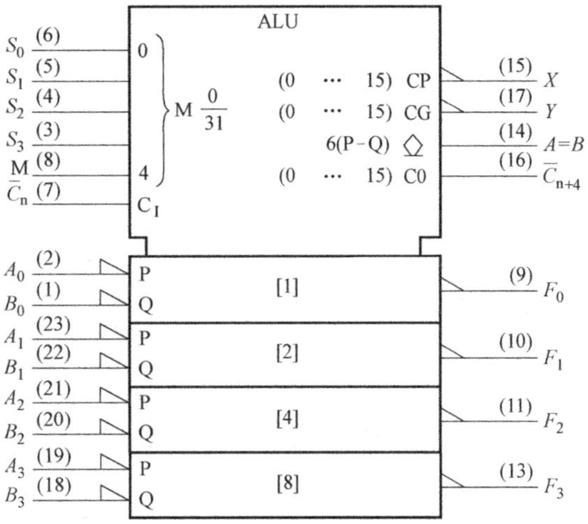

图 7.5.1 74181 正逻辑时的逻辑符号和信号表示

当 M=0 时进行**算术运算**，$S_0 \sim S_3$ 确定了 16 种算术运算，进位输入 $\overline{C}_n$ 是低有效，为 0 时表示有进位。运算输出 F_i（$i=0 \sim 3$）不仅与被操作数 A_i 和/或操作数 B_i 有关，还与进位输入 $\overline{C}_n$ 有关。算术运算对 CP、CG 和 CO 进位输出有影响，其中 CG 称为组**进位生成输出**，CP 称为组**进位传递输出**，CO 是本片（组）的最后进位输出，CP 和 CG 是便于实现多片（组）ALU 之间的先行进位。

当 4 位的 A 和 B 相等时，由 $A=B$ 输出信号。

当 M=1 时进行**逻辑操作**，输出 F_i 仅与 A_i 和/或 B_i 有关，不影响进位输出。

介绍芯片级的 ALU，主要是希望读者理解 ALU 的功能，在 CPU 中已经有了功能越来越强大的 ALU。

7.5.2 基于 Verilog HDL 的 ALU 设计

下面使用 Verilog HDL 描述一个 4 位的 ALU，输入是 4 位操作数 a 和 b，通过 3 位的指令操作码（确定指令应进行什么性质的操作）信号 *op* 来决定要实现的是算术还是逻辑运算功能，3 位操作码最多只能有 8 种功能，如果要实现更多功能，可以用更多位的操作码。4 位运算结果用 *y* 表示，并输出进位标志位 cf、溢出标志位 of 和零标志位 zf。具体实现的功能见表 7.5.1，由于 ALU 要实现 8 种功能，所以选择信号 *op* 是 3 位。图 7.5.2 是 ALU 的符号图。

表 7.5.1 ALU 功能表

op	功能	*y*
3'b000	传递 *a*	*a*
3'b001	加法	*a*+*b*
3'b010	减法 1	*a*−*b*
3'b011	减法 2	*b*−*a*
3'b100	逻辑与	*a*&*b*
3'b101	逻辑或	*a*|*b*
3'b110	逻辑非	~*a*
3'b111	逻辑异或	*a*^*b*

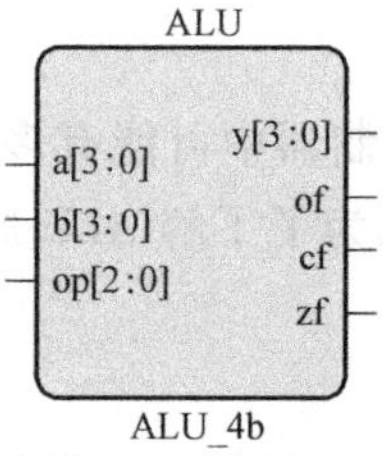

图 7.5.2 ALU 的符号图

链 7-15 ALU_4b. v

ALU 的仿真波形图如图 7.5.3 所示，图中 *a*、*b* 和 *y* 均用有符号十进制数表示。

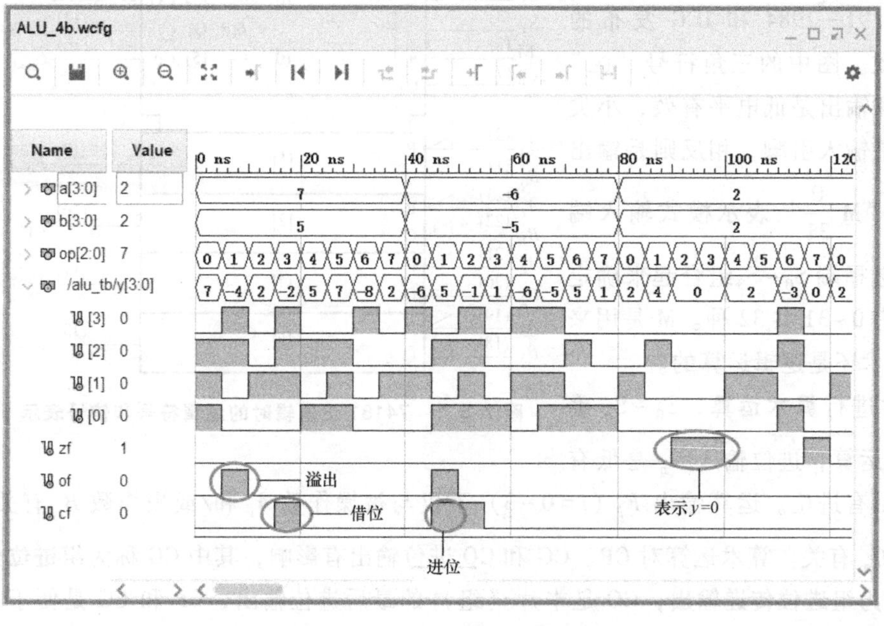

链 7-16 tb_ALU_4b. v

图 7.5.3 ALU 仿真波形图

本章小结

本章讲述了组合逻辑电路的特点，介绍了译码器和编码器、多路选择器和多路分配器、加法器和比较器、算术/逻辑运算单元等中规模集成逻辑器件及其应用。最后还介绍了各种中规模集成逻辑器件的基于 Verilog HDL 的功能描述方法和仿真结果。

思考题和习题

思考题

7.1 组合逻辑电路有什么特点?

7.2 什么是编码? 编码器的作用是什么?

7.3 优先编码器有何特点?

7.4 什么是译码? 译码器的作用是什么?

7.5 说明中规模集成逻辑器件中控制端的重要性，使用时应该如何处理?

7.6 中规模集成译码器 74LS138，若 ST_A 引脚从根部折断，该器件是否能用? 为什么? 若 ST_B、ST_C 从根部折断，该器件还能用否? 为什么?

7.7 用 74LS138 译码器构成 6-64 线译码电路，需多少块 74LS138 译码器? 它们之间如何连接?

7.8 若已有现成的 BCD-七段显示译码器，选用七段数码管时应注意什么?

7.9 若有共阳极 LED 数码管，应选用哪一类型 BCD-七段显示译码器?

7.10 说明多路选择器有多少应用?

7.11 多路分配器可以用译码器实现，译码器实现 DMUX 时的输入如何连接?

7.12 MUX 和 DMUX 功能相反，可以用 MUX 逆向（输出作为输入，输入作为输出）实现 DMUX 吗?

7.13 全加器与半加器有何区别?

7.14 串行加法器与超前进位加法器各有什么特点?

7.15 ALU 电路的功能是什么?

习题

7.1 图 7.2.5 是早期的 IBM—PC XT/AT 使用 74LS138 译码器构成系统主板上的接口选择译码电路，分析电路原理，说明各接口芯片的地址译码范围。思考为什么是用地址总线的高 5 位地址 $A_9 \sim A_5$ 参与译码，而不是用低 5 位地址? 分析若用低 5 位地址 $A_4 \sim A_0$ 依次替换 $A_9 \sim A_5$ 参与译码，请写出访问 DMA8237 芯片的其中 3 个地址。这种地址访问同一芯片的不同端口是否方便?

7.2 分析图 7.2.2 的 74LS138 译码器内部电路，说明 3 个控制信号 ST_A、$\overline{ST_B}$、$\overline{ST_C}$ 中任何一个无效时，8 个译码输出是什么信号? 说明译码器要工作时，3 个控制信号应该如何处理?

7.3 用 74LS138 译码器设计一个代码转换器，要求将 3 位步进码转换成二进制码。编码见表题 7.3。

表题 7.3

输入			输出		
C	B	A	Z_3	Z_2	Z_1
0	0	0	0	0	0
1	0	0	0	0	1
1	1	0	0	1	0
1	1	1	0	1	1
0	1	1	1	0	0
0	0	1	1	0	1

7.4 试用 3-8 线译码器和若干门电路实现交通灯故障报警电路，要求 R、G、Y 三

个灯有且只有一个灯亮，输出 $L=0$；无灯亮或有两个以上灯亮均为故障，输出 $L=1$。列出逻辑真值表，给出所用器件的型号，画出电路连接图。

7.5　用七段显示译码器 74LS47 驱动七段数码管时，发现数码管只显示 1、3、5、7、9。试分析故障可能在哪里？

7.6　试分析图题 7.6，列表写出 CD 为 00~11 时，Y 的对应逻辑表达式，说明电路的功能（读者自行查找 74LS153 的数据手册，了解其逻辑功能）。

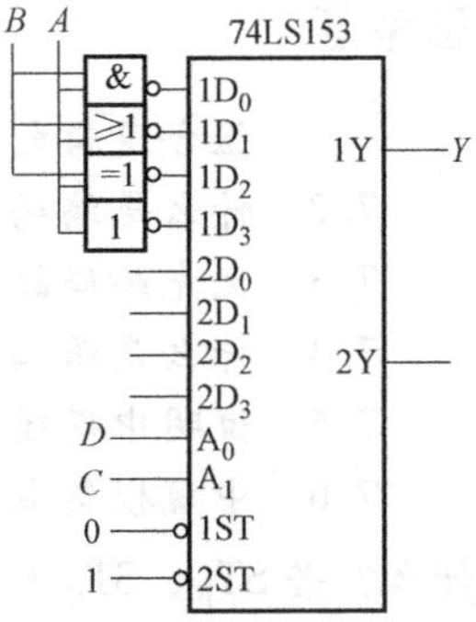

图题 7.6

7.7　试用 74LS138 和适当的门设计一个 3 位信息 $X_2X_1X_0$ 奇偶校验器。要求当输入信号 $X_2X_1X_0$ 取值为偶数个 1 时（含 0 个 1），输出信号 F 为 1，否则为 0。

7.8　将双 4 选 1 数据选择器 74LS253 扩展为 8 选 1 数据选择器，并实现逻辑函数 $F=AB+B\overline{C}+\overline{A}C$。画逻辑电路图，令 CBA 对应着 $A_2A_1A_0$。

7.9　试用 74LS138 译码器构成 8 线输出的数据分配器，要求将一路数据 D，原码分配输出，请问输入 D 应该接哪里？8 路分配器的三位地址选择信号应该接哪里？如果要将输入数据 D 反码分配输出，请画出电路图。

7.10　画出用半加器和适当的门电路构成全加器的逻辑电路图。

7.11　试选择中规模集成逻辑器件，设计一个将余三码转换成 BCD 码的电路。

7.12　用比较器或加法器设计如下功能的电路：当输入为 4 位二进制数 N，$N\geq 10$ 时，输出 $L=1$，其余情况下 $L=0$。

7.13　选择中规模集成逻辑器件，设计一个 4 位奇偶逻辑校验判断电路，当输入为奇数个 1 时，输出为 1；否则输出为 0。

7.14　试选择如下器件设计一个逻辑电路，当 $X_2X_1X_0>5$ 时，电路输出为 1，否则输出为 0。

（1）比较器。

（2）加法器。

（3）MUX。

（4）3-8 线译码器。

7.15　设计一个多输出逻辑组合电路，其输入为 8421BCD 码，其输出定义为：

（1）L_1：输入数值能被 4 整除时 L_1 为 1。

（2）L_2：输入数值大于或等于 5 时 L_2 为 1。

（3）L_3：输入数值小于 7 时 L_3 为 1。

7.16　74181 是先行进位 4 位定点算术/逻辑运算单元（ALU），使用 74181 构成 8 位 ALU。

7.17　用 Verilog HDL 设计一个 8 位加法器，进行综合和仿真，查看综合和仿真结果，并用 Vivado 软件的布线后仿真功能测试加法器的延时。

7.18　使用 Verilog HDL 设计编码器、译码器、MUX、比较器、ALU 等组合器件的功能，并在 FPGA 实验平台上实现。

第8章 时序逻辑电路与器件

本章首先介绍时序逻辑电路的结构、分类和描述方式；通过基于触发器时序逻辑电路的分析和设计，掌握并理解时序逻辑电路各种描述方式的应用和相互转换；然后介绍一些常用的中规模集成电路，如集成计数器和寄存器等；最后讨论基于 Verilog HDL 的计数器和移位寄存器设计。

8.1 时序逻辑电路的结构、分类和描述方式

时序逻辑电路是指：**在任何时刻，逻辑电路的输出信号不仅取决于该时刻电路的输入信号，而且还可能与电路原来的状态有关。**也就是说，时序电路中必须具有“记忆”功能的存储电路来记住电路原来的状态，并与输入信号决定电路的输出。

1. 时序逻辑电路的结构特点

时序逻辑电路的一般结构框图如图 8.1.1 所示，一般由组合逻辑电路和存储电路两部分组成。其中的存储电路部分是必不可少的，存储电路由锁存器和/或触发器组成，而组合逻辑电路则由电路功能而定。用 $X(x_1, x_2, \cdots, x_i)$ 代表外部输入信号，$Z(z_1, z_2, \cdots, z_j)$ 代表输出信号，$W(w_1, w_2, \cdots, w_k)$ 代表存储电路的输入信号，$Q(q_1, q_2, \cdots, q_l)$ 代表存储电路的输出状态。组合逻辑电路输出的 W 通过存储电路输出 Q 反馈到组合逻辑电路的输入，与外输入信号 X 共同决定组合逻辑电路的输出 Z。

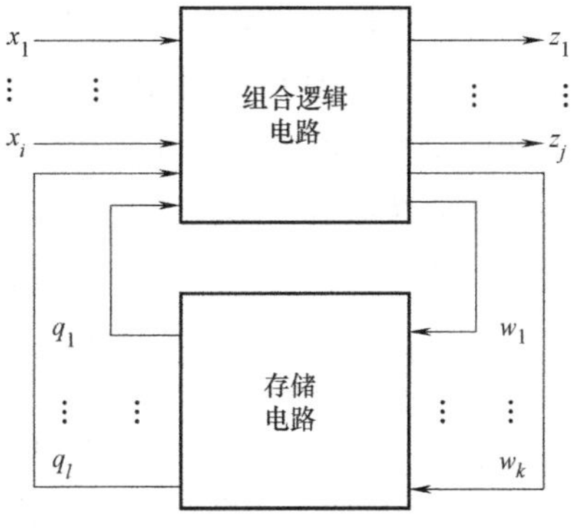

图 8.1.1 时序逻辑电路的一般结构框图

这些信号之间的逻辑关系可以用三个向量方程来表示：

输出方程：$Z(t_n)=F[X(t_n), Q(t_n)]$

驱动方程：$W(t_n)=H[X(t_n), Q(t_n)]$

状态方程：$Q(t_{n+1})=G[W(t_n), Q(t_n)]$（将驱动方程代入触发器特征方程得到）

式中，t_n 和 t_{n+1} 表示相邻的两个离散时间。由于时序电路的状态一般在有效**时钟脉冲**到达时才可能发生变化，$Q(t_{n+1})$ 表示时钟作用后触发器的状态，称为次态，后续表示中记为 Q^{n+1}；$Q(t_n)$ 表示时钟作用前触发器的状态，称为现态，记为 Q^n。输出和驱动方程描述了组合逻辑电路的连接关系，组合电路没有记忆单元，无时间概念，所以一般可以忽略时间 t_n。

2. 时序逻辑电路的分类

根据时序逻辑电路中触发器的触发方式不同，可以将时序逻辑电路分为同步时序逻辑电路和异步时序逻辑电路两大类。在同步时序逻辑电路中，所有触发器的时钟都接在统一时钟信号上，它们的状态在时钟脉冲到达时同时发生变化；而在异步时序逻辑电路中，至少一个触发器的时钟没有接在统一时钟信号上，所有触发器的状态变化不是同时发生的。

根据输出信号的产生方式，时序逻辑电路可以分为米利型（Mealy，也叫米利机）和摩尔型（Moore，也称摩尔机）两类。Mealy 型电路中，输出信号不仅与存储电路的状态有关，还与输入信号有关；Moore 型电路中，输出仅仅取决于存储电路的状态，与输入信号无关。

3. 时序逻辑电路的描述方式

虽然由状态方程、驱动方程和输出方程可以完整地描述一个时序逻辑电路的逻辑功能，但电路状态的转换过程不能直观地反映出来。为了更清楚地表现时序逻辑电路状态和输出在时钟作用下的整个变化过程，可以用状态转换真值表（简称状态转换表）、状态转换图、时序图等来描述时序逻辑电路的功能。这些描述方式与介绍触发器时的内容类似，不同点在于时序逻辑电路一般是由多个触发器构成的。

（1）状态转换表

状态转换表是用表格的形式反映时序逻辑电路在时钟作用下的现态和输入与输出及次态的关系。状态转换表与真值表基本相同。表头的输入是输入变量和现态，输出是次态和输出变量，表 8.1.1 是包含了输入和输出的状态转换表框架。为了方便理解，举例说明，假设要设计一个 4 进制（计数状态为 00、01、10、11）可逆计数器，即当输入变量 $X=0$ 时，做加法计数，且计数到 11 时使输出 $Y=1$；当 $X=1$ 时，做减法计数，且计数到 00 时使输出 $Y=1$。该问题的状态转换表见表 8.1.2。如果电路没有输入和输出变量，则电路状态转换表就是现态和次态的转换表，这种情况也将电路状态转换表简化为一列，第一行表示现态，第二行则是次态，即每行都是下一行的现态。这种表格叫作态序表。

表 8.1.1 状态转换表框架

现态 \ X	X 取值
现态取值	次态/Z

表 8.1.2 可逆 4 进制计数器状态转换表

$Q_1^nQ_0^n$ \ X	0	1
00	01/0	11/1
01	10/0	00/0
10	11/0	01/0
11	00/1	10/0

(2) 状态转换图

状态转换图是状态转换表的图形表示方式。状态图是反映时序逻辑电路状态转换规律及相应输入、输出取值关系的一种图形。在状态转换图中，以圆圈及圈内的字母或数字表示电路的一个状态，以箭头表示状态转换的方向，相应的输入/输出标注在转换箭头上。电路有几个状态就应该有几个圆圈。包含电路所有状态的状态转换图称为全状态转换图。简单讲，时序逻辑电路如果包含 n 个触发器，则全状态转换图就包含了 2^n 个状态。图 8.1.2 给出了两个状态变量的部分状态图，两变量最多应该有 4 个状态圈 00、01、10、11，没有具体电路及状态分配前，一般用一个符号如 S 来表示状态。图 8.1.2 表示在 S^n 状态以及当前输入变量 X 作用下，输出变量是 Z，次态是 S^{n+1}。一定注意：状态转换图旁一定要用一个圈标注出状态变量及高、低位置，如图中左侧圆圈及其中的 Q_1Q_0，它说明了状态图中所有状态取值是对应 Q_1Q_0 的值。同时，输入一定在"/"之上，输出在"/"之下，即使只有输出也要标注为/Z。

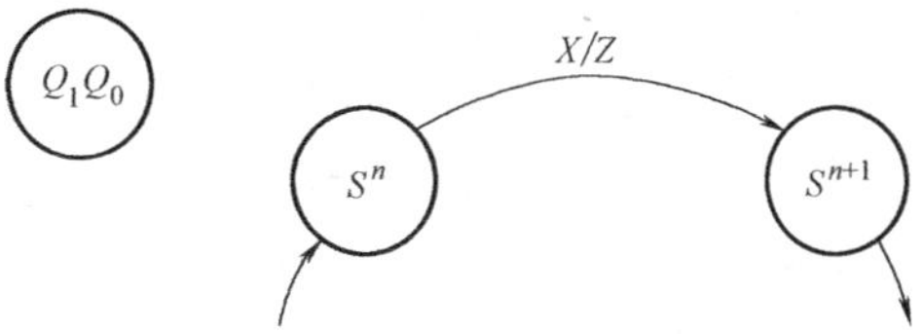

图 8.1.2　两个状态变量的部分状态图

(3) 时序图

时序图是反映时序逻辑电路的输入、时钟、输出、电路状态等信号对应关系的工作波形图。时序图是描述时序逻辑电路中最直观的一种方式。

下面通过基于触发器时序逻辑电路的分析和设计，进一步理解时序逻辑电路及其描述方式。

8.2　基于触发器时序逻辑电路的分析和设计

时序逻辑电路中的基本单元是触发器。基于触发器时序逻辑电路的分析和设计是学习时序逻辑电路的基础。

8.2.1　触发器构成的时序逻辑电路分析

分析一个基于触发器的时序逻辑电路，是根据给定的逻辑电路图，在输入及时钟作用下找出电路的状态及输出的变化规律，从而了解其逻辑功能。图 8.2.1 是分析基于触发器时序逻辑电路的流程图。

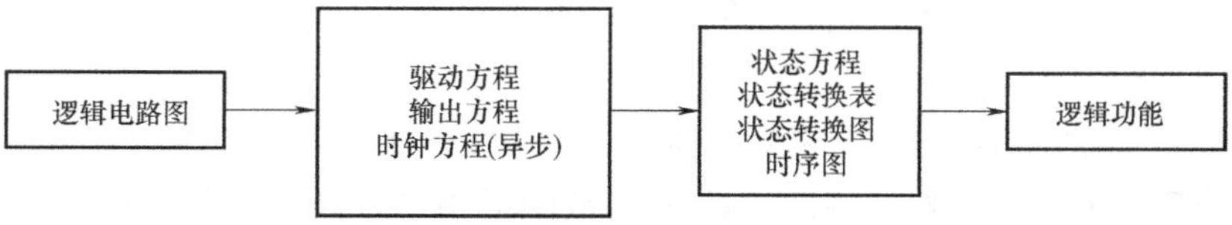

图 8.2.1　基于触发器时序逻辑电路流程图

分析的一般步骤为 3 步：

(1) 根据电路写驱动方程、输出方程和时钟方程

根据逻辑电路图，首先写出各触发器的驱动方程。触发器的驱动方程是触发器输入端的

逻辑函数 W（w_1，w_2，…，w_k），W 代表 JK 触发器的 J 和 K、D 触发器的 D 等，由图 8.1.1 可见，W 变量是由组合电路输出，由触发器的现态 Q^n 和输入确定。将得到的驱动方程代入触发器的特征方程中，得到每个触发器的状态方程。状态方程实际上是依据触发器的不同连接具体化了的触发器的特性方程。它反映了触发器次态与现态及外部输入之间的逻辑关系。

输出逻辑变量也是由组合电路输出，输出方程表达了电路的输出与触发器现态 Q^n 及电路输入之间的逻辑关系。

对于异步时序逻辑电路，需要写出各个触发器的时钟方程，每个触发器在各自时钟作用下按其状态方程改变状态。

(2) 由状态方程列出状态转换表、画出状态转换图和时序图

首先应根据状态方程和输出方程画出各触发器的次态卡诺图及输出 Z 的卡诺图，再由次态卡诺图可以很方便地列出状态转换表。

由状态转换表可以直接画出状态转换图。由状态转换表或状态转换图可以画出时序图，即波形图，它直观体现了触发器状态、输出和输入以及时钟的关系。

(3) 分析说明逻辑功能

分析状态转换表、状态转换图、波形图等，即可获得电路的逻辑功能。

下面举例说明分析基于触发器的同步时序逻辑电路的方法。

[**例 8.2.1**] 分析图 8.2.2 所示时序逻辑电路的逻辑功能。

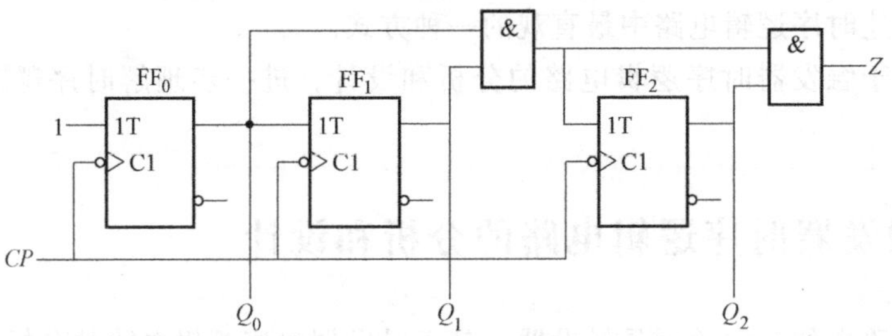

图 8.2.2　例 8.2.1 时序逻辑电路图

解　电路的组合电路部分是两个与门，存储电路部分是 3 个 T 触发器，Z 为电路输出，三个触发器由同一时钟 CP 控制，显然是同步时序逻辑电路。分析步骤如下：

(1) 写出 3 个向量方程

写驱动方程时，变量一般按照输入及电路中触发器的编号确定，例如，T 触发器 FF_0 的输入一般用 T_0 表示，JK 触发器 FF_1 的输入用 J_1 和 K_1 表示，依此类推。

驱动方程：$T_0=1$；$T_1=Q_0^n$；$T_2=Q_1^nQ_0^n$（组合电路 Q 右上角的 n 可以省掉）

输出方程：$Z=Q_2^nQ_1^nQ_0^n$

由于是同步时序逻辑电路，所有触发器的时钟均接外部时钟 CP，同步动作。

将驱动方程代入 T 触发器的特性方程 $Q^{n+1}=T\oplus Q^n$ 中，可得状态方程为

$$Q_0^{n+1}=T_0\oplus Q_0^n=\overline{Q_0^n}$$

$$Q_1^{n+1}=T_1\oplus Q_1^n=Q_0^n\oplus Q_1^n=Q_1^n\overline{Q_0^n}+\overline{Q_1^n}Q_0^n$$

$$Q_2^{n+1}=T_2\oplus Q_2^n=(Q_0^nQ_1^n)\oplus Q_2^n=\overline{Q_2^n}Q_1^nQ_0^n+Q_2^n\overline{Q_0^n}+Q_2^n\overline{Q_1^n}$$

（2）列出状态转换表、画出状态转换图和波形图

3 个触发器的状态组合最多有 8 种，如果给定一组初态值（比如 $Q_2^nQ_1^nQ_0^n=000$），直接由 3 个状态方程计算次态，最多将需要 24 次运算。因此，在得到这些描述方式前，先画出各个触发器的次态卡诺图和输出 Z 的卡诺图（分析电路时，也可以不用画输出 Z 的卡诺图），如图 8.2.3a 所示。然后根据初态直接由次态卡诺图读出次态。假设 3 个触发器初态 $Q_2^nQ_1^nQ_0^n=000$，次态 Q_2^{n+1}、Q_1^{n+1}、Q_0^{n+1} 对应的就是各自卡诺图 000，即最小项 m_0 方格的内容，按照高、低顺序，在 Q_2^{n+1}、Q_1^{n+1}、Q_0^{n+1} 的次态卡诺图中得到次态为 001，以 001 为现态可得到下一次态为 010，依此类推，直到状态回到初态或者得到的全部状态的次态。得到的状态转换表见表 8.2.1，在本例的状态转换表中，输入变量为 $Q_2^nQ_1^nQ_0^n$，输出变量为 $Q_2^{n+1}Q_1^{n+1}Q_0^{n+1}$ 和 Z。

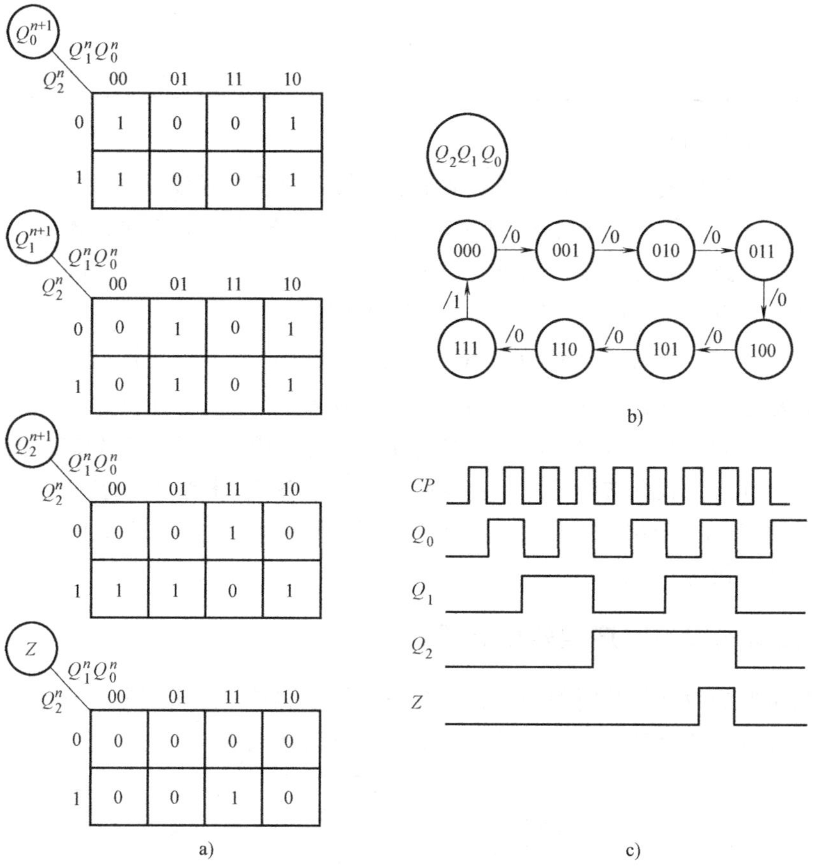

图 8.2.3　例 8.2.1 的 Q_0^{n+1}、Q_1^{n+1}、Q_2^{n+1} 次态卡诺图、状态转换、波形图

a）卡诺图　b）状态转换图　c）波形图

由状态转换表和输出逻辑式可以画出状态转换图，状态转换表中有几个状态，状态转换图就画几个圈，用箭头表示变化方向，由于本例无输入变量，只有输出 $Z=Q_2^nQ_1^nQ_0^n$，因此只有状态为 111 时才输出 1，如图 8.2.3b 所示，状态转换图可直观地表达出各个状态的转换方向及对应输出的取值。

时序逻辑电路是在时钟脉冲作用下工作的，因此，画波形图时，首先要画出时钟 CP 的

波形（时钟信号将在第 9 章介绍，在此画出周期性矩形波示意图即可），而且时钟脉冲数至少要大于电路状态数，本例画了 9 个时钟周期。假设 $Q_2^nQ_1^nQ_0^n$ 初态为 000，根据电路可知，在时钟下降沿作用下进入次态，因此根据状态转换表或状态转换图，在每个时钟下降沿画出下一个状态的电平，直到状态重复，就得到图 8.2.3c 所示的波形图。

表 8.2.1　例 8.2.1 的状态转换表

Q_2^n	Q_1^n	Q_0^n	Q_2^{n+1}	Q_1^{n+1}	Q_0^{n+1}	Z
0	0	0	0	0	1	0
0	0	1	0	1	0	0
0	1	0	0	1	1	0
0	1	1	1	0	0	0
1	0	0	1	0	1	0
1	0	1	1	1	0	0
1	1	0	1	1	1	0
1	1	1	0	0	0	1

表 8.2.2　例 8.2.1 的态序表

时钟	触发器状态		
CP	Q_2	Q_1	Q_0
0	0	0	0
1	0	0	1
2	0	1	0
3	0	1	1
4	1	0	0
5	1	0	1
6	1	1	0
7	1	1	1

（3）分析说明逻辑功能

通过分析状态转换表、状态转换图和波形图可知，最低位触发器是来 1 个时钟脉冲翻转 1 次；除最低位外，其余触发器只有在其所有低位触发器输出都为 1 时，才能接收计数脉冲而动作。因此，电路功能是同步的八进制加 1 计数器，并且在状态达到 111 时使进位输出信号 $Z=1$。同时，输出 $Q_0Q_1Q_2$ 是 CP 的 2、4、8 分频信号。

本例中 $T_0=1$，$T_1=Q_0$，$T_2=Q_0Q_1$，依次类推，若由 n 个 T 触发器组成 2^n 进制计数器，则第 i 位 T 触发器的控制端 T_i 的驱动方程为 $T_i=Q_0Q_1Q_2\cdots Q_{i-1}$，构成同步 2^n 进制计数器。

为了简单表示时序逻辑电路的状态转换规律，有时采用态序表代替状态转换表。在**态序表**中，以时钟脉冲作为状态转换顺序。首先根据某一初态 S_0 得到相应的次态 S_1，再以 S_1 为现态得到新的次态 S_2，依次排列下去，直至进入到循环状态。表 8.2.2 中列出了本例的态序表，电路的初态设为 000。

8.2.2　触发器构成的时序逻辑电路设计

时序逻辑电路的设计是分析的逆过程，要根据给出的具体逻辑问题，求出完成这一功能的逻辑电路。图 8.2.4 是基于触发器的时序逻辑电路设计流程。

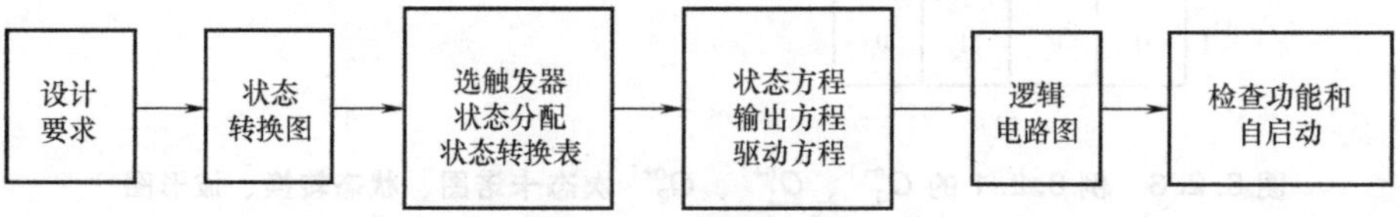

图 8.2.4　时序逻辑电路设计流程

（1）画状态转换图

在把文字描述的设计要求变成状态转换图时，必须搞清要设计的电路有几个输入变量，几个输出变量，有多少信息需要存储。对每个需要记忆的信息用一个状态来表示，从而确定电路需要多少个状态。目前还没有可遵循的固定程序来画状态图，对于较复杂的逻辑问题，一般需要经过逻辑抽象，先画出原始状态转换图，每个状态用 S_0、S_1、…、S_{N-1} 表示；再分析该转换图有无多余的状态，是否可以进行状态化简。如果两个状态在所有输入情况下的次态和输出均相同，则这两个状态是等价状态，可以合并为一个，从而可获得最简状态转换图。

(2) 选择触发器，并进行状态分配，列出状态转换表

每个触发器有两个状态 0 和 1，因此 n 个触发器能表示 2^n 个状态。如果用 N 表示该时序逻辑电路的状态数，则触发器数目 n 应满足：$2^{n-1}<N \leqslant 2^n$。

所谓状态分配，是指对原始状态图中的每个状态 S_0、S_1、…、S_{N-1} 编码。状态分配不同，所得到的电路也不同。例如，若确定 $n=4$，可选择 $S_0=0000$，$S_1=0001$，…。若状态数 $N<2^n$，则多余状态可作为任意项处理。

根据状态分配的结果可以列出状态转换表，由状态转换表可以画出状态转换图。

(3) 写出 3 个向量方程

由状态转换表可画出次态卡诺图，由次态卡诺图可求得状态方程。若设计要求的输出量不是触发器的输出 Q_i，还需写出输出变量的输出方程。

将得到的状态方程与选定的触发器的特性方程相比较，可求得驱动方程。对于异步时序逻辑电路，还需写出时钟方程。

(4) 画逻辑电路图

根据驱动方程和输出方程，可以画出基于触发器的逻辑电路图。

(5) 检查功能和自启动

设计好电路后，一般可以通过仿真或状态分析来检查电路是否满足最初的设计要求。如果设计的电路中有无关项（见 2.5.4 节），则需要进行自启动检测。若电路处在任意无关项目时，经过若干个 CP 脉冲后，都能返回到第二步分配的任意工作状态，说明电路能够自启动。如果不能自启动，则意味着电路处于某个或某些无关项时，CP 脉冲作用下，不能回到第二步分配的任意工作状态。对于这种情况，一般可以利用触发器的清零和置数端使电路处于工作循环状态中。

[例 8.2.2] 试用下降沿触发的 JK 触发器设计一个同步 8421 BCD 码十进制加法计数器。

解 (1) 根据设计要求，画出状态转换图

依题意，十进制计数器需要用 10 个状态来表示。10 个状态循环后回到初始状态。设这 10 个状态为 S_0、S_1、S_2、…、S_9。原始状态转换图如图 8.2.5 所示。

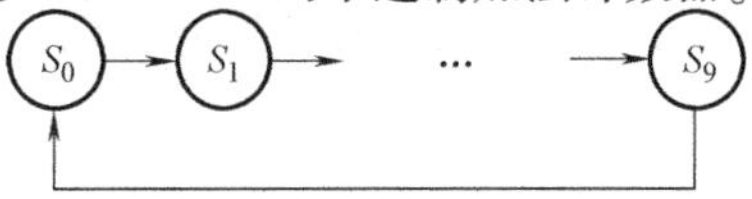

图 8.2.5 例 8.2.2 原始状态图

(2) 选择所用触发器的类型、个数并进行状态分配

题目限定用 JK 触发器，本例中，因为状态数 $N=10$，所以触发器个数 $n=4$。

题目限定采用 8421 BCD 码，因此状态应为 $S_0=0000$，$S_1=0001$，…，$S_9=1001$。1010～1111 共 6 个状态可作为任意项处理。

根据状态分配的结果可以列出状态转换表，见表 8.2.3。

表 8.2.3 例 8.2.2 的状态转换表

CP	Q_3^n	Q_2^n	Q_1^n	Q_0^n	Q_3^{n+1}	Q_2^{n+1}	Q_1^{n+1}	Q_0^{n+1}
1	0	0	0	0	0	0	0	1
2	0	0	0	1	0	0	1	0
3	0	0	1	0	0	0	1	1
4	0	0	1	1	0	1	0	0
5	0	1	0	0	0	1	0	1
6	0	1	0	1	0	1	1	0
7	0	1	1	0	0	1	1	1
8	0	1	1	1	1	0	0	0
9	1	0	0	0	1	0	0	1
10	1	0	0	1	0	0	0	0

(3) 写出 3 个向量方程

首先画出各触发器的次态卡诺图如图 8.2.6 所示。根据次态卡诺图写出各触发器的状态方程，与 JK 触发器的特征方程对比可得到驱动方程。以 FF_2 为例，由图 8.2.6 中 Q_2^{n+1} 次态卡诺图可得 FF_2 的状态方程为

$$Q_2^{n+1}=Q_2^n\overline{Q_0^n}+Q_2^n\overline{Q_1^n}+\overline{Q_2^n}Q_1^nQ_0^n=Q_2^n(\overline{Q_1^n}+\overline{Q_0^n})+\overline{Q_2^n}Q_1^nQ_0^n$$

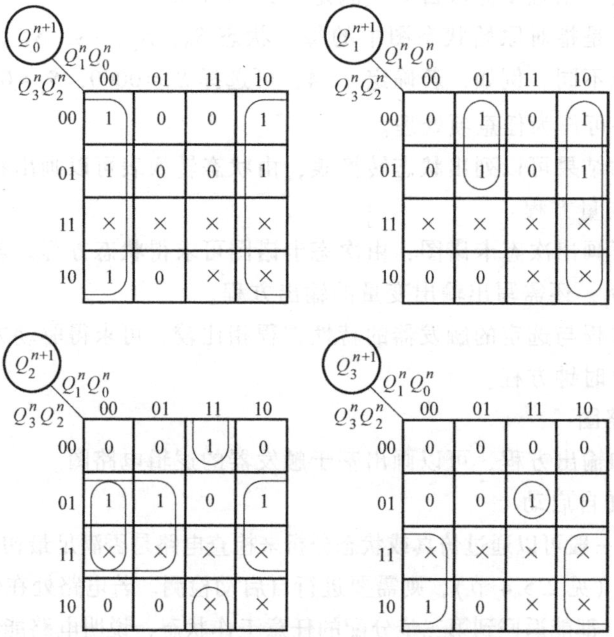

图 8.2.6　例 8.2.2 次态卡诺图

与 JK 触发器的特征方程 $Q^{n+1}=JQ^n+KQ^n$ 比较，可得 FF_2 的驱动方程（有时为了书写方便，将触发器现态的上标 n 省略）为

$$J_2=Q_1Q_0;\ K_2=\overline{Q_0}+\overline{Q_1}=\overline{Q_1Q_0}$$

同理可得其他触发器的驱动方程为

$$J_3=Q_2Q_1Q_0,\quad K_3=Q_0$$

$$J_1=\overline{Q}_3Q_0,\quad K_1=Q_0$$

$$J_0=1,\quad K_0=1$$

注意：写状态方程使用卡诺图化简的同时，还需要使状态方程尽量与 JK 触发器特征方程 $Q^{n+1}=J\overline{Q^n}+\overline{K}Q^n$ 的形式对应。例如，Q_3^{n+1} 次态卡诺图化简的一个包围圈不是最大的，就是为了使状态方程中有 $\overline{Q_3^n}$ 项，方便得到 J_3 的驱动方程。

(4) 由驱动方程画出逻辑电路图（如图 8.2.7 所示）

(5) 检查功能和自启动

电路功能可以用仿真软件仿真，或者检测电路是否从一个状态进入下一个正确的状态。由于设计中有 6 个任意项，需要检测自启动。由次态卡诺图可以得到电路状态为 1010~1111 时的次态情况。例如，当初态为 1010 时，可分别从 $Q_3{}^{n+1}$、$Q_2{}^{n+1}$、$Q_1{}^{n+1}$ 和 $Q_0{}^{n+1}$ 次态卡诺

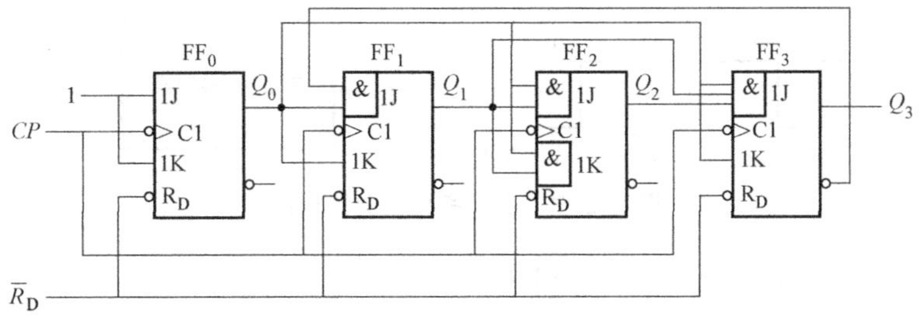

图 8.2.7 例 8.2.2 逻辑电路图

图中相应方格得到次态为 1011，1011 的次态又为 0100。同理得到如图 8.2.8 所示完整的状态转换图（也称为全状态转换图）。任意项经过最多两个时钟周期都回到了正常工作状态，说明该电路能够自启动。

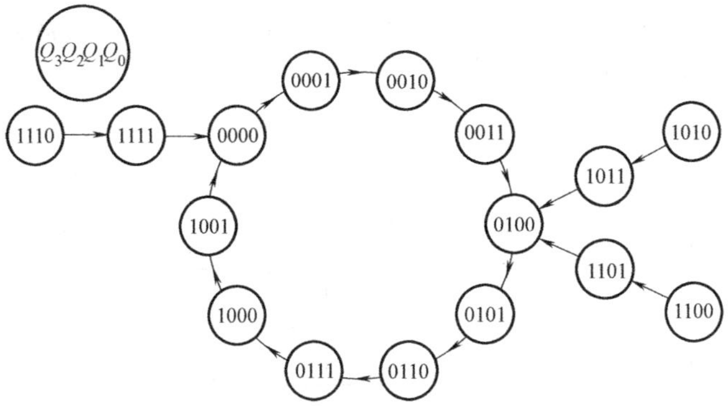

图 8.2.8 例 8.2.2 全状态转换图

在有些情况下，所设计的电路不能自启动。这时，一般需要修改电路设计，或者重新从状态分配这一步做起。其实，在画出次态卡诺图后就可以进行自启动检查，以避免在设计完成后再修改电路设计。若本例不能自启动，则最简单的方法就是利用触发器清零端，电路上电给 $\overline{R}_D$ 低电平脉冲清零，各触发器刚好处于计数初始状态 0000。

8.2.3 基于有限状态机的时序逻辑电路设计

在 6.5 节介绍了有限状态机的概念，有限状态机用于描述软件流程，可以使代码逻辑更加清晰，用于器件（如 MCU 片内 ADC）工作原理说明时也更简单明了，用于复杂电路的设计时可以使设计思路更为清晰。8.2.2 节也属于有限状态机的应用，本小节利用有限状态机设计一个图 8.2.9 所示的串行序列检测器，X 为串行输入序列，当检测器检测到确定序列串时使输出 Z 为 1。如检测到 111 序列时输出 1，且序列码可重叠。序列检测器应尽量在每个数据位稳定时检测，检测的可靠性高。该问题可以转化为有限个状态表示，将检测到的无效位（该例检测 111 的第一有效位为 1，无效位则为 0，相反则为 1）用 S_0 状态表示，检测到的第一个有效位用 S_1 记忆，检测到第 2 个有效位用 S_2 记忆，当检测到第三个有效位时用 S_3 记忆，若检测的序列串较长，可以用更多的状态表示，本例到 S_3 状态时说明已经检测到有效位串，输出 1，显然这是一个 Moore 型有限状态机。当检测到连续的第 4 个 1 时，若要求序列码可重叠，则仍然用 S_3 记忆，输出 1，即 1111 的前 3 个 1 为待检测序列，后 3 个 1 也是待检测序列，都应输出 1。若不允许序列码重叠，则检测到连续的第 4 个 1 代表了检测到下一个 111 序列的第一位，应用 S_1 表示。

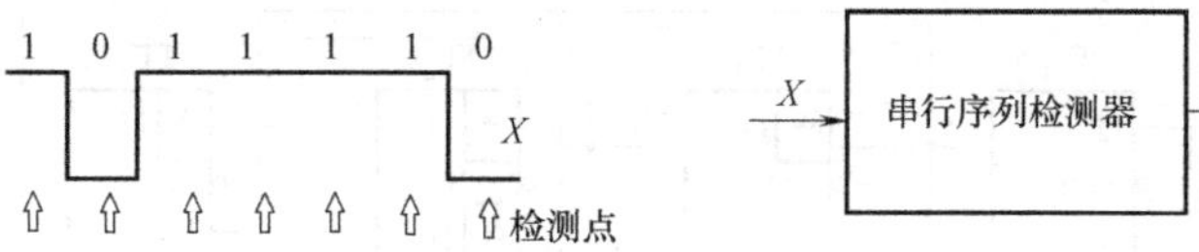

图 8.2.9 串行序列检测器框图

图 8.2.10 是检测 111 序列码可重叠的状态转换图。若两个状态在所有输入取值下的输出相同且次态相同，则这两个状态是等价状态，可以合二为一。观察图 8.2.10 中没有等价状态，则可进行状态分配，令 $S_0=00$，$S_1=01$，$S_2=10$，$S_3=11$，然后利用 8.2.2 节的方法，可得到如图 8.2.11 所示的基于触发器的串行序列检测器电路的状态转换表和次态卡诺图。

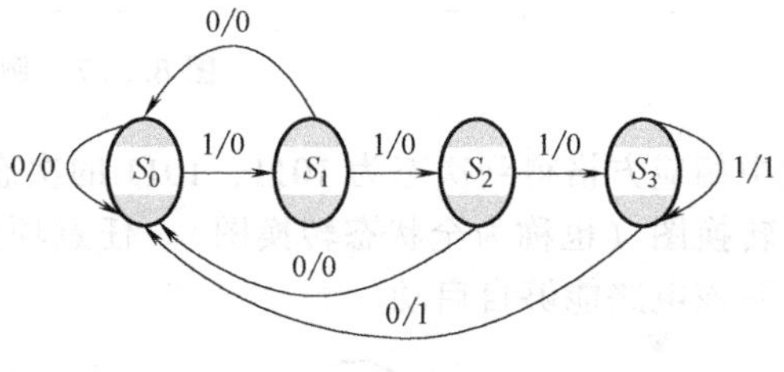

图 8.2.10 状态转换图（有限状态机）

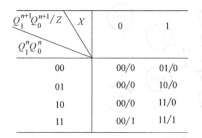

$Q_1^nQ_0^n$ \ X ($Q_1^{n+1}Q_0^{n+1}/Z$)	0	1
00	00/0	01/0
01	00/0	10/0
10	00/0	11/0
11	00/1	11/1

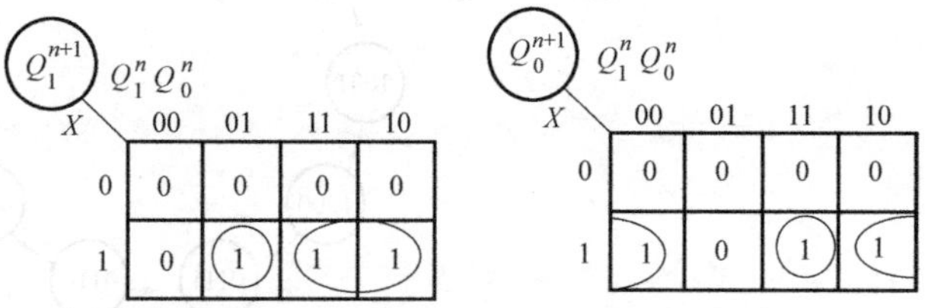

图 8.2.11 状态转换表和次态卡诺图

若选用下降沿触发的 JK 触发器设计，由次态卡诺图得到状态方程：

$$Q_0^{n+1}=X\overline{Q_0^n}+XQ_1^nQ_0^n$$

$$Q_1^{n+1}=XQ_0^n\overline{Q_1^n}+XQ_1^n$$

状态方程与 JK 触发器特征方程 $Q^{n+1}=J\overline{Q^n}+\overline{K}Q^n$ 对比，得驱动方程：

$$J_0=X,\ K_0=\overline{XQ_1^n}$$

$$J_1=XQ_0^n,\ K_1=\overline{X}$$

由状态转换图或状态转换表可得输出方程：$Z=Q_1^nQ_0^n$。画出检测电路如图 8.2.12 所示（本题没有任意状态，不需要自启动检测）。

基于 Verilog HDL 的 111 序列检测器代码请扫二维码链 8-1，仿真结果如图 8.2.13 所示。图中，cstate［1：0］表示现态，nstate［1：0］表示次态，电路在 clk 上沿检测串行输入 data_in，当检测到连续的 111 时，data_out 输出 1，满足设计要求。

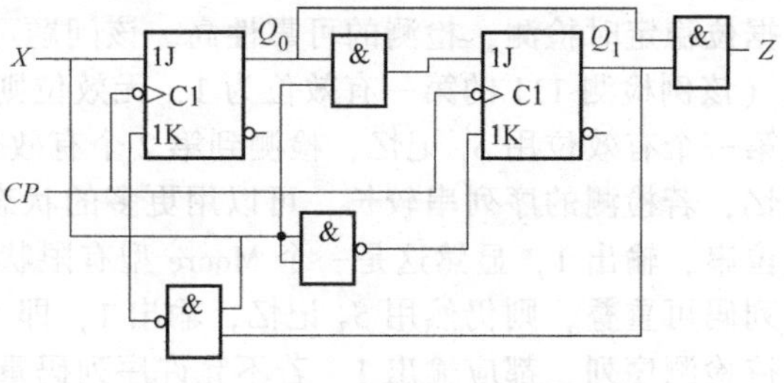

图 8.2.12 检测 111 序列的电路

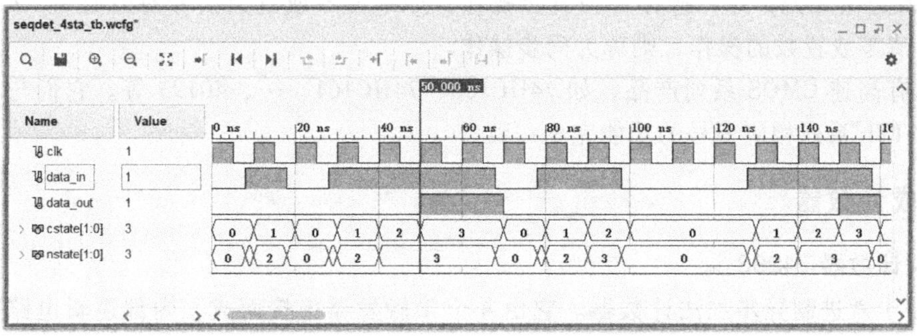

图 8.2.13 检测 111 序列的仿真结果

链 8-1 111 序列检测器的 Verilog HDL 代码

8.3 集成计数器

计数器（Counter）的主要功能是累计输入脉冲个数。它是数字系统中使用最广泛的时序部件之一。计数器除了具有计数功能之外，还具有分频、定时等功能。目前，几乎所有的微处理器都是使用定时器对时钟脉冲计数完成定时的，定时时间=脉冲数×时钟周期。

例 8.2.1 分析了一个基于触发器的具有计数功能的电路。例 8.2.2 中使用触发器设计了一个计数器电路。将具有计数功能的电路集成到一个半导体硅片上就构成了集成计数器。集成计数器的种类非常繁多。如果按计数器中各触发器的时钟脉冲的输入方式来分，可以分为同步计数器（各触发器时钟接在一起）和异步计数器（至少有一个触发器时钟不同于其他）。

如果按计数过程中计数器输出数码的规律来分，可以分为加法计数器（递增计数）、减法计数器（递减计数）和可逆计数器（可加可减计数器）。

如果按计数容量（也称为计数器的模，模即计数状态的个数，记为 m）来分，可以分为模 2^n 计数器（$m=2^n$）和模非 2^n 计数器（$m\neq2^n$）。

表 8.3.1 列举了几种 TTL 系列集成计数器。限于篇幅，本节只能选择其中几种有代表性的加以分析和介绍。

表 8.3.1 几种 TTL 系列集成计数器

CP 脉冲引入方式	型号	计数模式	清零方式	预置数方式
异步	74293	二-八-十六进制加法	异步(高电平)	无
	74290	二-五-十进制加法	异步(高电平)	异步置 9(高电平)
同步	74160	十进制加法	异步(低电平)	同步(低有效)
	74161	4 位二进制加法	异步(低电平)	同步(低有效)
	74162	十进制加法	同步(低电平)	同步(低有效)
	74163	4 位二进制加法	同步(低电平)	同步(低有效)
	74192	十进制可逆	异步(高电平)	异步(低有效)
	74193	4 位二进制可逆	异步(高电平)	异步(低有效)

表 8.3.1 中第 1 列的同步和异步是指集成计数器芯片内部的电路是同步或异步时序逻辑电路，即对应同步计数器或异步计数器。第 4 列的清零方式和第 5 列的预置数方式中的同步和异步是指清零和置数操作是否受时钟控制，如果清零或置数控制信号有效则立即执行清零

或置数，与 CP 触发边沿无关，这种操作称为**异步操作**；如果清零或置数信号有效且有 CP 有效边沿时才执行清零或置数的操作，则称为**同步操作**。

集成计数器还有高速 CMOS 系列产品，如 74HC160、74HC161、…、40193 等。它们与表 8.3.1 中列出的 TTL 系列相应型号的功能完全一致。

8.3.1 异步集成计数器

1. 异步二进制计数器 74293

74293 是二-八-十六进制异步加法计数器。它由 4 个 T 触发器串接而成，内部逻辑电路如图 8.3.1a 所示。FF_0 为一位二进制计数器，FF_1、FF_2 和 FF_3 组成 3 位（即八进制）行波计数器，即低位计数溢出（由 1 回 0，产生下降沿）后高位翻转。二进制和八进制分别以 CP_0 和 CP_1 作为计数脉冲的输入，Q_0 和 $Q_1Q_2Q_3$ 分别为计数输出。74293 的逻辑符号如图 8.3.1b 所示，触发器在时钟脉冲的下降沿触发。

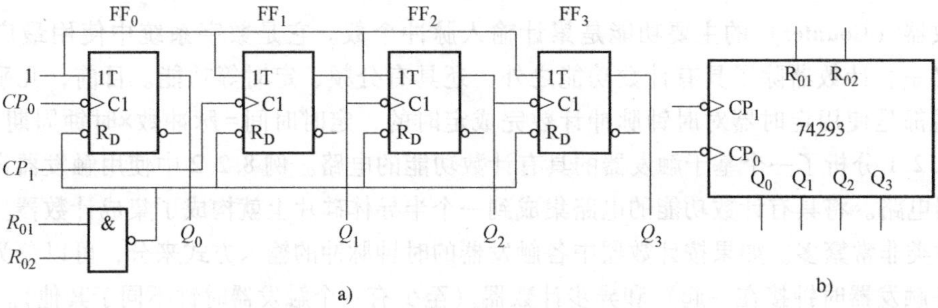

图 8.3.1 异步二进制计数器 74293

a）内部逻辑电路 b）符号图

74293 的功能表见表 8.3.2，由表可见：

1）两个高有效的复位信号 R_{01} 和 R_{02} 全为 **1**（时钟为×表示任意）时，计数器异步（即不受时钟控制）清零；当 R_{01} 和 R_{02} 不全为 **1** 时，74293 工作在计数状态。

2）当外部时钟仅送给 CP_0，且 CP_1 接 0 时，仅 FF_0 工作，计数器由 Q_0 输出，电路为二进制计数器。

3）当外部时钟仅送给 CP_1，且 CP_0 接 0 时，FF_1 ~ FF_3 工作，计数器由 $Q_3Q_2Q_1$ 输出，电路为八进制计数器。

表 8.3.2 74293 的功能表

CP_0	CP_1	R_{01}	R_{02}	工作状态
×	×	1	1	清零
↓	0	×	0	FF_0 计数
↓	0	0	×	FF_0 计数
0	↓	×	0	FF_1 ~ FF_3 计数
0	↓	0	×	FF_1 ~ FF_3 计数

由图 8.3.1 可知，当外部时钟送给 CP_0，而 CP_1 与 Q_0 相连时，就将 FF_0 与 FF_1、FF_2、FF_3 级联了起来，计数器由 $Q_3Q_2Q_1Q_0$ 输出，电路构成十六进制计数器。这种结构给使用者

提供了较大的方便，也是二-八-十六进制名称的体现。

2. 异步十进制计数器 74290

74290 是二-五-十进制异步加法计数器。74290 的符号图如图 8.3.2 所示，功能表见表 8.3.3。由表可见，$R_{0(1)}$ 和 $R_{0(2)}$ 是异步清零信号，$S_{9(1)}$ 和 $S_{9(2)}$ 是异步置 9 信号，均为高电平有效。一定注意，清零有效必须使置数无效，置数有效必须使清零无效，正常计数工作时，两者必须都无效。功能表给出的 74290 计数方式如下：

1）当外部时钟 CP 送给 CP_0，CP_1 接 0 时，电路为二进制计数器，由 Q_0 输出。

2）当外部时钟 CP 送给 CP_1，CP_0 接 0 时，电路为五进制计数器，由 $Q_3Q_2Q_1$ 输出。

3）当外部时钟 CP 送给 CP_0，Q_0 接至 CP_1 时，则级联成 2×5 的十进制计数器，由 $Q_3Q_2Q_1Q_0$ 输出 8421BCD 码的计数状态。

4）当外部时钟 CP 送给 CP_1，CP_0 接至 Q_3 时，则级联成 5×2 的十进制计数器，由 $Q_0Q_3Q_2Q_1$ 输出 5421 BCD 码的计数状态。

表 8.3.3　74290 的功能表

输入						输出			
$R_{0(1)}$	$R_{0(2)}$	$S_{9(1)}$	$S_{9(2)}$	CP_0	CP_1	Q_3	Q_2	Q_1	Q_0
1	1	0	×	×	×	0	0	0	0
1	1	×	0	×	×	0	0	0	0
0	×	1	1	×	×	1	0	0	1
×	0	1	1	×	×	1	0	0	1
$R_{0(1)}R_{0(2)}=0$		$S_{9(1)}S_{9(2)}=0$		CP	0	二进制计数			
				0	CP	五进制计数			
				CP	Q_0	8421 码十进制计数			
				Q_3	CP	5421 码十进制计数			

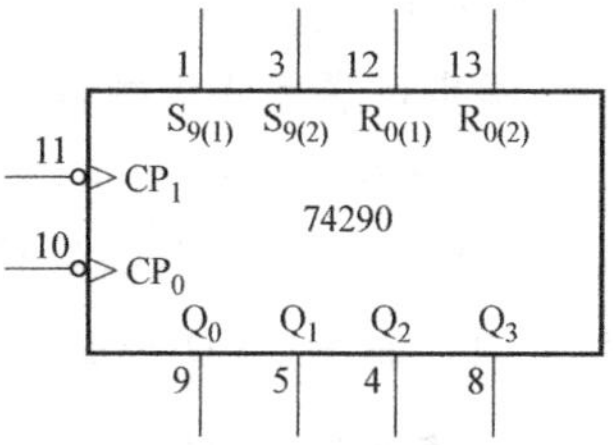

图 8.3.2　74290 符号图

8.3.2　同步集成计数器

1. 同步二进制计数器 74161

74161 是同步二进制可预置加法集成计数器，符号图如图 8.3.3 所示，功能表见表 8.3.4。可见，74161 的计数翻转是在时钟信号的上升沿完成的，CR 是异步清零端，CT_P、CT_T 是使能控制端，LD 是置数端，$D_0D_1D_2D_3$ 是四个置数输入端，CO 是进位输出端。74161 有清零、置数、保持及计数功能。下面根据功能表及符号图来进一步说明其各项功能：

表 8.3.4　74161 的功能表

CP	$\overline{CR}$	$\overline{LD}$	CT_P	CT_T	工作状态
×	0	×	×	×	异步清零
↑	1	0	×	×	同步预置
×	1	1	0	×	保持
×	1	1	×	0	保持
↑	1	1	1	1	加 1 计数

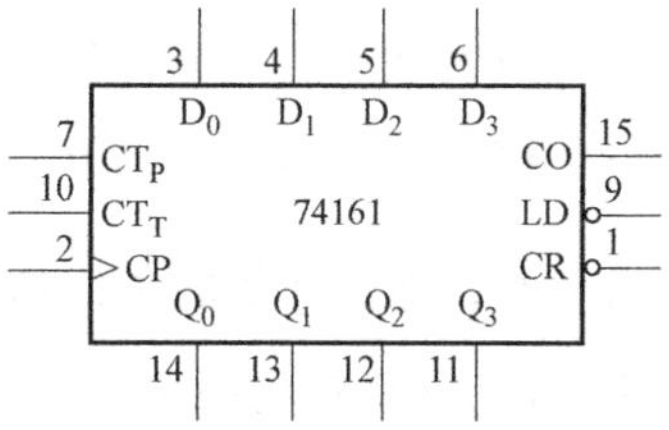

图 8.3.3　74161 的符号图

1）异步清零：当 $\overline{CR}=\mathbf{0}$ 时，其他输入任意，可以使计数器立即清零。

2）同步预置：当 $\overline{CR}=\mathbf{1}$，且置数控制信号 $\overline{LD}=\mathbf{0}$ 时，若置数输入 $D_3D_2D_1D_0=DCBA$，

在时钟信号 CP 的上升沿到来时使 $Q_3Q_2Q_1Q_0=DCBA$。使能控制信号 CT_P、CT_T 的状态不影响置数操作。

3）保持：当 $\overline{CR}=\overline{LD}=\mathbf{1}$，即既不清零也不预置时，若使能控制信号 CT_P 或者 CT_T 为 **0**，则计数器各 Q 端的状态保持不变。

4）计数：当 $\overline{CR}=\overline{LD}=\mathbf{1}$，且 $CT_P=CT_T=\mathbf{1}$ 时，在时钟脉冲 CP 的上升沿到来时，计数器进行加 1 计数。

CO 是进位输出信号，查器件手册可得 $CO=Q_3Q_2Q_1Q_0CT_T$，即当 $Q_3Q_2Q_1Q_0$ 及 CT_T 均为 **1** 时，$CO=\mathbf{1}$，产生正进位脉冲。

与 74161 相似的还有同步十进制可预置加法计数器 74160，各输入、输出端子功能与 74161 相同，其功能表及符号图也与 74161 一致，与 74161 不同的是 74160 为十进制计数器，故它的进位输出方程为 $CO=Q_3Q_0CT_T$。

74163 为四位二进制加法计数器，其功能表和符号图与 74161 类似。除 $\overline{CR}$ 为同步清零外，其余功能与 74161 完全相同，因此也称 74163 是全同步式集成计数器。这里不再赘述。74162 也为全同步式集成计数器，与 74163 唯一不同之处是 74162 为十进制加法计数器，符号图与 74161 完全相同。

2. 同步可逆集成计数器 74193

74193 是双时钟输入 4 位二进制同步可逆计数器，符号图如图 8.3.4 所示，功能见表 8.3.5。CP_U 是加法计数时钟信号输入端，CP_D 是减法计数时钟信号输入端，CR 是清零端，LD 是置数控制端，CO 是加法进位输出端，BO 为减法借位输出端。

表 8.3.5 74193 的功能表

CP_U	CP_D	CR	$\overline{LD}$	工作状态
×	×	1	×	异步清零
×	×	0	0	异步置数
↑	1	0	1	加法计数
1	↑	0	1	减法计数

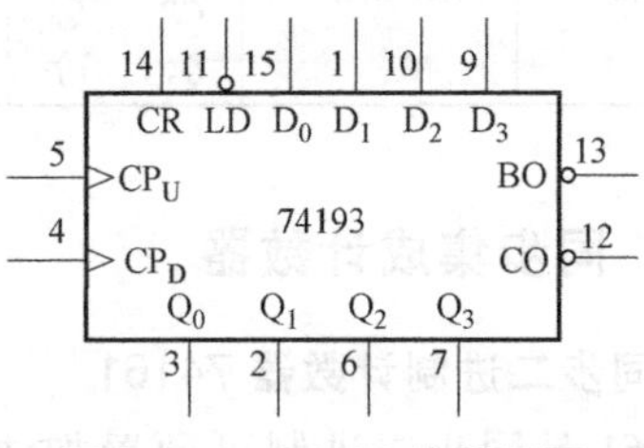

图 8.3.4 74193 的符号图

74193 的主要功能是完成可逆计数。它的各项功能作说明如下：

1）异步清零：当 $CR=\mathbf{1}$ 时，74193 立即清零，与其他输入端的状态无关。

2）异步置数：当 $\overline{LD}=\mathbf{0}$，且 $CR=0$ 时，将 $D_3D_2D_1D_0$ 立即置入计数器中，即 $Q_3Q_2Q_1Q_0=D_3D_2D_1D_0$，与 CP 无关，是异步置数。

3）加法计数：当 $CR=\mathbf{0}$，$\overline{LD}=\mathbf{1}$，$CP_D=\mathbf{1}$ 时，时钟信号接至 CP_U，74193 做加法计数。查器件手册可知，加法计数的进位输出 $\overline{CO}=\overline{Q_3Q_2Q_1Q_0\overline{CP_U}}$，即计数器输出为 **1111** 状态，且 CP_U 为低电平时，$\overline{CO}$ 输出一个负脉冲信号。

4）减法计数：当 $CR=\mathbf{0}$，$\overline{LD}=\mathbf{1}$，$CP_U=\mathbf{1}$ 时，时钟信号接至 CP_D，74193 做减法计数。减法计数的借位输出 $\overline{BO}=\overline{\overline{Q_3}\ \overline{Q_2}\ \overline{Q_1}\ \overline{Q_0}\ \overline{CP_D}}$，即计数器输出为 **0000** 状态，且 CP_D 为低电平时，$\overline{BO}$ 输出一个负脉冲信号。

图 8.3.5 所示波形进一步展示了 74193 的功能。

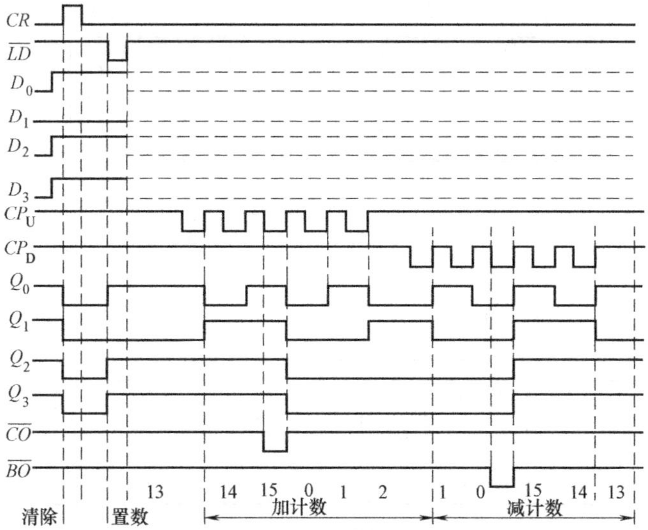

图 8.3.5 74193 的波形图

8.3.3 集成计数器的扩展与应用

由于集成计数器的体积小、功耗低、可靠性高等优点，曾经得到了广泛的应用。出于成本方面的考虑，集成计数器产品追求大的批量生产。因此，市场上销售的集成计数器产品，在计数体制方面只做了应用较广的十进制、十六进制等几种产品。在需要其他任意进制计数器时，只能在现有的中规模集成计数器基础上经过外电路的不同连接实现。如果要实现的计数器的模小于单片计数器的模，则使用一片计数器经过反馈置数或者清零即可实现。如果要实现的计数器的模大于集成计数器本身的模，则需要多片级联。

1. 多片集成计数器级联

前面介绍的各种集成计数器多是 4 位的二进制或十进制计数器，只能实现模 $m \leqslant 16$ 的计数，但在实际应用中，如构成时、分、秒的计数，就需要多片集成计数器的级联使用。计数器的级联方式有同步级联（即各计数器芯片的时钟信号接在一起）和异步级联（各计数器芯片的时钟不同）两种。下面以 74LS161 为例，介绍集成计数器的级联方法。

在图 8.3.6a 中，将两片 74161 的 CP 相连构成同步级联，并将低位片的 CO 与高位片的 CT_T 和 CT_P 端相连。低位片在 CP 作用下进行正常计数，当 $Q_3Q_2Q_1Q_0$ 计到 1111 时，低位片的 CO 变到 1，使高位片的 CT_T 和 CT_P 信号为 1，这样，高位片在下一个 CP 到来时才能进行“加 1”计数，实现 16×16=256 进制计数器。更多片计数器的同步级联可以按此连接。

图 8.3.6b 是以异步级联方式连接的 256 进制计数器。其中，低位芯片（74161-I）的进位输出信号 CO（或 Q_3）经非门反相后作为高位片的计数输入，当低位片 $Q_3Q_2Q_1Q_0$ 状态由 1111 变成 0000 时，其 CO（或 Q_3）由 1 变为 0，经反相器给高位片时钟一个由 0 变为 1 的上沿，高位片进行“加 1”计数。其他情况下，高位芯片（74161-Ⅱ）都将保持原有状态不变。

无论是同步还是异步级联，都应该在低位回零时高位芯片加 1；也可以通过分析 CP 计数脉冲作用下计数器的计数状态值是否连续来验证级联是否正确。例如，两个十六进制加法

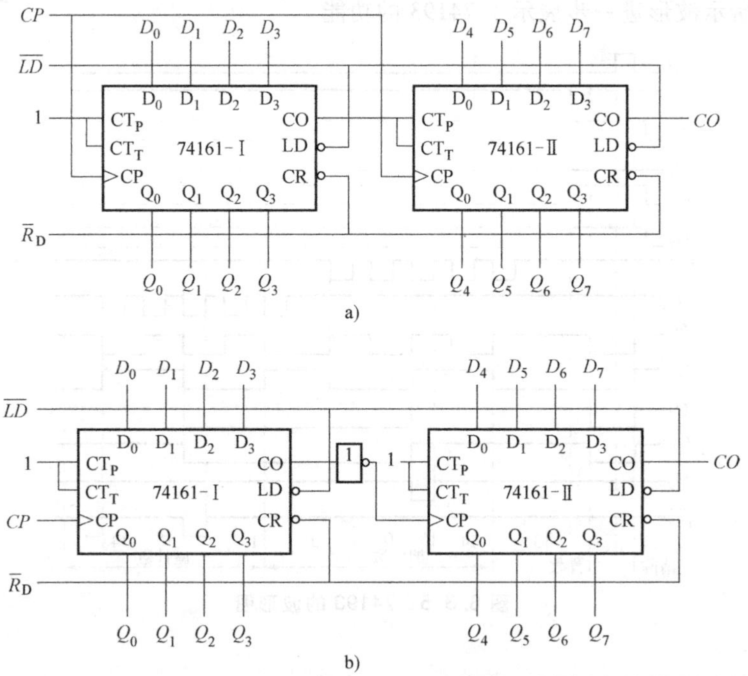

图 8.3.6　两片 74161 的级联方法

a）同步级联方式　b）异步级联方式

芯片级联，如果在 CP 计数脉冲作用下，计数值是从 0FH 到 10H，说明正确，如果状态是从 0EH 到 1FH 或其他非 10H 状态，则说明级联有问题。又如，如果将图 8.3.6b 中 74161-Ⅰ进位输出信号 CO 直接接高位芯片的时钟输入端，假设计数状态是 0EH，在 CP 上沿作用下应该到 0FH 状态，但当低位计数到 FH 时，会产生 CO 上沿使高位立刻加 1 计数，此时级联计数的稳定状态为 1FH，在 CP 的下一个上沿作用下，低位 FH 回 0，高位保持不变，计数状态则为 10H，因此计数状态由 0EH→1FH→10H，显然是错误的。

2. 构成任意 *n* 进制计数器

现以 m 表示已有集成计数器的进制（或模值），以 n 表示待实现计数器的进制。若 $m>n$，只需一片集成计数器实现，如果 $m<n$，则需多片集成计数器实现。假设 $S_0 \sim S_{n-1}$ 为 n 进制计数器的 n 个状态，最后一个状态之后的无效状态为 S_n。下面分别介绍利用集成计数器控制端（清零或置数端）的同步和异步操作实现 n 进制计数器的方法。

（1）控制端是异步操作

异步操作即清零或置数控制信号有效则立即清零或置数。清零或置数信号一般由计数器输出 $Q_3Q_2Q_1Q_0$ 决定，反馈构成异步操作控制信号有效的 $Q_3Q_2Q_1Q_0$ 状态一定是一个暂态（因为清零和置数信号一旦有效则立刻清零或置数）。因此，异步操作使用 n 进制计数器的无效状态 S_n 作为反馈状态。**对于二进制集成计数器，S_n 状态应取二进制编码，对于十进制集成计数器，S_n 状态应取 8421 BCD 码。**将 S_n 状态中值为 1 的各 Q 值“与”（若控制端高有效）或“与非”（若控制端低有效）连接至异步操作的控制端使其有效。画逻辑图时，不仅要按反馈逻辑画出控制回路，还要将计数器的其他控制端按功能表的要求接到规定电平。此外，时钟信号 CP 必须提供且正确连接。

［例 8.3.1］　用 74293 构成十进制计数器。

解　根据 74293 功能表，构成 $n=10$ 的计数器，需令 $CP_0=CP$，$CP_1=Q_0$，把计数器接成 $m=16$。这属于 $m>n$ 的情况，用一片 74LS293 再加上反馈逻辑即可构成。

n 进制计数器无效状态的二进制编码是 $S_n=1010\text{B}$。由于 74293 是两个高有效的清零信号，因此将 S_n 状态中为 1 的 Q_3、Q_1 分别连接至清零信号即可。逻辑电路图如图 8.3.7a 所示。

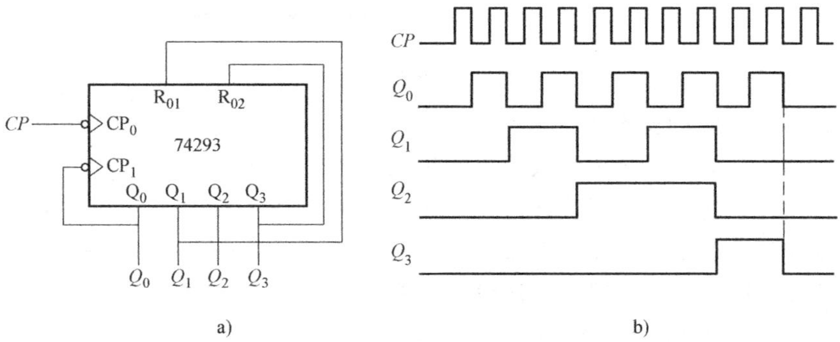

图 8.3.7　74293 构成十进制计数器

a）逻辑电路图　b）波形图

为了进一步说明反馈清零法设计的计数器的工作情况，图 8.3.7b 给出了 74293 构成十进制计数器的工作波形。由图可见，计数器的循环状态为 0000~1001，共 10 种状态，每一种状态的持续时间为一个 CP 周期。由图还可看出，1010 是瞬态，其持续时间仅为计数器清零的硬件动作时间（约几纳秒到几十纳秒），故不是计数循环的有效状态。

［例 8.3.2］　假设计数器输入时钟信号 CP 的频率为 60Hz，试用 74290 构成一个秒脉冲信号，即输出信号的周期为 1s。

解　分析设计要求，如果用 74LS290 对输入时钟进行 60 分频，则可以得到 1Hz 输出的秒脉冲信号。计数器构成的分频电路与计数电路的区别仅仅在于其输出形式不同，计数电路将所有 Q 状态作为一组代码输出，而分频电路一般仅使用一个输出端作为与 CP 成某种特定关系的脉冲序列。因此，本例可按六十进制计数器设计，由六十进制编码的最高位 Q 端输出则得到 60 分频信号。

因为单片 74LS290 所能实现的最大计数模数 $m=10$，要构成 $n=60$ 进制计数器，$m<n<m\times m=100$，故需 2 片 74LS290 级联 100 进制，且 S_n 状态要用 8421BCD 码表示。$n=60$，所以 $S_n=0110\ 0000$；高位芯片使用 Q_6Q_5 反馈给清零端。逻辑电路图如图 8.3.8 所示，图中 L 为 60 分频输出，即输出秒脉冲信号。

图 8.3.8 的低位片执行十进制计数，其计数循环为 0000~1001。当第 10 个 CP 脉冲到来时，低位片自然归零，其 Q_3 由 1 到 0 的变化正好作为高位片 CP 脉冲的有效下沿，触发高位片翻转加“1”。逻辑图中的反馈逻辑仅接到高位片的复位端 $R_{0(1)}$、$R_{0(2)}$，而将高位片的置 9 端 $S_{9(1)}$、$S_{9(2)}$ 和低位片的 $S_{9(1)}$、$S_{9(2)}$、$R_{0(1)}$ 及 $R_{0(2)}$ 直接接低电平，这样低位片实现 $n_0=10$，高位片实现 $n_1=6$，高、低位串接后实现 $n=n_1\times n_0=6\times10=60$。计数器级联时，模数是相乘的。

［例 8.3.3］　试用 74193 设计十进制加法计数器，设计数器的起始状态为 0011B。

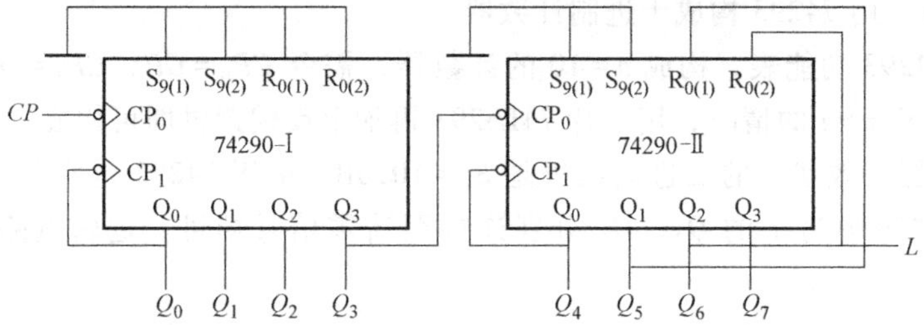

图 8.3.8　74290 构成六十进制计数器逻辑电路图

解　前面设计的计数器初态都是 0，因此可以使用清零信号。本例的初态不为 0，必须使用计数器的置数端。对于具有异步置数输入的集成计数器而言，在计数过程中，不管计数器处于何种状态，只要在其置数输入端加入有效的置数控制信号，计数器立即置数。反馈置数法设计任意进制计数器的步骤与反馈清零法相同，由 S_n 状态构成反馈，不同之处是要处理计数器的置数输入端，将其设置为计数初态。

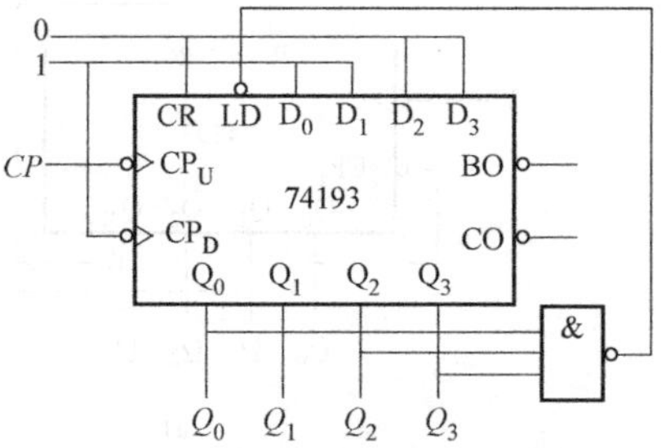

图 8.3.9　74193 构成十进制加法计数器逻辑电路图

S_n 状态的二进制编码为 $S_n = S_0 + [n]_B = 0011 + 1010 = 1101$，使置数有效的反馈逻辑式为 $\overline{LD} = \overline{Q_3 Q_2 Q_0}$。逻辑图如图 8.3.9 所示。

由 74193 功能表中加法计数的功能可知，CR 应接 0，而 CP_D 应接 **1**。同时，置数输入端要按高低顺序接初态 0011B。

(2) 控制端是同步操作

同步操作即清零或置数控制信号有效后，待 CP 有效沿到来时才使计数器清零或置数，即其控制信号要与 CP 脉冲同步。同步操作清零或置数信号一般也由计数器输出 $Q_3Q_2Q_1Q_0$ 决定，由于要与 CP 同步，反馈构成同步操作控制信号有效的 $Q_3Q_2Q_1Q_0$ 状态一定要等到下一个有效 CP 触发沿到来时才会清零或置数操作，即构成反馈的状态是一个稳态。因此，使用同步操作构成 n 进制计数器，要用 S_{n-1} 状态作为反馈状态，将 S_{n-1} 状态编码中值为 1 的各 Q 值“与”或“与非”连接至控制端使其有效。

[**例 8.3.4**]　用 74161 和 74163 分别设计一个十进制加法计数器，要求初始状态为 0000。

解　74161 为 4 位二进制加法计数器，若利用其同步置数端实现十进制，题目要求初态 $S_0 = 0000\text{B}$，则 n 进制计数器 S_{n-1} 状态的二进制编码为

$S_{n-1} = S_0 + [n-1]_B = 0000 + 1001 = 1001$

反馈逻辑式为　　　　　　　　$\overline{LD} = \overline{Q_3 Q_0}$

画逻辑电路图时，除了将反馈逻辑接 LD 端和置数端输入 S_0 状态外，还要按 74161 功能表中的计数功能将 CT_T 和 CT_P 接逻辑 1，CR 端接 1。逻辑电路图如图 8.3.10a 所示。因为本例计数器的初态是 0000，也可以利用 74163 的同步清零法，反馈逻辑式改为 $\overline{CR} = \overline{Q_3 Q_0}$，即可得到同步置零法设计的十进制加法计数器，如图 8.3.10b 所示。图 8.3.10a 和图 8.3.10b 两个计数器均在 0000~1001 状态之间循环计数。图 8.3.11 为图 8.3.10a 的计数波形图，图

中第 9 个时钟脉冲上升沿到来后，S_{n-1} 状态 $Q_3Q_2Q_1Q_0=\mathbf{1001}$，反馈使置数控制输入 $\overline{LD}=\mathbf{0}$，数据输入 $D_3D_2D_1D_0=\mathbf{0000}$ 早已准备就序，第 10 个 CP 脉冲上升沿到来时，才将数据置入计数器，使 $Q_3Q_2Q_1Q_0=D_3D_2D_1D_0=\mathbf{0000}$，此时置数控制输入信号 $\overline{LD}$ 失效，计数器做好下一个循环计数的准备。由此可见，反馈态 $S_{n-1}=\mathbf{1001}$ 与其他有效计数状态一样持续一个 CP 周期，故同步操作无瞬态，可靠性较高。

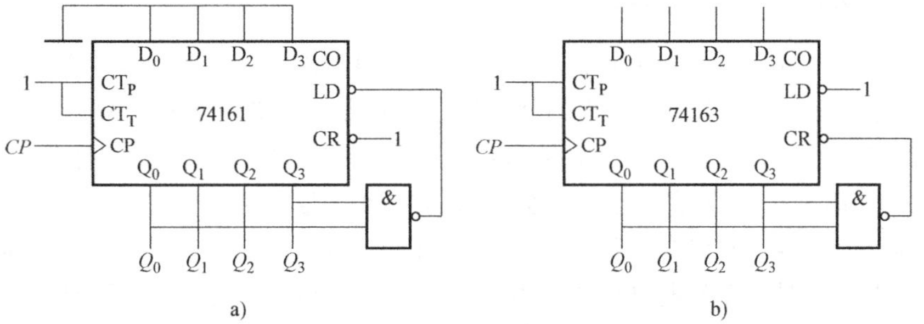

图 8.3.10　十进制加法计数器逻辑电路图

a）74161 构成　b）74163 构成

将异步操作和同步操作设计任意 n 进制计数器的方法进行比较总结：在异步操作条件下，无论是异步清零法，还是异步置数法，均用 S_n 状态反馈构成异步操作信号有效，S_n 状态是瞬态；而在同步操作条件下，无论是同步清零法，还是同步置数法，均用 S_{n-1} 状态反馈构成同步操作信号有效，无瞬态，S_{n-1} 为计数器的最后一个有效状态。

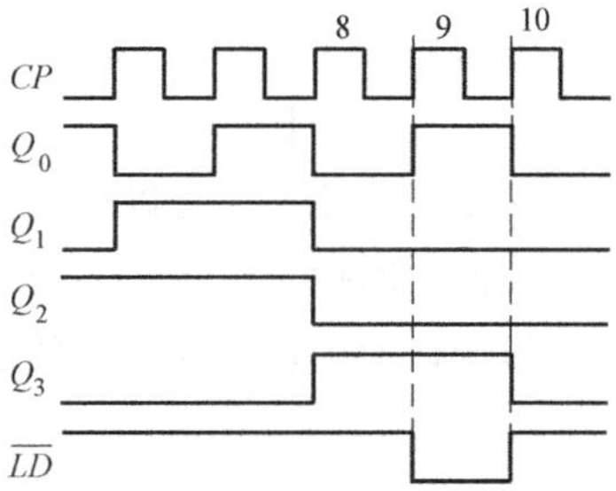

图 8.3.11　同步置数操作波形图

（3）置最小数法

有时会用计数器的进位输出信号 CO 作为反馈，控制清零或置数端。那么，计数器一定要出现使进位有效的状态，如 4 位二进制计数器，$Q_3Q_2Q_1Q_0=\mathbf{1111B}$ 的状态一定要出现，若为十进制计数器，则 $Q_3Q_2Q_1Q_0=1001\text{B}$ 要出现，这个状态进位才可能有效（不同芯片的进位逻辑可能还与其他控制端或时钟有关系）。如果由 CO 信号反馈控制同步操作，则使 CO 有效的上述状态为计数器的 S_{n-1} 状态，若由 CO 信号反馈控制异步操作，则使 CO 有效的上述状态为计数器的 S_n 状态。确定了 S_{n-1} 或 S_n，要求实现 n 进制的设计，求出初态 S_0 即可。这种情况的计数初态一般不为零，只能用置数法。

[例 8.3.5]　试用 74160 的 CO 端反馈，实现六进制计数器。

解　使十进制计数器 74160 有效的 $CO=Q_3Q_0CT_T$，即 1001 状态，CO 反馈控制 74160 同步置数端（查器件手册），因此，1001 是一个计数稳态，即 $S_{n-1}=1001\text{B}$。

置数输入或计数初态 $S_0=D_3D_2D_1D_0=[S_{n-1}-n+1]_{\text{BCD}}=[9-6+1]_{\text{BCD}}=0100$。

逻辑图如图 8.3.12 所示。该计数器执行 **0100→0101→0110→0111→1000→1001** 的计数循环，实现了六进制计数。

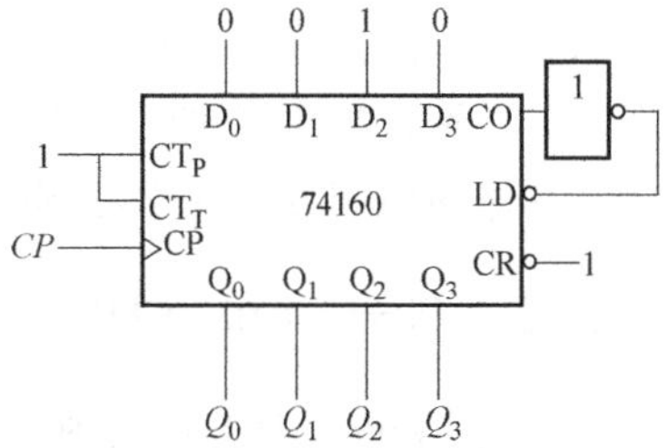

图 8.3.12　例 8.3.5 图

由于预置数 **0100** 是计数循环中的最小数，因此称为**置最小数法**。

如果本例使用 74192 可逆十进制计数器的加法实现，由于其置数是异步操作，因此，使 CO 有效的 1001 则为瞬态 S_n，$S_0=D_3D_2D_1D_0=[S_n-n]_{BCD}=0011$。

如果是 4 位二进制加法计数器，使 CO 有效的状态为 1111B，同样，该状态是 S_n 还是 S_{n-1} 需要看 CO 控制的是异步操作还是同步操作。

8.3.4 微控制器片内的计数器

微控制器（Micro Controller Unit，MCU）是功能很强大的、由程序驱动的大规模集成器件。MCU 片内一般会集成多个可编程的计数器，计数器的位数一般都与片内的 CPU 位数相同，如 8 位、16 位、32 位等。由于定时和计数是其最基本功能，因此常称为定时器/计数器；除计数和定时外，一般还有比较、捕获、输出 PWM 信号和产生中断请求等功能。MCU 片内的定时器/计数器一般都有多种工作方式，可通过编程确定。图 8.3.13 是 MSP430x2xx 系列 MCU 片内定时器的部分电路框图。由图可见，其核心为 16 位定时器/计数器 TAR（模为 65536），图中 TAR 的时钟信号由定时器时钟提供，通过设置 4 选 1 多路选择器的两位选择端 TASSELx，可以选择 4 种不同的信号作为时钟信号。通过设置两位的 IDx 使分频器对输入信号进行 1、2、4、8 分频，使计数器有不同的信号源和时钟频率。工作方式由图中的两位 MCx 决定，显然，两位 MCx 最多可以有 4 种不同的计数模式，不同 MCU 各有不同的定义，一般会有加计数、减计数、连续增减计数、停止等模式。定时/计数器 TAR 的值可以通过软件读或写。此外，可以通过用户软件设置图中的 TACLR 位清除 TAR；计数器在溢出时会通过设置中断标志位 TAIFG 来通知 CPU。MCU 中所有的编程位其实都是寄存在 8.4 节将要介绍的寄存器中，寄存器广泛应用在 MCU 片内各个接口电路模块中。

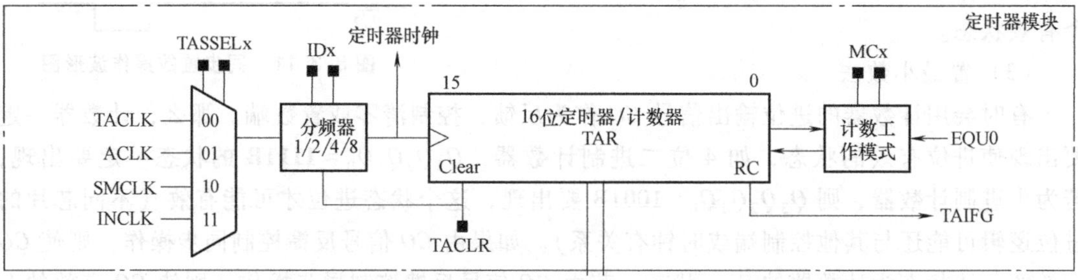

图 8.3.13 MSP430x2xx 系列 MCU 片内定时器部分电路结构框图

MSP430x2xx 系列 MCU 片内还有另一个 16 位的定时器。MCU 中一般还有一个看门狗定时器（Watchdog Timer，WDT），WDT 计数溢出会使处理器复位，用于将“跑飞”的程序拉回到复位状态。因此，当程序正常执行时，必须在 WDT 溢出之前清除计数值或停止 WDT 工作。可见，MCU 中的计数器功能很强大，可以通过用户软件灵活地配置为不同的工作方式。具体的使用方法在学习 MCU 时会详细介绍。

8.3.5 基于 Verilog HDL 的计数器设计

使用 Verilog HDL 可实现类似 74161 的可预置加法计数器，如图 8.3.14 所示。clr_n 为异步清零端，当 clr_n 为 0 时，计数器立即清零。load_n 为同步预置端，当 load_n 为 0 时，在时钟信号 clk 上升沿处完成置数操作。data_in 为 4 位数据输入端，q_out 为输出端。其仿真波形如图 8.3.15 所示。

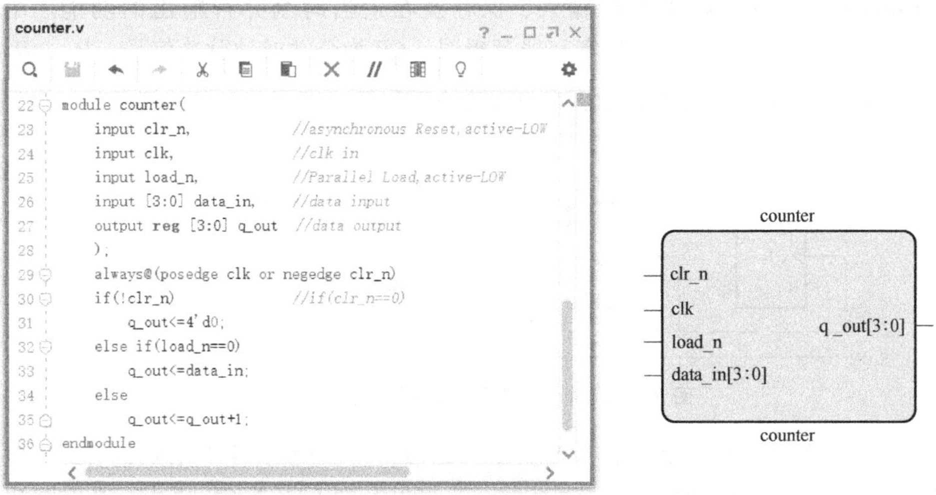

a)　　　　b)

链 8-2 counter. v

链 8-3 tb_ counter. v

图 8.3.14　计数器

a）Verilog HDL 代码　b）符号图

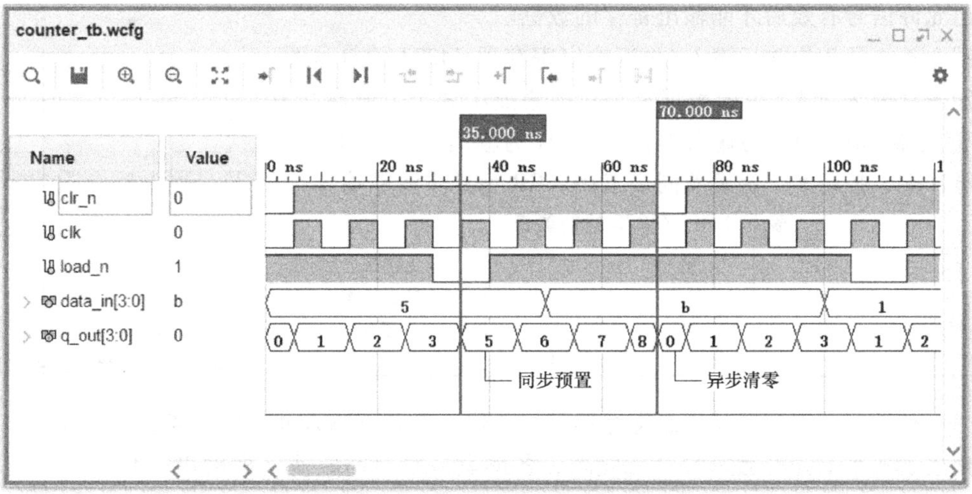

图 8.3.15　计数器仿真波形图

8.4　寄存器

寄存器是数字系统中用来存储二进制数据的逻辑器件，如计算机中的通用寄存器、指令码寄存器、状态寄存器和输入输出寄存器等。寄存器的电路结构一般由具有同步时钟控制的多个触发器组成，待存入的数据在统一的时钟脉冲控制下存入寄存器中。

寄存器按主要的逻辑功能可分为并行寄存器和移位寄存器。并行寄存器没有移位功能，通常简称为寄存器。寄存器能实现对数据的清除、接收、保存和输出功能。移位寄存器除了寄存器的上述功能外，还具有数据移位的功能。

8.4.1 寄存器及应用

寄存器（Register）具有将数据并行输入、保存及在适当时刻并行输出的功能。图 8.4.1 是一个由 4 个 D 触发器组成的 4 位寄存器逻辑图。CP 为公共时钟脉冲信号，$D_0\sim D_3$ 为 4 位数据输入，$Q_0\sim Q_3$ 为 4 位数据输出，$\overline{R}$ 为直接清零信号。

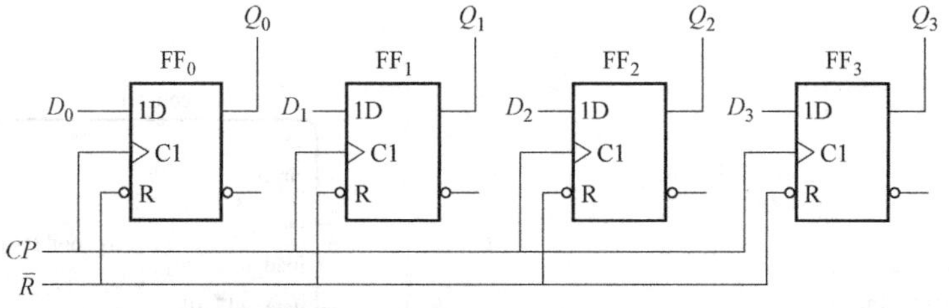

图 8.4.1 4 位寄存器逻辑图

先将要存入的 4 位数据送到 D 触发器的数据输入 D 端，在 CP 脉冲上升沿到达后，依据 D 触发器特征方程 $Q^{n+1}=D$，数据便存入了寄存器，一直保存到下一个 CP 脉冲上升沿到达时。该电路的数据输出端未加控制电路，寄存的数据可以直接得到，这种将数据同时存入又同时取出的方式称为并入并出方式。若寄存器寄存的数据经三态门电路输出，则需要等到三态输出允许信号有效后才能输出寄存的数据。

图 8.4.2 是 8 位并行输入/并行输出寄存器 74273 的符号图，其功能表见表 8.4.1。由图表可见，片内集成了 8 个上升沿触发的 D 触发器，$D_7\sim D_0$ 为输入端，$Q_7\sim Q_0$ 为输出端。CP 是公共时钟脉冲端，控制 8 个触发器同步工作。CR 为异步清零端。

表 8.4.1 74273 的功能表

$\overline{CR}$	CP	D_i	Q_i^{n+1}	工作状态
0	×	×	0	异步清零
1	↑	0	0	存 0
1	↑	1	1	存 1

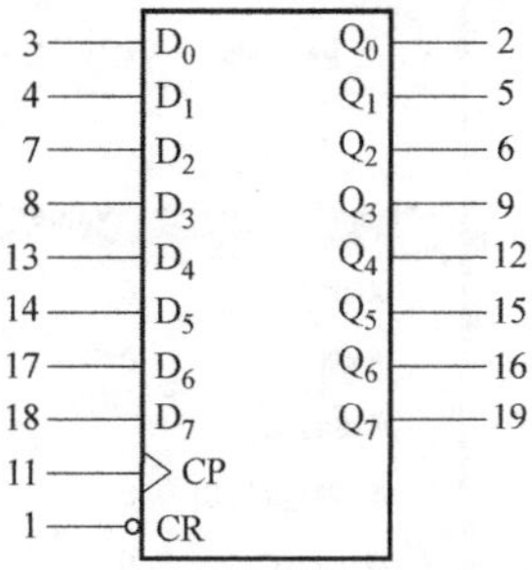

图 8.4.2 74273 符号图

另一种常用的寄存器是三态寄存器。如 4 位三态并行输入并行输出寄存器 74LS173，其内部集成了 4 个上升沿触发的 D 触发器，各触发器寄存的数据（即输出）均经三态门输出到 74LS173 的引脚 Q 端（读者下载器件手册查看），逻辑符号如图 8.4.3 所示，功能表见表 8.4.2。由表可知，CR 是异步清零输入，高有效时触发器立刻全部置 0。$\overline{ST_A}$ 和 $\overline{ST_B}$ 是触发输入控制信号，当 $\overline{ST_A}+\overline{ST_B}=1$ 时，即使有 CP 上升沿，触发器状态仍保持不变；当 $\overline{ST_A}+\overline{ST_B}=0$ 时，时钟脉冲 CP 上升沿到来时允许数据 $D_0\sim D_3$ 置入寄存器中。$\overline{EN_A}$ 和 $\overline{EN_B}$ 是控制三态门的输出使能信号，当 $\overline{EN_A}+\overline{EN_B}=1$ 时，输出引脚为高阻状态（Z）；当 $\overline{EN_A}+\overline{EN_B}=0$ 时，寄存器输出内部保存的数据到引脚。$\overline{EN_A}$ 和 $\overline{EN_B}$ 不影响触发器的工作状态，当然，$\overline{ST_A}$ 和 $\overline{ST_B}$ 也不影响三态门的工作，他们是两组作用不同的使能信号。表 8.4.2 最后两行说明的是三态门的工作状态。

在数字系统和计算机中，不同部件的数据输入和输出一般是通过公共数据总线（Data

Bus，DB）传送的。这些部件必须具有三态输出或者通过三态缓冲器接到总线上。图 8.4.4 是用 3 片 74LS173 寄存器Ⅰ、Ⅱ和Ⅲ进行数据传送的电路连接图。图中，$DB_3 \sim DB_0$ 是 4 位数据总线，寄存器的输入 $D_3 \sim D_0$、输出 $Q_3 \sim Q_0$ 分别与相应的数据总线相连。在寄存器的使能信号控制下，可将任一寄存器的内容通过数据总线传送到另一寄存器中。在任一时刻，只能有一个寄存器输出使能（即 $\overline{EN}=0$），其余两个寄存器的输出必须处于高阻态（令 $\overline{EN}=1$），否则总线上的电位将不确定，造成总线竞争。

表 8.4.2　74LS173 的功能表

CR	CP	$\overline{ST_A}+\overline{ST_B}$	$\overline{EN_A}+\overline{EN_B}$	工作状态
1	×	×	×	触发器异步清零
0	↑	1	×	触发器保持不变
0	↑	0	×	触发器 $Q^{n+1}=D$
×	×	×	1	引脚 Q 为高阻
×	×	×	0	寄存数据输出到引脚

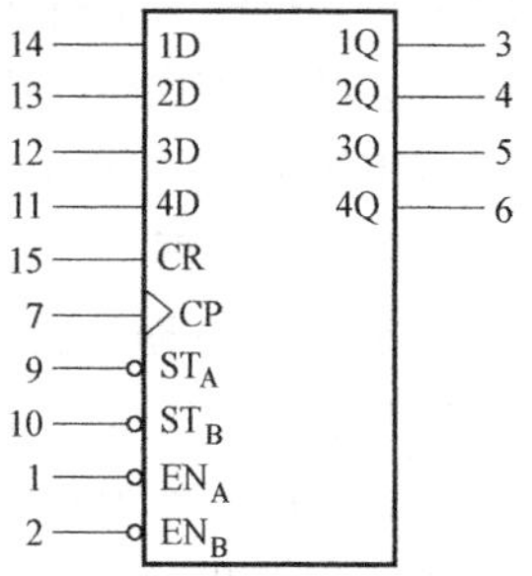

图 8.4.3　74LS173 符号图

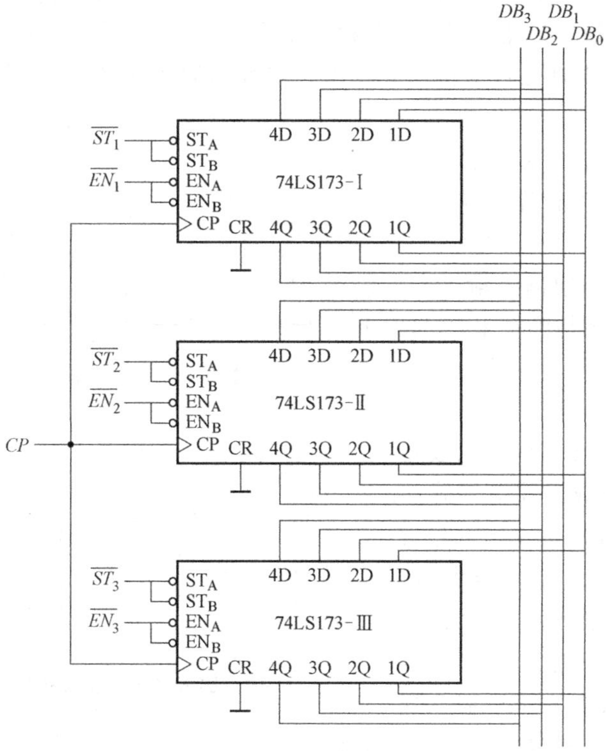

图 8.4.4　3 片 74LS173 寄存器与数据总线的电路连接

8.4.2　移位寄存器

移位寄存器（Shift Register）是同时具有数码寄存和移位两种功能的时序逻辑器件。在移位操作时，每来 1 个 CP 脉冲，寄存器里存放的数码依次向左或向右移动一位。移位寄存器是数字系统和计算机中的一个重要部件。例如，数据向高位依次移动一位相当于乘以 2；在主机与外部设备之间串行传送数据时，通信接收需要将串行数据转换成并行数据，发送数据需要将并行数据转换成串行数据，这些都需要移位寄存器实现，即移位寄存器是串行通信接收器和发生器的一个重要组成部分。

移位寄存器按移位方式分类，可分为单向移位寄存器和双向移位寄存器。其中，单向移位寄存器仅具有向左或向右移位的功能，双向移位寄存器则兼有左移和右移的功能。

移位寄存器最多有四种工作方式：串行输入并行输出、串行输入串行输出、并行输入并行输出和并行输入串行输出。移位寄存器的特点：①各寄存单元的组成结构相同；②寄存单元数等于可寄存数码的位数；③各寄存单元共用 1 个时钟 CP 同步工作；④每个寄存单元的输出与相邻下一位寄存单元的输入相连；⑤若将串行输入端与串行输出端首尾相连，则可构成环形移位寄存器，使输出的数码不丢失。

1. 移位寄存器的工作原理

如图 8.4.5 所示，在移位脉冲 CP 作用下，数码逐位依次向低位移动，按照数字书写左高右低的习惯，称为右移移位寄存器。串行输入数码后，由 CP 上沿控制 4 个触发器同时将其 D 端数据输出到 Q 端。假设有一串 4 位输入数码 $D_3D_2D_1D_0$，低位 D_0 先由图 8.4.5 串行输入端输入，经 4 个 CP 脉冲上升沿作用后，并行输出数据 $Q_3Q_2Q_1Q_0=D_3D_2D_1D_0$，实现了串行数据到并行的转换。当然，任何一个触发器的输出都可以看作是串行输出。例如，单独从 Q_3 看，经四个 CP 脉冲上升沿作用后输出一串数码 $D_3D_2D_1D_0$，说明图 8.4.5 可以实现串入并出和串入串出两种工作方式。利用移位寄存器，可以很方便地实现 8.2.3 节的串行序列检测，只要将 X 接到串行输入端，将 $Q_3Q_2Q_1$ 分别接到与门输入端，则与门输出为该序列的检测结果。

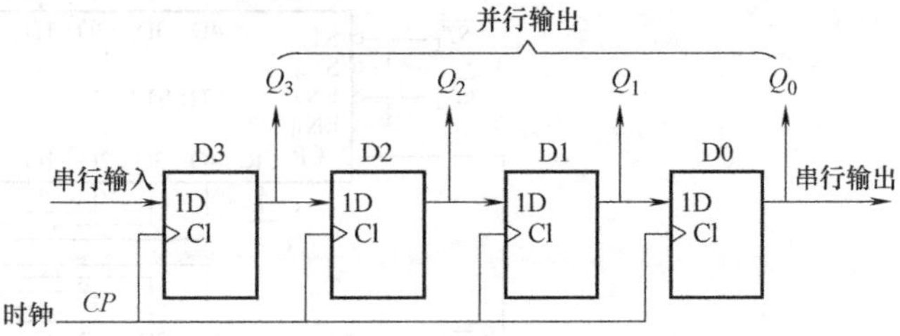

图 8.4.5 右移移位寄存器

图 8.4.6 与图 8.4.5 的原理类似，是左移移位寄存器。

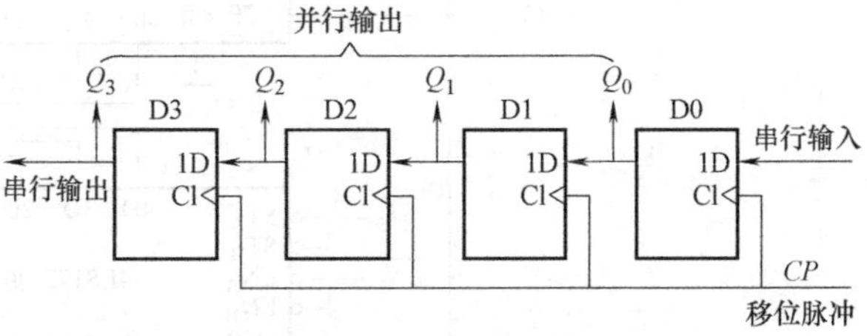

图 8.4.6 左移移位寄存器

图 8.4.7a 是可实现并行输入数码的移位寄存器。输入数码前清零脉冲先清零，如图 8.4.7b 所示，当寄存指令为高电平，且数码 $D_i=1$（$i=0$，1，2，3）时，对应触发器 S_d 端为 0，触发器 Q_i 置 1；当 $D_i=0$ 时，$Q_i=0$。从而将并行数据 $D_3 \sim D_0$ 置入寄存器。寄存指令低电平使触发器置数无效，假设串行输入始终是 0，在 CP 作用下得到移位寄存器波形如图 8.4.7b 所示，由图可见，并行置入的 1110 经过三个时钟上升沿后由 Q_3 串行输出。

若要使同一电路同时具有右移和左移的双向移位功能，可将触发器的输出有选择地接到相邻触发器的输入端，即构成图 8.4.8 所示的兼有右移和左移两种功能的双向移位寄存器。图中每个触发器的输入与左、右两个触发器的输出之间通过与或门由移位方向控制信号 X 选择。当 $X=1$ 时，4 个与或门左半部选通，右移串行输入数码送入触发器 D3 的 D 端，触发器 D3 的 Q_3 端通过与或门接到触发器 D2 的 D 端，依次类推，电路进行右移操作。当 $X=0$ 时，4 个与或门右半部选通，电路进行左移操作。

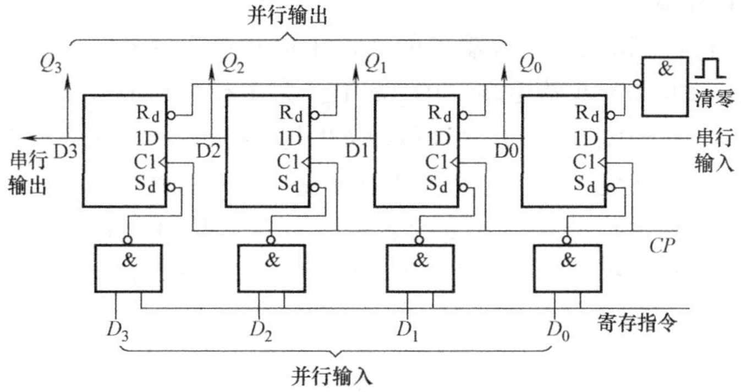

a)

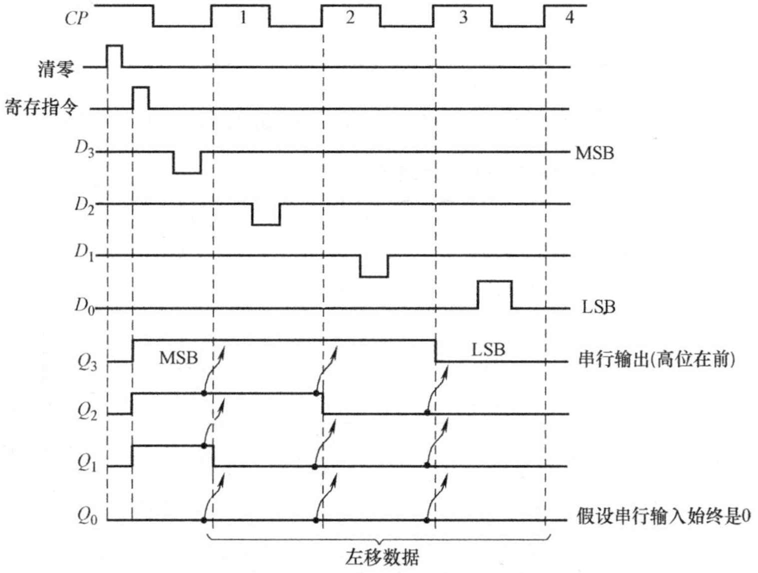

b)

图 8.4.7　具有并行输入数码的移位寄存器

a）原理图　b）波形图

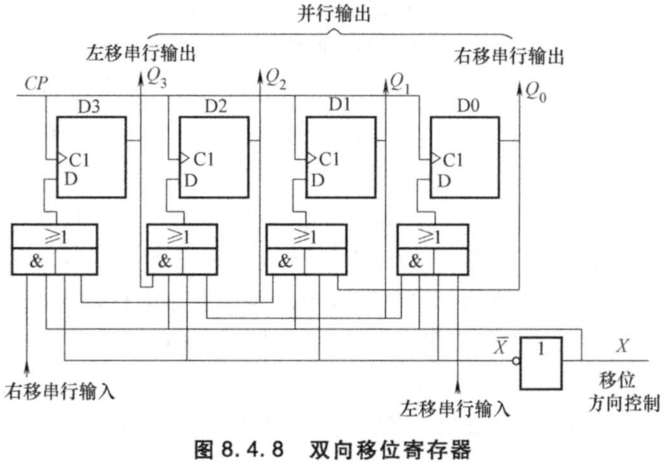

图 8.4.8　双向移位寄存器

2. 集成移位寄存器

74LS164 是一个串行输入、并行输出的 8 位单向移位寄存器，符号图如图 8.4.9 所示，功能表见表 8.4.3。CR 是异步清零端；D_{SA} 和 D_{SB} 是串行数据输入端。表中 D_0 的值取决于 D_{SA} 和 D_{SB} 的状态，$D_0=D_{SA}D_{SB}$。在时钟脉冲 CP 上沿到来时，由表可知，每来 1 个 CP 脉冲上沿，所有数据向高位数左移一位，同时 $Q_0=D_0$。8 个时钟脉冲过后，串行输入的 8 位数据全部移入寄存器中，寄存器从 $Q_7\sim Q_0$ 端输出并行数据。该寄存器可将一个时间排列的数据（时间码）转换成一个存放在寄存器中的信息（空间码）。

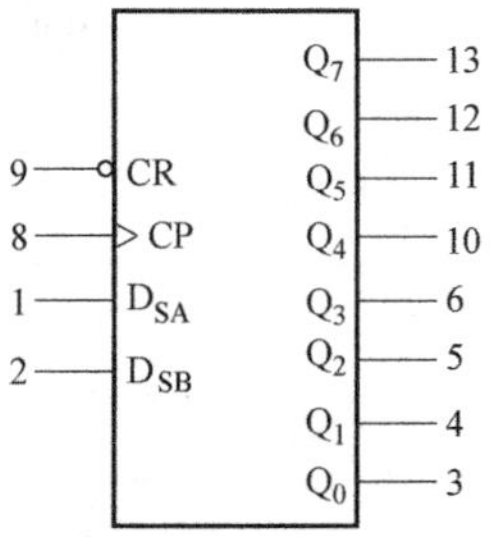

图 8.4.9 74LS164 的符号图

表 8.4.3 74LS164 的功能表

$\overline{CR}$	CP	D_0	$Q_0Q_1\cdots Q_7$
0	×	×	0 0 ⋯ 0
1	↑	0	0 $Q_0\cdots Q_6$
1	↑	1	1 $Q_0\cdots Q_6$

74LS194 是 4 位双向移位寄存器，符号图和功能表如图 8.4.10 所示和见表 8.4.4。

表 8.4.4 74LS194 的功能表

$\overline{CR}$	M_1M_0	CP	$D_{SL}D_{SR}$	$D_0D_1D_2D_3$	$Q_0Q_1Q_2Q_3$	工作状态
0	× ×	×	××	××××	0 0 0 0	异步清零
1	1 1	↑	××	$D_0D_1D_2D_3$	$D_0D_1D_2D_3$	同步置数
1	0 1	↑	×D_{SR}	××××	$D_{SR}Q_0^nQ_1^nQ_2^n$	右移
1	1 0	↑	D_{SL}×	××××	$Q_1^nQ_2^nQ_3^nD_{SL}$	左移
1	0 0	×	××	××××	$Q_0Q_1Q_2Q_3$	保持

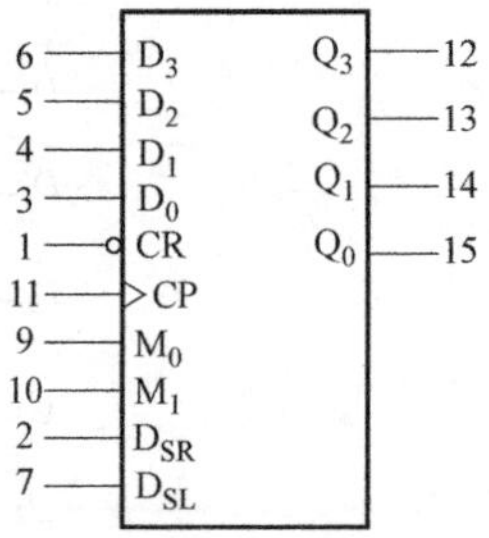

图 8.4.10 74LS194 的符号图

74LS194 由 $D_0\sim D_3$ 并行输入数据，$Q_0\sim Q_3$ 并行输出数据，D_{SL} 和 D_{SR} 分别是数据左移和右移的输入信号，M_1 和 M_0 为工作方式控制信号，控制移位寄存器保持、左移、右移和置数 4 种工作方式。$\overline{CR}$ 为异步清零输入。移位寄存器数据手册中的左移和右移与数码的左移、右移说法刚好相反，但只要大家能理解器件的移位方向即可。

3. 移位寄存器的应用

移位寄存器广泛用于实现串行通信发送器的并行到串行的转换，以及接收器的串行到并行的转换，正如移位寄存器工作原理中介绍的那样，在此不再介绍。

微控制器系统经常会控制很多外围设备，如最基础的输入设备按键、输出设备 LED 等。这些外设经常用微控制器的 I/O（输入/输出）引脚控制，但由于这些引脚数有限，因此，常常用移位寄存器来实现端口的扩展。如串行输入并行输出的移位寄存器 74LS164，可用于扩展并行输出口，如图 8.4.11 所示，扩展的 8 位并行输出口可以控制 8 个 LED 的亮灭状态。74LS165 是 8 位并行输入串行输出移位寄存器（工作原理下载器件手册查看），可以扩展并行输入接口，如图 8.4.12 所示，可以将 8 个开关的状态串行输入给微控制器。

有时为了实现多个数码管的静态显示，使用多片 74LS164 实现七段码移位锁存。为了减少硬件资源，也可以使用一片 74LS164 锁存多个数码管的七段信息，完成动态显示。图 8.4.13 是由译码器 74LS138 和 74LS164 完成的 4 个数码管动态显示电路。

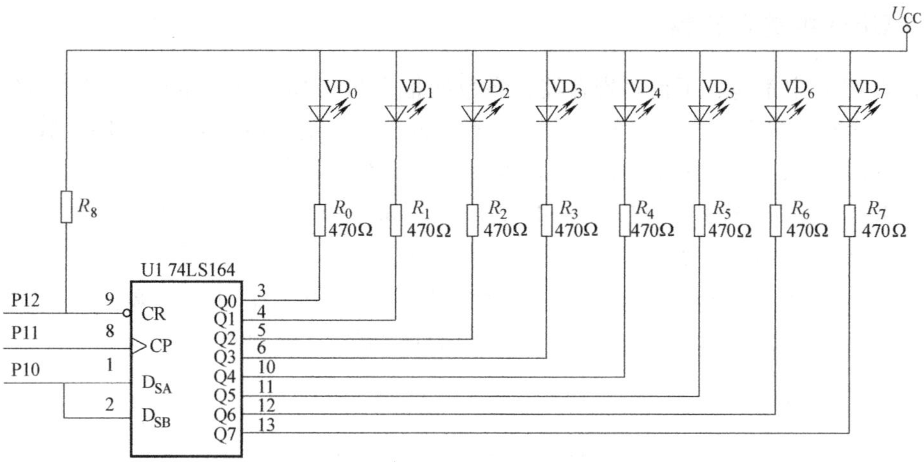

图 8.4.11 移位寄存器扩展的 8 位并行输出口控制 8 个 LED 的亮灭

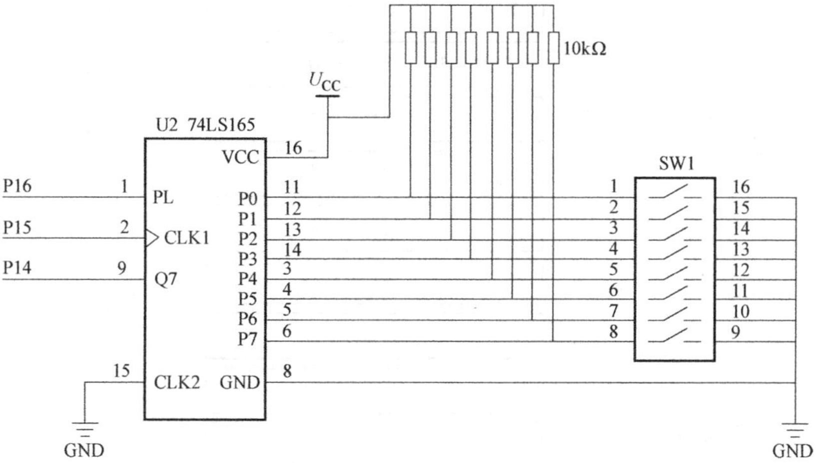

图 8.4.12 移位寄存器扩展的并行输入接口控制 8 个开关的状态

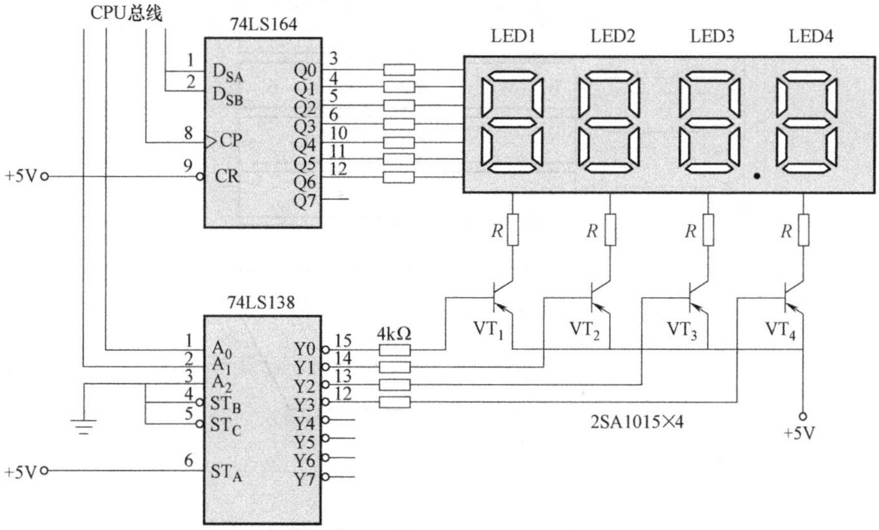

图 8.4.13 74LS164 和 74LS138 控制 4 个数码管动态显示

8.4.3 CPU 中的寄存器

所有的 CPU 中都包含了许多寄存器，多数的指令执行都与寄存器有关。CPU 的具体型号不同，寄存器的多少、位数和名称等也各不相同。但所有 CPU 都包含程序计数器、堆栈指针和状态寄存器这 3 种功能的专用寄存器，其余的寄存器是通用寄存器。

图 8.4.14 是来自 MSP430x2xx Family User's Guide 的 MSP430 CPU 框图，图中，MDB 是存储器数据总线，MAB 是存储器地址总线。该 CPU 包含 16 个 16 位寄存器。其中，R0 是程序计数器（Program Counter，PC），CPU 是程序指令驱动下工作的，PC 就是存储程序指令在存储器中地址的寄存器，始终指向下一条要执行的指令，引导程序一条条顺序执行；R1

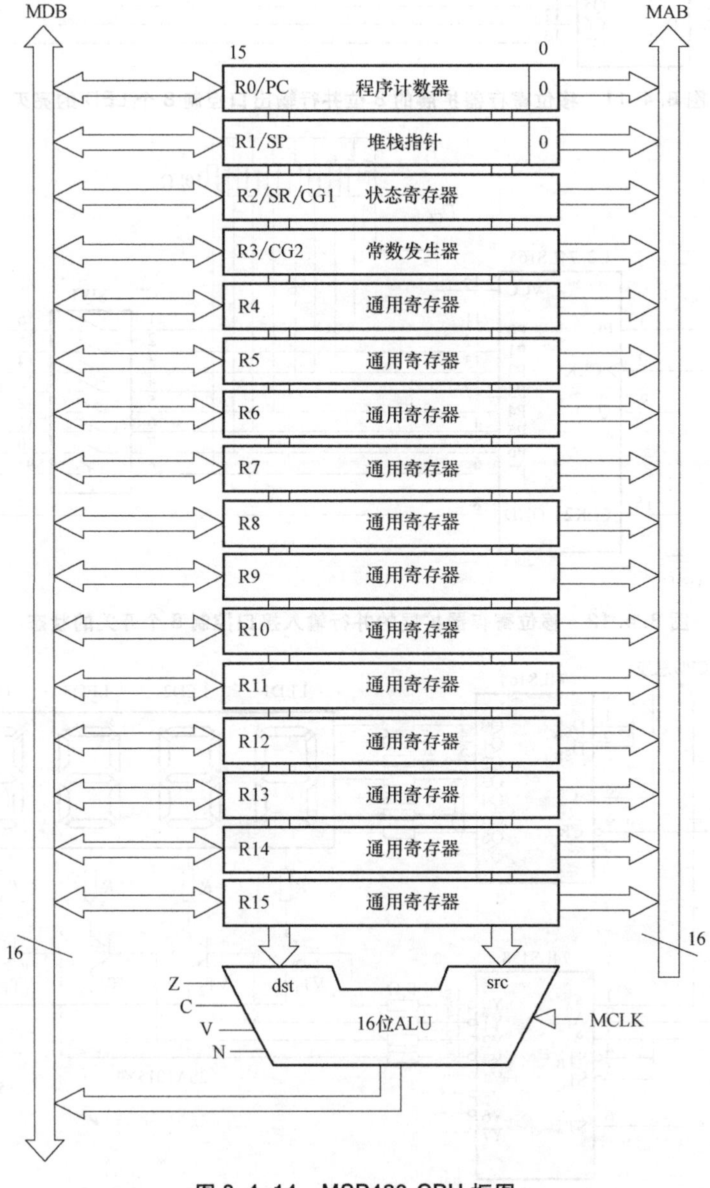

图 8.4.14 MSP430 CPU 框图

是堆栈指针（Stack Pointer，SP），SP 被 CPU 用来存储子程序调用和中断的返回地址；R2 是状态寄存器（Status Register，SR），用于寄存 CPU 运算结果以及 CPU 状态的寄存器，如图中的 Z、C、V、N 等。

8.4.4 基于 Verilog HDL 的移位寄存器设计

图 8.4.15 的 Verilog HDL 代码描述了 1 个串行输入、并行输出的 4 位单向右移移位寄存器。clr_n 为低有效的异步清零信号；clk 为时钟信号，在时钟的上升沿到来时，将输入的一位数据 din 移至输出信号 qout 的最高位，其余位向右移动 1 位。如果将赋值语句改为 qout<={qout[2:0],din}，则可实现左移移位寄存器。

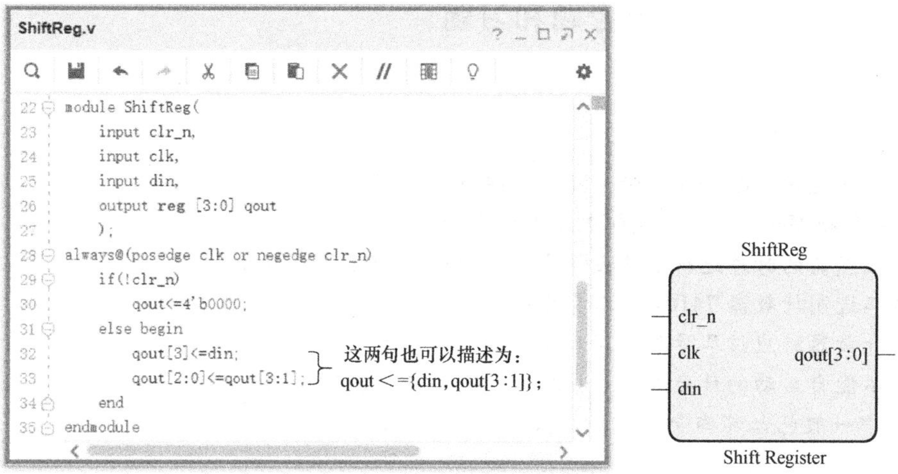

a)　　b)

链 8-4
ShiftReg. v

图 8.4.15 右移移位寄存器

a) Verilog HDL 代码　b) 符号图

右移移位寄存器的仿真波形如图 8.4.16 所示。可以看出，输入 din 的数据在时钟上沿的触发下，逐位由高位向低位移动。

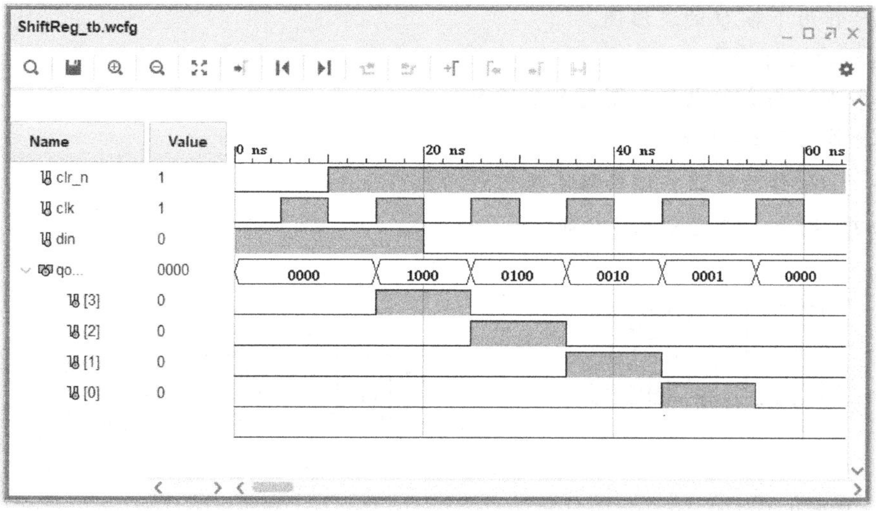

链 8-5
tb_ShiftReg. v

图 8.4.16 右移移位寄存器仿真波形图

本章小结

本章首先介绍了时序逻辑电路的结构、分类、描述方式及特点。简单介绍了基于触发器的时序逻辑电路分析和设计方法，要求掌握时序逻辑电路各种描述方式及转换。然后介绍了几种常用的时序逻辑电路集成器件，如寄存器、移位寄存器、计数器等，要求掌握这些器件的逻辑功能和使用方法。简单介绍了微控制器内部的计数器和CPU中的寄存器。最后给出了基于 Verilog HDL 的计数器和移位寄存器的功能描述方法和仿真结果。

思考题和习题

思考题

8.1 同步时序逻辑电路和异步时序逻辑电路有何区别？

8.2 Moore 型和 Mealy 型时序逻辑电路有何区别？

8.3 基于触发器的时序逻辑电路设计中，如何选择触发器的个数？

8.4 同步二进制计数器 74161 可以异步级联吗？

8.5 设计计数器时应该尽量采用同步操作还是异步操作？

8.6 对于不能自启动的计数器，应该采取什么办法使其可以自启动？

8.7 CPU 中一般包含哪些专用的寄存器？作用是什么？

习题

8.1 同步时序逻辑电路如图题 8.1 所示（图中最右侧 JK 触发器是多输入端触发器，即 J、K 是对应的两输入相与），设各触发器的起始状态均为 0。要求：

（1）写出状态方程，做出电路的状态转换表。

（2）画出电路的状态转换图。

（3）画出 CP 作用下各 Q 的波形图。

（4）说明电路的逻辑功能。

8.2 由 JK 触发器构成的电路如图题 8.2 所示。

（1）画出 CP 作用下 $Q_2Q_1Q_0$ 的波形。

（2）若以 $Q_2Q_1Q_0$ 作为输出，该电路实现何种功能？

（3）若仅由 Q_2 输出，它又为何种功能？

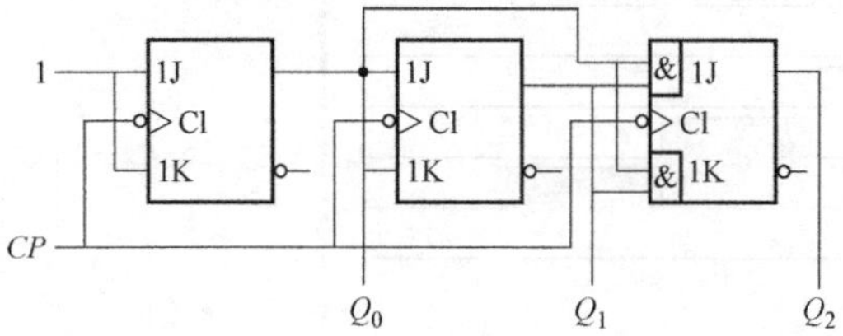

图题 8.1

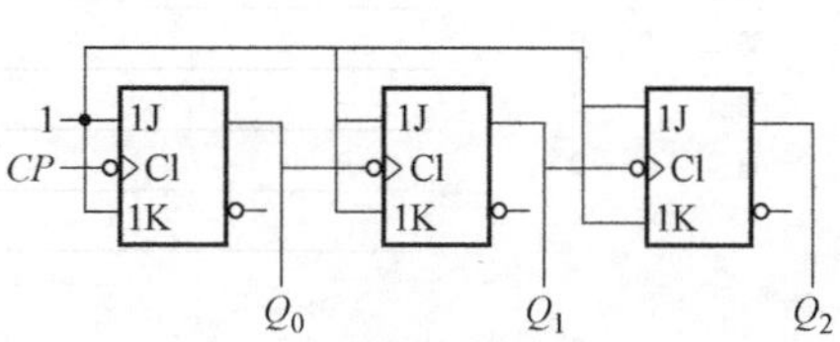

图题 8.2

8.3 试用 D 触发器设计一个将输入频率 1MHz 的信号转换为 250kHz 信号的电路。

8.4 试用 JK 触发器设计 1 个用 1 个按键可以手动复位的四进制可逆计数器。输入 X 控制可逆四进制计数器的计数方向，当 $X=0$ 时加计数，$X=1$ 时减计数。

8.5 用 JK 触发器设计图题 8.5 所示功能的逻辑电路。

8.6 用 JK 触发器设计图题 8.6 所示两相脉冲发生电路。

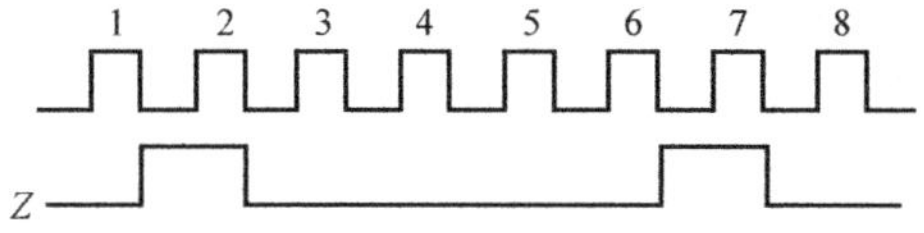

图题 8.5

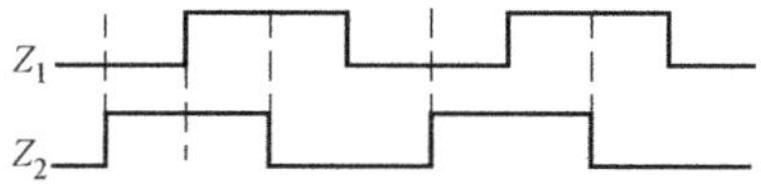

图题 8.6

8.7 用 74293 及其他必要的电路组成六十进制计数器，画出电路连接图。

8.8 试用计数器 74161 及必要的门电路实现十三进制及一百进制计数器。用计数器 74160 又如何实现上述计数器。

8.9 用计数器 74193 构成 8 分频电路，在连线图中标出输出端。

8.10 计数器 74293 构成的电路如图题 8.10 所示，试分析其逻辑功能。

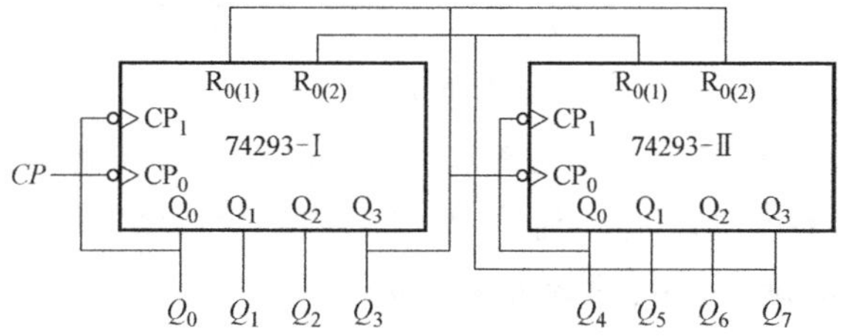

图题 8.10

8.11 计数器 74290 构成的电路如图题 8.11 所示，试分析该电路的逻辑功能。

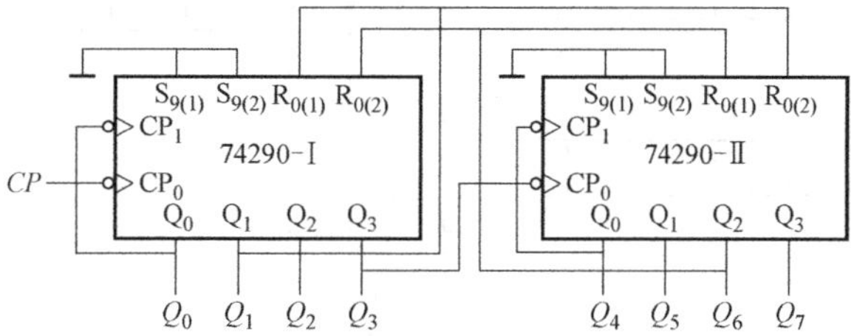

图题 8.11

8.12 试用计数器 74290 设计一个 5421 编码的六进制计数器。

8.13 计数器 74161 构成的电路如图题 8.13 所示，试说明其逻辑功能。

8.14 设图 8.4.4 中各 74LS173 寄存器起始数据为 [Ⅰ]=1011，[Ⅱ]=1000，[Ⅲ]=0111，将图题 8.14 中的信号加在寄存器Ⅰ、Ⅱ、Ⅲ的使能输入端。试列表写出在 t_1、t_2、t_3 和 t_4 时刻各寄存器的内容。

8.15 时序逻辑电路如图题 8.15 所示，其中，R_A、R_B 和 R_S 均为八位移位寄存器，其余电路分别为全加器和 D 触发器，请回答：

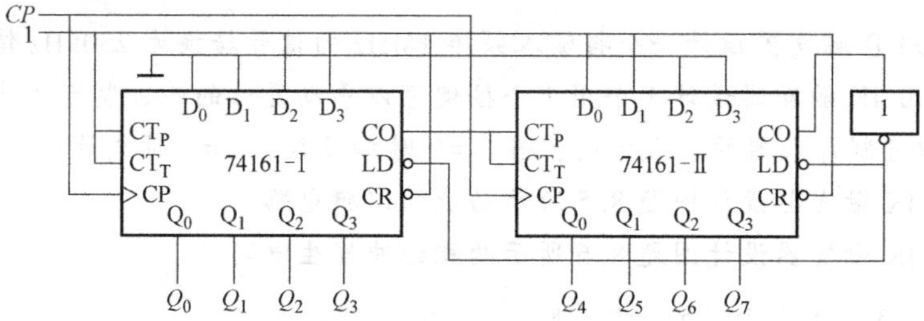

图题 8.13

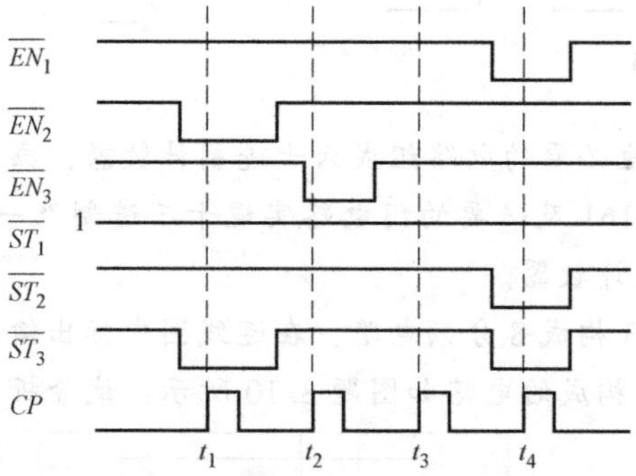

图题 8.14

(1) 若电路工作前所有寄存器先清零，且两组串行输入数码 $A=10001000B$，$B=00001110B$，8 个 CP 脉冲后，R_A、R_B 和 R_S 中的内容分别为何值？

(2) 再来 8 个 CP 脉冲，R_S 中的内容是多少？

(3) 说明电路的逻辑功能。

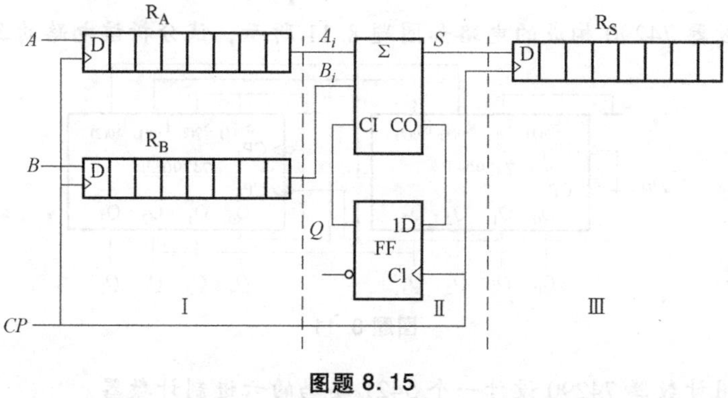

图题 8.15

8.16　假设图题 8.16 中寄存器寄存的数据 $Q_3Q_2Q_1Q_0$ 依次为 1011B，图中串行接收器初始值未知（图中标注为 xxxx），试问经过 1 个时钟上升沿作用后，串行接收器的值是什么？经过 4 个时钟上升沿作用后，串行接收器的值又是什么？此时 $Q_3Q_2Q_1Q_0$ 是什么？

8.17　电路如图题 8.17 所示，要求：

(1) 列出电路的状态迁移关系（设初始状态为 0110）。

(2) 写出 F 的输出序列。

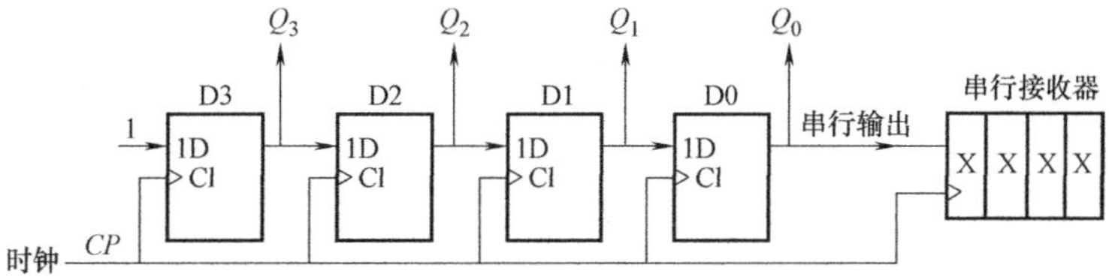

图题 8.16

8.18 用 Verilog HDL 设计一个六十进制计数器。并通过模块的实例化设计一个三百六十进制的计数器。

8.19 用 Verilog HDL 设计一个 4 位类似 74LS194 功能的移位寄存器。

8.20 图题 8.20 是显示优先抢答号码的多路抢答器接线电路图（图中 3 个主要器件都是接线图而非逻辑符号图）。优先编码器 74LS147 和 9 个按键开关组成抢答输入电路；74LS373 和与门 74LS21 组成锁存电路；非门 74LS04、七段显示译码器 CC4511 和七段数码显示器（公共端接地）组成译码显示电路。试下载相关器件手册，分析电路的工作原理。说明电路设计是否合理？如不合理，如何改进？

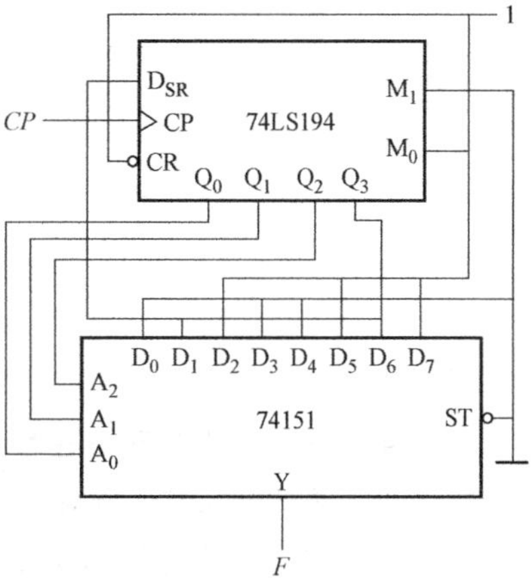

图题 8.17

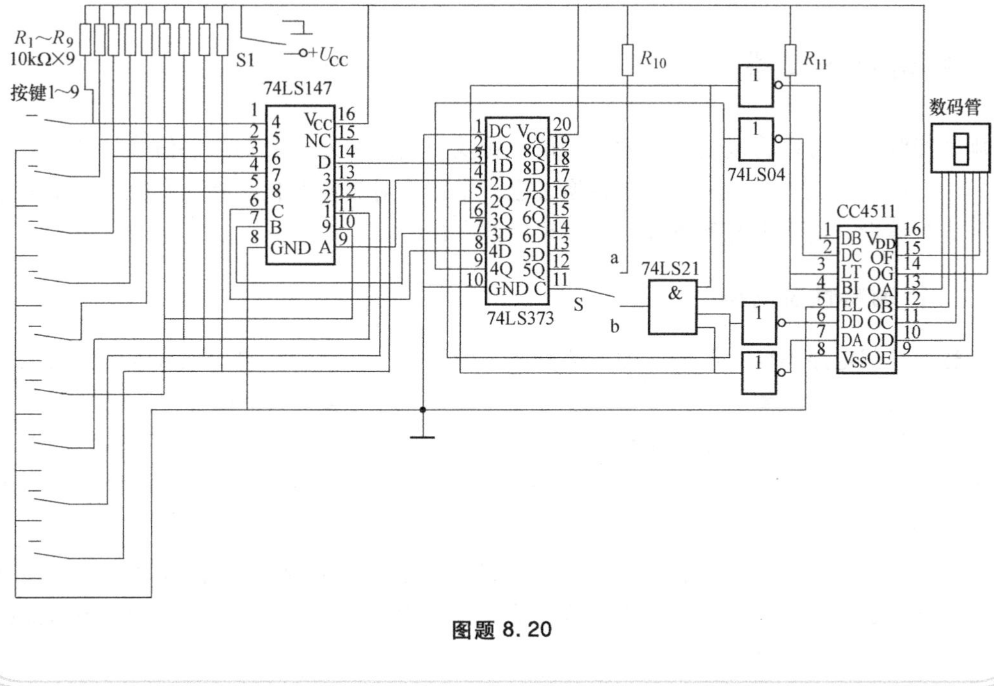

图题 8.20

第9章　脉冲信号的产生与整形电路

脉冲信号的产生与整形在数字系统中扮演着重要的角色，其好坏往往直接影响系统能否正常高效的工作。本章主要介绍几种脉冲信号的产生和整形电路。首先介绍了两类常用器件——施密特触发器和单稳态触发器构成的脉冲整形电路；然后介绍脉冲产生电路——多谐振荡器电路和石英晶体多谐振荡器；最后介绍中规模集成电路555定时器和用它构成施密特触发器、单稳态触发器和多谐振荡器的方法。

9.1　施密特触发器

施密特触发器可以将缓慢变化的输入信号转变为边沿快速跃变的数字信号。电路结构是通过门电路构成正反馈来加速电平的转换过程，常用于对缓慢变化、叠加有噪声、模拟等输入信号进行整形，输出上升和下降时间很短的数字信号。

9.1.1　传输特性及符号

与普通的门电路不同，施密特触发器有两个阈值电压。当输入电压上升到使输出电平翻转时的电压被称为上限阈值电压 U_{T+}；输入电压下降时，使输出电平翻转对应的输入电压被称为下限阈值电压 U_{T-}。两者的值不相同，而且 $U_{T+}>U_{T-}$。施密特触发器的这种特性被称为回差特性，U_{T+}与 U_{T-}的差值被称为回差电压 ΔU_T。于是，施密特触发器传输特性上就出现了“滞回”曲线。

在图9.1.1a中，只有当 u_I 从低电平上升到 U_{T+}时，u_O 才从高电平降为低电平；当 u_I 从高电平下降到 U_{T-}时，u_O 才从低电平变为高电平。由于 u_I 和 u_O 始终为反相关系，故称这类施密特触发器为反相施密特触发器，其逻辑符号如图9.1.1c所示。

同理，u_I 和 u_O 始终保持同相变化，具有如图9.1.1b传输特性曲线的施密特触发器称为同相施密特触发器，由两个CMOS反相器和适当反馈可以构成同相施密特触发器，其逻辑符号如图 9.1.1d 所示。

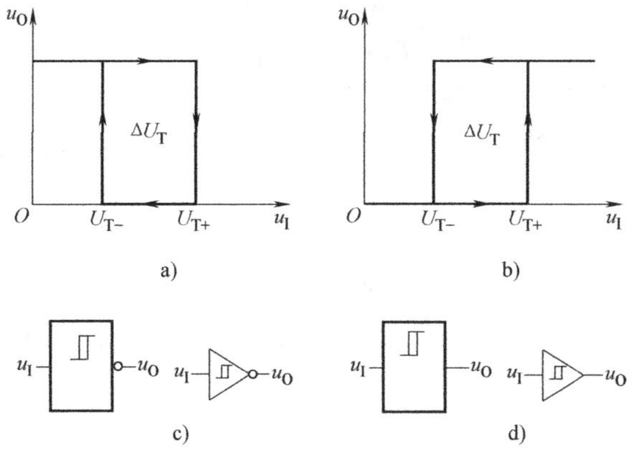

图 9.1.1　施密特触发器的电压传输特性曲线及逻辑符号

a）反相施密特触发器传输特性　b）同相施密特触发器传输特性

c）反相施密特触发器逻辑符号　d）同相施密特触发器逻辑符号

下面介绍门电路构成的施密特触发器，主要是为了大家更好地理解电路特性。

9.1.2　门电路构成的施密特触发器

分析门级施密特触发器的目的在于让大家更好地理解施密特触发器的特性。由 CMOS 反相器组成的施密特触发器如图 9.1.2a 所示。电路中两个 CMOS 反相器类似于基本 RS 锁存器的接法，不同的是一个反馈通道中接有电阻 R_2，输入信号通过电阻 R_1 接到一个门的输入端，

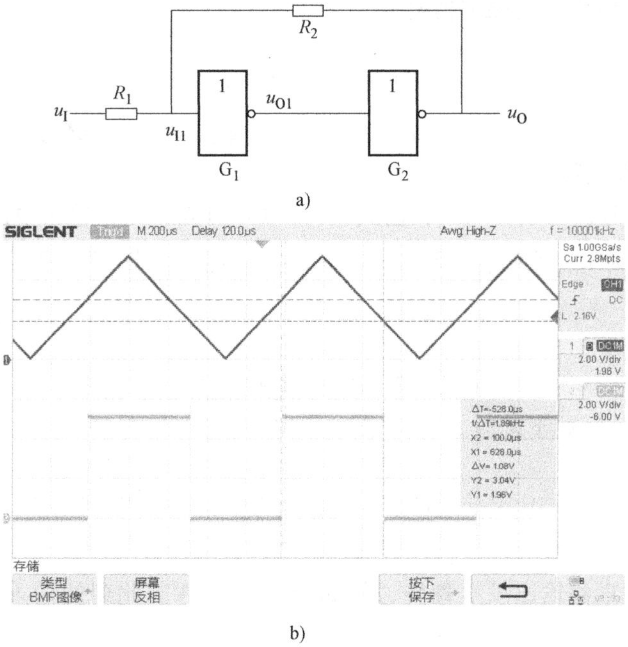

图 9.1.2　CMOS 反相器构成的施密特触发器

a）电路　b）实验波形

且 $R_1<R_2$。根据叠加原理有

$$u_{I1}=\frac{R_2}{R_1+R_2}u_I+\frac{R_1}{R_1+R_2}u_O \tag{9.1.1}$$

假设电路中 CMOS 反相器的阈值电压 $U_{TH}=U_{DD}/2$（U_{DD} 为施密特触发器电源电压），输入信号为图 9.1.2b 上方所示的三角波。下面分析输入从低到高和从高到低变化这两种情况时电路的工作原理。

1. 输入信号上升过程

当 $u_I=0V$ 时，由于 $R_1<R_2$，由式（9.1.1）可知，无论输出电压 u_O 是逻辑 0 还是 1，都有 $u_{I1}<U_{TH}$。则 $u_{O1}=U_{OH}\approx U_{DD}$（$U_{OH}$ 为输出高电平），$u_O=U_{OL}\approx 0V$（U_{OL} 为输出低电平），如图 9.1.2b 下方波形所示。于是，有

$$u_{I1}=\frac{R_2}{R_1+R_2}u_I \tag{9.1.2}$$

当输入 u_I 从 0V 开始上升时，u_{I1} 也上升。当 u_{I1} 上升到 $u_{I1}=U_{TH}$ 时，产生如下正反馈过程：

$$u_{I1}\uparrow \rightarrow u_{O1}\downarrow \rightarrow u_O\uparrow$$

（$u_O\uparrow$ 反馈回 $u_{I1}\uparrow$）

在极短的时间内电路输出发生翻转，使 $u_O=U_{OH}\approx U_{DD}$。此刻的输入电压即为上限阈值电压，由式（9.1.2）有

$$u_{I1}=\frac{R_2}{R_1+R_2}U_{T+}=U_{TH} \tag{9.1.3}$$

于是，可以求得电路的上限阈值电压为

$$U_{T+}=\left(1+\frac{R_1}{R_2}\right)U_{TH} \tag{9.1.4}$$

此后输入信号继续上升，但由于 $u_{I1}>U_{TH}$，所以输出状态保持不变。

2. 输入信号下降过程

当输入 $u_I=U_{DD}$ 时，由于 $R_1<R_2$，由式（9.1.1）可知，无论输出电压 u_O 是逻辑 0 还是 1，都有 $u_{I1}>U_{TH}$。则 $u_{O1}=U_{OL}\approx 0V$，$u_O=U_{OH}\approx U_{DD}$，如图 9.1.2b 下方波形所示。于是，有

$$u_{I1}=\frac{R_2}{R_1+R_2}u_I+\frac{R_1}{R_1+R_2}U_{DD} \tag{9.1.5}$$

当输入 u_I 从 U_{DD} 开始下降时，u_{I1} 也随之下降。当 u_{I1} 下降到使 $u_{I1}=U_{TH}$ 时，产生如下正反馈过程：

$$u_{I1}\downarrow \rightarrow u_{O1}\uparrow \rightarrow u_O\downarrow$$

（$u_O\downarrow$ 反馈回 $u_{I1}\downarrow$）

在极短的时间内电路输出发生翻转，使 $u_O=U_{OL}\approx 0V$。此刻的输入即为下限阈值电压值，由式（9.1.5）有

$$u_{I1}=\frac{R_2}{R_1+R_2}U_{T-}+\frac{R_1}{R_1+R_2}U_{DD}=U_{TH} \tag{9.1.6}$$

由于 $U_{TH}=U_{DD}/2$，于是，可以求得电路的下限阈值电压为

$$U_{T-}=\left(1-\frac{R_1}{R_2}\right)U_{TH} \tag{9.1.7}$$

此后输入信号继续下降，但由于 $u_{I1}<U_{TH}$，所以输出状态保持不变。

综上可求得电路的回差电压为

$$\Delta U_T=U_{T+}-U_{T-}=2\frac{R_1}{R_2}U_{TH}=\frac{R_1}{R_2}U_{DD} \tag{9.1.8}$$

由此可见，图 9.1.2a 构成了一个同相施密特触发器。由式（9.1.4）、式（9.1.7）和式（9.1.8）可知，调节 R_1 和 R_2 的比值可改变上、下限阈值电压和回差电压的大小。

3. 实验验证

按照图 9.1.2a 搭接电路，实验使用 74HC00 与非门，将与非门两个输入端并联起来做反相器输入使用。其中，电源电压为 5V，$R_1=2.2\text{k}\Omega$，$R_2=10\text{k}\Omega$。使用 SDG6032X-E（350MHz，2.4GSa/s）信号源产生三角波，频率为 1kHz，幅度为 5V，直流偏移为 2.5V。使用 SDS2304X（300MHz，2GSa/s）示波器双踪显示输入和输出波形，输出如图 9.1.2b 下方所示波形。

根据上述公式及电路参数理论计算阈值电压和回差电压如下：

$$U_{TH}=U_{DD}/2=2.5\text{V}$$

$$U_{T+}=\left(1+\frac{R_1}{R_2}\right)U_{TH}=\left(1+\frac{2.2}{10}\right)\times 2.5\text{V}=3.05\text{V}$$

$$U_{T-}=\left(1-\frac{R_1}{R_2}\right)U_{TH}=\left(1-\frac{2.2}{10}\right)\times 2.5\text{V}=1.95\text{V}$$

$$\Delta U_T=(3.05-1.95)\text{V}=1.1\text{V}$$

示波器测量的上下限阈值电压和回差电压如图 9.1.2b 所示，分别为 3.04V、1.96V 和 1.08V，与理论计算值基本吻合。

9.1.3　集成施密特触发器及应用

无论是 CMOS 还是 TTL 集成施密特触发器，都具有性能稳定、抗干扰能力强的特点，应用广泛。其中，CMOS 集成施密特触发器有 CD40106（六反相器）、CD4093（四 2 输入与非门）和 CD4584（六反相器）等；TTL 集成施密特触发器有双 4 输入与非门 74LS13、四 2 输入与非门 74LS132 和六反相器（缓冲器）74LS14 等。

CMOS 和 TTL 集成施密特触发器的逻辑符号相同，但 CMOS 施密特触发器的回差电压与电源电压 U_{DD} 的大小有关，使用时需查产品手册。

此外，还有带三态门控制的施密特触发器，如 74HC/HCT7541，其内部包含 8 个同相施密特触发电路，每个施密特触发器的输出再通过内部的三态门将信号送到输出端口。因此，输出引脚除了高或低逻辑电平外，还可处于高阻态。

由于集成施密特触发器的性能一致性好，触发阈值稳定，因此在脉冲波形的整形、变换、鉴幅和多谐振荡器的构成等方面得到了广泛地应用。

1. 脉冲波形的整形

在数字测量和控制系统中，由传感器送来的信号波形边沿较差。此外，经过远距离传输

后，脉冲信号往往会发生各种各样的畸变，利用集成施密特触发器可以对这些信号波形进行整形。将边沿较差或畸变脉冲信号 u_I 作为施密特触发器的输入，其输出 u_O 为矩形波，且相位与 u_I 相反，若要求同相输出，则再加一级反相器即可。图 9.1.3 为几种经过集成施密特触发器整形后的波形图。

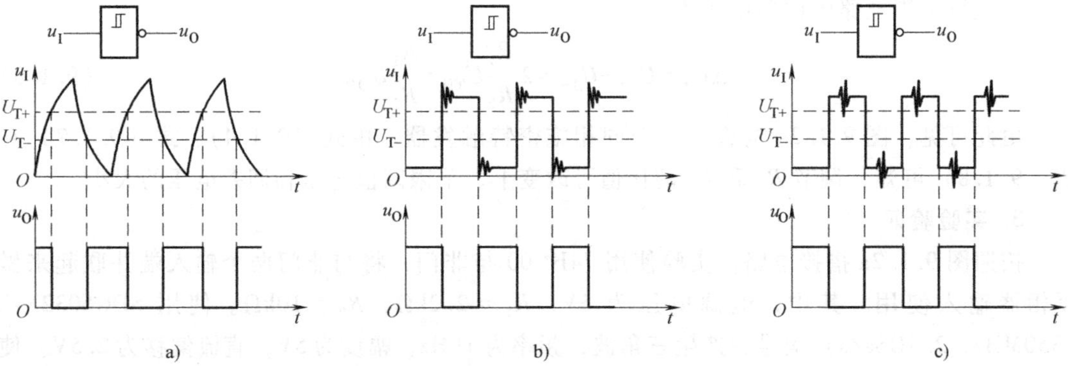

图 9.1.3　脉冲波形的整形

a）边沿畸变　b）边沿振荡　c）叠加噪声

此外，集成施密特触发器的这种整形作用在微处理器的复位电路中也较为常见，图 9.1.4 给出了 MCS-51 系列单片机的一种复位电路。利用该电路可使微处理器内部资源，如程序指针 PC、状态寄存器、累加器等处于初始状态，以确保微处理器每次复位后都能在一个已知的环境中，并从某一固定的入口地址处开始读取程序并执行。

复位电路应该具有上电复位和手动复位的功能，以保证程序运行出错或进入死循环时可以按复位键重启。另外，复位电路还应有足够的复位时间来保证系统可靠复位，同时具有一定的抗干扰的能力。不同处理器对复位信号的脉宽和高低电平的有效性的要求不同。对图 9.1.4 而言，复位端 RST 显然是高电平有效，即高电平复位，低电平时处理器处于正常工作状态。由图可见，电路上电后，由于电容两端电压不能突变，因此施密特反相器 74LS14 的输入端为低电平，于是 RST 端得到一个高电平。随着不断地充电，电容电压提高，直到达到 74LS14 的上限阈值电压时，RST 翻转为低电平，复位结束。显然，施密特反相器 74LS14 的引入是为了减小来自电源和按钮传输线串入的噪声干扰，使得输出复位信号的上升沿尽量陡峭和稳定，即起到脉冲整形的作用。

图 9.1.4 中按键 SW 是手动复位开关，可以使上电后跑飞的程序回到复位状态。按下按键之前，RST 端的电压是 0V，当按下按键后，RST 端电压处于高电平复位状态，同时电容进行放电。松开按键后的过程则与上电复位类似。值得注意的是，按下按键的瞬间，电容两端的 5V 电压会被直接接通，此刻会有一个瞬间的大电流冲击，在局部范围内产生电磁干扰，为了抑制这个大电流所引起的干扰，最好在 SW 支路串入一个小电阻限流。另外，图中二极管 VD 的作用是当电源断电后，电容通过二极管 VD 可

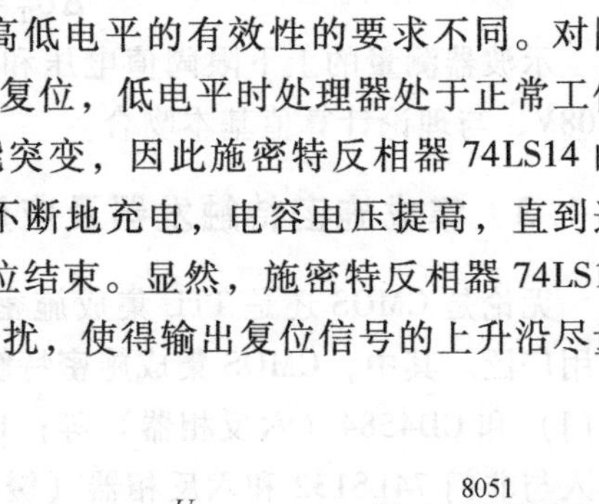

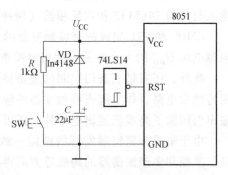

图 9.1.4　集成施密特触发器在 MCS-51 系列单片机的一种复位电路

以迅速放电，待电源恢复时便可实现可靠的上电自动复位。

2. 脉冲波形的变换

由于集成施密特触发器在状态转换过程中伴随着正反馈过程的发生，转换速率极快。因此，施密特触发器输出的矩形波前后沿很陡峭。利用这一特点，施密特触发器可以把变化比较缓慢的正弦波、三角波等变换成矩形脉冲信号。图 9.1.5 是用反相施密特触发器完成变换的波形图。

由施密特触发器的输入、输出波形图可见，集成施密特触发器能把幅度满足要求的不规则波形变换成前、后沿陡峭的矩形波，但输出波形的周期和频率与输入信号相同。

3. 脉冲波形的鉴幅

如果要在一串幅度不相等的脉冲信号中剔除幅度不够大的脉冲，可利用施密特触发器。图 9.1.6 是在反相施密特触发器的输入端送入一串幅度不等的脉冲时相应的输出波形，说明只有幅度超过上限阈值电压 U_{T+}的脉冲才能使施密特触发器翻转，同时在输出端得到一个矩形脉冲。因此，集成施密特触发器可用作脉冲幅度鉴别电路。

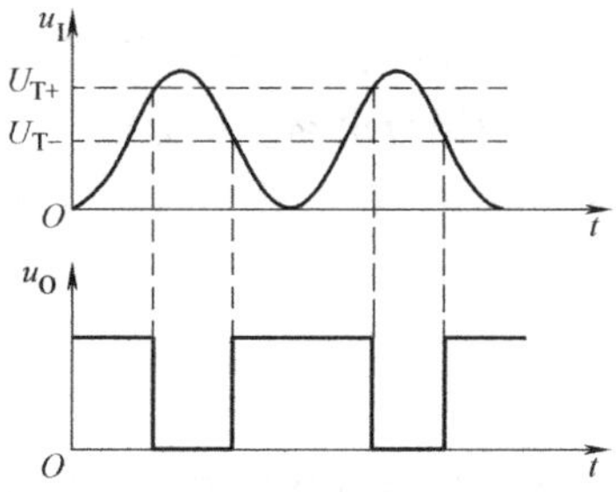

图 9.1.5　脉冲波形的变换

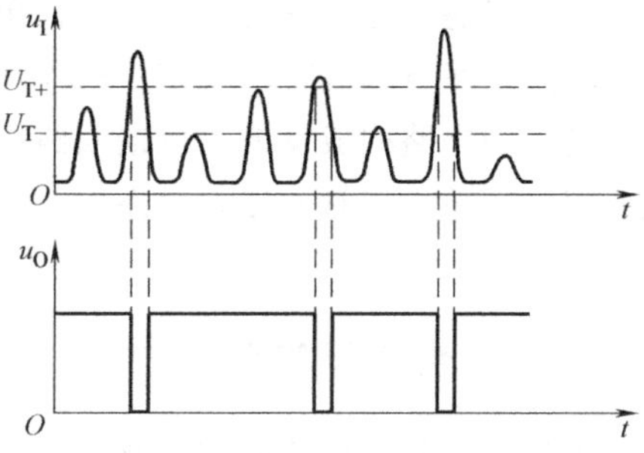

图 9.1.6　脉冲波形的鉴幅

4. 多谐振荡器的构成

利用 CMOS 集成施密特触发器组成的多谐振荡器如图 9.1.7a 所示。电容上电的初始电压 $u_C=0V$，施密特触发器的输出电压为高电平，即 $u_O \approx U_{DD}$。u_O 通过电阻 R 给电容充电，电容电压 u_C 按指数规律增加，当 u_C 达到 U_{T+}时，触发器翻转，使 $u_O \approx 0V$，电容又通过电阻 R 放电，当 u_C 下降到 U_{T-}时，触发器再次翻转，$u_O \approx U_{DD}$。如此周而复始，产生图 9.1.7b 所示的工作波形。

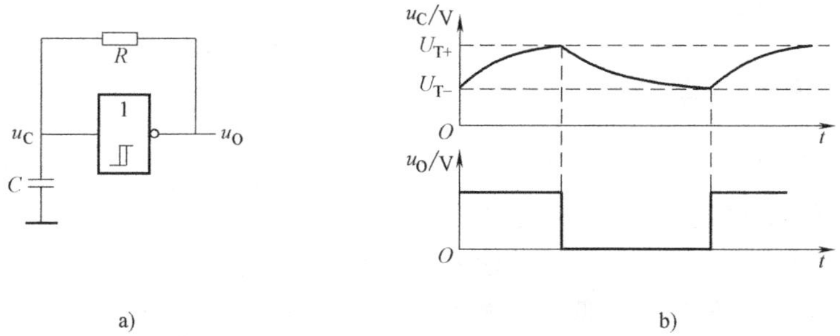

图 9.1.7　CMOS 集成施密特触发器组成的多谐振荡器

a）电路　b）波形图

创新是发展的第一动力

施密特触发器是美国科学家奥托·赫伯特·施密特（Otto Herbert Schmitt）于1934年攻读研究生期间，在乌贼的神经冲动传导研究中开发的。由于可以通过对波形整形解决噪声等问题，施密特触发器被广泛应用于数字电路和模拟电路中。可见，只要树立信心，大胆探索，勇于创新，青年时期一样大有可为。作为新时代的青年，我们要发扬中华民族的“伟大创造精神”，践行国家对创新是引领发展的第一动力的定位，在科技创新中为中国梦的早日实现发挥重要作用。

9.2 单稳态触发器

顾名思义，单稳态触发器只有一个稳定状态。当没有触发信号作用时，输出端可以保持的状态就是稳态。在触发信号作用下，单稳态触发器由稳态翻转到暂稳态（暂态），暂态保持一段时间后将自动翻转回稳态，暂态维持的时间就是单稳态触发器的输出脉宽 t_W。其电路结构是由门电路构成反馈，反馈回路中包含阻容元件构成的微分电路或积分电路，称为微分型或积分型单稳态触发器。暂态时间 t_W 取决于电路本身的 R、C 参数，与触发脉冲宽度无关。

9.2.1 触发特性及符号

根据触发信号在暂稳态期间是否允许多次触发，单稳态触发器可分为不可重触发和可重触发两种。如图9.2.1a所示，假设单稳态触发器下降沿触发有效，不可重触发的单稳态触发器一旦被触发进入暂稳态以后，再有触发脉冲下降沿也不会影响电路的工作过程，直到暂稳态结束后才能接收触发脉冲进入到暂稳态。可重触发单稳态触发器则截然不同，如图9.2.1b所示，在电路被触发而进入暂稳态以后，如果再次施加触发脉冲下沿，电路将被重新触发，电路的输出脉冲再持续一个暂稳态脉宽 t_W。

可重触发和不可重触发单稳态触发器的逻辑符号如图9.2.1c和d所示。

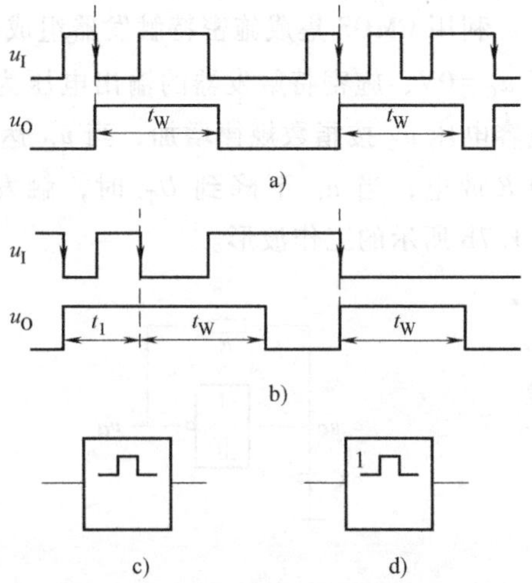

图9.2.1 单稳态触发器的工作波形

a）不可重触发波形 b）可重触发波形
c）可重触发单稳态触发器符号
d）不可重触发单稳态触发器符号

9.2.2 门电路构成的单稳态触发器

图9.2.2是由TTL门电路 G_1、G_2 和 R、C 组成的一个微分型单稳态触发器电路及其波形图。图中，$R<R_{off}$，一般取 $R<0.7k\Omega$；G_2 门的输入 u_{I2} 是微分电路输出；u_I 为触发信号，低电平触发有效。当电路处于稳态时，u_I 为高电平，由于 $R<R_{off}$，使 $\overline{Q}=1$，则单稳态触发器输出 $Q=0$。电压 u_{I2} 稳定在

图 9.2.2b 的① 电压，该电压约为 $I_{IL}R$（I_{IL} 是器件手册中的低电平输入电流参数）。当然，即使是同一个系列的门，由于不同厂家内部输入级电路的基极电阻及外接 R 阻值的不同，I_{IL} 理论上会有所不同。此时，电容上的电压（左负右正）近似等于 $u_{I2}=I_{IL}R$。

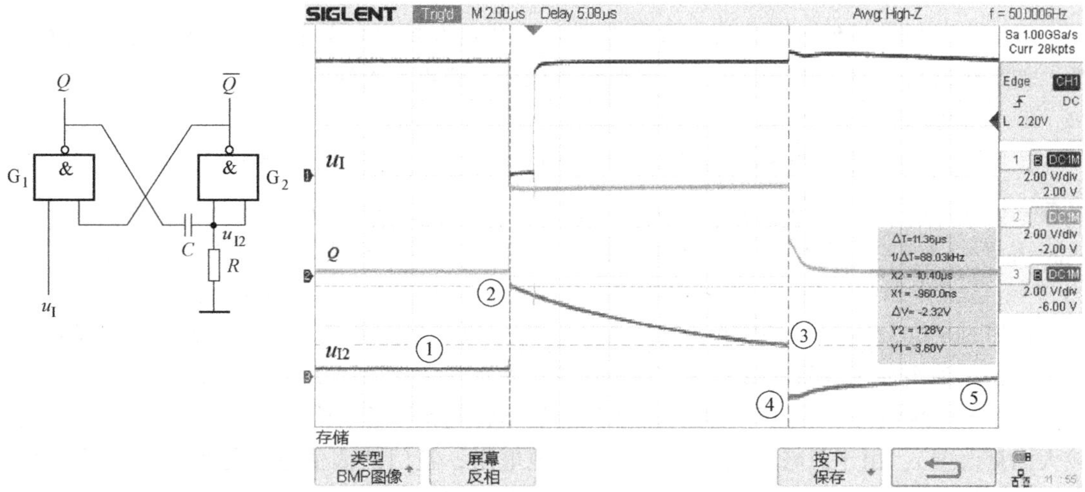

a) b)

图 9.2.2 门电路构成的微分型单稳态触发器

a) 电路 b) 波形图

1. 工作原理

由图 9.2.2 可见，当 u_I 负跳沿到来时，输出 Q 发生翻转，由低电平变为高电平。由于电容两端电压不会突变，因此 u_{I2} 亦由低电平变为高电平（约为 TTL 门高电平典型值 U_{OH}+电容上的电压 $I_{IL}R$），使 $\overline{Q}$ 由高电平变为低电平，从而引起如下反馈过程：

$$u_I\downarrow \longrightarrow Q\uparrow \longrightarrow u_{I2}\uparrow \longrightarrow \overline{Q}\downarrow$$

电路迅速进入暂稳态：$Q=1$，$\overline{Q}=0$，u_{I2} 从图 9.2.2b 中的低电平①翻转到高电平②，约为 $U_{OH}+I_{IL}R$。

在暂稳态期间，G_1 门的输出高电平 U_{OH} 经电容 C 和电阻 R 到地的方向给电容充电，使 G_2 门的输入电压 u_{I2} 按指数曲线下降。当 u_{I2} 下降到门电路的阈值电压 U_T（此时电容充电后的电压左正右负，为 $U_{OH}-U_T$），即图 9.2.2b 中③，且触发信号消失（即 u_I 为高电平），产生如下反馈过程：

$$u_{I2}\downarrow \longrightarrow \overline{Q}\uparrow \longrightarrow Q\downarrow$$

电路结束暂稳态，自动返回稳态：$Q=0$，$\overline{Q}=1$。由于电容两端电压不能突变，u_{I2} 也跃变为图 9.2.2 中④的负电压，为 TTL 低电平典型值−电容上的电压 $=U_{OL}-U_{OH}+U_T=(0.3-3.4+1.4)\text{V}=-1.7\text{V}$。$G_1$ 门内部输出级与地相连的晶体管处于饱和导通状态，电容经由该晶体管放电，R 支路也构成该放电回路的一部分。

放电结束后，u_{I2} 也恢复到稳态⑤，与初始状态①相同。

图中②到③之间持续的时间即为暂稳态脉宽，可根据 R、C 充电过程由三要素法求得。若忽略 G_1 门的输出电阻和 G_2 门的输入电路，暂态脉宽 t_W 可用下式估算：

$$t_W = RC\ln\frac{U_{OH}}{U_T} \tag{9.2.1}$$

显然，u_I 触发是低电平有效，暂稳态结束前必须恢复到高电平才具备单稳态触发器特性。如果触发信号的负脉冲较宽，一般要经过微分电路再输入到门。

2. 实验验证

按照图 9.2.2a 搭接电路，实验使用 74LS00 与非门，其中，$U_{OH}=3.4\text{V}$；$I_{IL}=0.36\text{mA}$；电源电压为 5V；$R=680\Omega$；$C=14.7\text{nF}$。理论上：①点电压 $=I_{IL}R=244.8\text{mV}$；②点电压 $=U_{OH}+I_{IL}R=(3.4+0.2448)\text{V}=3.648\text{V}$；③点电压 $U_T=1.4\text{V}$；④点电压为 $U_{OL}-U_{OH}+U_T=-1.7\text{V}$；⑤点电压与①相同；将参数代入式（9.2.1），计算得 $t_W=8.87\mu\text{s}$。

使用 SDG6032X-E（350MHz，2.4GSa/s）信号源产生触发信号，SDS2304X（300MHz，2GSa/s）示波器显示波形，如图 9.2.2b 所示。测得①点电压 = 180mV；②点电压 = 3.6V；③点电压 = 1.28V；④点电压 = −920mV（门内晶体管饱和导通，放电电流大，放电快，造成较大测量误差）；由于忽略了充电回路中的其他电阻，且门的阈值电压与理论值差异较大，测量得到的暂态脉宽 $t_w=11.36\mu\text{s}$，若将测量的阈值电压代入式（9.2.1），计算得 $t_w=11.33\mu\text{s}$。实验说明门电路构成的单稳态触发器特性与理论分析基本吻合。

9.2.3 集成单稳态触发器

在门电路构成的单稳态触发器基础上增加一个输入控制电路和一个输出缓冲电路，将其集成封装就构成了集成单稳态触发器，输入控制电路实现了边沿触发功能以及触发脉冲边沿选择功能，输出缓冲电路用于提高电路的负载能力以及整形等功能。单片集成单稳态触发器 TTL 系列有 74121、74122、74123 等，CMOS 系列有 4098、4528、4538 等，其中，74121、74221 等属于不可重触发或单触发器件，74122、74123、4528、4538 等属于可重触发器件。这些器件只要外接很少的电阻和电容就可构成单稳态触发电路，使用起来非常方便。

1. TTL 集成单稳态触发器

74121 是不可重触发的集成单稳态触发器。图 9.2.3 是 74121 的两种标准符号图，74121 功能见表 9.2.1。扫码链 9-1 可查阅 74121 内部电路结构和工作原理。

表 9.2.1 中的前 4 行取值不是表示这种情况下对单稳态触发器进行清零，而是说明三个触发输入信号在这样的取值情况下，都不具备触发条件，电路处于稳定状态，即 $Q=0$。同时也强调了表 9.2.1 中的后 5 行中变量取值 0、1 的重要性，如第 5 行，若 $\overline{A}_2$ 有有效下沿，但其他两个输入至少有一个为 0，则不满足功能表要求，仍然是不能进入暂稳态的。

链 9-1 74121 内部电路结构和工作原理

图 9.2.4 给出了 74121 在图中触发信号作用下的工作波形。

图 9.2.5 给出了定时电阻的两种接法。如果外接电阻，则电阻应接在 11 引脚和 U_{CC} 之间，电容接在 10 和 11 引脚之间。如果是电解电容器，其正极必须接 11 引脚。如果使用内部的 2kΩ 电阻，则将引脚接电源 U_{CC}。

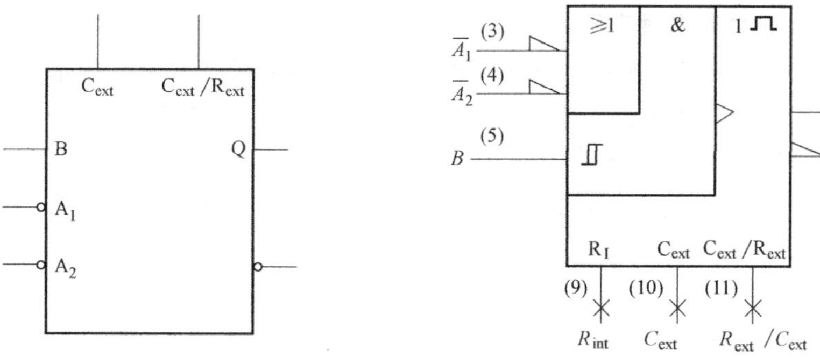

a) b)

图 9.2.3 74121 两种符号图

表 9.2.1 74121 的功能表

输入			输出
$\overline{A}_1$	$\overline{A}_2$	B	Q
0	×	1	0
×	0	1	0
×	×	0	0
1	1	×	0
1	↓	1	⊓
↓	1	1	⊓
↓	↓	1	⊓
0	×	↑	⊓
×	0	↑	⊓

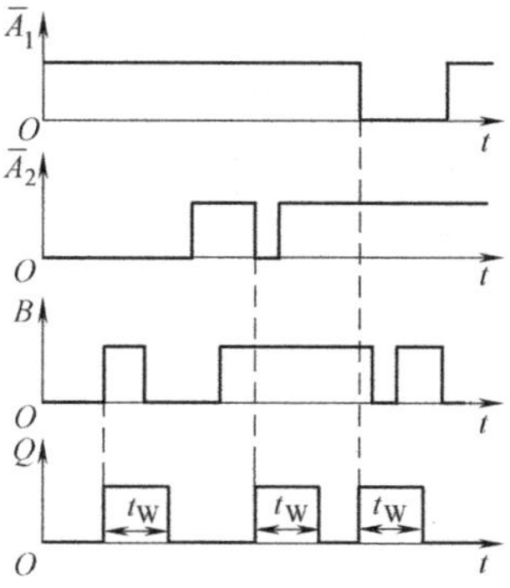

图 9.2.4 74121 的工作波形

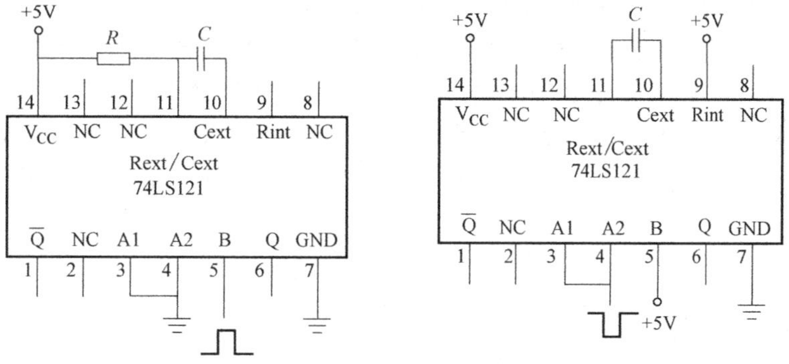

a) b)

图 9.2.5 定时电阻的两种接法

a）利用外部电阻 b）利用内置电阻

74121 输出暂稳态脉冲宽度 t_W 由外接电阻 R_{ext}（或 2kΩ 的内部电阻 R_{int}）和外接电容 C_{ext} 确定。不同厂家的 74121 器件外接电阻 R_{ext} 和电容 C_{ext} 的取值范围及脉冲宽度 t_W 不同。仙童半导体公司（Fairchild）制造的 DM74121 器件手册说明，R_{ext} 取值范围为 1.4～40kΩ，当 C_{ext} 小于 1000pF 时，t_W 与 R_{ext} 和 C_{ext} 之间的关系可按其手册提供的测量曲线确定；当 C_{ext} 取值在 1000pF～1000μF 之间时，t_W 可由下式估算：

$$t_W \approx 0.7 R_{ext} C_{ext} \tag{9.2.2}$$

2. CMOS 集成单稳态触发器

4538 是 CMOS 精密双集成单稳态触发器。由于采用了线性 CMOS 技术，可得到高精度的输出脉冲宽度。4538 的符号图和引脚图如图 9.2.6 所示，功能表见表 9.2.2。由表可见，A 为上升沿触发输入端，B 为下降沿触发输入端，CR 为清零输入端。当选择上升沿触发时，应将输入脉冲加入 A 端，同时 B 端接高电平；若选择下降沿触发时，可将输入脉冲引入 B 端，A 端接低电平，其他情况时，Q 保持稳态 0 不变。

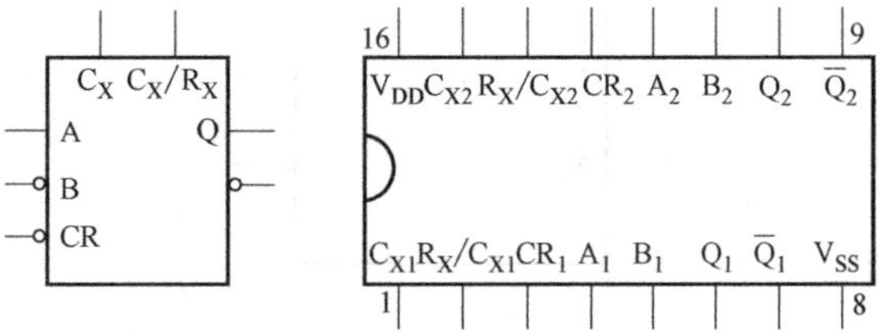

图 9.2.6　集成单稳态触发器 4538

a) 符号图　b) 引脚图

4538 的输出脉冲宽度可达 1μs ~ ∞，R_{ext} 和 C_{ext} 可在较大范围内选择。其暂态脉冲宽度由下式估算：

$$t_W = R_{ext} C_{ext} \tag{9.2.3}$$

表 9.2.2　4538 的功能表

输入			输出
A	$\overline{B}$	$\overline{CR}$	Q
↑	1	1	⊓
↑	0	1	0
1	↓	1	0
0	↓	1	⊓
×	×	0	0

[**例 9.2.1**]　由双集成单稳态触发器 4538 构成的电路如图 9.2.7 所示，说明在 S_1 按下时电路的工作原理，画出电路的输出波形。

解　双集成单稳态触发器处于稳态。当按下 S_1，由于单稳态触发器（Ⅰ）的 A 输入端接地，即 $A_1 = 0$，B 输入端的下沿触发其进入暂稳态，其输出记为 Q_1，Q_1 由 0 跃变为 1，脉宽 $t_{W1} = R_1 C_1$。当单稳态触发器（Ⅰ）暂态结束时，Q_1 由 1 回到 0，单稳态触发器（Ⅱ）被触发进入暂态，其输出 Q_2 由 0 跃变为 1，脉宽 $t_{w2} = R_2 C_2$。电路波形如图 9.2.8 所示。

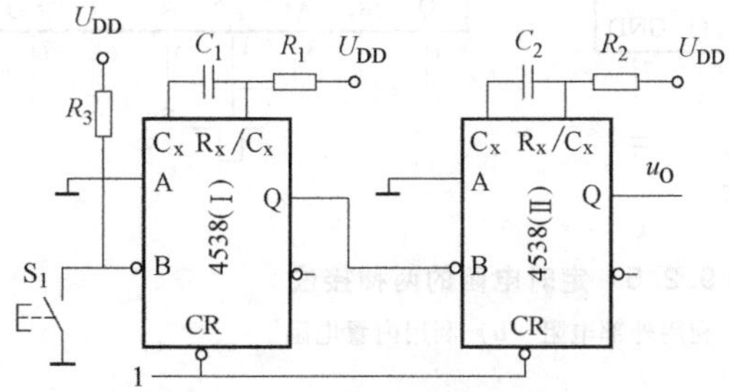

图 9.2.7　4538 构成的电路

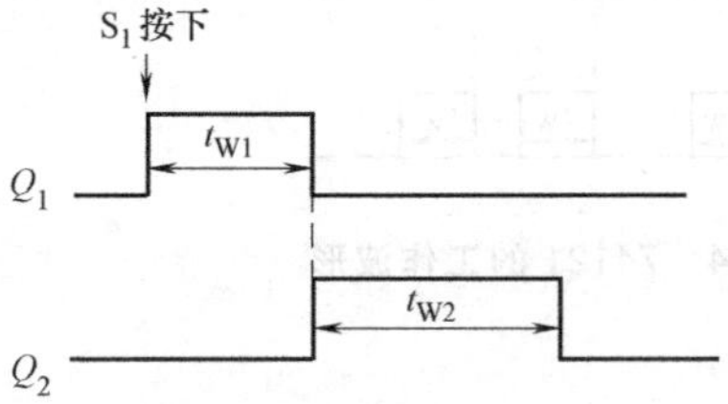

图 9.2.8　电路波形

9.2.4　单稳态触发器的应用

单稳态触发器被广泛用于数字系统的波形整形（把不规则的波形转换为宽度、幅度都相同的脉冲波形）、定时（产生一定宽度的方波）和延时（将输入信号延迟一定的时间输出）电路中。

1. 脉冲波形的整形

在实际的数字系统中，由于脉冲的来源不同，波形也相差较大。例如，从光电检测设备送来的脉冲波形一般不太规则；脉冲信号在线路中远距离传送时，常会导致波形变化或叠加干扰；在数字测量中，被测信号的波形可能千变万化。整形电路可以把这些脉冲信号波形变换成具有一定幅度和宽度的矩形波形。单稳态触发器就是这种整形电路。

在图 9.2.9 所示整形电路中，将波形不规则的 u_I 加到单稳态触发电路的输入端（从 B 端输入，A_1 和 A_2 为 0），输出端就得到了规则的脉冲信号 u_O。输出的脉宽由 R_{ext} 和 C_{ext} 决定，幅度为 TTL 标准电平。

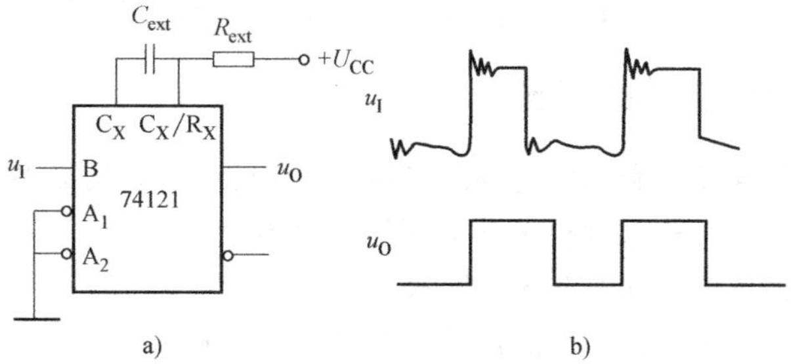

图 9.2.9　整形电路

a）电路　b）波形图

2. 定时控制

由于单稳态触发器能产生一定宽度（t_W）的矩形脉冲，利用这一脉冲去控制某个系统，就能使其在 t_W 时间内动作（或不动作），起到定时控制的作用。图 9.2.10 给出了单稳态触发器用于定时的典型电路。当单稳态触发器处于稳定状态时，输出低电平。当触发信号作用后，单稳态触发器进入暂稳态，与门被打开，在时间 t_W 内输出信号 u_F。若与门输出接一个计数器，t_W 为 1s，则计数器所计脉冲数为 u_F 的频率，即构成一个简易的频率计。

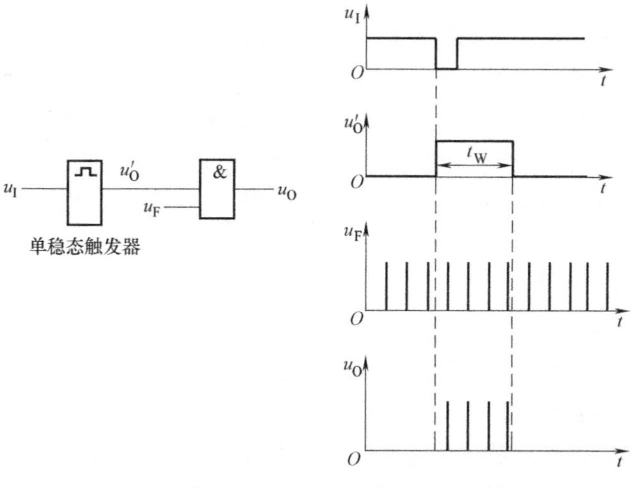

图 9.2.10　单稳态触发器用于定时控制

a）逻辑图　b）波形图

3. 脉冲信号的延迟

在数字控制和测量系统中，有时为了完成时序配合，需将脉冲信号延迟 t_1 时间后输出，如图 9.2.11 所示。可用双集成单稳态触发器外接 R、C 元件实现。逻辑电路图留给读者构思。

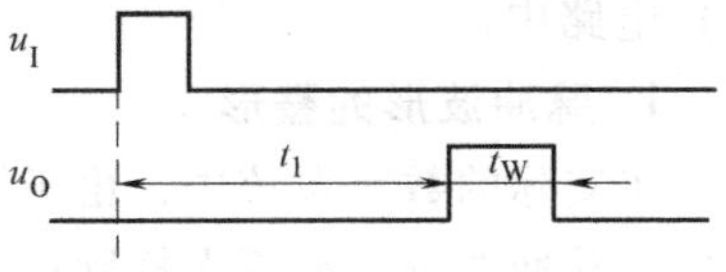

图 9.2.11 脉冲信号延迟

9.3 多谐振荡器

多谐振荡器是一种无稳态电路，它在接通电源以后、无须外加触发信号就能自动产生矩形脉冲。由于输出的矩形波中含有大量谐波分量，通常又称为多谐振荡器。

9.3.1 门电路构成的多谐振荡器

将奇数个非门首尾连接，利用门电路的传输延迟时间就可以构成多谐振荡器。由于这些门组成了一个环形，所以又称这种振荡器为环形振荡器。三个集成非门构成的多谐振荡器如图 9.3.1 所示。

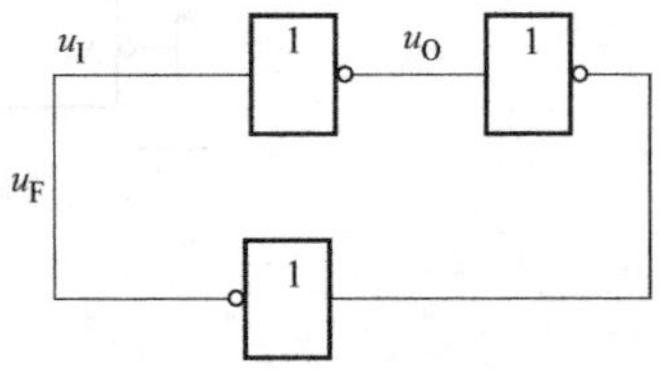

图 9.3.1 环形振荡器

设开始时 u_I 输入为逻辑 1，非门的传输延迟均为 t_{pd}，则经过 $3t_{pd}$ 后，u_F 为逻辑 0，再经过 $3t_{pd}$ 后，u_F 为逻辑 1，如此周而复始，在任一非门输出端都产生了周期为 $6t_{pd}$ 的方波信号。这种振荡器的振荡频率较高，且无法调节，很少使用，常用于测试门电路的延迟时间。

利用两个门电路构成正反馈，通过阻容耦合使两个门的输出级交替导通与截止，从而自激产生矩形波输出，这种多谐振荡器的频率可以由 R、C 参数调节。由门电路组成的多谐振荡器有多种电路形式，振荡频率由 R、C 确定，稳定性不高，在此不再详细介绍。

9.3.2 石英晶体多谐振荡器

上述环形振荡器及由施密特触发器构成的多谐振荡器，由于决定振荡频率的主要因素是门电路的阈值电压、定时元件 RC 等，它们都容易受环境温度、元件寿命等因素的影响，所以频率稳定度（频率的相对变化量 $\Delta f/f_0$，f_0 是标称振荡频率）只有约 10^{-3} 或更差。

石英晶体多谐振荡器（简称为晶振）采用稳频措施后，其频率稳定度可高达 10^{-11} ~ 10^{-10}，具有精度高、体积小、重量轻、可靠性好的特点。因此，其作为信号源在微处理器、数据通信、电子设备等中得以广泛应用。

1. 石英晶体的基本特性

石英晶体是一种各向异性的结晶体，化学成分为二氧化硅。将一块石英晶体按一定的方位角切成晶片，然后在晶片的两面涂上银层，并安装一对金属块作为极板引出并封装，便构成了石英晶体振荡电路的基础。

石英晶体之所以可以做振荡电路是基于其压电效应。当晶片外两个极板之间加一个电场时，晶体会产生机械形变；反之，当极板间施加机械力时，晶体内会产生电场，这种现象称为压电效应。当外加电压和机械压力相互作用时，使得晶片的机械振动振幅急剧增大，这种现象称为压电谐振。压电谐振状态的建立和维持都必须借助于振荡电路才能实现。

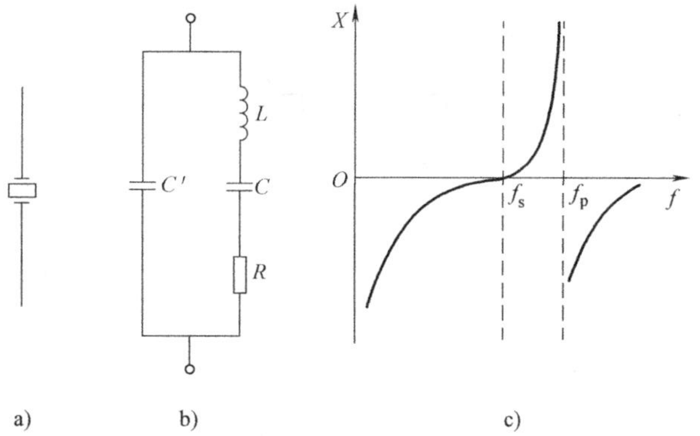

图 9.3.2　石英晶体

a）电路符号　b）等效电路　c）电抗-频率特性

图 9.3.2 分别是石英晶体的电路符号、等效电路和电抗-频率特性。图中 C'为晶体两电极间的寄生电容，它的大小与晶片的几何尺寸、电极面积有关，一般为几个皮法到几十皮法。机械振动的惯性可用电感 L 来等效，L 的值一般为几十毫亨到几百毫亨。晶片的弹性可用电容 C 来等效，C 的值很小，一般只有 0.0002～0.1pF。晶片振动时因摩擦而造成的损耗用 R 来等效，它的数值约为 100Ω。由于晶片的等效电感很大，而 C 和 R 很小，因此回路的品质因数 Q 很大，约为 $10^4 \sim 10^6$。

石英晶体的谐振频率有两个：

1）当 L、C、R 支路发生串联谐振时，谐振频率为 $f_s = 1/(2\pi\sqrt{LC})$。若工作频率 $f<f_s$，电路呈容性；$f>f_s$，电路呈感性。

2）当 L、C、R 支路呈感性，与电容 C'产生并联谐振时，谐振频率为 $f_p = 1/(2\pi\sqrt{LC_P})$。式中，$C_P = CC'/(C+C')$，通常 $C' \gg C$，因此，$C_P \approx C$，即 f_p 非常接近于 f_s。当 $f>f_p$ 时，晶体的等效电路呈容性。

2. 石英晶体多谐振荡器

石英晶体多谐振荡器要形成振荡，电路中必须包含以下组成部分：①放大器；②正反馈网络；③选频网络；④稳幅环节。为了得到频率比较稳定的信号，需要的晶体稳频形式有多种，其中反相器的方式最为简单，也最常用。石英晶体的选频特性非常好，只有石英晶体的谐振频率信号容易通过，而其他频率的信号均会被晶体所衰减。因此，一旦加上电源，振荡器只有谐振频率信号通过且不断放大，最后稳定输出。

典型的石英晶体多谐振荡器有串联式振荡器和并联式振荡器两种。并联式振荡器如图 9.3.3a 所示，R_F 是偏置电阻，保证在静态时使 G_1 门工作在转折区，构成一个反相放大器。石英晶体的工作频率位于其串联谐振频率 f_s 和并联谐振频率 f_p 之间，等效为一个电感，与 C_1 和 C_2 共同构成电容三点式振荡电路。虽然石英晶体振荡器可以得到极其稳定的频率，但它输出的波形却不理想，还需进行整形才能得到矩形脉冲输出，图 9.3.3a 中的反相器 G_2 起整形缓冲作用，同时 G_2 还可以隔离负载对振荡电路工作的影响。

串联式振荡器如图 9.3.3b 所示，R_1 和 R_2 使两个反相器都工作在转折区，成为具有高放大倍数的放大器。对于 TTL 门电路，常取 $R_1 = R_2 = 0.7 \sim 2\text{k}\Omega$，对于 CMOS 门，常取 $R_1 = R_2 = 10 \sim 100\text{M}\Omega$；$C_1$ 和 C_2 是耦合电容。其工作过程可参见门电路构成的对称式多谐振荡器，此处原振荡器仅给石英晶体提供一个有一定幅度的交变电场，使石英晶体可靠工作。由石英晶体的电抗-频率特性可知，石英晶体工作在串联谐振频率 f_s 下，只有频率为 f_s 的信号才能通过并形成正反馈，其他频率信号经过石英晶体时被衰减。因此，电路的振荡频率等于 f_s，与外接元件 R、C 无关，所以这种电路振荡频率的稳定度（$\Delta f_s/f_s$）很高。

石英晶体多谐振荡器的主要参数有标称频率、负载电容、频率精度、频率稳定度等。不

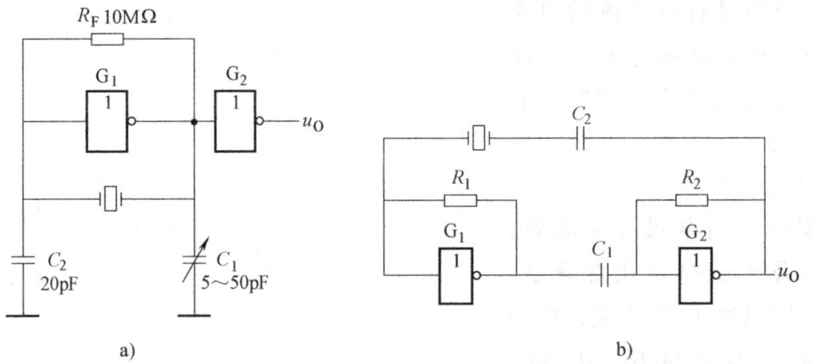

图 9.3.3 石英晶体多谐振荡器

a）并联式晶体多谐振荡器 b）串联式晶体多谐振荡器

同的晶振，其标称频率不同，标称频率大都标明在晶振外壳上。如常用的普通晶振标称频率有 48kHz、500kHz、503.5kHz、1~40.50MHz 等，对于有特殊要求的晶振，其标称频率可达到 1GHz 以上，也有的没有标称频率，如 CRB、ZTB、Ja 等系列。负载电容是指晶振的两条引线连接 IC 块内部及外部所有有效电容之和，可看作晶振片在电路中的串接电容。负载频率不同，决定了振荡器的振荡频率不同。对于标称频率相同的晶振，其负载电容不一定相同，因为晶振有两个谐振频率，一个是串联谐振的低负载电容晶振，另一个为并联谐振的高负载电容晶振。所以，标称频率相同的晶振在互换时还必须要求负载电容一致，不能贸然互换，否则会造成电器不能正常工作。

3. 有源晶振和无源晶振

在模拟电子技术中，通常将含有晶体管器件的电路称作“有源电路”，如有源滤波器，而仅由阻容元件组成的电路称作“无源电路”。石英晶体多谐振荡器也分为无源晶振和有源晶振两种类型，类似于无源和有源蜂鸣器，这里的“源”不是指电源，而是指振荡源。有源蜂鸣器内部带振荡源，所以只要一通电就会有蜂鸣声；而无源蜂鸣器内部不带振荡源，所以加直流信号无法令其鸣叫，必须用方波去驱动它。所谓无源晶振（Crystal，晶体），是指其内部无振荡电路的振荡器；而有源晶振（Oscillator，振荡器）内部除了石英晶体外，还有晶体管和阻容元件，是一个完整的振荡器，因此体积较大。

无源晶振没有电压的问题，信号电平是可变的，即是根据起振电路来决定的，同样的晶振可以适用于多种电压，可用于多种不同时钟信号电压要求的场合，而且价格也通常较低，因此对于一般的应用，如果条件许可建议用晶体，尤其适合于产品线丰富、批量大的生产者。无源晶振相对于晶振而言，其缺陷是信号质量较差，通常需要精确匹配外围电路（用于信号匹配的电容、电感、电阻等），当更换不同频率的晶体时，周边配置电路需要做相应的调整。无源晶振有 2 个或 3 个引脚，如果是 3 个引脚，中间引脚接的是晶振的外壳，使用时要接地，两侧的引脚就是晶体的 2 个引出脚，这两个引脚的作用是等同的，就像电阻的 2 个引脚一样，没有正、负极性之分。

有源晶振的信号质量好，比较稳定，而且连接方式相对简单，通常使用一个电容和电感构成电源滤波网络，输出端用一个小阻值的电阻过滤信号即可，不需要复杂的配置电路，典型电路如图 9.3.4a 所示。相对于无源晶体，有源晶振的缺陷是其信号电平是固定的，需要选择合适的输出电平，灵活性较差，价格相对较高。对于时序要求敏感的应用，推荐有源晶振，因为可以选用比较精密的晶振，甚至是高档的温度补偿晶振。有些微处理器内部没有起振电路，只能使用有源晶振，如 TI 的 6000 系列和部分 5000 系列 DSP 等。通常，有源晶振相比于无源晶振的体积较大，但现在许多有源晶振是表贴的，体积和晶体相当，有的甚至比许多晶体还要小。

有源晶振的型号较多，常见封装如图 9.3.4b 所示，引脚一般为 4 个。有个点标记的为 1 脚，按逆时针（引脚向下）分别为 2、3、4，或者边沿有一个是尖角，三个圆角，尖角的是 1 脚，和打点一致，1 脚（左下角）悬空（有些晶振也把该引脚作为使能引脚），2 脚（右下角）接地，3 脚（右上角）接输出，4 脚（左上角）接电压。电源电压有两种，一种是 TTL 型器件，一般是 5V，一种是高速 CMOS 型器件，一般是 3.3V/5V。

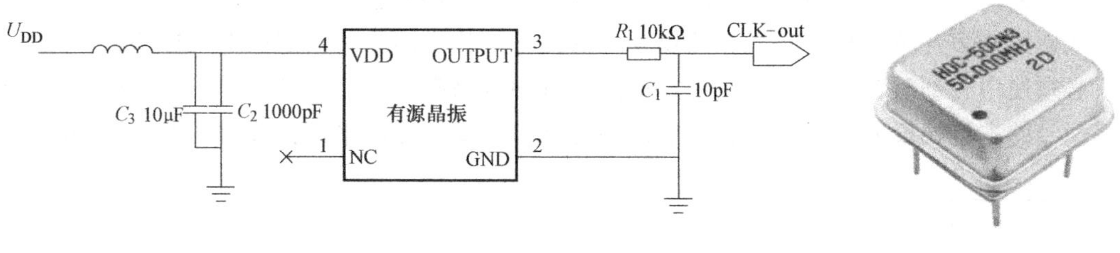

a)　　　　　　　　b)

图 9.3.4　有源晶振

a）典型电路　b）典型封装

4. 石英晶体多谐振荡器在微处理器中的应用

微处理器实质上就是一个复杂的时序逻辑电路，所有工作都是在时钟节拍控制下，由 CPU 根据程序指令指挥 CPU 的控制器发出一系列的控制信号来完成指令任务。由此可见，时钟是微处理器的心脏，它控制着微处理器的工作节奏。绝大多数微处理器芯片内部都有振荡电路，这种微处理器的时钟信号一般有两种产生方式：一种是利用芯片内部振荡电路产生，另一种是由外部引入。无论哪种方式，提供给微处理器的时钟频率都不允许超过器件手册的极限值，超频即使能工作，也会造成工作的不稳定、发热等问题。

微处理器与时钟有关的引脚一般有两个，XTAL1（或者 X1、XCLKIN 等，不同处理器器件手册的叫法不同）和 XTAL2（或 X2），其内部都有一个高增益反相放大器，反相放大器的输入端为 XTAL1，输出端为 XTAL2。下面分别介绍这两种产生时钟的方式。

（1）内部时钟方式

利用微处理器的内部振荡电路，在 XTAL1 和 XTAL2 两个引脚之间外接一个晶体和电容组成并联谐振回路，构成自激振荡，产生时钟脉冲。图 9.3.5 是 MCS-51 系列单片机内部时钟方式的典型电路图。其中，晶振频率一般在 1.2~12MHz 之间，常用的晶振频率有 6MHz、11.0592MHz、12MHz。电容值无严格要求，但电容取值对振荡频率输出的稳定性、大小和振荡电路起振速度有少许影响，一般 C_1 和 C_2 在 5~30pF 间取值。

在设计 PCB 时，晶振和电容应尽可能地靠近单片机芯片安装，以减少寄生电容，更好地保护振荡电路稳定可靠的工作。此外，由于晶振高频振荡相当于一个内部干扰源，所以晶振金属外壳一般要良好接地。

（2）外部时钟方式

外部时钟方式是把外部已有的时钟信号直接接到微处理器时钟 XTAL1 或 XTAL2 引脚。

不同的处理器稍有不同。MCS-51 系列单片机的生产工艺有两种，分别为 HMOS（高密度短沟道 MOS 工艺）和 CHMOS（互补金属氧化物的 HMOS 工艺），这两种单片机完全兼容。CHMOS 工艺比较先进，不仅具有 HMOS 的高速性，同时还具有 CMOS 的低功耗。因此，CHMOS 是 HMOS 和 CMOS 的结合。为区别起见，CHMOS 工艺的单片机名称前冠以字母 C，如 80C31、80C51 和 87C51 等，不带字母 C 的为 HMOS 芯片。

由于 HMOS 和 CHMOS 型单片机内部时钟进入的引脚不同（CHMOS 型单片机由 XTAL1 进入，HMOS 型单片机由 XTAL2 输入），其外部振荡信号源的接入方法也不同。HMOS 型单片机的外部振荡信号接至 XTAL2，而内部的反相放大器的输入端 XTAL1 应接地。在 CHMOS 电路中，因内部时钟引入端取自反相放大器的输入端 XTAL1，故外部信号接至 XTAL1，而 XTAL2 应悬空。图 9.3.6 所示为 CHMOS 型 MCS-51 系列单片机外部时钟产生电路。外部时钟方式常用于多片单片机同时工作的场合，以使各单片机同步。对于内部无振荡器的微处理器，必须使用外部时钟方式。由于单片机内部时钟电路有一个二分频的触发器，所以对外部振荡信号的占空比没要求，但一般要求外部时钟信号高、低电平的持续时间应大于 20ns。

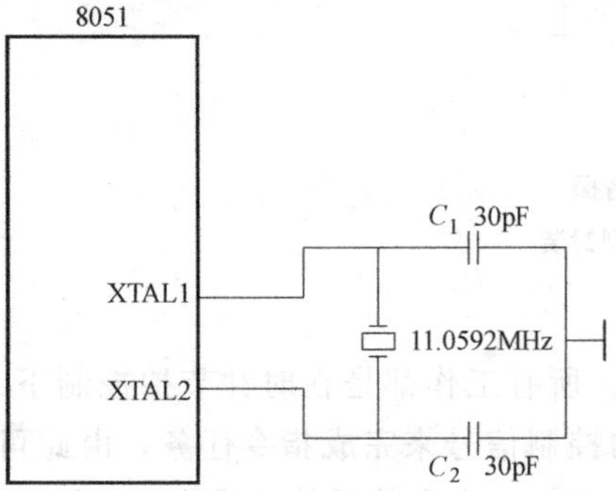

图 9.3.5　MCS-51 系列单片机内部时钟方式

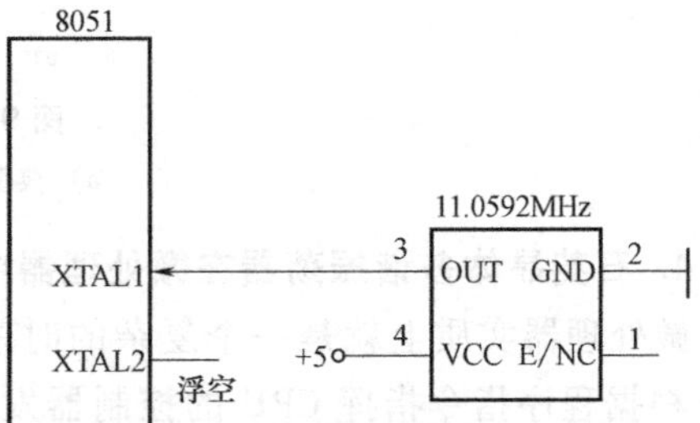

图 9.3.6　CHMOS 型 MCS-51 系列单片机外部时钟方式

如果需要对其他设备提供时钟信号，简单易行的方法是在时钟引脚取出信号，经过施密特触发器，如 74LS14，不仅可以整形得到矩形波，而且也提高了驱动能力。

9.4　555 定时器及其应用

555 定时器是一种中规模集成电路，利用它可以方便地构成施密特触发器、单稳态触发器和多谐振荡器等。555 定时器具有功能强、使用灵活、应用范围广等优点，目前在仪器、仪表和自动化控制装置中得到了广泛的应用。本节先简单介绍该定时器的工作原理，然后着重介绍由它组成的施密特触发器、单稳态触发器和多谐振荡器。

9.4.1　555 定时器工作原理

555 定时器有双极型和 CMOS 型两类，它们的逻辑功能和外部引线排列完全相同。图 9.4.1a、b 分别给出了双极型集成定时器 NE555 的电路结构和电路符号图。由图可知，它有 8 个引出端：①接地端 GND；⑧正电源端+V_{CC}；④复位端 R_D；⑥高触发端 TH；②低触发端 TR；⑦放电端 DIS；③输出端 OUT；⑤电压控制端 C—U。NE555 是双列直插式组件，它由

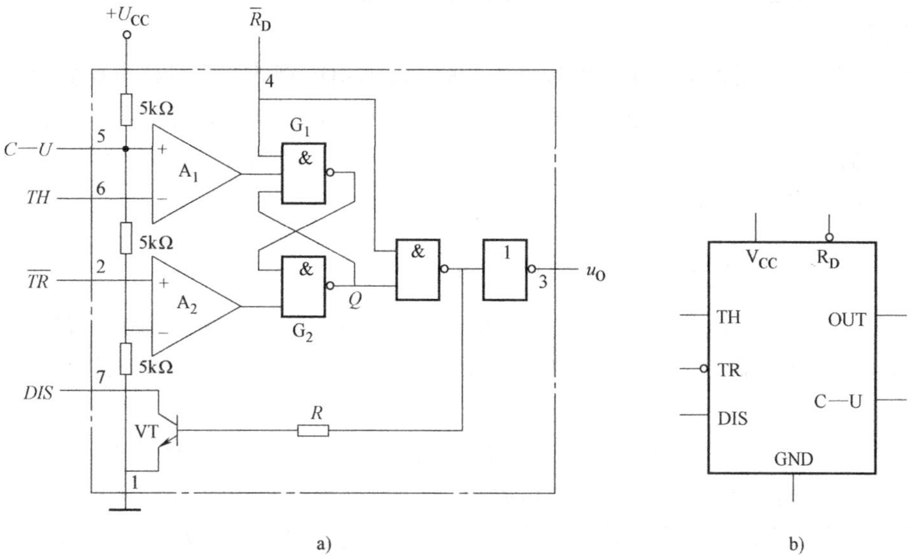

图 9.4.1 NE555 集成定时器

a）电路结构图 b）电路符号图

分压器、电压比较器、基本 RS 触发器、放电管和反向驱动门组成。分压器由 3 个 5kΩ 的电阻组成，它为两个电压比较器提供参考电平。如果电压控制端（5 端）悬空，则电压比较器的参考电压分别为 $2U_{CC}/3$ 和 $U_{CC}/3$。改变电压控制端的电压可以改变电压比较器的参考电平。A_1 和 A_2 是两个结构完全相同的高精度的电压比较器。A_1 的同相输入端接参考电压 $U_{REF1}=2U_{CC}/3$，A_2 的反相输入端接参考电压 $U_{REF2}=U_{CC}/3$，在高触发端和低触发端输入电压的作用下，A_1 和 A_2 的输出电压不是 U_{CC} 就是 0V，它们作为基本 RS 触发器的输入信号。基本 RS 触发器的输出 Q 经过一级与非门控制放电管，再经过一级反相驱动门作为输出信号。R_D 为复位端，在正常工作时应接高电平。

NE555 的功能表见表 9.4.1，其中×表示任意态。当高触发端输入电压 $TH>2U_{CC}/3$，低触发端输入电压 $\overline{TR}>U_{CC}/3$ 时，比较器 A_1 输出低电平，A_2 输出高电平，基本 RS 触发器被清零，放电管 VT 导通，输出 u_O 为低电平；当 $TH<2U_{CC}/3$，$\overline{TR}<U_{CC}/3$ 时，A_1 输出高电平，A_2 的输出低电平，基本 RS 触发器被置 1，放电管 VT 截止，输出 u_O 为高电平；当 $TH<2U_{CC}/3$，$\overline{TR}>U_{CC}/3$ 时，A_1 输出高电平，A_2 输出高电平，基本 RS 触发器的状态不变，电路也保持原状态不变。

表 9.4.1 NE555 功能表

TH	$\overline{TR}$	$\overline{R_D}$	u_O	DIS
×	×	低电平	低电平	导通
$>\frac{2}{3}U_{CC}$	$>\frac{1}{3}U_{CC}$	高电平	低电平	导通
$<\frac{2}{3}U_{CC}$	$>\frac{1}{3}U_{CC}$	高电平	不变	不变
$<\frac{2}{3}U_{CC}$	$<\frac{1}{3}U_{CC}$	高电平	高电平	截止

555 组件接上适当 R、C 定时元件和连线可构成施密特触发器、单稳态触发器和多谐振荡器等电路。

双极型 555 定时器输出的驱动电流可达 200mA。CMOS 型 555 定时器电路具有静态电流较小（80μA 左右）、输入阻抗极高（输入电流 0.1μA 左右）、电源电压范围较宽（3~18V）等特点。它的工作原理和功能表与 NE555 相似。另外，还有双定时器产品，如双极型 NE556 和 CMOS 电路 7556。

9.4.2 555 定时器构成的施密特触发器

将 555 定时器的高电平触发端 TH 和低电平触发端 TR 连接起来作为触发信号的输入端，就可构成施密特触发器，如图 9.4.2 所示。在输入电压的作用下，电路状态能快速变换，且有两个稳定状态。

以输入电压 u_I 为图 9.4.3 所示的三角波为例，说明图 9.4.2 的工作过程。由表 9.4.1 可知：在 u_I 上升期间，当 $u_I<U_{CC}/3$ 时，电路输出 u_O 为高电平；当 $U_{CC}/3<u_I<2U_{CC}/3$ 时，输出 u_O 不变，仍为高电平；当 u_I 增大到略大于 $2U_{CC}/3$ 时，电路输出 u_O 变为低电平。

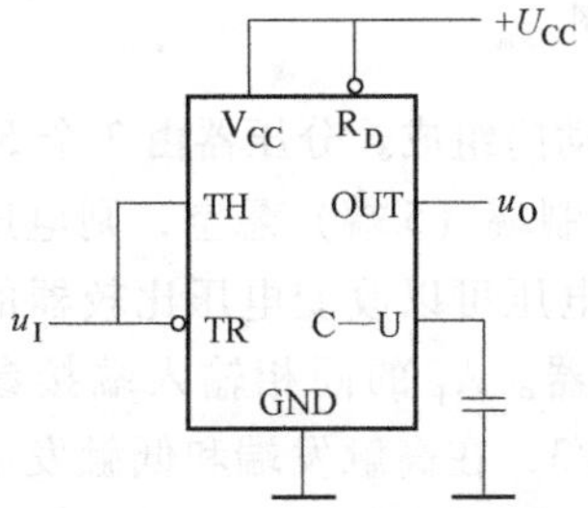

图 9.4.2 555 定时器构成的施密特电路

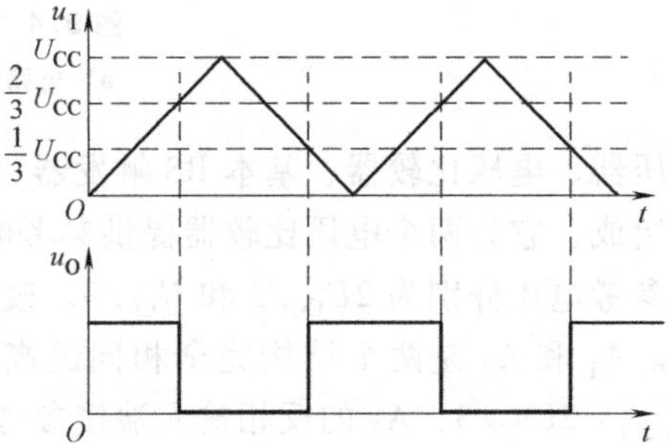

图 9.4.3 三角波变换矩形波

当 u_I 由高于 $2U_{CC}/3$ 值下降达到 TH 端的触发电平时，电路输出不变，直到 u_I 下降到略小于 $U_{CC}/3$ 时，输出 u_O 跃变为高电平。

上述分析说明，u_I 上升时使电路状态改变的输入电压 U_{T+} 和 u_I 下降时电路状态改变的输入电压 U_{T-} 不同，电路的电压传输特性如图 9.4.4 所示。电路的电压传输特性表明了电路的滞回特性，即回差特性。其上、下限阈值电压 U_{T+} 和 U_{T-}、回差电压 ΔU_T 分别为

$$U_{T+}=2U_{CC}/3$$

$$U_{T-}=U_{CC}/3$$

$$\Delta U_T=U_{T+}-U_{T-}=U_{CC}/3$$

如果在 C—U 端施加直流电压，则可调节滞回电压 ΔU_T 值（请读者分析这种情况的回差电压）。C—U 端电压越大，ΔU_T 也越大，电路的抗干扰能力就越强。

图 9.4.5 给出了 555 定时器构成的施密特触发器用作光控路灯开关的电路图。图中，R_L 是光敏电阻，有光照射时，阻值在几十千欧左右；无光照射时，阻值在几十兆欧左右。KA 是继电器，当线圈中有电流流过时，继电器吸合，否则不吸合。VD 是续流二极管，起保护 555 的作用。

由图 9.4.5 可以看出，555 定时器构成了施密特触发器。白天光照比较强，光敏电阻 R_L 的阻值比较小，远远小于电阻 R_P，使得触发器输入端电平较高，大于上限阈值电压 8V，定

时器 OUT 端输出低电平，线圈中没有电流流过，继电器不吸合，路灯 HL 不亮。随着夜幕的降临，光照逐渐减弱，光敏电阻 R_L 的阻值逐渐增大，触发器输入端的电平也随之降低，当触发器输入端的电平小于下限阈值电压 4V 时，输出变为高电平，线圈中有电流流过，继电器吸合，路灯 HL 点亮；从而实现了光控路灯开关的作用。

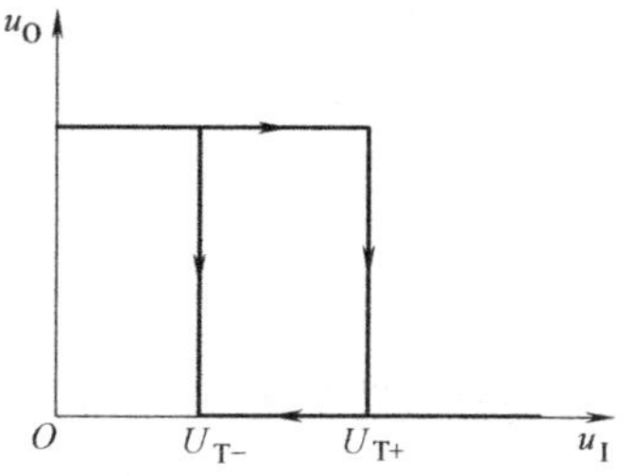

图 9.4.4　回差特性

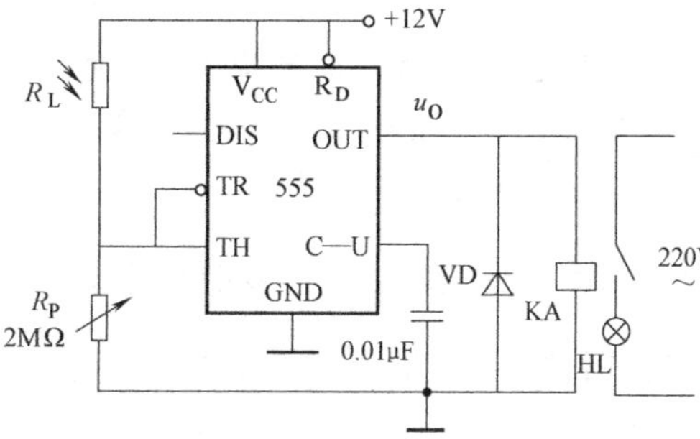

图 9.4.5　施密特触发器用作光控路灯开关

9.4.3　555 定时器构成的单稳态触发器

图 9.4.6a 是用 555 定时器构成的单稳态触发器，图 9.4.6b 是其工作波形图。图中 R、C 为外接定时元件。输入触发信号接在低电平触发端 TR，由 OUT 端输出信号。

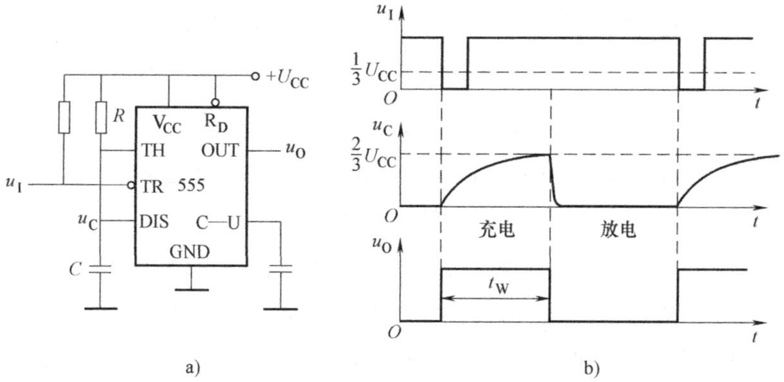

图 9.4.6　555 定时器构成的单稳态触发器及工作波形图

a）电路图　b）工作波形

在刚接通电源时，如果触发负脉冲还未到来，则低触发端 TR 处于高电平，上电时刻电容 C 上的电压 u_C 初始值为 0V。根据图 9.4.1 可知，此时，内部电路的两个电压比较器 A_1 和 A_2 的输出均为高电平，基本 RS 触发器状态不变。因此，如果 Q 为 **0**，$\overline{Q}$ 为 **1**，则放电管导通，电容 C 上的电压保持在低电平，若无外加触发脉冲，电路将稳定在此状态；如果 Q 为 **1**，$\overline{Q}$ 为 **0**，则 VT 截止，由图 9.4.6 可知电源 U_{CC} 将通过 R 向 C 充电，使高触发端输入电压 TH 按指数规律上升。当达到高电平触发电压时，Q 变为 **0**，$\overline{Q}$ 变为 **1**，放电管导通。此时，电容 C 通过 VT 放电，输出 Q 将维持 **0** 状态不变。综上所述可知，$Q=\mathbf{0}$、$\overline{Q}=\mathbf{1}$ 是电路保持的稳定状态。

当输入信号 u_I 的负脉冲低电平值小于 $U_{CC}/3$ 时，根据功能表 9.4.1，电路输出 u_O 跃变为高电平，放电管截止，电路处于暂稳态。同时，电源 U_{CC} 通过 R 对电容 C 充电，当电容 C 充电使 $u_C \geq 2U_{CC}/3$ 时，u_O 跃变为低电平，放电管 VT 导通，电容 C 通过 VT 迅速放电，电路返回到稳态。

利用电路三要素法可得到单稳态触发器的输出脉冲宽度，t_W 与 R 和 C 的关系为

$$t_W = RC\ln3 \approx 1.1RC \tag{9.4.1}$$

应当说明的是，555 定时器构成的单稳态电路是低电平触发有效，因此，要求触发脉冲宽度一定要小于暂稳时间 t_W。如果在实际应用中遇到 u_I 宽度大于 t_W 的情况，则应先经微分电路后再加到电路的低触发端 TR。

9.4.4 555 定时器构成的多谐振荡器

555 定时器外接定时电阻 R_1、R_2 和电容 C 构成的多谐振荡器电路如图 9.4.7a 所示，由图可见，它与 555 定时器构成的施密特和单稳态触发器的区别是无外接触发信号，而是将高电平触发端 TH 和低电平触发端 TR 与电容 C 相连接。

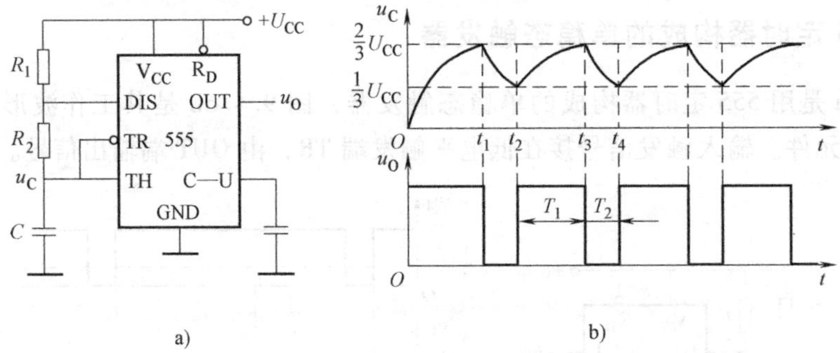

图 9.4.7　555 定时器构成的多谐振荡器及工作波形图

a）电路图　b）波形图

当接通电源 U_{CC} 时，电容 C 上的初始电压为 0V，由表 9.4.1 可知，u_O 处于高电平，放电管 VT 截止，电源通过 R_1、R_2 向 C 充电，经过 t_1 时间后，u_C 达到高触发电平（$2U_{CC}/3$），u_O 由高电平变为低电平，这时放电管 VT 导通，电容 C 通过电阻 R_2 放电，到 $t=t_2$ 时，u_C 下降到低触发电平（$U_{CC}/3$），u_O 又翻回到高电平，随即 VT 又截止，电容 C 又开始充电。如此周而复始，重复上述的过程就可以在输出端得到矩形波电压，如图 9.4.7b 所示。

利用电路三要素法计算振荡周期。为了简单起见，设组件内运放 A_1、A_2 的输入电阻为无穷大，并近似地认为 VT 截止时，DIS 端对地的等效电阻为无穷大，而 VT 导通时，电压降为零。以 $t=t_2$ 为起始点，可得充电时间 T_1 为

$$T_1 = (R_1+R_2)C\ln2 \approx 0.693(R_1+R_2)C \tag{9.4.2}$$

若以 t_3 为起始点，可得电容 C 的放电时间为

$$T_2 = R_2C\ln2 \approx 0.693R_2C \tag{9.4.3}$$

由此可得方波的周期为 $T=T_1+T_2$，频率为

$$f=\frac{1}{T_1+T_2} \approx 1.44\frac{1}{(R_1+2R_2)C} \tag{9.4.4}$$

振荡频率主要取决于时间常数 R 和 C，改变参数 R 和 C 可改变振荡频率，幅度则由电源电压 U_{CC} 来决定。但是输出的矩形波是不对称的，占空比为

$$q=\frac{T_1}{T}=\frac{R_1+R_2}{R_1+2R_2}>50\% \tag{9.4.5}$$

如果 $R_1 \gg R_2$，则占空比接近于1，此时，u_C 近似为锯齿波。

如果将图 9.4.7a 所示电路略加改变，就可构成占空比可调的多谐振荡器，如图 9.4.8 所示。图中增加了可调电位器和两个引导二极管，当 555 内部放电管 VT 截止时，电源通过 R_A、VD_1 对电容 C 充电；当放电管 VT 导通时，电容通过 VD_2、R_B、VT 进行放电。图 9.4.7 中，$T_1=0.693R_AC$，$T_2=0.693R_BC$，只要调节 R_W 就会改变 R_A 与 R_B 的比值，从而改变输出脉冲的占空比，输出脉冲占空比为

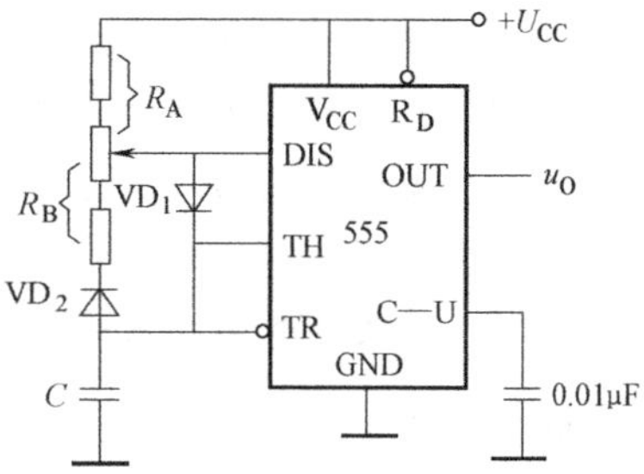

图 9.4.8　占空比可调的多谐振荡器

$$q=\frac{T_1}{T}=\frac{R_A}{R_A+R_B} \tag{9.4.6}$$

本章小结

数字系统中经常需要合适的脉冲信号，以满足系统中定时或信号处理的需要。获取脉冲信号的途径有二：一是由脉冲发生器直接产生；二是通过整形电路将已有的周期性波形变换成矩形波。施密特触发器、单稳态触发器和多谐振荡器是脉冲信号产生与变换中常用的三种电路。

施密特触发器的输出有两个稳态。输入信号电平上升到上限阈值电压 U_{T+} 时，输出从一个稳态转换到另一个稳态，当下降到下限阈值电压 U_{T-} 时，输出又转换到第一个稳态。由于上、下限阈值电压不同，因此有回差电压 ΔU_T。施密特触发器可用于波形变换、整形和脉冲鉴幅等，应用较广。利用施密特触发器可将边沿变换缓慢的周期波形变换为边沿很陡的矩形波；利用回差电压可将叠加于输入波形上的噪声干扰有效地抑制掉。其输出脉冲的宽度是由输入信号的变化情况决定的。

单稳态触发器的显著特点是在无外加触发信号时工作于稳态，只是在触发脉冲信号作用下才由稳态翻转到暂稳态。经过一段时间后，它又自动返回到稳态。单稳态触发器的输出脉冲宽度（即暂稳态时间）由电路定时参数 R、C 决定，而与输入触发信号无关。单稳态触发器可用于脉冲整形、定时、延时等。

多谐振荡器不需要外加输入信号，只要接通电源就能自行产生矩形脉冲信号，其输出脉冲频率由电路参数 R、C 决定，在要求脉冲频率很稳定的场合通常采用石英晶体多谐振荡器。

555 定时器是一种用途很广的集成电路，只需外接少量 R、C 元件就可构成多谐振荡器、单稳态触发器及施密特触发器。其他应用电路可参考 555 定时器的器件手册和有关文献。

思考题和习题

思考题

9.1　施密特触发器的主要特点是什么？它主要应用于哪些场合？

9.2　在数控系统和计算机系统中，常采用施密特触发器作为输入缓冲器，为什么？

9.3　简述单稳态触发器的主要用途。

9.4　用哪些方法可以产生矩形波？

9.5　简述555定时器的主要用途。

习题

9.1　集成施密特触发器及输入波形如图题9.1所示，说明是同相还是反相施密特触发器？试画出输出 u_O 的波形图。施密特触发器的阈值电压 U_{T+} 和 U_{T-} 如图题9.1所示。

9.2　图题9.2所示为微处理器中常用的上电复位电路。试说明微处理器复位信号的作用？分析图题9.2的工作原理，并定性画出 u_I 与 u_O 波形图。若系统为高电平复位，如何改接电路？

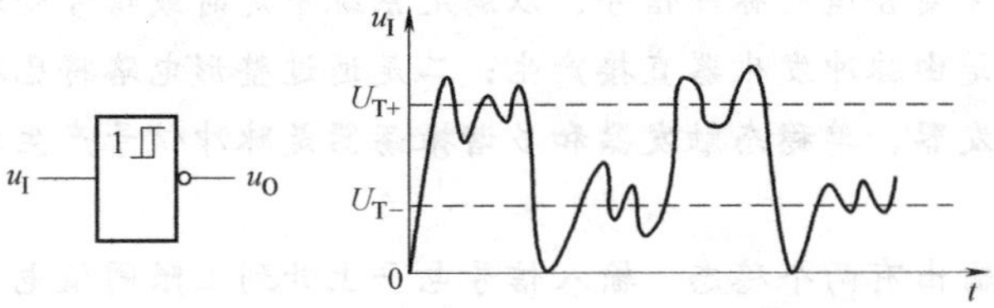

图题 9.1

9.3　集成单稳态触发器74121组成的延时电路如图题9.3所示，要求

(1) 计算输出脉宽的调节范围。

(2) 说明电位器RP旁所串电阻有何作用？

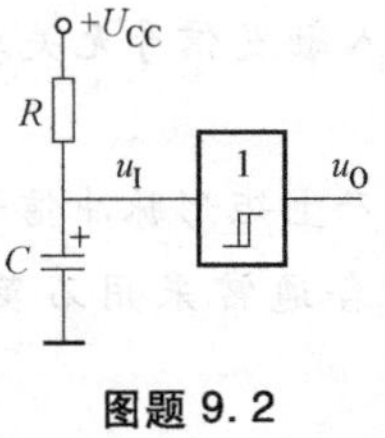

图题 9.2

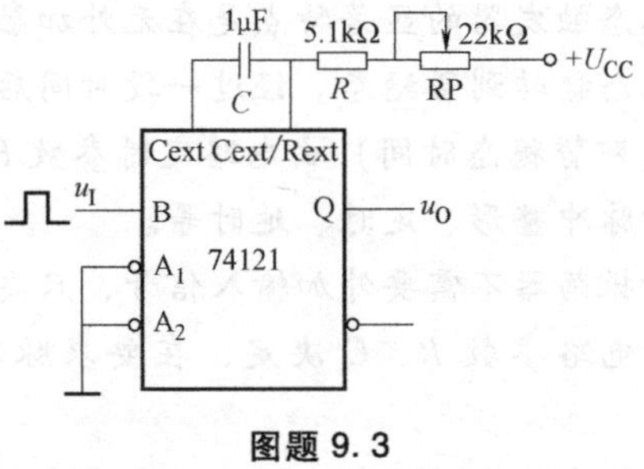

图题 9.3

9.4　用74121设计一个将50kHz、占空比为80%的矩形波信号转换成50kHz、占空比为50%的方波，即高、低电平时间相等。

9.5　集成单稳态触发器 74121 组成的电路如图题 9.5 所示，要求：

(1) 若 u_I 如图中所示，试画出输出 u_{O1}、u_{O2} 的波形图。

(2) 计算 u_{O1}、u_{O2} 的输出脉冲宽度。

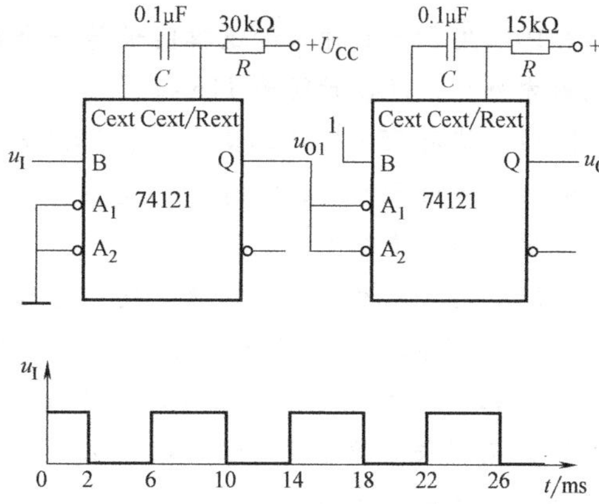

图题 9.5

9.6　若集成单稳态触发器 74121 的输入信号 A_1、A_2、B 的波形如图题 9.6 所示，试画出对应 Q 的波形。

9.7　控制系统为了实现时序配合，要求输入、输出波形如图题 9.7 所示，t_1 可在 1~99s 之间变化，试用 CMOS 精密双集成单稳态触发器 4538 和电阻 R、电位器 RP 和电容器 C 构成电路，并计算 R、RP 和 C 的值。

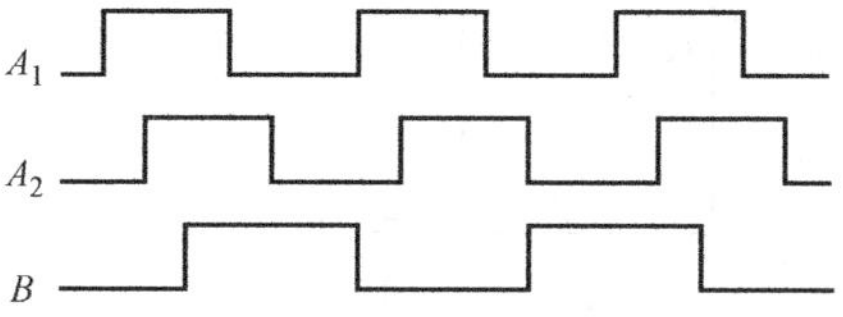

图题 9.6

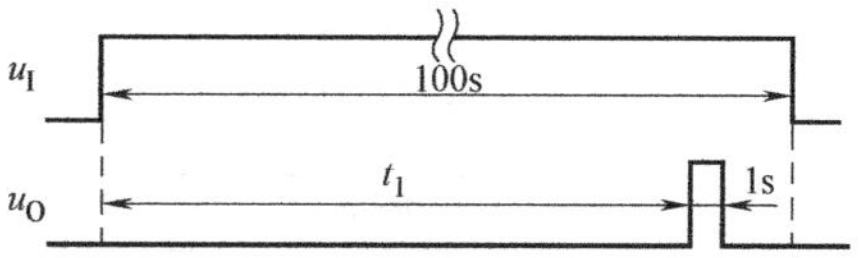

图题 9.7

9.8　电路如图题 9.8 所示。

(1) 分析 S 未按下时电路的工作状态。u_O 处于高电平还是低电平？电路状态是否可以保持稳定？

(2) 若 $C=10\mu F$，按一下启动按钮 S，当要求输出脉宽 $t_W=10s$ 时，计算 R 值。

(3) 若 $C=0.1\mu F$，求出暂稳态时间 $t_W=5ms$ 时的 R 值。此时若将 C 改为 $1\mu F$（R 不变），则时间 t_W 又为多少？

9.9　电路如图题 9.9 所示。若 $C=20\mu F$，$R=100k\Omega$，$U_{CC}=12V$，试计算常闭开关 S 断开以后经过多长的延迟时间，u_O 才能跳变为高电平。

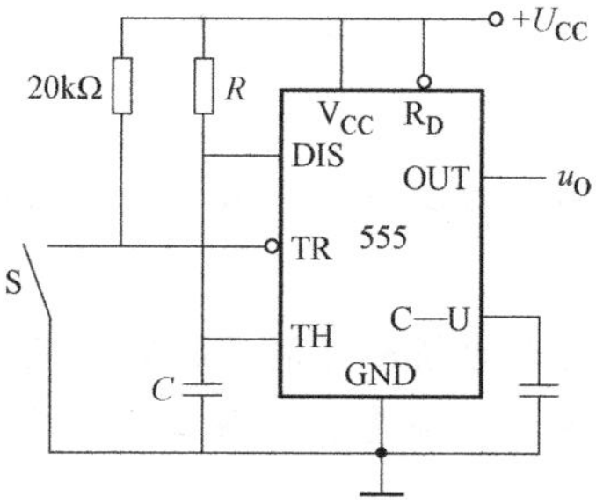

图题 9.8

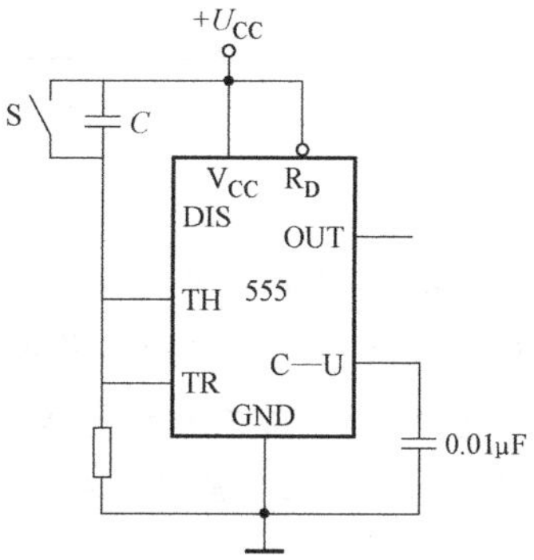

图题 9.9

9.10　用555定时器和逻辑门设计一个控制电路，要求接收触发信号后延迟22ms继电器才吸合，吸合时间为11ms。

9.11　试用555定时器设计一个100Hz、占空比为60%的方波发生器。

9.12　试用555集成定时器和适当的电阻、电容元件设计一个频率为10~50kHz、频率可调的矩形波发生器。

9.13　用双定时器组成的脉冲发生电路如图题9.13所示，设555定时器输出高电平为5V，输出低电平为0V，二极管VD为理想二极管。

（1）每一个555定时器组成什么电路？

（2）若开关S置于1，分别计算 u_{O1} 和 u_{O2} 的频率。

（3）当开关置于2时，画出 u_{O1} 和 u_{O2} 的波形图，注意关键点的高、低电平。

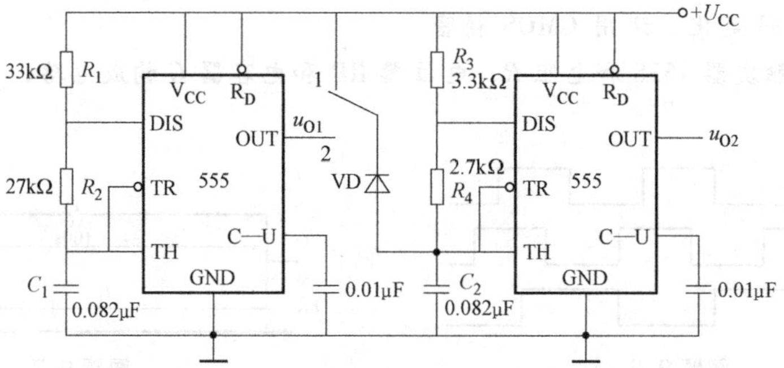

图题9.13

9.14　试设计一个间隔2s、振荡3s的多谐振荡器，其振荡频率为200Hz。

9.15　由两个集成单稳态触发器74121构成的电路如图题9.15所示。试分析电路的工作原理。

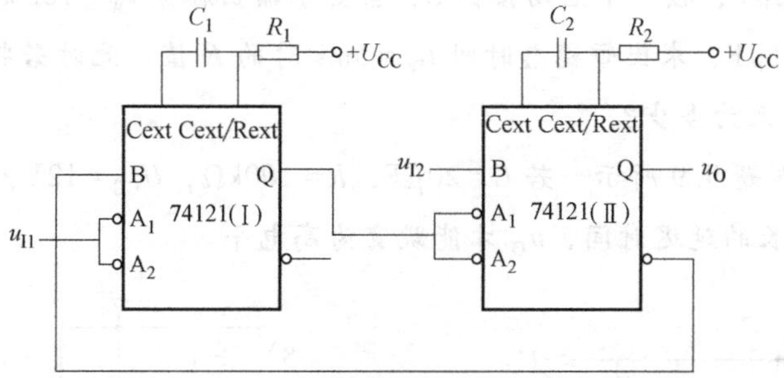

图题9.15

9.16　图题9.16所示电路为两个多谐振荡器构成的发声器，试分析电路的工作原理，并定性地画出 u_{O1}、u_{O2} 的工作波形。

9.17　图题9.17所示电路为两个555定时器构成的频率可调而脉宽不变的方波发生器，试说明电路的工作原理，确定频率变化范围和输出脉宽，解释二极管VD在电路中的作用。

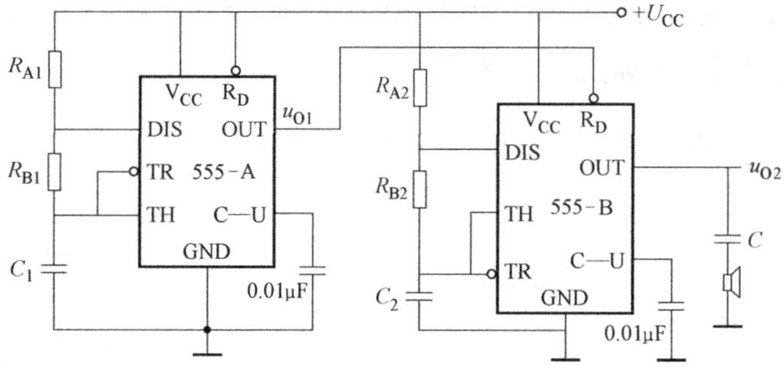

图题 9.16

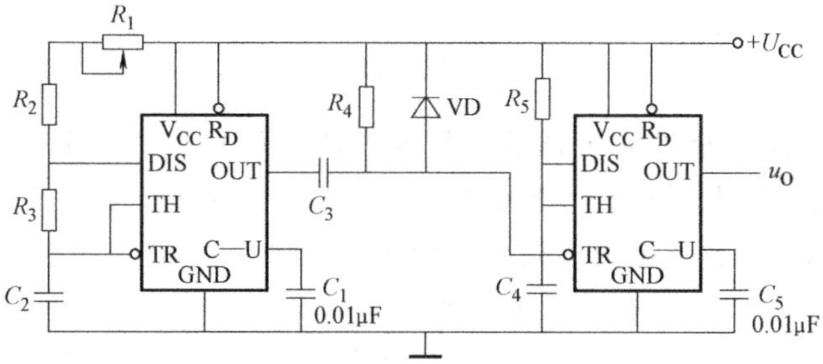

图题 9.17

9.18 图题 9.18 电路中石英晶体的谐振频率为 10MHz，试分析电路的逻辑功能，指出该电路的 CP 时钟频率是多少？画出 CP、Q_1、Q_2 和 Q_3 的波形。

9.19 为区分单稳、双稳和施密特触发电路单元，用相同的信号输入到各电路，再用示波器观测出各输出波形如图题 9.19 所示（设直流电源电压为+5V），试根据输入、输出波形判断三种电路。

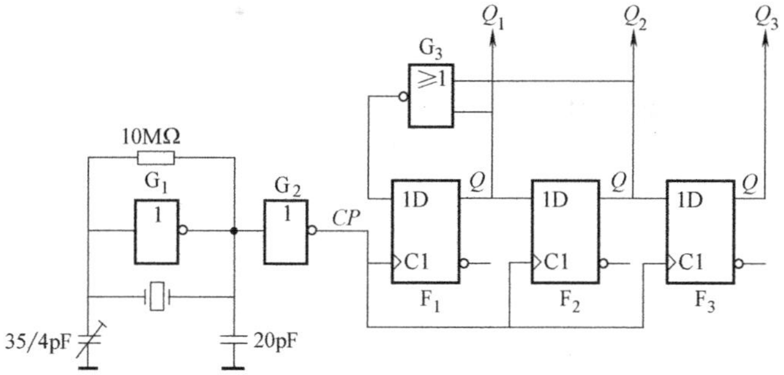

图题 9.18

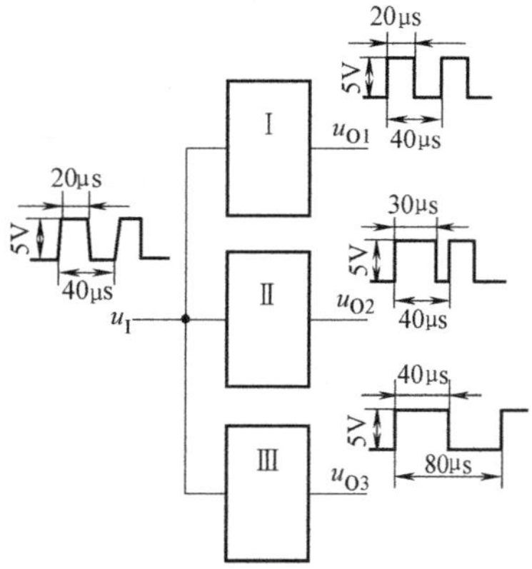

图题 9.19

9.20 由 555 定时器、计数器 74193 和单稳态触发器 4538 组成的电路如图题 9.20 所示。已知 $R_x = 4\text{k}\Omega$，$C_x = 0.02\mu\text{F}$。

（1）若 $R_1 = 10\text{k}\Omega$，$R_2 = 20\text{k}\Omega$，$C = 0.01\mu\text{F}$，求 u_{O1} 的周期 T。

（2）74193（假设初值为 0000）芯片 CO 端输出信号 $\overline{CO}$ 是 u_{O1} 的多少分频？

（3）4538 芯片的输出脉宽 t_w 为多少？

（4）画出 u_{O1}、$\overline{CO}$ 和 u_O 的波形，说明电路功能。

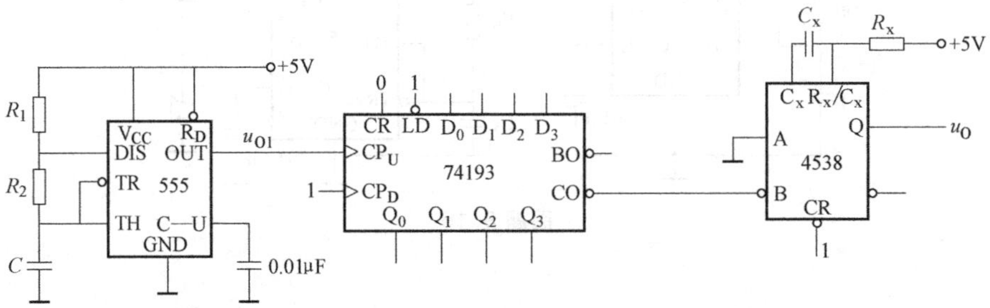

图题 9.20

9.21 图题 9.21 所示为某非接触式转速表的逻辑框图，其由 A～H 八部分构成。转动体每转动一周，传感器发出一个信号，如图题 9.21 所示。

（1）根据输入、输出波形图，说明 B 框中应为何种电路？

（2）试用集成定时器（可附加 JK 触发器）设计 C 框中电路。

（3）若已知测速范围为 0～9999，E、G 框中各需多少集成器件？

（4）E 框中的计数器应为何种进制的计数器？试设计该计数器。

（5）若 G 框中采用 74LS47，H 框中应为共阴还是共阳显示器？当译码器输入代码为 0110 和 1001 时，显示的字形为何？

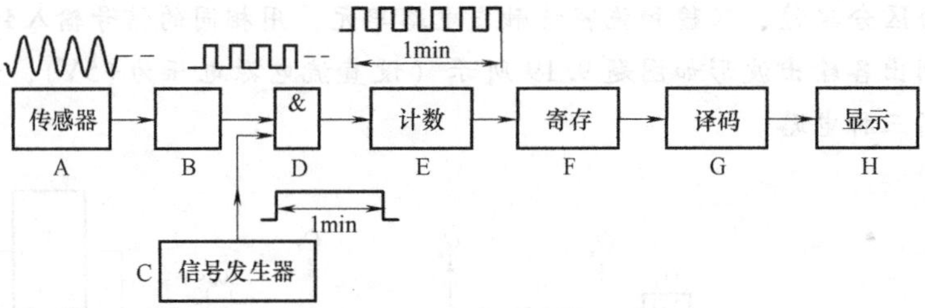

图题 9.21

第10章 半导体存储器

存储器按存储介质的不同可分为光存储器（CD、DVD、光盘等）、磁表面存储器（软盘和硬盘等）和半导体存储器等。半导体存储器由于具有体积小、存储速度快、存储密度高、与逻辑电路接口容易等优点而得到广泛应用，是数字系统的重要组成部分。本章主要介绍半导体存储器的分类、工作原理和应用。

10.1 半导体存储器的基本概念

前面所学的触发器和寄存器也都是可以存储数据的器件，但只能存储很少量的信息。存储器是用于存放大量数据的器件，如存放程序、音乐、影视剧等。半导体存储器是一种以半导体电路作为存储媒体、能够存放大量数据的大规模集成器件，占据半导体集成电路市场的半壁江山，一直被看成是半导体行业的晴雨表，是各种数字系统和计算机中不可缺少的组成部分。

10.1.1 半导体存储器的分类

半导体存储器有多种分类方式，以下介绍几种主要的分类。

1. 按制造工艺分类

按制造工艺的不同，半导体存储器可分为双极型存储器和单极型存储器。双极型存储器具有工作速度快、集成度低、功耗大、价格偏高等特点，在计算机中一般用作高速缓冲存储器。单极型存储器是以 MOS 管构成其基本存储单元，具有集成度高、功耗低、工艺简单、价格便宜等优点，主要用于大容量存储系统中。

2. 按结构、存储数据和访问方式分类

按结构、存储数据和访问方式的不同，半导体存储器可分为随机存取存储器（Random Access Memory，RAM）、只读存储器（Read Only Memory，ROM）、顺序存取存储器（Sequential Access Memory，SAM）、直接存取存储器（Direct Access Memory，DAM）等。

1）RAM 也称为读/写存储器（Read Write Memory，RWM），用于在基于微处理器的系统中临时存储数据和程序指令。随机存取是指用户可以在整个存储设备的任意位置随机访问（读或写）数据。RAM 按其存储原理又可分为静态存储器（Static RAM，SRAM）和动态存储器（Dynamic RAM，DRAM）。SRAM 是利用具有双稳态的触发器来保存信息，只要不掉电，信息是不会丢失的。SRAM 的存储单元结构较复杂，集成度较低，但读写速度快，价格昂贵，所以只在要求速度较高的地方使用，如 CPU 的一级缓冲和二级缓冲。如果一个 SRAM 上具有两套完全独立的数据线、地址线和读写控制线，则称之为双口 RAM。双口 RAM 可用于提高 RAM 的吞吐率，适用于实时的数据缓存。DRAM 是利用 MOS（金属氧化物半导体）电容存储电荷来储存信息，因此必须通过不停地给电容充电来维持信息，速度比 SRAM 慢，但 DRAM 的存储单元结构简单，其成本、集成度、功耗等明显优于 SRAM。计算机内存就是 DRAM。DRAM 又分为很多种，常见的主要有 FPRAM/FastPage、EDORAM、SDRAM、DDR RAM、RDRAM、SGRAM 以及 WRAM 等。

2）ROM 也有很多种：①掩膜 ROM（Mask ROM），它的信息是在芯片制造时由厂家写入。②PROM（Programmable ROM）是熔丝结构的一次性可编程的 ROM，一旦信息写入就无法修改。③EPROM（Erasable PROM）是由紫外光的照射擦除原先的程序可编程 ROM，再通过编程器重新写入程序，因此这种存储器芯片的外表比较特殊，有一个紫外线照射窗口。④E^2PROM（Electrically Erasable PROM，E^2PROM）是一种电可擦除可编程 ROM，不需要芯片离线（离开用户电路板）擦除，摆脱了 EPROM 擦除器和编程器的束缚，使用起来更加方便。E^2PROM 的结构与 EPROM 相似，出厂时存储器的内容一般为全 1 状态。可编程 ROM 都是以字节为最小修改单位。⑤Flash 存储器也是属于 ROM 的一种非易失性存储器，因此也称其为 Flash ROM。Flash 存储器又称为闪存或快闪存储器，它结合了 ROM 的非易失性和 RAM 随时读写的长处，存储容量大、价格低、访问速度快，但它是以块为最小单位进行擦除。目前 Flash 存储器主要有 NOR Flash 和 NAND Flash 两种。

3）与 RAM 对应的是顺序存取存储器（SAM），SAM 一般由动态 CMOS 存储单元串接成的动态移位寄存器组成，SAM 数据在时钟作用下逐个移入、移出，因而只能依顺序访问（类似于盒式录音带）。SAM 非常适合作为缓冲存储器使用，常用的有先进先出（First In First Out，FIFO）型 SAM，数据只能按照“先入先出”原则顺序读出；还有一种是先入后出（First In Last Out，FILO）型 SAM。SAM 没有地址线，不能对存储单元寻址，访问时间与数据位置有关。磁带存储器和 CD-ROM 都是顺序存取存储器。

4）DAM 是介于 RAM 和 SAM 之间的存储器，也称为半顺序存储器。典型的 DAM 有软磁盘、硬盘和光盘。当进行信息存取时，先进行寻道，属于随机方式，然后在磁道中寻找扇区，属于顺序方式。

3. 按照信息的可保存性分类

按照信息的可保存性（即断电信息是否丢失），半导体存储器可分为：易失性存储器（Volatile memory，VM）和非易失性存储器（Non-volatile memory，NVM）。所有的 ROM 都是非易失性存储器，断电后信息不丢失，主要用于存储固定不变的数据、表格或者程序，如计算机主板上的基本输入/输出系统程序、打印机中的汉字库、外部设备的驱动程序等。RAM 是一种易失性存储器，其特点是使用过程可以随机写入或读出数据，使用灵活，但信息不能永久保存，一旦掉电，信息就会丢失，常作为内存存放正在运行的程序或临时数据。

总结半导体存储器的基本分类如图 10.1.1 所示。这些存储器都可以被微处理器直接访问。

4. 其他分类方式

按串行、并行存取方式，半导体存储器可分为串行存储器和并行存储器。上述的顺序存取存储器（SAM）是串行存储器，高速缓存是并行存储器。

按照存储数据是否共享又可分为单端口和双端口存储器。双端口存储器具有两套完全独立的数据线、地址线和读/写控制线，允许两个独立的微处理器同时异步地随机访问，方便两个微处理器交换数据。

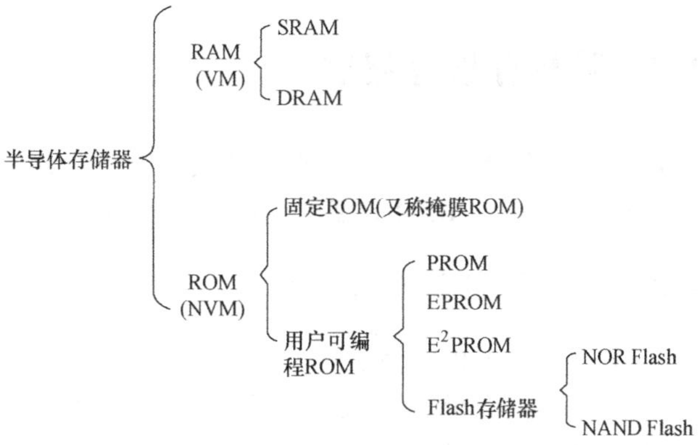

图 10.1.1 半导体存储器基本分类

10.1.2 半导体存储器的性能指标

微机系统在运行程序过程中，大部分的总线周期都是对半导体存储器进行读/写操作，因此，半导体存储器性能的好坏在很大程度上直接影响微机系统的性能。衡量半导体存储器的指标很多，但从功能和接口电路的角度考虑，需要了解以下指标。

1. 存储容量

存储容量是指半导体存储器所能存储二进制信息的总量。1 位（bit）二进制数是存储器的最小单位，8 位二进制为一个字节（Byte），单位用 B 表示。微机系统中一般都是按字节编址的，因此，字节（B）是存储容量的基本单位，常用单位还有 KB（$1KB = 2^{10}B = 1024B$）、MB（$1MB = 1024KB = 2^{20}B$）、GB（$1GB = 1024MB = 2^{30}B$）和 TB（$1TB = 1024GB = 2^{40}B$）。例如，某高速缓冲存储器的容量是 64KB，就表明它所能容纳的二进制信息为 $64\times1024\times8$ 位。

2. 存取速度

存取速度经常用存取时间和存储周期来衡量。存取时间即访问时间或读/写时间，是指从启动一次存储器操作到完成该操作所经历的时间。一般超高速缓冲存储器的存取时间约为 20ns，低速存储器的存取时间约为 300ns。SRAM 的存取时间约为 60ns，DRAM 为 120～250ns。存储周期是指连续启动两次独立的存储器操作所需间隔的最小时间，通常略大于存取时间。

3. 可靠性

可靠性是指在规定时间内半导体存储器无故障读/写的概率，通常用平均无故障时间（Mean Time Between Failures，MTBF）来衡量。MTBF 可以理解为两次故障之间的平均时间间隔，越长说明半导体存储器的性能越好。

4. 功耗

功耗反映了存储器耗电的多少，同时反映了发热的程度。功耗越小，半导体存储器的工作稳定性越好。

10.2 随机存取存储器

随机存取存储器（RAM）有地址线，能够对存储单元寻址，可以随时对任一个存储单元进行读/写。所有 RAM 都属于易失性存储器，即掉电后数据全部消失。

10.2.1 RAM 的基本结构

RAM 一般主要由存储矩阵、地址译码器和读/写控制器三部分组成，如图 10.2.1 所示。由图可见，访问存储器需要三组信号：地址输入、控制输入和数据输入/输出，地址和控制是单向输入，数据是可读可写的，是双向的。RAM 的结构类似于生活中的酒店，控制信号中的片选信号 $\overline{CS}$（Chip Select）相当于是否选择这个酒店，一般是低有效；地址信号用于确定入住的房间号；控制信号中的读写信号 $R/\overline{W}$ 确定是走出（读，该芯片 Read 是高有效）还是进入（写，该芯片 Write 是低有效）本酒店被选中的房间，$R/\overline{W}$ 好比钥匙；输入/输出的数据就好比入住酒店的人；图 10.2.1 中存储矩阵就好比酒店的房间（2^n 个）和每个房间的床位（m 个），小容量存储器容量为 $2^n \times m$ 位。下面分别介绍这三部分的结构。

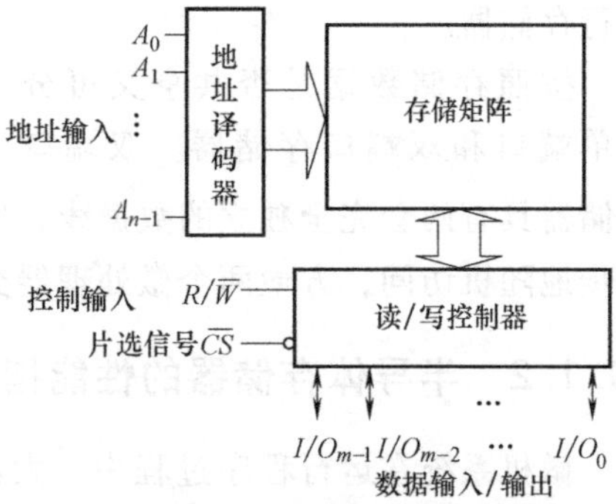

图 10.2.1 RAM 的基本结构

1. 存储矩阵

存储矩阵是存储器的主体，包含了大量的基本存储单元（好比一个床位），每个基本存储单元可以存储一位二进制信息。存储单元按字（Word）或行、位（bit）或列构成矩阵，类似于酒店的房间和床位。一字可以是一位，也可以是多位，一个字包含的位数称为字长，一般用字数×字长表示存储器容量。如图 10.2.2 中点画线框内所示的存储器芯片，地址输入是 5 位，地址译码器的输出确定了存储矩阵字数是 32 个，即共有 32 个房间，一个房间可以存储 8 位，即字长为 8。存储矩阵容量即为 32×8 位或者 32B。

2. 地址译码器

存储器芯片中一般都有地址寄存器，用于寄存来自外部地址线上的地址信息，地址译码器对寄存的地址进行译码（存储器中地址译码器的输出一般都是高有效），选择存储矩阵中唯一对应的存储单元，译码输出类似于酒店的门牌号码。当需要访问存储器时，处理器会在地址总线上送出要访问的存储单元的地址信息，图 10.2.1 所示存储器中的地址译码器对 n 位地址线上的地址 $A_0 \sim A_{n-1}$ 进行译码，以便选中与该地址码对应的存储房间。小容量存储器一般采用单地址译码器，即外部地址线是 n 根的话，就会有 2^n（字数）译码输出，可以区分 2^n 存储单元或房间。对于大容量的存储器，一般有 X、Y（或行、列）两个地址译码器，如图 10.2.3 所示。前面采用单地址译码器的存储器就好比房间都在一层楼的民宿，用一个译码器就可以确定门牌号。双地址译码器好比是一座高楼大厦的大酒店，用一个译码器来区分楼层，一个用于区分每层的房间号。图 10.2.3 可以理解为有 64 层，每层有 64 个房间，每个房间有 16 个床位，其存储容量为 4096×16 位。多数的 DRAM 集成度高，芯片的存储容量大，为了减少芯片的外部

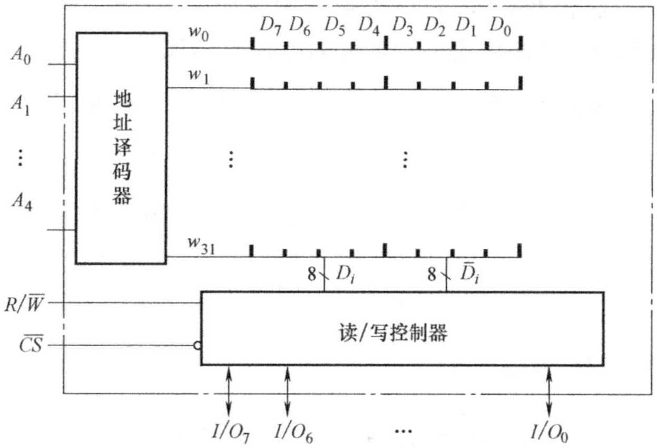

图 10.2.2 RAM 的存储矩阵

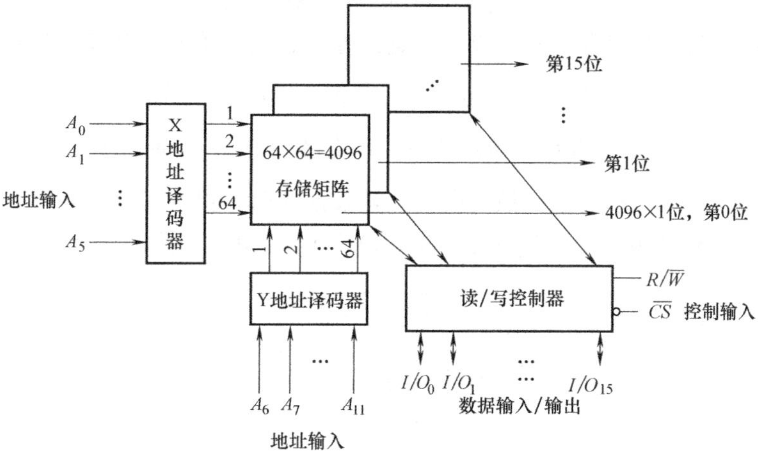

图 10.2.3 双地址译码器

地址引线数，其芯片内部一般采用行、列双地址译码方式。所以，DRAM 一般需要行选通 $\overline{RAS}$ 和列选通 $\overline{CAS}$ 信号，分时将行和列地址送入行、列地址寄存器。因此，如果 DRAM 芯片的地址引脚有 n 根，则它可以访问的存储单元为 2^{2n} 个（字数）。

3. 读/写控制器

读/写控制器是对地址译码器选中的存储单元进行读出或写入的控制操作。存储矩阵中的存储单元通过地址译码器被选中后，信息能否被写入或读出还需要有一把开房间门的钥匙，读/写控制器就是完成类似钥匙的功能。

图 10.2.4 为读/写控制器的逻辑电路图（为更清晰表示，此图使用国外流行符号）。其中，I/O 为存储器的数据输入/输出端，一般连接到数据总线上；D 和 $\overline{D}$ 为 RAM 内部数据线；$\overline{CS}$ 为片选信号；$R/\overline{W}$ 为读/写控制输入信号，不同存储器的控制信号稍有不同，有些存储器的读/写信号是分开的。

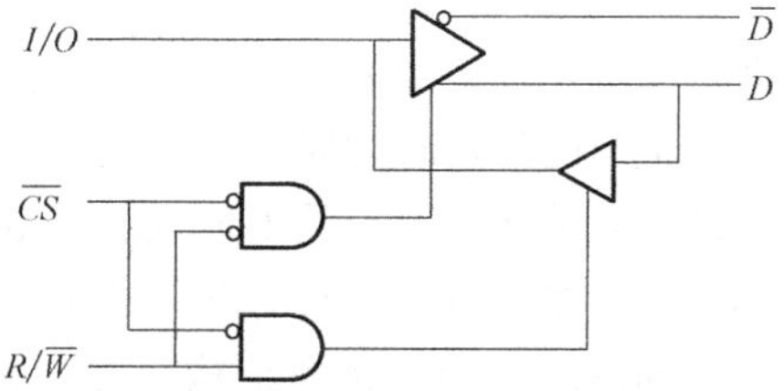

图 10.2.4 读/写控制器的逻辑电路

片选信号（$\overline{CS}$）控制着 RAM 芯片能否被选中。如图 10.2.4 所示，当 $\overline{CS}=1$ 时，图中的写入和读出三态门都处于高阻状态，说明此时存储器不能送出数据到总线上，而且数据总线上流动的数据也不会影响存储器中存储的信息。当 $\overline{CS}=0$，$R/\overline{W}=1$ 时，读出三态门使能，RAM 存储器中的信息被读出送至数据总线，而当 $\overline{CS}=0$，$R/\overline{W}=0$ 时，写入三态门使能，数据总线上的数据经过写入三态缓冲器以互补的形式送给内部数据线 D 和 $\overline{D}$，与地址译码器配合，就把外部的信息写入到 RAM 的一个被选中的存储单元中。图 10.2.4 为读/写 1 位数据的电路，读/写控制器也可以同时读/写多位数据，好比酒店有一人间和多人间一样。

10.2.2 SRAM 的存储单元

图 10.2.5 是一种由 MOS 管组成的存储单元，点画线框中为存储器的基本部分常称为六管存储单元。其中，$VT_1\sim VT_4$ 四个 MOS 管构成了两个反相器，如图中右边所示电路，反相器输出 Q 和 $\overline{Q}$ 反馈到另一反相器的输入，构成基本 RS 触发器，用以寄存 1 位二进制数码，只要不断电，信息就一直保存。VT_5 和 VT_6 是门控管，做模拟开关使用，以控制基本 RS 触发器的输出端 Q、$\overline{Q}$ 和位线 B_j、$\overline{B}_j$ 的连接。门控管受行地址译码信号 X_i 控制，当 $X_i=1$ 时，VT_5 和 VT_6 导通，触发器 Q 和 $\overline{Q}$ 与位线 B_j 和 $\overline{B}_j$ 连接；当 $X_i=0$ 时，VT_5 和 VT_6 断开，触发器 Q 和 $\overline{Q}$ 与位线 B_j 和 $\overline{B}_j$ 的连接也被切断。一旦数据存储反相器互锁，电路不再动作，因此也称为六管静态存储单元，这也是称为 Static RAM（SRAM）的原因。

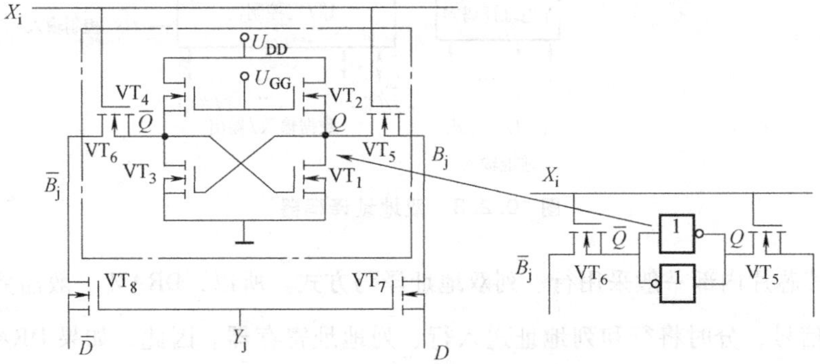

图 10.2.5 六管静态存储单元

行列存储矩阵的每一列存储单元共用两个门控管 VT_7 和 VT_8，分别控制位线 B_j、$\overline{B}_j$ 与读/写控制器中的 D、$\overline{D}$ 的连接。VT_7 和 VT_8 受列地址译码信号 Y_j 的控制，$Y_j=0$ 时断开，$Y_j=1$ 时导通。当 $Y_j=1$ 且 $X_i=1$ 时，D、$\overline{D}$ 和 B_j、$\overline{B}_j$ 以及 Q、$\overline{Q}$ 分别连通，如果是写或存储数据，一对互补信号 D 和 $\overline{D}$ 将直接到达两个反相器的输入 Q 和 $\overline{Q}$ 端，加快了锁存速度，锁存时为 1 个门的延时时间。如果是读出数据，则内部存储的 Q 直接经 D 送出。因此，要访问内部存储单元，无论是单地址还是双地址译码器，所有的地址译码、读或写以及片选必须全部有效，才能打开所有的存储通道，将存储器 I/O 引脚的信息写入或将存储单元的数据读出。由 SRAM 存储单元的结构可见，SRAM 存储速度快，但存储单元 MOS 管的数量较多，集成度不高，SRAM 掉电时信息丢失。

10.2.3 DRAM 的存储单元

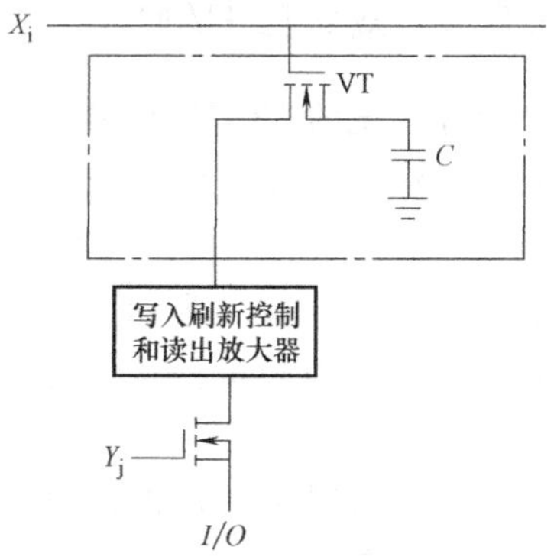

图 10.2.6 单管动态 MOS 存储单元

DRAM 的存储单元一般是利用电容来存放信息，有四管和三管等存储单元，自 4K DRAM 之后，大容量的 DRAM（包括 RDRAM、DDR RAM、SDRAM、EDO RAM 等）存储单元只由一个 MOS 管和一个电容器组成，如图 10.2.6 所示。虽然后来陆续提出了一些新的 DRAM 记忆单元结构，但是不论元件数目或线路数目，都比一个 MOS 管和一个电容器的结构复杂，因此 64~256M DRAM 仍继续使用这种结构的记忆单元。电容 C 用来存储数据，目前构成记忆单元中所用的 MOS 管大部分是 N 通道 MOS 管（NMOS）。DRAM 包括写入、读出和刷新三个操作。

写入时，$X_i=1$、$Y_i=1$，对应 MOS 管导通，I/O 线上的输入数据经 VT 管存储在 C 中，电容 C 有电荷表示存储 1，无电荷表示存储 0。

读出时，当 $X_i=1$ 时，VT 导通，使读出放大器读取电容 C 的电压值，放大器灵敏度高，放大倍数较大，可将读到的电压值直接转换为对应的逻辑电平 1 或 0。$Y_i=1$，对应管子导通，同时起到驱动作用，将信号经由 I/O 线输出。读出后，由于 C 电荷被部分转移，必须立即“刷新”，以保证存储信息不会丢失。即控制电路会先行读取存储器中的数据，然后再把数据写回去，使它们能够保持 0 和 1 信息。这种刷新操作每秒钟要自动进行数千次。

刷新就是周期性地对动态存储器读出、放大、再写回的过程。DRAM 的电容器就像一个能够储存电子的小桶，在存储单元中写入 1，小桶内就充满电子，写入 0，小桶就被清空。电容器桶存在泄漏放电的问题，只需大约几毫秒的时间，一个充满电子的小桶就会漏得一干二净。因此，为了确保动态存储器能正常工作，必须由 CPU 或是由存储器控制器对所有电容不断地进行“刷新”充电（即再写入），这也是称为 DRAM 的原因。读出操作也伴随着刷新，但由于读出操作的时间及访问存储单元的随机性，不可能将所有存储单元在规定周期内刷新一次，因此需要专门的刷新控制周期地完成 DRAM 的刷新。刷新周期一般为 2ms，按行进行刷新（刷新时 $Y_i=0$，断开内部与 I/O 连接），即一个刷新周期必须对所有行的每一个存储单元进行读出、放大、再写回。如一个 128 行、64 列的存储矩阵，每行的刷新时间必须在 15.625μs（2ms/128）内完成。DRAM 的刷新常采用两种方法：一是利用专门的控制器完成（如 Intel 8203）；二是 DRAM 芯片上集成刷新控制器，自动完成刷新操作（如 Intel 2186/2187）。

由于 DRAM 的元件和线路数目少，所以记忆单元所占面积很小，集成度可以很高，容量大，价格也便宜，但其读/写速度显然比 SRAM 慢，并且需要刷新及读出放大器等外围电路。

根据 SRAM 与 DRAM 的存储单元结构特点，总结两者的特性如下：

1）SRAM 存储单元利用触发器保存数据，保存数据的速度快。数据读出时无破坏性，一次写入，可以多次读出；存储单元结构复杂，使用管子多，每位面积大、功耗大。

2）DRAM 存储单元利用电容存储电荷保存数据。写入过程是给电容充电或放电的过程，速度慢。读出操作会破坏电容上的电荷，因此读出后需立即再写回，同时需要定期全部刷新。存储单元结构简单，管子少，面积小，功耗低，利于海量存储。

10.2.4 双端口 RAM

上述传统的 SRAM 和 DRAM 都是单端口存储器，即每个存储器芯片只有一套数据、地址和控制线，也简称为单口 RAM，其任何时刻只能接受一个处理器的访问。而双端口存储器的每个芯片具有两套完全独立的数据线、地址线和读/写控制电路，即共享式多端口存储器，结构如图 10.2.7 所示。其最大的特点是存储数据共享，允许两个独立的微处理器或控制器同时异步地随机性访问存储单元，在一定程度上使存储器实现了并行操作，提高了 RAM 的吞吐率，适用于实时的数据缓存。因为数据共享，芯片内部的仲裁逻辑控制能提供以下功能：对同一地址单元访问的时序控制；存储单元数据块的访问权限分配；信令交换逻辑（如中断信号）等。

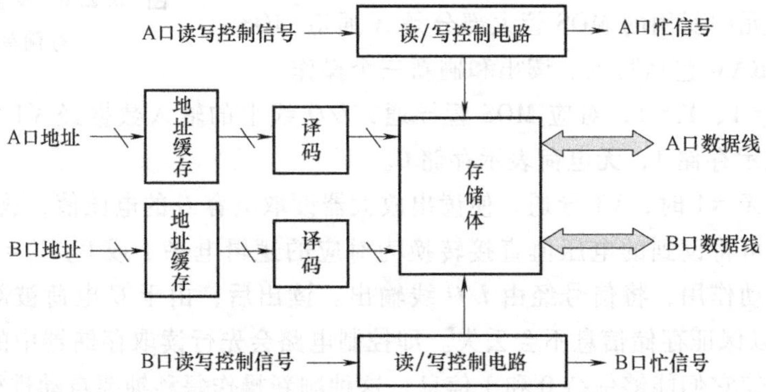

图 10.2.7 双端口 RAM 结构

双端口 RAM 又分为伪双口 RAM 与双口 RAM。伪双口 RAM 的一个端口只读，另一个端口只写；而双口 RAM 两个端口都可以读/写。CY7C133 是 CYPRESS 公司研制的高速 2K×16CMOS（地址总线宽度 11 位，数据总线宽度 16 位）双端口静态 RAM，最快访问时间可达 15ns。CY7C133 允许两个 CPU 同时读取任意存储单元（包括同时读同一地址单元），但不允许同时写或一读一写同一地址单元，否则就会发生错误。双口 RAM 中引入了仲裁逻辑（忙逻辑）电路来解决这个问题：当两个端口同时写入或一读一写同一地址单元时，先稳定的地址端口通过仲裁逻辑电路优先读写，同时内部电路禁止另一个端口的访问，直到本端口操作结束才允许另一端口操作。芯片的 BUSY 信号可以作为中断源指明本次操作非法。

视频 RAM（VRAM），亦称多端口 DRAM（MPDRAM），为显示适配器和 3D 加速卡所专用。VRAM 允许 CPU 和图形处理器同时访问 RAM，它的主要功能是将显卡的视频数据输出到数/模转换器中，有效降低绘图显示芯片的工作负担。VRAM 采用双数据口设计，其中一个数据口是并行的，另一个是串行的数据输出口。其多用于高级显卡中的高档内存。

10.3 只读存储器

只读存储器（ROM）属于非易失性存储器，即掉电后数据不会丢失。因此，在计算机及数字控制系统中，ROM 常用来存储一些固定的信息，如监控程序、启动引导程序、代码转换表格、函数发生器、字符发生器、汉字库等。虽然 ROM 是具有记忆功能的存储器，但它的“存储单元”并没有触发器，严格来讲，ROM 是一种组合电路。

10.3.1 ROM的基本结构

ROM的基本结构与RAM类似，如图10.3.1所示。与RAM不同的是，一部分ROM，如掩膜ROM、PROM、EPROM等，只能在线读出，不能写入，所以图中只有输出使能（OE）信号。ROM包含地址译码器、存储矩阵、编程和输出缓冲器控制电路三部分。地址译码器的作用是从存储矩阵中选出指定的单元，并把其中的数据送到输出缓冲器；存储矩阵由存储单元组成，每个存储单元可以由二极管构成，也可以由双极型晶体管或MOS管构成；输出缓冲器的作用有两个，一是能提高存储器的负载驱动能力，二是实现三态逻辑输出，以便与系统数据总线连接。

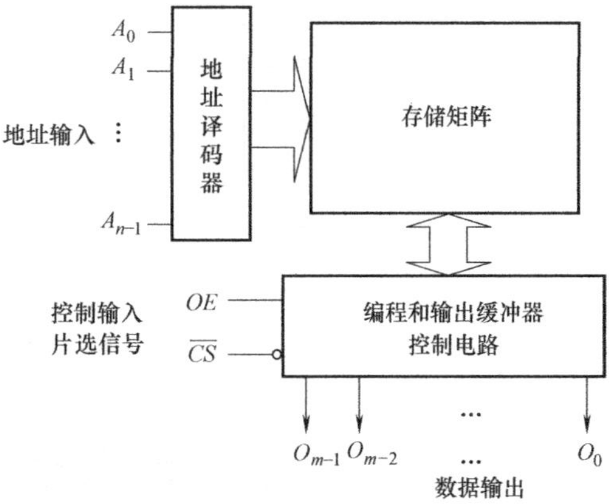

图10.3.1 ROM的基本结构

PROM、EPROM、E^2PROM和Flash存储器的区别是存储单元的结构不同，导致擦除、写入和读出的方法不同。E^2PROM和Flash可以在线写入数据。

掩膜ROM（Mask ROM，MROM）的内容是由半导体制造厂按用户提出的要求在芯片的生产过程中直接写入的，写入之后只能读出，任何人都无法改变其内容。MROM的优点是：可靠性高，集成度高，形成批量之后价格便宜，缺点是：一旦用户代码有错会损失很大，灵活性差。因此，下面只介绍用户可编程的ROM。

10.3.2 各类可编程ROM及存储单元简介

1. PROM及其存储单元

可编程ROM（PROM）允许用户利用专门的编程器写入程序。PROM的编程单元有熔丝烧断型和PN结击穿型两种结构，图10.3.2所示为熔丝烧断型编程单元，PROM产品出厂时，所有熔丝是连通的（反熔丝结构是断开的），PROM编程是通过足够大的电流烧断熔丝或者保持连接来保存1或0，熔丝烧断后不能再复原，因此PROM只能进行一次编程，但掉电信息不会丢失。

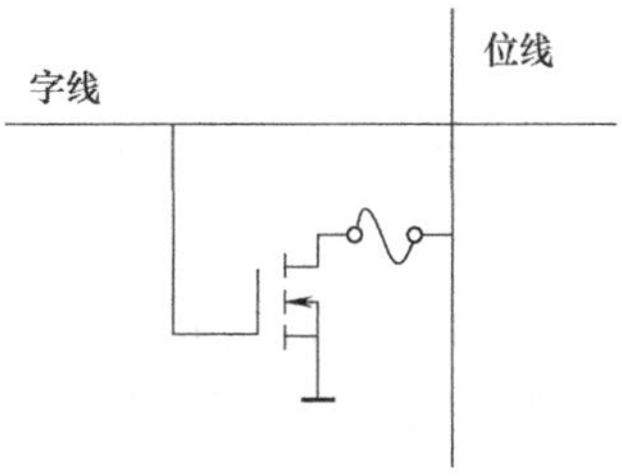

图10.3.2 熔丝烧断型PROM编程单元

图10.3.3是一个存储矩阵为4×4的PROM编程后的示意图，若熔丝未断，图中画出了与位线相连的MOS管，如果熔丝烧断，则断开位线与MOS管的连接（图中省略了熔丝烧断编程单元）。地址译码器是输出高电平有效，当地址$A_1A_0=00$时，译码输出使字线0为唯一高电平，若有管子与字线相连，则MOS管导通使对应位线数据为0，若位线没有MOS管与字线相连，则上拉为1。因此，$A_1A_0=00$的存储单元存储的数据$D_3D_2D_1D_0=0101$B。地址01、10、11存储单元的数据依次为1101B、1010B、0100B。

2. EPROM、E^2PROM和Flash存储器简介

相比PROM，能够重复擦写的EPROM一度得到了广泛的应用。EPROM的封装是最有特点的一种芯片，其芯片顶部开有一个圆形“**石英玻璃窗**”，如图10.3.4所示。透过窗口

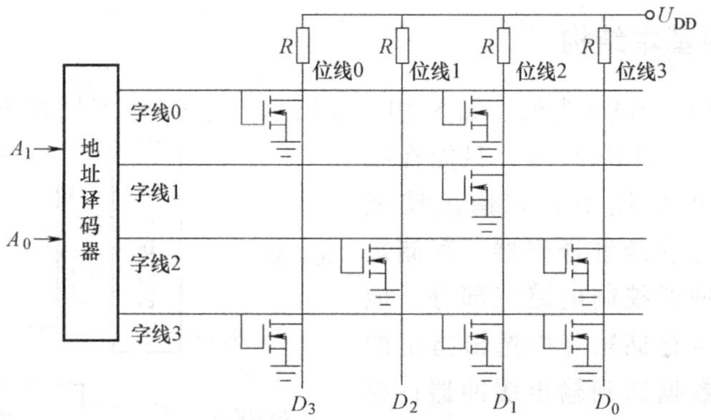

图 10.3.3　4×4 PROM 编程后的示意图

图 10.3.4　EPROM 芯片封装

可以看到其内部的集成电路，将 EPROM 放在擦除器盒子中，紫外线透过该窗口照射内部芯片就可以擦除数据，当然，擦除是整片数据全部清除，过程要几到十几分钟。

EPROM 内资料的写入要用专用的编程器，写内容时必须要加一定的编程电压（12～25V，随不同的芯片型号而定）。EPROM 的型号是以 27 开头的，如 27C020（8×256K）是一片 2Mbit 容量的 EPROM 芯片。EPROM 芯片在写入资料后，还要以不透光的贴纸或胶布把窗口封住，以免受到周围的紫外线照射而使资料受损。EPROM 芯片出厂或用紫外线擦除后，内部的每一个存储单元的数据一般均为 1。

E^2PROM 和 Flash 存储器（闪存）是电可擦除 PROM 。E^2PROM 虽是非易失性存储器，但不像 EPROM 需要离线使用专门的编程器和擦除器，E^2PROM 可以在电路中或用户电路板上直接编程和擦除。闪存也可以电擦除，它的名字源于这样一个事实，即它的内部处理能力提供了更快的访问时间，并减少了擦除过程中的系统开销。

这三种存储器中的任何一种都可以被可靠地擦除和重新编程数千次。EPROM 的擦除时间最慢，即使强烈的紫外线辐射也需要几分钟，且只能擦除整个芯片。E^2PROM 和闪存更加灵活，允许在不到 1ms 的时间内擦除单个位或字节。闪存甚至更进一步，允许在同一时间擦除整个块或整个芯片。

EPROM 的价格便宜，通常用于新产品的初始设计和调试阶段。设计师在 EPROM 上记录软件和数据的初始版本，以测试他们的想法，一旦通过了一系列的测试，将订购 MROM 或 E^2PROM 来实现设计。

由于 E^2PROM 可以在电路中重新编程，因此它比 EPROM 更受欢迎。E^2PROM 通常作为串行 I/O 存储设备出售，这大大减少了芯片引脚数和芯片大小，体积的缩小使 E^2PROM 成为手持设备的完美的解决方案。例如，电视遥控器用于记住用户最喜欢的设置，手机中用于记忆手机的最后拨号、快速拨号等信息。

闪存已经成为电子设备最流行的信息存储解决方案。例如，数码相机和个人数字助理（PDA）使用闪存卡作为存储数据的媒介，PC 使用闪存存储操作系统固件，打印机将字体存储在闪存中等。

3. EPROM、E^2PROM 和 Flash 存储器的存储单元

在这三种非易失性存储器中，每个存储器单元最常用的是浮栅 MOSFET，如图 10.3.5 所示。浮栅是实际的存储单元，它通过一侧的电介质层和另一侧的薄氧化层与 MOS 管的 3 个极绝缘。如果在栅极加足够高的电压，在浮栅上产生电场效应，使浮栅获得电子，将使得 MOS 管的阀值电压变高。制造商保证，除非通过电擦除电子，否则这些电子电荷将在浮栅上停留 10 年以上。

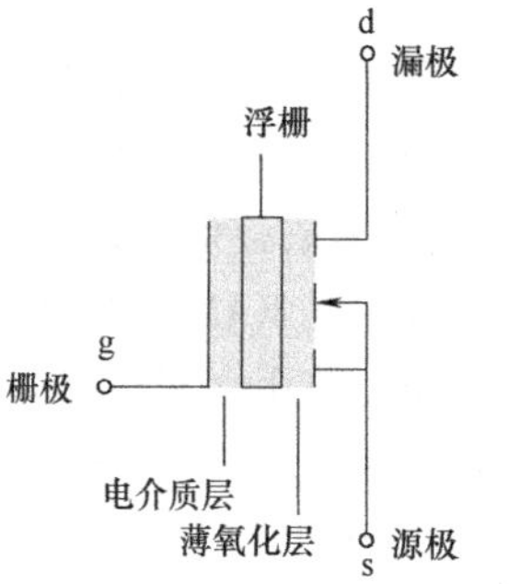

图 10.3.5 浮栅 MOSFET

存储单元有 3 个基本操作：写入、擦除和读出。图 10.3.6a 是将 1 写入存储单元的简化电路。存储器芯片一般有内置高电压（通常是 12V），称为 U_{PP}，将 U_{PP} 加在栅极，并将 MOS 管源极接地，在浮栅上就产生了一个极高的电场，浮栅吸收从 MOS 管源极穿过薄氧化层的电子，持续几纳秒，直到浮栅获得足够的电子电荷。当 U_{PP} 电压被移除后，电荷被电介质层和氧化层隔离，仍然留在浮栅上。

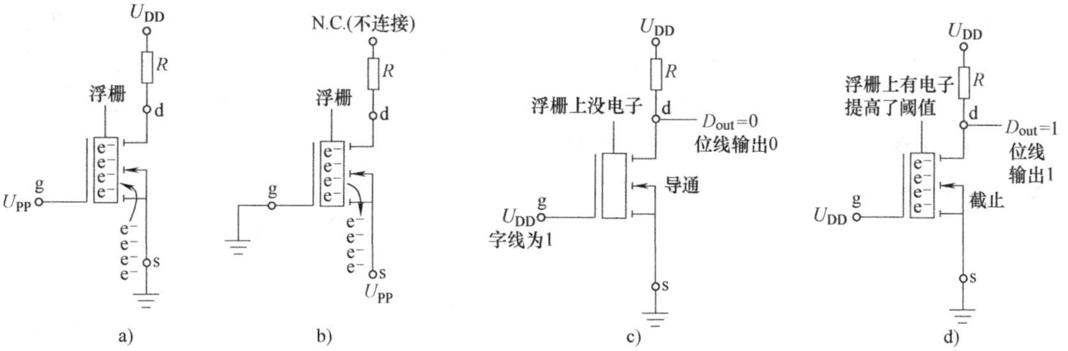

图 10.3.6 存储单元操作简化电路

a）写 1 到存储单元 b）E^2PROM 或 Flash 存储器擦除存储单元 c）读出 0 d）读出 1

擦除 E^2PROM 或 Flash 存储器的存储单元可利用图 10.3.6b 所示电路，芯片内部的控制电路反转了写操作，电子从浮栅上流出。EPROM 是通过其打开的窗口，使电子吸收紫外线能量来移除栅极的电子。

要读取一个存储单元，存储器的地址译码器会产生唯一的行和列有效地址，在内存阵列中选择该地址对应的存储单元，对应的字线高电平有效，如图 10.3.6c 和 d 所示，使栅极高电平。如果浮栅上没有电子电荷，如图 10.3.6c 所示，则栅极输入电压 U_{DD}（通常为 5V 或 3.3 V）足以使 MOS 管导通，但又不足以使浮栅上吸收电子电荷。导通的晶体管将漏极与源极接通，所以输出为 0。如果浮栅上有电荷，如图 10.3.6d 所示，则栅极输入电压 U_{DD} 达不到晶体管的阈值，MOS 管将截止，漏、源极电流为零，使漏极电压等于 U_{DD}，所以输出为 1。浮栅是存储核心，浮栅上有或无电子，决定了存储的是 1 或 0。

10.4 集成存储器结构和时序简介

链 10-1 Flash 存储器简介

集成存储器是一种由数百万计电子元器件构成的大规模存储集成电路，一般简称为存储器。鉴于 Flash 存储器的擦除、写入和读出访问特点与早前存储器不同，下面主要介绍 RAM 和 ROM 集成存储器，若想了解 Flash 存储器，可扫二维码链 10-1 学习。

1. 集成存储器结构框架

无论是 RAM 还是 ROM 集成存储器，其内部结构一般都包括地址译码、存储矩阵和 I/O 控制逻辑。使用存储器时，重点要关注外部信号引脚、连接方式和存储器时序。并行存储器的外部信号包括地址、数据和控制 3 种信号。若有 n 根地址线和 m 根数据线，存储器芯片的容量一般为 $2^n \times m$ 位，若是大容量 DRAM 存储器，地址线分时复用，则容量为 $2^{2n} \times m$ 位。控制总线一般包括片选、读/写控制等信号。个别存储器还有一个联络信号 Ready，是反应存储器状态的信号，一般用于与处理器接口时进行时序或速度的匹配。除了掩膜 ROM、PROM 和 EPROM，其他存储器的数据线都是双向的，禁止存储器工作时，数据 I/O 都是三态的。

下面以 62256 存储器芯片为例介绍。下载 SAMSUNG 公司的 62256 数据手册，可知是“32K×8 bit Low Power CMOS Static SRAM”，电源电压为 5(1±10%)V，与 TTL 门电路兼容，三态输出。功能描述如图 10.4.1 所示。相关引脚描述和功能模块图如图 10.4.2 所示，图中左上方给出了不同封装形式，左下方给出了各引脚的功能说明。由图 10.4.2 右侧的功能模块可见，有 15 根地址输入，采用双地址译码；8 个数据 I/O，存储矩阵容量为 $2^{15} \times 8$ 位 = 32K 字节；I/O 控制逻辑模块控制数据通过三态门输入或输出。由图 10.4.1 可见，片选无效时，I/O 引脚处于高阻态，不影响数据总线。与图 10.2.4 结构类似，片选无效时，若数据总线有数据流动，也不会影响到存储器内部存储的数据。

集成 ROM 芯片与 SRAM 类似，只是 PROM 和 EPROM 没有在线写信号功能。

$\overline{CS}$	$\overline{OE}$	$\overline{WE}$	I/O 引脚	工作模式	功耗
H	×	×	高阻	未选中	待机
L	H	H	高阻	禁止输出	激活
L	L	H	数据输出	读	激活
L	×	L	数据输入	写	激活

图 10.4.1 SRAM 62256 功能描述

2. 存储器读/写数据时序

任何数字系统在使用存储器时都必须满足存储器芯片的时序要求，否则无法正确存取数据，即存储器的地址、数据和控制信号要有配合，必须根据芯片中三者的时序关系提供信号来正确存取数据。这就好比人入住酒店时，房间号码、人和钥匙三者匹配好才能正常入住，缺一不可。图 10.4.3 为 62256 SRAM 两种读数据的时序图，图 10.4.3a 是片选 $\overline{CS}$ 和输出使能 $\overline{OE}$（即读信号）始终低有效，如果一个微处理器系统只用到一片存储器，可以这样简单处理，若包含多种接口和多片处理器时，要采用图 10.4.3b 的读时序。图 10.4.3 是总线形式的时序图，图中，地址代表 62256 SRAM 的 $A_0 \sim A_{14}$ 共 15 位地址总线，“X”表示数据更新或改变，地址的其他部分表示地址信息稳定。图 10.4.3 中数据输出表示数据总线（62256 SRAM 数据宽度为 8 位，即 $I/O_0 \sim I/O_7$），其中的灰色框表示数据不确定，当地址、片选、

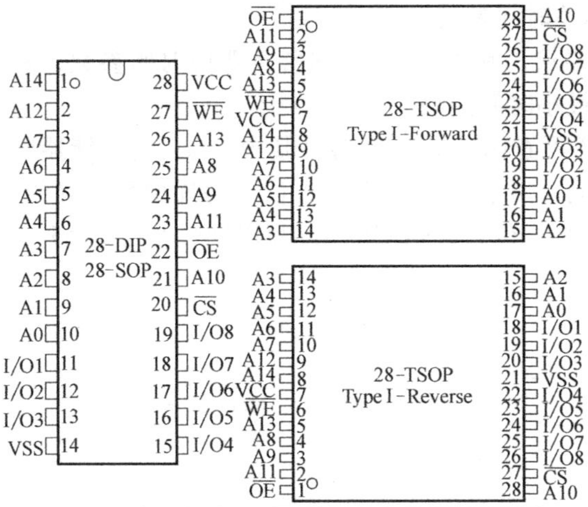

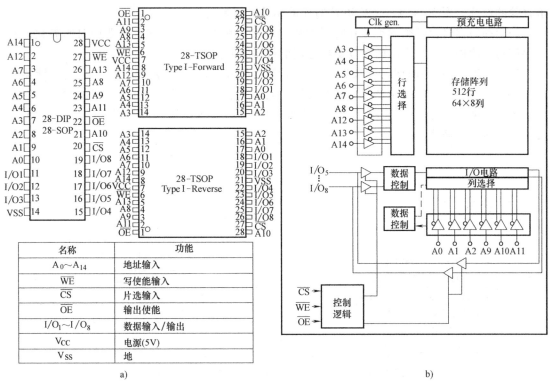

名称	功能
$A_0 \sim A_{14}$	地址输入
$\overline{WE}$	写使能输入
$\overline{CS}$	片选输入
$\overline{OE}$	输出使能
$I/O_1 \sim I/O_8$	数据输入/输出
V_{CC}	电源(5V)
V_{SS}	地

a)

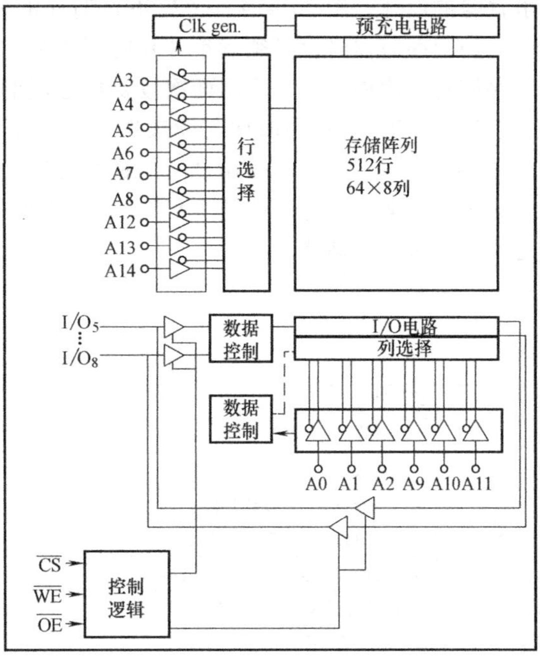

b)

图 10.4.2　62256-32K×8 bit Low Power CMOS Static SRAM 数据手册中部分内容

a) 引脚描述　b) 功能模块图

输出使能信号共同有效一段时间后，数据被读出到数据总线（图中的有效数据）。稳态情况下，当存储器片选信号无效时，数据总线总是处于高阻状态。该时序图也充分体现了避免竞

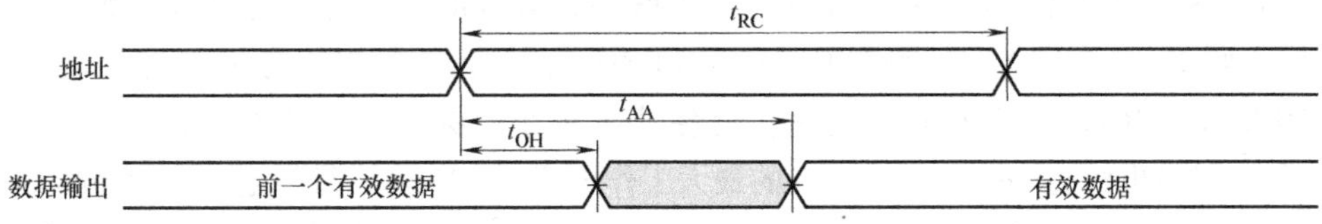

a)

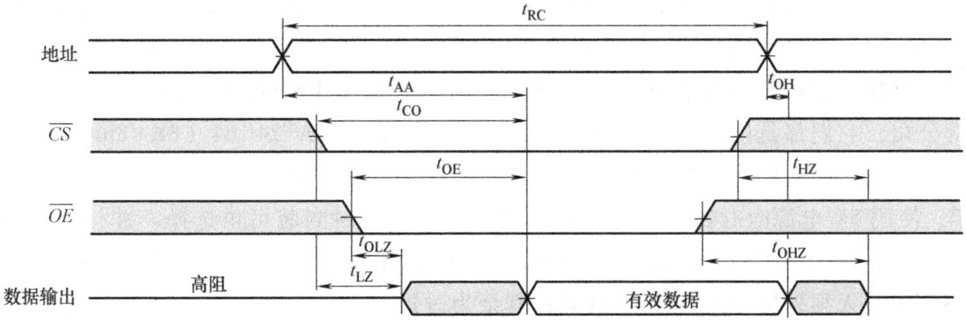

b)

图 10.4.3　62256 SRAM 两种读数据时序图

a) $\overline{CS}=\overline{OE}=0, \overline{WE}=1$ 的读数据时序图　b) $\overline{WE}=1$ 的读数据时序图

争冒险的设计。图 10.4.4 是 62256 读时序的相关时间参数。

访问存储器时，必须满足芯片时序参数的要求，其中，t_{RC} 是非常重要的时间参数，表示存储器的读周期，它表示两次读操作之间的最小时间间隔。

62256 SRAM 的写时序与读操作类似，读者可查阅其数据手册。其中，t_{WC} 是存储器的写周期，它表示两次写操作之间的最小时间间隔。对于大多数 RAM，读和写周期是相等的，称为**读写周期**。读写周期是 RAM 的一个重要指标。62256 SRAM 的读写周期最小可达 55ns，是比较快速的存储器。

参数		符号	Speed Bins				单位
			55ns		70ns		
			Min	Max	Min	Max	
读数据	读周期	t_{RC}	55	–	70	–	ns
	地址有效到输出有效数据的时间	t_{AA}	–	55	–	70	ns
	片选有效到输出有效数据的时间	t_{CO}	–	55	–	70	ns
	输出使能到输出有效数据的时间	t_{OE}	–	25	–	35	ns
	片选有效到数据不为高阻的时间	t_{LZ}	10	–	10	–	ns
	输出使能到数据线不为高阻的时间	t_{OLZ}	5	–	5	–	ns
	片选无效到数据线为高阻的时间	t_{HZ}	0	20	0	30	ns
	禁止输出到数据线为高阻的时间	t_{OHZ}	0	20	0	30	ns
	地址改变后的有效数据保持时间	t_{OH}	5	–	5	–	ns

图 10.4.4　62256 SRAM 读时序的相关时间参数

3. 各种集成存储器型号的简介

EPROM 可作为微机系统的外部程序存储器，其典型产品以 27 开头，如 2716（16Kbit 或 2K×8bit）、2732（4K×8bit）、2764（8K×8bit）、27128（16K×8bit）、27256（32K×8bit）、27512（64K×8bit）等。这些型号的 EPROM 都是 NMOS 型，与 NMOS 相对应的 CMOS 型 EPROM 以 27C 开头，如 27C16 等。NMOS 型与 CMOS 型 EPROM 的输入与输出均与 TTL 门电路兼容，区别是 CMOS 型 EPROM 的读取时间更短，消耗功率更小。例如，27C256 的最大工作电流为 30mA，最大维持电流为 1mA，而 27256 的最大工作电流为 125mA，维持电流为 40mA。

目前常用的 E^2PROM 分为并行和串行两类，并行 E^2PROM 在读写时通过 8 条数据线传输数据，传输速度快，使用简单，但是体积大，占用的数据线多；串行 E^2PROM 的数据是一位一位地传输，传输速度慢，使用复杂，但是体积小，占用的数据线少。最常见的采用 I^2C 总线的 E^2PROM 已被广泛应用于各种家电、工业及通信设备中，主要用于保存设备所需要的配置数据、采集数据及程序等。生产 I^2C 串行总线 E^2PROM 的厂商有 ATMEL、Microchip 等公司，它们都是以 24、59 开头命名芯片型号的，如 AT24C64（8K×8bit）、AT59C13 256×16/512×8 等。串行 E^2PROM 支持 1.8~5V 电源，可以擦写一百万次，数据可以保持 100 年，使用 5V 电源时时钟可以达到 400kHz，并且有多种封装可供选择。并行 E^2PROM 的型号很多，有 2816（2KB）、28C64A（8KB）、28C64B（8KB）等，其中，2816 是早期型号，擦除和写入须外接 21V 的 U_{PP} 电源；其余为改进产品，把产生 U_{PP} 的电源做在芯片里，无论擦除还是写入均用单一的 5V 电源，外围电路简单。

全球闪存的技术主要掌握在 AMD、ATMEL、Fujistu、Hitachi、Hyundai、Intel、Micron、Mitsubishi、Samsung、SST、SHARP、TOSHIBA 等公司，各自的技术架构不同，型号也多种

多样。例如，Intel 的 28F128J3（128Mbit）、Mitsubishi 公司的 M5M29GB/T320 应用于对功耗有严格限制和快速读取要求的场合，如汽车导航、全球定位系统、无线通信等；Samsung 的 K9K1208UOM（512Mbit）等。

SRAM 的常用型号以 21、62、61 等开头，如 2147H、6116、62256 等。DARM 有 2118（16Kbit）、HM5165805（64Mbit 或 8MB）、HM5251805（512Mbit 或 64MB）等。

10.5 存储器与微控制器接口

多数微控制器芯片内部都集成了多种类型且容量不小的存储器，但为了开发、调试方便以及增强系统功能，一般各种微控制器都会外扩存储器以及其他 I/O 器件。并行接口的微控制器会提供一套（地址总线、数据总线、控制总线，也称为三总线）外部总线信号，所有外扩的器件和设备都通过这套总线与微控制器通信。并行存储器要与微处理器“接口”也要通过三总线，同样要满足接口的电压、电流和速度三要素。

10.5.1 存储器与微控制器接口方式

微控制器需要外部扩展存储器时，首先尽量选择满足微控制器逻辑电平和操作时序的存储器芯片，即存储器的电压、电流和存取速度都与 CPU 访问时序匹配，这样的接口电路最为简单，下面介绍的就是这种情况的接口。如果 CPU 总线上外扩的器件比较多，一般需要增加地址锁存器和地址译码器、驱动器和收发器等，一方面起到数据缓存作用，另一方面可以提高总线的驱动能力，如图 10.5.1 所示。若微控制器只有少量外部器件，可以不用图中的地址锁存器和收发器。如果存储器的读、写速度很慢，一般要加等待电路。有些微控制器内部有可编程的等待电路，可方便满足慢速存储器的时序要求。

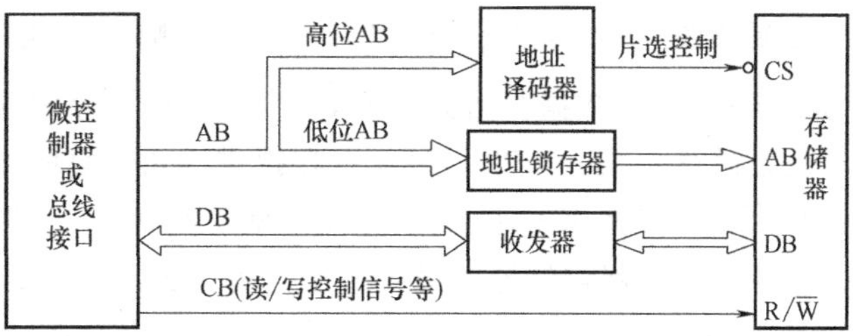

图 10.5.1 存储器与微控制器典型接口

地址总线（AB）：提供了访问存储器的具体地址，地址线的多少确定了可访问的存储器空间的大小。例如，某微处理器地址线为 10 根，则可访问的存储空间最多为 2^{10}B（1KB）。地址总线的低位依次与存储器的地址引脚连接（这样存储单元的地址编码是连续的），用于编码存储器内部的存储单元。地址总线的高位一般作为地址译码器的输入，译码输出用于选择不同的存储器芯片或 I/O 接口。

数据总线（DB）：数据总线决定了每次访问存储器的数据宽度，一般微控制器外部数据总线为 8 位或 16 位。存储器的数据线引脚依次与数据总线连接。所有连接到数据总线的存储器或器件的数据线引脚必须具有三态特性。

控制总线（CB）：控制总线是由微控制器输出的一组控制信号。不同微控制器输出的控制信号不同，但其作用基本相同，无非是一些存储器或外设的读/写访问等控制信号。

微控制器会根据访问存储器的指令产生 AB、CB 和 DB 信号时序，只要存储器的读写周期与微控制器产生的访问时序匹配，一般就不需要其他的接口电路了。

10.5.2 存储器的编址

存储器就像酒店结构，若要进行存储访问，必须对每个存储单元编上类似门牌号码的地址信息，这就叫编址。访问存储器之前必须清楚存储器的地址信息。一旦硬件连接确定后，存储器的存储单元地址就由电路连接确定，即由低位地址和片选确定。

复杂处理器系统各芯片片选信号的产生一般有三种方法：线选法、全地址译码和部分地址译码。当然，如果处理器系统中只外扩了一个芯片，可以使其片选始终有效。

线选法：直接以系统空闲的各高位地址线分别作为不同芯片的片选信号。优点是简单明了，无须另外增加译码电路；缺点是寻址范围不唯一，地址空间没有被充分利用，可外扩的芯片个数较少。线选法适用于系统简单、外扩器件不多且不考虑升级的情况。

全地址译码：利用译码器对系统地址总线中未被 CPU 外扩芯片用到的全部高位地址线进行译码，以译码器的输出作为外围芯片的片选信号。常用的译码器有 74LS139、74LS138、74LS154 等。这样，各存储器芯片任一存储单元的地址唯一且连续，缺点是需要的地址译码电路较复杂。全地址译码法是微控制器应用系统设计中经常采用的方法，为系统升级留有空间。

部分地址译码法：未被 CPU 外扩芯片用到的高位地址线中，只用一部分作为地址译码器的地址输入进行译码，简化地址译码电路。缺点是地址空间浪费，不利于升级。

10.5.3 存储器与 MCS-51 系列单片机的连接举例

MCS-51 系列单片机具有很强的外部扩展功能。其三总线由 MCS-51 系列单片机相关引脚以及外部锁存器和缓冲器构成。

控制总线（CB）：MCS-51 系列单片机引脚输出地址锁存信号 *ALE*、片外程序存储器读信号 $\overline{PSEN}$、片外数据存储器写 $\overline{WR}$ 和读 $\overline{RD}$ 信号等构成控制总线。

地址总线（AB）：P0 口经锁存器提供低 8 位地址 $A_0 \sim A_7$（详细内容见 13.3.5 节），P2 口提供高 8 位地址 $A_8 \sim A_{15}$，地址总线宽度为 16 位，如图 10.5.2 所示，决定了 MCS-51 系列单片机片外可扩展存储器的最大地址空间为 2^{16}B = 64KB，地址范围为 0000H ~ FFFFH。由于 MCS-51 系列单片机提供了 $\overline{PSEN}$、$\overline{WR}$、$\overline{RD}$ 等区分访问程序和数据的控制信号，因此，片外程序存储器和数据存储器的地址可以完全重叠，即数据和程序空间都是 64KB。MCS-51 系列单片机采用了统一编址方式，即 I/O 端口（见第 12 章）地址与外部数据存储单元地址共同使用 0000H ~ FFFFH（64KB）空间。

数据总线（DB）：数据总线是由 P0 口（与低 8 位地址分时复用）提供的，宽度为 8 位。MCS-51 系列单片机读写外部存储器时，会根据指令产生对应的时序信号，在地址有效时，通过 *ALE* 信号将低 8 位地址由外部锁存器锁存，如图 10.5.2 所示的 74LS373，其输出构成了低 8 位地址总线 $A_0 \sim A_7$。

图 10.5.2 所示电路是用两片 2764 芯片外扩了 16KB 的程序存储器（其输出使能端 OE 与 $\overline{PSEN}$ 连接），用一片 6264 芯片外扩了 8KB 的数据存储器。采用部分地址译码方式，P2.7（即 A_{15}）控制 2-4 线译码器的使能端 G（低电平有效，由于 P2.7 接的是译码器使能端而不是作为译码输入，虽然译码电路使用了所有高位地址，但 A_{15} 为 1 时没有译码输出更大的存储空间，这种情况仍然是部分地址译码），P2.6（即 A_{14}）、P2.5（即 A_{13}）作为译码输入，译码输出分别接不同芯片的片选端，如图中的 CE（Chip Enable）或 CS（Chip

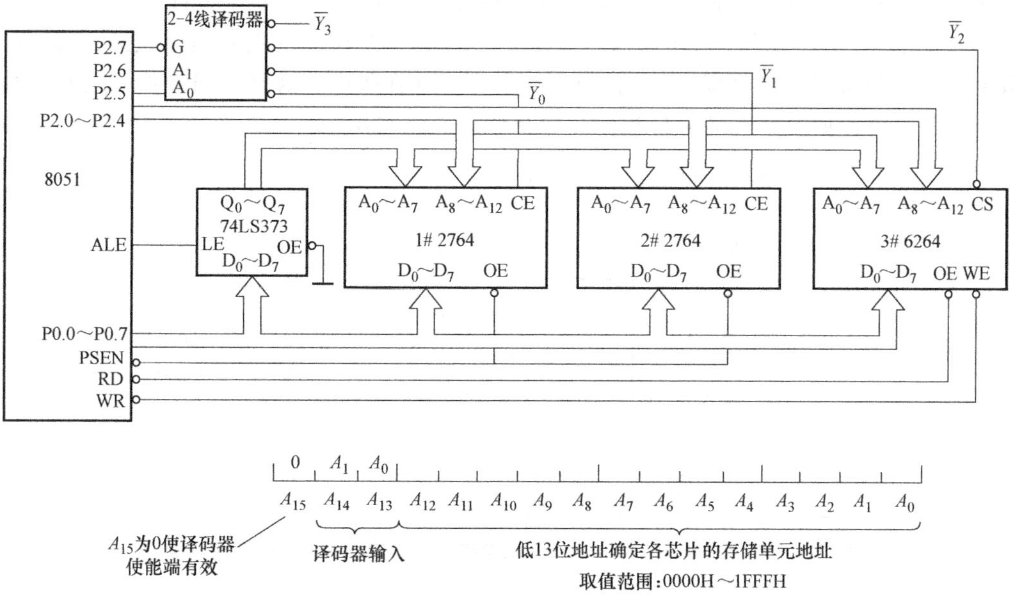

图 10.5.2 MCS-51 系列微控制器外扩存储器举例

Select)。根据电路连接及 A_{15}、A_{14}、A_{13} 的不同取值确定了 1# 2764、2# 2764、3# 6264 的地址范围分别为：0000H～1FFFH、2000H～3FFFH、4000～5FFFH。由于 MCS-51 系列单片机采用的是哈佛结构（详见 12.4.1 节），因此，存储数据的 6264 片选与存储程序代码的其中一片 2764 的片选可以接同一地址译码输出信号，如接 $\overline{Y}_0$，6264 的地址范围与 1# 2764 的地址范围相同，都是 0000H～1FFFH，CPU 访问哪个存储器由控制信号 $\overline{PSEN}$、$\overline{WR}$ 或 $\overline{RD}$ 区分。

结合前面章节介绍的时钟、电源及复位电路，读者无须了解单片机内部详细的结构和相关指令系统就可以设计微控制器或单片机工作所必须具备的电路，即硬件最小系统了。

10.6 存储器容量的扩展

目前的存储器芯片容量很大，一般很少使用多片存储器扩展存储容量，为了使读者加深对存储器的理解，在此对扩展进行简单介绍。容量的扩展方法可以通过扩展位数或字数来实现，即位扩展和字扩展。图 10.5.2 中 2764 就是存储器的一个字扩展实例。下面分别介绍并行存取的存储器的位扩展和字扩展。

10.6.1 位扩展

通常，存储器芯片的数据线多设计成 1 位、4 位、8 位、16 位等。当存储器芯片的字数已够用，存储器数据线的位数小于微处理器的字长（即存储器位数不够）时，需要采用位扩展连接方式满足处理器存储数据的要求。位扩展的连接方式为：①将所有存储器芯片的地址线、片选信号线和读/写控制线均对应地并接在一起，连接到处理器的地址和控制总线的对应位置上；②将各芯片的数据线分别接到数据总线的对应位上，即位扩展的各个芯片，只有数据线接法不同。

例如，某处理器字长为 8 位，如果要构成 1KB 的存储空间，现只有 1K×1 位的 RAM 存储器，就要用 8 片 1K×1 位 RAM 构成的 1K×8 位 RAM。图 10.6.1 为扩展连线图，每个芯片的数据 I/O 引脚对应连接数据总线的 $I/O_0 \sim I/O_7$ 不同数据位。这样，当片选、读写、地址有效时，可以将数据总线上的 8 位数据同时存储到不同芯片中，或者同时读出 8 片存储器中相同地址单元的数据到数据总线上。

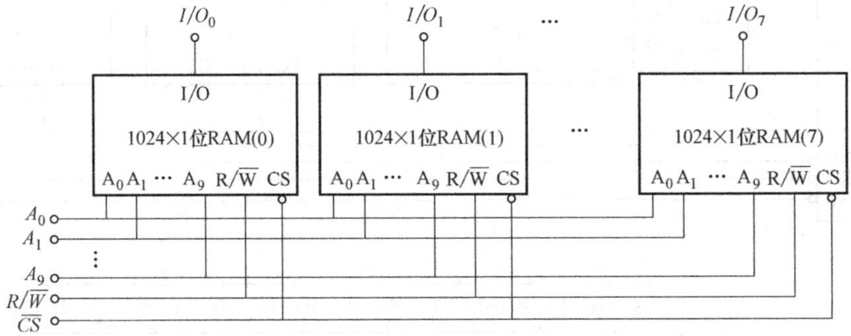

图 10.6.1　用 8 片 1K×1 位 RAM 构成 1K×8 位 RAM 的扩展连线图

10.6.2　字扩展

当存储器芯片的位数满足处理器字长要求，但字数（即存储单元数）不够时，可以采用字扩展连接方式解决。字扩展的连接方式为：①将所有芯片的地址线、数据线、读/写控制线均对应地并接在一起，连接到地址、数据、控制总线的对应位上；②由地址译码信号区分各存储器片选信号，即各存储器芯片只有片选的接法不同。片选信号通常由高位地址经译码得到，这样，扩展的各个存储器片内存储单元地址是连续的。

例如，某处理器要用 4 片 256×8 位 RAM 芯片组成 1K×8 位的存储空间，连线图如图 10.6.2 所示。4 片 256×8 位 RAM 芯片的读写接一起后连接到处理器控制总线上，地址引脚分别与地址总线 $A_0 \sim A_7$ 相连，高位地址 A_8 和 A_9 作为 2-4 线译码器输入。译码器的 4 个输出分别与 4 个 256×8 位 RAM 芯片的片选控制端相连。这样，当输入一组地址时，尽管 $A_0 \sim A_7$ 并接至各个 RAM 芯片上，但由于译码器的作用，只有一个芯片被选中工作，从而实现了字的扩展。例如，要访问图 10.6.2 最左边的存储器，2-4 线译码器的片选 $\overline{CS}$ 首先要低有效（假设本例的 $\overline{CS}$ 信号与地址无关，译码器的使能信号一般由高位地址或控制信号控制），同时，$A_9A_8=11$，译码输出使最左边存储器的片选低有效，具体访问该芯片 256 个存储单元的哪一个，要由 $A_0 \sim A_7$ 地址决定。因此，最左边存储器的地址 $A_9A_8A_7 \cdots A_0$ 取值范围是 11 0000 0000 ~ 11 1111 1111，一般用十六进制数表示，即处理器要访问最左边的存储器，送给地址总线上的地址必须在 300H ~ 3FFH 范围内。

如果存储器的字数和位数都不满足处理器要求时，可以进行混合扩展，扩展的连接方式为：①先按位扩展方式扩展位数；②将扩展好位数的模块看作一个存储器组，对每组存储器按照字扩展的方式再扩展字数。

[例 10.6.1]　某计算机存储器的混合扩展如图 10.6.3 所示，MREQ 端是访问存储器的控制信号，低电平表示 CPU 允许存储器读写。MWMR 和 MEMW 分别是读和写控制引脚。分析电路，说明 RAM 和 ROM 分别是什么扩展方式？存储空间分别是多少？MEMW 为什么不与 ROM 存储器连接？

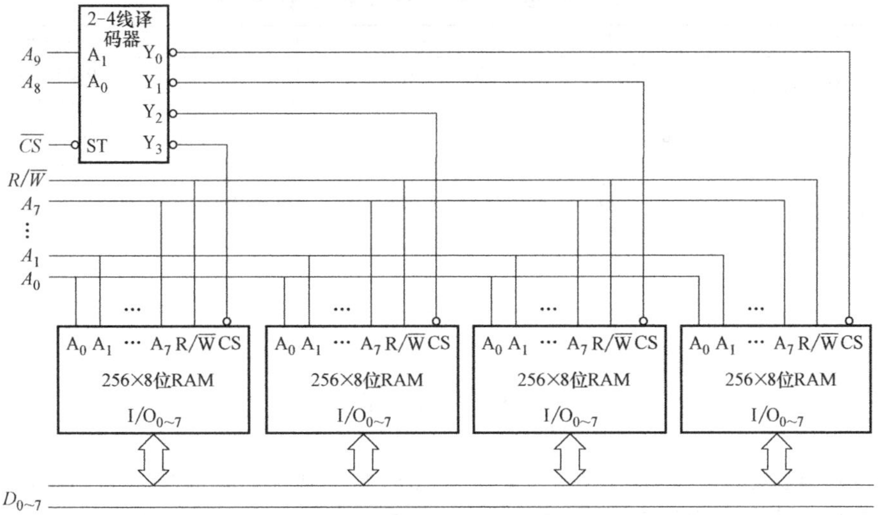

图 10.6.2　字扩展连线图

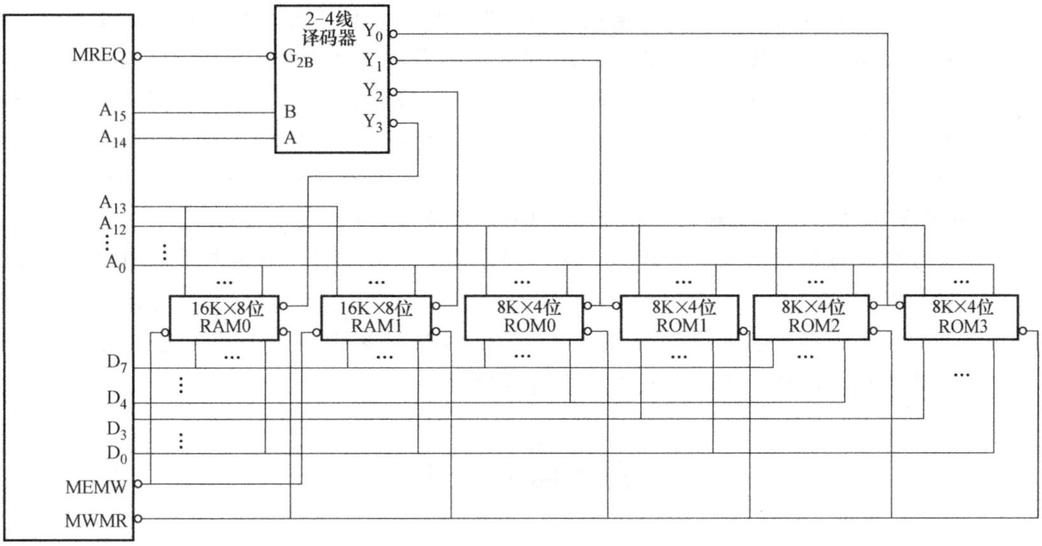

图 10.6.3　存储器混合扩展举例

解　分析电路可知，RAM 是字扩展，ROM0、ROM1 和 ROM2、ROM3 先位扩展，然后字扩展，是混合扩展。由地址 $A_{15}A_{14}$ 构成 2-4 线译码器输入，$A_{15}A_{14}=00$、01 分别选中两组 ROM，$A_{15}A_{14}=10$、11 分别选中 RAM1 和 RAM0，16K RAM 片内地址由 $A_{13}\sim A_0$ 确定。各 ROM 芯片为 8K×4 位，只用 $A_{12}\sim A_0$ 共 13 根地址来区分存储单元，与 A_{13} 无关。因此访问 ROM 时，A_{13} 可以为任意值。各存储器的地址范围见表 10.6.1。MEMW 不接 ROM 存储器，是因为 PROM 和 EPROM 芯片没有写引脚，不能在线写入。

对于上述的存储器接口和扩展内容，不仅要清楚存储器与微控制器总线的连接方法，更重要的在于能够正确分析硬件电路中各存储器的地址范围和数据宽度，这是在进行软件设计时必须要了解的。

表 10.6.1 例 10.6.1 各存储器的地址范围

存储器	A_{15}	A_{14}	A_{13}	A_{12}	…	A_3	A_2	A_1	A_0	十六进制地址范围
ROM2 和 ROM3 位扩展组	0	0	×	0	…	0	0	0	0~	0000H~1FFFH 或
	0	0	×	1	…	1	1	1	1	2000H~3FFFH
ROM0 和 ROM1 位扩展组	0	1	×	0	…	0	0	0	0~	4000H~5FFFH 或
	0	1	×	1	…	1	1	1	1	6000H~7FFFH
RAM1	1	0	0	0	…	0	0	0	0~	8000H~BFFFH
	1	0	1	1	…	1	1	1	1	
RAM0	1	1	0	0	…	0	0	0	0~	C000H~FFFFH
	1	1	1	1	…	1	1	1	1	

本章小结

半导体存储器是一种能够存放大量二值数据的集成电路。在数字系统尤其计算机系统中，大容量的半导体存储器已是必不可少的重要组成部分。半导体存储器主要分为 RAM 和 ROM 两大类。

RAM 又分为 SRAM 和 DRAM 两种类型，前者用触发器原理寄存数据，读写速度快但集成度较低；后者用电容器寄存数据，集成度高且价格便宜，但需要刷新电路。通过介绍各存储单元结构，可以很好地理解各自的特性，RAM 存储器掉电信息会丢失。

ROM 一般存入的是固定数据。按照数据读、写、擦除方式的不同，ROM 可分为掩膜 ROM、PROM、EPROM、E^2PROM、Flash 存储器。EPROM、E^2PROM、Flash ROM 的核心部件都是一个浮栅场效应晶体管，通过浮栅上有电子和没有电子两种状态来存储 1 和 0。通过各种 ROM 存储单元结构和原理的介绍可知，ROM 存储器掉电信息不会丢失。

介绍了存储器与微控制器接口方式，这一部分需要重点掌握存储器与总线的对应连接关系，至于微控制器如何工作以及对应总线的具体信息，后续学习微控制器时再详细了解。最后介绍了存储器容量的扩展方法，当一片 RAM 或 ROM 的容量不够用时，可以用多片存储器通过字扩展和位扩展的方法组成较大容量的存储器。

思考题和习题

思考题

10.1 简述半导体存储器的分类。试比较 RAM 和 ROM 的特点和区别。

10.2 静态存储器（SRAM）和动态存储器（DRAM）有何区别？为什么计算机内存多用 DRAM？

10.3 256×4 位、1K×8 位和 1M×1 位的 RAM 各有多少根地址线和数据线？

10.4 断电后再通电，哪一种存储器内存储的数据能够保持不变？

10.5 某存储器芯片，地址线为 10 根，可寻址的存储空间是多大？

10.6 存储器有哪些主要的性能指标？

10.7 DRAM 为什么要定时刷新?

10.8 某存储器每次可同时读/写 8 位，其首单元地址是 2000H，末单元地址是 7FFFH，试分析其容量是多大?

习题

10.1 试用 2 片 1024×4 位的 RAM 和 1 个非门组成 2048×4 位的 RAM。

10.2 试用 8 片 1024×4 位的 RAM 和 1 片 2-4 线译码器组成 4096×8 位的 RAM。

10.3 试用 ROM 实现 8421BCD 码到余 3 码的转换。要求选择 EPROM 容量，画出简化阵列图。

10.4 试用 8×4 位 EPROM 构成一个下面三输出逻辑函数的发生电路，画出电路图，写出对应的 EPROM 各单元存储的二进制数码。

(1) $L_2=\overline{A}+\overline{B}+\overline{C}$。

(2) $L_1=\overline{B}\,\overline{C}+B\,C$。

(3) $L_0=\overline{B}\,C+B\,\overline{C}$。

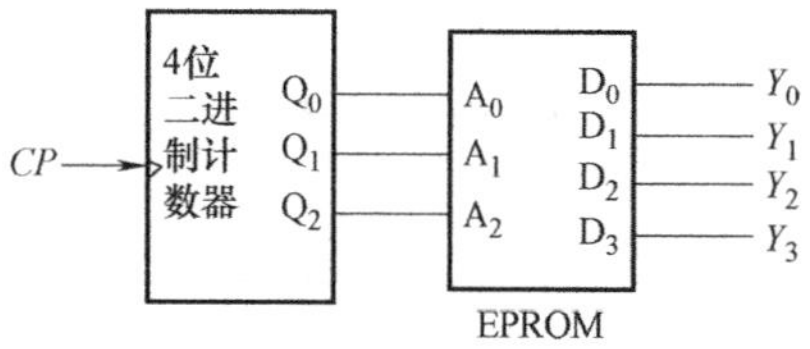

图题 10.5 波形发生电路图

10.5 图题 10.5 所示电路是用 4 位二进制计数器和 8×4 位 EPROM 组成的波形发生器电路。EPROM 存储的二进制数码见表题 10.5，试画出输出 CP 和 $Y_0\sim Y_3$ 的波形。

表题 10.5 EPROM 数据表

A_2	A_1	A_0	D_3	D_2	D_1	D_0
0	0	0	1	1	1	0
0	0	1	0	0	1	0
0	1	0	1	0	0	0
0	1	1	0	0	0	0
1	0	0	1	1	1	1
1	0	1	0	0	1	1
1	1	0	1	0	0	1
1	1	1	0	0	0	1

10.6 某微型计算机存储电路如图题 10.6 所示，图中译码器为 74LS138，CPU 引脚 $M/\overline{IO}=0$ 表示访问 I/O 端口，$M/\overline{IO}=1$ 表示访问存储器，试分析两片 6116 何时可以工作? 寻址范围(即地址范围)分别是什么?

10.7 设有若干片 16K×8 位的 SRAM 芯片，要构成 32K×8 位的数据存储空间，需要多少片 16K×8 位的 RAM 芯片? 16K×8 位存储器需要多少地址位。

10.8 分析图题 10.8 所示电路是什么扩展方式? 扩展的存储器容量及地址范围是多少?

10.9 试用 EPROM 查找表的方法，完成 4 位自然二进制码 $B_3B_2B_1B_0$ 到格雷码 $G_3G_2G_1G_0$ 的转换，即将格雷码以表格形式存储在 EPROM 中，画出电路图。

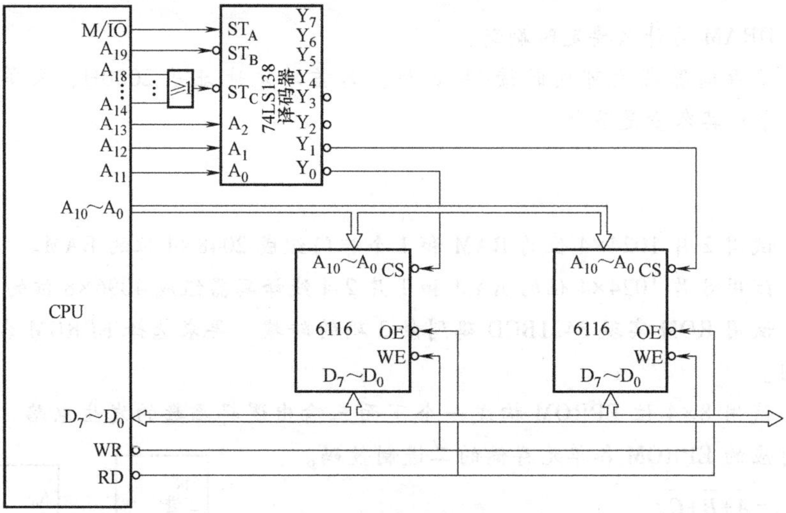

图题 10.6

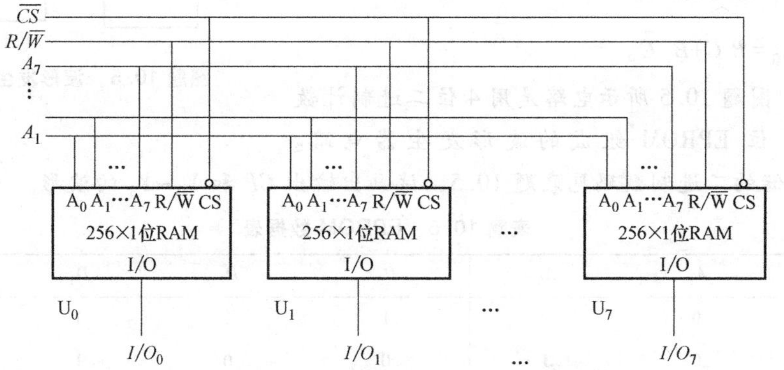

图题 10.8

10.10　分析图题 10.10 所示电路是什么扩展方式？扩展的存储器容量及地址范围是多少？

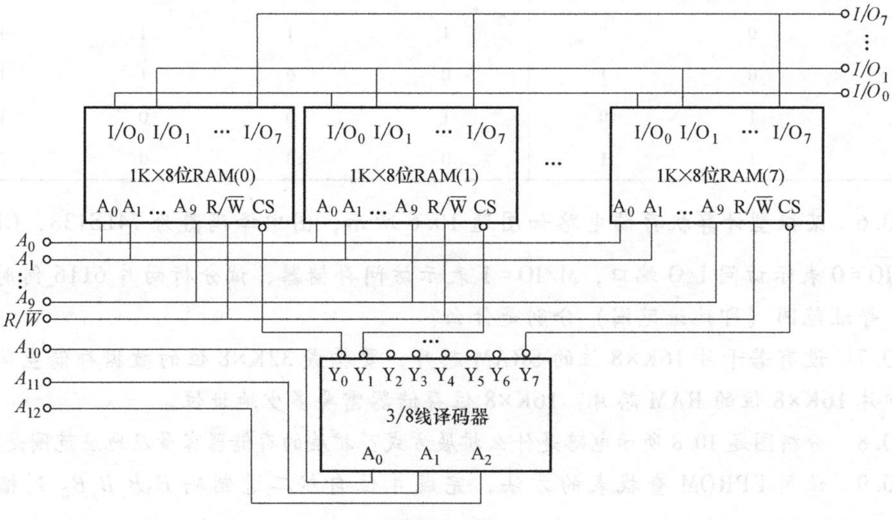

图题 10.10

10.11 某微控制器扩展的存储器电路如图题10.11所示，2732是EPROM存储器，容量为4K×8位或4KB，试分析每块2732的存储单元地址范围是什么？图中3块2732的输出使能端OE都接地，说明3块同时允许输出，这样会不会造成数据总线竞争，为什么？地址译码是全地址方式吗？如果微控制器访问外扩的这些存储器的指令时，地址信息是0A00H，说明访问的是哪块2732？

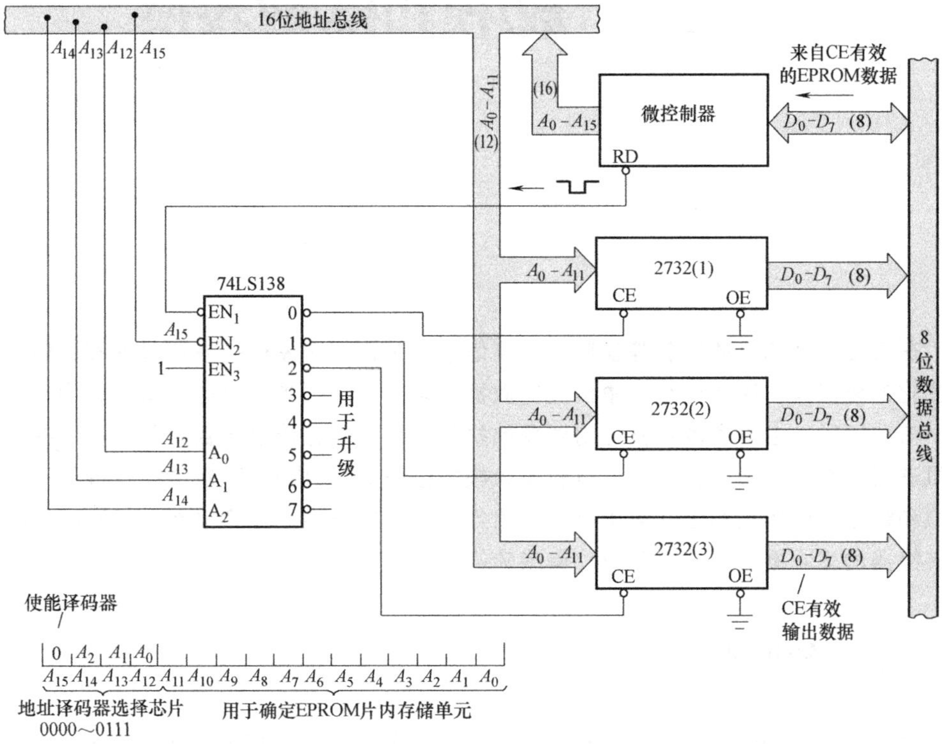

图题 10.11

第11章　数/模和模/数转换

在工业生产和自动控制等领域，被测信号和被控制对象往往是在时间和数值上连续变化的模拟量，因此在利用微机进行数据处理时，必须先将这些模拟量转换成数字量。与此同时，由于大多数被控制对象的执行机构不能直接接收数字量，所以在利用微机进行控制时必须将数字信号再转换为模拟信号。数/模和模/数转换器就是一种在模拟和数字这两类电路之间起接口和桥梁作用的集成器件。本章重点介绍数/模和模/数转换器的基本概念、转换原理、集成转换器及应用。

11.1　数/模转换器

数/模转换器（Digital-Analog Converter，DAC）完成了数字信号到模拟信号的转换，也称为D/A转换器。本节主要介绍其转换原理、结构框架以及常用的转换技术等。

11.1.1　转换原理

DAC的基本任务是把输入的数字信号转换成与之成正比的输出模拟电压 u_O 或电流 i_O。假设DAC的输入数字量为一个 n 位二进制数 $d_{n-1}d_{n-2}\cdots d_1d_0$，于是，按照二进制数转换为十进制数的通式可展开为

$$D_n = d_{n-1}2^{n-1} + d_{n-2}2^{n-2} + \cdots + d_1 2^1 + d_0 2^0 \tag{11.1.1}$$

根据输出与输入成比例的原则，DAC的输出电压 u_O 应为

$$u_O = D_n U_\Delta = (d_{n-1}2^{n-1} + d_{n-2}2^{n-2} + \cdots + d_1 2^1 + d_0^0 2^0)\ U_\Delta \tag{11.1.2}$$

式中，U_Δ 称为DAC的单位量化电压，它的大小等于 D_n 为1时DAC输出的模拟电压值。显然，两个相邻二进制数码转换出的模拟电压值实际上是不连续的，最大的输出电压为输入数字量为全1时对应的模拟电压，即 $u_{Omax} = (2^n-1)\ U_\Delta$。

由上式可见，只要把输入的二进制数 $d_{n-1}d_{n-2}\cdots d_1d_0$ 中为1的每一位代码，按照其对应的权的大小转换成相应的模拟量，然后将这些模拟量利用求和运算放大器相加，便可实现数

字量到模拟量的转换。

11.1.2 DAC 的结构框架

由上述分析可见，DAC 的结构应该包含数字寄存器、模拟电子开关、位权网络以及求和运算放大器，如图 11.1.1 所示。数字寄存器用来寄存输入的数字量 $d_{n-1}d_{n-2}\cdots d_1d_0$。寄存器的输入可以是并行或串行，但输出是并行的。$n$ 位寄存器的输出分别控制 n 个模拟开关的接通或断开。

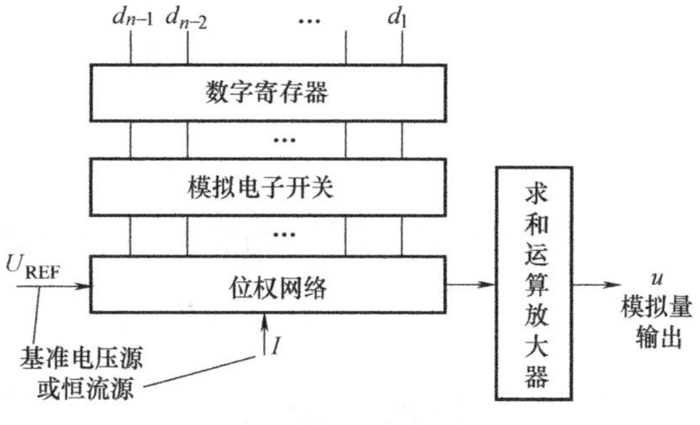

图 11.1.1 DAC 结构框架

n 个模拟电子开关可以由晶体管或 MOS 管组成，每个模拟电子开关相当于一个单刀双掷的开关，分别与位权网络电路的 n 条支路相连接。当某支路输入的数字量为 0 时，开关接地；当数字量为 1 时，开关将切换使位权网络与求和运算放大器的输入端相连。

位权网络的作用是构成二进制数的权值，它将输入数字量的各位转换成相应的权电流，然后通过求和运算放大器将这些电流相加得到成正比的模拟电压输出。位权网络有多种形式，如权电阻网络、倒 T 形电阻网络、权电流网络等。

11.1.3 DAC 常用的转换技术

1. 权电阻网络 DAC

权电阻网络 DAC 是一种最基本的 DAC。4 位二进制权电阻网络 DAC 如图 11.1.2 所示。它由电阻网络、模拟电子开关以及一个接成深度负反馈形式的求和运算放大器构成。其基本转换思想是用多个成倍数阻值关系的电阻构成电阻网络，每支路电阻中的电流是相邻支路的一半，从而使各支路电流分别代表二进制数各位不同的权值。

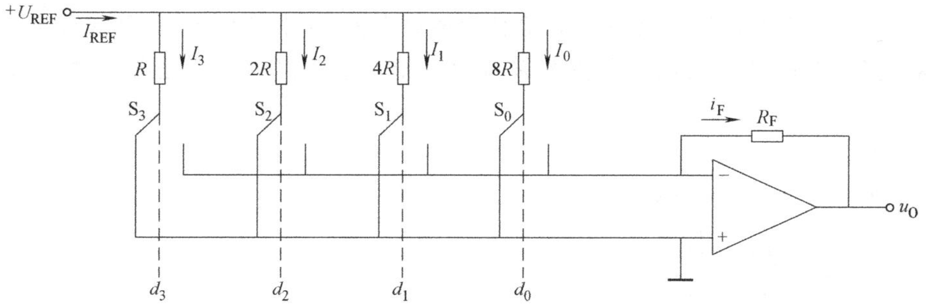

图 11.1.2 4 位二进制权电阻网络 DAC 的基本电路

如图 11.1.2 所示，模拟开关由输入的二进制数码 $d_3d_2d_1d_0$ 控制。当输入的数字代码为 1 时，开关置于右侧，将对应权值送给求和电路。当输入的数字代码为 0 时，开关置于左侧，直接接地。但不论模拟开关接到运算放大器的反相输入端（虚地）还是直接接到地，即不论输入数字信号是 1 还是 0，各支路的电流不变，均为

$$I_0=\frac{U_{\mathrm{REF}}}{8R},I_1=\frac{U_{\mathrm{REF}}}{4R},I_2=\frac{U_{\mathrm{REF}}}{2R},I_3=\frac{U_{\mathrm{REF}}}{R} \tag{11.1.3}$$

由于运算放大器接成深度负反馈，其输入端不取电流，于是流向反馈支路的电流 i_{F} 为

$$\begin{aligned} i_{\mathrm{F}} &= I_0d_0+I_1d_1+I_2d_2+I_3d_3 \\ &=\frac{U_{\mathrm{REF}}}{8R}d_0+\frac{U_{\mathrm{REF}}}{4R}d_1+\frac{U_{\mathrm{REF}}}{2R}d_2+\frac{U_{\mathrm{REF}}}{R}d_3 \\ &=\frac{U_{\mathrm{REF}}}{2^3R}(2^3d_3+2^2d_2+2^1d_1+2^0d_0) \end{aligned} \tag{11.1.4}$$

如果反馈电阻 $R_{\mathrm{F}}=R/2$，则输出电压和输入数字量之间的关系为

$$u_{\mathrm{o}}=-R_{\mathrm{F}}i_{\mathrm{F}}=-\frac{R}{2}i_{\mathrm{F}}=-\frac{U_{\mathrm{REF}}}{2^4}(2^3d_3+2^2d_2+2^1d_1+2^0d_0) \tag{11.1.5}$$

由此可见，该电路的输出模拟量 u_{O} 与输入数字量之间成正比，实现了数字量到模拟量的转换。其比例系数，即单位量化电压为 $U_{\mathrm{REF}}/2^4$，其中的 U_{REF} 为参考电压。

同理，当 $R_{\mathrm{F}}=R/2$ 时，对 n 位二进制数 $d_{n-1}d_{n-2}\cdots d_1d_0$ 而言，若其对应的十进制为 D_n，则权电阻网络 DAC 的输出电压可表示为

$$u_{\mathrm{o}}=-\frac{U_{\mathrm{REF}}}{2^n}D_n \tag{11.1.6}$$

权电阻网络 DAC 的结构简单，但所采用的电阻种类过多且范围大。如一个 8 位的权电阻网络 DAC，如果其最小电阻 R 为 10kΩ，则最大电阻值为 $2^7R=1.28\mathrm{M\Omega}$，两者相差 128 倍之多。由于阻值大，因此，很难保证每个电阻值都有很高的精度，且不易集成化。

2. 倒 T 形电阻网络 DAC

倒 T 形电阻网络 DAC 是目前较为常用的 DAC。与权电阻网络 DAC 不同的是，倒 T 形电阻网络 DAC 仅由 R 和 $2R$ 两种阻值的电阻构成电阻网络。其基本思想是逐级分流和线性叠加原理。基准电流 $I=U_{\mathrm{REF}}/R$ 经过倒 T 形电阻网络逐级分流，每个支路的等效电流是相邻支路的一半。于是，每个支路电流就可以分别代表二进制数各位不同的权值。最高位权值对应 $2R$ 支路的等效电流只经过一次分流，次高位权值对应 $2R$ 支路的电流经过两次分流，其他各位权值对应 $2R$ 支路的等效电流分流关系依此类推。总输出电流值是各支路电流的线性叠加。

图 11.1.3 为一个 4 位倒 T 形电阻网络 DAC 的基本电路，它由倒 T 形电阻网络、模拟电子开关及一个求和运算放大器构成。与权电阻网络 DAC 类似，模拟电子开关由输入的二进制数码 $d_3d_2d_1d_0$ 控制，不论模拟电子开关接到运算放大器的反相输入端（虚地）还是直接接地，流过倒 T 形电阻网络各支路的电流始

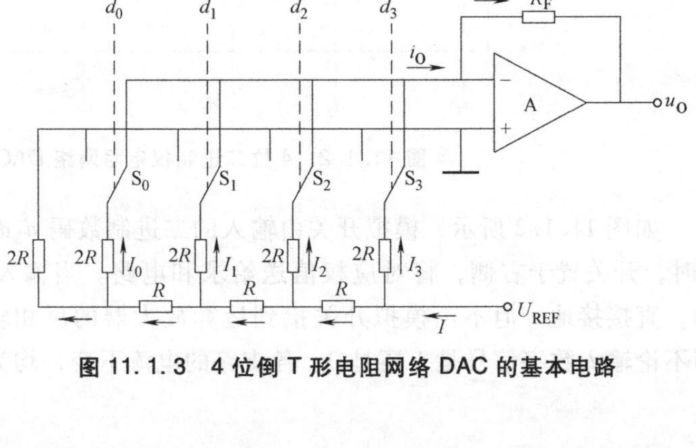

图 11.1.3　4 位倒 T 形电阻网络 DAC 的基本电路

终保持不变。

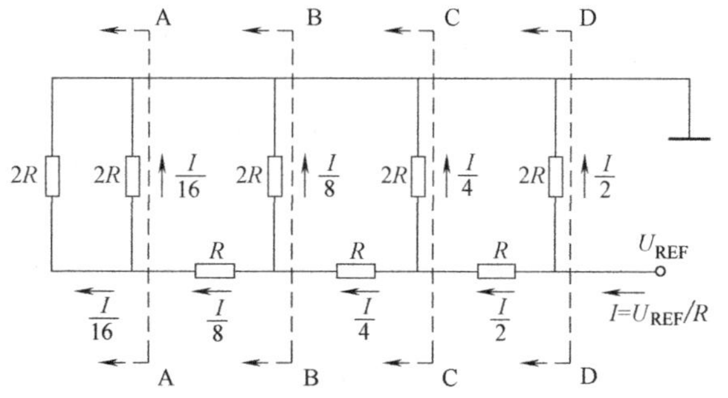

图 11.1.4 4 位倒 T 形电阻网络的等效电路

根据图 11.1.4 给出的 4 位倒 T 形电阻网络的等效电路，可计算图 11.1.3 中各 $2R$ 电阻上的电流 I_3、I_2、I_1 和 I_0。在此电路中，从 A、B、C、D 各点分别向左看进去的对地电阻始终为 R，所以 $I=U_{REF}/R$。根据分流公式，可得到各 $2R$ 电阻支路的电流分别为 $I_3=I/2$，$I_2=I/4$，$I_1=I/8$，$I_0=I/16$。

于是，流向运算放大器的总电流 i_O 应为

$$\begin{aligned} i_O &= I_0d_0+I_1d_1+I_2d_2+I_3d_3 \\ &= \frac{I}{16}d_0+\frac{I}{8}d_1+\frac{I}{4}d_2+\frac{I}{2}d_3 \\ &= \frac{U_{REF}}{2^4R}(2^3d_3+2^2d_2+2^1d_1+2^0d_0) \end{aligned} \tag{11.1.7}$$

因此，输出电压 u_O 和输入数字量之间的关系为

$$u_O=-R_Fi_F=-R_Fi_O=-\frac{R_FU_{REF}}{2^4R}(2^3d_3+2^2d_2+2^1d_1+2^0d_0) \tag{11.1.8}$$

同理，对 n 位二进制数 $d_{n-1}d_{n-2}\cdots d_1d_0$ 而言，若其对应的十进制为 D_n，当 $R_F=R$ 时，倒 T 形电阻网络 DAC 的输出电压可表示为

$$u_O=-\frac{U_{REF}}{2^n}D_n \tag{11.1.9}$$

倒 T 形电阻网络 DAC 克服了权电阻网络 DAC 的缺点，其所用的电阻种类只有两种，阻值范围小，便于集成，精度也可大大提高。此外，在模拟电子开关切换过程中，各权电阻 $2R$ 的上端总是接地或接求和运算放大器的虚地端，因此，流经 $2R$ 支路上的电流不会随开关的状态变化，使电流建立时间快，转换速率高。

上述的权电阻网络 DAC 和倒 T 形电阻网络 DAC 在计算权电流时，都把模拟电子开关当作是理想开关，而实际的模拟电子开关存在一定的导通电阻，且每个开关的导通电阻也不可能完全相同。由于模拟电子开关导通电阻的存在，不可避免地会引入转换误差，进而影响转换精度。解决这个问题的方法之一是电阻网络支路的权电流变为恒流源，从而避免了模拟电子开关导通电阻的影响。

3. 权电流网络 DAC

图 11.1.5 为一个 4 位二进制的权电流网络 DAC 的基本电路。它由权电流网络、模拟电子开关和求和运算放大器组成。权电流网络由若干恒流源组成。由于恒流源的输出电阻很大，模拟电子开关导通电阻的变化对权电流的影响极小，这样便可大大提高转换精度。

模拟电子开关及求和运算放大器的工作原理与倒 T 形电阻网络 DAC 相同，因此，输出电压 u_O 和输入数字量之间的关系可表示为

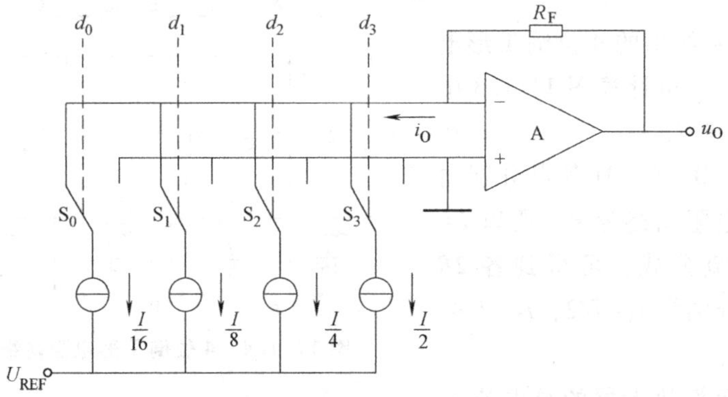

图 11.1.5　4 位二进制权电流网络 DAC 的基本电路

$$u_O = R_F i_O = \frac{IR_F}{2^4}(2^3 d_3 + 2^2 d_2 + 2^1 d_1 + 2^0 d_0) \tag{11.1.10}$$

同理，对 n 位二进制数 D_n 而言，权电流网络 DAC 输出电压为

$$u_O = \frac{IR_F}{2^n} D_n \tag{11.1.11}$$

式中，$IR_F/2^n$ 为该 DAC 的单位量化电压。

11.1.4　DAC 的主要参数

对一个电子系统而言，通常 DAC 的性能会直接影响整个系统的性能。了解 DAC 的参数对电子系统设计中 DAC 的正确选型和使用至关重要。为了保证数据处理结果的准确性，DAC 必须要有足够的转换精度。同时，为了适应快速的控制和检测，DAC 也必须有足够短的转换时间。因此，转换精度和转换时间是衡量 DAC 性能的主要指标。

1. 转换精度

转换精度是一种综合误差，反映了 DAC 的整体最大误差。转换精度主要由分辨率和转换误差来决定。

（1）分辨率

分辨率用于表征 DAC 对输入微小量变化的敏感程度，它可以用输入数字量只有最低有效位为 1 时的输出电压 u_{LSB} 与输入数码为全 1 时的输出满量程（Full Scale Range，FSR）电压 u_{FSR} 之比来表示，即

$$\text{分辨率} = \frac{u_{LSB}}{u_{FSR}} = \frac{\frac{U_{REF}}{2^n}\times 1}{\frac{U_{REF}}{2^n}\times(2^n-1)} = \frac{1}{2^n-1} \tag{11.1.12}$$

例如，一个 10 位的 DAC 的分辨率为 $1/(2^{10}-1)\approx 0.0009775$。

如果 DAC 输出满量程模拟电压为 10V，则 10 位的 DAC 能够分辨的最小电压为 $10\text{V}\times 1/(2^{10}-1) = 0.009775\text{V}$，8 位的 DAC 能够分辨的最小电压为 $10\text{V}\times 1/(2^8-1) = 0.039125\text{V}$。可见，DAC 位数越高，DAC 输出电压的分辨能力就越强。因此，通常也用 DAC 二进制数码

的位数 n 来直接表示 DAC 的分辨能力。

分辨率说明了 DAC 在理论上可以达到的精度。显然，DAC 的位数越多，也就越能反映出输出电压的细微变化，误差就越小。因此，分辨率越高，可达到的理论精度就越大，但实际中由于转换电路自身各种误差的存在，转换精度会受到一定程度的影响。

（2）转换误差

转换误差主要包括漂移误差、增益误差和非线性误差等。理想情况下，当 DAC 输入一个数字量时，其模拟电压输出值都应在理想转换直线上。但实际 DAC 输出的模拟量总会产生各种形式的偏离，这些偏离就是 DAC 的误差。

漂移误差，又称偏移误差或失调误差，由 DAC 中运算放大器的零点漂移引起，其大小与输入的数字量无关。当输入的数字量为 0 时，由于运算放大器的零点漂移，输出模拟电压并不为 0，使实际输出电压值与理想值之间产生一个相对位移。因此，漂移误差是在 DAC 的整个范围内出现的大小和符号都固定不变的误差，属于系统误差。漂移误差一般可通过零点校准等方法来减小或消除。

增益误差是实际转换特性曲线的斜率与理想特性曲线斜率的偏差。增益误差主要由基准电流产生电路中的参考电源 U_{REF}、网络电阻 R 以及求和运算放大器电路中的电阻 R_F 引起。如在 n 位的倒 T 形电阻网络 DAC 中，当参考源偏离标准值时，ΔU_{REF} 就会产生输出误差电压 Δu_O

$$\Delta u_O = -\frac{\Delta U_{REF}}{2^n}\frac{R_F}{R}D_n \tag{11.1.13}$$

可见，该误差与输入数字量的大小成正比，因此又称为比例系数误差。通常可通过选择精密的外围电阻，高精度、高稳定性的参考电源等方法加以抑制。

非线性误差是一种没有一定变化规律的误差。一般把 DAC 的实际输出电压值与理想输出电压值之间的最大偏差值称为 DAC 的非线性误差，也称为非线性度。引起该误差的原因很多，如电路中运算放大器的非线性、模拟电子开关导通电阻和导通电压降的不同、不同位置上电阻误差对输出电压的影响不同等。

DAC 总的误差电压是上述三种误差的绝对值之和。因此，为获得高精度的数/模转换，单纯依靠选用高分辨率的 DAC 器件是不够的，还必须具有高稳定度的参考源和低漂移的运算放大器。

2. 转换时间

转换时间是指从送入数字信号到输出电流或电压达到稳定值所需要的时间。通常用建立时间来定量描述 DAC 的转换时间，即把 DAC 输入的数字量从全 0 变为全 1，输出电压进入到稳态值±(1/2) LSB 范围内为止所需要的时间，如图 11.1.6 所示。

可见，建立时间是 DAC 转换的最大响应时间，也是稳态值描述 DAC 转换速率的一个动态指标。建立时间越短意味着 DAC 的转换速率越快。根据建立时间的不同，DAC 的转换时间可分为超高速（小于 0.01μs）、高速（10～0.01μs）、中速（300～10μs）和低速（大于 300μs）四档。

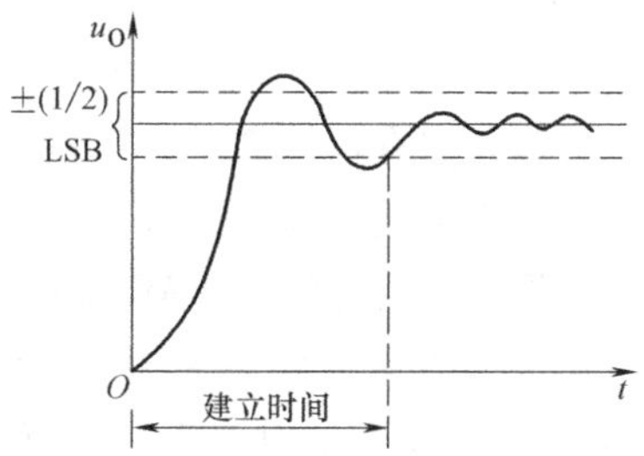

图 11.1.6　DAC 的建立时间

11.1.5 集成 DAC 及应用

根据输出的类型不同，集成 DAC 可分为电压输出型和电流输出型。如果集成 DAC 芯片内部只集成了位权网络和模拟电子开关，不包含求和运算放大器，则对外输出的是经位权网络形成的电流，使用时需要用户外接运放和电阻、电容等元器件来完成求和运算，并将输出的电流转换为电压。此类 DAC 称为电流输出型 DAC，如 DAC0832、CB7520 等。

根据位数不同，集成 DAC 有 8 位（如 DAC0832、DAC0808）、10 位（如 AD561）、12 位（如 AD565）、16 位（如 AD5666）等。

根据芯片的制作工艺不同，集成 DAC 有 TTL 型，如 AD1408、DAC100 以及 CMOS 型，如 AD7801、DAC0832、DAC0808 等。

根据系统数据端口的形式不同，集成 DAC 可以分为并行方式（所有位同时输入）、串行方式（逐位输入）。

1. 并行输入方式的转换器 DAC0832

DAC0832 是一款 CMOS 工艺制成的、电流输出型的 8 位 DAC。该芯片属于倒 T 形 R-$2R$ 电阻网络 DAC。如图 11.1.7 所示的结构框图和引脚图，该芯片内部包含 8 位输入寄存器和 8 位 DAC 寄存器，使其具备了两级数字输入缓冲的功能，可根据不同的需求接成不同的工作方式，特别适用于多片、多个模拟量同时输出的场合。另外，DAC0832 逻辑输入满足 TTL 电平，可方便地与 TTL 门电路或微控制器接口，因此应用十分广泛。芯片各引脚的功能请查阅器件手册。

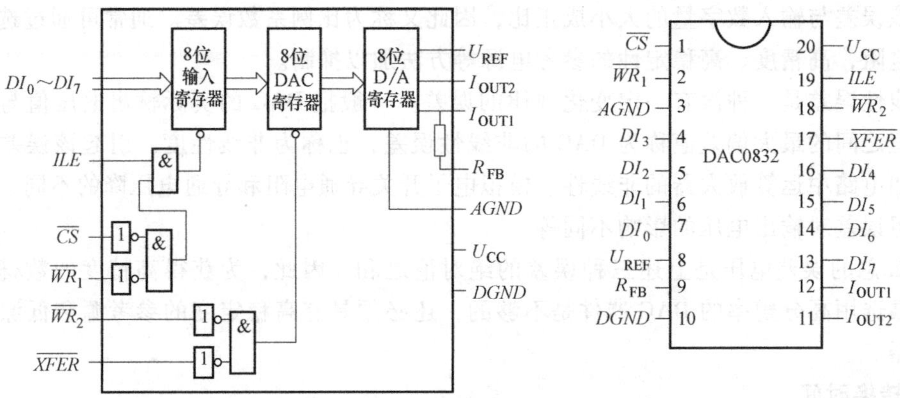

图 11.1.7 DAC0832 结构框图与引脚图

从 DAC0832 的内部控制逻辑可知，当 ILE、$\overline{CS}$ 和 $\overline{WR}_1$ 同时有效时，输入数据才能写入 8 位输入寄存器（透明锁存器），并在 $\overline{WR}_1$ 的上升沿实现数据锁存。当 $\overline{WR}_2$ 和 $\overline{XFER}$ 同时有效时，输入寄存器的 8 位数字量才能写入 8 位 DAC 寄存器，并在 $\overline{WR}_2$ 的上升沿实现数据锁存。8 位 DAC 寄存器随时将 DAC 寄存器的数据转换为模拟信号输出。

根据输入寄存器和 DAC 寄存器不同的控制方法，DAC0832 有如下 3 种工作方式：

单缓冲方式：输入寄存器和 DAC 寄存器同时接收数据，或者只用输入寄存器而把 DAC 寄存器接成直通方式。此方式适用于只有一路模拟量输出或几路模拟量异步输出的情况。

双缓冲方式：先使输入寄存器接收数据，再控制输入寄存器的输出数据到 DAC 寄存器，即分两次锁存输入数据。此方式适用于多个 D/A 转换同步输出的情况。

直通方式：数据不经两级锁存器锁存，即$\overline{CS}$、$\overline{XFER}$、$\overline{WR}_1$、$\overline{WR}_2$ 均接地，ILE 接高电平。此方式主要适用于连续反馈控制电路和不带微机的控制系统。

由于 DAC0832 无内置求和运算放大器，使用时须外接。芯片中已设置了反馈电阻 R_{FB}，引脚 9 是该反馈电阻的外部连接端，实际使用时可以将其与外接运放的输出端相连。此外，为了保证 DAC0832 可靠工作，一般情况下，$\overline{WR}_1$、$\overline{WR}_2$ 脉冲的宽度不应小于 500ns；若 $U_{CC}=15V$，则可小至 100ns。输入数据保持时间不应小于 90ns，否则可能锁存错误数据。不使用的数字信号输入端应根据要求接地或接 U_{CC}，尽量不要悬空。

集成 DAC 用途很广，除了可以完成数/模转换的基本功能外，还可以构成波形发生电路和乘法器等。DAC0832 的应用例程可扫二维码链 11-1 查阅，例程是利用 FPGA 控制 DAC0832，采用直通方式生成 1kHz 的三角波。

链 11-1 DAC0832 应用例程

2. 串行输入方式的转换器 AD7303

AD7303 是一款 ADI 公司制造的 8 位权电流网络 DAC，输出模拟量电压。其内含两个独立的 8 位 DAC，可实现两路数字量的同时转换。输入数字量采用 SPI 串行方式，SPI 的详细内容见 17.4.4 节。AD7303 串行时钟可达 30MHz，采用单电源供电。

Digilent（德致伦）公司开发的 PmodDA1 板上有 2 片 AD7303，可通过与 Bsays、Nexys 等 FPGA 板卡相连，利用板卡上的 Xilinx FPGA 控制 D/A 转换。PmodDA1 的相关资料可在 http://www.digilentinc.com/获取。AD7303 的工作原理和应用例程可扫二维码链 11-2 查阅。该例程是基于 EGO1 开发板以及 PmodDA1 模块，利用 FPGA 控制 AD7303 实现锯齿波。

链 11-2 AD7303 工作原理和应用例程

11.2 模/数转换器

模/数转换器（Analog-Digital Converter，ADC）的功能是将输入的模拟信号转换成相应的数字信号，也称为 A/D 转换器。假设 ADC 的输入电压为一个直流或缓慢变化的电压 u_I，输出为一个 n 位的二进制数 $d_{n-1}d_{n-2}\cdots d_1d_0$，其对应的十进制数为 D_n，则输入与输出之间的关系应为

$$D_n=[u_I/U_\Delta] \tag{11.2.1}$$

式中，$[u_I/U_\Delta]$ 表示将 u_I/U_Δ 商取整，U_Δ 称为 ADC 的**单位量化电压**，即 ADC 的**最小分辨电压**。

11.2.1 A/D 转换的一般过程

ADC 的种类很多，原理各异，但转换过程基本相同。一个完整的 A/D 转换一般包括采样、保持、量化和编码四部分。在具体实施过程中，常将这 4 个步骤合并，例如，采样和保持利用同一电路完成，量化和编码在转换过程中同步实现，且在采样-保持电路的保持阶段完成量化和编码。

1. 采样和保持

由于输入电压在时间上是连续的，故只能在特定的时间点对输入电压采样，获得该时间点处的电压值，然后用不同采样时间点处获得的离散电压去逼近原有的输入信号。根据 Naquist 采样定律，若要不失真地恢复输入电压 u_I，采样脉冲的频率 f_S 必须高于输入模拟信号最高频率分量 $f_{i(max)}$ 的 2 倍，即

$$f_S \geqslant 2f_{i(max)} \tag{11.2.2}$$

采样频率越高，获得的离散电压点会越多，也越逼近原有的输入信号，但同时留给后续量化编码电路的时间就越短，这无形中要求转换电路必须具有更高的工作速度，从而意味着更高的成本和价格。因此，一般采样频率取 3~5 倍可满足设计要求。

为了保证每个采样的电压值在后续对其进行量化编码的过程中保持不变，以提高转换精度，每个采样值需要被保持到下一次采样时刻。可见，采样-保持实现了信号在时间上的离散化，原本连续变化的信号经采样-保持后被转换成了阶梯信号。

图 11.2.1 为一个采样-保持电路原理及波形图。电路主要由场效应晶体管 VT、保持电容 C 和输出缓冲器 A 组成。场效应晶体管作为模拟开关，其闭合与断开由采样控制脉冲信号 u_D 控制。

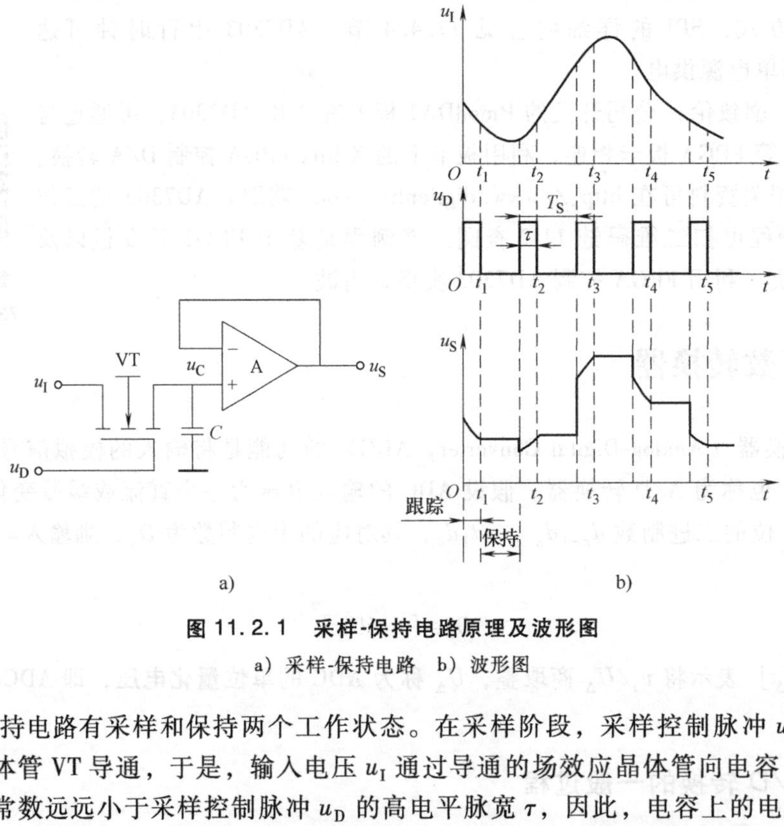

图 11.2.1 采样-保持电路原理及波形图

a) 采样-保持电路 b) 波形图

采样-保持电路有采样和保持两个工作状态。在采样阶段，采样控制脉冲 u_D 为高电平，使场效应晶体管 VT 导通，于是，输入电压 u_I 通过导通的场效应晶体管向电容 C 快速充电。由于充电时常数远远小于采样控制脉冲 u_D 的高电平脉宽 τ，因此，电容上的电压 u_C 能够跟随 u_I 而变化，而输出缓冲器 A 接成电压跟随方式，于是，在采样的时段 τ 内，输出电压 u_S 将跟踪输入信号 u_I。

当采样控制脉冲 u_D 为低电平时，采样阶段结束。此时场效应晶体管 VT 关断。由于输出缓冲器 A 具有很高的输入阻抗，存储在电容上的电荷难以泄漏，使输出电压 u_S 和电容 C

上的电压 u_C 可保持住场效应晶体管断开瞬间 u_I 的电压值，直到下次采样开始。该时段即为保持阶段。可见，波形图中 $t_1 \sim t_5$ 时刻 u_S 的值即为采样结束时 u_I 的瞬时值，它们才是后续需要进一步转换成数字量的取样值。

由此可见，采样-保持过程也是一个跟踪保持（Track and Hold）的过程。相邻两次采样控制脉冲 u_D 之间的时间间隔 T_S 即为采样周期。在采样阶段，要求电路能够尽可能快地接收输入信号并准确地跟踪 u_I 直到保持指令到达，因此，场效应晶体管的导通电阻要小。在保持阶段，要求对接收到保持指令的前一瞬间的输入信号 u_S 进行高精度保持，直到对 u_S 量化编码结束。为此，缓冲放大器 A 应具有极高的输入阻抗，以减小保持期间对保持电容的放电。此外，保持电容 C 和场效应晶体管断开时的漏电流要小。

常见的单片集成采样保持器有 LF198、LF298 和 LF398 等，利用 BI-FET 工艺制成，具有采样速率高、保持电压下降慢和精度高等特点。其工作电压范围宽，可从±5V 到±18V。采样脉冲控制端可直接连接 TTL、PMOS 或 CMOS 信号电平。当片内无保持电容时，使用时需要外接。

2. 量化和编码

为了利用 n 位二进制数码的 2^n 个数字量来表示采样得到的模拟量，显然还必须将这些模拟量归并到 2^n 个离散电平中的某一个电平上，这样一个过程称之为量化。量化后的值再用二进制代码或其他数制的代码表示出来，称为编码。这些代码就是 A/D 转换的最终结果。量化和编码实现了模拟信号在幅度上的离散化，它是所有 ADC 不可缺少的核心部分之一。

量化过程中，任何一个采样得到的模拟量只能表示成某个规定最小数量单位的整数倍，这个最小数量单位就是前面提到的单位量化电压，或称为量化单位。例如，为了把采样得到的 0~8V 之间的模拟电压量转换成为 3 位二进制数码，首先可将 0~8V 整个范围划分成 8 个区间，如图 11.2.2 所示。取 0V、1V、…、7V 等 8 个离散电平，它们的差值都等于一个量化电压，即 1V。如果一个采样得到的模拟量在 0~1V 的范围内，就用 0V 来表示该电压值，编码为二进制 000；如果在 1~2V 的范围内，就用 1V 来表示，编码为 001；依此类推，7~8V 之间，就用 7V 来表示，对应的二进制输出为 111。显然，量化过程不可避免地会引入误差，这种误差称为量化误差。以上舍尾取整的量化方法的最大量化误差为 1V。

为了减少量化误差，可以采用四舍五入的量化方法，如图 11.2.3 所示，当采样得到的模拟量在 0~0.5V 之间时用 0V 来表示，在 0.5~1.5V 之间时用 1V 来表示，…，在 6.5~

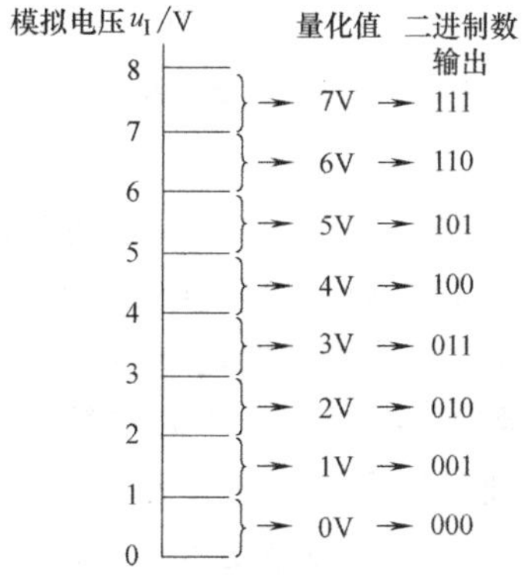

图 11.2.2 舍尾取整的量化方法

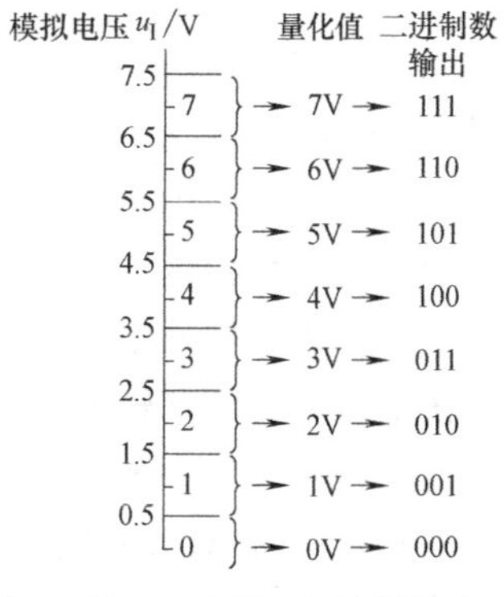

图 11.2.3 四舍五入的量化方法

7.5V 之间时用 7V 来表示。如果限制最大输入电压为 7.5V，那么最大量化误差为±0.5 U_{Δ}，比舍尾取整的量化方法减少了一半。例如，对于一个 0.999V 的模拟量，若采用舍尾取整的量化方法，则量化值为 0V，而采用四舍五入的量化方法后，量化值为 1V，显然，后者的量化值更接近于原值，量化误差明显下降。

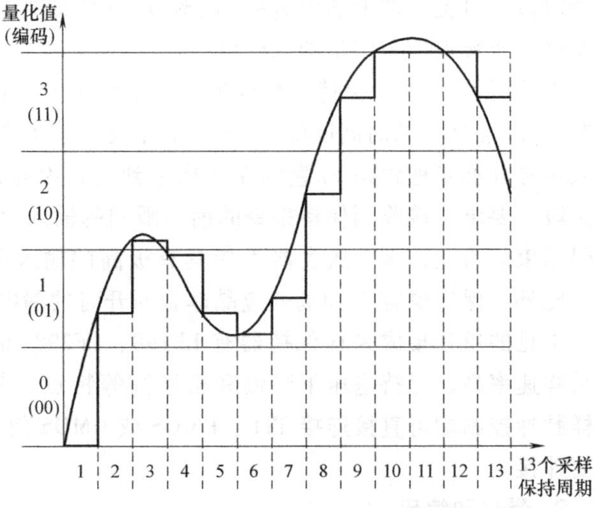

图 11.2.4　2 位二进制量化编码

除了量化方法外，在量化编码的过程中，ADC 输出二进制数码的位数 n 也是决定转换后的数字信号能否更逼近原有模拟输入量的一个重要因素。例如，图 11.2.4 是一个模拟信号和其采样保持后得到的阶梯信号。如果用 2 位二进制数码进行量化编码，可将其分为 4 个等份，量化值分别为 0V、1V、2V 和 3V，若采用舍尾取整的量化方法，则各采样点对应编码依次分别为：00、01、10、01、01、…、11、11。如果用 4 位二进制进行编码，有 0~15 共 16 个量化值，如图 11.2.5 所示，同样采用舍尾取整量化方法，各采样点对应编码依次分别为：0000、0101、1000、0111、0101、…、1111、1110。显然，ADC 位数越高，其量化误差就越小，转换精度更高。目前，集成 ADC 的位数主要从 8 位到 24 位，有些可达 32 位，如 ADS1282。但一般来讲，位数越高，价格就越昂贵。所以在选型时，仍应从实际需求出发，不可盲目追求高位数。

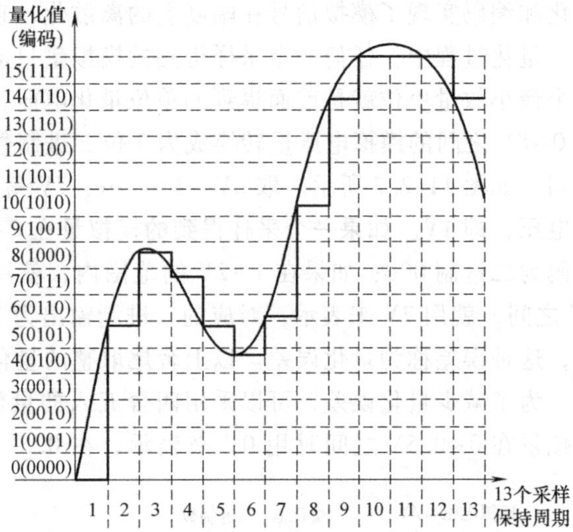

图 11.2.5　4 位二进制量化编码

11.2.2　ADC 常用的转换技术

ADC 按照量化编码的工作方式可分为直接转换型和间接转换型。两者的主要区别在于转换中有无中间参量。直接转换型是通过一套基准电压与采样保持后得到的模拟电压进行比较，将模拟量直接转换成数字量。其特点是工作速度较快，转换精度容易保证。目前较为常见的直接转换型 ADC 有快闪型和反馈比较型两类，其中反馈比较型主要包括计数型和逐次逼近型。间接转换型 ADC 是将采样后的模拟量先转换成一个中间参量，如时间或频率，然后再将中间参量转换成数字量。其特点是工作速度较慢，但抗干扰性强。目前较为常见的间接转换型 ADC 有电压-时间变换型和电压-频率变换型。双积分型 ADC 就是一种典型的电压-时间变换型 ADC。与传统 ADC 不同，Σ-Δ 型 ADC 是近年来发展起来的一种新型 ADC。下面介绍几种常见的 ADC 电路结构及其工作原理。

1. 快闪型 ADC

快闪型 ADC 又称为全并行 ADC 或并行比较型 ADC，它的结构最为简单，且是目前已知的最快的 ADC。

(1) 电路结构和工作原理

图 11.2.6 为一个 3 位快闪型 ADC 的电路结构。整个电路由分压、比较和编码三部分组成。分压电路由 8 个相同的电阻串联组成，比较电路为 7 个比较器，编码部分为一个优先编码器。

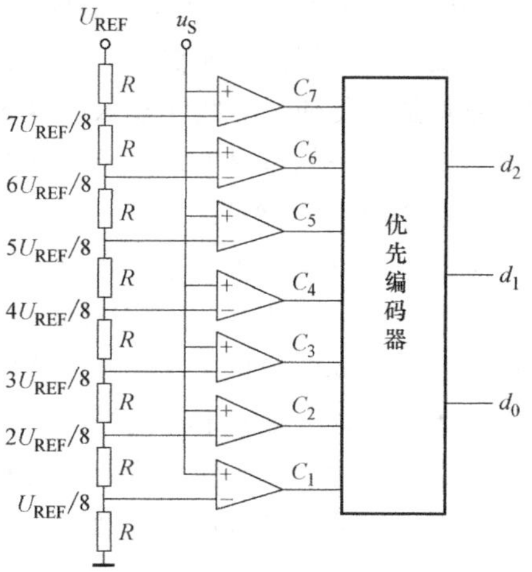

图 11.2.6 3 位快闪型 ADC 的电路结构

假设外接的基准参考电压源为 U_{REF}，则 8 个电阻相应的节点电压从下至上依次为 $U_{REF}/8$、$2U_{REF}/8$、…、$7U_{REF}/8$。这 7 个节点分别连接到后续 7 个比较器的反相输入端。比较器的所有同相输入端均连接来自采样保持电路后的阶梯信号，于是，输入的模拟电压就可以同时与这 7 个基准电压进行比较。在各比较器中，若模拟电压低于基准电压，则比较器输出为 0；反之，若模拟电压高于基准电压，则比较器输出为 1。输入信号 u_s、各比较器输出逻辑电平和输出代码之间的关系见表 11.2.1。如果输入模拟电压量小于 $U_{REF}/8$，则所有比较器的输出均为 0，经编码后输出数码 000（编码器输入 C_7 的优先级最高）；如果输入模拟电压量在 $U_{REF}/8 \sim 2U_{REF}/8$ 之间，则最下面的比较器 C_1 输出变为 1，其余比较器的输出仍为 0，经编码后输出数码 001；如果输入模拟电压量在 $2U_{REF}/8 \sim 3U_{REF}/8$ 之间，则最下面的两个比较器输出变为 1，其余比较器的输出仍为 0，优先级编码器对 C_2 输入端进行编码，故编码后输出数码 010，依此类推。可见，该电路完成了对输入信号的量化和编码，实现了模拟量到数字量的最终转换。显然，这里采用的是舍尾取整的量化方法，输入电压范围为 $0 \sim U_{REF}$。

表 11.2.1 模拟电压、比较器输出逻辑电平和输出代码之间的关系

u_s	C_7	C_6	C_5	C_4	C_3	C_2	C_1	d_2	d_1	d_0
$0 \sim U_{REF}/8$	0	0	0	0	0	0	0	0	0	0
$U_{REF}/8 \sim 2U_{REF}/8$	0	0	0	0	0	0	1	0	0	1
$2U_{REF}/8 \sim 3U_{REF}/8$	0	0	0	0	0	1	1	0	1	0
$3U_{REF}/8 \sim 4U_{REF}/8$	0	0	0	0	1	1	1	0	1	1
$4U_{REF}/8 \sim 5U_{REF}/8$	0	0	0	1	1	1	1	1	0	0
$5U_{REF}/8 \sim 6U_{REF}/8$	0	0	1	1	1	1	1	1	0	1
$6U_{REF}/8 \sim 7U_{REF}/8$	0	1	1	1	1	1	1	1	1	0
$7U_{REF}/8 \sim U_{REF}$	1	1	1	1	1	1	1	1	1	1

(2) 特点

快闪型 ADC 的结构相对简单，转换时间只取决于比较器的响应时间和编码器的延时，典型值为 100ns，甚至更小，如 AD9002 的转换时间仅为 10ns。因此，快闪型 ADC 可以不需要保持电路。由于其极高的转换速率，快闪型 ADC 主要用于宽带通信、光存储等要求处理速度极高的领域。

一个 n 位的快闪型 ADC 共需要 2^n-1 个比较器及 2^n 个电阻，如果位数 n 增大，硬件电路将很复杂，占用硅片面积大，同时也增加了成本和功耗。此外，随着位数的提高，比较器的数量增加，促使了非线性输入电容的增加，电阻的匹配也变得比较困难，从而影响了转换精度。所以，一般情况下，快闪型 ADC 适用于对精度要求不高的场合。

2. 逐次逼近型 ADC

逐次逼近（也称为渐进）型 ADC 是目前使用较多的一种 ADC，其量化和编码是同时完成的。逐次渐近型 ADC 的工作过程类似于一架天平称物体重量的过程。先试放一个最重的砝码，如果物体的重量比砝码轻，则应该把这个砝码去掉；反之，应保留这个砝码，再加上一个次重的砝码，采用上述同样的方法决定该砝码的取舍。这样依次进行，使砝码的总重量逐渐逼近物体的重量。同上述过程类似，逐次逼近型 ADC 通过内部一个 DAC 和寄存器加、减标准电压，使标准电压值与被转换电压达到平衡。因此，这些标准电压通常也称为电压砝码。

图 11.2.7 为一个逐次逼近型 ADC 的结构框图，它主要包括 DAC、电压比较器、寄存器和相应的控制逻辑电路。在 *START* 信号的控制下开始工作。转换时，控制电路首先把寄存器的最高位置 1，其他各位清 0，即使寄存器的数值为 100…000。DAC 把寄存器的这个数值转换为相应的模拟电压值 u_O。然后，将 u_O 与输入的模拟量 u_S 进行比较，当 u_O 大于 u_S 时，说明这个数值太大了，于是在控制逻辑电路的作用下把寄存器最高位的 1 清除，使其为 0；当 u_O 小于 u_S 时，说明这个数值比模拟量对应的数值还要小，于是保留这个 1。按照上述方法，再把寄存器次高位置 1，将寄存器的值转换为模拟量后与 u_S 进行比较，确定次高位的 1 是保留还是清除为 0。依此类推，在一系列时钟脉冲 *CP* 的作用下，直到最低有效位的数值被确定，就完成了一次转换。这时，寄存器中的数码就是输入的模拟量 u_S 对应的数字量。

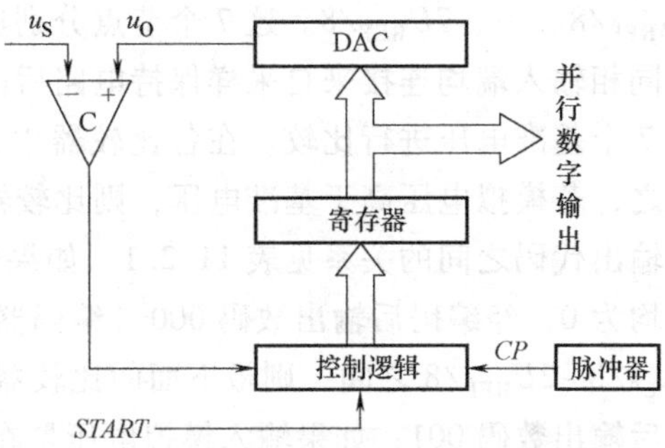

图 11.2.7　逐次逼近型 ADC 的结构框图

由此可见，一个 n 位的逐次逼近型 ADC 需要进行 n 次比较才能得到数字量。因此，转换需要 n 个 *CP* 脉冲。之后，在第 $n+1$ 个 *CP* 的作用下，转换结果被锁存并送至输出端，在第 $n+2$ 个 *CP* 的作用下内部寄存器回到初始状态，准备下一次转换。因此，n 位的逐次逼近型 ADC 转换一次需要的时间通常为 $n+2$ 个 *CP* 时钟周期。位数越多，转换时间就相应延长。可见，逐次渐近型 ADC 的转换速率比快闪型 ADC 低，一般在微秒级。但相对其他，如双积分型 ADC 而言，其仍具有较高的转换速率，且电路结构简单，精度较快闪型高。因此，逐次逼近型 ADC 是目前集成 ADC 产品中用的最多的一种电路，被广泛应用在要求实现较高速转换的场合。

逐次逼近型 ADC 是对输入模拟电压的瞬时采样值进行比较，如果在输入模拟电压上叠加外界干扰，将会造成一定的转换误差，所以它的抗干扰能力还不够理想。

3. 双积分型 ADC

双积分型 ADC 属于间接转换型 ADC，它是把待转换的输入模拟量先转换为时间变量，然后再对时间变量进行量化编码，得出转换结果。

图 11.2.8 为双积分型 ADC 的电路原理框图，主要包括：运算放大器 A 和电容 C 构成的积分器、过零比较器 C、时钟 CP 的控制门 G_1、n 位二进制计数器和 D 触发器构成的定时器。

转换开始前，转换控制信号 $START=0$，将计数器和定时器清零；同时通过反相器 G_2 使 $L=1$，开关 S_2 闭合使积分电容 C 充分放电。此时定时器的输出 Q 为 0，开关 S_1 掷向模拟输入电压 $+u_S$ 端。当转换控制信号 $START=1$ 时，开关 S_2 断开，转换开始。整个转换过程分为两个主要阶段（两次积分）。

第一阶段，积分器对模拟输入电压 u_S 进行定时积分。由于 u_S 在积分期间保持恒定，故积分器输出 u_O 与输入电压 u_S 和时间 t 满足如下关系：

$$u_O(t)=-\frac{1}{RC}\int_0^t u_S\,dt=-\frac{1}{RC}u_S t \tag{11.2.3}$$

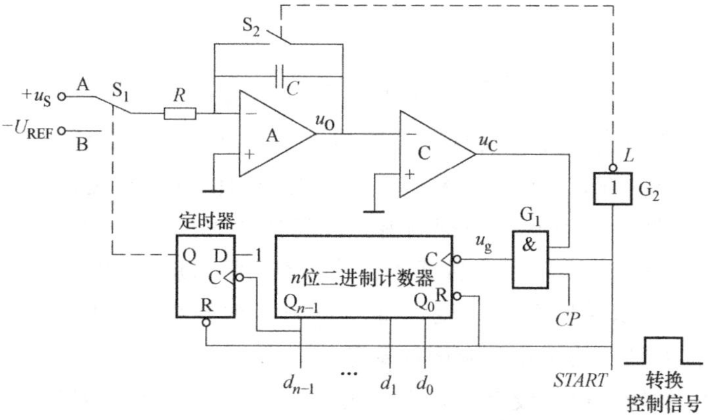

图 11.2.8　双积分型 ADC 的电路原理框图

随着时间 t 的变化，u_O 的绝对值呈线性增大，但斜率始终为负，如图 11.2.9 所示。由于此时 $u_O<0$，比较器输出 u_C 始终为 1，G_1 门打开，计数器对时钟信号 CP 计数。当计数达到 2^n 个脉冲后，计数器最高位输出端 Q_{n-1} 由 1 变为 0，触发 D 触发器，使其输出 Q 被置 1，将电子开关 S_1 与 $-U_{REF}$ 端接通。至此，第一积分阶段结束。该阶段也被称为采样积分阶段，采样时间 T_1 等于 2^n 个时钟脉冲周期。假设 CP 的周期为 T_C，则采样结束时刻 t_1 积分器的输出电压为

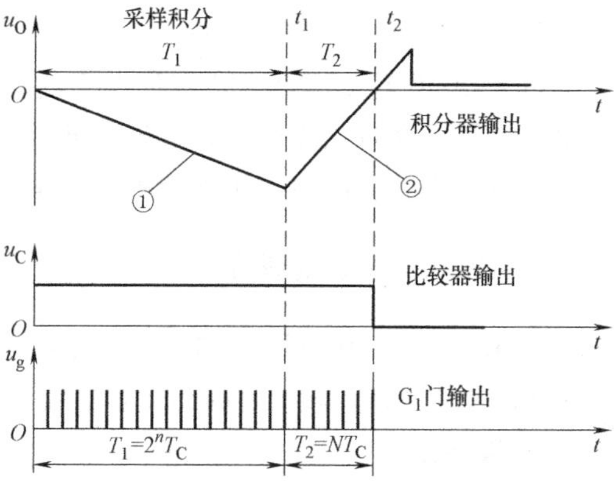

图 11.2.9　双积分型 ADC 工作波形

$$u_O(t_1)=-\frac{1}{RC}u_S T_1=-\frac{u_S}{RC}2^n T_C \tag{11.2.4}$$

第二阶段，积分器对恒定基准电压——U_{REF} 进行定值积分。由于在采样结束时，积分器已有电压 $u_O(t_1)$，所以此阶段积分器的输出电压从 $u_O(t_1)$ 开始按固定斜率增加，如图

11.2.9 所示，同时，计数器从 0 开始重新计数。积分器的输出电压 u_O 与输入电压 U_{REF} 和时间 t 满足如下关系：

$$u_O(t) = u_O(t_1) + \frac{1}{RC}\int_{t_1}^{t} U_{REF}\mathrm{d}t = u_O(t_1) + \frac{U_{REF}}{RC}(t - t_1) \tag{11.2.5}$$

当积分器输出电压 u_O 上升至零时，比较器输出 u_C 变为 0，G_1 门被封闭，计数器停止计数。假设此时为 t_2，则 $u_O(t_2) = 0$。若令第二阶段的时间间隔为 T_2，于是，根据式（11.2.4）和式（11.2.5）有：

$$T_2 = -\frac{RC}{U_{REF}}u_O(t_1) = \frac{RC}{U_{REF}}\frac{T_1}{RC}u_S = \frac{T_1}{U_{REF}}u_S \tag{11.2.6}$$

可见，时间间隔 T_2 正比于输入模拟电压 u_S，而与积分时间常数 RC 无关。因此，此时计数器中的数值即为双积分型 ADC 的转换结果。假设第二阶段积分结束时计数器中的计数值为 N，则有：

$$N = \frac{T_2}{T_C} = \frac{T_1}{T_C U_{REF}}u_S = 2^n \frac{u_S}{U_{REF}} \tag{11.2.7}$$

双积分型 ADC 在两次积分阶段具有不同的斜率，故也称为双斜率型 ADC（dual slope ADC）。由于积分器的存在，其输出只对输入信号的平均值有所响应，所以，双积分型 ADC 对平均值为 0 的各种噪声具有很强的抑制能力，包括强的抗 50Hz 工频干扰的能力。另外，只要两次积分过程中积分器的时间常数相等，计数器的结果就与 RC 无关，且转换结果与时钟信号也无关；只要每次转换中 T_C 不变，那么 T_C 在长时间里发生的缓慢变化不会带来转换误差，所以双积分型 ADC 的工作性能比较稳定。

双积分型 ADC 的转换速率较慢，完成一次转换一般需几十毫秒以上，但其精度高，抗干扰能力强，因此主要用于精度要求高的测试仪器仪表当中。目前已有很多双积分型 ADC 集成芯片，其中一些把译码和驱动电路也集成在片内，如 ICL7106 和 ICL7107，它们只需外接少量元件即可构成数字电压表。

Σ-Δ 型 ADC 是 20 世纪 90 年代出现的一种新型 A/D 转换器，因其具有分辨率高、集成度高、线性度好、价格低等优点，在高精度数据采集系统中的应用越来越广泛。详细工作原理可扫二维码链 11-3 查阅。

链 11-3 Σ-Δ 型 ADC

11.2.3 ADC 的主要参数

与 DAC 类似，ADC 的主要参数为转换精度和转换时间。转换精度为静态参数，也用分辨率和转换误差来描述，转换时间为动态参数。这些参数的具体定义与 DAC 的参数有所不同。

1. 转换精度

ADC 的转换精度反映了实际输出值与理论值的偏差。它与 ADC 的分辨率、各种转换误差有关。

分辨率是 ADC 对输入模拟信号的分辨能力，它是指可引起输出二进制数字量最低有效位变动一个数码时，输入模拟量的最小变化量。小于该最小变化量的输入模拟电压将不会引起输出数字量的改变。

对于一个 n 位输出的 ADC，如果其满量程（Full Scale Range，FSR）电压，即输入模拟

电压的最大值为 u_{FSR}，则该 ADC 能够将 u_{FSR} 等分为 2^n 个区间，其分辨输入模拟量的能力为 $u_{FSR}/2^n$。例如，一个 8 位的 ADC，若输入模拟信号满量程为 5V，则可分辨的最小输入电压为 $5V/2^8=0.01953V$。通常也可用输出二进制数码的位数 n 来直接表示 ADC 的分辨能力。

与 DAC 类似，ADC 的转换误差也包括偏移误差、增益误差等，它们主要由电路内部各元器件及单元电路的偏差产生。此外，ADC 还有因量化过程而引入的量化误差，它是 ADC 本身固有的一种误差。ADC 的转换误差通常以相对误差的形式给出，一般用最低有效位 LSB 的倍数来表示，如 $\varepsilon_{max} \leqslant \pm(1/2)$ LSB。

2. 转换时间

ADC 的转换时间是指从接到转换控制信号开始转换起，到得到稳定的数字量为止所需要的时间，它反映了 ADC 的转换速率。

ADC 的转换时间主要取决于转换电路的类型。快闪型 ADC 可达到纳秒级，属于高速 ADC；大多逐次逼近型 ADC 产品的转换时间在 10~100μs 之间，属于中速 ADC。例如，8 位逐次逼近型集成芯片 ADC0809 的转换时间为 100μs，12 位的 AD574 的转换时间为 25μs；双积分型 ADC 的转换时间一般在几十毫秒到几百毫秒的范围内，属于低速 ADC。

ADC 的转换速率是转换时间的倒数。可见，由于 ADC 转换时间的存在，信号在采样时的采样速率必须要小于或等于转换速率，否则将无法保证转换的正确完成。因此，有人习惯上将转换速率在数值上等同于采样速率，常用单位为 ksps 和 Msps，即每秒采样千/百万次来表示。

除以上参数外，ADC 的参数指标还包括信噪比、总谐波失真、无杂散动态范围等，此处不再一一讨论。使用中应该注意的是，集成 ADC 在其产品手册中给出的技术指标和参数都是在一定测试条件下得到的，如对室温和电源电压的要求，如果这些条件得不到满足，ADC 的一些技术指标和参数，如转换精度由于附加转换误差的产生而达不到预期。因此，为获得较高的转换精度，必须保证供电电源的稳定并限制环境温度的变化。对于需要外加参考电压的 ADC 而言，尤其需要保证参考源的稳定性。

11.2.4 微控制器片内 ADC

目前的很多微控制器，即单片机片内都集成有 ADC，具有可编程、多种工作模式、多路模拟输入等共同特点。以 TI 公司推出的 16 位精简指令集架构、超低功耗的单片机 MSP430G2553 为例，其内部集成了一个 10 位逐次逼近型 A/D 转换电路，可适用于高速数据采集：最大转换速率大于 200ksps；可通过编程设置采样保持器的采样周期，选择不同的采样模式、时钟源和参考电压源；具有对内部温度传感器、供电电压和外部参考源的转换通道；具有数据传输控制器，能够在 CPU 不参与的情况下将结果发送至存储器保存，从而大大提高了转换速率。

图 11.2.10 是 MSP430G2553 内部 A/D 转换模块的结构框图。从图中可以看出，其核心模块是采样-保持（Sample and Hold）电路和 10 位的逐次逼近寄存器（10 位 SAR）。转换结果会被储存在 ADC10MEM 寄存器里。

图 11.2.10 中有方点的都是可编程寄存器位（如左上角的 REFOUT、SREF1 等），结合 MUX，使得微控制器片内的 ADC 工作方式灵活多样。

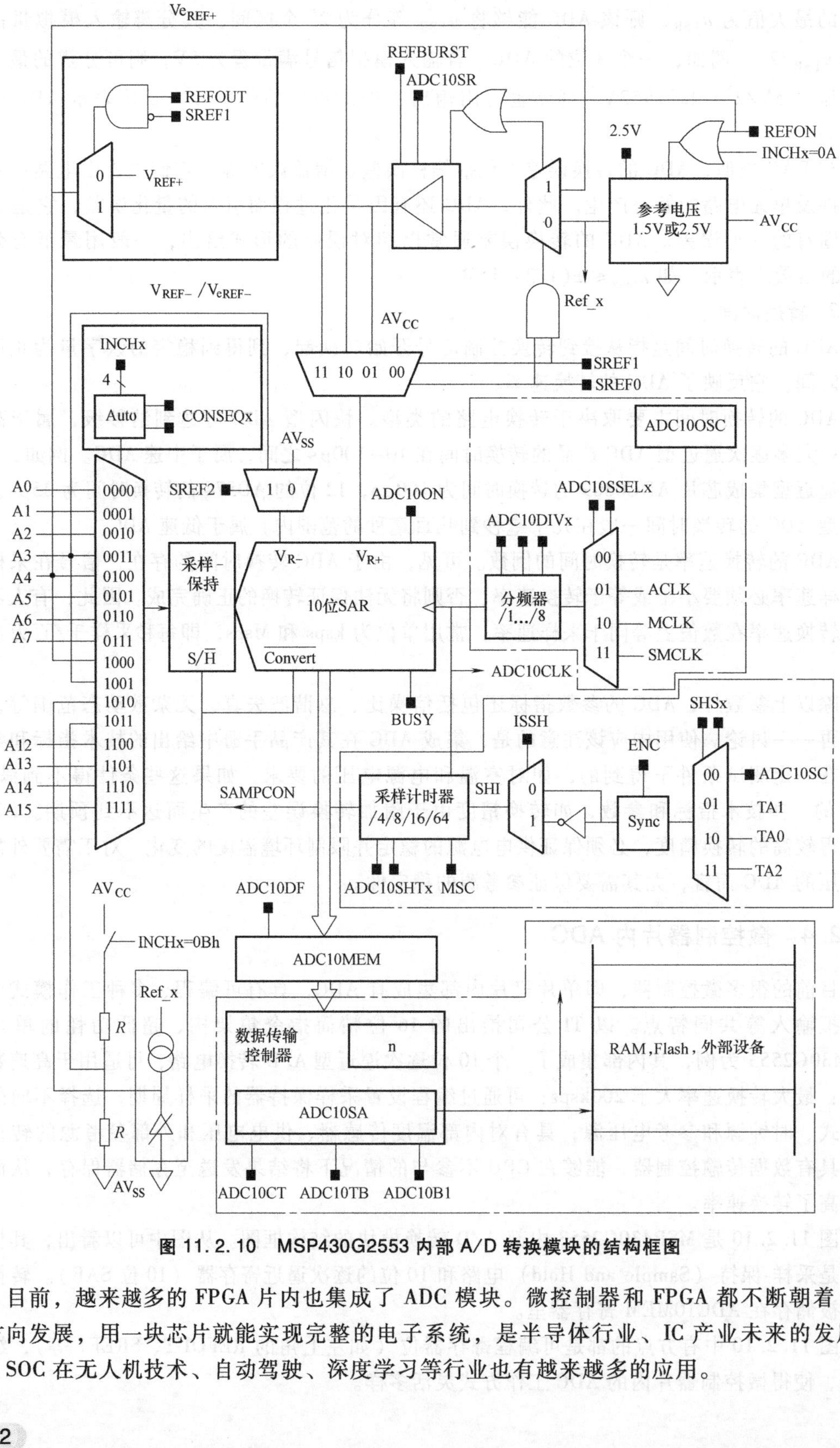

图 11.2.10　MSP430G2553 内部 A/D 转换模块的结构框图

目前，越来越多的 FPGA 片内也集成了 ADC 模块。微控制器和 FPGA 都不断朝着 SOC 的方向发展，用一块芯片就能实现完整的电子系统，是半导体行业、IC 产业未来的发展方向。SOC 在无人机技术、自动驾驶、深度学习等行业也有越来越多的应用。

11.2.5 集成 ADC 及应用

集成 ADC 的种类很多：如果按照转换成数字量的位数分类，常见的有 8 位（如 ADC0809）、12 位（如 AD574）、16 位（如 ADS54J60）和 24 位（如国产 CS1259B）；按照转换方式分类，常见的有前面介绍的快闪型、逐次逼近型、双积分型以及 Σ-Δ 型；按照输出方式划分，包括并行输出和串行输出；按照转换速率划分，有高速、中速和低速三个层次；如果以精度为标准，也可分为高、中和低精度三类。

这里介绍一款 12 位逐次逼近型 ADC AD7476A 的特性、引脚及典型应用电路。该器件为 Digilent（德致伦）公司开发的 PmodAD1 模块上的主芯片，因此，可通过 PmodAD1 连接器方便地与 Bsays、Nexys 等板卡相连，与这些板卡上 Xilinx 的 FPGA 连接实现 12 位的 A/D 转换。关于 PmodAD1 连接器的相关资料可通过网站 http：//www. digilentinc. com/获取。

AD7476A 为 12 位高速、低功耗、单片 CMOS 的逐次逼近型 ADC，工作电压范围为 2. 35~5. 25V，采样速率可达 1Msps。器件内部包含一个低噪声、宽带跟踪-保持放大器，可处理高于 13MHz 的输入信号。AD7476A 的数据采集和转换过程是通过其片选信号和串行时钟控制，输出为串行模式，因此，该器件易于和微控制器、DSP 等直接接口。

链 11-4 AD7476A 工作原理和应用例程

AD7476A 的内部参考电压取自电源电压，可使器件工作在满量程输入范围内，因此，使用时无须外接参考源。AD7476A 的转换速率由串行时钟 SCLK 决定，使器件的功耗可灵活地控制。在正常转换模式工作、+3V 或 +5V 供电、采样速率为 1Msps 的情况下，AD7476A 的功耗分别为 3. 6mW 和 12. 5mW。此外，AD7476A 还可处于掉电模式，此时最大电流为 1μA，典型值为 50nA。

AD7476A 的工作原理和应用例程详见二维码链 11-4。

本 章 小 结

随着数字电子技术的快速发展，尤其是计算机在自动控制和检测中的广泛应用，促进了 A/D 和 D/A 转换技术的迅速发展。ADC 和 DAC 的种类繁杂，本章主要通过介绍 ADC 和 DAC 的基本概念和一些常见转换技术，为实际应用奠定了重要基础。

本章首先介绍了 DAC 电路的一般组成并重点讨论了几种常用的转换技术。其中，权电阻网络 DAC 结构简单，但电阻种类多，不宜集成化，且转换精度低；倒 T 形电阻网络 DAC 所需电阻少，相对前者精度可保证；权电流网络 DAC 的转换速率较快，精度较高。目前在双极型集成 DAC 中多采用权电流网络型的转换电路。此外，还介绍了 8 位权电流网络型、串行输入方式的转换器 AD7303 等。

在 ADC 部分，主要介绍了 A/D 转换的一般过程，即采样、保持、量化和编码。其次，重点讨论了 ADC 四种常用的转换类型，即快闪型、逐次逼近型和双积分型的工作原理。快闪型 ADC 速度高，但精度较低，一般不超过 8 位的分辨率，所以通常只用在超高速、对精度要求不高的场合。逐次逼近型 ADC 具有速度较高和价格低的优点，工业场合多采用此种 ADC。双积分型 ADC 可获得较高的精度，并具有较强的抗干扰能力，故在数字仪表中的应用较多。此外，本章还介绍了 MSP430G2553 单片机内部集成 ADC 的结构和特点，以及一款 12 位的逐次逼近型 ADC AD7476A 的特性等。

ADC 和 DAC 的参数指标是在设计中正确选型和使用的重要依据，本章介绍了 ADC 和 DAC 的一些主要参数，包括转换精度和转换时间。其中，分辨率和转换时间是特别需要关注的方面。另外需要注意，为了得到较高的转换精度，除了选用分辨率较高的 ADC、DAC 以外，还必须保证参考电源和供电电源有足够的稳定度，并减小环境温度的变化，否则，即使选用了高分辨率的芯片，也难以得到应有的转换精度。

思考题和习题

思考题

11.1　电流输出型的集成 DAC，为了得到模拟电压输出，在实际应用中通常需要在其后接一个什么电路？

11.2　相比权电阻网络 DAC，倒 T 形电阻网络 DAC 有哪些优点？

11.3　与倒 T 形电阻网络 DAC 相比，权电流网络 DAC 的主要优点是什么？

11.4　选择集成 DAC 时应该主要考虑哪些参数？

11.5　A/D 转换的过程通常可分为哪 4 个步骤？

11.6　ADC 的 4 种常用转换类型，即快闪型、逐次逼近型、双积分型和 Σ-Δ 型各自的特点及应用场合是什么？

11.7　对于图 11.2.8 所示的双积分型 ADC，输入电压 u_S 的绝对值可否大于参考电压 U_{REF} 的绝对值？为什么？

11.8　双积分型数字电压表是否需要采样-保持电路？请说明理由。

11.9　集成 ADC 两个最重要的指标是什么？

习题

11.1　一个 8 位的 DAC 的单位量化电压为 0.01V，当输入代码分别为 01011011、11100100 时，输出电压 u_O 为多少？若其分辨率用百分数表示，则应是多少？

11.2　已知 R-$2R$ 倒 T 形电阻网络 DAC 的参考电压 $U_{REF}=5V$，$R_F=R$，试分别求出 8 位 DAC 的最大和最小（只有数字信号最低位为 1）输出电压。

11.3　用一个 4 位二进制计数器 74163、一个 4 位 DAC 和一个与非门设计一个能够产生图题 11.3 所示阶梯波形的发生电路。

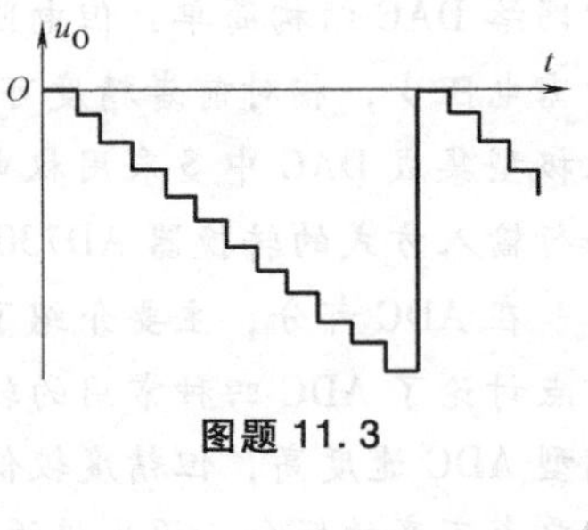

图题 11.3

11.4　一个程控增益放大电路如图题 11.4 所示，图中 $d_i=1$ 时，相应的模拟开关 S_i 与 u_I 相接；$d_i=0$ 时，S_i 与地相接。

(1) 试求该放大电路的电压放大倍数 $A_V=u_O/u_I$ 与数字量 $d_3d_2d_1d_0$ 之间的关系表达式。

(2) 试求该放大电路的输入电阻 $R_I = u_I / i_I$ 与数字量 $d_3 d_2 d_1 d_0$ 之间的关系表达式。

(3) 计算输入数字量为 1H 和 0FH 时 A_V 的值。

11.5 由图题 11.5 所构成的任意波形发生电路中，DAC 是一个 R-$2R$ 倒 T 形电阻网络 DAC，若其参考电压 $U_{REF} = 5V$，计数器的时钟频率为 100kHz，RAM 中存储的数据见表题 11.5。试画出输出波形 u_O。

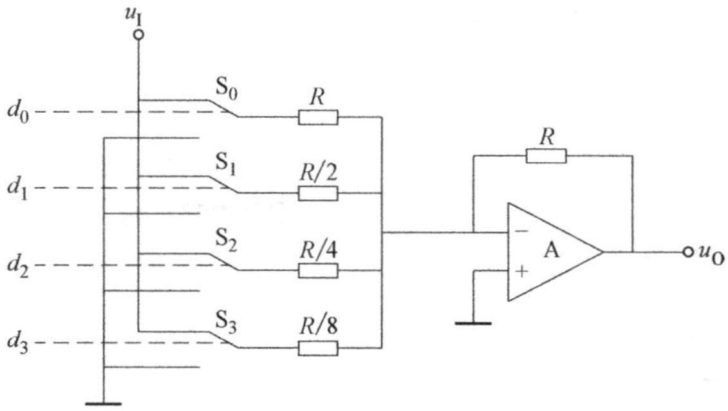

图题 11.4 程控增益放大电路

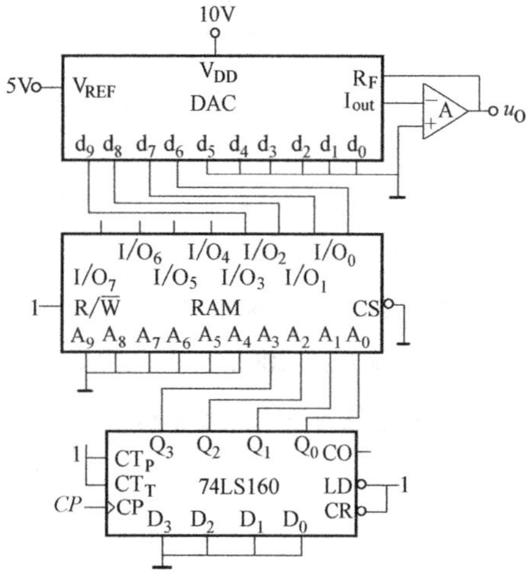

图题 11.5 任意波形发生电路

表题 11.5 RAM 中存储的数据

A_3	A_2	A_1	A_0	D_3	D_2	D_1	D_0	A_3	A_2	A_1	A_0	D_3	D_2	D_1	D_0
0	0	0	0	0	0	0	0	1	0	0	0	0	0	0	1
0	0	0	1	0	0	0	1	1	0	0	1	0	0	0	0
0	0	1	0	0	0	1	1	1	0	1	0	0	0	0	1
0	0	1	1	0	1	1	1	1	0	1	1	0	0	1	1
0	1	0	0	1	1	1	1	1	1	0	0	0	1	0	1
0	1	0	1	1	1	1	1	1	1	0	1	0	1	1	1
0	1	1	0	0	1	1	1	1	1	1	0	1	0	0	1
0	1	1	1	0	0	1	1	1	1	1	1	1	0	1	1

11.6 若一个 ADC（包括采样-保持电路）输入模拟信号的最高变化频率为 10kHz，试说明采样频率的下限是多少，完成一次 A/D 转换所用时间的上限应为多少？

11.7 对于图题 11.7 所示的快闪型 ADC，若 $U_{REF} = 7.5V$，式回答以下问题：

(1) 求出电路的单位量化电压 U_{Δ}。

(2) 该电路是舍尾取整的量化方法，还是四舍五入的量化方法？最大量化误差是多少？

(3) 当输入电压 $u_S = 2.4V$ 时，输出的数字量 $d_2 d_1 d_0$ 是什么？

11.8 如果一个 10 位逐次逼近型 ADC 的时钟频率为 500kHz，试计算完成一次转换操作所需要的时间。如果要求转换时间不得大于 10μs，那么时钟信号频率应选多少？

11.9　一个8位逐次逼近型ADC内部结构如图题11.9所示。如果待转换的输入电压 $u_S=4.115\text{V}$，DAC的单位量化电压 $U_\Delta=0.022\text{V}$，试说明逐次逼近的过程和最终转换的结果。

11.10　一个10位双积分型ADC的基准电压 $U_{REF}=8\text{V}$，时钟频率 $f_{CP}=100\text{kHz}$。当输入电压 $u_S=2\text{V}$ 时，求出完成转换所需要的时间。

11.11　对于图题11.11所示的双积分型ADC，试回答如下问题：

（1）若被测电压 $u_{S(\max)}=2\text{V}$，要求分辨率 $\leqslant 0.1\text{mV}$，则二进制计数器的计数总容量 N 应大于多少？

（2）至少需要多少位的二进制计数器？

（3）若 $f_{CP}=200\text{kHz}$，$|u_S|<|U_{REF}|=2\text{V}$，积分器输出电压的最大值为5V，此时积分时间常数 RC 为多少？

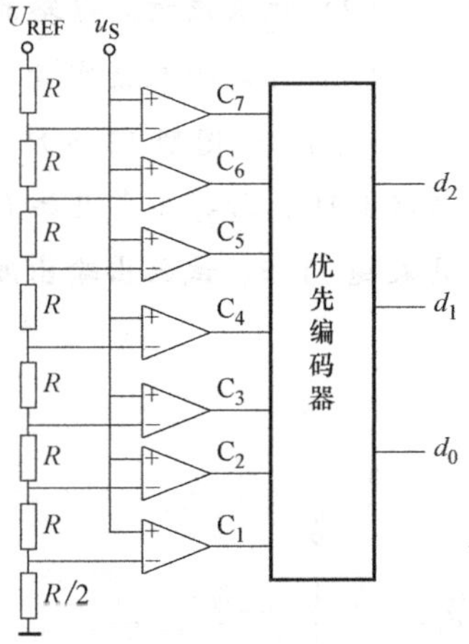

图题11.7　快闪型ADC内部结构

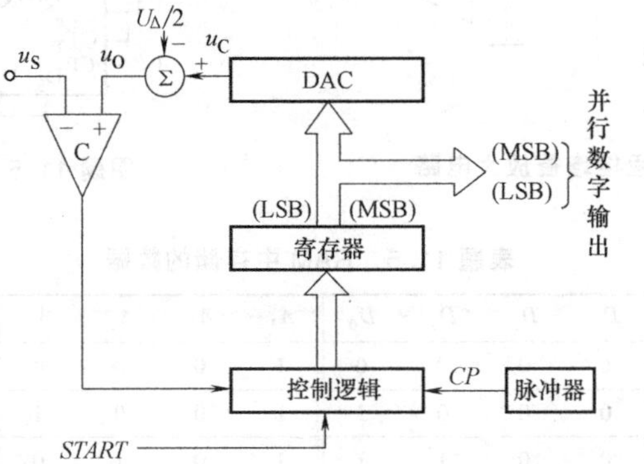

图题11.9　一个8位逐次逼近型ADC的内部结构

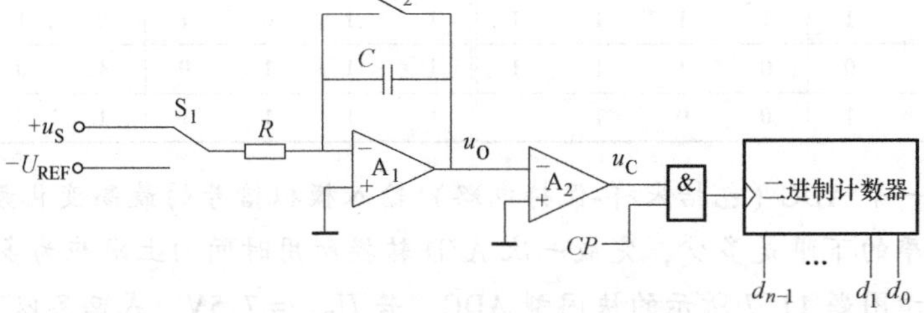

图题11.11　双积分型ADC内部结构

11.12　某信号采集系统要求用一个集成ADC芯片在1s内对32个热电偶的输出电压分时进行转换。已知热电偶的输出电压范围为0~0.025V（对应于0~400℃温度范围），若需要分辨的温度为0.1℃，试问应选择多少位的ADC？其转换时间至少为多少？

第12章　微处理器基本概念

本书已较大篇幅地介绍了集成逻辑门、触发器、中规模器件以及由它们构成的组合逻辑电路、时序逻辑电路的概念和应用，掌握这些中、小规模器件，可为简易测频计、测速计、交通灯控制器、数字钟等应用的设计提供完整的解决方案。PLD 是一种集成了大量逻辑门、触发器、可编程连线阵列等资源的通用集成器件，可以由设计人员自行编程把一个数字系统“集成”在一片 PLD 上，且具有良好的在线修改能力，是电子系统设计领域中最具发展前途的器件之一。但如果要实现一个需要分析和决策的复杂系统，例如，由传感器、执行器和控制器组成的汽车电子控制系统，由于包含了发动机电子控制系统、底盘综合控制系统、车身电子安全系统和信息通信系统等，需要连续不断地进行数据采集、计算、分析和决策，还要具备事件的记忆能力，因此要选择微处理器。

12.1　微处理器简介

微处理器是一款软件程序驱动的大规模集成器件，与接口电路一起协同完成复杂的任务。在不同指令的控制下，微处理器能方便地完成算术运算、逻辑运算、比较、数据存取、移位、输入输出等操作。当系统性能需要升级或变更时，只需修改微处理器的部分程序指令，不必像单纯由中、小规模器件构成的硬件系统，要重新设计和加工整个硬件电路。基于微处理器的数字系统是目前电子设计的主流，也是智能电子产品的核心。本章首先在广义上对微处理器进行了介绍，然后主要对狭义上的微处理器（CPU）进行讲解。

12.1.1　微处理器分类

从广义上讲，CPU（Central Processing Unit）、微控制器（Micro Controller Unit，MCU）、数字信号处理器（Digital Signal Processor，DSP）等都叫微处理器或嵌入式处理器（嵌入到数字系统），只是其结构特点有所不同。

1. CPU

狭义上的微处理器就是一个功能强大的中央处理单元，即 CPU，其内部主要包括运算器和控制器两部分，是个人计算机和高端工作站的核心。最常见的 CPU 是 Motorola 的 68K 系列和 Intel 的 X86 系列。早期的“微型计算机原理”课程就是以 Intel 的 80X86 CPU 为例介绍 CPU 的结构、指令系统、接口及应用的。

CPU 内普遍没有用户使用的存储器、定时器和常用接口，因此，CPU 在电路板上必须外扩存储器、总线接口及常用外设接口及器件，从而降低了系统的可靠性。例如，在“微型计算机原理”课程中学习的 Intel8088/8086CPU，使用时需要 244/245/373 构成总线，外加 Intel8087 浮点运算协处理器、并行可编程接口芯片 8255A、定时器/计数器 8253/8254、DMA 控制器 8237、中断控制器 8259A、串行通信接口 8250/8251 等芯片，构成早期的 PC IBM—XT/AT 的主板系统。CPU 的功耗普遍较大，如 Intel 的 CPU 多在 20~100W 之间。

CPU 自 20 世纪 70 年代问世以来已得到了迅速的发展，字长从 4 位发展到目前的 64 位四内核的 Core i7。此外，Intel 公司基于 14nm 制作工艺的全新 Cherry Trail 芯片也已经出货，该芯片主要应用于平板计算机产品。

2. 微控制器（MCU）和数字信号处理器（DSP）

微控制器诞生于 20 世纪 70 年代中期，与 CPU 相比，其片内除具有运算器和控制器外，还集成有各种类型的存储器、计数器、定时器、各种通信接口、中断控制、总线、A/D 和 D/A 转换器等适合实时控制的功能模块于一块芯片中，从而使系统的功耗和成本下降，可靠性提高。因此，微控制器也称之为单片机（Single Chip Computer）。由于其体积小、灵活性大、价格便宜、使用方便等优点，自问世以来，在工商、金融、科研、教育、国防、航空航天等领域都有着十分广泛的应用。可以这样说，微控制器已渗透到我们日常工作生活的方方面面。

Intel 作为最早推出 CPU 的公司，同样也是最早推出微控制器的公司，继 1976 年推出 MCS-48 后，又于 1980 年推出了 MCS-51 系列微控制器，产品包括 8031、8051、8751、89C51 等。MCS-51 系列微控制器设置了经典的 8 位微控制器总线结构，具有 8 位数据总线、16 位地址总线、控制总线及具有多机通信功能的串行通信接口，体现了工控特性的位地址空间及位操作方式；另外，指令系统趋于丰富和完善，并且增加了许多突出控制功能的指令。MCS-51 系列微控制器为发展具有良好兼容性的新一代微控制器奠定了基础。

在 8051 技术实现开放后，Philips、Atmel、Dallas 和 Siemens 等公司纷纷推出了基于 8051 内核的微控制器，将许多测控系统中使用的电路技术、接口技术、多通道 A/D 转换部件、可靠性技术等应用到微控制器中，增强了其外围电路的功能，强化了智能控制的特征。另外，随着技术的不断进步，这些微控制器的自身性能已得到大幅提升，如 Maxim/Dallas 公司提供的 DS89C430 系列微控制器，其单周期指令速度已经提高到了 8051 的 12 倍。

学过“数字信号处理技术”的读者应该还记得，在 FIR 和 IIR 数字滤波、卷积、快速傅里叶变换等数字信号处理算法中，乘积和（Sum of Product，SOP）是最基本的单元。用处理器处理实时信号时，就要求完成 SOP 的速度尽可能地快。在 20 世纪 80 年代中后期，出现了一种结构更加复杂、高性能的微控制器，其内部采用多总线结构（数据和程序有各自的总线），指令执行使用多级流水线结构（多条指令同时运行在不同阶段），片内集成有硬件乘法器，具有进行数字信号处理的特殊指令等。这种处理器可以更加快捷地完成 SOP 算法，因此得名为数字信号处理器（Digital Signal Processor，DSP）。DSP 可以在一个指令周期完成乘法与加法运算，最常见的有 TI 的 TMS320 系列、Motorola 的 MC56 和 MC96 系列、AD 公司的 ADSP21 系列等。

某些专用微控制器的设计用于实现特定功能，从而在各种电路中进行模块化应用，而不要求使用人员了解其内部结构。如音乐集成微控制器，它将音乐信号以数字的形式存于存储器中，由微控制器读出，转化为模拟音乐电信号。这种模块化应用极大地缩小了体积，简化了电路，降低了损坏和错误率，也便于更换。

微控制器可从不同方面进行分类：根据数据总线宽度可分为 8 位、16 位、32 位机等；根据存储器结构可分为 Harvard 结构和 Von Neumann 结构；根据内嵌程序存储器的类别可分为 OTP、掩膜、EPROM/E^2PROM 和 Flash ROM；根据指令结构又可分为 CISC 和 RISC（见 14.3.1 节）微控制器等。

微控制器制造商不断推出满足设计工程师需要的各种先进的处理器，但开发应用的基本方法是一样的，后续章节将主要介绍微控制器。

3. 嵌入式处理器

从狭义上讲，嵌入式处理器是一种处理器的 IP 核（Intellectual Property core）。开发公司在开发出处理器结构后向其他芯片厂商授权制造，芯片厂商可以根据自己的需要进行结构与功能的调整。嵌入式处理器的主要产品有：ARM（Advanced RISC Machines）公司的 ARM、Silicon Graphics 公司的 MIPS、IBM 和 Motorola 联合开发的 PowerPC 等。

嵌入式处理器的主要设计者是 ARM 公司，其通过转让设计许可，由合作伙伴公司来生产各具特色的芯片，是一个不生产芯片的芯片商。ARM 公司在全世界范围的合作伙伴超过 100 个，其中包括有 TI、Xilinx、Samsung、Philips、Atmel、Motorola、Intel（典型芯片有 StrongARM 和 XScale）等许多著名的半导体公司。ARM 公司专注于设计，设计的处理器内核耗电少、成本低、功能强。采用 ARM 技术的微控制器遍及各类电子产品，在汽车电子、消费娱乐、成像、工业控制、网络、移动通信、手持计算、多媒体数字消费、存储安保和无线等领域无处不在。

20 世纪 90 年代，随着消费电子产品的发展，微控制器技术得到了巨大提高，出现了以 ARM 系列、Atmel 的 AVR32 为代表的 32 位微控制器，尤其是 ARM 系列微控制器在高端市场的使用，使其迅速进入了 32 位微控制器的主流。

12.1.2 我国微处理器发展现状

在国家信息安全的新形势下，芯片作为信息安全的基础，“中国芯”迎来了发展机遇。虽然我国在半导体材料、光刻机设备、芯片设计软件等方面确实存在很多的短板，但我国 CPU 研发公司正奋力追赶，以华为为代表的厂商正全力打造“中国芯”。下面对华为处理器做简要介绍。

“鲲鹏”是华为计算机产业的主力芯片之一，围绕“鲲鹏+昇腾”构筑计算+AI 及领先的计算平台，打造了算（即 CPU）、存（Solid State Drive Controller，SSD 控制器，即存储器控制）、传（即智能网卡）、管（即智能管理）、智（Network Process Units，NPU），即网络处理器，也称嵌入式神经网络处理器，采用了“数据驱动并行计算”架构，擅长处理视频、图像类的海量多媒体数据）五个子系统。2019 年 1 月，华为宣布推出基于 ARM 架构授权的鲲鹏 920（Kunpeng 920），以及基于鲲鹏 920 的 TaiShan 系列服务器产品。鲲鹏 920 采用 7nm 制造工艺，单芯片可支持 64 内核，主频可达 2.6GHz，集成 8 通道 DDR4，支持 PCIe4.0 及 CCIX 接口，可提供 640Gbit/s 总带宽，芯片集成 100G RoCE 以太网卡功能。鲲鹏 920 与鲲鹏 920s 分别用于服务器和 PC。鲲鹏主板采用多合一 SOC、xPU 高速互联、100GE 高速 I/O 等关键技术。目前，已有超过 12 家整机厂商基于鲲鹏主板推出自有品牌的服务器及 PC 产品。

“昇腾” AI 处理器是华为人工智能运算芯片，可以应用于图像、视频、语音、文字处理等人工智能场景。昇腾 910 是一款具有超高算力的 AI 处理器，其最大功耗为 310W，8 位整数精度（INT8）下的性能达到 640TOPS，16 位浮点数（FP16）下的性能达到 320 TFLOPS。昇腾 AI 处理器片上系统（SOC）包括特制的计算单元、大容量的存储单元和相应的控制单元：芯片系统控制 CPU（Control CPU），AI 计算引擎（包括 AI Core 和 AI CPU），多层级的片上系统缓存（Cache）或缓冲区（Buffer），数字视觉预处理模块（Digital Vision Pre-Processing，DVPP）等，还包括 USB、磁盘、网卡、GPIO、I^2C 和电源管理等通用接口。昇腾 310（Ascend310）是一款华为专门为图像识别、视频处理、推理计算及机器学习等领域设计的高性能、低功耗 AI 芯片，内置 2 个 AI Core，可支持 128 位宽的 LPDDR4X，可实现最大 22TOPS（INT8）的计算能力。华为推出的 Atlas 开发者套件（Atlas 200 Developer Kit，Atlas2000DK）是一个以 Ascend 310 处理器为核心的开发者学习平台，主要功能是将 Ascend 310 处理器的核心功能通过板上的外围接口对外开放，以便用户可以快捷地使用 Ascend 310 强大的计算能力。

“麒麟”是华为旗下海思半导体公司的产品，现已成为华为手机的首选。Mate40 选用麒麟 9000E 处理器，Pro 版本则选用麒麟 9000 处理器。麒麟 9000 处理器采用 2 个大核+1 个微核的组合，麒麟 9000E 处理器采用 1 个大核+1 个微核的组合。这两款处理器均采用 5nm 工艺，在 CPU（8 核心设计：一个 3.13GHz Cortex-A77 超大核、3 个 2.54GHz Cortex-A77 大核、4 个 2.05GHz Cortex-A55 能效核心）、基带（均集成巴龙 5000 5G 基带）、ISP 等方面均相同。华为正着手研发下一代手机芯片——麒麟 9010，该芯片采用 3nm 工艺。目前，华为也正在探索整个芯片产业链的国产化。

在半导体芯片行业，企业模式主要分 IDM、Fabless 和 Foundry 三种：IDM 即 Integrated Design and Manufacture，是包含设计、制造、封装、测试的公司，如 TI、Intel 等；Fabless 是 Fabrication（制造）和 less（无）的组合，是指“没有制造业务、只专注于设计”的公司，如 ARM、高通、华为海思等；Foundry 在集成电路领域是指专门负责生产、制造芯片的厂家，即代工厂，如台积电等。国产处理器 IC 设计发展很快，2017 年全球营收排名前十的 Fabless 企业榜单中就有中国的华为海思和紫光入榜。2018 年，华为海思排名第五，营收增长率居冠。

目前，在国际环境、产业政策、市场需求的联合驱动下，一大批国产 CPU 厂商“乘风破浪 奋楫前行”，在工艺、性能、生态建设等多个方面不断取得突破，为 CPU 的自主可控、安全可信做出了贡献。

CPU 是整个电子信息产业的基础器件，在大国战略博弈以及产业安全等方面都具有非常重要的意义。未来，随着国防军工、行政管理到国民经济各行业信息系统国产化进程的加速，国产 CPU 替代进口 CPU 的空间也将进一步增大，生态建设也将得到完善。

微控制器（MCU）是海量电子设备的基础控制芯片，海外大厂占据主要市场份额。2021年以来，MCU缺货及价格飞涨导致缺“芯”状况严重，国内也开始加速MCU的供应链本土化。

弘扬“西迁精神”，修身立德、树立和践行社会主义核心价值观

2020年4月22日，在陕西考察的习近平总书记来到西安交通大学，走进交大西迁博物馆，参观交大西迁的创业历程和辉煌成就展。习近平总书记指出，“西迁精神”的核心是爱国主义，精髓是听党指挥跟党走，与党和国家、与民族和人民同呼吸、共命运，具有深刻现实意义和历史意义。广大师生要大力弘扬“西迁精神”，抓住新时代新机遇，到祖国最需要的地方建功立业。

习近平总书记始终高度重视、亲切关怀青年学生成长成才。青年一代有理想、有担当，国家就有前途，民族就有希望。我国在贫困的二十世纪六十年代能研制出“两弹一星”，相信在IC制造领域也将会取得伟大成就。

12.2 CPU结构

前述所有广义的微处理器，其核心部件都是CPU，CPU的性能大致反映出微处理器的性能。下面主要介绍狭义的微处理器，即CPU的硬件结构和工作流程。

CPU芯片中包含了执行各种指令功能的硬件逻辑电路，它可以读懂程序指令代码，并按照一定的顺序执行，完成人们给它的任务。CPU是一切基于微处理器的电子设备的核心部件或“大脑”，负责对整个系统的各个部分进行统一的协调和控制。

12.2.1 CPU的控制器

CPU中控制器的主要作用是自动完成取指令和执行指令等任务，运算器的主要作用是完成算术运算和逻辑运算。

控制器（Control Unit，CU）为CPU的指挥和控制中心，结构如图12.2.1所示。CPU内部的地址和数据总线用来连接CPU内部各功能部件，并在功能部件之间传送数据和控制信号。控制器主要由指令寄存器（Instruction Register，IR）、指令译码器（Instruction Decoder，ID）、程序计数器（Program Counter，PC）或称为指令指针（Instruction Pointer，IP）、控制和时序发生电路等组成。IR和ID是CPU的专用寄存器，用户无法访问它。

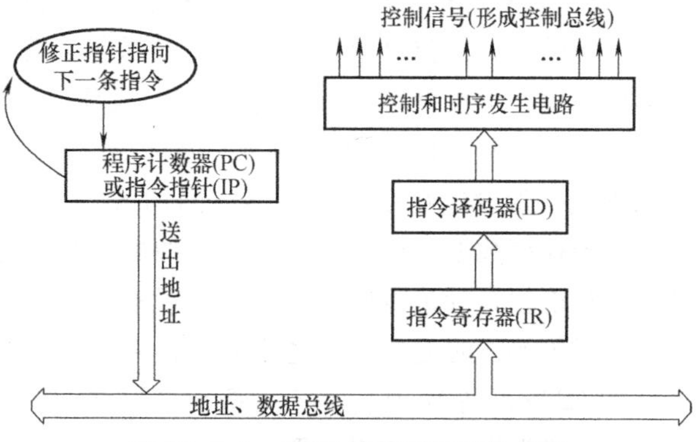

图12.2.1 CPU的控制器结构框图

CPU上电后经过一定时间的复位，就通过PC取第一条指令，CPU将PC的内容送到地址总线，读取存储器中该地址的指令代码，并暂存在IR中，ID进行指令译码。每个CPU

都有自己的指令系统，每条指令都有其确定的二进制代码，控制器读取指令代码后通过指令译码就可以知道该指令的作用。

控制和时序发生电路根据指令译码分析的结果发出相应的控制命令，按照时间顺序发出各种控制信号，以保证指令按照一定的节拍顺序被执行。控制和时序发生电路负责对整个系统进行控制，它还向 CPU 之外的其他各部件发出相应的控制信号，使 CPU 内、外各部件间协调工作。

进行软件设计和调试时，用户需要清楚 PC 的作用和 CPU 上电复位后 PC 的初始值，还需要了解堆栈和堆栈指针（Stack Pointer，SP）的概念。

1. 程序计数器（PC）

程序计数器（PC）是专门用于保存程序指令在存储器中存储地址的一个寄存器。CPU 每执行一条指令，PC 会自动增加一个量，这个量等于本条指令代码所占用的存储器单元数，以便使 PC 保持的总是将要执行的下一条指令的地址。由于程序在执行前已按照先后顺序存放在存储器中，因此，只要把程序第一条指令的地址，即程序入口地址装入 PC，程序就可以在 PC 的引导下逐条执行了。由于大多数指令都是按顺序来执行的，所以修改的过程通常只是简单的对 PC 加 1 或加 2（多数指令一般占用 1 个或 2 个存储单元）。如果 CPU 要执行子程序或后续要介绍的中断服务程序等，也都是通过修改 PC 的值，使程序转向对应的分支去执行程序。不同厂家甚至同一厂家不同系列的 CPU，其 PC 位数和初值可能不同，CPU 复位后，PC 值被设置为处理器器件手册中介绍的值。一般情况下，PC 复位后的值是指向存储器的低端地址（如 8051 复位后 16 位的 PC 初值为 0000H）或高端地址（如 F2812 复位后 22 位的 PC 寄存器值为 3FFFC0H）。多数情况下，**PC 是专为 CPU 提供的，用户一般无法通过指令访问它**，但 MSP430 系列微控制器可以通过指令寻址 PC，即用户可编程 PC。学习任何一款微处理器时，**必须清楚 PC 在 CPU 复位后的初值是什么？**如果处理器芯片内部出厂时没有固化引导程序的话，用户的第一条指令代码必须从 PC 初值所指的存储单元开始存放。

2. 堆栈和堆栈指针（SP）

堆栈是一个特定的数据存储区域，它按“后进先出或先进后出”的方式存储信息（类似生活中的存储桶）。堆栈指针（SP）是用来存放堆栈栈顶地址的一个寄存器，堆栈主要用于保存程序断点地址（如被中断的主程序断点，见 12.5.4 节）、主程序现场、重要数据等。当通过指令或者 CPU 的某些特定操作（如执行中断服务或转向子程序）将断点等数据压入堆栈时，SP 会自动加 1 或减 1，不同 CPU 对 SP 的调整方式不同，入栈 SP 加 1 为地址向上增长型，SP 减 1 为地址向下增长型，栈中原存信息不变，只改变栈顶位置保存的数据。当数据从堆栈弹出时，弹出的是栈顶位置的数据，弹出后 SP 自动减 1 或加 1。也就是说，数据在进行压栈、出栈操作时，SP 总是指向栈顶。堆栈指针 SP 和 PC 一样，CPU 上电或复位时被初始化，不同处理器 SP 的复位初值不同。多数 CPU 的 SP 值可以通过指令修改，这种 CPU 的堆栈一般设定在数据存储器空间的某一区域，作为堆栈使用的数据存储器空间，用户不能用于存储数据。也有个别处理器的堆栈是硬件堆栈，且堆栈存储容量和位置固定，不允许用户对堆栈指针进行操作，当然也没有入栈和出栈的指令，仅在 CPU 执行中断服务或转向子程序等操作时完成与上述堆栈操作类似的入栈或出栈，保存程序断点处的 PC 值。例如，TI 的 C24×系列 MCU 只具有 8 级深度的硬件堆栈，即只可以存储 8 个字。堆栈溢出一般不会有任何错误提示，使用时要谨慎。

12.2.2 CPU的运算器

运算器是执行算术运算和逻辑运算的部件，它的任务是对信息进行加工处理。运算器主要由算术逻辑单元（Arithmetic Logic Unit，ALU）和各种寄存器组成，主要的寄存器包括累加寄存器（ACC）、程序状态字寄存器（Program Status Word，PSW，不同处理器的叫法不同）、暂存器（暂时存放数据）等。运算器主要负责加工和处理各种数据。运算器所进行的全部操作都是由控制器发出的控制信号来指挥的，所以它是执行部件。图12.2.2为运算器的结构图，不同型号的CPU稍有不同。

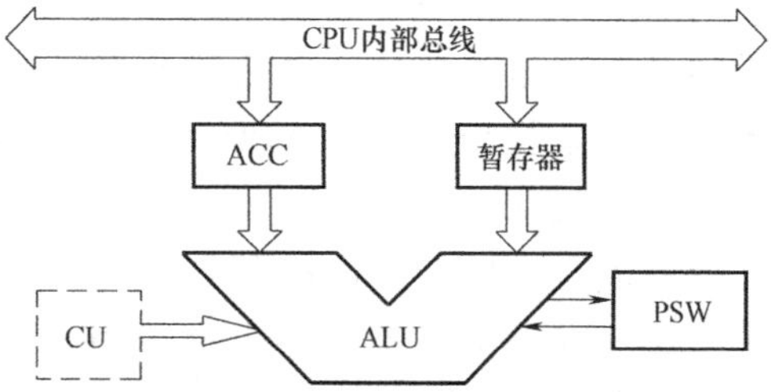

图12.2.2 CPU的运算器结构框图

累加寄存器是ALU使用最为频繁的一个寄存器，记为A或ACC。两数相加，可以将加数或被加数之一存放在累加寄存器中，完成求和运算后，结果仍送回ACC，继续与暂存器中的数据相加，可见，ACC具有累计的含义，故常称为累加器。

程序状态字寄存器（PSW）是反映程序运行状态的一个寄存器，主要用于存放一些操作结果的特征或标志，如用于寄存加、减运算结果是否溢出的标志，运算结果是否为零的标志，以及运算结果奇偶性的标志等。通过读取这些标志，可以了解运算结果的一些特征。

随着数字设计及制造技术的发展、CPU功能的增强，CPU内部除了上述基本部分外，还会增加更多的寄存器、存储器管理部件、高速缓存部件等。

任何CPU出厂后，PC、SP、ACC、PSW等寄存器的值是确定的，如果上电复位正常，寄存器的值则会被复位为器件手册中给定的值，搞清楚这些寄存器的初始值对于软件设计者来说非常重要。

12.3 CPU的程序引导过程和流水线技术

无论是CPU还是MCU，上电程序的引导都是由CPU处理的，CPU的工作过程就是执行程序的过程。CPU上电后，在PC的引导下，在程序存储器中读取用户程序。随着MCU处理器的功能越来越强大，程序引导方式也越来越多，这就意味着程序存放的地方越来越多，不仅可以存储在系统本身的存储器中，还可以存储在便携移动存储器中。对于程序引导方式比较复杂的处理器，出厂时片内都固化了引导加载程序（常称为Bootloader），如TI DSP。但无论多么复杂，程序的引导都是在PC指引下，然后配合处理器规定的确定程序引导的I/O引脚（这种情况就作为输入引脚）的电平高低，将程序PC指向期望的用户程序区域。换句话说，用户程序可以存储在多个地方，根据引导的I/O引脚的不同取值，可以让PC转移到用户程序并开始读取第一条程序，提高程序存放的灵活性。

CPU执行指令的过程一般都包含取指令、指令译码、取操作数、执行指令等过程，各过程的意义如下：

- 取指令：控制器发出信息，从存储器取一条指令。
- 指令译码：指令译码器将取得的指令翻译成对应的控制信号。

- 取操作数：如果需要操作数，则从存储器取得该指令的操作数。
- 执行指令：CPU 按照指令操作码的要求，在控制信号的作用下完成规定的处理。

早期的多数 CPU 是按照上述顺序一条一条串行地执行程序，一条指令执行完才进行下一条指令的取指令环节。假设某 CPU 在第 100 个机器周期开始执行一条包含了取指令（简记为 F）、指令译码（简记为 D）、取操作数（简记为 R）、执行指令（简记为 E）这 4 个部分的指令，顺序执行程序的 CPU 工作流程如图 12.3.1 上面部分所示。这种方式的一条指令需要 4 个机器周期，显然很慢。

现阶段的多数 CPU 借鉴了工业生产上的装配流水线思想，采用流水线技术，将每条指令分解为多步，每步由不同模块完成，从而实现了几条指令并行处理。市场上推出的各种不同的 16 位/32 位微处理器基本上都采用了流水线技术，如 80486 和 Pentium 均使用了 6 级流水线结构，6 级包括取指令、指令译码、操作数地址生成、取操作数、执行指令、存储或写回结果。

机器周期	100	101	102	103	104	105	106
顺序执行的CPU	F1	D1	R1	E1	F2	D2	R2
4级流水线CPU	F1	D1	R1	E1			
		F2	D2	R2	E2		
			F3	D3	R3	E3	
				F4	D4	R4	E4

完整的流水线

图 12.3.1　顺序执行和流水线执行程序对比

流水线技术是通过增加处理器硬件来实现的。在 CPU 中，由若干个不同功能的电路单元组成一条指令处理流水线，然后将指令分步后再由这些电路单元分别执行，以便实现多条指令的重叠操作，从而提高了 CPU 的程序执行速度。假设某 CPU 一条指令执行时仍然包含了取指令（F）、指令译码（D）、取操作数（R）、执行指令（E）这 4 个指令处理流水线部分，则这种处理器为 4 级流水线处理器，其工作流程如图 12.3.1 下面部分所示。一旦流水线建立好，流水线上会同时有 4 条指令在运行，第一条指令执行时（E1），第二条指令在取操作数（R2），第三条指令在译码（D3），同时取了第四条指令（F4）。一条指令的执行时间就是一个机器周期。显然，流水线技术大大提高了 CPU 的执行效率。TI 的 DSP 采用了 2~8 级的流水线。

无论是顺序执行还是流水线执行程序，如此不断重复，直到遇到标志程序结束的指令则停止执行。如果 CPU 没有标志程序结束的指令，则用户程序就需要构成一个死循环来结束。

必须指出，CPU 本身必须配上存储器、输入输出设备才能构成一个完整的数字系统。

12.4　CPU 对存储器的地址配置及 I/O 端口的编址和控制方式

与 CPU 交换信息的部件主要有存储器和输入输出（I/O）接口（也称外设接口）。下面首先介绍 CPU 对数据和程序存储器的地址配置方式。

12.4.1　数据和程序存储器的地址配置方式

存储器的主要任务是保存数字系统的程序和数据等信息，智能电子产品中的程序必须存储在非易失性存储器中，数据一般存储在易失性存储器中。图 12.4.1 中的数据和程序存储器是指 CPU 可以访问的存储体。根据对数据和程序存储器的地址配置方式的不同，可将 CPU 分为冯·诺依曼结构和哈佛结构，如图 12.4.1 所示。

冯·诺依曼结构也称为普林斯顿结构，程序被当作一种特殊的数据，它可以像数据一样被处理。将程序和数据存储空间统一编址，且共享一套地址和数据总线。由于指令和数据共享同一总线（见 13.2 介绍），使得信息流的传输成为限制性能的瓶颈，影响了数据的处理速度。但是，由于冯·诺依曼结构简单，因此仍在一些产品中得以应用，如 ARM 公司的 ARM7、MIPS 公司的 MIPS 等，现代的通用计算机也是基于冯·诺依曼结构。

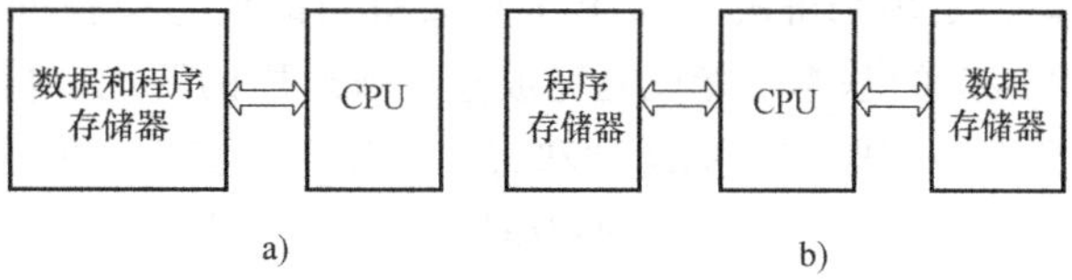

图 12.4.1　冯·诺依曼结构和哈佛结构

a）冯·诺依曼结构　b）哈佛结构

哈佛结构的主要特点是数据和程序存储空间独立，地址空间重叠，具体是访问程序还是数据空间由不同访问指令产生的控制信号区分。改进的哈佛结构采用多总线技术，即数据和程序有各自的总线通道，且可以使程序和数据有不同的数据总线宽度，提高了处理器的数据吞吐量及执行效率。如 Microchip 公司的 PIC16 处理器的程序指令是 14 位宽度，而数据是 8 位宽度。目前使用哈佛结构的微控制器有很多，除了 Microchip 公司的 PIC 系列外，还有 Motorola 公司的 MC68 系列、Zilog 公司的 Z8 系列、Atmel 公司的 AVR 系列、ARM 公司的 ARM9、ARM10 和 ARM11 、MCS-51 系列单片机等。DSP 芯片硬件结构有冯·诺依曼结构和哈佛结构，多数 DSP 都是采用多总线技术（即有程序总线、数据读总线、数据写总线）的改进型哈佛结构，TI 的 DSP 就是采用改进型哈佛结构。

在使用某处理器前，一般必须要清楚该处理器的数据和程序存储器的地址配置方式、地址范围和存储容量大小，才能够正确存储信息，也方便软件调试时核对信息。

12.4.2　I/O 端口的编址和控制方式

I/O 接口是 CPU 与外部输入/输出设备（也称为外部设备，简称外设）进行数据交换的中转站，是在主机与外设之间起到协助完成数据传送和控制等任务的逻辑电路。外设通过 I/O 接口电路把信息传送给 CPU 进行处理，CPU 将处理完的信息再通过 I/O 接口电路传送给外设。I/O 接口也称为 I/O 适配器，不同的外设必须配备不同的 I/O 适配器。I/O 接口电路是微机应用系统中必不可少的重要组成部分。

在 CPU 与外设之间设置 I/O 接口，其主要原因可以总结为：①CPU 与外设之间的信号不兼容，包括信号线的功能定义、逻辑定义和时序关系；②CPU 与外设的速度不匹配，CPU 的速度快，外设的速度慢，若不通过接口而由 CPU 直接控制外设，会大大降低 CPU 的效率；③若外设直接由 CPU 控制，会使外设的硬件结构依赖于 CPU，不利于外设的开发，通用性差。

1. I/O 接口的基本概念

I/O 接口具有完成处理器系统的各种输入/输出功能。计算机中常用的输入设备有：键盘、鼠标、扫描仪、传声器、摄像头、手写板等，常用的输出设备有：打印机、显示器、投影仪、耳机音箱等。

由于输入/输出设备和装置的工作原理、驱动方式、信息格式以及工作速度等各不相同，其数据处理速度也各不相同，但一般都远比 CPU 的处理速度要慢。所以，这些外设不能与 CPU 直接相连，必须经过中间电路连接，这部分中间电路被称作 I/O 接口电路，简称 I/O

接口，是用来解决 CPU 和 I/O 设备间的信息交换问题，使 CPU 和 I/O 设备协调一致工作。I/O 接口的基本功能就是完成速度或时序的匹配、信号逻辑电平的匹配、驱动能力的协调这三要素，同时有数据缓冲和寄存的作用。其中，时序匹配是非常重要的，每个外设都有自己固定的时序，CPU 访问外设时必须产生与外设时序一致的信号才能正常交换信息。

无论 I/O 接口电路的复杂程度如何，也无论 I/O 接口是独立芯片还是 MCU 片内集成的 I/O 接口，CPU 与 I/O 接口交换的信息一般都可以分为三类：数据信息、状态信息和控制信息。数据信息是两者之间要传送的数据；状态信息主要用来反映 I/O 设备当前的状态，如输入设备是否准备好、输出设备是否处于忙状态等；控制信息是 CPU 确定 I/O 接口的读写方式以及通过 I/O 接口来控制 I/O 设备的操作，是向外设接口传送的控制或配置命令，即 I/O 接口都是可编程的，编程其实就是通过软件配置其“控制寄存器”来确定接口的工作方式。这些信息都寄存在 I/O 接口的相应寄存器中，如图 12.4.2 所示的并行 I/O 接口示意图。如果是串行接口，其内部结构与并行接口基本相同，同样包含图中的三种性质的寄存器，只是要通过接口内部串-并转换的移位寄存器与 CPU 串行总线连接传送数据、状态和控制信息。不同接口中的数据、控制和状态寄存器的多少和位数是不同的。对于简单的接口，其状态和控制信息可能共用一个寄存器，而对于复杂的接口，其控制信息可能就有多个寄存器。

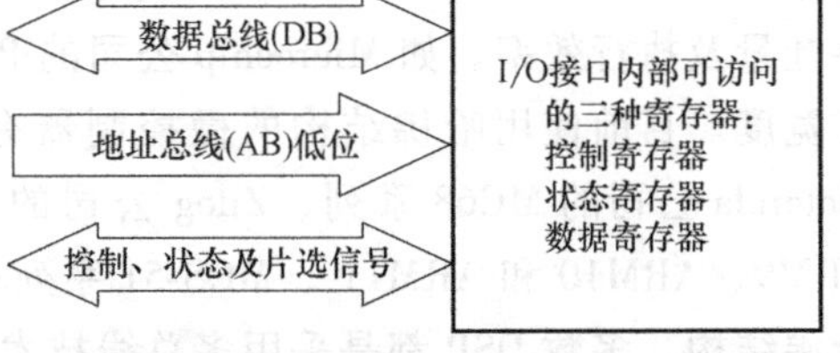

图 12.4.2　一个并行 I/O 接口与处理器的连接框架以及接口中的信息特征

I/O 接口中的不同寄存器称为“I/O 端口”，I/O 端口是指能被 CPU 直接访问（读/写）的寄存器，一般通过图 12.4.2 中地址总线 AB 的低位地址，经由 I/O 接口芯片内部译码器确定各寄存器的地址，接口器件手册会详细说明地址与 I/O 端口的对应译码关系。例如，某 I/O 接口内部共有 4 个 I/O 端口，并行接口芯片有 A_1 和 A_0 引脚，一般与处理器的地址总线低位地址 A_1 和 A_0 依次相接，结合片选信号就可以确定每个 I/O 端口的地址。

2. I/O 端口的编址（或寻址）方式

不同 CPU 对存储器和 I/O 端口的编址方式不同，一般主要有两种：一种是 I/O 端口和数据存储器统一编址，即存储器映射方式；另一种是 I/O 端口和数据存储器分开独立编址，即 I/O 映射方式。处理器在出厂后就确定了采用的是哪一种方式编址。

假设某 CPU 地址总线宽度为 16 位，可访问的空间位为 0000H ~ FFFFH。统一编址是指从数据存储器空间划出一部分地址空间给 I/O 端口，把 I/O 端口也当作数据存储器单元进行访问，如图 12.4.3a 所示。统一编址的好处是：CPU 不用设置专门的 I/O 指令。Motorola 系列、Apple 系列微型机、TI 的 DSP 系列和一些小型机就是采用这种方式。MCS-51 系列单片机也属于统一编址方式。当然，采用统一编址的不同 CPU 对空间的分配与图中不一定相同，存储器和 I/O 端口占哪一部分空间因 CPU 而异。

独立编址是指数据存储器和 I/O 端口地址空间可以完全重叠，如图 12.4.3b 所示。这种编址方式的主要优点是：I/O 端口地址不占用存储器空间，但要使用专门的 I/O 指令对端口进行操作，通过指令产生不同的控制信号来区分访问的是哪一个空间。I/O 指令短，执行速度快。IBM 系列、Z-80 系列微型和大型计算机通常采用这种方式。

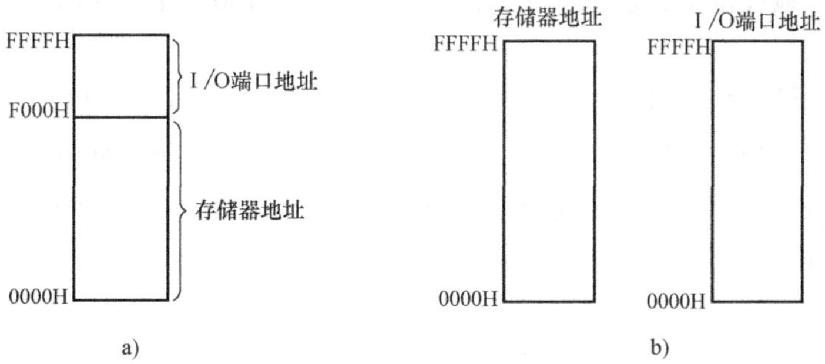

图 12.4.3 I/O 端口的两种编址方式举例

a) 统一编址 b) 独立编址

无论是统一编址还是独立编址 I/O 端口，一般情况下，都需要地址译码电路产生区分不同芯片的信号，分别接到各芯片的片选端，绝大多数芯片的片选都是低电平有效，表示为 $\overline{CS}$，即 Chip Select，$\overline{CS}$ 低电平有效时表明 CPU 选中了该芯片工作。一般使用处理器地址总线的**高位地址**，经译码电路产生芯片的片选信号 $\overline{CS}$，地址总线的**低位地址**直接连到 I/O 接口或存储器芯片的地址端对片内 I/O 端口或存储单元进行寻址。MCU、CPU 或 FPGA 与 I/O 接口芯片以及外设的典型连接如图 12.4.4 所示。

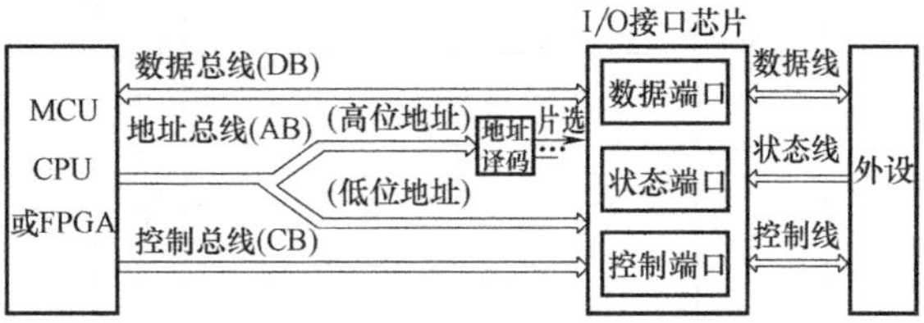

图 12.4.4 MCU、CPU 或 FPGA 与 I/O 接口芯片及外设的典型连接示意图

3. 早期 PC 系列微机中的 I/O 接口译码电路

PC 系列微机中的 I/O 接口芯片大体上可分为主板上的和扩展槽上的两类。

1) **主板上的 I/O 接口芯片**。在 IBM—XT/AT 微机中有 DMA 控制器（8237）、中断控制器（8259A）、定时器计数器（8253）、可编程并行接口（8255）、DMA 页面寄存器及 NMI 屏蔽寄存器等 I/O 接口，这些芯片都是可编程的大规模集成电路，通过控制芯片可完成相应的接口操作。随着 IC 设计、制造、封装以及 PLD 技术的发展，目前，在 PC 系统主板上由芯片组（Chipset）联络 CPU 和外围设备的运作，主板上最重要的芯片组是南桥和北桥。北桥是主芯片组，也称为主桥，是主板上离 CPU 最近的芯片，主要负责 CPU 和内存之间的数据交换，随着芯片的集成度越来越高，也集成了不少其他功能。南桥芯片主要负责 I/O 接口的控制，包括管理中断及 DMA 通道、KBC（键盘控制器）、RTC（实时时钟控制器）、USB（通用串行总线）、Ultra DMA/33（66）EIDE 数据传输方式和 ACPI（高级能源管理）等，一般位于主板上离 CPU 插槽较远的下方。370 主板上的南桥为 VT82C686A、VT82C686B 等，其他 I/O 接口芯片的常用型号有 W83627HF、IT8712F、IT8705F 等（都集成有监控功能）。

PC 系列微机中的 I/O 端口采用独立编址。虽然 PC 系列微机中的 I/O 地址线有 16 根，对应的 I/O 端口编址可达 64KB，但由于 IBM 公司当初设计微机主板及规划接口卡时，其端口地址译码是采用非完全译码方式，即只考虑了低 10 位地址线 $A_0 \sim A_9$，故其 I/O 端口地址范围是 0000H ~ 03FFH，总共只有 1024 个端口。在 PC/AT 系统中，前 256 个端口（000 ~ 0FFH）供给系统板上的 I/O 接口芯片使用，各芯片的译码电路如第 7 章的图 7.2.5 所示，各接口芯片的端口地址范围见表 7.2.2；后 768 个端口（100~3FFH）供扩展槽上的 I/O 接口控制卡使用。

图 12.4.5 是可编程并行接口（Programmable Parallel Interface，PPI）（8255）在 PC 主板系统中的连接。8255 在 PC 主板上用于控制的外设包括扬声器、键盘、RAM 的奇偶校验电路和系统配置开关等。高 5 位地址 $A_9A_8A_7A_6A_5$ 取值为 00011 时，8255 的片选信号 $\overline{PPICS}$（即译码器 Y_3 输出）有效，A_1 和 A_0 作为 8255 片内译码电路输入，用来区分端口 A、B、C 和控制寄存器，没用到的地址 $A_4A_3A_2$ 可以任意取值，一般设定为 000。8255 器件手册会提供图中右下方的对应关系，8255 内部 4 个端口 A、B、C 和控制寄存器的地址依次为 060H~063H。图 12.4.5 所示 PC 总线提供的控制信号 $\overline{IOR}$ 和 $\overline{IOW}$ 是 CPU 访问 I/O 端口指令时产生的读写控制信号。

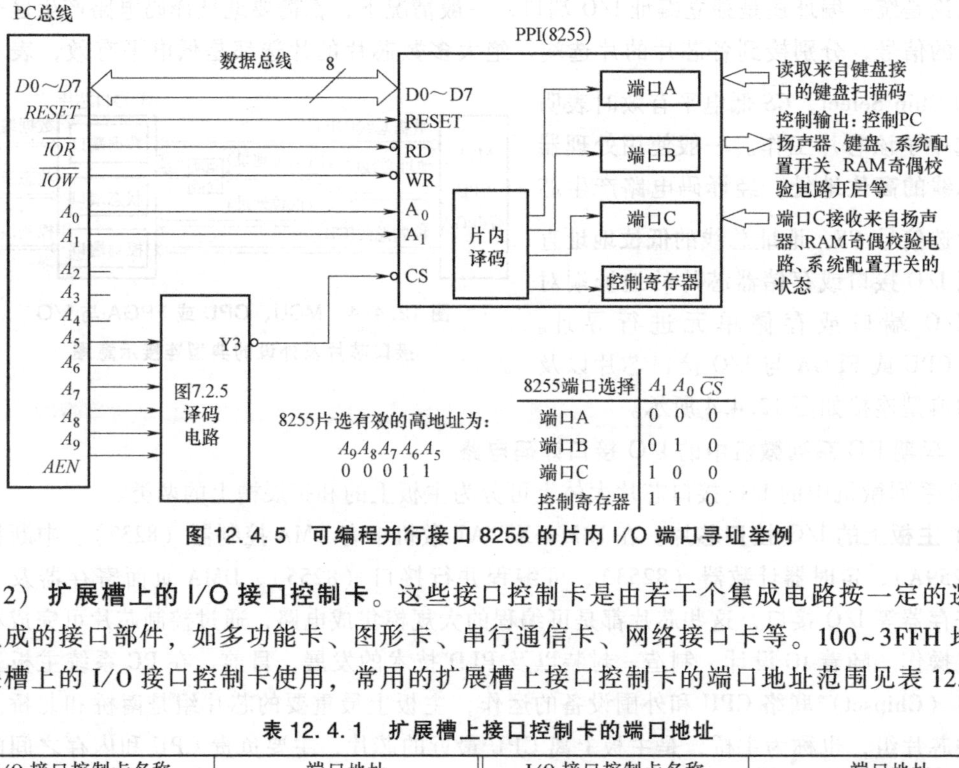

图 12.4.5 可编程并行接口 8255 的片内 I/O 端口寻址举例

2）**扩展槽上的 I/O 接口控制卡**。这些接口控制卡是由若干个集成电路按一定的逻辑功能组成的接口部件，如多功能卡、图形卡、串行通信卡、网络接口卡等。100~3FFH 地址供扩展槽上的 I/O 接口控制卡使用，常用的扩展槽上接口控制卡的端口地址范围见表 12.4.1。

表 12.4.1 扩展槽上接口控制卡的端口地址

I/O 接口控制卡名称	端口地址	I/O 接口控制卡名称	端口地址
游戏控制卡	200H~20FH	同步通信卡 1	3A0H~3AFH
		同步通信卡 2	380H~38FH
并行口控制卡 1	370H~37FH	单显 MDA	3B0H~3BFH
并行口控制卡 2	270H~27FH	彩显 CGA	3D0H~3DFH
		彩显 EGA/VGA	3C0H~3CFH
串行口控制卡 1	3F8H~3FFH	硬驱控制卡	1F0H~1FFH
串行口控制卡 2	2F0H~2FFH	软驱控制卡	3F0H~3F7H
原型插件板(用户可用)	300H~31FH	PC 网卡	360H~36FH

I/O 接口技术采用的是软件和硬件相结合的通信方式，接口电路属于硬件系统，软件是控制这些电路按要求工作的驱动程序。任何接口电路的应用都离不开软件的驱动与配合，软件部分将在后续章节介绍。

无论是模拟还是数字的芯片或器件，I/O 接口的电压、电流、速度这三个重要要素还是要再次强调。如果这些参数不能匹配却将两者直接连接，电路不可能正常工作，严重时甚至损坏器件。如 ADC，学生在实验中往往不注意应该给 ADC 输入多大的模拟电压，随意地调节输入信号大小，这种情况经常会导致烧坏 ADC 芯片；又比如，CPU 要将数据存储到存储器，一定要按照该存储器芯片的时序图将地址、控制和数据信号送到存储器对应的引脚，这样才能正确存储数据。学习微处理器，时序概念非常重要。

4. I/O 端口的控制（或访问）方式

CPU 控制（或访问）I/O 端口的方式主要有两种：程序查询方式和中断方式。

程序查询方式是指 CPU 通过程序不断地查询 I/O 接口中状态寄存器的内容，通过状态位信息了解外设的数据处理情况，确定是否要读入输入设备的数据信息或者将输出数据送到输出设备。由于 CPU 的高速性和 I/O 设备的低速性，这种方式致使 CPU 的绝大部分时间都处于等待 I/O 设备完成数据的循环查询中。同时，CPU 查询多个 I/O 设备时只能串行工作，导致 CPU 的利用率相当低，外设与 CPU 交换数据的实时性也很差。但程序查询方式的编程简单，易于实现。

中断方式，顾名思义，就是 I/O 端口申请 CPU 中止正在进行的工作来处理端口数据，CPU 若同意中断，则处理中断服务，处理之后再继续原来的工作过程。中断在生活中也无处不在，如工作中来电话、课堂中的举手发言等。中断是计算机中的一个十分重要的概念，中断方式允许 I/O 设备主动打断 CPU 的运行，增强了 I/O 端口数据处理的实时性，也“解放”了 CPU，提高了 CPU 的效率。

12.5　CPU 与外部的数据传送方式和中断概念

微处理器系统中的数据传送一般有 CPU 直接控制和间接控制两种方法。即：一是通过 CPU 直接控制数据的传送；二是在专门的芯片或控制器控制下进行数据的传送。直接存储器存取（Direct Memory Access，DMA）就属于第二种，DMA 方式是指 CPU 让出总线控制权，允许外部设备和存储器之间直接传送数据，是一种高速的数据传输操作。这种方式既不通过 CPU，也不需要 CPU 干预，整个数据传输操作在一个称为“DMA 控制器”的控制下进行，数据传输结束后 CPU 收回总线控制权。在 DMA 数据传输过程中，CPU 可以进行其他无须使用总线的工作，这样，在大部分时间里，CPU 和输入输出设备并行操作，使 CPU 的效率大为提高。TI 的 MSP 系列产品以及部分 DSP 中都集成有 DMA 控制器，计算机软盘、硬盘、打印机等和存储器之间的数据交换一般都采用 DMA 方式。DMA 技术的弊端是独占总线，这在实时性很强的嵌入式系统中将会造成中断延时过长，在军事等系统中是不被允许的。下面只介绍 CPU 直接控制的数据传送方式。

12.5.1　CPU 与外部直接的数据传送方式

由 CPU 直接控制进行数据传送的方式有中断方式和程序查询方式。

12.5.2　查询方式

在查询方式下，CPU 需要主动地不断去循环检测每一个外设状态，看其是否提出了服务请求。通常，一个外设接口，其内部状态寄存器中都会有一个标志位用于表示外设是否有服务请求提出，CPU 读取该标志位信息以查询外设的需求。如图 12.5.1 所示，若系统中有 n 个外设接口，CPU 需要不断循环读取 n 个外设接口中状态寄存器的内容，通过判断标志位的状态，了解是否有外设需要与 CPU 进行交互（一般标志位为 1 表示有交互需求）。

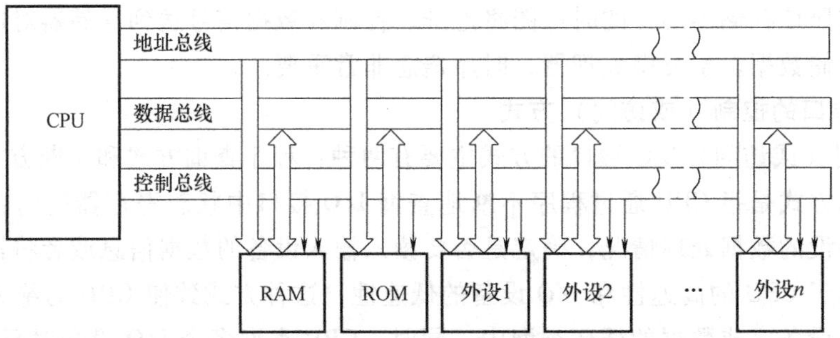

图 12.5.1 查询方式

很多情况下，外设的交互需求是不定时且没有规律的，就像课堂上同学们什么时候有什么问题都是不确定一样。因此，CPU 往往需要以最快的速度进行不断地查询。例如，某个外设通常每 100ms 提出一次服务申请，但有时又需要每 1ms 一次，于是 CPU 必须按照每 1ms 一次的查询速度才能保证每次的请求都得到响应。很显然，在这种方式下，CPU 的大部分时间做了无用功。

查询方式的另一个问题是，当 n 个外设同时提出服务申请时，只能按照先查询先服务的方式进行。查询外设的顺序即是被服务的顺序，不管其他需求变得如何紧迫。因此，查询方式较适合于外设请求有规律、可预测、不考虑优先级且外设较少、CPU 又比较清闲的情况。

12.5.3 中断方式

中断主要是指外设请求 CPU 中断正在运行的程序，暂时与外设之间进行沟通，即执行由用户编写的中断服务程序。一般来说，外设与 CPU 是两个可以并行运行的实体，原则上，CPU 和外设之间是主从关系，CPU 可以主动发起向外设的访问，而外设不能干预 CPU 的运行。但是，中断机制使得外设能够主动向 CPU 报告其运行状态，不过这种由外设主动报告的机制被设计成“请求-应答”方式，即外设的请求是否被受理的最终决定权在 CPU。中断机制使得 CPU 可以从大量的查询外设状态的工作中解脱出来，它仅在外设发出中断请求时才对外设的运行状态进行控制或者对生成的数据进行处理。

中断的作用可以总结为：①并行操作。使 CPU 与外设宏观上并行工作，特别是慢速外设可以多个同时工作，提高系统工作的效率。②实现实时处理。在控制系统中，用中断方式可以快速处理外设的随机要求。③故障处理。系统出现故障时，提出中断申请，CPU 可以及时响应并处理故障。

中断一般分为可屏蔽中断和不可屏蔽中断。将提出中断请求的事件或设备称为中断源，所谓可屏蔽中断，是指对应的中断源可以由软件允许或禁止中断，即通过设置中断允许寄存器（这种方式的中断源结构中都有这种功能的寄存器）屏蔽某些中断，使 CPU 对其请求不做响应和处理。不可屏蔽中断是指软件无法屏蔽的中断源。所有处理器对其中断源都有中断的优先级别排队，不可屏蔽中断的优先级比可屏蔽中断高。有些处理器还有软件中断，即通过中断指令实现中断过程，只要执行该指令就执行中断，无须中断请求线。

简单来讲，中断就是通过软件或硬件的信号使 CPU 放弃当前的任务，转而去执行另一段子程序。可见，中断是一种可以人为参与（软件中断）或者硬件自动完成的。

中断方式使 CPU 从大量的查询外设状态的工作中解脱出来，而专注于处理主程序要求的任务，仅在外设发出中断请求时才对外设请求的事务进行处理，因而提高了 CPU 处理外部事件的能力和效率。因此，中断方式是 CPU 必不可少的外设管理机制。

12.5.4 中断的响应过程

处理器中断的产生和响应过程一般有以下几个基本步骤：

1）中断申请：硬件或软件向 CPU 发出中断申请信号。

2）中断的允许：对于可屏蔽中断，只有相应的中断允许位有效，其中断才能得到响应（一般是用户软件处理）。**所有处理器上电后都是禁止可屏蔽中断的**，用户软件必须编程允许中断。有些处理器一旦响应中断，就会自动再次禁止可屏蔽中断，如果是这种情况，在中断服务程序中必须再次允许中断，否则，只能中断一次。

3）中断判优：当向 CPU 同时发出多个中断申请时，只有优先级高的才能得到系统的响应（多数微控制器内部有优先级排队判优电路，用户无法设置）。

4）中断检测：当中断允许时，CPU 在每条指令的最后一个时钟周期检测中断请求（不同处理器检测时刻可能不同，CPU 会自动处理，用户不必关心）。

5）保护断点并获取中断入口地址：CPU 在响应中断时会停止当前执行的程序，转去执行中断服务程序，原程序被打断的地方称为“断点”。所有 CPU 在执行中断前都会自动将程序指针 IP 或 PC 中的断点地址（要执行的原程序的下一条指令地址）存储到一个叫作“堆栈”的存储区域，让出 IP 或 PC 装载中断服务程序地址，并方便中断程序处理结束后返回原程序，执行下一条指令。每个处理器在其存储区域中都规定了一个**中断向量表**（或者叫中断矢量表），不同级别的中断在向量表中都对应一个存储位置。在这个位置上，用户要事先存放好中断服务程序所在的入口地址或者一条跳转指令，跳转到中断服务程序入口，不同处理器的方法不一样，具体是存中断入口地址还是跳转指令（都称为中断向量），由处理器数据手册决定。处理器中断向量表的中断服务程序在入口地址或跳转指令引导下执行中断服务程序。**一定注意：用户必须在程序执行之前将对应中断的中断向量存入中断向量表中。**

6）中断程序中保护现场、可屏蔽中断使能位和中断请求标志位的处理：“现场”是指执行原程序所用到的相关状态寄存器、累加器等资源，如果中断服务程序也要用到，就必须在中断服务程序开始前保护寄存器的内容，一般保存到堆栈中，在中断服务程序结束时要恢复现场，以便返回后不影响原程序的执行结果。有些微控制器一旦进入中断就会自动禁止所有可屏蔽中断，因此，为了中断能够嵌套，在每个中断服务程序开始时要允许可屏蔽中断。

多数处理器一旦响应中断，产生该中断请求的状态标志位会自动清 0，状态位置 1 则可以再次申请中断。也有个别处理器需要用户软件清除标志位，如果是这种情况，在中断返回前必须要用软件清除标志位，否则可能会引起多次中断响应。

7）中断返回：中断服务程序的最后要有一条中断返回指令，该指令自动从堆栈中恢复断点地址给 IP 或 PC，继续执行原来的程序。

CPU 都有中断嵌套的处理机制，即当 CPU 正在执行一个优先级较低的中断源的中断服务程序时，若又来了一个优先级更高的中断请求，则 CPU 会停止优先级较低的中断处理过程，去响应优先级更高的中断请求，在优先级更高的中断处理完成之后再继续处理低优先级的中断，这种情况即为中断嵌套，体现了优先级的特性，使重要事情的实时性更高。图 12.5.2 是处理器执行具有中断嵌套的中断示意图。14.5.3 节的中断流程图可以进一步帮助大家理解中断过程。

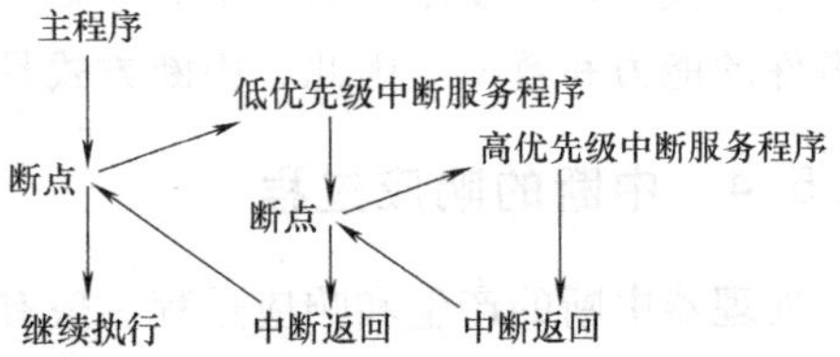

图 12.5.2 具有中断嵌套的中断示意图

显然，中断方式克服了查询方式的缺点。但 CPU 的中断方式需要一个中断管理机制，进行中断源的优先级排队判优，以及请求 CPU 响应最高优先级中断源中断服务的电路，如早期计算机 Intel 8088 CPU 使用的可编程中断控制器 8259A。而微控制器内部都包含有中断管理机制，硬件上无须用户设计中断电路。同时，外设采用中断方式与 CPU 交互时，还要确保能够产生中断请求信号且得到允许，并要求外设对应的中断向量表中有中断向量，所有这些环节都没问题时，外设提出的请求才能得到 CPU 的服务。

通过对上述中断过程的介绍，若要排查任何微控制器的可屏蔽中断源故障（不能正常中断），要在软件和硬件上清楚三个问题：①硬件上中断源是否可以产生有效的请求信号；②软件是否允许中断，一般的微控制器有三级可屏蔽中断允许标志要设置为允许：每个中断源的使能标志位、中断管理机制的中断允许寄存器、CPU 总的可屏蔽中断使能。若任何一个没被编程允许，都不可能中断；③中断向量表中是否存放了正确的中断向量。上述任何一点有问题都不能进入中断服务程序。

思 考 题

12.1 微处理器、微控制器和 DSP、嵌入式处理器的概念及各自特点是什么？

12.2 CPU 结构包含了哪些部分，各部分的具体作用是什么？CPU 上电后是如何引导程序的？多数 MCU 为什么设置一些 I/O 引脚配合上电程序的引导？

12.3 论述程序计数器和堆栈的作用是什么？

12.4 CPU 外部经常配置存储器和一些外设 I/O 接口电路构成一个完整的数字系统。说明 CPU 对存储器和一些外设 I/O 端口有哪些编址方式？PC 系列微机 I/O 端口是采用哪一种编址方式？

12.5 无论是统一编址还是独立编址 I/O 端口，一般情况下，需要地址译码电路产生区分不同芯片的片选信号，分别接到芯片的片选端，试问：

(1) 分析图 12.4.5，说明若要选中 8255 芯片，译码电路的高 5 位地址必须取什么？$\overline{AEN}$ 信号应为高还是低电平？

(2) 分析图 12.4.5 中 8255 的端口 A、B、C 和控制寄存器的地址分别是多少（没用到的地址一般取 0）？

(3) 译码电路的输入一般是采用地址总线的高位地址还是低位地址，为什么？假设图 12.4.5 中的十位地址高低颠倒一下连接，即 A_9 和 A_8 分别与 8255 芯片的引脚 A_0 和 A_1 相连，A_5~A_9 用 A_4~A_0 替换，再分析图中 8255 的端口 A、B、C 和控制寄存器 4 个端口地址分别是什么？

12.6　为什么要在 CPU 与外设之间设置接口？

12.7　什么是 I/O 端口？I/O 端口根据存储的数据性质不同，可以分为哪三类？

12.8　接口的三要素是什么？查资料说明由 TTL 门电路构成的串行通信电路与计算机的 RS232 接口通信电压是否匹配？如果不匹配该如何处理？

12.9　CPU 直接控制的数据传送方式有哪两种？介绍各自的优缺点。

12.10　中断的好处是什么？论述中断的响应过程。

12.11　处理器中断过程中用户要关注哪些方面才能正确中断？如果不能正常中断，如何排查原因？

12.12　如果用户设置某外设用中断方式与 CPU 交互，但是只响应了一次中断服务后再也无法进入中断服务程序，思考可能是什么原因造成的？

第13章 微控制器硬件框架性概念

简单讲，微控制器（MCU）就是在一片半导体硅片上集成了“CPU+存储器+适合控制的外设接口等功能模块”的集成芯片，也称为“单片机”。单片机自20世纪80年代中后期开始得到广泛应用。伴随着微电子技术和制造技术的发展，微控制器产品的种类和芯片功能越来越多，内部结构也越来越复杂，这使得掌握和使用微控制器本身变得越来越难。但无论多么复杂的微控制器，都有一些共同的特性，只要抓住其共性，许多问题就会变得容易理解和掌握了。

13.1 MCU内部结构框架及片内外设接口简介

微控制器（MCU）的内部结构可概括为图13.1.1所示框架。也就是说，任何MCU都包含3个主要部分：CPU、程序与数据存储器、片内外设接口（MCU芯片内部集成的输入设备和输出设备接口的简称）。多数MCU还集成有看门狗、定时电路、低功耗模式、时钟振荡电路、JTAG接口等。MCU片内的所有模块都是采用并行片内总线进行通信。下面对3个主要部分的作用做简单介绍。

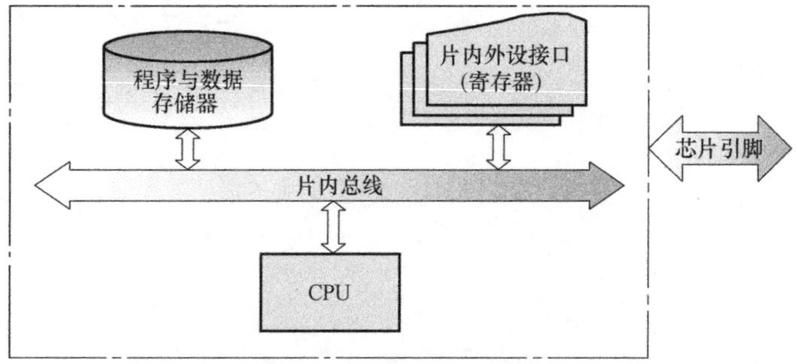

图13.1.1 MCU内部结构框架

1. CPU

CPU是MCU的核心模块。如第12章介绍的CPU主要包括运算器和控制器两大部分，控制器的主要作用是自动完成取指令、翻译指令、执行指令等任务。每个MCU都有自己的指令系统，每条指令都有其确定的二进制机器代码，控制器读取指令代码后通过指令译码就可以知道指令的作用，CPU 执行指令来协调并控制 MCU 的各个部件。运算器的主要作用是完成算术和逻辑运算。CPU 犹如人的大脑实体，软件系统像大脑的思维与神经系统，指挥系统的硬件工作。因此，学习 CPU 不仅要了解其结构，更重要的是掌握它的指令系统、编程和调试方法。目前广泛使用 C 语言编程，无论是教学还有应用，对 CPU 寻址方式和汇编语言的关注越来越少了。

2. 程序与数据存储器

图 13.1.1 中程序与数据存储器是指 MCU 片内集成的存储体，用于存储数据和程序。片内存储器的低功耗、高速度、较高的系统可靠性以及低成本特点，使各厂家的 MCU 片内集成的存储器种类越来越多，容量也越来越大。要使用片内存储器储存程序和数据，就必须了解存储器的类型和配置、程序与数据存储器的空间大小以及地址如何分配等，还要了解 CPU 复位后程序指针或程序计数器（PC）的值是什么，即明白 CPU 上电后从何处开始读取程序代码。熟悉上述内容后，在使用中就清楚了用户第一条指令（包括中断向量表）和数据应该存放于何处，对调试中程序的走向、查看用户程序中定义的变量内容等事项也会更清晰。

3. 片内外设接口

片内外设接口是指被集成到 MCU 芯片内部的接口电路模块，如 SCI、SPI、I^2C、CAN、McBSP 等多种串行通信接口，模/数转换器，PWM 发生器，GPIO 等。当然，不同 MCU 集成的接口不同。例如，8051 单片机只集成了异步串行通信接口和定时器，有些 MCU 可能集成了更多接口模块。片内外设接口与 MCU 片内 CPU 总线的许多连线往往无须用户处理，与使用的单独外围接口芯片相比更为方便简单，可靠性更高。片内外设接口的结构和原理与片外具有同样功能的独立接口芯片是一样的，如模/数转换器（ADC）、串行通信接口等，在使用这些接口时，硬件上片内外设接口与 CPU 总线的许多连线无须用户处理，这也是为什么集成电路制造不断朝着 SOC 方向发展的原因。绝大多数的外设接口或片内外设接口都是可编程的，其功能可通过软件配置。无论是 MCU 片内集成还是独立的外设接口芯片，都包含了图 12.4.2 所示的信息特征，软件编程（包括初始化编程和工作编程两部分）的方法几乎完全一样。其编程都是通过访问接口中的控制寄存器、数据寄存器和状态寄存器来实现的，控制寄存器是每个外设最重要的寄存器，它确定了外设的工作方式，对外设初始化编程时必须要正确配置控制寄存器的每一位；状态寄存器主要用于记录外设的工作状态，通过查看该寄存器了解外设的工作情况；数据寄存器保存外设与 CPU 交换的数据。多数 MCU 片内外设接口的寄存器端口一般映射在 MCU 的数据存储区中，即采用统一编址（见 12.4.2 节）。对接口的某寄存器编程就像访问数据存储区某单元一样。由此可见，要使用某个片内外设接口，软件上要熟悉该片内外设接口 3 种寄存器的格式及地址；硬件上比使用独立的接口芯片更为简单，只要关注 MCU 对应的该外设的相关引脚的作用和连接方法即可。

对片内外设接口的概念、原理、结构、使用等的学习需要不断地积累经验。例如，在单片机中熟悉了异步串行通信接口后，在 DSP 中的 SCI 串行通信接口原理、编程、硬件连接基本是类似的，就很容易使用了。

图 13.1.1 仅仅是一个 MCU 的框架，不同系列的 MCU 各部分的内容细节差异会很大，当使用 MCU 时，查看其器件手册中给出的具体结构框架图，可以了解 MCU 具备哪些资源为用户所用。

13.2 MCU 总线概念

由于数字系统的主要工作是信息传送和加工，导致系统各部件之间的数据传送非常频繁。因此，各功能部件之间不可能采用各自互联的形式，为了减少内部数据传送的线路和便于控制，就需要有公共的信息通道组成总线结构，使不同来源的信息在此传输线上分时传送。总线结构方便了数字系统各部件的模块化生产和设备的扩充，也促进了微型计算机的普及，同时，制订的许多统一的总线标准则容易使不同设备间实现互连。

13.2.1 总线的定义和分类

总线（Bus）是构成数字系统的互联机构，是多个系统功能部件之间进行数据传送的公共通道。借助于总线连接，CPU 在系统各功能部件之间实现地址、数据和控制信息的交换或传送。连接到总线上的所有设备共享和分时复用总线。如果是某两个设备之间专用的信号连线，则不能称之为总线。

根据总线所处的位置不同，总线可以分为以下几种：

1）CPU 内部总线：CPU 内部连接控制器和运算器各寄存器及部件的总线。

2）MCU 内部总线：MCU 内部 CPU 与功能部件之间的总线，功能部件包括存储器、定时器、串行通信接口、模/数转换器（ADC）等。为了提高数据吞吐量，目前很多 MCU 内部采用多总线技术。

3）系统总线：又称内总线或板级总线、微机总线等，是用于微机系统中各插件之间信息传输的通路。

国际上相关组织发布了许多标准化系统总线，在信号系统、电气特性、机械特性等方面做了规范定义。为了使不同厂家生产的相同功能的部件可以互换使用，需要进行系统总线的标准化工作。目前已经出现了很多总线标准，如 I^2C 总线、RS232 总线、USB 总线、CAN 总线、ISA 总线、EISA 总线、PCI 总线等。这些标准化总线仍然是在 CPU 指导下使具有相关接口的器件进行通信，在以后的学习中会逐步遇到。

目前，MCU 芯片内部也集成了越来越多的标准化总线接口，如 I^2C、RS232、CAN 等，方便 MCU 与相同接口的设备之间进行通信。

根据总线每次通信的数据位数和控制方式的不同，总线又可以分为串行总线和并行总线，对应的通信方式为串行通信和并行通信。串行通信是一位一位传送数据信息的，需要的通信通道少，在数据通信吞吐量不是很大且距离较远的情况下，通信更加简易、方便、灵活，传输线成本低。目前采用串行通信的器件越来越多，如处理器、存储器、ADC、DAC 等。串行通信一般可分为异步模式和同步模式。并行通信是同时传送一个字节、字或者更多位的信息，通信位数越多，需要的传输线就越多。

无论是内部总线还是外部总线，根据总线上流动的数据性质和作用的不同，并行通信的一套总线一般包括数据总线（Data Bus，DB）、地址总线（Address Bus，AB）和控制总线（Control Bus，CB）三部分。

并行总线是所有与 CPU 传递信息的 I/O 接口和存储器“芯片”共享的，只要在硬件上将芯片的数据、地址、控制引脚与 CPU 的对应总线相接即可。任何时刻只允许一个芯片占用总线与 CPU 通信，CPU 具体选择哪一个芯片工作，一般是通过地址高位经译码电路的译码输出信号分别控制系统中各芯片的片选端来实现。

13.2.2 MCU 内部总线结构

不同型号的 CPU 或 MCU 芯片，其数据总线、地址总线和控制总线的道路宽度（即总线条数）不同。这些总线有的是单向传送总线，有的是双向传送总线。所谓单向总线，是指信息只能向一个方向传送，多数地址总线（AB）都是由 CPU 传出的单向总线。所谓双向总线，是指信息可以向两个方向传送，所有的数据总线（DB）都是双向总线，CPU 既可通过 DB 从存储器或功能部件中读入数据，也可以通过 DB 将数据送至存储器或功能部件。

图 13.2.1 示意了某一 MCU 内部总线，用于 CPU 连接片内各功能部件和存储器。MCU 与片外接口或存储器之间的通信也有一套外部总线，多数 MCU 引脚中直接包含了一套外部地址、数据和控制总线，个别 MCU 地址或部分地址与数据总线分时复用端口引脚，这样就需要用户在芯片外增加锁存器电路来构成总线，如 8051 系列单片机 P0 口是低 8 位地址和数据共用端口。MCU 访问片外功能部件时一般都提供一套并行总线，目前采用串行总线的 MCU 也越来越多。

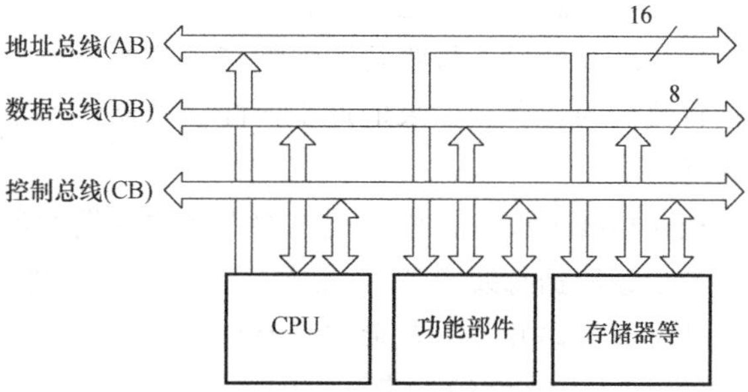

图 13.2.1 MCU 内部总线

地址总线（AB）上流动的二进制信息是用于区分 MCU 片内和片外的接口或存储器，好比区分酒店房间的门牌号，因此称之为地址总线，是由 CPU 发出的信息，是单向的。处理器出厂后，存储器和功能部件都被地址译码电路编排好了固定的地址号码，CPU 是按地址访问这些设备的。地址总线的宽度决定了 CPU 的最大寻址能力。例如，图 13.2.1 中所示的地址线是 16 位宽度，说明该系统 CPU 最多可以区分 65 536（2^{16}）个存储器单元或功能部件，16 位宽度可以访问的地址范围是 0~FFFFH。

数据总线（DB）的宽度决定了 CPU 和其他设备之间每次交换数据的位数，目前多数数据总线为 8 位、16 位和 32 位。图 13.2.1 中所示数据线是 8 位的。所有**输入数据到数据总线的电路必须具备三态特性，即不工作时要处于高阻态，且任何时刻总线上最多只能有一个设备与 CPU 通信。**

控制总线（CB）用来传送控制信号、时钟信号、状态等信息。显然，CB 中每一条线的信息传送方向是一定的、单向的，但作为一个整体则是双向的。例如，读写信号一定是 CPU 送出的，接口或存储器的状态信号一般是送给 CPU 的。所以，在各种结构框图中，凡涉及控制总线（CB），一般是以双向线表示。

最早的 PC/XT 中的总线信号为 62 条，有 A、B 两面插槽，双边镀金接点；A 面 31 线（元件面），B 面 31 线（焊接面，无元件面）；共有 20 位地址线，数据总线宽度为 8 位；控制总线宽度为 26 位；总线工作频率为 4MHz，数据总线传输速率为 4MB/s；另外还包括 8 根电源线。

总线的性能指标包括宽度、传输速率和时钟频率等。

总线宽度：数据总线的位数，如 8 位、16 位、32 位、64 位等。总线越宽，传输速率就越快，即数据吞吐量就越大。

总线传输速率：在总线上每秒传输的最大字节数（MB/s）或比特数（Mbit/s）。

总线工作频率：总线的工作频率是影响总线传输速率的主要因素之一，如 ISA 的工作频率为 8MHz、32 位 PCI 总线的频率为 33MHz 等。

总线的性能直接影响整机系统的性能，而且任何系统的研制和外围模块的开发都必须依从所采用的总线规范。总线技术随着微机结构的改进而不断发展与完善。

13.2.3 总线的基本结构

图 13.2.1 所示是总线的基本框架，当 CPU 不访问任何设备时，数据总线空闲，所有输入器件都以高阻态形式连接在总线上。当 CPU 要与某个器件通信时，一般先发出地址信息，所有挂在总线的器件将收到的地址与自己的地址编号进行匹配，若地址匹配，则根据控制信息进行数据的传送；如果地址不匹配，则器件不工作，继续让出总线，即保持数据总线为高阻状态。

挂在总线的设备，根据交换的大多数数据的流向来分类，有输入设备和输出设备。输入设备是指经数据总线（DB）给数字系统核心部件（如 CPU）送数据的设备，简单的设备有乒乓开关或拨码开关，复杂的则有计算机的键盘和鼠标等。输出设备是指由数字系统核心经 DB 将数据送到该设备，简单的输出设备有 LED 和数码管等，计算机系统的输出设备有显示器、打印机等。为了更好地交换信息，一些复杂的输入和输出设备的数据流向是双向的。输入设备要将数据送到总线，其数据输出端必须具备三态特性，一般由三态门构成，这种特点的电路一般称为三态缓冲器。当该器件不通信时，数据输出端的三态门处在高阻状态，让出总线给其他设备通信，否则，如果该器件数据输出端始终输出逻辑 0 或 1，将造成总线的混乱，使得其他设备无法使用总线，这种现象称为总线竞争。

图 13.2.2 示意了三个输入设备共享一根单向数据总线（DB），每个输入设备都必须经由三态门连接到数据总线上，当然，实际应用中的三态门一般都集成在器件内部或者存储器芯片内部。假设，图 13.2.2 中三个输入设备输入电路的最上面三态门的使能端 $\overline{E_1}$ 始终保持低电平有效，该三态门将始终输出 A_1 逻辑占用总线，造成其他两个三态门无法送出信息。图 10.2.4 存储器读/写控制器的逻辑电路，构成了一位双向的数据总线。

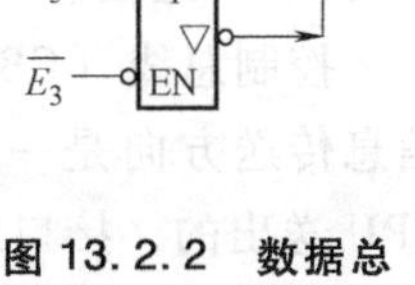

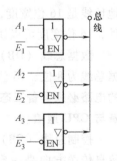

图 13.2.2 数据总线的最底层结构

无论是单向还是双向总线，输入设备输入数据到 DB 时必须经过三态门，而且任何时刻最多只能有一个三态门的使能端有效，所有输入设备分时复用总线。例如，图 13.2.2 中的 $\overline{E_1}$、$\overline{E_2}$、$\overline{E_3}$ 在任何时刻最多只能有一个是低电平有效，其他均无效。

一般的数据总线宽度和 MCU 位数相同，特别是内部总线。假设总线是 8 位的，则输入器件必须经过三态缓冲器接到总线上，如图 13.2.3 左边部分所示。缓冲器是一种常用器件，在使能端有效时将数据从其输入端送到输出端，使能端无效时使其输出端保持高阻或“浮起”状态让出总线；在输入器件和总线之间提供隔离或“缓冲”作用，同时提供连接到缓冲器输出端器件所需的电流驱动。74LS244 是很常用的一种三态八缓冲器，I_{OH} 达 15mA，I_{OL} 高达 24mA。

当 CPU 要将数据送到输出设备时，一般需要一个记忆电路来记忆和保存总线送出的数据，才能保证总线让出后要输出的信息继续保持在输出设备上。一般用八 D 触发器或锁存器寄存输出数据，如 74LS374 八 D 触发器。对于双向通信的器件，需要使用收发器（发送和接收）加强驱动能力，74LS245 是常用的收发器，如图 13.2.3 右下部分所示。

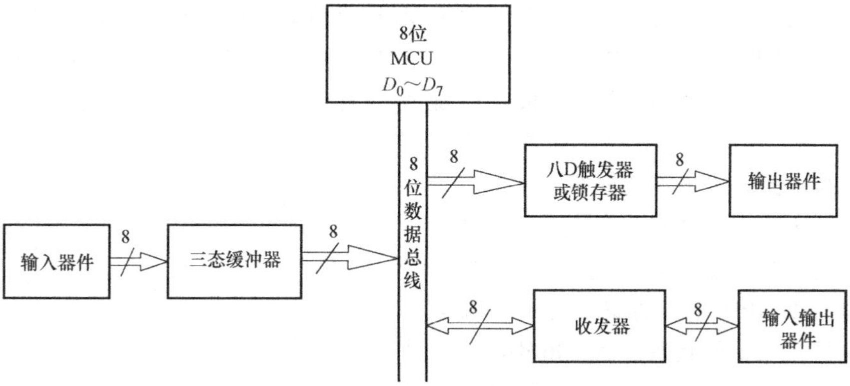

图 13.2.3　8 位 MCU 与输入、输出器件的总线连接

设计和使用总线时，需要注意总线要有足够的驱动能力；挂接在总线上的器件应使用总线隔离器，如内部包含三态门的三态缓冲器；总线不能星形方式传输；要注意各类总线的速率范围，这会限制总线的物理尺寸；布线时应尽量避免总线长距离相邻走线，线与线之间应加入保护隔离地线，防止总线的串扰；要确保地址、控制和数据的时序关系正确等问题。

13.3　MCU 硬件最小系统

使 MCU 上电后能正常执行程序的最基本的硬件电路称为硬件最小系统。硬件最小系统除了最核心的 MCU 芯片外，一般还包括电源和复位电路、时钟电路、外部总线扩展电路等。目前的多数 MCU 都有 JTAG 接口。随着 MCU 结构越来越复杂化，上电后程序的获取或引导往往多种多样，PC 如何引导程序，一般还需要结合 MCU 的一些 I/O 引脚的电平取值，确定从哪个物理存储空间取程序。因此，在硬件最小系统中要特别注意这些 I/O 引脚的处理。

13.3.1　电源和复位电路

MCU 只有接上电源才能工作，电源电压依具体型号而定，芯片资料一般都会提供该参数的典型值。通常，采用 TTL 工艺制造的 MCU 电源电压为 5V，采用 CMOS 工艺的电源电压范围较宽，为降低功耗，一般可接 3.3V 或更低，有些 MCU 的 CPU 内核和片内外设等电压不同，如 TMS320F2812 内核电压为 1.8V，外设电压为 3.3V，有些 DSP 内核电压低于 1V。TI 提供了相应的专用电源管理芯片，不仅可以满足 CPU 和外设的不同电压需求，还可以识别供电电压幅值，在电压异常时采取相应措施，起到保护电路的作用。

任何一个 MCU 都需要进行上电复位。上电复位主要完成 CPU 的寄存器以及各功能模块的初始化。例如，将程序计数器（PC）的内容初始化为器件手册中的值，这个值一般是 CPU 寻址范围的最低地址 0 或者较高地址，保证复位后，CPU 根据 PC 值从对应地址的程序存储器中读取第一条指令并开始执行程序。所有 MCU 复位后都禁止可屏蔽中断，以免因为上电过程中的各种干扰对外围控制对象造成不必要的影响。复位完全由硬件来完成，只有进行了正确的复位，MCU 才能进入正常的运行状态。

通常，MCU 都有一个复位引脚（假设称为 RST），用于启动或再启动系统。一般按要求在复位引脚上提供一个高电平或低电平脉冲信号，不同的 MCU 对 RST 有效电平及持续时间的要求不同，复位信号的持续时间一般要大于 MCU 复位时间的指标要求，才能使系统可靠复位。当 MCU 接收到有效复位信号时，如果是热启动复位，CPU 将停止正在进行的所有操作，退出一切程序进程，进行初始状态的配置等复位工作。常见的高电平复位电路如图 13.3.1 所示。图 13.3.1a 是不带复位按键的上电复位电路，上电瞬间电容两端的电压不能突变，电压全部加在电阻上，RST 的输入为高，芯片被复位，随着电容的充电，电阻上的电压即 RST 电压逐渐减小，复位结束后控制器进入工作状态，由于电路的时间常数 $RC = 1\text{k}\Omega \times 22\mu\text{F} = 22\text{ms}$，一般 MCU 的复位时间为纳秒数量级，电路足以满足复位时间要求。图 13.3.1b 是在电容两端并联了一个复位按键 RESET 以实现手动加上电复位。当复位按键没有被按下时可以实现上电复位。在芯片工作中，按下按键之前，RST 的电压是 0V，当按下复位按键后，RST 电压值处于高电平复位状态，松开按键后的过程与上电复位类似。由于按下按键的瞬间，电容两端的 5V 电压被直接接通，因此会有一个瞬间的大电流冲击在局部范围内产生电磁干扰，为了抑制这个大电流所引起的干扰，最好在按键支路串入一个小电阻限流，如图 13.3.1b 中的 R_1。这种复位电路的好处是当程序跑飞或死机时，可通过手动操作按键提供一个复位信号，避免了仅有上电复位时需要频繁开关电源的问题。

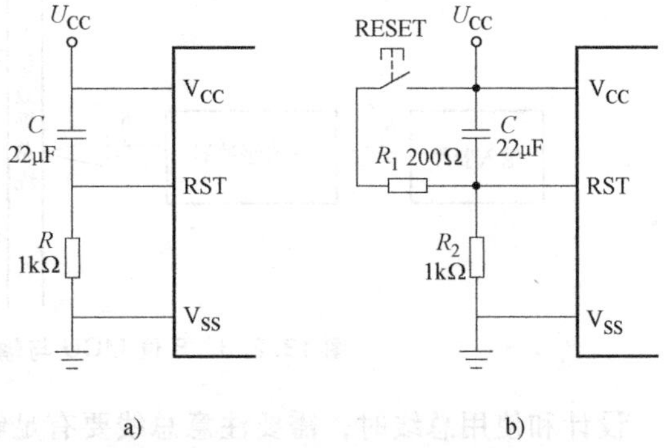

图 13.3.1　常见高电平复位电路

a）不带按键的上电复位　b）带按键的上电复位

当复位完成时，MCU 根据程序计数器（PC）的初始值，会从程序存储器中读取第一条指令开始执行。不同 MCU 在 PC 所指单元存放信息的方式不同，要么是在 PC 所指的地址单元存放一条无条件转移指令的代码，要么直接存放用户目标程序第一条指令所在的地址，用户要根据 MCU 要求的方式处理 PC 复位后对应存储器单元的存放内容，CPU 才能正确执行用户程序。目前多数 MCU 出厂时片内都固化了引导程序或引导加载程序（Bootloader）。复杂的 MCU 中 Bootloader 往往要与控制器的几个 I/O 引脚的高低电平配合，使得系统可以有多种程序引导方式，即用户程序可以存储在多个不同地方。若 MCU 片内无 Bootloader 或启动程序，则可直接转移到用户程序。

了解复位后各种特殊寄存器的值，特别是 PC 或 IP 寄存器的初始值，关系到程序从何处引导的问题。所有处理器器件手册中都会有复位后各种寄存器的初值。

13.3.2　时钟电路

MCU 硬件电路实质上就是一个复杂的时序逻辑电路，所有工作都是在时钟节拍控制下，由 CPU 根据程序指令指挥 CPU 的控制器发出一系列的控制信号来完成指令任务。由此可见，时钟犹如 MCU 的心脏脉搏，它控制着 MCU 的工作节奏，时钟频率是 MCU 的一个重要性能指标。所有 MCU 工作时都必须提供其指标要求频率的时钟信号，多数 MCU 片内一般都集成有振荡电路，这种 MCU 的时钟信号一般有两种产生方式：一种是利用芯片内部振荡电路产生；另一种是由外部引入，如图 13.3.2 所示。如果处理器内部无振荡电路，只能由外部引入时钟。MCU 和可编程逻辑器件的时钟一般都是来源于石英晶体振荡器（简称晶振）。

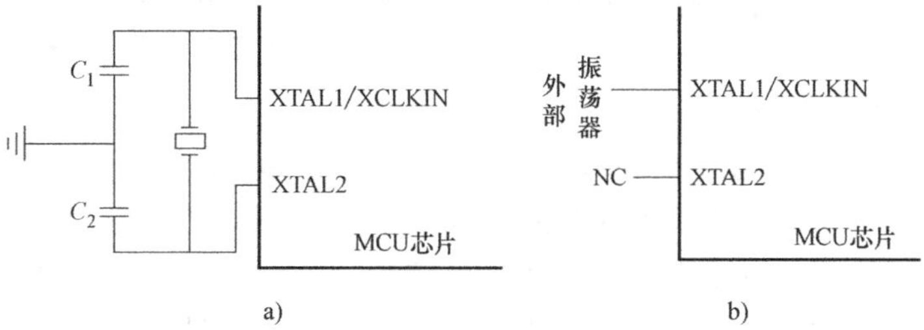

图 13.3.2 常见时钟电路

a）内部时钟方式 b）外部时钟方式

MCU 与时钟有关的引脚一般有两个，XTAL1（或者 X1、XCLKIN 等，不同处理器器件手册的叫法不同）和 XTAL2（或 X2）。个别的 MCU 有 3 个时钟引脚，即将 XCLKIN 单独作为一个时钟输入引脚。

1. 内部时钟方式

内部时钟方式是利用 MCU 内部振荡电路，在 XTAL1 和 XTAL2 两个引脚之间外接一个晶体和电容组成的谐振回路，构成自激振荡，从而产生时钟脉冲，如图 13.3.2a 所示。内部时钟方式一般采用无源晶振，两侧通常都会各有一个电容 C_1 和 C_2，其容值一般都选在 10~40pF 之间，如果 MCU 器件手册中有具体电容大小的要求，则要根据要求来选电容，如果手册没有要求，用 20pF 是比较好的选择，这是一个长久以来的经验值，具有极其普遍的适用性。

在设计 PCB 时，晶体或陶瓷谐振器和电容应尽可能靠近 MCU 芯片安装，以减少寄生电容，可以使振荡电路稳定可靠地工作。此外，由于晶振高频振荡相当于一个内部干扰源，所以晶振金属外壳一般要良好接地。

2. 外部时钟方式

外部时钟方式是把外部已有的时钟信号直接接到 MCU 时钟引脚 XTAL1 或 XTAL2，如图 13.3.2b 所示。MCS-51 系列单片机的生产工艺有两种，分别为 HMOS（高密度短沟道 MOS 工艺）和 CHMOS（互补金属氧化物 HMOS 工艺），这两种单片机完全兼容。CHMOS 工艺比较先进，不仅具有 HMOS 的高速性，同时还具有 CMOS 的低功耗。因此，CHMOS 是 HMOS 和 CMOS 的结合。为区别起见，CHMOS 工艺的单片机名称前冠以字母 C，如 80C31、80C51 和 87C51 等，不带字母 C 的为 HMOS 单片机。

由于 HMOS 和 CHMOS 单片机内部时钟进入的引脚不同（CHMOS 型单片机由 XTAL1 进入，HMOS 型单片机由 XTAL2 输入），其外部振荡信号源的接入方法也不同。HMOS 型单片机的外部振荡信号接至 XTAL2，而内部反相放大器的输入端 XTAL1 应接地。在 CHMOS 电路中，因内部时钟引入端取自反相放大器的输入端 XTAL1，故外部信号接至 XTAL1，而

XTAL2 应悬空。图 13.3.3 所示为 CHMOS 型 MCS-51 系列单片机外部时钟产生电路。外部时钟方式常用于多片单片机同时工作的情况，以使各单片机同步。对于内部无振荡器的 MCU，必须使用外部时钟方式。由于单片机内部时钟电路有一个二分频的触发器，所以对外部振荡信号的占空比没有要求，但一般要求外部时钟信号高、低电平的持续时间应大于 20ns。

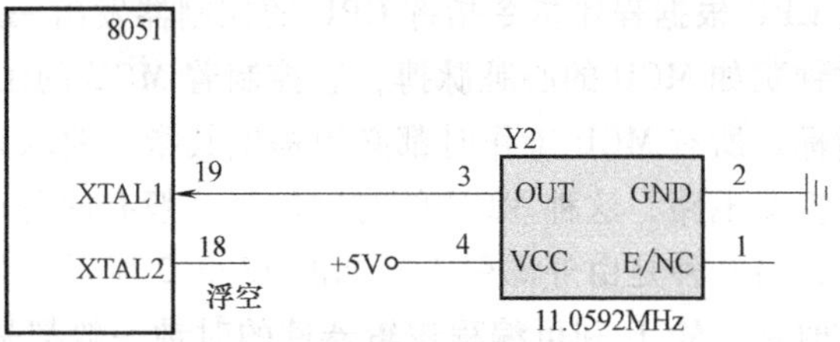

图 13.3.3　CHMOS 型 MCS-51 系列单片机外部时钟产生电路

如果需要对其他设备提供时钟信号，简单易行的方法是在时钟引脚取出信号，经过施密特触发器，如 74LS14 整形，不仅可以得到矩形波，还可以提高驱动能力。

有些 MCU 内部有锁相环电路，可通过软件倍频或分频调节 CPU 和外设的实际运行速度，如 MSP430、TMS320C2000 等系列的 MCU。但一定注意：最终提供给 MCU 的时钟频率都不允许超过器件手册给定的极限频率值，超频即使能工作，也会造成工作不稳定、发热等问题。

13.3.3　外部总线扩展电路

MCU 与片外并行的外设或片外存储器一般需要通过数据总线、地址总线和控制总线进行通信。有些 MCU 对外直接提供了 AB、DB 和 CB 这三种总线的引脚，甚至片内还包含了存储器扩展接口电路，提供译码后的片选信号、读写和各种控制信号，如 TI 的 C2000 控制器，这样很容易与片外的设备连接。但对于有些 MCU 而言，其地址总线与数据总线是复用的，即数据和地址在同一个总线上分时传输，先发送地址，再发送数据。在这种情况下，与外设连接前需要进行数据和地址总线的分离，Intel 8051 系列单片机就属于这一类。

分离可通过外部连接一片锁存器来实现。这种地址、数据复用引脚的 MCU 都有一个地址锁存信号 *ALE*，在送出地址后有效。利用一片锁存器，如 74LS373 或 74LS573，在 *ALE* 的控制下对 MCU 送出的地址进行锁存，从而在锁存器的输出端得到地址信息。之后，*ALE* 信号无效，当 MCU 再次传输数据时，就不会影响地址信息，实现了数据和地址总线的分离。

13.3.4　JTAG 接口

联合测试行为组织（Joint Test Action Group，JTAG）成立于 1985 年，是由几家主要的电子制造商发起制定的 PCB 和 IC 测试标准，于 1990 年被 IEEE 批准为 IEEE1149.1—1990 测试访问端口和边界扫描结构标准。该标准规定了进行边界扫描所需要的硬件和软件。自 1990 年批准之后，IEEE 对该标准做了补充，形成了现在使用的 IEEE1149.1a—1993 和 IEEE1149.1b—1994。JTAG 技术是一种嵌入式调试技术，它在芯片内部封装了专门的测试电路测试访问口（Test Access Port，TAP），通过专用的 JTAG 测试工具对内部节点进行测试，JTAG 测试允许多个器件通过 JTAG 接口串联在一起，形成一个 JTAG 链，能实现对各个器件分别测试。JTAG 技术主要应用于电路的边界扫描测试和可编程芯片的在线系统编程。

如今大多数比较复杂的器件都支持 JTAG 接口，如 MCU、DSP、FPGA 等器件。JTAG 接口的连接主要有 10 针、14 针和 20 针三种标准，但主要包括 4 线：TMS、TCK、TDI、TDO，分别为测试模式选择、测试时钟、测试数据输入和测试数据输出。JTAG 的具体电路一般在 MCU 的器件手册中都会提供。

13.3.5 MCS-51 系列 MCU 的最小系统

MCS-51 系列是 Intel 公司生产的一个 MCU 系列。属于这一系列的 MCU 有多种型号，8051 就是其中一种。同一系列不同型号的 MCU 的指令系统都兼容，结构框架也相同，只是片内存储器的类型、容量和外设接口不同，方便应用于不同领域。MCS-51 系列片上模块主要包括 CPU、数据存储器（RAM）、程序存储器（ROM/EPROM）、4 个并行的 8 位 I/O 端口（P0 端口、P1 端口、P2 端口、P3 端口）、串行通信接口、定时器/计数器、中断系统及一些特殊功能的寄存器。图 13.3.4 为 MCS-51 系列 MCU 最小系统。

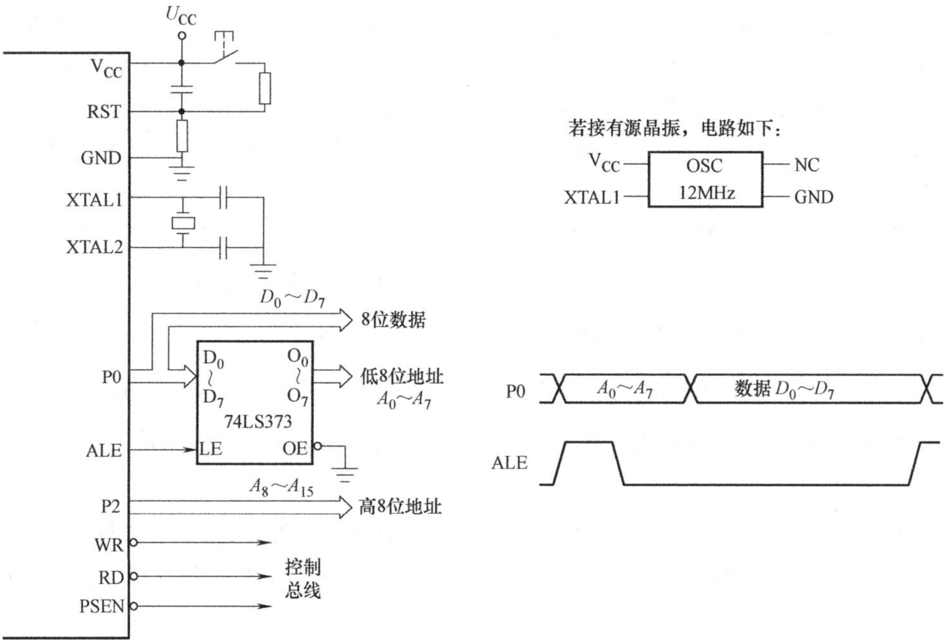

图 13.3.4 MCS-51 系列 MCU 最小系统

系统电源 U_{CC} 一般接 5V。但对于一些采用 CMOS 工艺制造的 MCS-51 系列 MCU，如 80C51，供电电压可为 1.8~3.3V。

MCS-51 系列 MCU 内部有振荡电路，引脚 XTAL1 和 XTAL2 分别为片内振荡电路的输入和输出引脚。使用时，可在这两个引脚直接接入一个晶振和两个电容，当系统上电后，振荡电路就会起振，为系统提供工作需要的时钟。另外，也可以利用一个有源晶振作为时钟源直接提供给引脚 XTAL1 作为系统时钟。MCS-51 系列 MCU 的时钟频率为 1.2~12MHz。Atmel 公司生产的基于 8051 核的 MCU，如 AT89C51 的时钟频率可达 24MHz。

MCS-51 系列 MCU 为高电平复位，正脉冲的宽度要求至少为 24 个时钟周期，即晶振周期。复位电阻和电容可以采用图 13.3.1 的参数，也可以用同一数量级的电阻和电容代替，只要满足复位正脉冲宽度的要求即可。MCS-51 系列 MCU 复位后程序计数器（PC）被清零，因此，当复位完成时，MCU 会从程序存储器的 0000H 单元去取第一条指令开始执行。

MCS-51 系列 MCU 对外可提供 8 位宽度的数据总线和 16 位宽度的地址总线，因此，具有 64KB 的寻址能力。其地址的高 8 位由 P2 端口提供，低 8 位则由 P0 端口数据/地址总线分时复用的方式来提供，因此，使用时需要在片外利用锁存器进行地址和数据总线的分离。MCU 读取到访问外部存储器或接口的程序时，MCU 的译码和控制单元会自动产生图 13.3.4 右侧所示的 P0 与 *ALE* 时序关系，由 P0 端口先送出低 8 位地址 $A_0 \sim A_7$，同时，在引脚 ALE（Address Latch Enable）送出一个高电平脉冲信号，*ALE* 高电平期间，74LS373 的输出端跟随其输入变化，地址稳定后利用 *ALE* 的下降沿将 8 位地址锁存到 74LS373 的输出端，构成地址总线的低 8 位 $A_0 \sim A_7$。之后，P0 端口则作为双向数据总线 $D_0 \sim D_7$，数据传送时，*ALE* 始终为低电平，锁存器输出端的地址信号不受影响。可见，利用 *ALE* 信号和锁存器便可实现数据和地址总线的分离，形成如下的地址、数据和控制总线。

地址总线（AB）：P0 端口经锁存器提供低 8 位地址 $A_0 \sim A_7$，P2 端口提供地址总线的高 8 位 $A_8 \sim A_{15}$，宽度为 16 位，则片外可扩展存储器的最大容量为 $2^{16}\text{B} = 64\text{KB}$，地址范围为 0000H~FFFFH。时序图中，单个信号一般用具体的高低电平画，当表示多根数据或地址线信息时，一般用图 13.3.4 中右侧 P0 的表示方式，不必画出具体多根地址或数据线中的每一根信息的高低电平，P0 波形图中出现“X”的地方表示总线上数字信号的电平发生变化，其他时段表示信号稳定不变。

数据总线（DB）：数据总线是由 P0 端口（分时复用）提供的，宽度为 8 位。

控制总线（CB）：MCS-51 系列的控制总线是 CPU 输出的一组控制信号。除了上述的 *ALE* 信号，对外还提供有读（Read Data，$\overline{RD}$）和写（Write Data，$\overline{WR}$）数据存储器的控制信号以及专门用于选通片外程序存储器的使能控制信号（Program Select Enable，$\overline{PSEN}$），都是低电平有效。MCS-51 与存储器的连接详见 10.5.3 节，可以帮助理解 $\overline{RD}$、$\overline{WR}$ 和 $\overline{PSEN}$ 控制信号的作用。

MCS-51 系列还有一个与上电程序引导有关的引脚 EA（图 13.3.4 中未标出），顾名思义，该引脚电平的高低确定了上电后程序从哪里读取，硬件设计时必须处理好，详细内容见 15.3.1 节。

13.4 MCU 片内的 GPIO 电路结构

MCU 芯片的大多数引脚是 I/O（Input/Output）引脚，例如，DIP 封装共 40 个引脚具有并行总线的 8051 单片机，其中有 32 个是 I/O 引脚；DIP 封装共 20 个引脚，片外采用串行总线的 MSP430G2553 单片机，其中 16 个是 I/O 引脚。这些引脚可以通过软件配置，既可以作为输入引脚，也可以作为输出引脚，甚至还可以作为特殊功能的引脚，如串行通信接收或发送引脚等。这些引脚通常称为通用型输入输出（General-Purpose Input/Output，GPIO）引脚。当然，GPIO 引脚任何时刻只能配置为一种功能。GPIO 引脚作为输入时，可以将引脚逻辑电平读取到 MCU 片内；GPIO 引脚作为输出时，可以将输出数据写入某个输出寄存器位，让这个引脚输出 1 或者 0；若有其他特殊功能，则有另外的寄存器控制。所有这些功能的实现是由 MCU 片内与 GPIO 引脚相连的 GPIO 电路确定的。GPIO 电路的结构确定了 GPIO 引脚的功能和灵活性。

13.4.1 MCU 片内的 GPIO 电路结构特点

MCU 对 GPIO 引脚的控制，一般是通过向 GPIO 电路中对应的寄存器读或写数据来完成。如果 I/O 端口是统一编址，则访问 GPIO 寄存器的指令与访问存储器是一样的，**但一定注意**：I/O 的速度一般都不及存储器，当 CPU 对 GPIO 输出寄存器写入数据时，其数值不一定能很快反映到引脚上，特别是对于具有写引脚后读回引脚状态并进行运算的指令，一定要关注输出数据是否确定输出到引脚，否则可能出现错误结果。

MCU 片内的 GPIO 电路一般都包含多路选择器、三态门、锁存器、缓冲寄存器等部件，以增强芯片引脚的功能，使得这些引脚具有多种功能。第一，引脚可以作为通用的 I/O 引脚功能，即通过编程确定该引脚作为输入（Input，I）或者输出（Output，O）。GPIO 电路一般有可编程的上拉电阻（产生强 0 弱 1 数字信号）或下拉电阻（强 1 弱 0），或者图腾柱输出（强 1 强 0）结构，用于产生数字电路的高低电平。当作为输入引脚时，MCU 片内 I/O 电路输出到引脚的信息必须是高阻态，使外部引脚的数据可以由 MCU 读入，GPIO 电路若有上拉或者下拉电阻，可使得输入设备如按键输入，无须外接元器件就可以产生数字电路的高低电平。当作为输出引脚时，CPU 一般将输出数据送到 GPIO 电路的输出寄存器中保存。第二，高性能 MCU 的 I/O 引脚还具有其他特殊功能。例如，8051 的 P3 端口既可以作为通用 I/O 使用，也可以作为串行通信的接收、发送、外部中断输入、控制信号输出等功能引脚使用。由于 IC 器件的制造、封装等问题，MCU 的多数 I/O 引脚都至少具有 3 个功能：输入、输出、一个甚至多个特殊功能等。但任何时候，一个 I/O 引脚只能工作在其中一种方式，具体工作在哪种方式由编程确定。TI 的 C2000 系列 DSP 每种芯片都有几十个 I/O 引脚，全部是多功能的。GPIO 电路越复杂，GPIO 引脚的功能也就也多，使用越灵活。不同 MCU 的 GPIO 电路结构、功能等各不相同。用户要关心的是理解了所用 MCU 的 GPIO 电路原理和功能后，如何配置相关寄存器让 GPIO 工作在自己需要的功能模式下。下面举例让读者了解 GPIO 电路。

13.4.2 具体 MCU 片内的 GPIO 电路举例

图 13.4.1 是 STM32 的 GPIO 电路结构框架。图中两个点画线框分别是输入驱动电路和

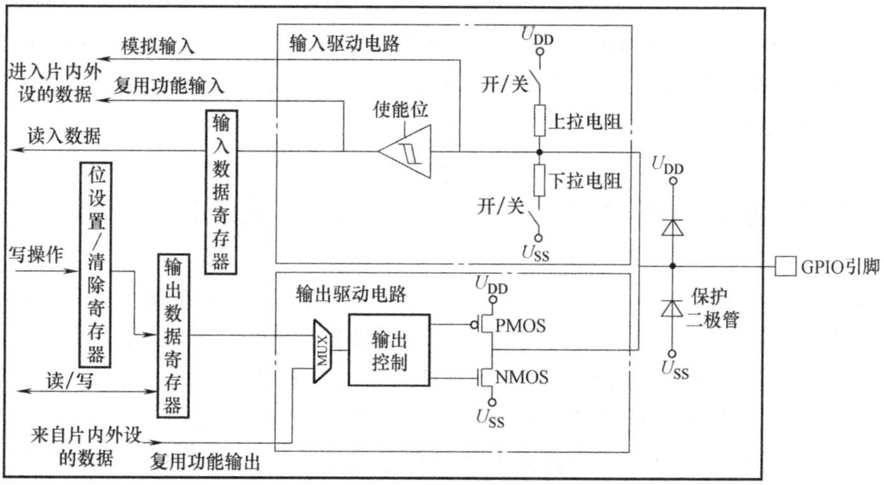

图 13.4.1 STM32 的 GPIO 电路框架

输出驱动电路。其中，“开/关”由可编程位控制，通过软件编程控制其通断或使能。

由图 13.4.1 可见，该 GPIO 引脚可以配置为输出、输入或复用功能，详细内容需要查看具体器件手册的 GPIO 详细电路。当 GPIO 引脚配置为输入引脚时，输出驱动电路要通过“输出控制”使输出电路的上、下两个 MOS 管都断开，处于高阻状态，才不会干扰输入引脚信号。由输入驱动电路可见，输入又可以配置为五种输入方式：①**上拉输入**。即配置上拉电阻与 U_{DD} 接通，适合接地信号的输入（如低电平有效的按键信号输入）。②**下拉输入**。配置下拉电阻与 U_{SS} 接通，适合有效信号为高电平值的信号接入（如高电平有效的按键信号输入）。③**浮空输入**。上、下电阻都断开，直接读取 GPIO 引脚的状态，抗干扰性能不如上拉和下拉方式。④**模拟输入**。将 GPIO 引脚上的模拟信号直接输入到 STM32 内部的 ADC 上，进行采样转换。⑤**复用功能输入**。配置使用斯密特触发器以及相关片内外设，可以将 GPIO 引脚设置为片内外设的输入引脚，而且可以对输入信号进行整形。

由图 13.4.1 的输出驱动电路可见，当 GPIO 引脚配置为输出时，根据输出驱动电路的信号来源可配置为单纯的 I/O 输出和复用功能输出，通过配置图中 MUX 确定，详细内容需要查阅器件手册，在此重点了解 GPIO 的结构及可编程特点。根据输出驱动电路中的“输出控制”和上、下两个 MOS 管结构，输出可配置为开漏输出和推挽输出。通过“输出控制”使 PMOS 管截止，则为开漏输出（相当于 NMOS 的漏极开漏电路）。**开漏输出**需要上拉电阻，吸收灌电流负载的能力相对较强，可达 20mA。**开漏输出**具有线与功能，也可实现电平匹配，当然，由于内部存在保护二极管，这一作用在此并不能充分发挥。如果图 13.4.1 中参数完全对称的 PMOS 和 NMOS 每次只有一个管子导通，就像 CMOS 反相器，则不仅可以流出电流，还可以灌入负载电流，故又称“推拉式结构”或“推挽结构”。这种推挽输出方式的 GPIO 引脚可以输出高、低电平，特点与推挽结构门电路一样，可以降低输出级的静态功耗。由于图腾柱输出级电阻较小，因此其驱动能力也较强。如果输出驱动电路的信号是来自片内外设的数据，该引脚就作为片内外设的复用功能输出引脚。

MSP430G2x53 的 GPIO 电路请查看器件手册，其功能强大，具有极强的可编程性。

8051 的 GPIO 电路结构相对比较简单，如后续图 15.6.1 所示。同一 MCU 芯片的不同 GPIO 引脚，其内部结构也不完全相同，如 8051 的 P0 口、P1 口、P2 口和 P3 口，其结构和作用都不同，但同一端口的 GPIO 引脚内部结构和原理一般是一致的，如 P0 口的 8 个引脚。

使用 MCU 必然要用到 GPIO 引脚，在此只简单介绍 GPIO 电路框架，待学习了软件编程后才能真正去配置或控制它。

13.5 串行通信基本概念及 MCU 片内串行通信接口简介

从技术的发展来看，串行通信方式大有取代并行传输方式的趋势，如 USB 取代 IEEE 1284、PCI Express 取代 PCI。MCU 片内也集成了越来越多的各种协议的串行通信接口。所以，了解和研究串行通信中的概念和技术有非常重要的意义。

串行通信接口适合于远距离传送，通信的距离可以从几米到数千公里。早期计算机的 25 针并行打印机接口在目前的计算机中已经很难找到。虽然计算机内部的数据总线及数据处理是并行的，但与外部设备通信的接口基本都采用串行通信，如以太网、USB、GPIB、无线、光纤、RS-232C、CAN、I^2C、蓝牙等接口。随着具有标准串行通信接口的产品越来越多，MCU 内部集成了串行通信接口电路，最常用的是通用异步收发传输器（Universal Asynchronous Receiver/Transmitter，UART），串行通信时，发送器和接收器进行并行和串行数据的相互转换以及接收和发送，8051 单片机的串行通信接口就是采用 TTL 电平的一种 UART。下面介绍一些串行通信的基本概念。在后续各微控制器章节中会介绍一些具体的串行通信协议和接口，如 I^2C 和 SPI 将在 17.4 节详细介绍。

1. 串行通信中的数字信号表示方式

串行数据在传送时通常采用幅度调制（AM）和频率调制（FM）两种方式来传送数字信息。

幅度调制是用某种电平或电流来表示逻辑“1”，称为传号（mark）；而用另一种电平或电流来表示逻辑“0”，称为空号（space）。使用 mark/space 形式通常有四种标准：TTL 标准、RS-232 标准、20mA 电流环标准和 60mA 电流环标准。TTL 标准在第 3 章应该已经非常熟悉了，采用的正逻辑体制，用 5V 电平表示强逻辑“1”；用 0V 电平表示强逻辑“0”。RS-232 标准是用-15～-5V 之间的任意电平表示逻辑“1”；用 5～15V 电平表示逻辑“0”，采用的是负逻辑。20mA 电流环标准，线路中存在 20mA 电流表示逻辑 1，不存在 20mA 电流表示逻辑 0。20mA 电流环信号仅 IBM PC 和 IBM PC/XT 机提供，至 AT 机及以后已不支持。60mA 电流环标准与 20mA 类似。

频率调制方式是用两种不同的频率分别表示二进制中的逻辑“1”和逻辑“0”，通常使用曼彻斯特编码标准和堪萨斯城标准（详细内容请自行查阅资料）。

2. 数据传输速率

数据传输速率是指单位时间内传输的信息量，可用比特率和波特率来表示。

在数字信道中，比特率是指数字信号的传输速率，它用单位时间内传输的二进制代码的有效位（bit）数来表示，其单位为每秒比特数（bit/s）、每秒千比特数（kbit/s）或每秒兆比特数（Mbit/s）来表示。单位时间是指传送一个二进制位所需时间。

波特率是指每秒传输的符号数，若每个符号所含的信息量为 1 比特，则波特率等于比特率。在计算机中，由于一个符号的含义为高低电平，它们分别代表逻辑“1”和逻辑“0”，所以每个符号所含的信息量刚好为 1 比特，因此在计算机通信中，常将比特率称为波特率。计算机中常用的波特率是：110bit/s、300bit/s、600bit/s、1200bit/s、2400bit/s、4800bit/s、9600bit/s、19200bit/s、28800bit/s、33600bit/s、56kbit/s 等。

3. 串行通信的数据传送方式

根据数据的传送方向不同，串行通信可以进一步分为单工、半双工和全双工三种。假设收发双方为 A 和 B，串行通信的三种方式原理如图 13.5.1 所示。图 13.5.1a 的 A 只有发送器，B 只有接收器，数据只能单向传送，为单工通信；半双工通信既可以发送数据，又可接收数据，但不能同时发送和接收，在任何时刻只能由其中的一方发送数据，另一方接收数据，如图 13.5.1b 所示；数据能够同时双向传送则称为全双工，如图 13.5.1c 所示。半双工和全双工的收发双方都有各自的接收器和发送器，接收器和发送器的电路核心都是移位寄存器，实现并行和串行数据的相互转换，并移位接收或发送。

对于 MCU 内部的串行通信接口，基本上都是可以全双工方式工作的，使用者也不必关心接收器和发送器的具体结构。在全双工方式中，A 和 B 都有发送器和接收器，有两条传送线，可在交互式应用和远程监控系统中使用，数据传输效率较高。RS-232、RS-422 等都是

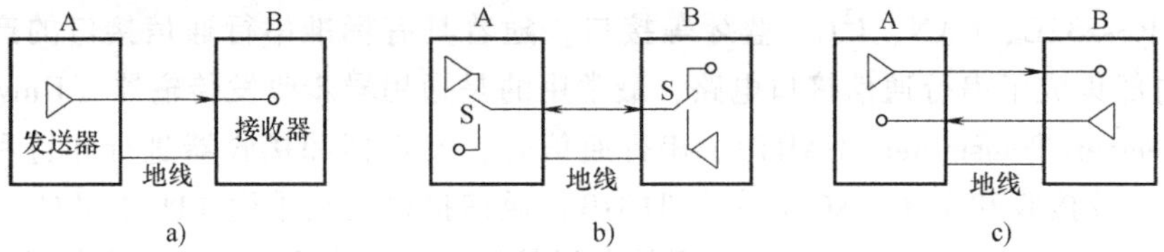

图 13.5.1 串行通信的三种传送方式

a）单工方式 b）半双工方式 c）全双工方式

全双工方式通信。

4. 串行通信分类及异步串行通信帧格式

根据通信时钟不同，串行通信又分为异步通信和同步通信两种方式。与第 8 章中的同步和异步时序电路概念类似，如果通信双方采用同一时钟则为同步串行通信，提供时钟的设备为主设备；如果通信双方采用各自的时钟进行数据的接收和发送，则为异步串行通信。早期的单片机主要使用异步通信方式，多数的 DSP 内部既有同步串行通信接口，也有异步串行通信接口。

异步串行通信是以字符为单位进行传送的，传送一个字符的格式称为帧格式，如图 13.5.2 所示，一般包含 4 部分信息：起始位、数据位、奇偶校验位和停止位。起始位为低电平表示一帧信息的开始，然后是由低位到高位的数据位，数据位一般是 5~8 位（个别 MCU 可以是 9 位数据），数据位之后是奇偶校验位（可有可无，编程确定），最后是高电平停止位（1~2 位）。经常用 RxD 表示异步串行通信接口的接收引脚，TxD 表示发送引脚。

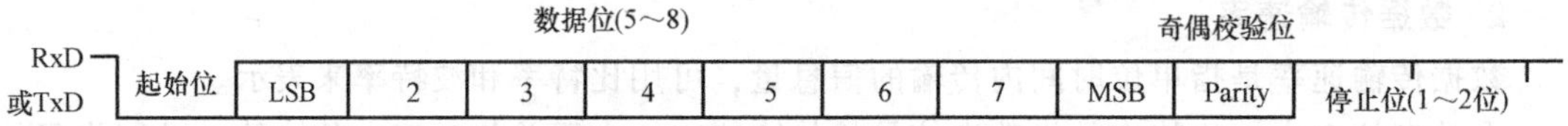

图 13.5.2 异步串行通信帧格式

异步串行通信的双方在进行通信之前，要编程约定好帧格式和波特率，通信双方的波特率必须一致。

同步串行通信是以数据块方式进行数据传送的，它取消了异步串行通信的起始位和停止位，每个数据块的开头附加了 1 个或者 2 个同步字符，数据块之后也有纠错校验字符。同步串行通信的双方接收器和发送器使用同一个时钟。同步串行通信的传输速率高，适合于高速、大容量的数据通信。

5. 异步串行通信的发送器和接收器时序

发送器发送数据时，先将要发送的并行数据送入移位寄存器，然后在发送时钟的控制下，异步串行通信先发出一位低电平的起始位，然后根据通信双方约定好的帧格式，按照数据最低有效位（LSB）到最高有效位（MSB）及停止位顺序，依次经发送引脚 TxD 串行输出，如图 13.5.3 所示，图中假设发送数据的帧格式是 0110011B 共 7 位数据位，无校验位，1 位停止位。

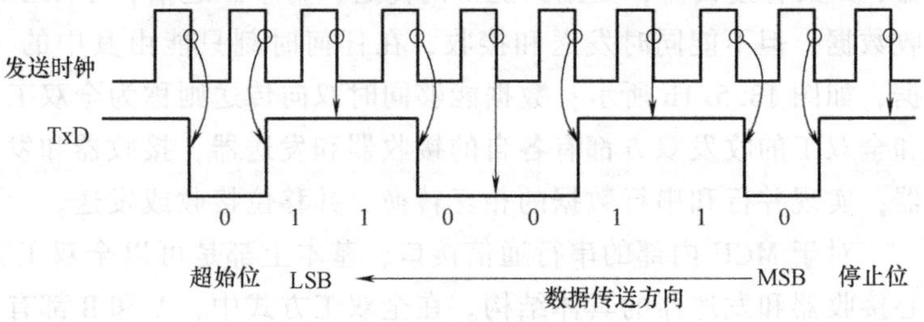

图 13.5.3 发送器数据发送原理

异步串行通信在接收串行数据时，接收器在接收时钟 CLK 的上升沿对 RxD 引脚的数据不断进行检测，如图 13.5.4 所示。接收器在每一个传送的数据位时间内，包含了多个检测或接收数据的 CLK 时钟周期，图 13.5.4 中为 8 个。为了防止干扰行为，接收器会多次检测每一位，图中示意检测了 3 次。一旦确定检测到 RxD 为低电平，表示一帧信息传送开始，接收器则继续接收后续的数据位、奇偶校验位（若有的话）和停止位。数据位检测一般也采用多数表决方式，在数据位稳定时连续检测 3 次数据位，多数为 1 则该数据位为 1，多数为 0 则为 0。停止位被正确检测到之后，完成了一帧信息的接收，移位寄存器将接收到的数据进行串并转换，等待 CPU 读取。

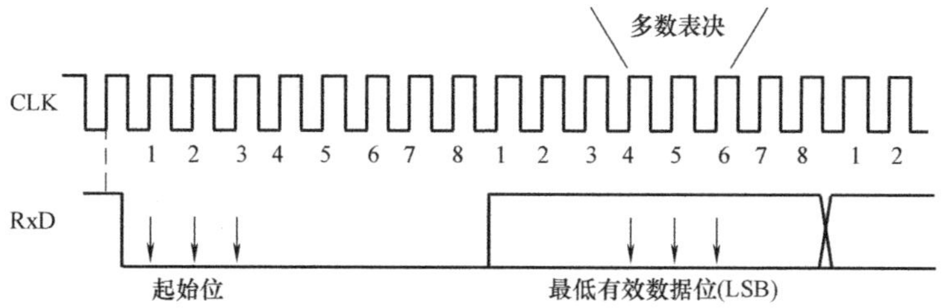

图 13.5.4　异步串行通信的数据接收及同步方式

6. MCU 片内串行通信接口简介

MCU 内部一般都会集成不同类型的串行通信接口电路。例如，在后面的章节中，第 15 章 8051 MCU 片内集成了异步串行通信接口；第 17 章 MSP430 系列 MCU 片内不仅集成了异步串行通信接口，还集成了同步串行通信接口 SP1、I^2C 及其他串口，SPI 和 I^2C 的原理及应用详见 17.4.4 和 17.4.3 节。使有 MCU 内部的串行通信接口时，不必关心发生器和接收器的具体结构，只需要了解其工作原理和控制寄存器确定的工作方式，启动发生和接收即可。在 MCU 的串行通信接口中，一般都有发送和接收完成的标志位，反应通信的收发状态。用户可以通过软件查询这些标志位，确定是否发送下一个数据或接收数据。当然，这些状态位也可以作为中断源，CPU 通过中断式进行收发数据，效益更高。

思　考　题

13.1　MCU 内部结构一般包含哪些部分？每一部分的作用是什么？

13.2　MCU 的片内外设接口的软、硬件与外部独立外设接口的异同点是什么？片内集成外设接口有什么好处？无论是片内还是片外的外设接口，一般具有哪三种性质的寄存器？要控制这些接口的工作方式，要编程控制哪个性质的寄存器？

13.3　为什么 MCU 都采用总线结构进行数据通信？

13.4　一个 MCU 硬件最小系统一般包含哪些部分？这些部分的作用是什么？

13.5　MCU 片内的 GPIO 电路结构一般包含哪些部分？思考用图 13.4.1 中的 GPIO 引脚控制一个发光二极管的亮灭，该如何配置 GPIO 引脚？

13.6　什么是串行通信？串行通信的分类？接收器和发送器的电路核心单元是什么？什么叫波特率？异步串行通信的接收和发送是如何进行同步的？

第14章 软件系统和编程语言

> 基于 CPU 的电子设备的优点是能够提供一个灵活的工作模式，可以通过修改软件来改变系统的操作方式。CPU 犹如人的大脑实体，软件系统则像大脑的思维与神经系统，指挥系统的硬件工作。如果说硬件是物质基础，软件则是灵魂。实现软、硬件的有机结合和协同工作是开发这些电子设备的前提。

14.1 软件系统简介

软件系统包含了整个电子系统工作时所需要的各种程序、数据及相关文档资料，为设备的有效运行和特定信息处理提供全过程的服务。软件系统一般可分为系统软件和应用软件。

系统软件是指专门为了发掘或测试硬件功能、减少用户对硬件的依赖程度等而编制的软件程序。系统软件主要起到调度、监控和维护硬件系统的功能。它主要负责管理系统中各种独立的硬件，使得它们可以协调工作，同时使用户不需要顾及底层每个硬件的工作情况，而是把整个系统当作一个整体来看待。一般来讲，系统软件包括操作系统和一系列基本的工具软件，如文件系统管理、用户身份验证、驱动管理、故障检查和诊断程序等。

应用软件泛指为了某种特定的用途而被开发的软件。它可以是一个特定的应用程序，如一个图像浏览器；也可以是一组功能联系紧密、可以互相协作的程序的集合，如微软的 Office 软件等。可见，应用软件面向用户，直接为用户提供服务。

软件系统需要借助于具体的语言来编写。编程语言（又称计算机语言）通常是一个能完整、准确和规则地表达人们的意图，并用来指挥或控制硬件系统工作的“符号系统”。相对于最底层的硬件系统而言，编程语言有三个不同的层次，分别为机器语言、汇编语言和高级语言。

14.2 机器语言

机器语言是用二进制代码表示的、CPU 能直接识别和执行的一种机器指令的集合。一条指令是用 0 和 1 组成的一串代码，它们有一定的位数，并分成若干段，各段的编码表示不同的含义，因此也称为二进制代码语言。机器指令与 CPU 有着密切关系，不同 CPU 对应的机器指令也不同。但同一系列的 CPU 指令集常常是向下兼容的，如 Intel 80386 指令包含了 Intel 8086 的指令集。机器语言是 CPU 可执行的最终代码，汇编语言或高级语言编写的程序最终都必须翻译为二进制机器语言，CPU 才能识别并执行。机器语言通常由**操作码**和**操作数**两部分组成：

操作码	操作数

操作码：告诉 CPU 该条指令的操作性质及功能，是运算还是传送操作，是转移操作还是停机等待操作等，一条指令必须有操作码字段。按指令的操作性质不同，可将其分为不同的类型，一般有：传送类指令、算术运算类指令、逻辑运算类指令、控制类指令等。操作码是指令的必需部分，不同处理器操作码的编码方式不同，如果某 CPU 操作码只有 2 位，说明该 CPU 最多只有 4 种功能的指令。多数 CPU 操作码一般不超过 1 个字节。

操作数：指明了参加指令操作的数据或者数据所在的单元地址信息。这部分是可选项。根据操作码、数据长度以及操作数寻址方式（寻找指令所用操作数的方式）的不同，操作数一般为 0~5 个字节。

例如，要将一个立即数 20H（指令操作的数据直接出现在指令操作数的部分，叫作立即数）传送给 CPU 的累加器，不同处理器的机器指令如下：

Intel 8085：　　　　00111110 00100000

Intel MCS-51：　　　01110100 00100000

Motorola M68HC08：　10100110 00100000

可见，不同处理器对应的机器指令虽然都是两个字节，但是操作码的编码不同。有些处理器可能还没有直接传送数据给累加器的指令，如 TI 超低功耗 16 位单片机 MSP430。显然，针对某 CPU 编写的程序是不能移植到另一种类型的 CPU 上执行的。

机器语言的特点是：计算机可以直接识别，不需要进行任何翻译。每台机器的指令，其格式和代码所代表的含义都是硬性规定的，用户不能随意更改，故称之为面向机器的语言，也称为机器语言。它是第一代计算机语言。机器语言对不同型号的计算机来说一般是不同的。

要使用机器语言编程，必须了解处理器操作码各位不同 0 和 1 组合所表示的指令功能是什么，编程工作会十分烦琐；而且机器指令全是 0 和 1 组成的指令代码，可读性差，容易出错，不便于交流与合作；同时，机器语言依赖于具体的计算机，可移植性差，重用性差。现在除了计算机生产厂家的专业人员外，程序员已经不使用机器语言编写程序了。

14.3 汇编语言

汇编语言是利用与机器语言代码实际功能含义相近的英文缩写词（常称为助记符）、字母、数字等符号来取代指令代码编写程序，亦称为符号语言。换句话说，汇编语言是一种以处理器指令系统为基础的低级语言，采用助记符表示指令操作码，采用标识符表示指令操作数。不同系列的处理器有各自固定的汇编指令语法以及获得指令操作数的方式（常称为寻址方式）。与机器语言一样，处理器不同，汇编指令集也不同，都是面向机器的，程序移植性差。汇编语言的寻址方式一般有立即寻址（操作数在指令代码中）、寄存器寻址（操作数在寄存器中）和操作数在存储器中的寻址方式，将在介绍具体处理器时再介绍其寻址方式。下面分别介绍汇编语言的指令集、指令格式和伪指令。

14.3.1 RISC 与 CISC 指令集

CPU 能够执行的所有指令的集合称为指令集。指令集可分为复杂指令集（Complex Instruction Set Computer，CISC）和精简指令集（Reduced Instruction Set Computer，RISC）两类。

在 20 世纪 90 年代前，CISC 结构被广泛使用，CISC 的一条指令往往可以完成一串运算的动作，但是需要多个时钟周期来执行。随着需求的不断增加，设计的指令集越来越多，为支持这些新增的指令，计算机的体系结构会越来越复杂。然而，在 CISC 指令集的各种指令中，其使用频率却相差悬殊，大约有 20%的指令会被反复使用，占整个程序代码的 80%，而余下的 80%的指令却不经常使用，在程序设计中只占 20%。同时，由于这种指令集的指令不等长，指令的数目非常多，编程和设计处理器时都较为麻烦。目前，由于基于 CISC 指令架构系统设计的软件已经非常普遍，所以 Intel 的 8051 和 x86 系列、Motorola 的 68K 系列、AMD、VIA（威盛）以及 TI 和 IBM 部分产品至今还在使用 CISC。

RISC 起源于 20 世纪 80 年代，是为了克服 CISC 各种指令的使用频率的悬殊而提出的。RISC 指令集的执行时间短、指令长度固定、指令格式整齐划一，使得其在体积、功耗、散热、造价上都有优势。使用 RISC 指令集的微处理器的处理能力强，并且还通过采用超标量和超流水线结构，大大提高了微处理器的处理能力。ARM 是 RISC 的代表，比较有影响的 RISC 处理器产品还有 Microchip 的 PIC 系列 8 位微控制器、Maxim 公司推出的 MAXQ 系列 16 位微控制器、Compaq 公司的 Alpha、HP 公司的 PA-RISC、IBM 公司的 Power PC、MIPS 公司的 MIPS、TI 低功耗的 32 位 ARM Cortex-M4F MCU、TIC2000 系列的 DSP 等。

CISC 汇编语言的程序编程相对简单，科学计算及复杂操作的程序设计相对容易，效率较高，但 CISC 是以增加处理器本身复杂度为代价来换取更高的性能，功耗较高；而 RISC 则是将复杂度交给了编译器，汇编语言程序一般需要较大的内存空间，实现特殊功能时的程序复杂，通过牺牲程序大小来换取简单和低功耗的硬件实现。为了提升性能，CISC 的处理器将越来越大，而 RISC 需要的内存带宽也会突破天际，但实际上都受到了技术限制。所以近十多年来，关于 CISC 和 RISC 的区分已经慢慢模糊，目前 CISC 与 RISC 正在逐步走向融合，从软件和硬件两方面互相取长补短。Pentium Pro、Nx586、K5 就是最明显的例子，在接收 CISC 指令后将其分解成 RISC 指令以能够执行多条指令。

最近几年，RISC-V（第五代精简指令集）受到越来越多的关注，其最大的特点是开源、开放、没有授权费、很高的灵活性和可定制性。RISC-V 给处理器发展和价值提升营造了一个很好的生态环境。IBM、谷歌、高通等国外公司，阿里平头哥、华为、中兴等国内公司，都已经在深度布局 RISC-V CPU 了。率先实现对安卓系统兼容的阿里平头哥玄铁 C910、应用于人工智能领域的阿里平头哥 C906、中科院计算所的香山处理器，都是高性能 RISC-V 处理器的代表。

对于处理器的使用者来说，由于目前使用汇编语言的编程者已经很少了，即使使用汇编语言也无须深究 CISC 和 RISC 的概念，只需要掌握其寻址方式和指令集编程即可。

对于软件设计人员，需要了解几个处理器动作的时间概念。第一，时钟周期，是指时钟脉冲的重复周期，时钟周期是 CPU 的基本时间计量单位，它由处理器的主频决定。第二，指令周期，是指执行一条指令所需要的时间。指令周期一般为一到若干个时钟周期。第三，总线周期，一个 CPU 同外部设备和内存储器之间进行信息交换时所需要的时间，一般情况下，时间比指令周期长。

14.3.2 汇编语言的指令格式及转换

汇编语言的指令格式或语法结构一般如下：

[标号:] 操作码助记符 [第一操作数] [，第二操作数] [；注释]

汇编语言由标号、操作码助记符、操作数和注释 4 部分组成。其中，标号和注释可以省略，某些指令也可以没有操作数，如 8051 的 NOP、RET 等指令。

标号位于语句开始，由字母开头的一串符号及数字组成，不同处理器软件要求标号的长度不同，不能用助记符、伪指令等关键字作为标号，标号之后紧跟冒号。

操作码助记符是用英文缩写表示指令功能的助记符，是汇编语言必须有的内容。

操作数在操作码助记符之后，两者用空格分开。操作数是指参与操作码指定功能的数据或者该数据的存放地址。指令中有多个操作数时用逗号分开。不同处理器操作数可以有 0~3 个。多数指令一般都有 2 个操作数："源操作数" 和 "目的操作数"，"源操作数" 是指令要读取的操作数，"目的操作数" 是指令操作结果要送往的地方。不同处理器汇编指令格式中 "源操作数" 和 "目的操作数" 的顺序或位置不同，多数是 "目的操作数" 在前（即语句中第一个操作数是目的操作数），"源操作数" 在后，但也有相反的，如 Freescale 公司的 DSP56800E。

注释在指令格式最后，以分号开始，是为了增加程序可阅读性附加的说明性文字。汇编时不考虑注释内容。

例如，将一个立即数 20H 传送给 CPU 的累加器，不同处理器对应的汇编指令如下：

```
Intel 8085:          MVI   A, 20H        ; 20H 是立即数
Intel MCS-51:        MOV   A, #20H       ; 立即数之前要加 "#"
Motorola M68HC08:    LDA   #%00100000    ; 立即数之前要加 "#",%表示是二进制数
```

显然，与机器语言相比，汇编语言的直观性、可读性大大提高，但不同处理器的汇编语言的助记符以及语法格式都不尽相同。可见，汇编语言仍然是面向机器的计算机语言。因此，汇编语言程序也不能移植到其他类型的处理器上执行。

机器语言是 CPU 可直接识别和执行的唯一语言，因此使用汇编语言写好的程序需要转换为机器语言，该过程称为汇编。这种转换有两种方法：手工汇编和机器汇编。手工汇编实际上就是查表，因为这两种格式仅仅是书写形式不同，内容是一一对应的。但是手工查表比较麻烦，目前都使用计算机软件来替代手工查表，即汇编器（Assembler）。汇编器将汇编语言程序翻译为能够被 CPU 识别和处理的二进制机器语言程序。通常，把用汇编语言等非机器语言书写好的符号程序称为源程序，而把翻译之后的机器语言程序称为目标文件。一般而言，汇编生成的目标文件需要经链接器（Linker）生成可执行的二进制代码才可以被 CPU 执行。图 14.3.1 所示为汇编语言到生成可执行文件的开发流程。汇编器生成的目标文件只具有相对地址，它与处理器硬件系统的物理存储器没有任何对应关系，链接器的作用是对目

标文件进行地址定位和分配等，将一个或若干个目标文件转变为一个可执行文件。

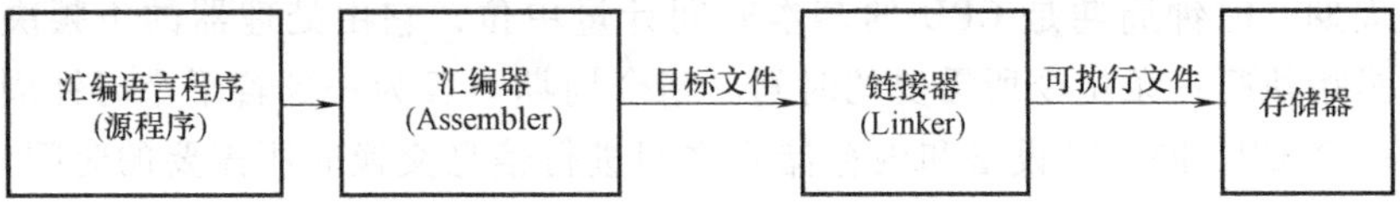

图 14.3.1　汇编语言到生成可执行文件的开发流程

由于汇编语言会因处理器的不同而采用不同的语法和寻址方式，因此，不同处理器源程序汇编时需要使用不同的汇编器进行翻译工作。目前的各种处理器都会提供一个集成开发环境，可以使编辑源程序、汇编、链接、调试等内容在一个软件环境下进行，开发者无须关注该用什么样的编译器及链接器。

14.3.3　汇编语言的伪指令

每一条汇编语言的指令都有一一对应的机器代码，即汇编后都可以产生可执行的代码。伪指令则不产生可执行的代码，它是给汇编器提供信息的指示性语句，用于定义符号值、预留和初始化内存以及控制代码的位置等。常用伪指令有符号定义伪指令、数据定义伪指令、汇编控制伪指令、宏指令以及其他伪指令。不同处理器的伪指令语句也不同。8051 系列单片机的常用伪指令如下：

1. 起始汇编定义伪指令 ORG

语句格式：

ORG　16 位绝对地址或标号；用于规定源程序或数据块存放的开始地址

2. 结束汇编伪指令 END

语句格式：

END

用来指示源程序到此全部结束，汇编器检测到该语句时就确认汇编语言源程序已经结束，对 END 后面的指令不予汇编。

3. 赋值伪指令 EQU

语句格式：

字符名称　EQU　赋值项

用于给左边的“字符名称”赋值，一旦“字符名称”被赋值，就可以在程序中作为一个数据或地址使用。因此，“字符名称”所赋的值可以是一个 8 位或 16 位二进制数。EQU 伪指令中的“字符名称”必须先赋值后使用，故该语句通常放在源程序的开头。

例如：Test0　EQU　20H；符号 Test0 就可以替代 20H 了，方便修改数值

　　　MOV　A，Test0

4. 定义字节伪指令 DB

语句格式：

[标号：] DB　8 位数据或表

用于将右边数据或表依次存放到左边标号起始地址的连续存储单元中，常用于存放数据表格。

例如：ORG　2000H

TAB：DB　12H，23，　'W'

表示将12H、23数字以及W的ASCII码依次存入标号为TAB、开始地址为2000H的3个连续存储单元。

14.4　高级语言

不论是机器语言还是汇编语言，都是面向机器的语言，对硬件的依赖性强。因此，要求程序员必须对指令系统、寻址方式、微处理器硬件结构及其工作原理十分熟悉，才能编写程序。例如，要实现两个数的加法，编写程序时，必须知道这两个数的存储地址，并需要给相加的结果分配一个存储单元，显然编程工作十分烦琐。另外，不同厂家、不同系列的CPU，其指令的语法结构也有所不同，因此，程序的可读性和移植性差。这些缺陷促使了高级语言的产生。

高级语言是一种与我们的自然语言相近并为计算机所接收和执行的编程语言，是面向用户而不是机器的语言。高级语言使编程时可以不顾及底层硬件的具体情况，为编写程序带来了极大的便利。例如，要实现两数相加，只需用C语言写"count=2+3"一条指令即可，无须顾及2和3以及求和的结果count具体存放在存储器中的什么位置，这些工作由编译过程完成，显然，编程工作量得以大大减轻。

但是，高级语言与汇编语言一样，无法被CPU直接识别和执行，也需要经过翻译转换成机器语言。无论何种机型的CPU，只要配备上相应的高级语言的"编译（Complier）或解释程序"，则用该高级语言编写的程序就可以通用。如图14.4.1所示，用C语言编写的源程序，在不同类型的CPU上运行时，都要通过相应的编译器工具软件翻译成对应的机器语言代码，即目标程序，目标程序由对应的链接器工具转换为可执行文件。可见，高级语言易于移植到不同的处理器中。

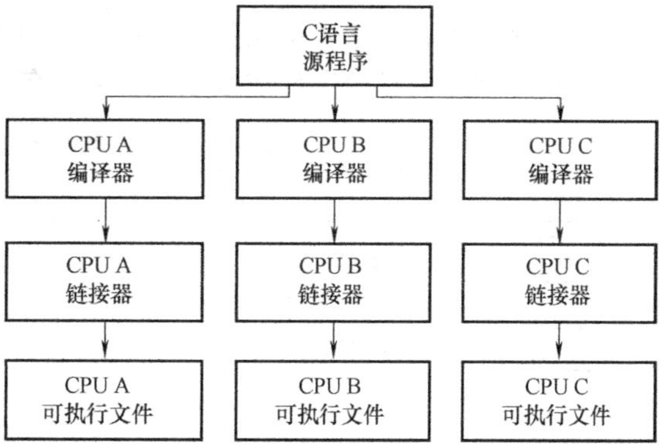

图14.4.1　同一C语言源程序可在不同类型的CPU上运行

链接器把由编译器或汇编器生成的若干个目标模块整合成一个载入模块或可执行文件，该文件代码被配置在存储器中，能够被处理器直接执行。其中，某些目标模块是直接作为输入提供给链接器的；而另外一些目标模块则是根据链接过程的需要，从库文件中取得（C语言编程生成可执行文件时需要库文件）。

14.5　程序流程图

流程图是对某一个问题的定义、分析或解法的图形表示，图中用各种符号来表示操作、数据、流向以及装置等，是可以表示一个系统的信息流、观点流、部件流或者程序走向的图形。流程图有工艺流程图、业务流程图、系统资源图、数据流程图、程序流程图等，可以用来说明企业生产线上的工艺流程，也可以描述完成一项任务必须的管理过程。本小节主要介绍程序流程图。

程序流程图用于表示程序执行的顺序，包括转移和循环等。在程序开发过程中画流程图，主要有以下好处：

1）帮助程序员理清工程的软件编写思路。

2）避免出现重大的代码逻辑错误，造成后期更改困难。

3）有利于团队合作。

4）便于他人了解程序。

14.5.1 程序流程图的图形符号和结构

1. 常用程序流程图的图形符号

程序流程图的图形符号很多，但对于非软件工程专业的人来说，熟悉表 14.5.1 中所示的几种常用程序流程图的图形符号即可。开始与结束标志用来表示一个程序的开始或结束，写在符号内。矩形符号用来表示过程中的一个单独的步骤，步骤要处理内容的简要说明写在矩形内。菱形符号用来表示过程中的一项判定或一个分岔点，判定或分岔的说明写在菱形内，常以问题的形式出现。对该问题的回答决定了判定符号之外引出的路线，每条路线标上相应的回答。文件标志用来表示属于该过程的书面信息，文件名字或说明写在符号内。圆圈符号表示连接标志，用来表示流程图的待续。圈内有一个字母或数字，在相互联系的流程图内，连接符号使用同样的字母或数字，以表示各个过程是如何连接的。

表 14.5.1 常用程序流程图的图形符号

符号	名称	意义
	开始(Start)	流程图开始，经常也用于结束符号
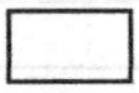	处理(Process)	该符号是流程图中最常用的符号，表示一个进程，可以表示一个功能模块；也可以表示一个执行步骤
	决策(Decision)	决策或判断，菱形内是决定程序分岔的问题，对该问题的回答决定了判断符号之外引出的路线，每条路线上标上相应的回答
	结束(End)	流程图结束
	路径(Path)	箭头表示程序执行的方向和顺序
	文件(Document)	以文件的方式输入/输出
	连接(Connector)	流程图连接符号，在一个流程图的出口或另一个流程图的入口。相互联系的流程图连接圈内使用同样的字母或数字，使多流程图连接更清晰
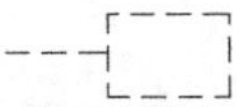	注解(Comment)	附注说明之用

熟悉了常用的图形符号，还需了解一些常用的程序结构。

2. 常用程序流程图的结构

顺序结构是程序设计当中最为简单也最为常用的结构，如图 14.5.1a 所示。它表示程序的执行是一步步往下执行。

分支结构是为了解决程序当中一些简单的逻辑判断，如图 14. 5. 1b 所示的一种最简单的分支结构。还有一种多分支结构，旨在解决如何选择一个问题的多种解决方案的问题，C 语言编程时多分支结构用 switch case 语法。

循环结构也是一种常用的结构，在 C 语言程序中有三种常用的循环语句，分别是 for 循环、while 循环和 do-while 循环。前两个可归为一类，后一个单独为一类。循环结构是为了配合循环语句而产生的流程图画法，图 14. 5. 1c 所示为循环结构的一种。

在微控制器中，还有一种重要的流程图结构是中断流程图，将在 14. 5. 3 节介绍。

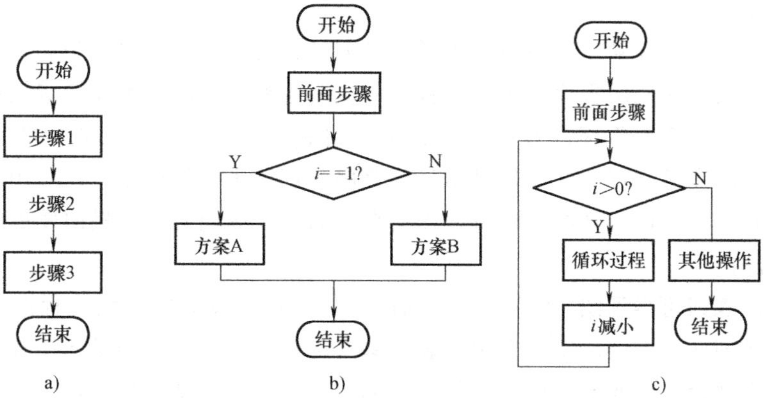

图 14. 5. 1　常用程序结构

a）顺序结构　b）分支结构　c）循环结构

14. 5. 2　画流程图的步骤

画流程图最常用的软件是微软公司提供的 Visio，其产品功能强大，不仅可以画流程图，还有很多数据库、机械等方面的内容。Microsoft Visio 以更直观的方式创建图表，包括全新和更新的形状和模具以及改进的效果和主题，还提供了共同编写功能，可使团队协作变得更加容易；也可以增强图表的动态性，即使对方没有安装 Visio 也可进行共享。使用 Word 软件也可以画出规范的流程图。

掌握以上的常用图形符号和结构是画流程图最基本的要求，但如何将一个工程项目的软件要求转换为流程图呢？下面以一个 MCU 控制电机转速的实例来介绍流程图的画法。设计具体需求如下：

1）上位机（计算机）给 MCU 发送电机的转速指令。

2）MCU 控制电机转速，超速或低速报警。

3）实时测量电机速度并在 LCD 上显示。

对于复杂的工程项目，首先要画出工程的整体软件系统流程图，不仅可以清晰地展示整个工程软件的功能，也方便团队分工合作，画系统流程图的步骤如下。

1. 模块划分

程序一般按功能进行模块划分，有利于流程图的编辑。本项目可以分为：串口通信模块、PWM 速度控制模块、速度采集模块、报警模块、显示模块等。模块的划分最好是每一个模块执行一个特定功能。

2. 时序排列

模块划分好后，确定各模块在主程序中的执行时间顺序也是非常重要的内容。排列正确无误可确保 MCU 程序的正确执行，排列错误可能导致无法达到工程要求。如在该项目中，对各模块的初始化程序必须是第一位的，为了使各模块可靠初始化并处于稳定状态，一般会加一个小延时用于等待稳定；然后等待上位机传输速度指令信息，有速度指令后，依次进行 PWM 速度控制模块、速度实时测量及显示；最后将实时速度数据传入报警模块供其判断处理。

3. 层次处理

在划分完功能模块并确定好各模块的时序排列后，有些功能模块还是非常复杂，经常把某一功能的实现又分为底层程序、中间层程序和应用层程序。底层程序直接操作寄存器或端口；中间层程序是在底层程序的基础上对其进行封装，如串口通信模块中的发送一串字符串，显示模块中的在某一行、某一位显示某字符串，都属于中间层程序；应用层程序是主程序调用模块的程序。如此这样组织，流程图将会成为一个纵向延伸、横向发展的新图形。

4. 图示结构

按照上述步骤即可得到图 14.5.2 所示纵向延伸、横向发展的系统流程图，包括了按层次包装和时序排列两个方面。图中左边代表了基本的流程图，右边的横向注释矩形框代表了对应模块的各个部分，有底层、中间层等。实际应用中各个复杂功能模块还需要再画细化的流程图，如 PWM 调速、采集速度、显示速度等。

画流程图常用的软件除了 Microsoft Visio 外，国际上还有专业的 Smartdraw，国内也有些其他产品，掌握好基本符号和分析清楚工程需求就可以很容易画出流程图。和编写程序一样，在流程图上加上注释说明就更好了。

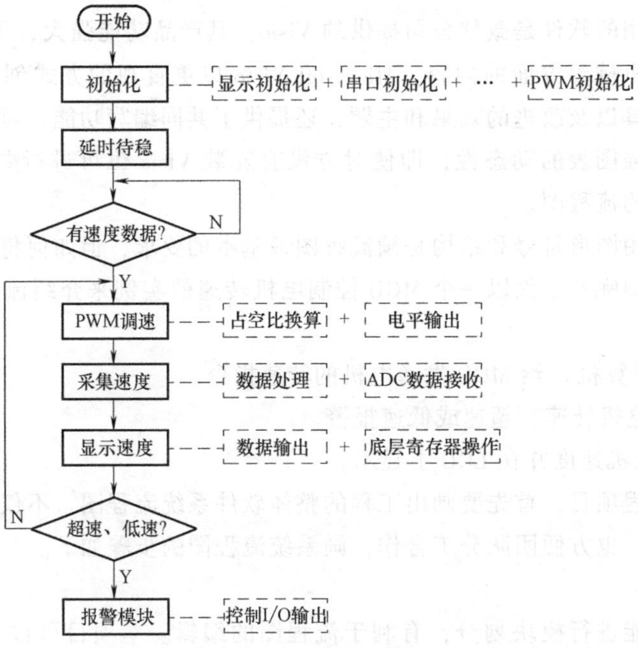

图 14.5.2　电机转速控制实例流程图

对于 MCU 软件设计人员而言，由于工程任务及个人喜好不同，流程图是没有固定格式的。但流程图的主要目的之一是帮助编程人员能够思路清晰地去编写程序代码。随着时间流逝，编程人员也会忘记程序内容，画流程图的另一个目的是帮助他人或编程人员日后了解程序功能。

14.5.3　包含中断的 MCU 流程图画法

简单讲，MCU 程序一般包含主程序、子程序和中断程序。MCU 上电复位后，结合个别 I/O 引脚的高低电平，在程序计数器（PC）或指令指针（IP）的引导下进入用户主程序。主程序一般包含一系列外设初始化模块，最后是一个死循环，循环内部可以包含任务，如扫描按键、显示控制等，也可以只是等待中断或者表示程序结束仅由跳转指令构成循环。主程序流程图框架一般如图 14.5.3a 所示。如果 MCU 允许中断，常见的错误流程图是将中断服务程序紧接在主程序流程之后，或者将主程序流程最后的死循环变为一个判断框，判断是否有中断，若有，则进入中断程序，这样画出的流程图是错误的。其实，主程序的等待中断仅仅是一个跳转构成死循环的指令，如果要进入中断程序，必须要有中断触发以及中断响应过程中需要用户提前设置的内容，中断发生的时刻是由中断源发出的中断请求信号决定的，而不是像主程序那样顺序执行。在没有中断打扰的情况下，CPU 是按照用户程序流程顺序执行的，但从主程序到中断服务程序则不是由用户程序代码引导到中断服务程序的，其中有一部分动作是 CPU 自动完成，如图 14.5.3 中的上面虚线框所示内容，这点一定要十分清楚。正确的中断服务流程框架一般如图 14.5.3b 所示，多数 MCU 的可屏蔽中断一旦响应中断请求，CPU 会自动禁止中断。因此，在中断服务程序中，需要根据情况在程序前端或者后端再次“中断允许”或者“中断使能”，否则，CPU 不可能再允许可屏蔽中断，常常发现中断只能发生一次的错误，其主要原因就在于此。如果一个 MCU 有多个中断源，每个中断服务流程图都是图 14.5.3b 所示画法。中断返回一般只有一条指令，告知 CPU 已完成图 14.5.3 中下面虚线框所示的内容。在实际画流程图时，**不需要也不允许画出图 14.5.3 中的虚线以及虚线框中的内容，**因为这一部分内容是 CPU 的动作，用户无法干涉，在此只是用于说明主程序和中断服务程序之间是如何联系的。特别强调：图 14.5.3 所示的流程图，只是说明

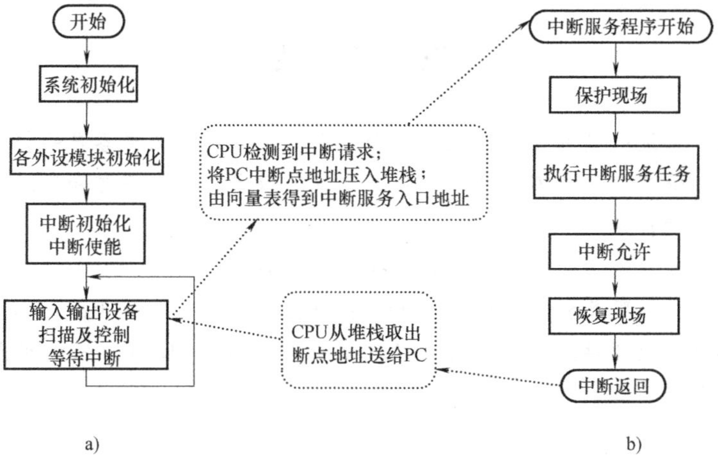

图 14.5.3　MCU 主程序和中断服务程序流程图框架

a）MCU 主程序流程图框架　b）MCU 中断服务程序流程图框架

性的流程框架。实际画流程图时，要根据具体的软件任务，细化流程中内容。例如，图中的“系统初始化”，可以具体为“CPU 时钟配置为 150MHz”“关闭看门狗”等系统上电后有关模块的初始化，所有模块具体化后就不再是框架而是真正的流程图了。流程图的目的之一是要让自己和读者看懂程序具体做了什么。图 14.5.3b 是汇编语言的中断服务程序流程图框架，对于 C 语言的中断响应，编译器会自动增加“保护现场”“恢复现场”“中断返回”等指令，具体“保护”什么寄存器，不同编译器、不同的 MCU 当然会有所不同。流程图是用户程序代码的框图形式，因此，这些内容在 C 语言中断服务流程图中一般没有，只需要直接写出具体的“中断服务任务”，如“读取 ADC 结果”“定时器清零”等。

14.6 MCU 的集成开发环境

在完成 MCU 的硬件系统设计的同时，其软件开发一般在一个集成开发环境下进行。集成开发环境（Integrated Development Environment，IDE）一般包括代码编辑器、文档管理器、编译器、调试器、图形用户界面等工具，即是集成了程序代码编写、分析、编译、代码生成、程序调试（debug）、执行等功能于一体的软件开发工具。所有具备这一特性的软件或者软件套（组）都可以叫作 IDE，如微软的 Visual Studio 系列、Borland 的 C++ Builder、Delphi 系列等。近几年来，出现了 Eclipse 和 NetBeans 这类开放源代码的 IDE。IDE 程序可以独立运行，也可以和其他程序并用。

IDE 的目的是让开发更加快捷方便，通过提供工具和各种性能来帮助开发者组织资源，减少失误，提供捷径。当一组程序员使用同一个开发环境时，就建立了统一的工作标准，便于不同团队之间分享代码库。当然，要熟练使用 IDE 就需要一定的时间和耐心。

由于机器语言和汇编语言是面向机器的，即不同 MCU 的底层语言是不同的。因此，IDE 中编译器、链接器等工具也是要面向机器的，所以，不同 MCU 厂家都有对应的 IDE。例如，开发 Intel 单片机的 Keil，STM32 常用的开发工具是 Keil MDK 和 IAR EWARM，TI DSP 和 MCU 的开发工具是 CCS 等。各种 IDE 的功能大同小异，熟悉一种 IDE，其他软件的大多数内容都类似。

思 考 题

14.1 软件系统一般可分为系统软件和应用软件，说明两者各自的特点。

14.2 编程语言有三个不同层次，分别为机器语言、汇编语言和高级语言。简述三种编程语言各自的优缺点？

14.3 简述程序流程图的好处及画流程图的步骤？

14.4 简述中断服务程序流程图为什么要与主程序流程图分开画？

14.5 各大型处理器厂家都有自己的集成开发环境（IDE），分别列出几种不同处理器对应的 IDE 是什么。

第15章 8051微控制器

任何微控制器（MCU）的开发应用一般都包含硬件和软件两方面，只需要熟悉一种 MCU 的硬件设计，因为硬件开发技能是可以移植到其他任何 MCU 的硬件设计中的；而且很多 IC 厂家都会提供 MCU 的硬件最小系统原理图，不需要了解 MCU 的内部结构、指令系统等细节内容就可以设计其硬件系统。硬件设计人员根据电子技术知识、器件手册等就可以制作硬件电路了，如果有 MCU 或 PLD 硬件系统的设计经验，会发现硬件的设计技能是类似的。8051 MCU 因其结构简单、价格低廉、设计开发方便，长期受到用户的青睐。因此，本书以 8051 为例来熟悉 MCU 的开发。13.3.5 节给出了 MCS-51 系列 MCU 最小系统电路原理框图，在此不再赘述。与 MCU 硬件电路设计相比，进行软件开发时需要通过查找器件手册来搞清楚 MCU 的结构、复位状态、存储器配置、总线、程序引导过程、中断等细节内容，还需要熟悉集成开发工具的使用，训练编程和调试技能；如果采用汇编语言编程，还需要熟悉 MCU 的寻址方式和指令系统。

15.1 8051 MCU 结构框图及总线

制造厂家会因为用户需求或者应用领域的不同而生产一系列功能类似的 MCU ，同一系列的 MCU 的 CPU 和指令系统相同，仅存储器类型及容量大小不同，或者片内外设不同。例如，Intel MCS-51 系列的 8031 MCU 片内无 ROM，8051 MCU 片内是 4K×8 位 ROM，而 8751 MCU 则是 4K×8 位 EPROM，其他部分结构一致。8051 MCU 结构框图如图 15.1.1 所示，包含 CPU（含控制模块）、128B RAM 和 4KB ROM、串行通信接口、2 个计数器、4 个 8 位并行 I/O 锁存/驱动器端口 P0～P3，还有振荡器（Oscillator，OSC）和中断控制。

8051 MCU 采用双列直插封装，共 40 个引脚。P0、P1、P2 和 P3 都是多功能复用端口，一方面都可以作为 I/O（输入/输出）端口，作为输入时有缓冲，输出时有锁存。另一方面，在访问 8051 MCU 外部扩展存储器时，P0 和 P2 端口可以用于构成 MCU 外部地址/数据总

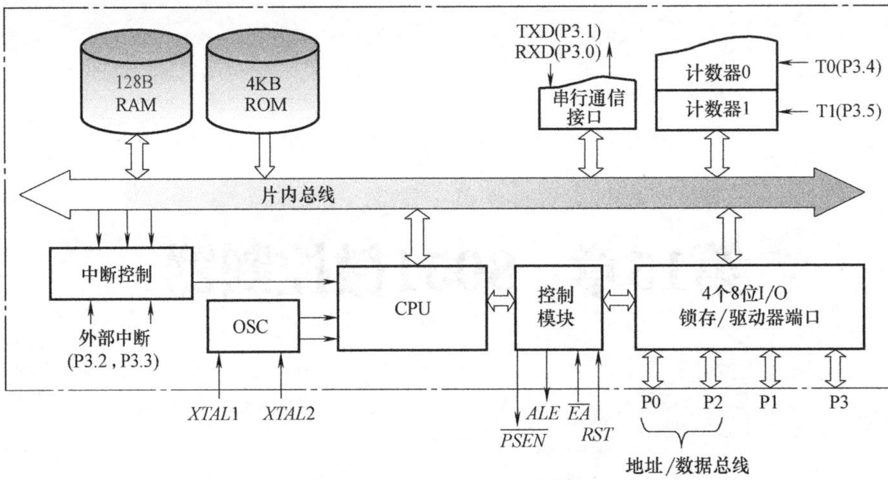

图 15.1.1 8051 MCU 结构框图

线，如图 13.3.4 所示，P0 端口作为低 8 位地址（$A_0 \sim A_7$）和数据（$D_0 \sim D_7$）的复用总线（也常记为 $AD_0 \sim AD_7$），CPU 产生的访问时序会自动在地址有效时提供 *ALE* 信号，用于外接的锁存器锁存 P0 端口提供低 8 位地址，P2 端口输出高 8 位地址（$A_8 \sim A_{15}$）。P3 端口又可作为串行通信、计数器、外部中断、读写控制信号复用端口。振荡器（OSC）是内部振荡电路，当它外接石英晶振和频率微调电容时可以产生内部矩形时钟脉冲信号，其频率是 MCU 的重要性能指标之一。

MCU（包括 8051 MCU）中一般有 3 类信息在流动：一类是数据（8051 是 8 位宽度，不同 MCU 不同），即各种原始数据、中间结果和程序（命令的集合）等；第二类信息称为控制命令，根据程序译码产生相应的控制信号，控制存储器或外设的读和写等；第三类信息是地址信息，其作用是告诉运算器和控制器在何处去取命令或数据，将结果存放到什么地方，或者通过哪个端口输入或输出信息等。图 15.1.1 中的 MCU 片内总线（即内部总线）就包含这三种信息，根据传送数据性质的不同，一套总线一般都包括地址总线（AB）、数据总线（DB）和控制总线（CB）三部分。片内总线是一套将 8051 MCU 内部资源连接起来的纽带，而且都是并行总线，CPU、ROM、RAM、I/O 端口、串行通信接口、计数器、中断系统等分布在总线的两旁并和它连通。一切指令、数据都可经内部总线传送。MCU 上电工作时，读入并分析每条指令，根据各指令的功能控制 MCU 的各功能部件执行指定的运算或操作。

MCU 与片外接口或存储器的联系也有一套总线，多数 MCU 片外总线是并行的，目前串行总线的 MCU 也越来越多。

15.2 8051 MCU 的 CPU 结构和寄存器介绍

MCU 的结构框架基本都包含运算器和控制器两个主要部分，但不同控制器的细节内容不同，关注 MCU 的 CPU 结构可以了解其主要性能。对于软件设计人员来说，需要清楚一些关键寄存器在上电复位或热复位后的值是什么，如程序计数器、堆栈指针等。

8051 MCU 的 CPU 由运算器和控制器构成，如图 15.2.1 所示。运算器由算术逻辑单元（ALU）、累加器（ACC）、寄存器 B、2 个暂存器和程序状态字（PSW）组成。算术逻辑单元（ALU）是 CPU 的核心，不仅可以对 8 位二进制信息进行逻辑运算和算术运算，还具有位操作功能，即它可以对位进行置位、清零、逻辑与和逻辑或等操作。两个暂存器用于暂存参与 ALU 运算的两个操作数。累加器是 ALU 使用最为频繁的一个寄存器，记为 A 或 ACC。PSW 是反映程序运行状态的一个寄存器，查看其内容可以使用户了解程序的运行结果，各位含义如图 15.2.2 所示。

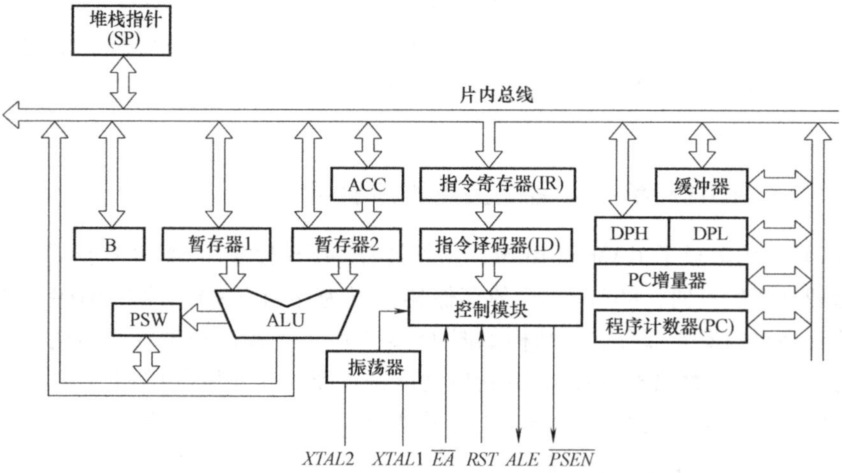

图 15.2.1 8051 MCU 的 CPU 结构图

PSW7	PSW6	PSW5	PSW4	PSW3	PSW2	PSW1	PSW0
CY	AC	F0	RS1	RS0	OV	—	P
进位标志位	辅助进位标志位	用户标志位	寄存器选择位		溢出标志位		奇偶标志位

图 15.2.2 PSW 各位含义

注：1. P：奇偶标志位。当累加器 A 中 1 的个数为偶数时，P 为 0；为奇数时，P 为 1。

2. OV：溢出标志位。当运算结果超出带符号数的范围时，OV 为 1；否则 OV 为 0。

3. RS0、RS1：工作寄存器选择位，见片内 RAM 工作寄存器区。

4. F0：由用户软件可以设定该位，通过软件判断该位可以控制程序的走向。

5. AC：辅助进位标志位。当 D3 向 D4 无进位/借位时，AC 为 0；否则，AC 为 1。

6. CY：进位标志位。当最高位无进位/借位时，CY 为 0；否则，CY 为 1。

控制器由指令寄存器（IR）、指令译码器（ID）、程序计数器（PC）、数据指针（DPTR，高 8 位记为 DPH，低 8 位为 DPL）、堆栈指针（SP）、控制模块等组成。当执行一条指令时，先要把它从程序存储器取到指令寄存器中，然后将指令操作码送往指令译码器，最终译码形成相应指令的微操作信号。控制模块是控制器的核心部件，它的任务是控制取指令、执行指令、存取操作数或运算结果等操作，向其他部件发出各种微操作控制信号，协调各部件操作。8051 MCU 的程序计数器（PC）是一个 16 位二进制的程序地址寄存器，它的主要特点是：

1）存放下一条要执行的指令在程序存储器中所处的 16 位地址。

2）每当取完一条指令后，在 PC 增量器作用下，PC 内容自动增加，指向下一条要执行的指令地址。但在执行转移、子程序调用、返回、中断响应等指令时能自动改变其内容，以改变程序的执行顺序。

3）MCU 复位后，PC=0000H，意味着用户程序要从 0000H 地址开始存放。

4）程序计数器（PC）本身是不可寻址的，即用户无法对其进行读写。

15.3 8051 MCU 存储器的地址空间配置

8051 MCU 的存储器与台式 PC 的存储器配置不同。PC 的程序存储器和数据存储器安排在同一内存空间的不同范围，称为冯·诺依曼结构（也称为普林斯顿结构）；而 8051 MCU 的存储器在物理上有程序存储器和数据存储器两个独立的空间，这种结构称为哈佛结构。

15.3.1 8051 MCU 存储器配置及上电程序引导

8051 MCU 片内集成了 RAM 和 ROM，片外具有 64KB 程序和 64KB 数据寻址空间。

按照物理空间的不同，8051 MCU 的存储器可分为片内 RAM、片内 ROM、片外数据存储器和片外程序存储器 4 部分。其结构如图 15.3.1 所示，按照逻辑空间不同，可分为 3 个空间：片内 128B 数据存储器以及 128B 特殊功能寄存器，片外最多 64KB 数据存储器和片内 4KB ROM 以及片外 64KB 程序存储器。由于片内和片外的程序存储器地址编排是连续统一的，因而在逻辑上把它作为一个空间。

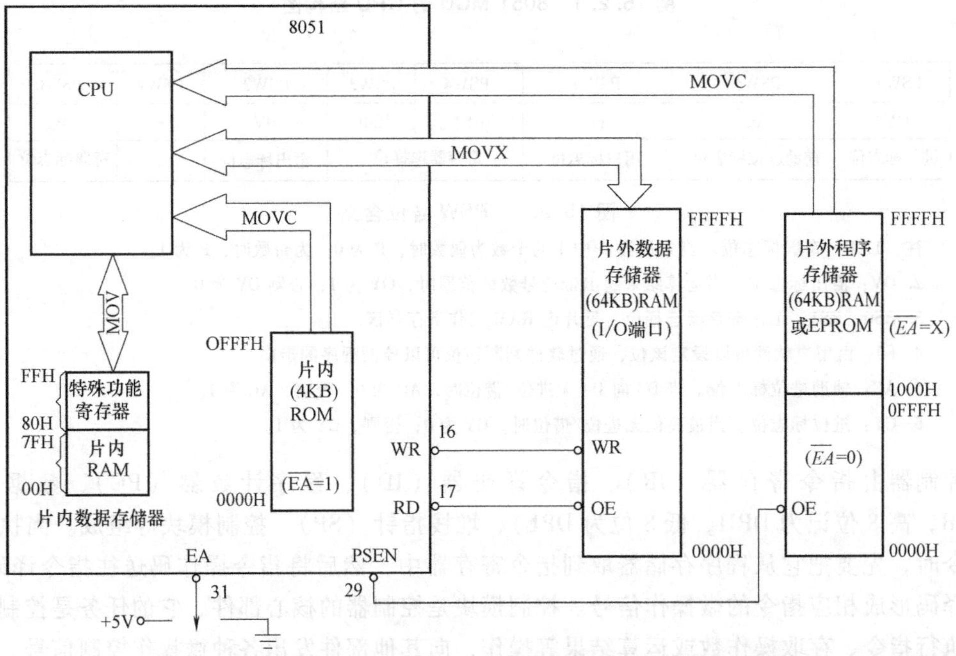

图 15.3.1 8051 MCU 存储器配置结构及连线图（存储器的地址与数据引脚依次与 AB 和 DB 连接）

由图 15.3.1 可见，8051 MCU 存储器配置采用的是哈佛结构，程序和数据存储空间各自独立，地址空间都是 0000H~FFFFH，64KB。访问时由控制引脚 RD、WR 和 PSEN 区分，引脚旁的小圆圈代表信号为低电平有效，即 CPU 根据指令产生的有效控制信号来确定访问外部哪个物理存储空间。例如，要写一个字节的数据到片外数据存储器的 1000H 单元，CPU 在执行该指令时，会在 WR 引脚输出低有效的信号。

由图 15.3.1 可见，数据存储器和 I/O 端口是统一编址的，即 I/O 端口地址与数据存储单元地址共同使用 0000H～FFFFH（64KB）空间。两者的访问指令完全相同。

MCU 的 CPU 上电后对程序的引导一般都需要与 MCU 芯片的一些引脚电平高低相配合，8051 MCU 上电程序引导与图 15.3.1 中 EA 引脚有关（图中的 16、17、29、31 是相应信号的引脚封装编号）。8051 MCU 上电或复位后，PC＝0000H，读取片内还是片外程序是由 EA（External address）引脚所接电平确定。当 EA 引脚接地时，外部地址有效，一般将该引脚信号用 $\overline{EA}$ 表示，即 $\overline{EA}=0$，CPU 从外部程序存储器的 0000H 单元开始读程序。当 $\overline{EA}=1$ 时，从片内 4KB ROM 的 0000H 单元开始读程序，如果程序超过 4KB（即地址超过 0FFFH），则超过部分的程序代码需要事先存储在片外 1000H 开始的程序存储器中。读取 4KB 以上程序代码时，CPU 会自动从外部 1000H～FFFFH 程序存储器中读取程序，无论 $\overline{EA}$ 为 0 还是 1。8051 MCU 访问片外程序存储器，CPU 控制模块就会自动产生低有效的 $\overline{PSEN}$ 信号、地址信号以及相关的时序，在这种情况下，$\overline{PSEN}$ 要与片外程序存储器芯片的输出使能引脚（OE）连接。对于片内没有 ROM 的 8031 MCU，程序只能存储在片外 0000H 开始的程序存储器中，$\overline{EA}$ 必须始终接地。8051 MCU 通过访问 3 个存储空间的指令助记符 MOV（访问片内数据存储器）、MOVX（访问片外数据存储器）和 MOVC（访问程序存储器）产生不同的控制信号来区分访问的是哪一个空间。访问片外数据存储器时，CPU 根据 MOVX 产生对应的 $\overline{RD}$ 或 $\overline{WR}$ 控制信号读或写存储器（或 I/O）数据，$\overline{RD}$ 和 $\overline{WR}$ 连接到片外数据存储器的 OE 和 WR 端。

当外部扩展数据或程序存储器时，必须使用图 13.3.4 中的方法，分离 P0 端口的数据和地址总线，锁存地址低 8 位，构成低 8 位地址总线。将地址总线和数据总线由低到高依次连接外扩存储器的地址和数据引脚，控制总线按图 15.3.1 所示接法即可。图中没有处理数据和程序存储器的片选信号，它们可以始终有效，或者根据实际情况用线选法或者地址译码使其有效。

15.3.2　片内 RAM 和特殊功能寄存器及复位初值

8051 MCU 对 I/O 端口采用的是统一编址方式。片内地址 00H～7FH 的 128B RAM 用于暂存数据和运算的中间结果。地址 80H～FFH 分配给 P0～P3 端口、定时器、中断、串行通信接口等片内外设端口，用于访问片内外设。

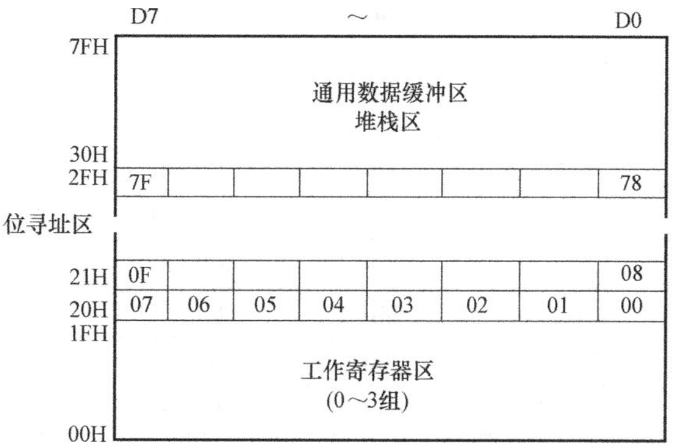

图 15.3.2　8051 MCU 片内 RAM

片内的 128B RAM 可分成 3 部分：00H～1FH 是工作寄存器区；20H～2FH 是位寻址区；30H～7FH 是通用数据缓冲区及堆栈区，如图 15.3.2 所示。00H～

1FH 共 32B 可分为 4 组工作寄存器区，每组 8 个工作寄存器，分别记为 R0~R7，由状态寄存器（PSW）的 RS1、RS0 区分 4 组寄存器，RS1、RS0 取值 00 对应 0 组，寄存器地址为 00~07H，依此类推。20H~2FH 的 16 个单元可进行共 128bit 的位寻址（操作数是字节中的一位），每一位都有自己的地址，20H 单元最低位到 2FH 的最高位位地址依次为 00~7FH。当然，也可以对这 16 个单元进行字节寻址。

30H~7FH 是通用数据缓冲区及堆栈区。MCS-51 系列单片机的堆栈指针（SP）是 8 位寄存器，复位时，SP=07H。MCS-51 系列单片机的堆栈是向上增长型（堆栈存放数据时 SP 是先加 1 后存数，向地址增大的方向生成堆栈），设置 SP 初值时要考虑其存储数据的深度，由于堆栈的占用会减少内部 RAM 的可利用单元，如果设置不当，可能引起堆栈与 RAM 数据冲突或者溢出（超出堆栈允许地址范围）。多数 CPU 堆栈溢出是不会预警的。8051 MCU 堆栈的开辟要处理好如下因素：工作寄存器使用组数、中断及子程序嵌套深度、位单元与字节单元数量、利用堆栈保护的数据数量等。一般在程序初始化时将 SP 设置在 30H~7FH 区域。

80H~FFH 分配给 P0~P3 端口、定时器、中断、串行通信接口等片内外设端口或寄存器。表 15.3.1 是 8051 MCU 内部特殊功能寄存器的地址分配及复位初值。CPU 通过访问这些特殊功能寄存器可以方便地确定片内外设的工作方式并进行联络。

表 15.3.1 特殊功能寄存器地址分配及复位初值

寄存器符号	地址	可寻址的位地址	复位后的值	功能描述
P0	80H	80H~87H	0FFH	P0 端口
SP	81H		07H	堆栈指针
DPL	82H		00H	数据指针 DPTR 低字节
DPH	83H		00H	DPTR 高字节
PCON	87H		00H	波特率及低功耗控制寄存器
TCON	88H	88H~8FH	00H	定时器/计数器控制寄存器
TMOD	89H		00H	定时器/计数器工作方式寄存器
TL0	8AH		00H	定时器/计数器 T0 低字节
TL1	8BH		00H	定时器/计数器 T1 低字节
TH0	8CH		00H	定时器/计数器 T0 高字节
TH1	8DH		00H	定时器/计数器 T1 高字节
P1	90H	90H~97H	0FFH	P1 端口
SCON	98H	98H~9FH	00H	串口控制寄存器
SBUF	99H		××H	串口数据缓冲器
P2	A0H	A0H~A7H	0FFH	P2 端口
IE	A8H	A8H~AFH	0××00000B	中断使能寄存器
P3	B0H	B0H~B7H	0FFH	P3 端口
IP	B8H	B8H~BFH	×××00000B	中断优先级寄存器
PSW	D0H	D0H~ D7H	00H	程序状态字寄存器
ACC	E0H	E0H~ E7H	00H	累加器
B	F0H	F0H~ F7H	00H	B 寄存器(乘除运算)

表 15.3.1 中的数据指针（DPTR）和程序计数器（PC）有许多类似的地方，两者都是与地址有关的 16 位寄存器。其中，PC 存放程序存储器的地址，而 DPTR 与数据存储器的地址有关，可访问片外的 64KB 范围 RAM；DPTR 可以用传送指令访问，不做地址使用时，DPTR 可以当作 16 位寄存器或两个 8 位寄存器使用，而 PC 是用户不能访问的。

15.4 8051 MCU 汇编语言指令集

汇编语言是面向机器的，即不同处理器制造厂家的不同系列处理器都有各自的汇编助记符、语法结构以及寻址方式，同一处理器制造厂家的不同系列处理器的汇编语言及寻址方式也可能不同，导致汇编语言程序的可读性和可移植性差。但由于汇编语言与硬件的对应关系比较直接、程序容易理解、代码效益高等诸多优点，采用 C 语言和汇编语言的混合编程的应用也比较广泛。8051 MCU 是使用比较久、比较简单的一款 MCU，在此通过总结其汇编指令让大家对该指令有所了解。8051 MCU 是 CISC 结构的 MCU。

15.4.1 寻址方式

寻址方式是指获得指令操作数的方式。CPU 一般都有多种寻址方式，寻址方式越多，对应的指令系统就越复杂。8051 MCU 的 CPU 有 7 种寻址方式：立即寻址、直接寻址、寄存器寻址、寄存器间接寻址、变址寻址、相对寻址和位寻址。

其实，指令中的每个操作数都有各自对应的寻址方式，下面介绍的几种寻址方式都是指“源操作数”的寻址方式。

1）立即寻址：指令中直接给出操作数，操作数前面必须加“#”。

```
MOV   A, #80H              ; A←80H
MOV   DPTR, #1000H         ; DPTR←1000H
```

2）直接寻址：指令中直接给出操作数的地址。

```
MOV   A, 50H     ; A←(50H), 将片内 RAM 的 50H 单元的内容送给 A
```

8051 MCU 直接寻址的空间有：SFR 存储空间（只能使用直接寻址），内部数据 RAM 的 00~7FH 空间，248 个（00H~0F7H）位地址空间。

3）寄存器寻址：通用寄存器 A、B、DPTR、R0~R7 的内容是操作数。

```
MOV   A, R6      ; A←(R6), 将 R6 的内容送 A
```

4）寄存器间接寻址：寄存器中的内容是操作数的地址。能够用于寄存器间接寻址的寄存器有 R0、R1、DPTR，指令中寄存器名前加“@”表示间接寻址。寄存器间接寻址可以访问片内 RAM 和外部数据 RAM。对外部数据 RAM 寻址指令采用 MOVX，对内部数据 RAM 寻址采用 MOV。

```
MOV    A, @R0        ; A←((R0)), 将片内 R0 所指单元的内容送给 A
MOVX   A, @R1        ; 使用 P2 端口提供高 8 位地址
MOVX   A, @DPTR      ; A←((DPTR))
```

5）变址寻址：以基址寄存器 PC 或者 DPTR 的内容与变址寄存器 A 中的内容之和作为操作数的地址，变址寻址只能对程序存储器中的数据进行寻址，指令助记符为 MOVC。

```
MOVC   A, @A+DPTR       ; A←((DPTR+A))
```

MOVC　A, @A+PC　　；是单字节指令 PC←(PC)+1，A←((PC+A))

6) 相对寻址：是以 PC 内容为基础，加上指令中给出的 1 字节补码偏移量形成新的 PC 值的一种寻址方式。例如：

JZ　JPADD1　　；累加器 A 为零时跳转到以 JPADD1 为标号的那条语句

要注意的是：JZ 指令机器代码是 2 个字节，执行该指令时 PC 已经指向下一条指令，假设 JZ 代码存储在程序存储器的 1000H 和 1001H 单元，执行该条指令时 PC 值已经是 1002H 了，JPADD1 标号相对于当前 PC 值 1002H 位置就不能超过一个字节的补码范围（-128~127)，即向高地址跳转不允许超过 127 个单元，向低地址跳转不允许超过 128 个单元。

7) 位寻址：以位地址中的内容为操作数。

MOV　C, 20H　　；将位地址 20H 中的内容送给位累加器 A

15.4.2　汇编指令

8051 MCU 共有 111 条汇编指令，指令的机器代码有单字节、双字节和三字节。其中，单字节指令有 49 条，双字节指令有 46 条，三字节指令有 16 条。按照指令花费的机器周期可分为：单机器周期 64 条，双机器周期 45 条，4 机器周期 2 条（乘法和除法）。指令按功能可分为：数据传送类（29 条）、算术运算类（24 条）、逻辑运算类（24 条）、控制转移类（17 条）、位操作类（17 条）。详细汇编指令语法请扫二维码链 15-1，指令语法中用到的符号含义见表 15.4.1。

链 15-1　8051 MCU 的汇编指令

表 15.4.1　指令用到的符号说明

符号	含义
Rn	代表寄存器 R0~R7, $n=0\sim7$
direct	直接地址，可以是 SFR 存储空间，内部数据 RAM 的 00~7FH 空间以及 221 个位地址空间
@ Ri	寄存器间接寻址，$i=0\sim1$，即可用间接寻址寄存器 R0 或 R1，可访问内部数据 RAM 的 00~7FH 空间
#data	8 位常数或立即数
#data16	16 位常数或立即数
addr16	16 位目标地址，使用于 LCALL、LJMP 等指令
addr11	11 位目标地址，使用于 ACALL、AJMP 等指令
rel	rel 表示指令是相对转移，rel 翻译成机器代码是一个带符号的 8 位补码数。转移指令的转移目标地址=转移指令所在存储单元地址+该指令的机器代码字节数+rel。如果是手工汇编，就需要人工计算 rel 量，很麻烦，现在完全可以借助汇编器完成。因此，在编写包含 rel 的转移指令时，在目标地址指令前加一标号，rel 直接用标号替代即可。使用于 SJMP、DJNZ、CJNE 等相对跳转指令中
bit	位地址。内部数据 RAM 的 20H~2FH，特殊功能寄存器的直接地址位
←	在注释中使用，表示以右边的内容替代左边的内容，或者将右边值送给左边
(X)	表示操作数是 X 的内容
((X))	表示操作数是 X 的内容所指的存储单元的值

15.5 8051 MCU 中断系统及汇编语言编程举例

8051 MCU 共有 5 个中断源：2 个外部中断 INT0（P3.2）和 INT1（P3.3），2 个内部计数器/定时器 T0 和 T1 溢出中断，1 个内部串行通信接口发送和接收中断。这些中断源都是可屏蔽中断，可以通过软件屏蔽。

在 MCS-51 中断系统中，中断的允许或禁止是由片内可进行位寻址的 8 位中断允许寄存器（IE）来控制的，IE 格式如下（上电复位后为 0××00000B）：

D_7	D_6	D_5	D_4	D_3	D_2	D_1	D_0
EA	×	×	ES	ET1	EX1	ET0	EX0

其中，EA 是中断总使能位，EA=0，中断被禁止，一般 MCU 上电后禁止可屏蔽中断；ES 是串行通信接口中断允许位；ET1 和 ET0 分别是 T1 和 T0 溢出中断允许位；EX1 和 EX0 是外部中断 INT1 和 INT0 中断允许位；各标志位为 1 时允许中断。

MCU 出厂后，中断源的优先级有固定和可以通过软件设置两种方式。8051 MCU 可以软件设计，但只有两级。开机复位后，每个中断源都处于低优先级，8051 MCU 硬件决定了中断源在同一级的情况下，优先级由高到低的顺序是：INT0、T0、INT1、T1、串行通信接口，即 INT0 的优先级最高。

中断优先级是由中断优先级寄存器（IP）来设置，IP 中某位设为 1，相应的中断就是高优先级，否则就是低优先级，IP 格式如下（上电复位后为×××00000B）：

D_7	D_6	D_5	D_4	D_3	D_2	D_1	D_0
×	×	×	PS	PT1	PX1	PT0	PX0

8051 MCU 的中断向量表如下（即各中断源对应中断服务程序入口地址）：

上电复位：0000H，外部中断 INT0：0003H

计数器/定时器 T0：000BH，外部中断 INT1：0013H

计数器/定时器 T1：001BH，串行通信接口：0023H

几乎所有 MCU 的上电复位都可以看作优先级最高的中断源，上电复位后程序的入口地址由 PC 确定，软件开发人员必须熟悉所用处理器上电后的 PC 值是什么。8051 MCU 上电后 PC 值为 0000H。8051 MCU 的中断向量采用的是跳转指令方式（而非直接存储中断服务程序入口地址），在 0000H 开始的 3 个存储单元中存储一条跳转指令的 3 个字节代码，将程序引导至主程序。

8051 MCU 各中断源的中断向量表都留有 8 个字节（如 INT0 的 0003H~000AH）给中断源，由于采用的是跳转指令方式，程序将跳转到对应的中断服务程序的入口，执行中断服务。如果中断服务程序代码不超过 8B，也可以将代码直接存储在对应的中断向量表中，但一般不这么做。一般在程序存储器的关键地方（程序引导区，跳转指令、中断和子程序前后等）会存放一些 NOP 指令来提高软件的抗干扰能力。

8051 MCU 会在执行每条指令时去检测是否有中断，如果有中断且允许中断，CPU 首先将断点地址，即当前指令的下一条指令的地址送入堆栈，方便中断返回后继续执行程序指令；然后根据中断标志位（每个中断请求都有一个对应标志位）及优先级，将相应的中断入口地址送入 PC，CPU 根据 PC 值取指令，如果中断服务程序代码超过 8B，一般在入口处安排一个 LJMP 指令，转至用户服务程序入口即可。

目前的软件设计人员多数使用高级语言进行编程，用汇编语言编程的很少，但是汇编语言与硬件的联系紧密，概念相对清楚，在此以汇编语言举例来说明 8051 MCU 的编程框架。由于 20 世纪 80 年代使用汇编语言编程时，必须人工将汇编程序翻译为对应的机器语言，因此，软件设计者必须熟悉每条汇编指令的机器代码。目前，由于汇编器强大的翻译功能，已无须软件设计人员了解每个处理器的机器代码规则。下面为了说明程序代码的存储问题，直接标注出汇编程序对应的机器代码。

假设允许外部中断 INT0 中断，一般 8051 MCU 的向量表及程序框架按如下方式处理：

```
机器代码              源程序                 注释
               ORG        0000H
02 10 00       LJMP       START          ；跳转至 START 标号开始的主程序
               ORG        0003H
02 20 00       LJMP       INT0           ；CPU 自动将主程序断点地址压入堆栈并将
                                         ；0003H 送给 PC，到 0003H 执行该跳转指
                                         ；令，跳转到标号 INT0 开始的中断服务程序
               ORG        1000H
74 00     START：MOV      A，#00H        ；用到的资源进行初始化
                 ……                      ；初始化之后开启中断等
                 MOV      IE，#81H       ；允许 EX0 和 EA 中断
                 ……
                 MAIN：      ……          ；踏步循环中一般处理事务性工作及等待中断
                 AJMP     MAIN           ；主程序踏步循环
                 ORG      2000H
90 21 00  INT0： MOV      DPTR，#2100H
                 ……
32               RETI                    ；CPU 自动将堆栈中保存的断点地址送回 PC
```

上述程序经过汇编器和链接器后生成的可执行代码存储在程序存储器后的内容如图 15.5.1 所示，由 0000H 开始的程序存储单元依次存储上述程序的机器代码 02 10 00 02 20 00，程序存储器出厂后其内容一般都是 FFH，因此，没被程序覆盖的内容没有改变，仍然为 FF。由于上述程序将主程序放在 1000H 开始的存储单元，由图 15.5.1 可见，主程序第一条指令的机器代码 74 00 已经存储在 1000H 开始的两个单元中。

```
程序存储器地址    目标文件写入程序存储器
0000H      02  10  00  02  20  00  FF  FF
           FF  FF  FF  FF  FF  FF  FF  FF
                         ⋮
1000H      74  00  依次存放其他主程序代码
               直至AJMP代码结束

           FF  FF  FF  FF  FF  FF  FF  FF
2000H      90  21  00  依次存放其他中断服务
           程序代码直到中断返回码32结束
           FF  FF  FF  FF  FF  FF  FF  FF
                         ⋮
```

图 15.5.1　例程代码存储的示意图

15.6　8051 MCU 的 GPIO 结构

8051 MCU 有 P0、P1、P2 和 P3 共 4 个 8 位 I/O 端口，共 32 个 GPIO 引脚，其结构和功能各不相同。如图 15.6.1 所示是 4 个 I/O 端口其中一个引脚的内部电路工作原理图，图中 x 代表每个 8 位端口的 0~7 结构是一样的。本书中介绍的结构图一般来源于厂家器件手册中对原理的介绍，使用者学习的目的在于搞清楚原理之后能够正确使用器件。

15.6.1　8051 MCU 的 P0 端口

P0 端口的字节地址为 80H，位地址为 80H~87H。P0 端口的某一位电路包括：1 个数据输出 D 锁存器，用于进行数据位输出时的锁存；2 个三态输入缓冲器，分别用于锁存器数据和引脚数据的输入缓冲；1 个多路选择器 MUX，用来设置 P0 端口是用作地址/数据还是 I/O 端口；还包括由两只场效应晶体管组成的数据输出驱动和控制电路。

图 15.6.1 中 P0 端口结构，当 CPU 使控制 $C=0$ 时，MUX 向下，P0 端口为通用 I/O 端口；当 $C=1$ 时，MUX 向上接反相器输出，端口分时为地址/数据总线使用。

当 8051 MCU 组成的系统无外扩存储器，CPU 对片内存储器和 I/O 端口读写时，执行访问 CPU 片内存储器的 MOV 指令，或 $\overline{EA}=1$（即访问片内程序存储器）的条件下执行 MOVC 指令，CPU 硬件自动使控制 $C=0$，MUX 开关向下，将锁存器的输出 $\overline{Q}$ 端与输出级 VT_2 接通；同时，因与门输出为 0，输出级中的上拉场效应晶体管 VT_1 处于截止状态，因此，输出级是漏极开路电路，这时 P0 端口可作一般 I/O 端口用。当 P0 端口用作输出口时，漏极开路方式需要外接上拉电阻才能输出高电平。当 CPU 执行输出指令时，输出数据加在锁存器 D 端，$\overline{Q}=\overline{D}$，若 D 端数据为 0，则 $\overline{Q}$ 为 1，场效应晶体管 VT_2 导通，输出 0；若

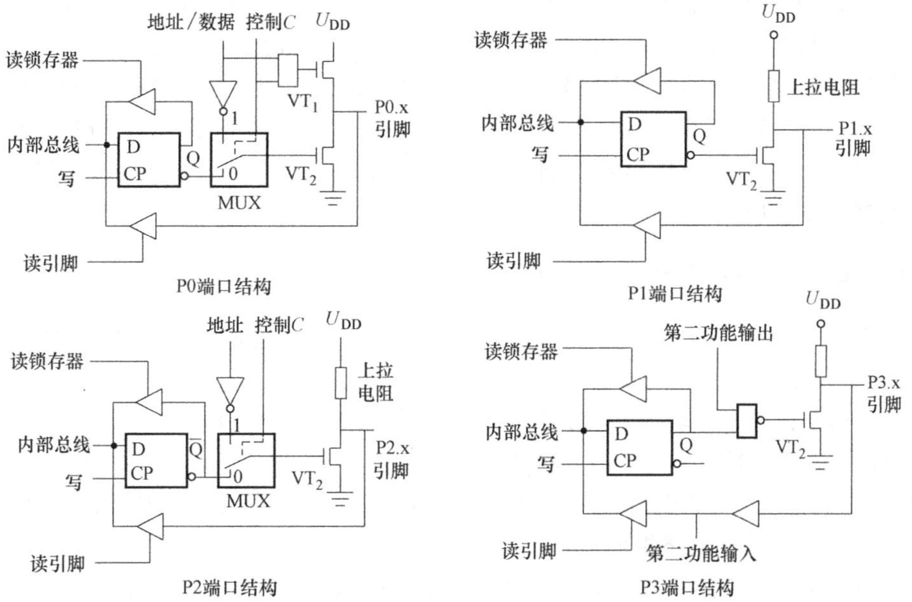

图 15.6.1　8051 MCU 的 4 个 I/O 端口其中一位引脚内部电路图

D=1，VT_2 截止，输出被上拉电阻拉成高电平，这样数据总线上的信号 D 被准确地送到引脚上。

当 P0 端口用作输入口时，“读引脚”脉冲把对应的三态输入缓冲器打开，引脚的数据经过缓冲器读入到内部总线。这类操作由数据传送指令实现，在读入引脚数据时，由于输出驱动场效应晶体管 VT_2 并接在引脚上，如果 VT_2 导通就会将输入的高电平拉成低电平，以至于产生误读。所以，在进行引脚输入操作前，应先向端口锁存器写入“1”，使 VT_2 截止，引脚处于悬浮状态，可作高阻抗输入。

P0 端口还可以“读锁存器”，这种方式并不从外部引脚读入数据，而是把端口锁存器的内容读入到内部总线。CPU 将根据不同的指令分别发出读锁存器或读引脚信号以完成不同的操作。例如，执行一条 ANL P0，A，指令的过程是：读 P0 端口 D 锁存器中的数据，使“读锁存器”信号有效，三态输入缓冲器导通，Q 端的数据和累加器 A 中的数据进行“逻辑与”操作，结果送回 P0 端口锁存器。凡是这种属于读-修改-写方式的指令，都是读锁存器。读锁存器可以避免因外部电路的原因而使原端口的状态被读错。例如，某 P0 端口驱动一个晶体管的基极，若端口输出逻辑 1，使晶体管发射结导通导致基极电压为 0.7V，若此时读该 P0 端口引脚数据，则是低电平，显然与之前输出的逻辑 1 不一致。

当 8051 MCU 外扩存储器，CPU 对片外存储器读写，即执行 MOVX 指令，或在 $\overline{EA}=0$ 的条件下执行 MOVC 指令时，CPU 翻译完相关访问指令后自动使控制 $C=1$，MUX 开关拨向反相器输出端。此时，P0 端口作为地址/数据总线使用，即低 8 位地址和 8 位数据分时使用 P0 端口，当地址或数据为 1 时，VT_1 管子导通、VT_2 截止，输出 1；当地址或数据为 0 时，VT_1 截止、VT_2 导通，输出 0。可见，在输出“地址/数据”信息时，输出是由 VT_1 和 VT_2 两个 NMOS 管组成的推拉式结构，带负载能力很强，可以驱动约 8 个 LSTTL 门，一般直接与外设或存储器相连，无须增加总线驱动器。P0 端口作为地址/数据总线使用时，又分为两种情况：一种是由 P0 端口引脚输出低 8 位地址或数据信息；另一种是由 P0 端口输入数据，这种情况下，CPU 时序自动使控制 $C=0$，使 VT_1 管截止，多路开关 MUX 也转向锁存器反相输出端，CPU 自动将 0FFH 写入 P0 端口锁存器，使 VT_2 管截止，在读引脚信号控制下，通过读引脚三态门电路将指令码或数据读到内部总线。由此可见，一旦 P0 端口作为地址/数据总线使用，在读指令码或输入数据前，CPU 自动向 P0 端口锁存器写入 0FFH，破坏了 P0 端口原来的状态，因此，不能再作为通用的 I/O 端口。一般情况下，P0 端口都是作为低 8 位地址/数据总线使用。

15.6.2 8051 MCU 的 P1、P2 和 P3 端口

如图 15.6.1 所示，P1 端口由 1 个输出 D 锁存器、2 个三态输入缓冲器和输出驱动电路组成，驱动电路包含 VT_2 和内部上拉电阻。

P1 端口通常作为 I/O 端口使用，作为输出时无须外接上拉电阻；当 P1 端口作为输入时，必须先向 D 锁存器写 1 使 VT_2 管截止。

如图 15.6.1 所示，P2 端口由 1 个输出 D 锁存器、2 个三态输入缓冲器、反相器、多路选择器 MUX 和输出驱动电路组成。

P2 端口与 P0 端口有类似之处，当需要访问外部数据和程序存储器时，CPU 在翻译完相关访问指令后自动使控制 $C=1$，P2 端口输出待访问的存储器地址高 8 位，构成高 8

位地址总线；当不访问外部存储器时，与 P0 端口一样，P2 端口也可以作为 I/O 端口使用。

如图 15.6.1 所示，P3 端口由 1 个输出 D 锁存器、3 个三态输入缓冲器、1 个与非门和输出驱动电路组成。

对 P3 端口进行字节或位寻址时，MCU 内部的硬件自动将图 15.6.1 中“第二功能输出”线置 1，这时，P3 端口为通用 I/O 端口方式。输出时，D 锁存器的 Q 端状态与输出引脚的状态相同；输入时，首先要向 D 锁存器写入 1，使 VT_2 截止，输入的数据在“读引脚”信号的作用下，进入内部数据总线。

当 CPU 不对 P3 端口进行字节或位寻址时，内部硬件自动将 P3 端口 D 锁存器置 1。这时，P3 端口作为第二功能使用，第二功能分别如下：

P3.0 和 P3.1 分别作为异步串行通信的接收输入 RXD 和发送输出 TXD 使用。

P3.2 和 P3.3 分别输入外部中断 INT0 和 INT1 信号。

P3.4 和 P3.5 分别作为定时器/计数器 T0 和 T1 的外部计数脉冲输入端。

P3.6 和 P3.7 分别输出访问外部数据存储器的写（$\overline{WR}$）和读（$\overline{RD}$）控制信号。

P3 端口作为第二功能输出时（如 TXD 等），由于该位的 D 锁存器已自动置 1，“与非”门对第二功能输出是畅通的，即引脚的状态与第二功能输出是相同的。

P3 端口作为第二功能输入时（如 RXD 等），由于此时该位的 D 锁存器和第二功能输出线均为 1，场效应晶体管 VT_2 截止，引脚信号经输入缓冲器进入单片机内部的第二功能输入线。

P1、P2 和 P3 端口输出为低电平时可以吸收约 20mA 的灌电流，输出为高电平时是通过内部一个较大的电阻上拉的，因此，高电平驱动能力较差。当然，即使是同一系列，不同型号 MCU 的参数也会有差异。

15.7 8051 MCU 的片内外设接口

8051 MCU 片内外设接口较少，主要有定时器/计数器和异步串行通信接口。

在第 8 章中学习了集成计数器，如 74293、74161、74160 等，目前这些独立的集成计数器基本不再使用，其功能逐步由可编程逻辑器件实现。几乎所有的 MCU 芯片内部也都集成有多个且具有多种工作模式的可编程计数器，通过软件编程确定计数器如何工作。不同 MCU 的片内定时器/计数器的工作方式不同，计数的方向也不同，一般有加法计数（加 1 计数）、减法计数（减 1）或增减计数模式。

8051 MCU 芯片中有 T0 和 T1 两个加法（每来 1 个脉冲加 1）定时器/计数器，由 TMOD 和 TCON 两个特殊功能寄存器来控制，TMOD 是定时器/计数器工作方式寄存器，TCON 是定时器/计数器控制寄存器，共有 4 种工作方式，详细内容及应用请扫二维码链 15-2。

链 15-2 8051 MCU 片内外设接口详解

8051 MCU 片内集成了一个可编程的全双工异步串行通信接口，通过引脚 RXD（串行数据接收端，P3.0）和引脚 TXD（串行数据发送端，P3.1）与外界串行通信，详细内容及应用请扫二维码链 15-2 查看。

思考题和习题

15.1 简述什么是汇编语言的寻址方式？

15.2 回答8051 MCU有几个中断源？各个中断源对应的中断向量分别是什么？

15.3 如果8051 MCU要采取中断方式通信，软件编程有几个步骤，具体如何处理？

15.4 分别描述8051 MCU的4个8位I/O端口的作用？

15.5 MCU片内的定时器/计数器可编程的含义是什么？

15.6 8051 MCU的定时器/计数器有几种工作方式？如何控制？

15.7 与8051 MCU的串行通信接口对应的芯片引脚分别是哪几个？

15.8 图题15.8是8051 MCU的两种复位电路，分析两个的电路工作原理和作用，说明复位信号RST是高电平有效还是低电平有效？查找任一款8051器件手册中复位时间的具体参数是多少，分析电路的复位时间是否满足复位要求？电路产生的复位信号的有效复位时间如果满足不了8051 MCU的要求，会有怎样的后果？

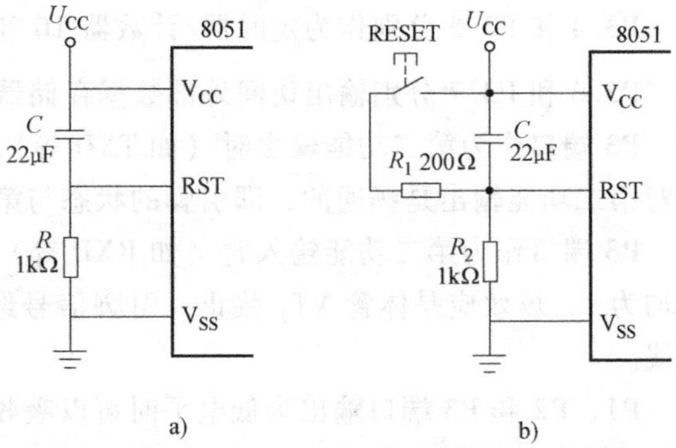

图题15.8 8051 MCU的两种复位电路结构

15.9 MCS-51 MCU外扩存储器时，地址低8位和8位数据分时复用P0端口，需要用锁存器分类出地址信号，地址总线由P2和锁存器锁存的来自P0端口的地址构成，P0端口就作为数据总线。分析图题15.9所示的两种锁存电路，经常还用一种双列直插封装锁存器74LS573，其数据输入在芯片一侧，输出在另一侧，有利于布局布线，下载该器件手册，画出电路图。

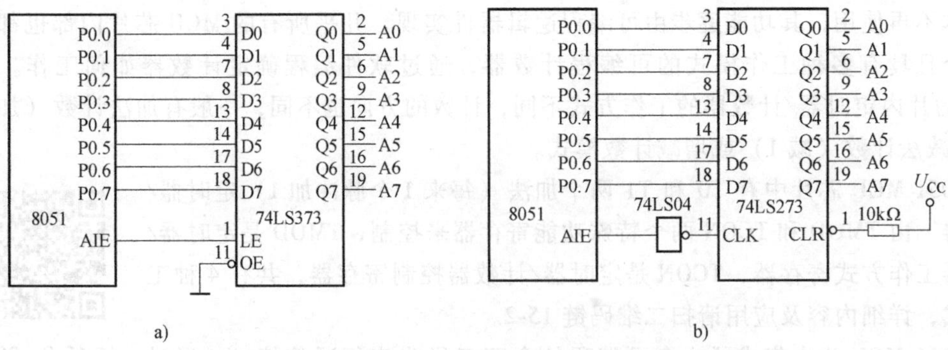

图题15.9 两种8051 MCU的低8位地址锁存电路

a）74LS373与8051 MCU的连接 b）74LS273与8051 MCU的连接

15.10 8051 MCU 外扩程序存储器电路如图题 15.10 所示，说明 8051 MCU 上电启动时，确定程序上电后从片内还是片外读取程序的引脚是哪一个？说明图中 MCU 上电后程序是如何引导的？根据图中的电路连接确定 2764 的地址范围？写出将 2764 第一个存储单元（最低地址的存储单元）的内容读入累加器（A）中的汇编程序。查找 8051 MCU 详细的器件手册，画出 CPU 执行该程序时的各有关信号时序图。

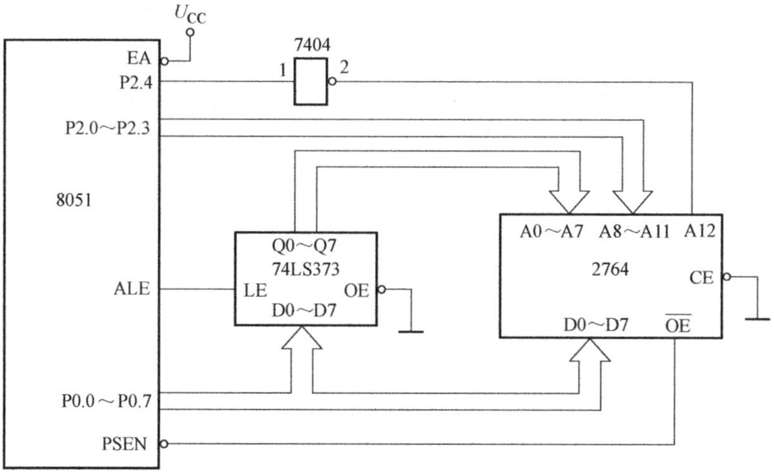

图题 15.10 8051 MCU 外扩程序存储器举例

15.11 在图 10.5.2 所示的 MCS-51 系列微控制器外扩存储器系统中，外扩了 16KB 程序存储器（两片 2764 芯片）和 8KB 数据存储器（6264 芯片），分析各存储器芯片的地址范围。如果将 6264 芯片的片选 CS 与 2#2764 的片选 CE 接一起，同时接 $\overline{Y_1}$，说明这种情况下，两个芯片存储的数据和程序能否被处理器正常访问？若用汇编语言编程，访问 2764 和 6264 分别用怎样的汇编指令助记符？

15.12 图题 15.12 是由 MCS-51 MCU 构成的一个系统框图，说明系统的数据总线

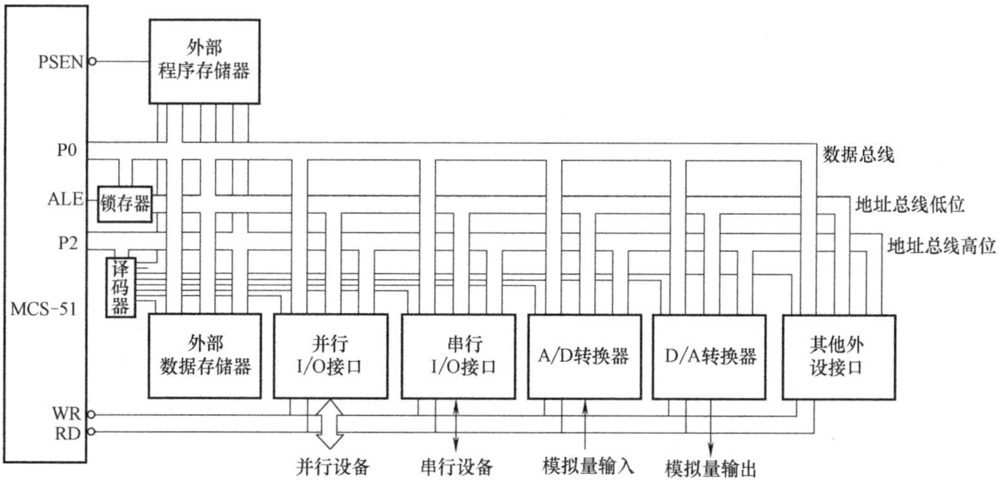

图题 15.12 由 MCS-51 MCU 构成的系统框图

和地址总线宽度分别是多少？译码器信号为什么是来自 P2 端口的高位地址而不是锁存器输出的低位地址？分析图中的外部数据存储器的连接缺少什么信号？说明 MCS-51 单片机的数据存储器和 I/O 接口是统一编址还是独立编址？图中 A/D 转换器的中寄存器端口地址可否与外部数据存储器的部分单元地址一样？当 A/D 转换器的片选始终无效时，A/D 转换器与数据总线相连的数据线处于什么状态？

15.13 通过实验熟悉 8051MCU 片内定时器/计数器的 4 种工作方式。

15.14 完成 8051 MCU 串口与 PC RS-232 接口的串行通信（8051 MCU 用中断方式完成接收和发送数据），要求画出 8051 MCU 的通信流程图，编写程序，并用示波器观察 RXD 或 TXD 的通信数据。

第16章 TMS320F28335微控制器

TMS320 是美国德州仪器公司（TI）的信字信号处理器（DSP）型号前缀。目前我国高校 DSP 课程教学的处理器类型多数都采用 TMS320 DSP，包括定点、浮点和多处理器 DSP。定点 DSP 具有更低的功耗，更便宜，相对尺寸更小。浮点 DSP 一般用于高精度、宽的动态范围、高信噪比等应用领域。TI DSP 主要分为三种不同指令集的三大系列：TMS320C6000、TMS320C5000 和 TMS320C2000。

TMS320C6000 是 32 位高性能的 DSP，包括 TMS320C64×和 TMS320C62×定点子系列以及 TMS320C67×浮点子系列。定点器件性能为 1200～8000MIPS（即每秒执行百万条指令），浮点器件性能为 600～1800MFLOPS（即每秒执行百万次浮点操作）。应用领域包括有线/无线宽带网络、组合 MODEM、GPS 导航、基站数字波束形成、医学图像处理、语音识别、3-D 图形、ADSL MODEM、网络系统、交换机、数字音频广播设备等。TI 还有一个浮点系列 C3×，其中的 VC33 现在虽然是非主流产品，但仍在广泛使用，速度较 C67×低。

TMS320C5000 是 16 位定点、低功耗的 DSP，适用于便携式上网以及无线通信等应用场合，如手机、PDA、GPS 等应用，处理速度在 80～400MIPS 之间。TMS320C5000 的主要成员有 TMS320C55×和 TMS320C54×两个 16 位定点 DSP 子系列，两者软件兼容。

TMS320C2000 作为优化控制的 DSP，该系列 DSP 成本较低，片内集成了较广的数字化控制解决方案，如 ADC、定时器、各种串行口（同步和异步）、PWM 发生器、捕获信号单元、片内闪存、看门狗（WDT）、CAN 总线、数字 I/O 引脚等。因此，TI 也将这一类 DSP 归于 MCU 系列，又称为数字信号控制器（Digital Signal Controller，DSC）。TMS320 C2000 既具有数字信号处理能力，又具有强大的事件管理能力和嵌入式控制功能，非常适用于工业、汽车、医疗和消费类市场中的数字电机控制和电力电子技术等领域，在太阳能逆变器、风力发电等绿色能源应用领域也得到了广泛的应用。本章主要介绍的 TMS320F28335 就属于该系列。

16.1 TMS320C2000 简介

目前，TMS320C2000 主要有 16 位的 TMS320F24×和 32 位的 TMS320C28×两个子系列。TMS320F24×是较早的 16 位定点 DSP，性能达到 40MIPS，提供了高度集成的闪存、控制和通信外设，也提供了引脚兼容的 ROM 版本。其代表产品有 F240 和 F2407。虽然 F24×产品仍在使用，但在进行新设计时不提倡使用该系列。

TMS320C28×（该系列 DSP 的 CPU 核均为 C28×）是 32 位的 DSP，主要包括 TMS320×280×、TMS320×281×、TMS320F282××和浮点的 TMS320F283××系列。4 个子系列都采用同样的 C28×CPU 核，软件完全兼容。

TMS320×280×系列外设功能增强且极具价格优势，采用 100 引脚封装，具有高达 128K 字的闪存和 100MIPS 的性能，也有 ROM 版本的产品（C2801、C2802 等），共有 12 款产品，且它们全部都引脚兼容。该系列增强了事件管理模块的功能，具有 HRPWM（High-resolution PWM）输出，串行外设最高达到 4 个 SPI 模块、2 个 SCI（UART）模块、2 个 CAN 模块和 1 个 I^2C（Inter-Integrated-Circuit）总线。TI 近年来又推出了 Piccolo™ 系列的 32 位实时控制器——TMS320F2802×/2803×。其特点是具有较低的系统成本、封装小、使用方便，将成为主要的实时控制微处理器之一。该系列目前有 TMS320F28035、TMS320F28027 等几十种芯片，其中 F2802×/3×系列内部有时钟源，无须外部时钟元件；PWM 信号的数字化分辨率达 150ps；12 位 ADC 操作达到 4.6MSPS；增强了捕获和正交编码单元的功能；片内有电压调节器，增强了电源管理特性，只需 3.3V 单一电源；采用 C28×CPU 核，代码与之前具有相同 CPU 的 TMS320 C2000 产品完全兼容。该系列还有多种封装选择，TMS320F F28027 的 TSSOP 封装只有 38 个引脚。TMS320F28035 增加了硬件的 CLA（Control Law Accelerator）和 LIN（Local Interconnect Network），LIN 是一种应用在汽车行业低成本短距离的串行通信低速网络，常用于实现汽车或智能家居系统中的分布式电子系统控制。TMS320F28069 是 TI 推出的一款浮点 DSP。

TMS320×281×系列的 TMS320F281×（简写为 F281×）具有高达 128K 字的闪存和 150MIPS 的性能。TI 还提供了引脚兼容的 ROM 和 RAM 版本产品（C2810、C/R2811、C/R2812）。TMS320×281×系列共有 8 款产品。

TMS320F282××是 32 位定点 DSP，工作频率高达 150MHz，主要包含 TMS320F28232、TMS320F28234 和 TMS320F28235 共 3 款产品。

TMS320F283××是 TI 最新推出的浮点 DSP，包括定点的 32 位 C28× CPU 核，还包括一个单精度 32 位 IEEE-754 浮点运算单元（Floating-Point Unit，FPU），浮点协处理器速度可达 300MFLOPS（Million Floating Point Instructions Per Second），其主要产品有 TMS320F28332、TMS320F28334 和 TMS320F28335。之后，TI 推出的 TMS320 C2000 Delfino TMS320F28377D 集成了双 C28×实时处理内核以及双 CLA 实时协处理器，能够提供具有集成三角函数和 FFT 加速的 800 MIPS 浮点性能。该系列产品在太阳能发电和汽车雷达等应用中可以充分发挥它的作用。与 TMS320F281×相比，TMS320F282××和 TMS320F283××增加了 6 通道 DMA、I^2C 接口，GPIO 数量增加到 88 个，片内串行通信接口数和存储器容量也有所提高，有高达 512KB 的片上闪存。TMS320F282××和 TMS320F283××产品引脚完全兼容，两者常用的 DSP 型号及其片内资源配置如表 16.1.1 所示。

表 16.1.1　TMS320F282×和 TMS320F283×DSP 芯片的资源配置

项目	TMS320F28232	TMS320F28234	TMS320F28235	TMS320F28332	TMS320F28334	TMS320F28335
基本特性	定点 DSP	定点 DSP	定点 DSP	浮点 DSP	浮点 DSP	浮点 DSP
CPU	C28×	C28×	C28×	C28×	C28×	C28×
频率/MHz	100	150	150	100	150	150
RAM/KB	52	68	68	52	68	68
OTP ROM/KB	2	2	2	2	2	2
闪存/KB	128	256	512	128	256	512
EMIF(数据线宽)	32/16 位	32/16 位	32/16 位	32/16 位	32/16 位	32/16 位
DMA/通道	6	6	6	6	6	6
PWM/通道	16	18	18	16	18	18
CAP/QEP/个	4/2	6/2	6/2	4/2	6/2	6/2
ADC(通道,位数)	16,12	16,12	16,12	16,12	16,12	16,12
ADC 转换时间/ns	80	80	80	80	80	80
McBSP/个	1	2	2	1	2	2
I^2C/个	1	1	1	1	1	1
SCI/个	2	3	3	2	3	3
SPI/个	1	1	1	1	1	1
CAN/个	2	2	2	2	2	2
CPU 定时器 WD/个	3 个 WD	3 个 32 位 WD	3 个 32 位 WD	3 个 WD	3 个 32 位 WD	3 个 32 位 WD
GPIO/个	88	88	88	88	88	88
内核/V	1.8	1.8	1.8	1.8	1.8	1.8
I/O 电压/V	3.3	3.3	3.3	3.3	3.3	3.3
操作温度范围	-40~85℃(PGF,ZHH,ZJZ)或-40~125℃(ZJZ)	-40~85℃(PGF,ZHH,ZJZ)或-40~125℃(ZJZ)	-40~85℃(PGF,ZHH,ZJZ)或-40~125℃(ZJZ)	-40~85℃(PGF,ZHH,ZJZ)或-40~125℃(ZJZ)	-40~85℃(PGF,ZHH,ZJZ)或-40~125℃(ZJZ)	-40~85℃(PGF,ZHH,ZJZ)或-40~125℃(ZJZ)

2011 年，德州仪器（TI）宣布推出新型 TMS320C2000 Concerto F28M35×双核 32 位微控制器系列，这种微控制器将 TI 的 C28×内核及控制外设与 ARM Cortex-M3 内核及连接外设组合起来，可在单个器件中支持实时控制和高级连接。该系列具有多种安全及保护特性，并在整个 TMS320C2000 平台上实现了代码兼容，在诸如智能电机控制、可再生能源、智能电网、数字电源和电动汽车等绿色环保应用中实现了扩展性和代码的重复使用。

16.2　TMS320F28335 的结构及主要特性

TMS320F28335（下面简写为 F28335）是 TMS320C28×^{TM}/ Delfino^{TM} DSP/MCU 系列产品成员，是 32 位浮点 MCU，与定点 C28×控制器软件兼容，来自 TI TMS320F28335 器件手册的结构框图如图 16.2.1 和图 16.2.2 所示，不同框图给出的信息不同。由图 16.2.1 可见 CPU

框图、存储器种类和片内集成外设的大概情况以及 F28335 片内采用的多套总线，除了有程序总线（Program Bus，程序总线包含 22 根地址线，32 位数据线，图中未标出）和数据总线（Data Bus，数据总线又包含一套读数据总线和一套写数据总线，每套都包含 32 位地址线和 32 位数据线），显然，存储器采用的是哈佛结构（Harvard Bus Architecture）。CPU 内部通过寄存器总线（Register Bus）将 CPU 内核中的各单元联系在一起，并集成了直接存储器存取（DMA）单元，可以使存储器的存取不用 CPU 参与，还配置了 DMA 总线。多总线技术大大提高了微控制器的数据吞吐量。图 16.2.1 左侧的 XINTF（External Interface）接口外扩了一套 20 位地址总线和 32 位数据总线，即访问 F28335 片外存储器只有一套总线，决定了外部程序存储器和数据存储器不能同时访问，只能分时复用外部总线。与 8051MCU 相比，F28335 复杂很多，LQFP 封装的引脚有 176 个。

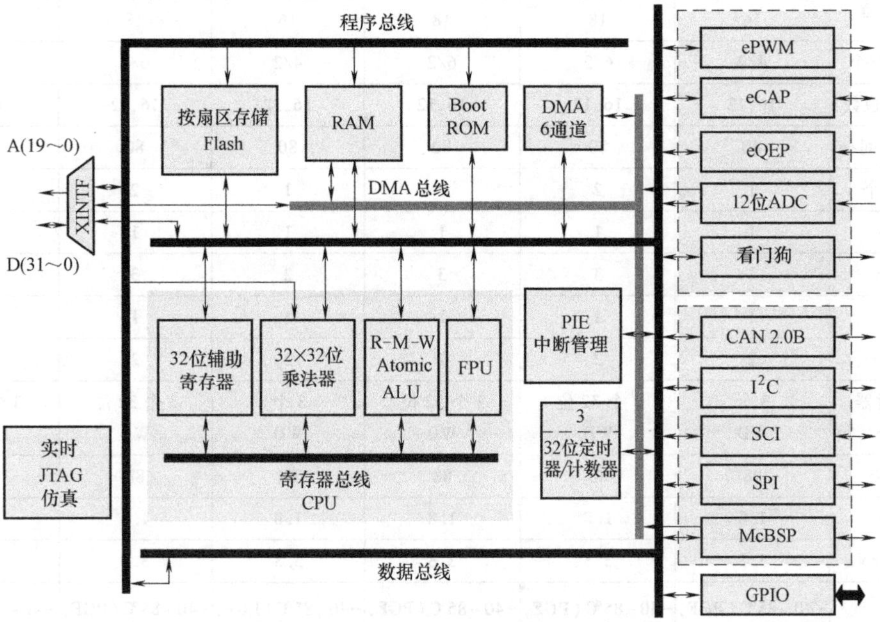

图 16.2.1　TMS320F28335 结构框图 1

图 16.2.2 给出了各种存储器的容量、各模块对外的信号（即与芯片引脚相连的信号）、各模块相互连接关系等具体信息。图中的存储器总线包含了上述的程序总线、读数据总线和写数据总线。由图 16.2.2 可见，片内还有外设总线，方便 CPU 与片内外设之间的通信。

TMS320F28335 主要特性可扫二维码链 16-1 查阅。

链 16-1　TMS320F28335 主要特性

在学习使用一个复杂的微控制器时，首先应该掌握基本的硬件设计方法和运行一个最简单程序所需要了解的相关信息，对于片内集成的多种外设，可在需要使用时再查找器件手册中对应的结构、寄存器、控制和编程方法等细节内容。在硬件电路上成功跑通一个简单程序，不仅可以让使用者更有成就感，也是学习任何处理器最容易上手的方法。目前多数的微控制器片内都有振荡电路和锁相环（图 16.2.2 中的 OSC 和 PLL）、看门狗（WDT）、低功耗模式（LPM）等模块，可以提升微控制器的性能和可靠性。OSC 和 PLL 的详细内容见 TMS320F28335 器件手册（TI 网站 https：//www. ti. com/下载）。

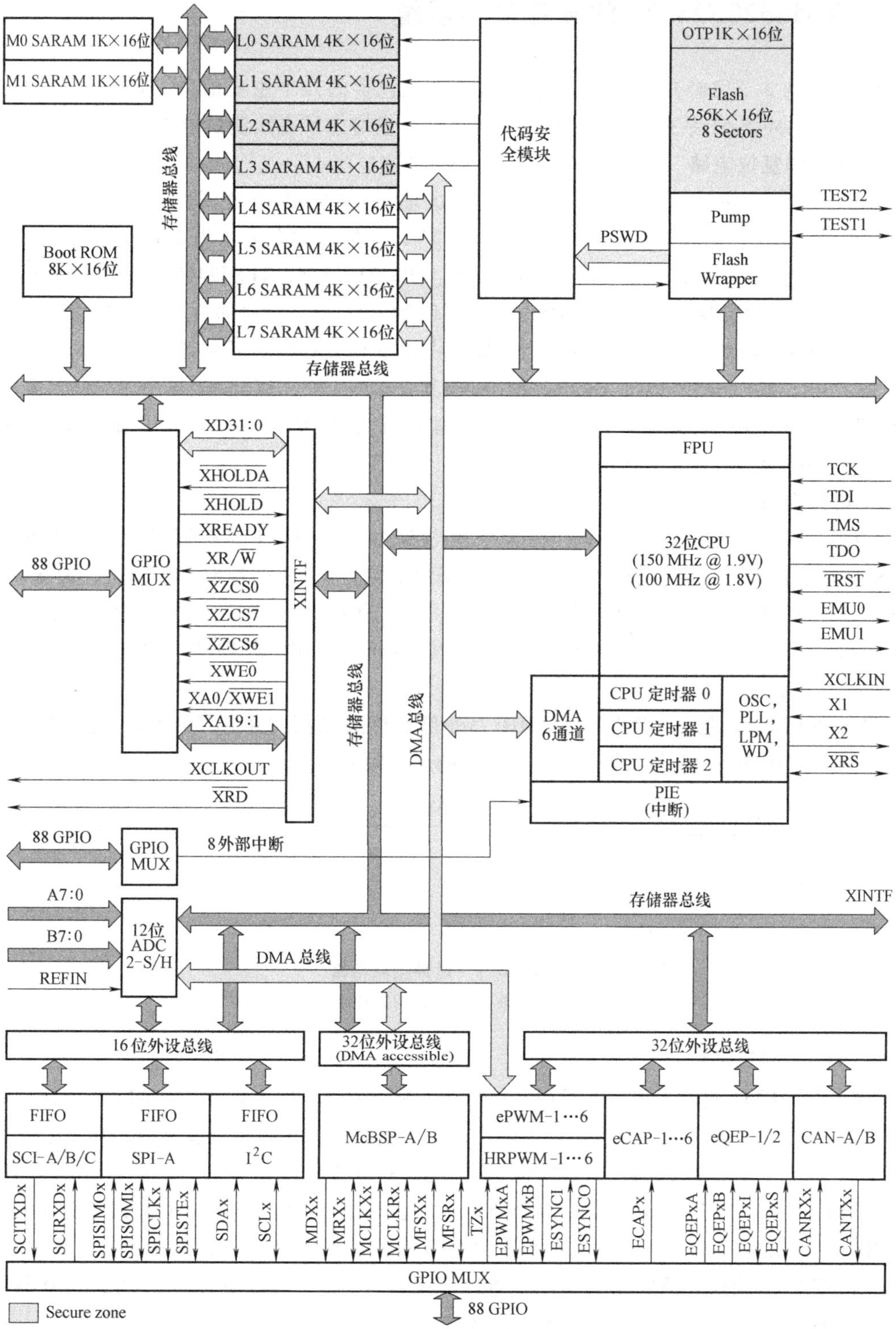

图 16.2.2 TMS320F28335 结构框图 2

16.3 TMS320F28335 的硬件最小系统

本书的 13.3 节已经介绍了 MCU 硬件最小系统包含的几个主要部分。TMS320F28335 各部分的接法与 MCS-51 系列 MCU 的最小系统类似，但增加了在线调试的 JTAG 接口电路。

1. 电源和复位电路

为了降低器件功耗，很多微控制器处理器内核的电源电压变得越来越低。TMS320F28335 的 I/O 引脚和 Flash 的电压为 3.3V，内核的供电电压为 1.8V 或 1.9V。TI 公司提供了多种电源管理芯片，如 TPS767D301、TPS73HD318、TPS62400 等，其电压精度都比较高。有些芯片自身还能够产生 DSP 的复位信号。TI 大学计划部为各高校提供了可支持多种 DSP 硬件学习的平台，且硬件平台的原理图以及相关资料都可在其网站（www.ti.com）上找到。TMS320F28335 PGF controlCARD 是其中的一种，试下载并分析其原理图中 TMS320F28335 电源电压是如何产生的，原理图中复位信号 RESETn 是如何产生以及 TPS3828 芯片的作用。

2. 时钟电路

TMS320F28335 的时钟源有两种：①采用电源为 3.3V 的外部有源晶振作为时钟，由 XCLKIN 引脚输入，如图 16.3.1a 所示，或者采用电源为 1.9V 的外部有源晶振，由 X1 引脚输入。②在 X1 与 X2 引脚之间连接一个晶体，并结合 TMS320F28335 内部振荡器电路产生时钟，如图 16.3.1b 所示，分析 TMS320F28335 PGF controlCARD 原理图中的时钟采用的是哪一种方式，晶振的频率几何。

TMS320F28335 的最高频率为 150MHz，外部晶体或晶振可采用 30MHz，通过内部 PLL 可以倍频至 150MHz，但是不允许超过处理器的最大频率值。

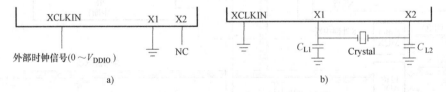

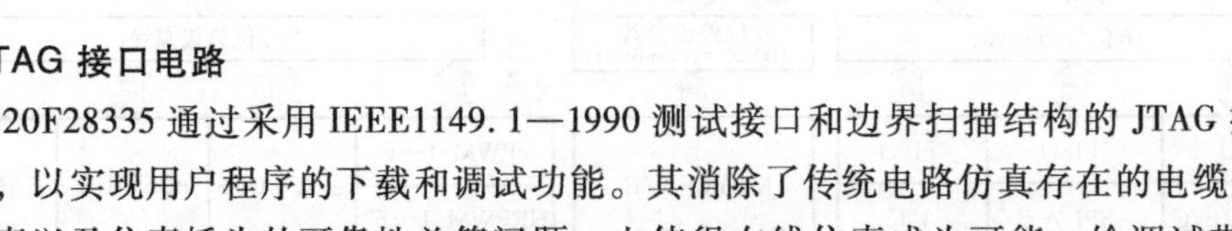

图 16.3.1 时钟模块电路

a）外部时钟 b）内部时钟

3. JTAG 接口电路

TMS320F28335 通过采用 IEEE1149.1—1990 测试接口和边界扫描结构的 JTAG 接口来连接仿真器，以实现用户程序的下载和调试功能。其消除了传统电路仿真存在的电缆过长引起的信号失真以及仿真插头的可靠性差等问题，也使得在线仿真成为可能，给调试带来方便。TMS、TCLK、TDI 和 TDO 是主要的 JTAG 信号，是仿真器与微控制器之间测试数据输入和输出的串行总线，而 EMU0 和 EMU1 则是来自仿真器的两个中断输入，需接上拉电阻（2.2～4.7kΩ）。TRSTn 为仿真器的测试复位，通过下拉电阻接地，当它为高电平时，仿真器扫描微控制器系统，控制微控制器的操作。需要注意，JTAG 接口的电源不是采用 3.3V，而是 5V（即仿真器是 5V 供电的）。分析 TMS320F28335 PGF controlCARD 原理图中的 JTAG 接口电路接法。

4. 程序引导模块

一般的控制器都有一个引脚，其逻辑电平的高低控制微控制器上电后是由片内还是片外程序存储器读取程序，如 8051 微控制器的 EA 引脚、F2812 的 XMP/$\overline{MC}$ 引脚等。TI 的微控制器芯片内部在出厂时都固化了引导加载程序（Bootloader），如果 F2812 的 XMP/$\overline{MC}$ 为低电平，则 F2812 为微控制器模式，则从芯片引导程序开始执行，配合 F2812 的 4 个通用 I/O（记为 GPIO）引脚的逻辑电平高低，可以有多种引导方式。与 TMS320F28335 程序引导有关的引脚有 GPIO87、GPIO86、GPIO85 和 GPIO84，可通过查找器件手册来了解引脚状态和 TMS320F28335 的多种启动模式，分析 TMS320F28335 PGF controlCARD 原理图中的这些引脚的电路连接方式。

TMS320F28335 有 88 个 GPIO 引脚，然而这些 GPIO 引脚没有一个是单独作为 I/O 引脚使用的，都是片内集成外设、输出、输入等的复用引脚，所以在使用 GPIO 引脚时，需要配置对应的寄存器，通过编程确定引脚具体的作用。

16.4 TMS320F28335 存储器配置及上电程序引导

软件是微控制器的灵魂，软件编程的功夫是需要不断训练提升的。但无论编程水平高低，编好的程序要如何存储和读取是每个进行软件设计的人员必须要掌握的。要了解这些，必须清楚每个微控制器的存储器配置情况。

16.4.1 TMS320F28335 的存储器配置

TMS320F28335 的存储空间被分为程序空间和数据空间，它们是由不同类型的存储器构成的，由来自 TI 器件手册的图 16.4.1 可见，包括 SARAM 和非易失性存储器（Non-Volatile Memory）Flash、OTP 和 Boot ROM 等多种类型的存储器。Flash 和 OTP 通常用来存储用户应用程序代码，将代码信息保存到 Flash 需要特定的软件工具程序，这个程序已经集成在 TI CCS 集成开发环境中。Boot ROM 中有厂家固化的软件引导程序和一些数学运算中常使用的（如 SIN/COS）函数表等内容。易失性存储器（Volatile Memory）SARAM 被划分为 10 个区域，分别叫作 M0、M1、L0~L7，它们既可以作为程序存储器，也可以作为数据存储器。图中每一个存储单元的宽度是 16 位的，也就是 1 个字。

如果片内存储器不够使用，TMS320F28335 片内集成了外部存储器扩展接口（XINTF），对应 3 个外扩区域 0、6 和 7，每个区域都可以通过编程加入不同数量的等待状态以匹配访问慢速外扩存储器的时序需要。当 CPU 访问某一外部存储器时，外扩存储器的地址会使对应的片选信号有效，如图 16.4.1 中的 XZCS0、XZCS6 和 XZCS7，图中符号表明这些片选信号都是低电平有效。

TMS320F2833×的数据总线地址是 32 位的，程序总线地址是 22 位的。因此，TMS320F2833×总共可以寻址 4G 字的数据存储空间，寻址 4M 字的程序存储空间。与 TMS320F2812 不同，由图 16.4.1 可见，TMS320F2833×上电后的程序引导只能从片内存储器开始。

TMS320F28335 片内集成的大量外设接口的控制都是通过读写对应的寄存器来实现的，片内外设的 I/O 端口根据数据性质的不同一般都包含控制寄存器、状态寄存器和数据寄存器

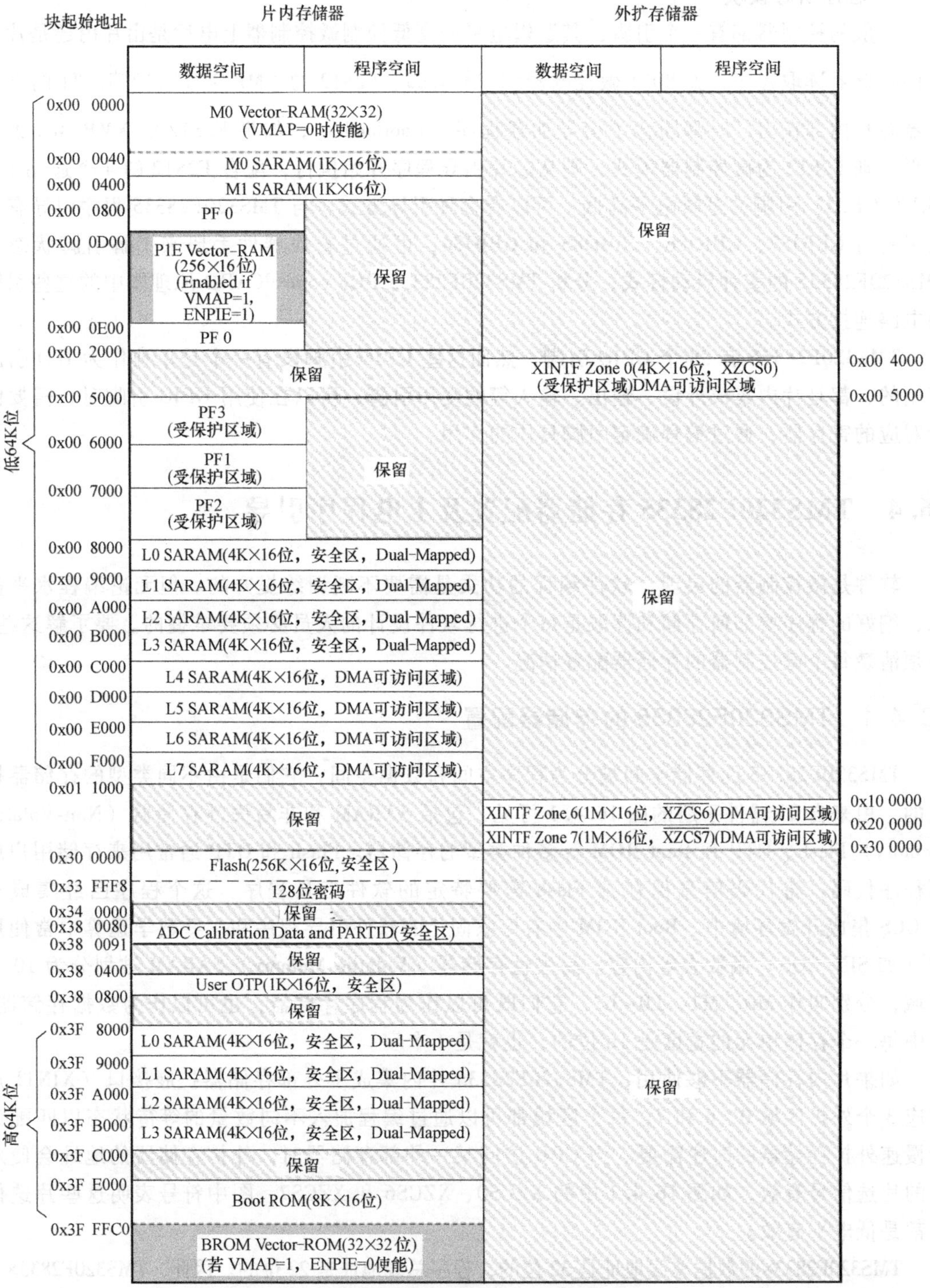

图 16.4.1 TMS320F2833x 存储器配置图

三种，TMS320F28335 对这些 I/O 寄存器端口和存储器采用统一编址方式，其地址对应图 16.4.1 中的 PF0、PF1、PF2 和 PF3，被称为外设帧（Peripheral Frame，PF），这些地址区域只能作为数据存储器而不能作为程序存储区域。各种外设具体的对应位置可在使用时查找器件手册。

16.4.2　TMS320F28335 的上电程序引导

微控制器一个有效的复位信号或者看门狗（WD）定时器溢出，都会将 CPU 中所有寄存器的内容复位到初始值。TMS320F28335 复位后，PC 寄存器的内容初始化为 0x3F FFC0，一旦 TMS320F28335 的复位信号 XRS 变为高电平无效，CPU 则从 PC 所指的位置开始执行程序，由图 16.4.1 可见，0x3F FFC0 地址位于 Boot ROM 地址区域的高地址部位，厂家在该地址初始时存储了引导加载程序，根据判断程序引导模块介绍的 4 个 GPIO 引脚的状态，用户可以选择执行存储在片内 Flash 中的程序，或者选择下载一个外部存储的程序到片内存储器中，所有的判断由固化程序完成。GPIO 引脚状态与程序引导方式对应关系如图 16.4.2 所示。

在教学实验中，一般选择 M0 SARAM 作为程序存储器。因此，在实验时要将 4 个 GPIO 引脚设置为 0100 状态。如果程序调试成功要脱离仿真器，则将程序存储在片内 Flash 中，在这种情况下，4 个 GPIO 引脚要设置为 1111 状态，一旦 TMS320F28335 上电后，程序将被引导至 Flash 高地址端 0x3F FFF6，在该地址单元中，存储代码（用户程序入口地址）将程序引导到用户程序的真正入口处。

GPIO 引脚 87/ XA15	 86/ XA14	 85/ XA13	 84/ XA12	
1	1	1	1	跳转到 Fash 地址 0x33 FFF6
1	1	1	0	经 SCI-A 引导程序到片内存储器
1	1	0	1	经 SPI-A 引导外部 EEPROM 中程序到片内存储器
1	1	0	0	经 I^2C 引导外部 EEPROM 中程序到片内存储器
1	0	1	1	eCAN-A 引导
1	0	1	0	经 McBSP-A 引导程序到片内存储器
1	0	0	1	跳转到 XINTF Zone 6 区域,16 位数据
1	0	0	0	跳转到 XINTF Zone 6 区域,32 位数据
0	1	1	1	跳转到 OTP 地址 0x38 0400
0	1	1	0	经 GPIO 并行 A 口引导
0	1	0	1	经并行 XINTF 引导
0	1	0	0	跳转至 M0 SARAM 地址 0x00 0000
0	0	1	1	跳转到检测引导模式
0	0	1	0	跳转到 Flash,忽略 ADC 校验(TI 测试用)
0	0	0	1	跳转到 M0 SARAM,忽略 ADC 校验(TI 测试用)
0	0	0	0	SCI-A 引导,忽略 ADC 校验(TI 测试用)

图 16.4.2　GPIO 引脚状态与程序引导方式对应关系

根据引导方式的不同，用户需要将程序在上电之前存储在对应的存储器中。上电复位一般是微控制器的高优先级中断，了解了中断系统之后可以进一步理解程序的引导过程。

16.5　TMS320F28335 中断系统

TMS320F28335 的中断源有很多，可分为片内外设中断源，如 PWM、CAP、QEP、SPI、SCI、定时器等；片外中断输入引脚 XINT1 和 XINT2 引入的外部中断源。

来自 TI 器件手册的 TMS320F28335 中断系统如图 16.5.1 所示。TMS320F28335 的 CPU（C28×核）将中断分为 16 个中断级别，其中包括 2 个不可屏蔽中断（上电复位和图中的 NMI）与 14 个可屏蔽中断（INT1～INT14）。定时器 1 与定时器 2 产生的中断请求通过 INT13、INT14 向 CPU 申请中断，这两个中断已经预留给了实时操作系统；INT1～INT12 可屏蔽中断可供外部中断和处理器片内外设中断源使用，由于 TMS320F28335 的中断源众多，这 12 个可屏蔽中断对应的中断源由 PIE（Peripheral Interrupt Expansion）模块管理，每个可屏蔽中断可以包括最多 8 个中断源，因此，PIE 模块最多可以管理 12×8＝96 个中断源，PIE 模块的中断管理机制如图 16.5.2 所示。TMS320F28335 中只设置了 58 个中断源，中断源对

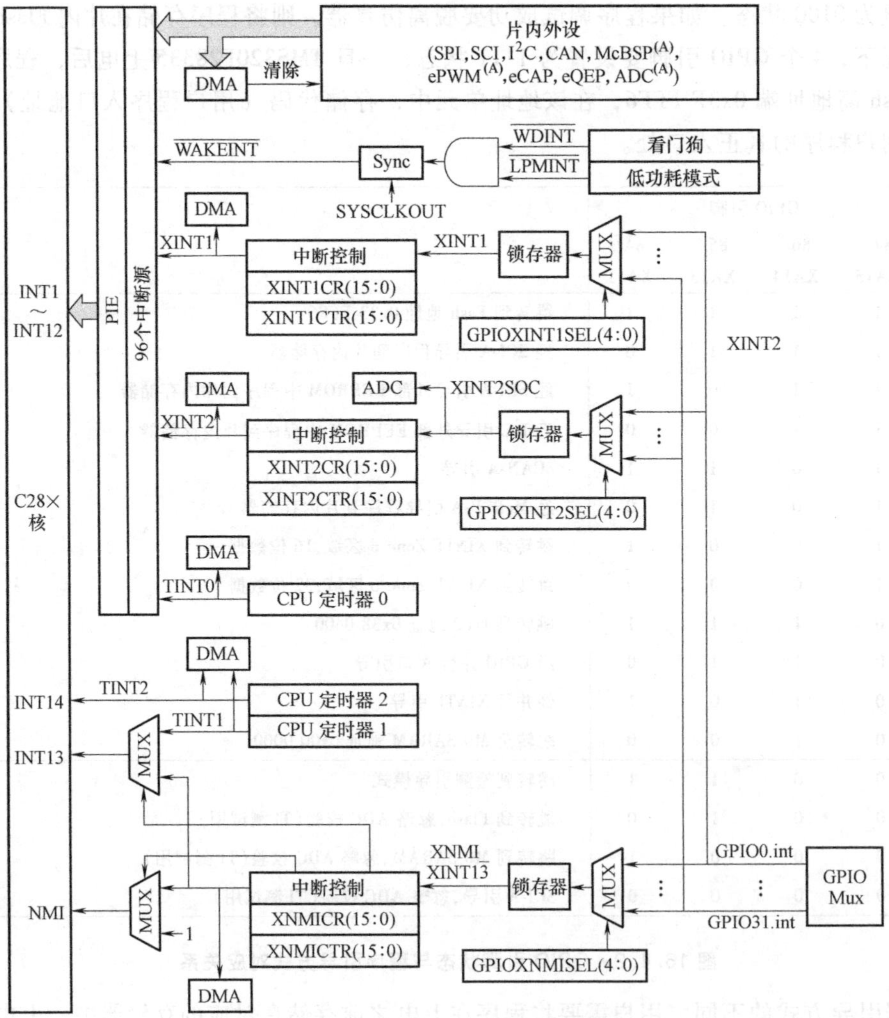

图 16.5.1　TMS320F28335 中断系统

应表见表 16. 5. 1，表中的空白是为将来器件的发展使用而保留的。由表可见，WD、定时器 0、ADC 等中断源由 INT1 向 CPU 申请中断。

由图 16. 5. 2 可见，一旦某个中断源产生中断请求，都会使对应的 PIE 中断标志寄存器 PIEIFR×对应的标志（Flag）置位，如图 16. 5. 2 中的 INT1. 1 和 INT1. 8。如果 PIE 中断使能寄存器 PIEIER×对应的位使能且图中的总中断允许位 INTM 使能，即可通过对应的 INT×向

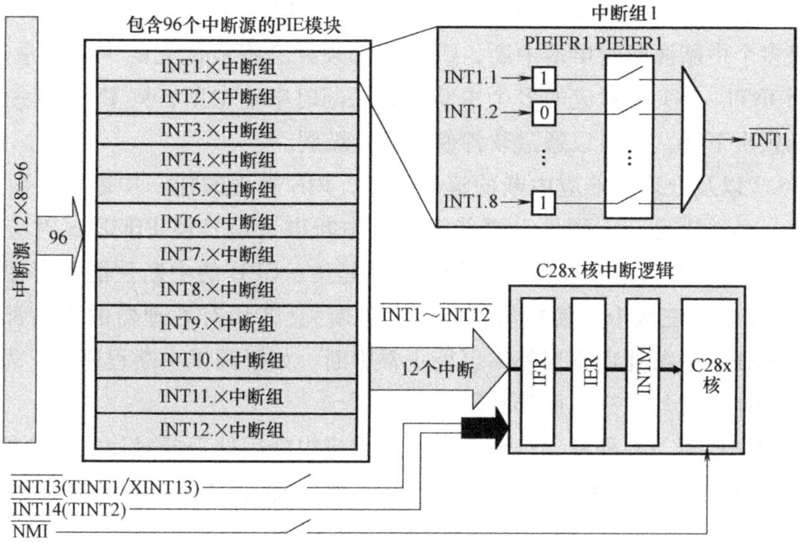

图 16. 5. 2 PIE 模块的中断管理机制

表 16. 5. 1 PIE 外设中断源对应表（表中×对应 1～12）

	INT×. 8	INT×. 7	INT×. 6	INT×. 5	INT×. 4	INT×. 3	INT×. 2	INT×. 1
INT1	WAKEINT	TINT0	ADCINT	XINT2	XINT1		SEQ2INT	SEQ1NIT
ITN2			EPWM6_TZINT	EPWM5_TZINT	EPWM4_TZINT	EPWM3_TZINT	EPWM2_TZINT	EPWM1_TZINT
INT3			EPWM6_INT	EPWM5_INT	EPWM4_INT	EPWM3_INT	EPWM2_INT	EPWM1_INT
INT4			ECAP6_INT	ECAP5_INT	ECAP4_INT	ECAP3_INT	ECAP2_INT	ECAP1_INT
INT5							EQEP2_INT	EQEP1_INT
INT6			MXINTA	MRINTA	MXINTB	MRINTB	SPITXINTA	SPIRXINTA
INT7			DNTCH6	DINTCH5	DINTCH4	DINTCH3	DINTCH2	DINTCH1
INT8			SCITXINTC	SCIRXINTC			I2CINT2A	I2CINT1A
INT9	ECAN1_INTB	ECAN0_INTB	ECAN1_INTA	ECAN0_INTA	SCITXINTB	SCIRXINTB	SCITXINTA	SCIRXINTA
INT10								
INT11								
INT12	LUF	LVF		XINT7	XINT6	XINT5	XINT4	XINT3

CPU申请中断，CPU是否响应中断，还需要看是否有更高一级的中断请求或服务，CPU对各中断级别的优先级都有排队，使用时可查找器件手册。一般情况下，所有微控制器的复位中断优先级是最高的，其次是非屏蔽中断NMI，然后是可屏蔽中断，TMS320F28335的INT1~INT12优先级由高到低依次下降。12个PIE中断向量组的每一组的还对应中断响应寄存器PIEACK×的一位，只有PIEACKx中的对应位为0，对应的PIE中断向量组的中断申请才能被送至CPU。一旦中断被CPU响应，相应的PIEACK×位置1，进而屏蔽同组的其他中断申请。如果多个中断源同时申请中断，CPU内部硬件会将最优先的中断向量送给PC。每个可屏蔽中断INT1~INT12对应的多个中断源如果同时申请中断，则INT×.1~INT×.8的优先级由高到低依次下降，也可以通过软件修改优先级别。

由图16.5.2以及处理器响应中断的流程可知，PIE管理的任一中断源，要能够被CPU响应中断服务，必须满足：①硬件上要能够产生中断申请信号使PIEIFRx对应的标志位置1；②软件上要打开3个通道：对应的PIEIERx使能位、CPU的中断使能寄存器IER和总的中断允许位INTM（即三级中断使能位都要允许中断）；③所有处理器的中断都要处理好中断向量表。三者任意一条处理不当都不可能正常中断。如果调试中断程序时，发现不能正常进入中断服务程序，可从这三方面排查故障。

中断相关的寄存器、各种标志位清除方式、响应中断后处理器对使能位的处理、中断向量表等细节内容可查看器件手册。软件上对这些寄存器位内容处理不当，也会引起中断异常。

16.6 TMS320F28335的片内外设及实验

TI公司提供的Peripheral Explorer Kit（TMDSCNCD28335PGF R 1.0）开发板集成了许多配套的硬件资源，与TMS320F28335控制板配合使得学习DSP的用户可以方便地针对具体功能模块展开实验。而且该开发板集成了USB仿真器，用户不需要购置额外的带有JTAG接口的仿真器，只需要一台计算机、一条USB数据线和TI提供的Peripheral Explorer Kit即可进行与TMS320F28335相关的具体实验，使得用户可以简单方便地对TMS320F28335进行烧写和调试。

正如本书13.1中介绍的，片内外设的原理以及使用方法都是类似的，只要在一种微控制器中使用过同样功能的外设，其他微控制器中的用法基本一致。片内外设硬件连线比CPU控制一个独立芯片的外设芯片连线更少，更为简单。软件编程基本上是对片内外设的控制、状态和数据寄存器读写数据，写控制寄存器一般是确定外设的工作方式，CPU查询外设状态位或通过状态位请求CPU中断进行对外设数据寄存器的操作。例如，使用过8051微控制器的异步串行通信接口后，再使用TMS320F28335的SCI方法几乎是一样的。

TMS320F28335片内集成了SPI、SCI、I^2C、PWM、ADC等模块，部分模块原理在本书11.2节、13.5节、17.4节中有介绍，TI网站上也有对应模块的用户手册及应用，读者需要使用时可下载查阅。

思 考 题

16.1 画出 TMS320F28335 PGF controlCARD 实验平台的硬件最小系统各模块的原理图。查找器件手册，分析复位电路的有效复位时间能否满足处理器复位的要求。

16.2 说明 TMS320F28335 的存储器配置情况以及程序如何引导，说明应用程序一般存放在哪里。

16.3 查看 TMS320F28335 器件手册，程序存储在片内 SRAM 中可以全速运行（以 CPU 最高运行时钟频率 150MHz），如果应用程序存储在 Flash 中，运行速度如何？如果不能以最高速度运行，如何在上电时将程序导入 SRAM？

16.4 说明 DSP 编程环境中命令文件的作用。

16.5 中断是实时处理中必须用到的模块，利用定时器作为中断源编写一个包含中断的简单应用程序。

16.6 TMS320F28335 的频率可达 150MHz，CPU 采用 32 位定点并包含单精度浮点运算单元（FPU）。该芯片具有利于更高精度操作的增强型控制外设，即包含最多 18 路 PWM 输出端口，其中 6 路为高分辨平脉宽调制模块（HRPWM），6 路为 32 位的事件捕捉输入端口 eCAP；包含 2 路为 32 位的正交编码器通道 eQEP。芯片内部集成了 12 位的 2 个 8 通道的 ADC，高通道的转换时间可达 80ns。该芯片还引入了 6 路直接存储器模块（DMA），在不需要 CPU 仲裁的情况下为外设和内存之间传递数据提供了一种硬件办法；具有高达 88 个可编程的通用输入/输出（GPIO）引脚，有最多 4 种可选工作模式；另外还包含了提高通信功能的 2 个 eCAN 模块、1 个 SCI 模块、1 个 SPI 模块、2 个可设置为 SPI 的 McBSP 模块等。参考本书中资料以及 TI 网站上提供的器件手册和应用工程实例，分别编写程序控制 TMS320F28335 中的每个功能模块。

第17章 MSP430系列微控制器

MSP430 系列微控制器是美国德州仪器（TI）公司 1996 年开始推向市场的一种 16 位超低功耗、具有精简指令集（RISC）且仅采用了 27 条简单易懂的指令、7 种寻址模式、I/O 端口与存储器统一编址的混合信号处理器（Mixed Signal Processor，MSP）。其能在 25MHz 晶振的驱动下实现 16 位的数据传送，与 40ns 的指令周期以及多功能的硬件乘法器（能实现乘加运算）相配合，可快速实现数字信号处理算法。MSP430 系列微控制器在降低芯片电源电压的同时，还具有独特的时钟和电源管理系统，有灵活可控的多种低功耗运行模式，且可即时唤醒。低功耗模式通过指令控制时钟系统关闭 CPU 以及各功能所需的时钟，从而实现对总体功耗的控制，如在 RAM 保持模式下，功耗最低可达 0.1μA，数控振荡器（DCO）可在 3μs 的典型值内实现从低功率模式唤醒至激活模式。MSP430 系列微控制器片内集成了众多的高性能模拟外设、数字外设以及多种存储器（包括 FRAM），许多外设都可以执行自主型操作，因而大幅度地减少了 CPU 的工作量。将 MSP430 系列微控制器称之为混合信号处理器，正是由于其针对实际应用需求，将多个不同功能的模拟电路、数字电路模块和微处理器集成在一个芯片上，而且具有卓越的高集成度，以提供“单片机”解决方案。超低功耗使该系列微控制器多应用于需要电池供电的便携式仪器仪表中。

17.1 MSP430 系列微控制器的结构和特点概述

TI 根据片内集成的存储器种类和容量、片内集成外设或者应用领域的不同，推出了 MSP430F1×、MSP430F2×/4×、MSP430F5×/6×、MSP430FR×× FRAM、MSP430G2×/i2×等子系列产品。1996 年到 2000 年初，TI 还先后推出了 31×、32×、33×等几个子系列。MSP430 系列产品包括从 MSP 超值系列到高度集成嵌入式 FRAM 微控制器等超过 500 种器件。FRAM（铁电随机存取存储器，也称为 FeRAM 或 F-RAM）是一种集闪存和 SRAM 的特性于一体的非易失性存储器，与闪存、E^2PROM 和 SRAM 技术相比，FRAM 使用晶体偏振而非电荷存储保持状态，降低了电压要求（最低达 1.5V）并实现了高写入速度，高达 2MB/s。FRAM 还具有防分裂能力，即写入/擦除周期中的功率损失不会造成数据损坏；可以使用加密对数据进行保护；支持快速和低功耗写入，写入寿命可达 10^{15} 次；与闪存和 E^2PROM 相比，更不易受到攻击者攻击，具有更好的代码和数据安全性；可抵抗辐射和电磁场，并且具有无可比拟的灵活性。FRAM 是目前实际应用中仅有的一种将程序存储器和数据存储器集成于一体的存储器，可以任意分配空间。这种存储器技术已问世数十年，也已应用到 MSP430 超低功耗微控制器的 MSP430FRxx FRAM 子系列产品中。

MSP430 系列微控制器的结构框图如图 17.1.1 所示。其 16 位 RISC CPU 采用冯·诺依曼结构将程序和数据存储空间统一编址，CPU 通过图中的存储器地址总线（Memory address bus，MAB，16/20/32 位）和存储器数据总线（Memory data bus，MDB，16 位）访问片内数据存储器、程序存储器和各种片内外设（Peripheral），访问片内外设只用到 MDB 的 8 位。

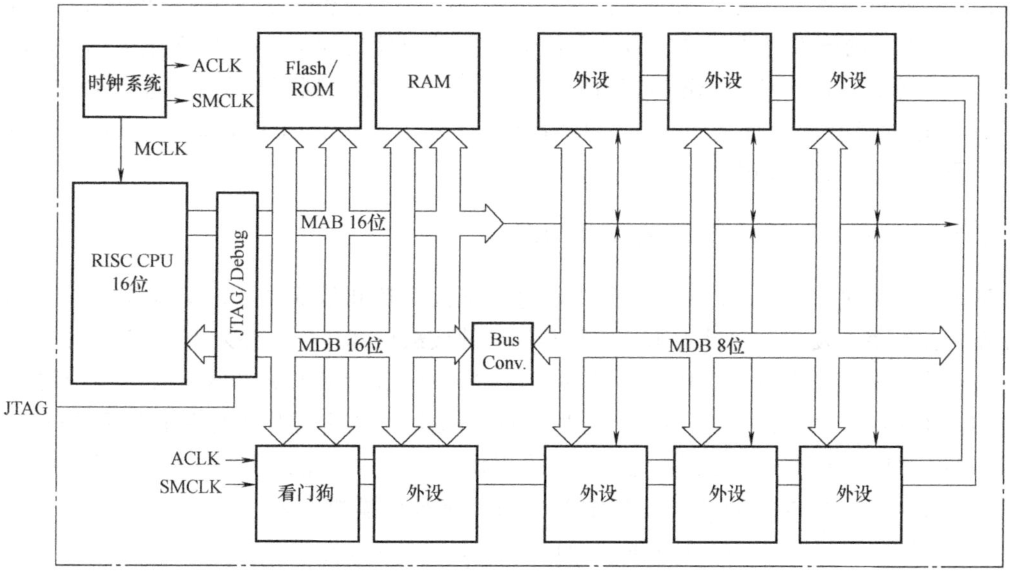

图 17.1.1 MSP430 系列微控制器的结构框图

MSP430 系列微控制器的各成员集成了较丰富的片内外设：看门狗（WDT）、模拟比较器、多个定时器、硬件乘法器、液晶驱动器、ADC、直接存储器存取（DMA）、多个端口 1~6（P1~P6）等外围模块。MPS430F15×和 MPS430F16×系列的产品，不仅将 RAM 容量大大增加，如 MPS430F1611 的 RAM 容量增加到了 10KB，还增加了 SVS（Supply Voltage Supervisor）模块。其中，P0、P1 和 P2 端口能够接收外部上升沿或下降沿的中断输入，12/14 位 A/D 转换器有较高的转换速率，最高可达 1Msps，能够满足大多数数据采集应用。DMA 提高了数据传输速率，具有增强型通用串行通信接口，可实现：①增强型通用异步收发传输器（UART），支持自动波特率检测；②IrDA（红外）编码器和解码器；③同步串行外设接口（SPI）和同步串行外设接口（I^2C）。MSP430 系列微控制器的这些片内外设为系统的单片解决方案提供了极大的方便。

下面要介绍的实验平台采用的是 MSP430G2553 微控制器，MSP-EXP430G2 LaunchPad

实验平台用户指南、MSP430G2553 器件手册及相关应用资料请在 TI 网站（https：//www. ti. com/或 https：//www. ti. com. cn/）下载。

17.2 MSP430 系列微控制器的实验平台简介

TI 为用户提供了一大批学习 MSP430 系列微控制器的硬件开发工具，从售价几美元的 LaunchPad 等低成本开发套件到高集成度的专用平台等一应俱全。本小节将介绍基于 MSP430G2553 的 MSP-EXP430G2 LaunchPad 开发套件。首先，MSP430G2553 微控制器芯片虽然封装小巧，但片内集成了除 PLD 以外的所有“数字电子技术”中介绍的器件，还集成了没有介绍的各种串行接口。与 40 引脚的 8051 微控制器相比，其片内集成的外设接口更多，集成的存储器容量更大。该芯片没有外扩并行总线，因此封装小，引脚少，即 MSP430G2553 微控制器与片外设备通信采用串行方式。MSP-EXP430G2 LaunchPad 是 TI 公司提供的一种低成本且容易使用的微控制器开发学习平台。但由于 MSP-EXP430G2 LaunchPad 平台上自带的硬件资源较少，为了方便学生们学习使用 MSP430G2553 集成的 ADC、定时器、比较器、SPI、I^2C、UART 等片内外设，TI 中国大学计划部与高校及企业合作设计开发了一套全功能迷你扩展板——LaunchPad G2 口袋实验平台（MSP430 G2 PCCKET LAB KIT）。下面分别介绍这两个平台。

17.2.1 MSP-EXP430G2 LaunchPad

MSP-EXP430G2 LaunchPad 开发套件是适用于低功耗和低成本 MSP430G2x 微控制器的易用型微控制器开发板。它具有用于编程和调试的板载仿真功能，并采用 14/20 引脚 DIP 插座（支持所有采用 DIP14 或 DIP20 封装的 MSP430G2xx 和 MSP430F20xx 器件）、板载按钮和 LED 以及 BoosterPack 插件模块引脚。这些 BoosterPack 插件模块引脚支持在 MSP-EXP430G2 LaunchPad 上扩展多种多样的模块化插件，可以像搭积木一样增加无线、电容式触控、显示等功能。相关信息可以在 TI 网站上搜索 BoosterPack 插件模块引脚。

MSP-EXP430G2 LaunchPad 可使用 IAR Embedded Workbench™ 集成开发环境（IDE）或者 Code Composer Studio™（CCS）IDE，基于 USB 的集成型仿真器可直接连接至 PC 以实现轻松编程、调试和评估。此外，它还提供了从 MSP430G2xx 器件到主机 PC 或相连目标板的 9600 波特率 UART 串行连接。调试器是非侵入式的，这使用户能够借助可用的硬件断点和单步操作全速运行应用，而不耗用任何其他硬件资源。

17.2.2 LaunchPad G2 口袋实验平台

LaunchPad G2 口袋实验平台（MSP430 G2 PCCKET LAB KIT）在与 MSP-EXP430G2 LaunchPad 同等大小的 PCB 上，集成了多款模拟和数字器件来提供声、光、电相结合的实验，集学习性与趣味性于一体。在该平台上不仅可以学习 MSP430 的所有外设，还可以学习基本的模拟知识和系统设计方法。

LaunchPad G2 口袋实验平台可以不借助其他测试仪器来实现对 MSP430 系列微控制器内部资源和片内外设的学习和实验，个别实验使用了示波器。在杭州艾研信息官方网站 www. hpati. com 上，搜索“MSP430 口袋实验套件 AY-G2 PL KIT”，下载与 MSP430 G2 PC-

CKET LAB KIT 对应的“AY-G2PL KIT_ 用户手册”和“AY-G2PL Module_原理图”以及包含 MSP430 G2 PCCKET LAB KIT 包装盒背面列出的全部实验的例程“AY-G2PL KIT_例程 . rar”，该压缩文件包中包含了不同 CCS 版本下的全部工程文件，这些例程包括 MSP-EXP430G2 LaunchPad 中配套的 MSP430G2553 全部的片内外设实验以及 3 个综合性实验。

LaunchPad G2 口袋实验平台上有液晶显示器（Liquid Crystal Display，LCD），要求实验之前首先要查找液晶显示原理，掌握 LaunchPad G2 口袋实验平台上 128 段式液晶驱动 HT1621 控制方式以及 HT1621 与 LCD 的连线图，熟悉在艾研信息网站下载的 LCD 自检程序，并进行实验。

MSP430 系列微控制器的开发使用了 TI 的 CCS 软件，在 CCS 中有一个非常实用的资源库叫作 MSP430ware，其中有 MSP430 系列所有芯片的文档资料，以及丰富的例程。用好这个资源库可以让 MSP430 系列微控制器的学习之旅事半功倍。MSP430ware 资源库菜单有 3 个功能，分别是 Device、Development Tools 和 Libraries：① Device：包含 MSP430 系列所有芯片的 User's Guide、Datasheets 等文档，针对芯片的 Code Examples，还有图形化工具 Grace-Examples；②Development Tools：包含所有 MSP-EXP430G2 LaunchPad 开发套件的 User's Guide 以及硬件文档，还有针对板卡的例程；③Libraries：包括外设驱动库 Driverlib、图形处理库 Graphics Library、USB 开发库、电容触摸库等，这些库为用户提供了封装好的函数，使用这些库可以在不关心芯片具体寄存器的情况下编程。初次学习微控制器者，还是需要了解微控制器的结构和寄存器，建议从 Device 中的 Code Examples 例程开始学习。

17.3 MSP430 系列微控制器时钟模块结构与实验

时钟模块是微控制器非常重要的部分之一，因此本节主要介绍 MSP430 系列微控制器的时钟模块。与 8051、AVR、TMS320C2000 等微控制器相比，MSP430 系列微控制器的时钟模块要复杂很多，基础时钟模块主要由低频晶体振荡器、高频晶体振荡器、数控振荡器（DCO）、锁频环（FLL）及增强型锁相环（FLL+）等模块构成。不同系列微控制器包含的时钟模块有所不同，但时钟模块都输出 3 种时钟信号：①ACLK（Auxiliary Clock，辅助时钟信号）用于提供低速外设模块时钟；②MCLK（Master Clock，主时钟信号）主要用于提供微控制器和相关系统模块时钟；③SMCLK（Sub-main Clock，子系统时钟）一般提供高速外设时钟。

MSP430 系列微控制器时钟模块一般包含多个时钟源：

1）LFXT1CLK：低频/高频时钟源，可以是 32.768kHz 的晶体或外部低频时钟（LF 模式），或者是 400kHz~16MHz 的晶体/晶振/外部时钟源（HF 模式）。

2）XT2CLK：高频时钟源，频率范围支持 400kHz~16MHz，可以是晶体/晶振/外部时钟源。不是所有的 MSP430 系列微控制器都支持。

3）DCOCLK：内部数字控制的 RC 振荡器，频率稳定性差。所有 MSP430 系列微控制器都有。

4）VLOCLK：内部低功耗、低频振荡器，典型频率值为 12kHz。所有 MSP430 系列微控制器都有，使用方便，但精准性不是太高。

MSP430F2××系列的时钟模块如图 17.3.1 所示，由图可见，ACLK 的时钟源可以通过软件选择 LFXT1CLK 或者 VLOCLK，并且通过软件确定进行 1、2、4 或 8 分频后提供给外设。MCLK 的时钟源可以选择 LFXT1CLK、VLOCLK、XT2CLK（如果片内可获得的话）或 DCO-CLK，并且通过软件确定进行 1、2、4 或 8 分频后提供给 CPU 和系统，也可以由 CPUOFF 位控制 2 选 1 多路选择器关断时钟。SMCLK 的时钟源可以选择 LFXT1CLK、VLOCLK、XT2CLK（如果片内可获得的话，若不用 XT2CLK，也可用控制位 XT2OFF 关闭三态门）或 DCOCLK，并且通过软件确定进行 1、2、4 或 8 分频后提供给外设模块，也可以由 SCG1 位控制 2 选 1 多路选择器关断时钟。

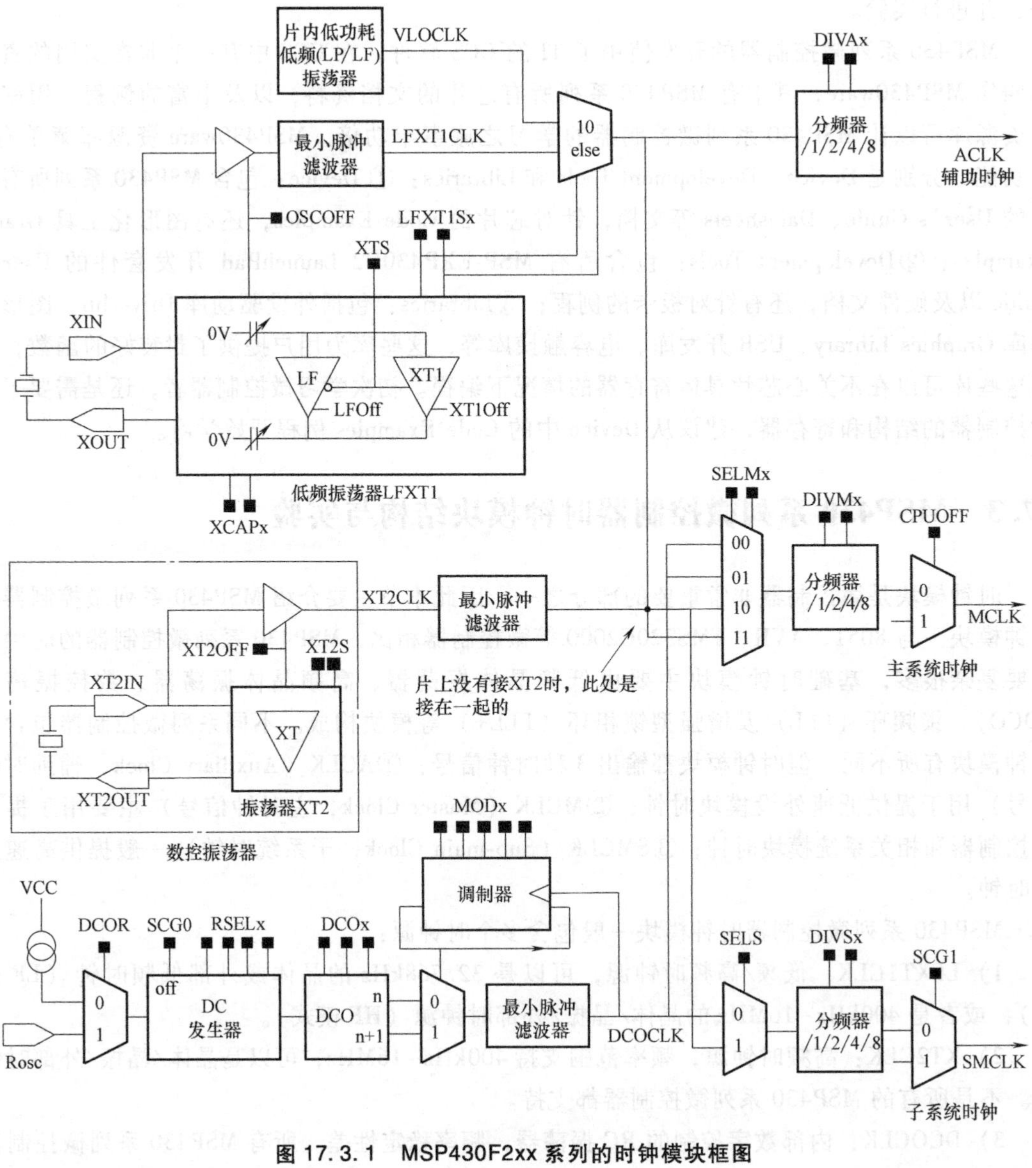

图 17.3.1　MSP430F2xx 系列的时钟模块框图

在系统 PUC（power-up clear）之后，SMCLK 与 MCLK 默认以 DCO 作为时钟源，振荡频率在 1.1MHz 左右；ACLK 以 LFXT1CLK 作为时钟源，工作在 LF 模式下，内部有 6pF 的负载电容。

如果要改变时钟源或者其他状态制位，如 SCG0、SCG1、OSCOFF、CPUOFF 等信息，请查找器件手册中与时钟模块有关的寄存器 DCOCTL、BCSCTL1、BCSCTL2 和 BCSCTL3 等，并根据要求以及控制寄存器每位的含义进行编程修改。

17.4 MSP430 系列微控制器片内外设模块以及实验

不同微控制器片内集成的片内外设模块各不相同，有很多基础模块的工作原理及应用在“数字电子技术”中都有介绍，如定时器、DAC、ADC 等，这些模块集成于微控制器片内，使用时可以通过软件编程控制其工作，具体如何控制，需要详细查阅具体器件的数据手册和用户手册。也有些微控制器片内常用模块的原理在“数字电子技术”中没有接触过，下面分别对 MSP430 系列微控制器的基础模块和同步串行通信模块进行介绍，由于异步串行通信模块原理与 8051 微控制器类似，在此不再介绍。

17.4.1 基础模块及实验

多数的微控制器内部都包含看门狗和定时器模块。

看门狗的核心电路是一个定时器，当软件正常工作时，用户软件需要在定时器溢出之前清除定时器，一旦程序跑飞无法正常清除看门狗定时器时，定时器溢出后会使系统回到复位状态，重启软件。微控制器片内除了看门狗定时器外，一般还会有多个定时器，所有定时器都是可编程的，具有多种可编程的定时计数工作方式，具有计数、分频、定时的基本功能，与一些寄存器以及控制配合，还可以产生脉冲宽度调制（Pulse Width Modulation，PWM）波。定时器与捕获矩形波上下沿的电路配合，可以测量信号周期、频率、脉宽等参数，与正交编码电路配合可以测量电机转速等。

参考下载的“AY-G2 PL KIT_例程 . rar”中的看门狗以及 PWM 例程进行实验，其中还包括观测 DCO 频率变化、按键中断、呼吸灯、电容触摸按键、ADC 及温度传感器采样和显示、DAC、LCD 显示自检等实验例程。

17.4.2 Grace 图形化工具简介

随着技术发展和市场的需求，微控制器片内集成的外设接口电路越来越复杂，每个接口的寄存器配置也越来越烦琐。但这种配置方式的好处是可以让大家切实体会到每个模块底层是如何通过寄存器配置来实现不同的工作方式的。有了这样的基础，再利用图形化编程工具，大家就可以不去关心各个寄存器的地址是多少，寄存器每位 0 和 1 的含义是什么等细节，加快了软件设计，简化了微控制器的开发。Grace 就是一种图形化编程工具。

2011 年，TI 推出 Grace 软件平台，该可视化免费插件可通过图形用户界面（GUI）帮助设计人员便捷地实现和配置超低功耗 MSP430 系列微控制器外设。开发人员可通过按钮、下拉菜单、实用弹出窗口的简单选择或设置，生成简单易懂的 C 语言代码，自动配置模/数转换器（ADC）、运算放大器、定时器、串行通信模块、时钟以及其他外设的设置。Grace 软件可简化外设的设置过程，帮助开发人员集中精力为其应用与用户体验实现差异化，从而消除微控制器的开发障碍，加速产品的上市进程。Grace 作为一款免费 Code Composer Studio IDE 插件，不仅可无缝集成于 MSP430 系列微控制器工具链及开发过程，兼容于所有

MSP430G2xx（Value Line）与 MSP430F2xx 器件、大多数 eZ430 模块以及 MSP-EXP430G2 LaunchPad 开发套件，而且还包含了开源教程与项目范例。

17.4.3 同步 I²C 总线原理及应用

目前在数字通信应用领域，随处可见 I²C（Inter-Integrated Circuit）和 SPI（Serial Peripheral Interface）总线的身影，原因是这两种总线通信协议非常适合近距离低速芯片间的通信。I²C 和 SPI 总线都属于同步串行通信，即通信双方共用时钟，将提供时钟的设备称为主设备、主机或者主器件。越来越多的微控制器片内都集成有对应的接口，如果没有，也可以通过 GPIO 引脚由软件产生需要的时序信号与外围对应设备进行通信。MSP430 系列微控制器片内也集成了 I²C 和 SPI 总线接口。

I²C 总线是同步半双工总线，由 Philips 公司开发于 1982 年，最初是为了给电视机内的 CPU 和外围芯片提供更简易的互联方式。电视机是最早的嵌入式系统之一，而最初的嵌入系统是使用存储器映射（Memory-Mapped I/O）的统一编址方式寻找 CPU 的外围设备的，即将外围设备 I/O 端口的访问地址映射到存储器空间，要实现内存映射，设备必须并入 CPU 的数据总线和地址总线，这种方式在连接多个外设时需要大量的线路和额外的地址解码芯片，很不方便且成本高。为了节省微控制器的引脚和和额外的逻辑芯片，使印制电路板更简单，成本更低，荷兰的 Philips 实验室开发了 I²C 总线协议，是一种用于 IC 器件之间连接的双向二线制的总线协议，传输速率有限，最初的标准定义总线速率为 100kbit/s，1998 年引入了高速模式，速率高达 3.4Mbit/s。

1. I²C 总线结构

I²C 总线结构如图 17.4.1 所示，总线由 2 条线构成，一条数据线用 SDA（Serial Data Line）表示，一条时钟线用 SCL（Serial Clock Line）表示，显然 I²C 总线无法实现全双工通信。这 2 条线都是开漏输出，使用时要外接上拉电阻。当总线空闲时，两根线均为高电平。连到总线上的任一器件输出的低电平，都将使总线的信号变低，即各器件的 SDA 及 SCL 都是线“与”逻辑。

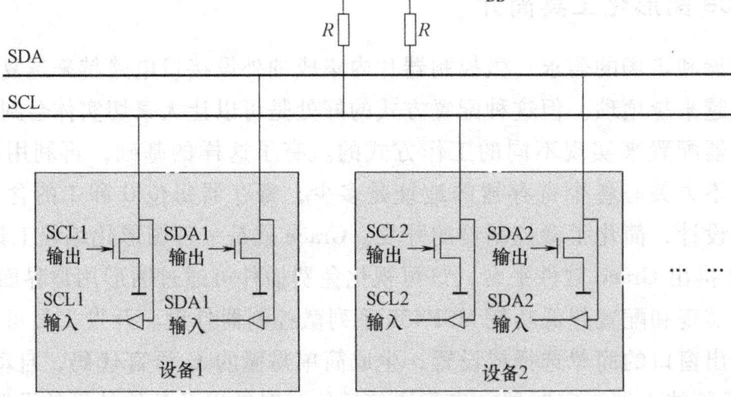

图 17.4.1　I²C 总线结构

2. I²C 总线数据位有效性规定以及起始与停止信号

I²C 总线进行数据传送时，若时钟信号为高电平，数据线上的数据必须保持稳定，只有在时钟线上的信号为低电平时，数据线上的高电平或低电平状态才允许变化。如图 17.4.2 所示。

具有 I^2C 接口的器件一般没有片选控制引脚，所以 I^2C 总线在传送数据时必须由主器件产生通信的开始信号、结束信号、空闲信号、应答信号使总线数据有效传送，如图 17.4.2 所示，在这些信号中，起始信号是必须的，结束信号和应答信号可以不要。

开始信号（或起始信号，用 S 表示）：SCL 高电平时 SDA 由高到低的跳变，标志数据传输的开始。起始信号产生后，总线就处于被占用的状态。

结束信号（或停止信号，用 P 表示）：SCL 高电平时 SDA 由低向高的跳变，标志数据传输的结束。终止信号产生后，总线就处于空闲状态。

空闲信号：I^2C 总线上设备都释放总线即发出传输停止后，总线因上拉电阻变成高电平，即 SDA 和 SCL 都是高电平。

I^2C 总线中唯一违反上述数据有效性的是 S 和 P 信号。起始和终止信号都是由主机发出的。

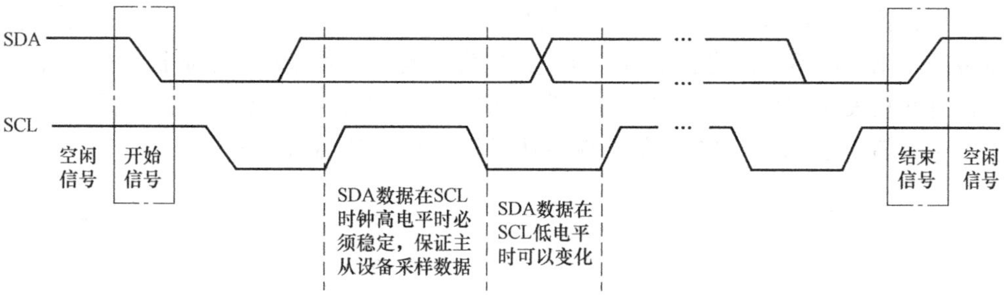

图 17.4.2　I^2C 总线的各种信号

连接到 I^2C 总线上的器件，若具有 I^2C 总线的硬件接口，则很容易检测到起始和终止信号。对于不具备 I^2C 总线硬件接口的微控制器来说，为了检测起始和终止信号，必须保证在每个时钟周期内对数据线 SDA 采样多次。

3. I^2C 的帧格式

如图 17.4.3 所示，I^2C 协议的完整帧格式包括 1 位起始位（S）、从机地址位（Slave Address）、1 位读写位（$R/\overline{W}$）、1 位应答位（ACK）、8 位数据位（Data）、1 位应答位（ACK）、8 位数据位（Data）、1 位应答位（ACK）、1 位停止位（P）。I^2C 协议从机地址有 7 位和 10 位两种，7 位地址一般足够区分系统中的 I^2C 器件，因此下面仅介绍 7 位地址帧格式。读写位（$R/\overline{W}$）确定数据的传送方向，$R/\overline{W}=0$，表示主机写数据，即发送数据，地址符合的从机拉低 SDA 总线，产生 ACK 应答信号表示正确接收，不应答表示接收错误；$R/\overline{W}=1$，表示主机接收从机数据，则应答位 ACK 由主机负责拉低 SDA 表示正确接收。

1	7	1	1	8	1	8	1	1
S	从机地址位	$R/\overline{W}$	ACK	数据	ACK	数据	ACK	P

图 17.4.3　I^2C 7 位地址的帧格式框图

实际通信时，I^2C 的完整帧格式时序如图 17.4.4 所示。每帧数据 9 位，第一帧是地址帧：7 位从机地址信息+1 位 $R/\overline{W}$+1 位数据接收方应答 ACK；后续帧是数据帧：8 为数据+1 位数据接收方应答 ACK。数据帧的个数由具体设备或器件确定，8 位数据可以是命令或传送的数据。

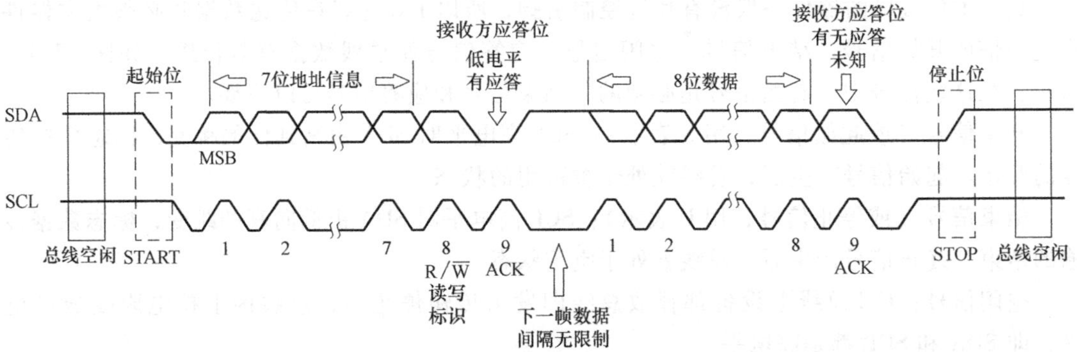

图 17.4.4　I^2C7 位地址的帧格式总线时序图

每次数据传送总是由主机产生的终止信号结束。但是，若主机希望继续占用总线进行新的数据传送，则可以不产生终止信号，马上再次发出起始信号对另一个从机进行寻址。假如 A 机正在向 B 机发送信息，A 机突然要中断通信并与 C 机通信，此时 A 机拉低数据线相当于重新产生起始信号 S，直接进入第二轮主从通信。如图 17.4.5 所示。

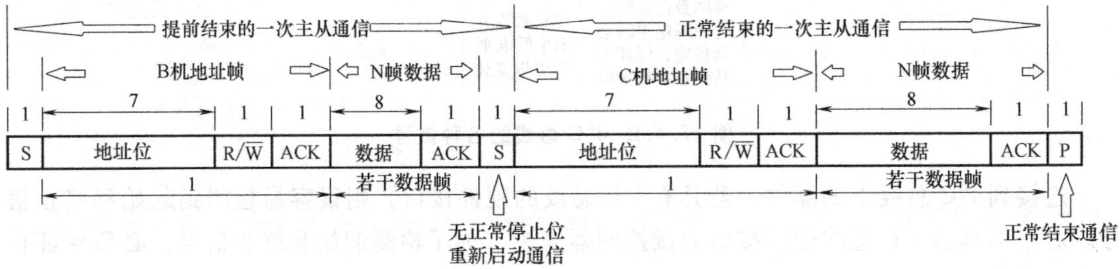

图 17.4.5　I^2C 通信中更改从机的时序

I^2C 总线上的数据传输是高位（MSB）在前、低位（LSB）在后。每次发到 SDA 上的数据必须是 8 位，并且主机发送 8 位后释放总线，从机收到数据后必须拉低 SDA 一个时钟以回应 ACK，表示数据接收成功。从机收到一个字节数据后，如果需要一些时间处理或者从设备无法跟上主设备的时钟速度时，可以拉低 SCL，逼迫主设备进入等待状态，直到从设备释放时钟线，通信才能继续。

4. I^2C 总线的主机与从机

I^2C 是"线与"输出的标志性电路，所有挂载在总线上的 I^2C 设备地位平等，都可作为主机或从机。从分配地址来看，最多可挂载设备有 1024 个，实际挂载设备数量受总线电容限制。

主机发出第一帧地址和读写位后，地址符合的从机拉低 SDA 数据总线，产生 ACK 应答信号，主机开始收或发（视 $R/\overline{W}$ 值确定）下一帧，直到产生停止位。这期间，其他从机不接收数据，仅判断新的起始位是否出现，等待下一次比对地址通信的机会。

通常由微控制器内部 I^2C 接口作为主机，具有 I^2C 接口的器件，如 ADC、E^2PROM 等作为从机。由于 I^2C 协议的器件或芯片引脚匮乏，其 I^2C 从机地址的一部分或全部被固化在芯片内部，同一型号的芯片有若干种 I^2C 从机地址的子型号出售，以芯片后缀来区分。固化了部分地址的芯片，其引脚中包含了一些专用地址引脚，通过对这些地址引脚上拉或下拉设定地址。假设一个从机的7位寻址位有6位是固化的，有1位专用地址引脚，如TCA6416A I/O扩展芯片，说明仅能有两个TCA6416A器件接入到I^2C总线系统中。如果某I^2C器件有3位地址引脚，则一个系统中可以寻址8个同样的该I^2C器件。I^2C总线的E^2PROM一般都有3位可编程地址，例如，型号24C02的7位地址中，高4位是固定的1010B，而低3位的地址取决于芯片的A_2、A_1和A_0三个引脚在具体电路中所接的电平，因此，同一系统中可接8片24C02，低3位地址可以依次设计为000~111。TCA6416A和24C02器件与微控制器通信时都作为从机或从设备，微控制器作为主设备，提供时钟信号。

5. I^2C总线仲裁

I^2C总线是多主机通信系统，总线上有多个I^2C设备或器件，它们都有自己的寻址地址，可以作为从设备被访问，也可以作为主设备发送控制字节和传送数据到其他设备。但是如果有两个或两个以上的设备同时向总线发送起始信号并开始传送数据，这样就形成了冲突。要解决这种冲突，就要进行仲裁判决，这就是I^2C总线仲裁。

I^2C总线仲裁包括SCL同步和SDA仲裁两部分。SDA仲裁和SCL同步没有先后关系，而是同时进行的。

SCL同步（时钟同步）是由于总线具有线“与”的逻辑功能，即只要有一个设备发送低电平，总线上就表现为低电平。当所有的设备都发送高电平时，总线才能表现为高电平，当多个设备同时发送时钟信号时，在总线上表现的是统一的时钟信号，如图17.4.6所示。

线“与”逻辑同样确定了SDA仲裁结果，如图17.4.7所示。每个设备发送一个数据位时都要对自己的输出电平进行检测，若检测的电平与发出的电平一致，则它们会继续占用总线，如果电平不一致，则放弃对总线的控制权。各个主控器没有对总线实施控制的优先级别，由于线“与”的原因，遵循“低电平优先”原则，即谁发送的第一帧地址帧中的地址小（即从机的地址编号小），谁就会掌握对总线的控制权，如图17.4.7中的设备2最终成为主设备，而且数据线（SDA）上的信号就是设备2 SDA2的信号，即在仲裁过程中数据不会丢失。

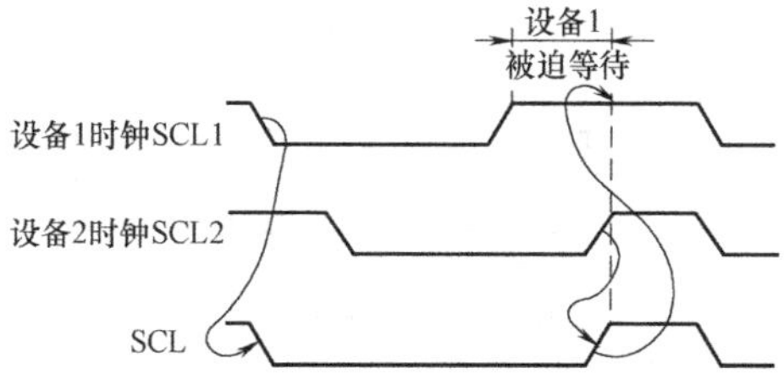

图17.4.6 I^2C SCL同步

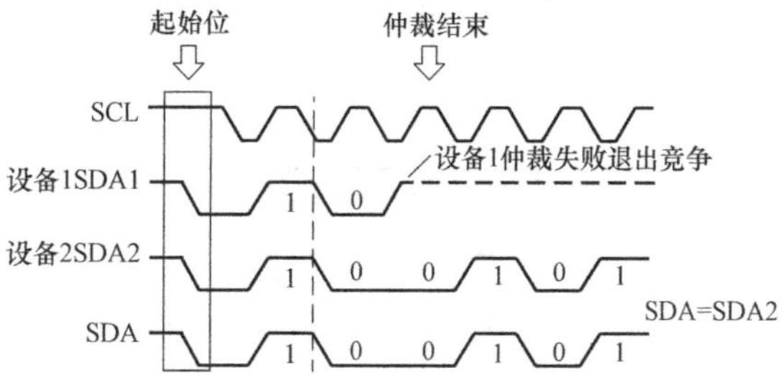

图17.4.7 I^2C SDA仲裁结果

6. I^2C应用举例

在LaunchPad G2口袋实验扩展平台上，有一个I^2C接口的TCA6416A芯片，可以实现串-并转换，TCA6416A可以扩展16个I/O口。在LaunchPad G2中，8个I/O口用于控制口袋实验平台上的LED1~LED8，4个I/O用于控制4个KEY1~KEY4机械按键，请同学们编程控制TCA6416A，点亮LaunchPad G2口袋实验扩展平台上的8个LED灯。

17.4.4 同步 SPI 原理及应用

1. SPI 信号及接口电路

SPI（Serial Peripheral Interface）是串行外围设备接口，最早由 Motorola 公司提出并集成在 MC68HCxx 系列微控制器中，是同步全双工串行数据传送标准。SPI 被广泛用于 DAC、ADC、串行 E^2PROM、LCD 显示驱动器等外部设备的扩展。目前，多数微控制器内部都有 SPI 模块，SPI 有 4 个外部总线，与 I^2C 总线不同，SPI 没有明文标准，只是一种事实标准，对通信操作的实现只作一般的抽象描述，芯片厂商与驱动开发者通过器件手册（data sheets）和用户指南（User's Guide）沟通实现细节。具有 SPI 接口的主从设备的内部结构以及通信连线方式如图 17.4.8 所示，其核心是一个移位寄存器，用来完成数据的接收和发送。移位寄存器的位数在设备出厂时已经决定，目前多数是 8 位和 16 位。SPI 的 4 个信号含义如下：

CLK：串行时钟（Serial Clock），由主设备输出，也叫作 SCLK。

MOSI 或 SIMO：主设备输出从设备输入（Master Output Slave Input）。

MISO 或 SOMI：主设备输入从设备输出（Master Input Slave Output）。

SS：从设备选通信号（Slave Select），主设备输出，低电平激活从设备。

主设备提供串行通信的时钟 SPICLK，从设备由 SPICLK 引脚输入来自其他主模块的时钟信号。SPI 主设备可以在任何时候启动数据传送，因为它控制着时钟信号。主模块通过控制从设备的 SPISS 引脚为低电平来使能从设备开始数据的接收和发送。

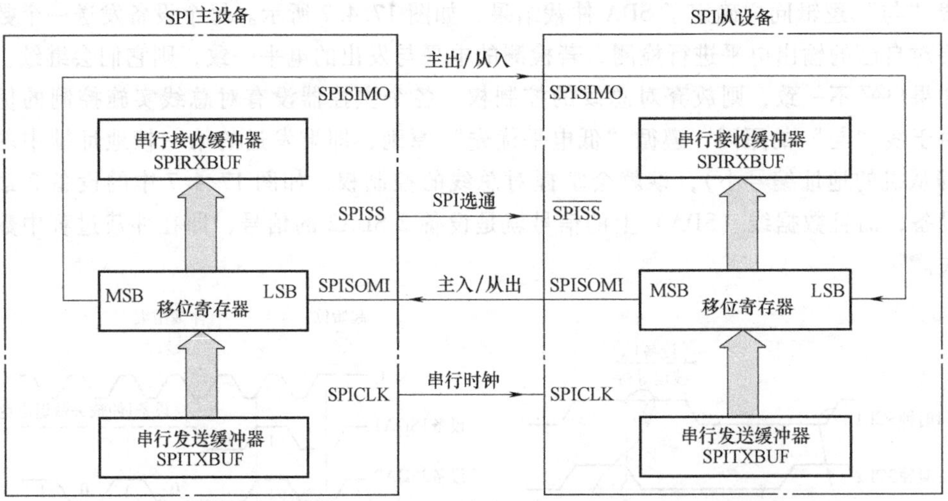

图 17.4.8 具有 SPI 接口的主从设备的内部结构以及通信连线方式

2. SPI 的操作模式

由图 17.4.8 可见，无论是主设备还是从设备，其接收/发送移位寄存器从高位（MSB）端移出数据，从低位（LSB）移入数据，即 SPI 通过移位寄存器在一个 SPICLK 时钟周期内完成 1 位数据的发送和接收。由第 8 章的移位寄存器工作原理可知，时钟作用前有效数据必须在寄存器的输入端，因此，SPI 设备间通信时，每发送一位数据要分两步：第一步，先把要发送的数据（如 MSB 位）移出到 SPISIMO 和/或 SPISOMI 线上；第二步，锁存 SPISIMO 和/或 SPISOMI 线上的数据到移位寄存器的 LSB 位中。即一位数据的发送和接收在 SPICLK

的不同时刻进行。SPI 的移位寄存器具体在时钟脉冲 SPICLK 信号的哪一个状态移出数据，哪一个状态锁存数据，由如下两个参数确定，因此 SPI 有 4 种操作模式。

一个参数是时钟极性（CLOCK POLARITY，CPOL），CPOL 用于定义时钟信号 SPICLK 在空闲状态下处于高电平还是低电平。SPICLK 时钟的空闲状态是指当 SPICLK 在发送若干个比特数据之前和发送完之后的状态，即不进行通信时 SPICLK 的状态。CPOL=0，表示空闲状态时钟是低电平，所以进入工作状态时 SPICLK 的第一个边沿应该是上沿，第二个边沿是下沿；CPOL=1，表示空闲状态时钟是高电平，对应的工作状态的 SPICLK 第一个边沿应该是下沿。

另一个参数是时钟相位（CLOCK PHASE，CPHA），CPHA 表示时钟从空闲状态到有效激活状态时钟的第一个边沿是否有延时，0 代表无延时，1 代表有延时。如本书下面介绍的内容就是采用了这种概念，TI 的 DSP 和微控制器内部的 SPI 都采用了这种方式。也有认为 CPHA 是用来定义开始通信时的第一个数据（即 MSB）的采样或锁存时刻是在 SPICLK 的第几个边沿进行。无论是哪种定义，最后的关键是要使双方 SPI 通信器件的时序和操作模式一致，即主从设备必须使用相同的 SPICLK、CPOL 和 CPHA 参数才能正常工作。主设备一般可编程为 4 种 SPI 操作模式的微控制器，有些从设备的 SPI 操作模式可能只有简单的一两种，那么就需要通过编程使主设备满足从设备的时序要求。如果有多个从设备，并且它们使用了不同的参数，那么主设备必须在读写不同从设备数据时重新配置这些参数。一般情况下，SPI 主从设备多数采用边沿发送和边沿采样数据，例如，在 SPISCK 的上升沿发送数据，下降沿接收数据。

SPI 操作模式见表 17.4.1，操作模式波形如图 17.4.9 所示，图中 SPICLK 为对称时钟，即占空比为 50%。

表 17.4.1 SPI 的操作模式

时钟模式	CPOL	CPHA	SPI 传送操作说明
上升沿无延时	0	0	SPI 在 SPICLK 信号的上升沿发送数据，下降沿锁存数据
上升沿有延时	0	1	SPI 在 SPICLK 信号的上升沿前的半个周期发送数据，上升沿锁存数据
下降沿无延时	1	0	SPI 在 SPICLK 信号的下降沿发送数据，上升沿锁存数据
下降沿有延时	1	1	SPI 在 SPICLK 信号的下降沿的前半个周期发送数据，下降沿锁存数据

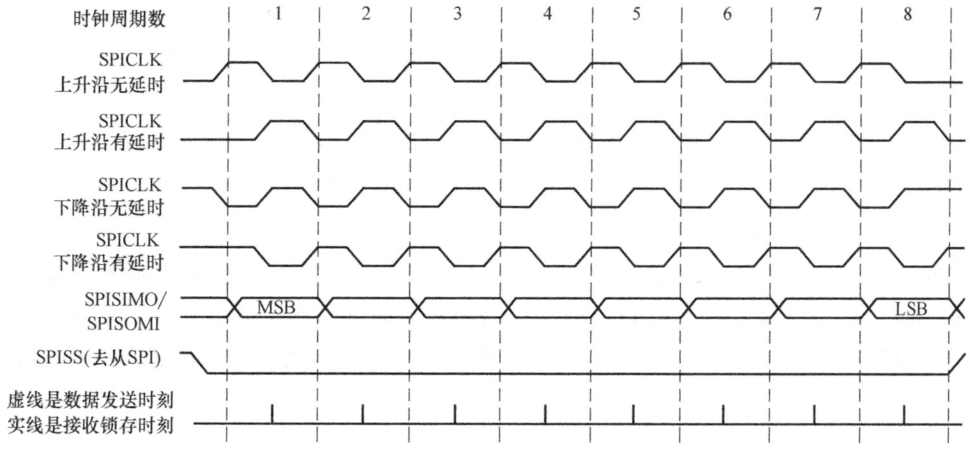

图 17.4.9 SPI 的 4 种操作模式波形

由图 17.4.8 可见，无论 SPI 工作在主设备还是从设备，发送的数据都由移位寄存器的高位同步移出到输出引脚，而接收的数据都经接收输入引脚同步由移位寄存器的低位移入。因此，向移位寄存器和 SPITXBUF 写入发送数据时必须左对齐，从 SPIRXBUF 读回的数据是右对齐的。

与异步串行通信 SCI 不同，I^2C 总线和 SPI 数据传输都是高位（MSB）在前、低位（LSB）在后。与 I^2C 总线不同，SPI 没有规定最大传输速率，通信根据器件的具体要求确定，也没规定通信应答机制。

3. SPI 应用举例

SPI 被广泛应用在存储器、ADC、LCD 等设备中，这些设备一般与微控制器或者 FPGA 连接，按照 SPI 协议进行数据通信。用 Digilent 公司 PmodDA1 和 FPGA 实验平台构成的波形发生器详见 11.1.5 节，PmodDA1 上的两个 DAC 是基于 SPI 接口的双通道 8 位数/模转换器 AD7303。请同学们利用 MSP430 系列微控制器的 SPI 接口设计一个 SD 卡读写与音频播放器。

思 考 题

17.1 熟悉 MSP430 系列微控制器的时钟模块结构，在 MSP430G2553 在上电之后，CPU 时钟 MCLK 默认的时钟源是来自于 DCOCLK 吗？编写一个程序控制 TI 提供的 MSP-EXP430G2 LaunchPad 上的两个 LED 交替闪烁，并用示波器观察时钟信号频率或周期参数，比较与理论值是否一致。

17.2 熟悉 MSP430 系列微控制器的 GPIO 引脚结构以及中断系统，利用中断方式处理按键输入。

17.3 查阅 LaunchPad G2 口袋实验平台上 LCD 驱动芯片 HT1621 与 LCD 的工作原理及硬件接口电路，下载对应的 LCD 开机自检工程文件，掌握 LCD 的控制方法。

17.4 查阅 MSP430 系列微控制器内部集成的温度传感器的相关资料，利用温度传感器，将测得的环境温度模拟量信号由 ADC 转换为数字量信号，并通过 LCD 显示出来。

17.5 了解电容触摸按键原理，并编程扫描电容触摸按键。将 MSP430G2553 的 P2.0 和 P2.5 引出作为电容触摸按键，按下 P2.0 后 LED 亮，按下 P2.5 后 LED 灭。

17.6 利用 LaunchPad G2 口袋实验平台上的 DAC 芯片 DAC8411 与 MSP430G2553 配合，以实现任意波形发生器。

17.7 实现 MSP430G2553 内部的 SCI（UART）接口与 PC 的 RS-232 接口通信，完成 MSP430G2553 的编程工作，上位机（即 PC）可以下载一个串口调试助手，设置通信参数，进行相互的数据收发。

17.8 通过 MSP430G2553 的 I^2C 接口控制 LaunchPad G2 口袋实验扩展平台上的 TCA6416A，编写扫描 LaunchPad G2 口袋实验扩展平台上 4 个机械按键，并在 LCD 显示对应的 KEY1～KEY4，利用计数器、中断逻辑、LCD 直观地测试机械按键的抖动现象。

第18章 基于ARM核的MSP432微控制器

微电子技术和计算机技术的发展使得 MCU 已从 20 世纪 80 年代的 8 位机独大，发展到了今天的 8 位、16 位和 32 位并存的局面。当前，MCU 的种类繁多，全世界已有几十家 MCU 生产厂家，几乎每周都有新的芯片问世。有些厂家是完全靠自身研发来生产属于自己的 MCU，有些则是购买其他公司的处理器核，然后根据市场需求，在片上再集成其他的功能部件，生产出各具特色的 MCU。

18.1 MSP432 MCU 简介

TI 在推出 16 位超低功耗 MSP430 MCU 之后，又隆重推出了基于 ARM Cortex-M4F 内核的 32 位低功耗产品 MSP432 MCU。ARM（Advanced RISC Machines）公司是处理器核供应商中最具影响力的企业之一，专门从事基于精简指令集（Reduced Instruction Set Computing，RISC）技术芯片设计的研发。作为知识产权供应商，ARM 公司不直接从事芯片生产，主要靠转让设计许可由合作公司生产各具特色的芯片。世界各大半导体生产商从 ARM 公司购买其设计的 ARM 处理器核，然后根据各自不同的应用领域，通过加入适当的外围电路形成自己的 ARM MCU 芯片，最后进入市场。目前，Intel、IBM、LG、NEC、TI、Xilinx、Atmel 等众多半导体公司与 ARM 签订了硬件技术使用许可协议。采用 ARM 技术知识产权（Intelligent Property，IP）核的 MCU，即通常所说的 ARM MCU 已遍布工业控制、消费类电子产品、通信系统、网络系统等各类产品市场。MSP432 MCU 就是这样一款产品，可支持多个实时操作系统（RTOS）选项，其中包括 TI-RTOS、FreeRTOS 和 Micrium μC/OS。

18.2 MSP432 的实验平台及开发软件简介

借助 TI 的目标板（MSP-TS432PZ100）或支持板上仿真的低成本 LaunchPad 快速原型设

计套件（MSP-EXP432P401R）即可开始评估 MSP432 MCU。开发人员可以通过包括低功耗 SimpleLink™ Wi-Fi® CC3100 BoosterPack 在内的全套可堆叠 BoosterPacks 来扩展 MSP432 LaunchPad 套件的评估功能。此外，TI 的云开发生态系统使得开发人员能够在网上便捷地访问产品、文档、软件以及集成的开发环境（IDE），从而帮助学习者更快速地入门。

在 CCS7.3 自带的 TI Resource Explorer 可以下载 MSP-EXP432P401R 的相关工程文件，也可在 http://dev.ti.com/tirex/#/中进行下载。

TI 还提供了 MSP-EXP432P401R LaunchPad 的升级版本 Rev2.0（Red），可以在 TI 网站下载“MSP432P401R SimpleLink™ Microcontroller LaunchPad™ Development Kit（MSP-EXP432P401R）User's Guide”和“MSP-EXP432P401R LaunchPad BoosterPack connector”了解详情。

TI 公司基于 TI MSP432 MCU 设计了一套 TI-RSLK（TI Robotics System Learning Kit），这是一款适合用于机器人入门学习的套件，可以帮助读者了解机器人系统的组成和工作方式。TI-RSLK 包含直流电机、码盘以及多种不同类型的传感器，利用该套件可以完成丰富的机器人应用，学习嵌入式系统和应用方面的知识。TI-RSLK 链接：http://university.ti.com.cn/rslk。TI-RSLK 中国版课程链接：https://university.ti.com/zh-cn/faculty/ti-robotics-system-learning-kit/curriculum-cn。该网站包含了 20 个模块的详细课程讲解，每个模块包括简介、讲解、实验、活动和测验 5 个部分，且包含文档以及视频。

CCS 集成开发环境下的 EnergyTrace 代码分析工具，可用于测量应用的能耗累计、实时电流大小、运行过程中各功耗模式占用的时间等信息，是帮助用户分析、优化代码的有力工具。

MDK-arm 是 Keil 公司开发的基于 ARM 核的系列 MCU 的嵌入式应用程序，是用来开发基于 ARM 核的系列 MCU 的嵌入式应用程序。它适合不同层次的开发者使用，包括专业的应用程序开发工程师和嵌入式软件开发的入门者。其功能特点是：支持所有基于 ARM 的 Cortex-M、Cortex-R4、ARM7、ARM9 等系列器件；行业领先的 ARM C/C++编译工具链；μVision4 IDE 集成开发环境、调试器和仿真环境；确定的 Keil RTX，小封装实时操作系统（带源码）；TCP/IP 网络套件提供多种的协议和各种应用；提供带标准驱动类的 USB 设备和 USB 主机栈；为带图形用户接口的嵌入式系统提供了完善的 GUI 库支持；ULINKpro 可实时分析运行中的应用程序，且能记录 Cortex-M 指令的每一次执行；执行分析工具和性能分析器可使程序得到最优化；大量的项目例程帮助你快速熟悉 MDK-ARM 强大的内置特征；符合 CMSIS（Cortex 微控制器软件接口标准）等。

如何在 MSP-EXP432P401R LaunchPad 平台使用 ARM® Keil® RTX 的说明以及工程文件可在 http://www.keil.com/appnotes/docs/apnt_276.asp 网站下载。

现如今，学习 MCU 的环境越来越好。本书推荐以“用”或者以“项目”为目标学习，且亲自动手是编者认为比较好的学习微处理器的方法，希望读者能通过这种训练方法，提升自身的技能，并总结出适合自己的微控制器软、硬件设计方法。

思 考 题

在 MSP432P401R 和 CCS 环境下，验证 TI 官网上的工程文件，并根据自己对相应模块的理解，设计和实践一些综合性实验内容。

附录　常用逻辑门电路逻辑符号

集成逻辑门器件名称	国外流行符号	国标符号	曾用符号
四 2 输入与门	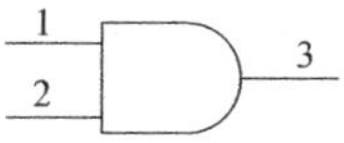 74LS08	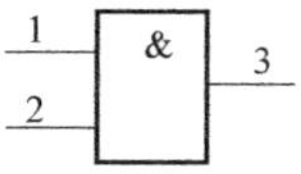 74LS08	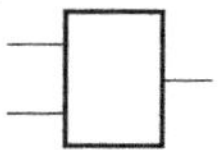
四 2 输入或门	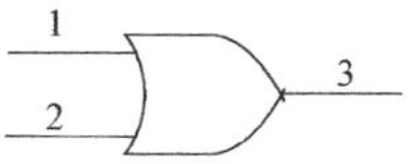 74LS32	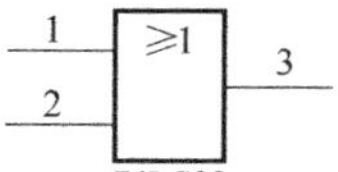 74LS32	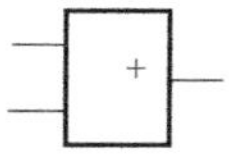
六非门(反相器)	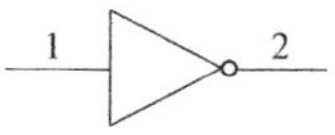 74LS04	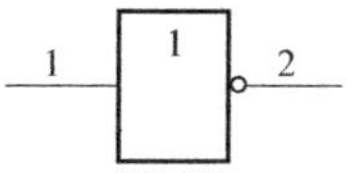 74LS04	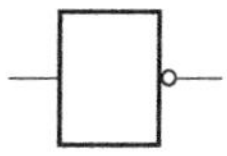
四 2 输入或非门	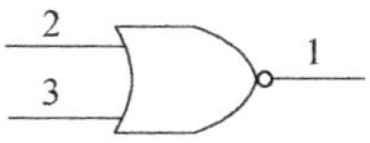 74LS02	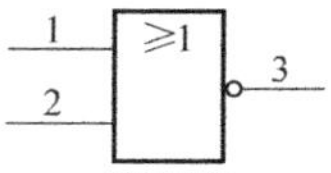 74LS02	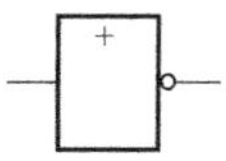
四 2 输入与非门	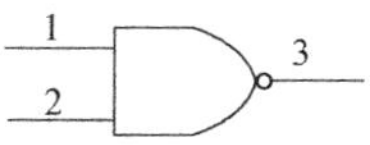 74LS00	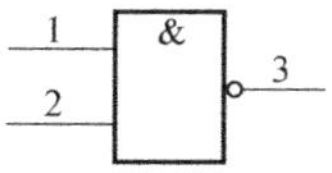 74LS00	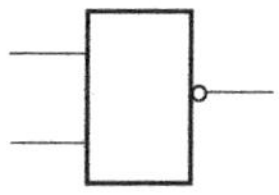
双 4 输入与非门	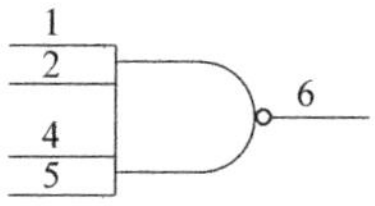 74LS20	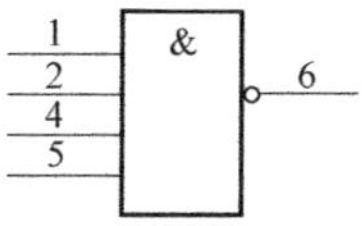 74LS20	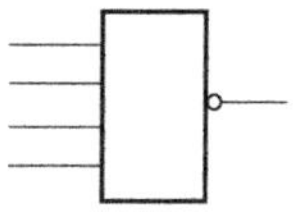

（续）

集成逻辑门器件名称	国外流行符号	国标符号	曾用符号
集电极开路的四 2 输入与非门（OC 或 OD 门符号）	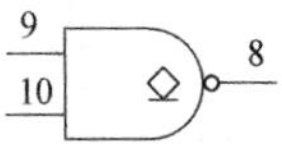 74LS03	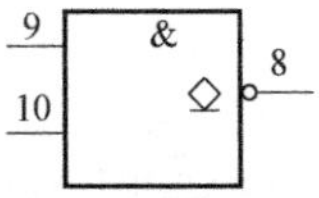 74LS03	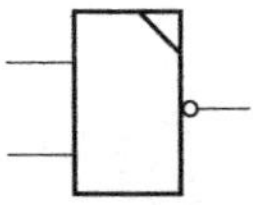
四 2 输入异或门	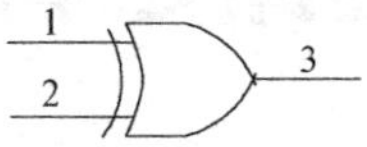 74LS86	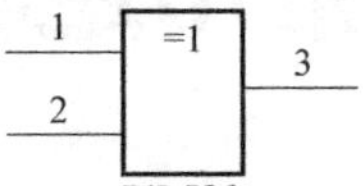 74LS86	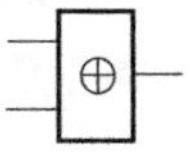
四 2 输入同或门（即异或非门）	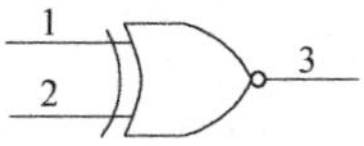 74LS266	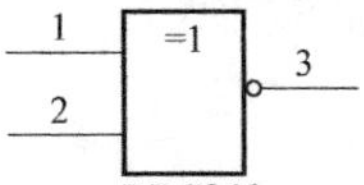 74LS266	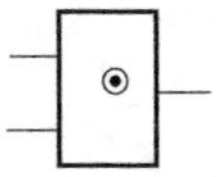
带施密特触发特性的六非门	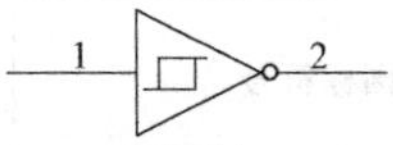 74LS14	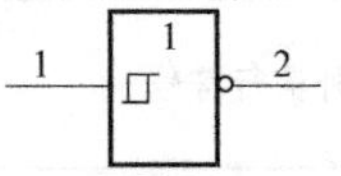 74LS14	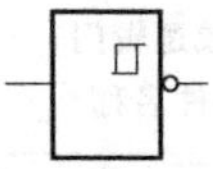

注：符号中输入输出线上标注的数字，是一个门输入和输出对应集成门器件的封装引脚号。

参考文献

[1] 宁改娣，张虹．DSP控制器原理及应用：微控制器的软件和硬件［M］．3版．北京：科学出版社，2018.

[2] 宁改娣，金印彬，张虹．数字电子技术与微处理器基础：上册　现代数字电子技术［M］．西安：电子科技大学出版社，2015.

[3] 张克农，宁改娣．数字电子技术基础［M］．2版．北京：高等教育出版社，2010.

[4] 宁改娣．“新工科”背景下大数电课程的教学改革实践研究［J］．工业和信息化教育，2020（92）：1-4.

[5] 宁改娣，金印彬，刘涛，等．“数字电子技术”课程实验教学改革探讨［J］．电气电子教学学报，2013，35（4）：102-103.

[6] 宁改娣，罗先觉，杨旭，等．电气工程专业数字电路与微处理器合并课程教学探索及国外教材研究［J］．教育教学论坛，2019（33）：65-66.

[7] 杨拴科，宁改娣．《数字电路》与《微机原理》课程整合之我见［J］．华北航天工业学院学报，2001，11（增刊）.

[8] 宁改娣，金印彬，刘涛．数字电子技术与接口技术实验教程［M］．西安：西安电子科技大学出版社，2013.

[9] 宁改娣，曾翔君，骆一萍．DSP控制器原理及应用［M］．2版．北京：科学出版社，2009.

[10] KLEITZ W. Digital Electronics：A Practical Approach with VHDL［M］．9th ed. New York：Dearson Education Inc.，2011.

[11] KLEITZ W．数字与微处理器基础——理论与应用［M］．张太镒，李争，顾梅花，等译．4版．北京：电子工业出版社，2004.

[12] UYEMURA J P．数字系统设计基础教程［M］．陈怒兴，曾献君，马建武，等译．北京：机械工业出版社，2000.

[13] JIANG Y B，WANG L L，WANG Y，et al. Analysis，design，and implementation of accurate ZVS angle control for EV battery charging in wireless high-power transfer［J］．IEEE Transactions on Industrial Electronics，2019，66（5）：4075-4085.

[14] 瞿德福．数字集成电路新的读看图法［M］．北京：中国标准出版社，2006.

[15] 张建华，张戈．数字电路图形符号导读［M］．北京：机械工业出版社，1999.

[16] 科林，孙人杰．TTL、高速CMOS手册［M］．北京：电子工业出版社，2004.

[17] 瞿德福．实用数字电路手册——TTL CMOS ECL HTL［M］．北京：机械工业出版社，1997.

[18] 阎石．数字电子技术基础［M］．5版．北京：高等教育出版社，2006.

[19] 宁改娣，杨拴科．DSP控制器原理及应用［M］．北京：科学出版社，2002.

[20] 王建校，宁改娣．MAX+PLUSII应用入门［M］．北京：科学出版社，2000.

[21] 薛均义．微型计算机原理及应用［M］．北京：机械工业出版社，2002.

[22] 张太镒，宁改娣，刘和平．DSP技术与应用［M］．北京：机械工业出版社，2007.

[23] 宁改娣，金印彬，刘涛，等．数字电子技术教学实例讨论［J］．教育教学论坛，2013（6）：131-132.

[24] 宁改娣，杨拴科．串行序列检测同步时序电路设计探讨［J］．华北航天工业学院学报，2003，13（增刊）.

[25]《中国电力百科全书》编辑委员会．中国电力百科全书：电工技术基础卷［M］．3版．北京：中国电力出版社．2014.